前言

隨著社會高度資訊化和數位化的不斷發展，不少中小企業也在這股資訊化潮流中紛紛轉為使用資訊化系統作為日常的管理平臺，一個好的系統能夠在減少管理成本的同時為企業高效賦能。

通常來講，企業的系統主要從 3 種途徑獲取，一種是根據企業自身情況應徵開發人員進行自行研發；另一種是從訂製系統的廠商購買；最後一種是從大廠購買 SaaS 系統，而大部分中小企業普遍面臨兩種情況，從訂製系統的廠商購買系統年費太高，從大廠購買 SaaS 系統則不符合企業定制化的需求。面對這些情況，自行研發系統就變成了中小企業的首選。對於程式設計師來講，開發管理系統也佔據了目前應徵市場中較大的職位比重。

一個完整的系統開發流程包括功能需求設計、資料庫設計、後端功能實現、前端頁面設計與開發等多個階段，可謂處處皆是細節。筆者的 Web 生涯從寫需求的程式設計師到擔任專案經理，到如今成為統籌企業內部系統開發的專案總監，歷經了多個中大型的複雜企業管理系統專案的開發，所以筆者想透過本書將一個完整的系統開發流程以簡單、通俗的形式分享給讀者們。

本書以目前流行的 Express.js 框架、MySQL 資料庫和 Vue.js 框架為核心，以真實開發專案的流程為主線，從頂層設計的角度介紹系統細節，結合在實際開發中普遍存在的功能需求問題進行程式實戰。讀者可以透過閱讀本書，了解在實際開發中應注意的細節，學習常用的開發工具和掌握多種不同的技術堆疊，知曉前後端之間的資料是如何流動的。筆者希望透過本書，能夠為已經在前、後端領域工作的讀者早日成為全端工程師提供幫助，也希望本書能夠為即將入職開發職位的讀者提供一份清晰、完整的開發指南。

本書主要內容

第1章主要介紹資料庫技術的發展歷程、資料具備的複雜化和多樣化特性及如何處理資料。

第2章主要講解不同的資料模型和後關聯式階段資料庫的基本要求，介紹MySQL等多種主流的資料庫管理系統、SQL語言基本語法，最後使用不同的方式建立資料庫。

第3章首先介紹功能模組的設計過程，然後介紹如何根據功能需求設計資料庫的欄位，最後實現從0設計使用者模組資料表。

第4章主要介紹Node.js的底層機制、常用的3種套件管理器工具、Express.js框架的路由和處理常式、測試工具Postman，並介紹註冊和登入功能應注意的細節，最後使用Express.js框架實現註冊和登入功能。

第5章從使用者管理模組的功能需求出發，逐步實現修改使用者基礎資訊的需求，並介紹使用Multer中介軟體實現上傳圖片的方法，最後介紹表格分頁元件的邏輯並進行實現。

第6章從產品管理模組的功能需求出發，講解如何設計產品的欄位，並對產品從入庫到出庫流程應有的功能進行實現。

第7章主要介紹系統在不同場景下的埋點操作，設計和實現不同模組的埋點介面。

第8章主要介紹使用Postman、Apifox和Swagger三種不同的方式實現介面文件。

第9章主要介紹程式倉庫和Git的安裝，使用視覺化工具Sourcetree將後端程式上傳至程式倉庫。

第 10 章主要介紹 HTML、CSS 和 JavaScript 的基礎語法，並介紹 jQuery、Bootstrap 和 Sass 框架，最後討論前端模組化、元件化、專案化性質和 MVC、MVVM 兩種前端架構。

第 11 章主要介紹 Vue.js 框架的漸進式、宣告式程式、組件化、響應式等多種特點，並實現建立 Vue 專案，最後分析專案的框架。

第 12 章首先介紹 Vue.js 的路由模組並結合路由建立 Vue.js 組件；其次介紹 UI 元件庫 Element Plus，並使用其建立表單；最後介紹 TypeScript 的常用語法並進行實踐。

第 13 章主要講解頁面在版面配置、樣式和顏色方面應注意的要點，最後使用卡片元件完成登入和註冊頁面。

第 14 章從前後端資料互動技術發展的角度介紹 AJAX、ES6 的 Promise 和 async await、Axios 的內容及基礎語法，使用 Axios 在前端二次封裝登入和註冊功能介面，並在前端頁面完成介面的呼叫，實現登入和註冊功能。

第 15 章介紹如何建構系統的基本版面配置，使用 UI 元件封裝通用元件麵包屑。在完成個人模組功能的同時介紹 Vue.js 全家桶生態中的狀態管理器 Pinia，實現父子元件之間的資料聯動。最後實現使用者模組的頁面和功能需求，並使用 hooks 對模組的程式進行最佳化。

第 16 章主要介紹如何實現產品模組從入庫、審核到出庫的完整流程，還介紹開放原始碼的視覺化圖表函數庫 ECharts，並從企業許可權的角度透過動態路由表等方法實現不同部門之間和部門內部的功能劃分。

第 17 章主要介紹伺服器的參數、購買伺服器的流程、購買域名、域名備案和解析、SSL 證書等內容，還介紹寶塔面板的安裝與環境配置。

第 18 章主要介紹在寶塔面板實現專案上線伺服器的過程。

閱讀建議

本書是一本兼顧前後端開發的技術教學,完全模擬了企業實際開發專案的環境,詳細闡述了功能需求的設計過程、業務實現過程,以及在實際開發時可能會遇到的情況。適合高等院校電腦專業的學生、老師、即將入職或已在職的前後端工程師、企業專案經理等人士閱讀;即使是沒有使用過 Node.js、MySQL、Vue.js 等技術堆疊的讀者,本書也能夠作為一本快速上手的開發教學;對前後端資料互動感興趣的讀者可透過本書了解完整的前後端開發流程。

有前端開發基礎的讀者,可透過閱讀第 1~9 章學習和了解後端開發內容,並可透過閱讀第 10~16 章鞏固和補充前端知識;具有後端開發基礎的讀者,可直接閱讀第 10~16 章了解和學習前端開發過程,並可透過閱讀第 1~9 章補充專案開發流程和資料庫設計知識;建議完全沒有實際開發經驗的讀者從頭開始按照順序詳細閱讀每章節的內容。

在學習本書時,書中的所有程式均可透過手寫的形式進行測試,書中提供了完整的測試流程,方便讀者在手寫介面時對照回應結果。由於時間倉促,書中可能會出現一些疏漏,如果讀者發現任何錯誤,請及時回饋給筆者。

繁體中文出版說明

本書原作者為中國大陸人士,為維持全書完整性,書中部分範例畫面維持簡體中文介面,在文中不再特別指出說明,請讀者閱讀時參考前後文,特此聲明。

致謝

本書的誕生，要感謝很多與之直接或間接相關的人，下面的致謝不分先後。

首先感謝清華大學出版社趙佳霓編輯的信任，使我在自己擅長的領域有機會來完成本書。在寫作的過程中，趙佳霓編輯全程熱心的指導給予了我極大的鼓勵。再次向趙佳霓編輯由衷地表示感謝！

其次感謝在開發路上一直保持技術交流的朋友——周向陽。他為本書在程式層面提供了寶貴的意見，同時還細心地幫助檢查敘述並修改錯誤。

感謝我的好友李晏清，在我寫書最辛苦的期間一直支援著我。沒有你，我可能不會寫出這樣一本書。

最後感謝我的家人，在我寫作期間給予的理解和支援，使我能全身心地投入到寫作工作中。

王鴻盛

目錄

Node.js 篇

第 1 章 數位管理時代

1.1 資料管理..1-2
    1.1.1 人工管理階段...1-2
    1.1.2 檔案管理階段...1-3
    1.1.3 資料庫管理階段...1-4
1.2 複雜多樣的資料..1-5
    1.2.1 資料的複雜化...1-5
    1.2.2 資料的多樣化...1-6
    1.2.3 如何處理資料...1-7

第 2 章 資料庫系統的出現

2.1 資料庫系統的發展..2-2
    2.1.1 資料模型...2-2
    2.1.2 後關聯式階段...2-11
    2.1.3 主流資料庫管理系統...2-12
2.2 MySQL 簡述..2-15
    2.2.1 為什麼選擇 MySQL...2-15
    2.2.2 SQL 基本語法..2-16
2.3 建立第 1 個資料庫..2-26
    2.3.1 使用 MySQL 社區版建立資料庫..2-26
    2.3.2 使用小皮面板建立資料庫...2-35
2.4 視覺化的資料庫管理工具..2-40

第 3 章　從 0 到 1 設計系統

- 3.1 功能模組是如何討論出來的 3-2
  - 3.1.1 從設想到專案成立 3-3
  - 3.1.2 使用者端的多端設計 3-7
  - 3.1.3 常見功能模組及操作 3-9
- 3.2 如何設計資料庫欄位 3-10
  - 3.2.1 欄位的命名 3-10
  - 3.2.2 欄位的資料型態 3-11
  - 3.2.3 約束 3-12
  - 3.2.4 功能的判斷 3-14
  - 3.2.5 資料表的 id 3-15
- 3.3 從 0 設計一張使用者資料表 3-16
  - 3.3.1 使用者模組 3-16
  - 3.3.2 使用者資料表欄位 3-19
  - 3.3.3 建立使用者資料表 3-20

第 4 章　開始我們的後端之旅

- 4.1 後起之秀 Node.js 4-2
  - 4.1.1 V8 引擎的最佳化機制 4-3
  - 4.1.2 非阻塞 I/O 和事件驅動 4-10
  - 4.1.3 豐富的生態系統 4-15
- 4.2 套件管理工具 4-17
  - 4.2.1 常用 npm 命令 4-17
  - 4.2.2 配置 npm 4-22
  - 4.2.3 Yarn 介紹及常用命令 4-24
  - 4.2.4 Pnpm 介紹及常用命令 4-33
  - 4.2.5 建構一個 Node 應用 4-37
- 4.3 輕量的 Express.js 框架 4-48
  - 4.3.1 Express.js 介紹 4-49
  - 4.3.2 在 Node 中使用 Express.js 4-54
- 4.4 中介軟體 4-56

		4.4.1	不同的中介軟體	4-56
		4.4.2	使用中介軟體	4-61
	4.5	路由和處理常式		4-64
		4.5.1	什麼是路由	4-64
		4.5.2	專心處理業務的 handler	4-68
		4.5.3	GET、POST 及其兄弟	4-70
	4.6	測試的好幫手		4-73
		4.6.1	Postman	4-75
		4.6.2	試著輸出一下資料	4-79
	4.7	小試鋒芒		4-82
		4.7.1	註冊和登入需要考慮什麼	4-82
		4.7.2	業務邏輯程式實現	4-84
		4.7.3	最終效果	4-97

第 5 章 實現更複雜的功能

	5.1	使用者		5-2
		5.1.1	修改使用者資訊	5-3
		5.1.2	實現帳號狀態邏輯	5-19
	5.2	實現上傳功能		5-28
		5.2.1	Multer 中介軟體	5-28
		5.2.2	實現上傳圖片	5-31
		5.2.3	檔案系統	5-36
		5.2.4	資料表多了筆 URL 位址	5-47
	5.3	展現資料		5-52
		5.3.1	分頁的邏輯	5-52
		5.3.2	實現分頁	5-56

第 6 章 行業百寶庫

	6.1	從入庫到出庫	6-2
	6.2	如何考慮產品的欄位	6-4
	6.3	實現產品管理的邏輯	6-9

	6.3.1	進入百寶庫	6-10
	6.3.2	清點寶物	6-12
	6.3.3	鎖好庫門	6-19
	6.3.4	獲得寶物	6-31

第 7 章　給系統裝個監控

7.1	什麼是埋點	7-2
7.2	設計並實現埋點	7-4
	7.2.1　登入模組埋點	7-6
	7.2.2　使用者模組和產品模組埋點	7-12

第 8 章　介面文件

8.1	使用 Postman 生成介面文件	8-2
8.2	使用 Apifox 生成介面文件	8-6
8.3	使用 Swagger 模組生成介面文件	8-14

第 9 章　程式上傳至倉庫

9.1	程式倉庫	9-2
	9.1.1　GitHub	9-2
	9.1.2　Gitee	9-5
9.2	Git 介紹	9-7
	9.2.1　Git 安裝	9-8
	9.2.2　建立 Gitee 倉庫	9-10
	9.2.3　上傳程式	9-12
9.3	視覺化的 Sourcetree	9-17
	9.3.1　下載 Sourcetree	9-18
	9.3.2　配置本地倉庫	9-20
	9.3.3　修改程式並提交	9-21

ix

Vue.js 篇

第 10 章 前端的變革

- 10.1 HTML 10-3
  - 10.1.1 定義標題 10-5
  - 10.1.2 段落 10-5
  - 10.1.3 超連結 10-6
  - 10.1.4 圖片、視訊、音訊 10-7
  - 10.1.5 表格 10-9
  - 10.1.6 輸入框 10-9
  - 10.1.7 按鈕 10-10
  - 10.1.8 單選按鈕、核取方塊 10-12
  - 10.1.9 標籤、換行、表單 10-12
  - 10.1.10 列表 10-14
  - 10.1.11 區塊級元素、行內元素 10-14
  - 10.1.12 標識元素 10-15
- 10.2 CSS 10-16
  - 10.2.1 選擇器 10-18
  - 10.2.2 字型、對齊、顏色 10-20
  - 10.2.3 背景、寬和高 10-23
  - 10.2.4 定位 10-25
  - 10.2.5 顯示 10-27
  - 10.2.6 盒子模型 10-28
  - 10.2.7 外部樣式、內部樣式、行內樣式 10-31
  - 10.2.8 響應式 10-32
- 10.3 JavaScript 10-33
  - 10.3.1 執行、輸出 10-37
  - 10.3.2 var、let、const 及作用域 10-39
  - 10.3.3 資料型態 10-42
  - 10.3.4 條件陳述式 10-45
  - 10.3.5 迴圈敘述 10-47

		10.3.6	DOM 及其事件	10-48

	10.3.7	BOM	10-51

10.4	框架的出現	10-52
	10.4.1 jQuery	10-52
	10.4.2 Bootstrap	10-54
	10.4.3 Sass	10-56
10.5	真正的變革	10-59

第 11 章 初識 Vue

11.1	Vue.js 的介紹	11-2
	11.1.1 漸進式	11-2
	11.1.2 宣告式程式	11-2
	11.1.3 組件化	11-3
	11.1.4 選項式 API 與組合式 API	11-5
	11.1.5 生命週期	11-6
	11.1.6 響應式	11-8
11.2	第 1 個 demo	11-10
	11.2.1 安裝 Vue.js 專案	11-10
	11.2.2 分析框架	11-13
	11.2.3 去除初始檔案	11-19

第 12 章 再接再勵

12.1	Vue Router	12-3
	12.1.1 配置路由	12-5
	12.1.2 建立一個 Vue 元件	12-10
12.2	Element Plus	12-14
	12.2.1 如虎添翼的 UI 函數庫	12-16
	12.2.2 安裝 Element Plus	12-18
	12.2.3 引入第 1 個 UI 組件	12-19
	12.2.4 定義一個表單	12-24
12.3	給 JavaScript 加上緊箍咒	12-35

	12.3.1	TypeScript 是什麼	12-35
	12.3.2	基礎類型定義	12-36
	12.3.3	常用的 TypeScript 配置	12-46
	12.3.4	給表單資料加上 TypeScript	12-47

第 13 章 頁面設計想法

13.1	版面配置		13-2
	13.1.1	彈性版面配置	13-7
	13.1.2	選單	13-10
	13.1.3	表格頁面	13-13
13.2	樣式		13-15
13.3	顏色		13-17
13.4	完成登入頁面		13-19
	13.4.1	卡片位置	13-19
	13.4.2	卡片樣式	13-22

第 14 章 互動

14.1	Axios		14-2
	14.1.1	AJAX	14-3
	14.1.2	Promise	14-6
	14.1.3	async await	14-10
	14.1.4	Axios 的二次封裝	14-15
14.2	撰寫前端介面		14-19
14.3	完成登入與註冊功能		14-21

第 15 章 登堂入室

15.1	建構系統基本版面配置		15-2
	15.1.1	容器版面配置	15-4
	15.1.2	封裝全域麵包屑	15-14
15.2	個人設置模組		15-18
	15.2.1	內容區基礎版面配置	15-20

	15.2.2 封裝公共類別	15-43
	15.2.3 Pinia	15-44
15.3	使用者清單模組	15-51
	15.3.1 使用者模組基礎架構	15-51
	15.3.2 使用者資訊框	15-61
15.4	完善使用者列表功能	15-67
	15.4.1 實現分頁功能	15-68
	15.4.2 實現凍結與解凍功能	15-69
	15.4.3 實現搜尋與篩選功能	15-71
	15.4.4 實現使用者資訊框功能	15-76
15.5	實現日誌記錄	15-84
	15.5.1 登入日誌	15-87
	15.5.2 操作日誌	15-93
15.6	hooks	15-99

第 16 章　爐火純青

16.1	產品的入庫	16-2
	16.1.1 獲取產品清單	16-4
	16.1.2 實現增加產品功能	16-6
	16.1.3 實現編輯產品功能	16-10
	16.1.4 實現申請出庫功能	16-13
	16.1.5 實現刪除產品功能	16-15
16.2	產品的審核	16-17
	16.2.1 獲取審核列表	16-18
	16.2.2 實現審核產品	16-18
	16.2.3 實現撤回和再次申請出庫	16-24
16.3	產品的出庫	16-26
	16.3.1 搜尋出庫記錄	16-27
	16.3.2 清空出庫列表	16-28
16.4	ECharts	16-29
	16.4.1 實現資料邏輯	16-30
	16.4.2 實現圖表	16-35

16.5	許可權管理	16-39
	16.5.1 動態生成路由表	16-39
	16.5.2 部門內許可權	16-49
16.6	路由守衛	16-50

上線篇

第 17 章 伺服器與域名

17.1	伺服器	17-2
	17.1.1 伺服器參數	17-3
	17.1.2 雲端服務器	17-5
	17.1.3 購買雲端服務器	17-7
17.2	域名	17-12
	17.2.1 購買域名	17-13
	17.2.2 備案域名	17-15
	17.2.3 域名解析	17-17
	17.2.4 SSL 證書	17-19
17.3	寶塔面板	17-20
	17.3.1 安裝寶塔面板	17-21
	17.3.2 安裝 Node 版本管理器	17-26

第 18 章 上線專案

18.1	增加 Node 專案	18-2
	18.1.1 上傳後端程式	18-2
	18.1.2 增加 Node 專案	18-4
	18.1.3 配置 SSL 證書	18-5
	18.1.4 增加資料庫	18-8
	18.1.5 測試	18-10
18.2	增加 Vue 專案	18-11
	18.2.1 Vite 配置	18-11
	18.2.2 生成 dist 資料夾並配置	18-13

Node.js 篇

Node.js

數位管理時代

　　科技的快速發展，特別是網際網路的快速發展，讓這個時代變成了一個萬物皆可數位化的時代，但是，在各行領先企業進行數位化轉型的今天，中小企業透過資訊系統去處理日常的業務，依然是目前的主流。

　　在資訊時代中，企業已將日常運作過程中的資料從使用檔案進行管理的階段轉變為使用資料庫進行管理的階段，即透過資料庫去儲存企業以往需要透過紙質記錄的資訊，並使用資料庫去管理企業內部的資訊，如企業銷售使用的 CRM 系統、生產類企業常用的 ERP 系統等。以生產類企業為例，一個產品從原材料至成型的過程中，就需要往資料庫記錄原材料的採購流程、生成產品過程中所使用的原料配比、生成後的產品屬性及入庫和出庫的審核操作等資訊。

1 數位管理時代

企業資訊化是企業進行數位化轉變的基礎。企業資訊化幫助企業提高了工作效率，減少了不必要的人力成本；對企業的業務流程實現有效管理，利於決策層掌握企業的戰略方向；在企業資料的安全問題上，資訊化減少了透過檔案儲存容易造成的遺失問題，保證了企業的資訊安全。企業資訊化可以提高企業在市場的競爭能力，幫助企業提高盈利能力。

企業進行數位化轉型則是企業資訊化後掌握市場方向、最佳化資源配置的必要轉變。以 CRM 系統為例，企業可利用視覺化的動態資料綜合量化分析系統內部客戶與企業的互動行為，達到企業提高客戶滿意度、挖掘潛在客戶等業務目標；以 ERP 系統為例，則可透過對生產過程中的資料進行視覺化分析，提升產品的品質，同時方便企業透過產品銷售資料去分析市場的變化和客戶的喜好，制定下一步的行銷策略。

背景管理系統是綜合企業資訊化和數位化的產物，在學習如何製作背景管理系統之前，本章將首先從介紹資料管理的歷史及發展處理程序開始，帶領讀者了解現實世界複雜多樣的資料，以及如何在虛擬的網路世界中對資料進行抽象和處理。

1.1 資料管理

從第一台電腦 ENIAC 於 1946 年 2 月在賓夕法尼亞大學誕生後，電腦就被廣泛地運用於科學研究、國防等領域，用於對巨量的資料進行高速計算和處理。如何高效率地運用和管理資料，成為電腦科學家追逐的目標。本節將簡介資料管理從人工管理、檔案管理至資料庫管理這 3 個階段的發展歷程。

1.1.1 人工管理階段

20 世紀 50 年代中期以前，電腦雖然已經具備「高速」計算的能力，但卻沒有像 Linux、Windows 這樣的作業系統對電腦資源進行管理，在資料儲存方面，依賴於紙帶、卡片、磁帶等媒體，沒有直接用於存取的裝置，所以電腦管理人員在每次計算前都需要手動設計和建構資料的儲存結構，採用單批次的處理方式，對資料進行輸入和輸出，屬於人工作業系統。由於採用的是批次處理，這樣帶來的後果是資料只能在單一業務場景下進行運用，無法在多業務的情況下共用資料，同時，如果資料發生了變化，則必須重新設計資料在媒體中的儲存結構。

即使存在資料無法共用、容錯程度大、需程式設計師自行設計執行程式等缺點，但人工管理階段還是改變了以往透過人力進行高強度計算的方式，具有自動完成計算的優點，使人類的運算能力有了長足的進步。

1.1.2 檔案管理階段

1956 年，IBM 公司發明了世界上第一台儲存系統——305RAMAC，在硬體方面帶來的突破，使資料正式告別了透過紙帶、卡片等媒體進行儲存的時代。

在人工管理階段，程式計算過程中作業系統的記憶體僅有當前一道作業，屬於單批次處理系統，為重複利用系統中的其他閒置記憶體資源，電腦科學家透過設計多道作業同時執行的系統，研發出了多道批次處理系統。多道批次處理系統在同一時間內可以對儲存系統內的資料進行管理，如果當前執行的作業暫時沒有用到記憶體資源，則此時其他作業會繼續使用空閒的系統記憶體，大幅度提高了系統資源的使用率。至此，資料管理進入了檔案管理階段。

檔案管理系統是對資料按檔案名稱的方式進行獨立儲存的，並提供了按記錄進行存取的技術，系統記憶體可根據記錄對每個資料檔案進行讀取和寫入操作，即「按檔案名稱存取，按記錄進行存取」。

檔案管理階段雖然擁有了同時執行多道作業的特性，但並沒有解決資料不能共用的問題，即使有多道作業的資料是高度重合的，也必須按每道作業的邏輯結構去建立對應的檔案儲存資料。雖然可以同時執行多道作業，但多個作業之間並不能執行資料互動，假設作業 A 需要用到作業 B 檔案中的資料，也只能在設計檔案之初增加上作業 B 中的資料。與人工管理階段相同，當管理員把要處理的作業輸入電腦系統後，直至計算處理完成，管理員也不能去修改已輸入的資料，如果作業在執行的過程中發生錯誤，就需要重新計算一次，如果同時存在多批次工作,就需要等全部作業都執行完成才能進行下一次計算,這對需要處理大量資料的作業來講是極不方便的。

隨著使用電腦的群眾不斷擴大,應用範圍越來越廣泛,要處理的資料也呈指數級增長,在這種背景下,資料庫管理系統應運而生。

1.1.3 資料庫管理階段

1970 年,IBM 公司在聖約瑟實驗室的研究員 Codd 博士提出了關係模型,被程式設計師譽為「關聯式資料庫之父」。時間來到了 4 年後,來自同一實驗室的 Boyce 和 Chamberlin 提出了 SQL 語言,並在 1979 年之前在 IBM 公司的 System R 資料庫系統中進行了實現,從此 SQL 便成為關聯式資料庫查詢語言。

通常來講,資料庫系統包括資料庫、資料庫管理系統、應用程式、資料庫管理員。資料庫管理員可以在資料庫管理系統中透過 SQL 語言去定義關係模式、建立資料庫、新建資料表、輸入資料、按規則查詢資料、更新資料及刪除資料等操作。在資料庫系統中的資料由資料庫管理系統統一管理和控制,具體包括資料的安全性保護、資料的完整性檢查、資料的併發控制和資料庫恢復 4 種資料控制功能。

資料庫管理階段和檔案管理階段的根本區別在於資料的整體結構化,整體結構化不僅是針對某個應用、業務,而是面向整個組織。關聯式資料庫使用二維邏輯表展現資料,例如某個資料表中某一列被定義為帳號,資料型態為 int,長度為 10,則這一列的資料就是本系統所有使用者的帳號,即為資料內部結構化。由於每張資料表都是結構化的,所以在同一資料庫的不同資料表中,資料就可以進行互動聯繫,解決了檔案管理階段每個資料檔案只針對單一作業而不能互動聯繫的問題,即為整體結構化。

資料庫管理階段可以實現多使用者同時操作同一資料庫,即實現了資料共用。資料共用解決了檔案管理階段中多個使用者在操作具有高度重合的作業時需要分別建立檔案進行資料儲存的問題,減少了資料容錯,節約了儲存空間,也使系統易於擴充資料,同時也實現了資料記錄可以變長的操作。

進入 21 世紀，資料量在資訊時代、數位時代持續高速增長。傳統生產型企業在處理資料上使用關聯式資料庫管理系統（如 MySQL、Oracle）依然佔大多數，而對於需要處理大規模資料集的公司則會選擇使用 Hadoop、Spark 等分散式資料庫管理系統，此類資料庫具備良好的並行處理和橫向擴充能力。如果需要儲存和處理非結構化和半結構化資料，則會選擇基於 NoSQL 的資料庫管理系統，這是一種突破了傳統關聯式的資料庫管理系統，如 MongoDB、Redis 等，受到了許多雲端運算服務公司的青睞。

1.2 複雜多樣的資料

任何行業都會存在著要管理的資料，不同行業下的資料存在著不同的複雜度，不同場景下的資料則呈現出資料的多樣化，本節將從資料的複雜化和多樣化出發，闡述在實際開發中如何去處理複雜且多樣的資料。

1.2.1 資料的複雜化

資料的複雜化首先表現在資料的來源和連結性上，管理員要以全域的角度去考慮以什麼樣的結構去詮釋資料的內容最為合適。以傳統的關聯式資料庫來講，在設計資料庫的過程中需要充分考慮當前專案環境下需要多少張資料表及如何去設計資料表，以普通高等學校的資料庫為例，從人員的角度上分，可以簡單地劃分為行政管理人員資料表、教師資料表及學生資料表，從學院的角度分，可能分為電腦學院資料表、人工智慧學院資料表、金融學院資料表等，由此帶來的結果是，一位教授可能既是行政管理層人員，又為人工智慧學院的學科帶頭人，同時還兼任金融學院的資料分析課程教師，這位教授的資訊會出現在許多資料表中，並且在資料結構上，教授與學科是一對一的線性結構狀態，教授與學生是一對多的樹形結構狀態，所以如何設計一張兼顧不同角度下的設計資料表就顯得尤為重要了，可減少資料檢索的時間。

不管是線性結構還是樹形結構都還屬於傳統資料結構的範圍，但隨著資料生成的多樣化，出現了資料結構不規則、沒有預先定義的資料模型，不適用於透過二維邏輯資料表去儲存資料的內容，例如 Excel 報表、Word 文件、視訊、網頁內容等資料資訊，與具備結構的資料相比，此類資料通常具有複雜、多樣、難以標準化的性質，但卻蘊含著大量的資訊內容，這種資料便是非結構化資料。例如某家企業想基於評價軟體上使用者對於自家產品的評價去分析下一步商業計畫，但使用者的評價字數是不一樣的，有的評論可能還攜帶圖片，此類資料無法以一種規則化的形式去定義究竟是文字還是圖片類型，這便是非結構化資料。非結構化資料具有隨處可見、內容豐富的特點，網上巨量的非結構化資料是數位時代資料分析公司競爭的焦點。

1.2.2 資料的多樣化

在設計資料表上可以觀察到資料型態的多樣化，在關聯式資料庫 MySQL 中，一筆要儲存進資料表中的資料可能是整數類型、浮點數類型、字串類型、日期類型、二進位類型等；在介於關聯式資料庫和非關聯式資料庫的 MongoDB 資料庫管理系統中，類型則更加多樣化，可以在文件中儲存一個物件類型、程式類型，甚至可以嵌入其他的文件。

從資料的來源上看，資料的多樣化則表現得更加明顯。如果系統是一個企業內部的監測系統，則資料可能來源於樓層攝影機、大門紅外感應器和警告器、員工上下班打卡器等多種不同物理裝置，這些裝置傳回的資訊可能為結構化、半結構化或非結構化資料，例如人臉辨識的影像、監控視訊等；如果系統是為企業用於分析行業發展的系統，則資料可能來源於政府公開政策資訊、行業協會報導、領先同行業企業公佈的季資料或年報、旗下各地區公司銷售資料、各大討論區的使用者評價等，即從不同空間和時間上去獲取不同的資料型態、結構和格式的資料，呈現出資料來源的多樣化。

資料的多樣化其實正是現實世界物質多樣化的真實反映，如何正確地理解現實世界的物質多樣性，是開發人員對資料進行抽象處理的關鍵。

1.2.3 如何處理資料

隨著資料的不斷增多，設計合理的具備安全性和健壯性的資料庫就成為資料庫工程師的首要任務，而隨著資料的不斷複雜化、多樣化，要從資料庫中快速、準確地獲取各個功能模組所需的資料就成為後端開發工程師的主要職責。

在設計資料庫上，首先應充分考慮資料表的欄位，欄位是對複雜事務屬性的抽象，例如面對校園業務，可以將學號作為學生資料表的主鍵，保證資料的唯一性，為資料表的查詢減少性能銷耗，並對可能經常查詢的欄位增加索引；其次應考慮欄位的資料型態、長度、約束等，保證資料的完整性；再次，需明確不同資料表之間的結構關係，減少資料的容錯，提高操作資料的效率；從次，注意資料庫的安全性，需根據使用者的角色設定不同的許可權，對諸如密碼的欄位使用加密演算法進行加密儲存，並定期對資料庫進行備份；最後，考慮到業務的增長，在設計之初應對資料庫的擴充性設計出方案，明確未來的擴充方向。

在操作資料上，查詢操作為重點操作，使用唯一性的欄位作為查詢參數可加快查詢的速度；其次，使用透過 where、limit、like 等篩選語法對資料進行查詢，精確傳回所需資料，減少查詢銷耗。在面對多個資料集時，可透過 GROUP BY 將資料集劃分成若干個小區域，再對若干個小區域進行資料處理，並可結合 HAVING 語法進行過濾；在面對多個資料表時，可以使用 JOIN 語法在多個資料表中進行查詢，或使用非同步呼叫的形式獲取不同資料表的資料。當然，在查詢的過程中，演算法的設計尤為重要，一個好的演算法可以使查詢事半功倍。在寫入操作上，應對前端傳過來的資料做出類型限制，面對多組資料時應採用分批次寫入，並對資料進行清洗，在防止資料出現重複的同時確保資料品質的可靠性。在更新資料上，應設計對更新的內容進行埋點，如新聞文章被再次編輯後出現的「最新編輯時間」欄位，方便出現問題時對資料進行溯源，並確定更新的資料不為唯一值或主鍵；在進行修改密碼等操作時應進行再次加密，確保資料安全性。最後是資料的刪除操作，應對重要的資料進行備份，增加相應的操作許可權設置，只有具備許可權的使用者才可從資料庫中刪除資料。

MEMO

資料庫系統的出現

　　資料庫系統（DBS）的出現解決了基於檔案系統在管理資料上可能出現的缺陷問題，資料庫系統主要包括資料庫（DB）和資料庫管理系統（DBMS）。需要注意的是，在網際網路中不少文件將 MySQL 資料庫管理系統稱為 MySQL 資料庫，嚴格來講應該稱為 MySQL 資料庫管理系統，讀者應注意這兩者的區別，而 DBMS 通常基於某種資料模型，例如 MySQL 基於關係型態資料模型，這是由於 MySQL 儲存資料的資料庫是經 MySQL 資料庫管理系統設定儲存所使用的資料模型，而基於某種 DBMS 的資料庫又被稱為 DBMS 資料庫（如 MySQL 資料庫）。使用者使用 SQL 語言透過 MySQL 存取、建立和修改關聯式資料庫，而這種資料模型則是資料庫管理系統的核心。

2 資料庫系統的出現

在如今的數位時代,基於非關係的資料庫管理系統迎來了大爆發,例如物件導向的資料庫主要為與技術相結合的資料庫,如分散式資料庫、多媒體資料庫等,還有部分與特定場景相結合的資料庫,如地圖資料庫等;非關聯式資料庫管理系統是基於 NoSQL 資料庫的,如 Redis、MongoDB 等。儘管如此,以關係模型為代表的 Oracle、MySQL 等傳統資料庫管理系統依舊在市場佔有率中一騎絕塵。隨著資料庫系統的發展,市面上也湧現出許多視覺化的資料庫管理與開發工具,其中以 Navicat 系列的圖形化資料庫管理與開發工具最為知名。

本章將結合資料庫系統的發展歷程,向讀者簡介不同資料模型的特點,以及透過 MySQL 操作關聯式資料庫的基礎語法,並指導讀者建立第 1 個資料庫和透過圖形化資料庫管理工具對資料庫進行管理。

2.1 資料庫系統的發展

資料庫經歷了以關係模型為分水嶺的 3 個發展階段:第 1 個階段是基於層次模型和網狀模型的資料庫;第 2 個階段是以關係模型為基礎的資料庫;第 3 個階段是基於多種資料模型、儲存媒體的資料庫,即後關係模型階段。無論是哪一個階段的資料庫系統都是趨於時代背景下的業務所驅動發展的。本節將介紹資料庫系統發展過程中不同資料模型出現的背景、現狀和特性,並對目前流行的資料庫管理系統進行簡介。

2.1.1 資料模型

資料模型是對現實世界資料特徵的抽象,描述了資料結構、資料操作和資料約束這個內容部分,在應用層次上主要分為概念模型、邏輯模型和物理模型三類,通常所講的層次模型、網狀模型、關係模型則屬於邏輯模型。資料庫管理系統規定資料在儲存等級(資料庫)上的資料模型的結構和存取,故可根據不同的資料模型把資料庫分為網狀資料庫、層次資料庫、關聯式資料庫、非關聯式資料庫。

1. 網狀、層次模型

　　層次模型是資料庫系統中最早出現的資料模型，但世界上第 1 個資料庫管理系統卻是基於網狀模型開發的。1963 年，通用電氣公司的 Charles Bachman 等人研發出了世界上第 1 個資料庫管理系統——整合資料儲存（Integrated Data Store，IDS），Bachman 也被譽為「資料庫之父」，並因在資料庫方面的傑出貢獻於 1973 年獲得圖靈獎。IDS 是基於網狀模型開發的，較好地解決了資料不能共用的問題，並提供了資料集中儲存功能。網狀模型的設計思想解決了層次結構無法建模更複雜的資料關係的問題。1971 年，在 Bachman 的積極推動下，資料庫語言研究會（又稱 CODASYL）下屬的資料庫任務組（又稱 DBTG）提出了一個系統方案——DBTG 系統，因此網狀資料模型也稱為 CODASYL 模型或 DBTG 模型。

　　層次模型態資料庫管理系統的典型代表是 IBM 公司的 IMS 資料庫管理系統，背景也是位於同時期的 1969 年「阿波羅登月」計畫，為滿足處理龐巨量資料量的需求，北美航空公司（NAA）基於層次結構的設計思想開發出了 GUAM 軟體，隨後 IBM 公司加入 NAA 並將 GUAM 進一步發展為 IMS 資料庫管理系統。

　　層次模型使用樹形結構來表示各個實體及實體間的聯繫，如圖 2-1 所示。

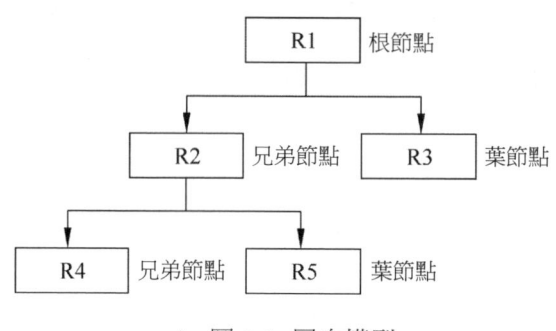

▲ 圖 2-1　層次模型

　　在資料庫管理系統的設計中，滿足邏輯模型下面的兩個條件的層次聯繫的集合即為層次模型：

（1）有且只有一個節點沒有雙親節點，這個節點稱為根節點。

（2）根節點以外的其他節點有且只有一個雙親節點。

正如層次模型其名，資料是如同樓層一樣一層一層存放的，如果想找到某個記錄的資料，則必須透過其層次位置一層一層地找下去。同時，沒有一個子女記錄值能脫離雙親記錄值而獨立存在。可根據校園專業及班級、教師、學生進行層次劃分，如圖 2-2 所示。

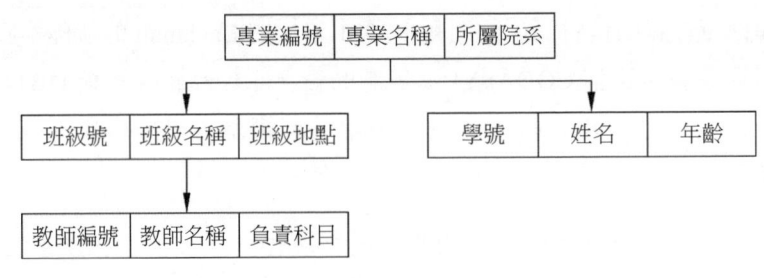

▲ 圖 2-2 校園層次圖

由上述兩個條件可得以下約束性條件：

（1）如果沒有相應的雙親節點，則不能往其插入子女節點值，也就是不能憑空出現子女節點。就如同沒有這個專業，就不能往這個專業插入班級。

（2）如果某個子女節點的值被刪除，則子女節點也一併消失。

（3）如果進行了更新操作，則應更新所有相應的記錄，進而保證資料的一致性。例如某個班級隸屬於電腦學院，當電腦學院與巨量資料學院結合時，那麼子女節點也應相應地進行更新。

透過圖 2-2 可得，層次模型的資料結構清晰明了。在層次資料庫中記錄值之間的聯繫透過有向邊表示，這種聯繫在資料庫管理系統中常常使用指標實現，在兩個記錄值之間存在一條有方向的存取路徑，透過這種路徑可以較容易地找到需要找的記錄值，資料庫管理員基於此種邏輯得出：層次模型態資料庫的查詢性能優於關聯式資料庫，在某些情況下不低於網狀資料庫。

2.1 資料庫系統的發展

層次模型的缺點也很明顯，首先是由層次模型的完整性帶來的缺陷，對資料的插入和刪除操作限制比較多，導致管理員往往需要撰寫複雜的程式；其次是現實世界的很多聯繫並不像層次結構般一個雙親節點對應多個子女節點，更可能是多對多的關係。例如著名的番茄是水果還是蔬菜問題，因為在不同場景下具有不同的身份，所以在以水果為雙親節點的情況下需要增加番茄，在以蔬菜為雙親節點的情況下也需要增加番茄，這就帶來了資料容錯的問題。

與層次資料庫不同，網狀資料庫採用了網狀模型作為資料的組織形式，即用有方向圖表示實體類型及實體間的聯繫，前文說到，世界上第 1 個資料庫管理系統 IDS 解決了層次結構帶來的複雜的建模問題，其實就是網狀模型克服了層次模型不能模擬現實世界中非層次關係的問題，可以讓子女節點有多個雙親節點，即番茄可以是水果的子女節點，同是也可為蔬菜的子女節點。網狀模型圖如圖 2-3 所示。

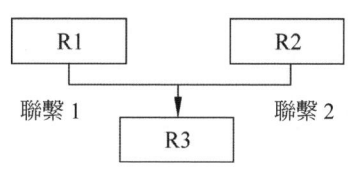

▲ 圖 2-3 網狀模型

如圖 2-3 可得到網狀模型的以下兩個特徵。

（1）一個節點可以有多於一個的雙親。

（2）允許一個以上的節點無雙親。

如果使用網狀模型去模擬校園資料庫，就可以展示番茄既是水果又是蔬菜的邏輯結構，解決了可能由層次模型不能有多個雙親節點而產生資料容錯的問題，如圖 2-4（a）和圖 2-4（b）所示。

2 資料庫系統的出現

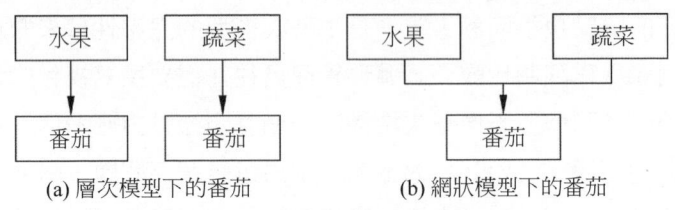

▲ 圖 2-4 層次模型與網狀模型對比

在網狀模型中，每個資料的儲存單位稱為記錄（類似層次模型的節點）。記錄包含若干資料項目，但都有一個用於內部進行標識的唯一識別碼，稱作碼（Data Base Key, DBK），這是在記錄被存入資料庫的時候由資料庫管理系統自動生成的。碼類似於記錄在資料庫中的邏輯位址，可用於尋找記錄。

網狀模型雖然沒有層次模型那麼嚴格的完整性約束性條件，但也存在若干廣泛認可的約束性條件：

（1）碼是唯一標識記錄的資料項目集合。

（2）一個聯繫中雙親記錄和子女記錄是一對多聯繫。

（3）支援雙親記錄和子女記錄之間的某些約束條件。

綜合網狀模型的資料結構和約束性條件可知，網狀模型態資料庫的存取效率高，能夠更為直觀地描述現實世界，但因網狀模型的資料庫操作語言複雜，以及不適應越來越複雜的資料結構，所以在關聯式資料庫出現之後，逐漸從資料庫市場中被淘汰。

2. 關係模型

1.1.3 節提到，IBM 實驗室的研究員 Codd 博士提出了關係模型。Codd 博士在 1970 年發表了題為《大型共用資料庫的關聯資料模型》的論文，奠定了關係模型及設計關聯式資料庫的理論基礎，Codd 博士也因在關係模型上的研究，獲得了 1981 年的圖靈獎。在該篇論文中，Codd 博士提出了關係模型的概念，論述了範式理論和衡量關係標準的 12 點準則，從而開創了資料庫的關係方法和資料標準化理論的研究。

2.1 資料庫系統的發展

關聯式資料庫的出現，為資料庫管理員在使用網狀資料庫和層次資料庫進行存取資料時需要明確資料的儲存結構及指出儲存路徑提供了解決方案，管理員不需要指出資料的儲存路徑，而是由資料庫管理系統的內部機制提供路徑選擇，減少了操作的複雜度，同時由於關係（二維度資料表）的緣故，實現了資料的獨立性。

了解關係模型的資料結構，通常是由一張二維度資料表開始的，以校園學生的基礎資訊為例，可得到如圖 2-5 所示的二維度資料表。

學生表　主碼　　屬性

學號	姓名	年齡	專業
1000	張三	18	網路工程
1001	李四	18	軟體工程
1002	王五	18	巨量資料
…	…	…	…

元組

▲ 圖 2-5 學生資料表介紹

整個資料結構通常包含關係、元組、屬性、主碼、域、分量及關係模式。首先是整張二維度資料表，就是關係模型中所講的「關係」，一個關係對應一張資料表；資料表中的一行，或說一位同學的基礎資訊，稱為元組或記錄；資料表中的一列即為一個屬性，例如學號這一列，代表學號這個屬性，學號即為屬性名稱，通常在設計資料表時也被稱為欄位名稱；學號是用來確定學生唯一身份的屬性名稱，在資料表中這種屬性被稱為主碼，在資料表中可以唯一確定一個元組；學生的年齡都處於某個適齡段，那麼這個適齡段就被稱為域，是一組具有相同資料型態的值的集合，屬性從域中進行選值；行與列的相交處，可以確定某名學生的某一項具體資訊，這個具體資訊稱為分量，分量為元組中的某個屬性值；最後是關係模式，是對關係或整張二維度資料表的描述。

2 資料庫系統的出現

和網狀模型、層次模型相比，關係模型的優點在於資料結構清晰、簡單，是一張二維的表格，實體跟實體之間的關係都用關係來表達；關係模型的範式理論建立在堅實的理論基礎和嚴格的數學概念上，為資料庫的標準化提供了解決方案；易於使用者上手的操作語言也成為關聯式資料庫淘汰網狀資料庫的原因之一。關係模型的缺點在於查詢效率不如樹形結構的層次模型，同時為了提高性能，設計資料庫的開發人員需對使用者的查詢請求進行最佳化。整體來講，關係模型的出現大大降低了操作資料庫的難度，獲得了社會的廣泛接受。

前文提到，Codd 博士提出了關係模型的範式理論，那麼什麼是範式呢？通俗來講，範式就是關聯式資料庫中的關係必須滿足的一種標準，滿足不同程度標準（要求）的為不同範式。滿足最低要求的叫作第一範式（1FN），依此類推。目前關聯式資料庫有 6 種範式，分別是第一範式到第五範式（5NF）和 Boyce-Codd 範式。本節簡介第一到第三範式。

（1）第一範式：每列屬性必須是不可分的資料項目，滿足這個條件的關係模式就屬於第一範式。例如學生資訊二維度資料表中，學生的學號、姓名、年齡都是不可再細分的。不滿足第一範式的資料庫就不是關聯式資料庫。

（2）第二範式：要求資料庫資料表中的每個元組都可以被唯一地進行區分，那麼為了實現區分，就需要唯一的屬性列，即主碼（或主鍵、主關鍵字、主屬性）。假設學生資料表沒有學號做主碼，那麼如果出現同姓名稱相同同班的學生，就不容易在資料表中進行區分。簡單來講，第二範式就是非主屬性完全依賴於主屬性。

（3）第三範式：屬性不依賴於其他的非主屬性列。例如在學生資訊資料表中，學生的姓名屬性跟年齡屬性沒有任何關係。

一個高級的範式是基於低級的範式建立起來的，高等級範式必須先滿足低等級範式。第二範式是在第一範式的基礎上建立起來的，同理，第三範式是在第二範式的基礎上建立起來的，整個逐級分解的過程就叫作資料庫的標準化。

為什麼需要範式，透過以下不標準的例子，讀者就能簡單地理解範式的重要性。

在不標準的資料庫中，常常會出現以下幾個問題。

（1）資料容錯：例如學生資訊資料表的某一列欄位名稱為課程名稱，那麼當前資料表中的同班級學生都存在相同的資料，因為都上同樣的課，所以造成了資料容錯，即對第一範式不成立。

（2）查詢異常：基於違反第二範式的例子，查詢出現多個相同的學生資訊。

（3）插入異常：例如存在一張班級資料表，學生資訊依賴於班主任（班主任唯一），在學校輸入了新生，但是沒有分配班主任的情況下，就變得不能插入學生資訊了。

（4）刪除異常：以第（3）筆為例，如果班主任離職，則學生資訊便會連帶被清空。

綜上，一個好的模式應當不會發生查詢異常、插入異常和刪除異常，同時資料的容錯也應盡可能地少。擁有一個標準化的資料庫，能夠在執行操作及維護時規避不必要的異常情況和減少維護的成本銷耗。

關係模型的基本關係操作包括查詢（Query）和插入（Insert）、刪除（Delete）、修改（Update）。查詢可以分為選擇（Select）、投影（Project）、連接（Join）、除（Divide）、並（Union）、差（Expect）、交（Intersection）、笛卡兒積等，其中選擇、投影、並、差、笛卡兒積是 5 種基本操作。關係操作的特點是集合操作方式，即操作的物件和結果都是集合。目前最流行的關聯式資料庫語言為 SQL，在 2.2.2 節透過 MySQL 使用 SQL 語言對資料庫如何進行增、刪、查、改進行了介紹。

在關係模型中，完整性約束包括屬性的域完整性、實體完整性、參照完整性和使用者自訂的完整性。例如屬性為性別，那麼域就為男或女，即為域完整性；在學生的資訊資料表中，學號不能為空，即為實體的完整性；需要注意的是參照完整性，假設存在兩張資料表 A 和 B，A 是學生資訊資料表，B 是校運會參賽資料表，B 中以某一比賽專欄為主屬性，報名列（儲存報名學生的學號）為非主屬性，那麼在 B 資料表中某一比賽專欄的報名列的學號不是為空，即在 A 資

資料庫系統的出現

料表中不存在這個學生，就是不為空，即在 A 資料表要存在這個學生的資訊；使用者自訂完整性以學生比賽的成績為例，裁判可對域的值做一個自訂的界限值，例如侷限在大於或等於 0 到 100 的範圍。

在面對處理某一項具體事務時，還需了解關聯式資料庫強調的 ACID 規則，即原子性（Atomicity）、一致性（Consistency）、隔離性（Isolation）和持久性（Durability）。原子性是表示一個事務中的所有操作，不是全部完成，就是全部不完成，不會結束在中間的某個環節，由於關聯式資料庫可以控制事務原子性細粒度，一旦操作有誤或有需要，則可以對事務進行導回操作（回到原先狀態）；一致性是在某一項事務的開始之前和結束以後，資料庫的完整性沒有被破壞；隔離性是關聯式資料庫允許多個併發事務同時對其資料進行讀寫和修改的能力，可以防止多個事務併發執行時導致資料的結果不一致；持久性是指某一項事務結束後，對資料的修改是永久性的。ACID 規則是關聯式資料庫在處理事務時保證事務正確可靠的 4 個特性，也是讀者在學習關聯式資料庫時需要掌握的重點理論知識。

值得一提的是，在 1974 年美國電腦協會（ACM）牽頭組織了一場思想交鋒的研討會，正方是「關聯式資料庫之父」Codd 及其支援者，反方是「資料庫之父」Bachman 及其支援者，Bachman 是當時資料庫界唯一的圖靈獎獲得者，這是一場經典的以弱對強的辯論。這次辯論改善了在當時剛誕生不久的關聯式資料庫的生存環境（市場上以網狀資料庫和層次資料庫為主），推動了關聯式資料庫的發展。寶劍鋒從磨礪出，梅花香自苦寒來，Oracle 的創始人 Larry Ellison 正是在 20 世紀 70 年代中期堅定地看好關聯式資料庫的前景，於 1977 年建立了 SDL 公司（甲骨文公司的前身，甲骨文也稱 Oracle，與其產品名稱相同）並於次年開發出了第 1 個商用關聯式資料庫管理系統，並在後來發展成為大名鼎鼎的 Oracle。

2.1.2 後關聯式階段

進入 21 世紀後，隨著網路技術、軟體工程技術、分散式、巨量資料、人工智慧等領域的不斷發展，對資料庫在資料結構上和處理複雜資料的能力上都提出了新的要求。Google 公司於 2003 年起發佈了 3 篇技術論文：*The Google File System*、*MapReduce：Simplified Data Processing on Large Clusters* 和 *Bigtable:A Distributed Storage System for Structured Data*，這 3 篇技術論文為分散式資料庫提供了理論基礎，資料庫正式迎來了後關聯式階段。

在後關聯式階段中，傳統的資料庫架構在巨量資料浪潮的衝擊下向分散式、雲端原生等架構上進行演進，湧現出一批如 Spanner、VoltDB 等優秀的分散式 DBMS。以 OceanBase 這款國產原生分散式資料庫（使用 Bytebase 對資料庫管理）為例，在面對「雙十一」兆級數據量的情況下展現了高可用、高性能和負載平衡的特點。

時間來到網際網路 Web 2.0 時代，傳統的關聯式 DBMS 在面對具有高併發的讀寫需求、巨量資料的高效儲存及高可擴充性和高可用性需求的 Web 2.0 純動態網站顯得力不從心，面對如此複雜的業務場景，非關係 DBMS 由於結構簡單、存取速度快、容量大、易於擴充等優點獲得了開發人員的青睞，NoSQL 資料庫管理系統隨之誕生了。NoSQL 與傳統的關聯式資料庫管理系統不同，表達了一個概念——Not Only SQL，泛指非關係的資料庫管理系統。如同其名，在資料模型上資料沒有直接的關係，提高了資料的易擴充性，在架構層面也帶來了可擴充性。在面對巨量資料的情況下，擁有遠超關聯式資料庫的讀寫能力。NoSQL 資料庫管理系統在資料模型上可分為鍵值（Key-Value）儲存資料庫、列儲存資料庫、文件型態資料庫、圖形資料庫。本節後面介紹的 Redis 即屬於 Key-Value 資料庫的 DBMS，MongoDB 則屬於文件型態資料庫的 DBMS。

在後關聯式階段中，企業在面臨巨量資料和多種業務場景的情況下，不管是使用與技術相結合的分散式資料庫及其解決方案或非關係的 NoSQL 的 DBMS，選擇一款適合自身系統和調配未來發展的資料庫系統就變得尤為重要。

2.1.3 主流資料庫管理系統

SDL 公司開創了商用資料庫管理系統的先河，在 20 世紀 80 年代，關聯式資料庫正式進入了商業化時代。當 SDL 公司的 Oracle 大獲成功的時候，傳統強隊 IBM 才組織起團隊研發關聯式資料庫並在 1983 年發佈了 DATABASE 2 for MVS，標誌著 DB2 的誕生。1986 年 5 月，Sybase 發佈首款資料庫產品。20 世紀 90 年代，Access、PostgreSQL 和 MySQL 相繼發佈。資料庫系統的不斷推陳出新，標誌著資料庫技術的不斷完善，資料庫市場格局也逐步趨於穩定。

本節所指的資料庫為基於該資料庫管理系統產品確定儲存結構的資料庫。

1. Oracle

Oracle Database（又稱 Oracle RDBMS）是資料庫領域最負盛名的關聯式資料庫管理系統，是世界上使用最為廣泛、最受歡迎的資料庫管理系統，在資料庫領域處於其他產品無法追趕的地位。

在 Oracle 公司發佈的歷代版本中，均帶有創新的成果。1984 年，Oracle 公司發佈了 Oracle 4，這是第 1 個具有多版本併發控制功能的 Oracle 資料庫產品；1985 年發佈的 Oracle 5 是第 1 個具有分散式資料庫能力的資料庫產品；1988 年，針對 UNIX 開發的 Oracle 6，獲得了 UNIX 市場的巨大成功；時間到了 90 年代，Oracle 8 實現了行級鎖定，是當時最具創新性的資料庫產品，直至目前的 Oracle 23c，增加了 AI 向量的語義搜尋功能。在 Oracle 的不同產品中，如果尾綴帶 g，則表示擁有雲端特性，如果尾綴帶 c，則表示具備分散式功能，如果尾綴帶 i，則表示具備網路功能。在巨量資料時代下，Oracle 不斷與時俱進地創新自身技術，這是使其能夠穩居資料庫產品市場第一寶座的主要原因。

Oracle 具備的高性能和安全性是深受企業喜歡的原因，據統計，在世界五百強企業中百分之九十使用的是 Oracle。首先是高性能，Oracle 能夠處理大規模的資料集和高併發的存取請求；Oracle 強大的恢復機制為資料庫發生破壞時提供了重要的容錯機制；擁有使用者身份驗證、許可權管理、資料加密、稽核功能為 Oracle 資料庫的安全提供了保障；自第 5 代版本推出的分散式處理功能可使企業的資料進行多機備份，提供異地災難恢復機制等。在資料庫方面上的特點，使 Oracle 成為其他 DBMS 完善自己產品的標桿。

2. MySQL

2.2 節對 MySQL 進行了簡述。

3. Redis

Redis 是一個開放原始碼的使用 C 語言撰寫、基於記憶體且可持久化的日誌型、Key-Value 儲存形式的 NoSQL 資料庫管理系統。

Redis 是基於記憶體執行的資料庫，為了保證讀取效率通常將資料快取在記憶體中，Redis 會週期性地把更新的資料寫入磁碟或把修改操作寫入追加的記錄檔案，基於此種特性，Redis 實現了主從同步，即資料可以從主要伺服器向其他任意數量的從伺服器上同步，從伺服器又可作為其他從伺服器的主要伺服器，這使 Redis 實現單層樹複製，保證了主、從伺服器的資料一致性。Redis 的伺服器程式是單處理程序的，在一台伺服器上可以同時存在多個 Redis 處理程序，有助提高併發處理能力，但也有可能對 CPU 性能造成壓力，在實際開發中往往依據請求的併發情況對執行的處理程序數量進行調整。

Redis 作為 NoSQL 資料庫，資料模型是由一個鍵、值映射的字典組成的。Redis 的值在資料結構上支援 5 種資料型態：Strings（字串類型）、List（清單類型）、Sets（集合類型）、Hashes（雜湊類型）和 Sorted Sets（有序集合）。由於 Redis 支援集合類型的計算操作，所以使 Redis 優於同類型的大部分資料庫。

談到 Redis 的優點，那不得不提的就是讀寫速度快，這是 Redis 基於記憶體的緣由。Redis 在面臨大量的讀寫操作時，可以將部分讀取操作分流給從伺服器，進而實現主要伺服器降低負載，也就是讀寫分離，但需要注意的是，寫入操作只在主要伺服器上進行。Redis 還支援資料持久化，一種是 AOF 持久化，透過日誌的形式來記錄每個寫入操作，並追加到 AOF 檔案的末尾，在 Redis 重新啟動的時候，可以透過 AOF 日誌中的寫入指令重新建構整個資料集；還有一種是

RDB 持久化，也就是把記憶體資料以快照（快照相當於一個資料集合的副本）的形式儲存到磁碟上，與 AOF 方式相比，RDB 記錄的是某一時刻的資料，而非資料操作。Redis 的資料持久化解決了自身不支援原子性（不具備交易復原功能）的問題，預防了在讀寫失敗時引起的資料遺失問題。

Redis 作為一個優秀的 NoSQL 資料庫，在快取、階段儲存、分散式鎖等業務場景上表現出色，受到不少大型企業的歡迎，例如新浪微博的資料庫使用的便是 Redis。

4. MongoDB

MongoDB 是一個介於關聯式資料庫和非關聯式資料庫之間的產品，是非關聯式資料庫中功能最豐富、最像關聯式資料庫的資料庫。MongoDB 旨在為 Web 應用提供可擴充的高性能儲存解決方案。

MongoDB 具備面向集合、模式自由、支援動態查詢、使用二進位資料儲存、支援多種語言等特點。集合指導向的是在 MongoDB 中資料都被分組儲存在不同的資料集中，儲存的資料集稱為集合，相當於關聯式資料庫的二維度資料表，在集合中理論上可以儲存無限多的文件，文件為 MongoDB 資料庫的基本單位，類似於關聯式資料庫中的一行資料（元組），文件是由 Key-Value 的形式對來表示的，如 {"name"："Tom"}，文件的鍵為字串類型，但文件中的值可以是各種資料型態的值，例如字串、整數或其他的文件（巢狀結構其他文件）；模式自由指的是採用無模式結構儲存，或說非結構化儲存，在文件中的資料沒有固定的長度和固定的格式，這是區別關聯式資料庫二維度資料表的重要特徵。一個出色的資料庫管理系統應具備豐富的查詢操作，而 MongoDB 支援 SQL 語言中的大部分查詢，同時支援在任意屬性上建立索引，對 SQL 語言使用者友善；MongoDB 儲存資料高效的特點是使用二進位格式進行資料儲存，使用的格式為 BSON（Binary JSON，二進位 JSON），這種格式具備輕量性、可遍歷性、高效性的特點，可以高效描述非結構化資料和結構化資料，在 MongoDB 使用的 BSON 中除了基本的資料型態，如 String、Boolean，還有 date、code 這種特殊的資料型態，滿足了豐富的適用場景；跟 Oracle、MySQL、Redis 等資料庫一樣，MongoDB 支援目前流行的多種程式語言。

MongoDB 適用於資料量大、讀寫操作頻繁、資料模型無法確定、低價值資料、事務性低的應用場景，例如儲存社交功能，如朋友圈、微博、QQ 空間內的文字、圖片、視訊資訊；遊戲場景中的裝備參數、貨幣數量、地圖位置資訊等；事務性低是相對於事務性高的系統來講的，傳統的關聯式資料庫更適合需要高度事務性的業務場景。

2.2 MySQL 簡述

MySQL 是最知名的關聯式資料庫管理系統之一，由瑞典的 MySQL AB 公司開發，目前屬於 Oracle（甲骨文）公司旗下產品。MySQL 是開放原始碼資料庫中的一匹黑馬，目前採用了雙授權的政策，分為社區版（免費，但沒有官方技術支援）和企業版（收費）兩個版本，社區版具有強大的資料管理功能及具備高穩定性、安全性等特性，並有官方提供技術支援服務。MySQL 資料庫管理系統以其出色的性能及高 C/P 值受到企業的歡迎。

MySQL 具備開放原始碼、體積小、速度快、使用成本低等特點，是中小型企業開發網站選擇資料庫管理系統的不二之選。

2.2.1 為什麼選擇 MySQL

在回答為什麼選擇 MySQL 的前提是為什麼選擇關聯式資料庫，這是因為目前大部分中小企業使用的資料庫依然為關聯式資料庫，選擇關聯式資料庫有助為想了解資料庫、想從事前後端開發方面的讀者提供主流的資料庫技術知識，即使現在資料庫產品出現百家爭鳴的局面，但關聯式資料庫在國內外的使用率仍然居高位不下，不管是每年的季或是年度資料庫報告，Oracle 與旗下產品 MySQL 屬於遙遙領先的高佔比例情況。

本書的專案為什麼選擇使用 MySQL 作為資料庫（管理系統）呢？MySQL 開放原始碼是一個重要的原因，開放原始碼表示任何開發者都可以免費使用該資料庫，同時 MySQL 具備跨平臺性，可以在 Windows、Linux、UNIX 和 macOS

等作業系統上執行，讀者不管是在哪個系統進行學習和使用 MySQL 都是十分方便的。本書的專案在開發階段是在 Windows 系統上完成的，上線則是在 Linux 系統上完成的，所以 MySQL 是一個非常好的選擇。

選擇 MySQL 作為 DBMS 也是因為其使用 SQL 語言作為存取資料庫的操作語言。SQL 語言是關聯式資料庫的標準化語言，語法簡單明了，即都由描述性很強的英文單字組成，並且使用的核心英文單字只有 9 個，學會 SQL 語言就可以操作其他的關聯式資料庫了；在 SQL 語言中只需告訴資料庫「做什麼」，不用告訴資料庫「怎麼做」，使用者無須了解資料的存取路徑，存取路徑由 DBMS 最佳化完成，是一種高度非過程化的語言，相對於前關係階段的資料庫操作語言具有極大的便利性；SQL 可以在作業系統的終端上執行創資料表、查詢、更新等操作指令，也可以嵌入高階語言（本書使用 JavaScript）中執行指令，為使用者提供了極大的靈活性與方便性。

本書使用 MySQL 作為資料庫、使用 Linux 作為作業系統、使用 Nginx 作為 Web 伺服器、使用 Express.js 寫伺服器端，實現免費在本地架設起一個網站系統。如果伺服器端用 PHP 寫，就是業界所稱的 LNMP 組合。

2.2.2 SQL 基本語法

1. SQL 組成部分

SQL 包括所有對資料庫的操作，主要由 4 部分組成。

（1）資料定義語言（Data Definition Language，DDL）：核心指令包括 create、alter、drop，用於定義資料庫物件。

（2）資料操縱語言（Data Manipulation Language，DML）：核心指令包括 insert、update、delete、select，即增、刪、查、改（CURD）。DML 用於資料庫操作，語法以讀寫資料庫為主。

（3）事務控制語言（Transaction Control Language，TCL）：核心指令包括 commit、rollback，用於管理資料庫中的事務。

（4）資料控制語言（Data Control Language，DCL）：核心指令包括 grant、revoke，是一種可對資料存取權限進行控制的指令，對資料庫的使用者進行許可權控制。

2. SQL 語法要點

（1）SQL 敘述不區分大小寫，以 select 指令為例，select 與 Select、SELECT 是相等的。

（2）SQL 敘述可以寫成一行（單行），也寫入成多行，通常用多行以增加可讀性，命令如下：

```
# 表示將學生資料表 students 中名字為張三的學生的姓名修改為李四
update students
set name = '李四'
where name = '張三';
```

（3）SQL 敘述中的空格會被自動忽略。

（4）多筆 SQL 敘述以分號（;）進行分隔。

（5）SQL 支援 3 種註釋方式，程式如下：

```
# 註釋方式 1
/* 註釋方式 2 */
-- 註釋方式 3
```

3. 條件陳述式

1) where

關鍵字 where 常用於 select、update 和 delete 敘述中傳回符合某些條件的資料值的子句，其作用是縮小傳回值的範圍，where 子句可結合表 2-1 中的運算子進行使用。

2 資料庫系統的出現

▼ 表 2-1 運算子

運算子	描述	運算子	描述
=	等於	<=	小於或等於
!=	不等於	in	在指定的值中進行選取，可搭配 not 等多種運算子使用
>	大於	between	在指定的範圍內進行選取，與 and 運算子一起搭配使用
<	小於	like	用於匹配某種模式，支援 % 等多種萬用字元選項
>=	大於或等於		

2）in 和 between

在 where 子句中可使用 in 和 between 關鍵字，前者用於在指定的多個值中傳回資料，後者則是在指定的範圍內傳回資料。

（1）in 的程式如下：

```
#where 列名稱 in (value1，value2，…)
# 在 students 資料表中查詢 id 為 1001、1002 的學生資訊
select *
from students
where id in (1001，1002);
# 在 students 資料表中查詢 id 除 1001、1002 的學生資訊
select *
from students
where id not in (1001，1002);
```

（2）between 的程式如下：

```
#where 列名稱 between value1 and value2
#where 列名稱 not between value1 and value2
# 通常 value1 < value2
# 在 students 資料表中查詢 id 在 1001 到 1003 之間的學生資訊
select *
from students
```

2.2 MySQL 簡述

```
where id between 1001 and 1003；
# 在 students 資料表中查詢除 1001 到 1003 之外的學生資訊
select *
from students
where id not between 1001 and 1003；
```

3）like

關鍵字 like 只在欄位為文字類型時才使用，其作用是確定字串是否符合某種匹配模式。

（1）% 萬用字元，限制字串中任何字元出現任意次數，程式如下：

```
#like '張%' 將檢索以張開頭的所有字串
select * from students where name like '張%'
#like '%三' 將檢索以三結尾的所有字串
select * from students where name like '%三'
#like '%張三%' 將檢索任何位置包含張三的所有字串
select * from students where name like '%張三%'
```

（2）_ 萬用字元，限制字串中某個字元只出現一次，程式如下：

```
# 可能會傳回名字為 Mike 的外國學生資訊
select * from students where name like '_ike'
```

4）and、or、not

這 3 個關鍵字都是用於限制條件的邏輯指令，and 表示與條件，or 表示或條件，not 表示非條件，範例程式如下：

```
# 在 students 資料表中查詢學號為 1001、成績 score 大於或等於 90 的學生姓名
select name
from students
where id = 1001 and score> 90；
# 在 students 資料表中查詢學號為 1001 或 1002 的學生資訊
select name
from students
where id = 1001 or id = 1002；
# 在 students 資料表中查詢除學號為 1001 到 1002 的所有學生資訊
```

```
select name
from students
where id not in 1001 and 1002；
```

4. DML 基本語法

　　DML 是最常用的語言，這是因為資料庫從建好之後就會不斷地對資料進行讀寫操作。下面以對某張學生資料表（students）的名字（name）屬性進行增加姓名、修改姓名、刪除姓名及查詢學生資訊為例對 DML 語言常用操作進行示範。

　　（1）插入資料，程式如下：

```
# 表示對學生資料表的 name 屬性插入名字為張三的屬性值
# 格式為 insert into 資料表名稱 ( 列 1，列 2，…) values (value1,value2，…)
insert into students(name)values('張三');
```

　　（2）更新資料，程式如下：

```
# 表示將學生資料表 students 中名字為張三的學生的姓名修改為李四
update students
set name = '李四'
where name = '張三';
```

　　（3）刪除資料，程式如下：

```
# 表示對學生資料表 students 中名字為張三的學生進行了刪除
# 格式為 delete from 資料表名稱 where 列名稱 = 值
delete from students where name = '張三';
```

　　（4）查詢資料，程式如下：

```
# 表示在學生資料表中查詢名字為張三的所有資訊
# 格式為 select * from 資料表名稱，星號 * 表示查詢所有列資訊
select * from students where name = '張三'
# 查詢 name 屬性列資料，格式為 select 列名稱 from 資料表名稱
select name from students；
# 查詢多列資料，格式為 select 列 1 名稱，列 2 名稱，… from 資料表名稱
select name，age from students；
# 查詢傳回 name 屬性，非重複值使用 distinct
```

```
select distinct name from students;
#限制查詢傳回的值為前 n 行
select name from students limit n;
```

這裡還需了解不同敘述的冪等性。冪等性是一個數學概念，可簡單地理解為重複操作與一次操作的影響相同，在資料庫中主要以是否影響資料庫進行判定。不同敘述的冪等性可見表 2-2。

▼ 表 2-2 SQL 敘述冪等性

敘述	冪等性	描述
select	冪等	對資料表搜尋一萬次和搜尋一次效果相同，不會產生任何影響
insert	冪等 / 非冪等	假設存在一筆 insert into users age（id,age）values（1,18）敘述，如果 id 是主鍵，則重複對 id 為 1 的記錄執行該行敘述不會新增資料，即不會產生影響；如果 id 值不是主鍵，則下一次執行將新增一筆記錄，即非冪等
update	冪等 / 非冪等	假設存在一筆 update users set age=18 where id=1 敘述，如果 id 是主鍵，則不管重複執行多少次都不會對記錄造成變化；如果 age 值存在變化現象，如 set age=18+1，則每次運算元值都會變化，此時為非冪等
delete	冪等	對某筆記錄刪除一萬次和刪除一次效果相同

5. 巢狀結構子查詢

當有多個查詢準則時，可以在 SQL 查詢中巢狀結構子查詢，語法為在 where 子句中使用小括號 () 包裹新的查詢敘述。巢狀結構子查詢的敘述稱為外部查詢，被巢狀結構的子查詢稱為內部查詢，在檢索的過程中總是從被巢狀結構的子查詢開始檢索，傳回條件後執行外部查詢。子查詢通常巢狀結構在 select、insert、update 或 delete 敘述中，也可以巢狀結構在其他的子查詢中。

假設有兩張資料表，一張為只有學號（id）和姓名（name）的學生資料表（students），另一張為只有學號（id）和總成績（score）的成績資料表（scores），使用者想要查詢學號為 1001、姓名為張三（假設學生資訊唯一）的總成績，就可透過巢狀結構子查詢執行查詢命令，程式如下：

```
# 內部查詢透過學生姓名傳回了學生學號，外部查詢透過學生學號傳回了學生總成績
select score
from scores
where id in (select id
             from students
             where name = '張三');
```

6. 連接

在 SQL 中，連接（join）命令用於連結多個資料表，按照不同的連接方式傳回滿足條件的資料集合。常見的連接方式有內連接（inner join）、左連接（left join）、右連接（right join）和全外連接（full outer join）。相同條件下，連接的效率會比子查詢更高。

需要注意的是，在連接的敘述中條件陳述式使用 on 而非 where，並且 MySQL 不支援全外連接。

下面假設存在兩張學生資料表 students1 和 students2，演示 4 種連接及其相關的 7 種用法。

（1）inner join，程式如下：

```
# 傳回 students1 資料表 id 等於 students2 資料表 id 的值組合的資料集合
select *
from students1
inner join students2
on students1.id = students2.id;
```

（2）left join 的兩種用法，程式如下：

```
# 傳回 students1 資料表中的所有行和符合連結條件的 students2 的匹配行組合的資料集合
select *
from students1
left join students2
on students1.id = students2.id;
# 在上述 SQL 敘述的結果上繼續篩選 students2.id 為 null 的匹配行集合
```

```
select *
from students1
left join students2
on students1.id = students2.id
where students2.id is null;
```

（3）right join 的兩種用法，程式如下：

```
# 傳回 students2 資料表中的所有行和符合連結條件的 students1 的匹配行組合的資料集合
select *
from students1
right join students2
on students1.id = students2.id;
# 在上述 SQL 敘述的結果上繼續篩選 students2.id 為 null 的匹配行集合
select *
from students1
right join students2
on students1.id = students2.id
where students2.id is null;
```

（4）full outer join 的兩種用法，程式如下：

```
# 傳回 students1 資料表和 students2 資料表中的所有行的資料集合，無論是否滿足條件
select *
from students1
full outer join students2
on students1.id = students2.id;
# 傳回除滿足條件的 students1 資料表和 students2 資料表中的所有行的資料集合
select *
from students1
full outer join students2
on students1.id = students2.id;
where students1.id is null
or students.id is null;
```

7. 組合

組合（union）運算子用於組合兩個或多個查詢敘述並將傳回的結果組合成資料集合，並且會排除重複值。如果需要包含重複值，則語法為 union all。

2 資料庫系統的出現

如果在使用 union 查詢的過程中存在多列，則列數和列的順序必須相同並且列的資料型態必須相同或能夠相容。

組合程式如下：

```
# 查詢 students1 資料表和 students2 資料表中的 name 屬性列
select name
from students1
union
select name
from students2;
```

8. 排序

在 select 中可以使用 order by 對結果集進行排序，預設為昇冪（asc），可使用 desc 調整成降冪，程式如下：

```
# 傳回結果 id 為降冪，name 為昇冪
select *
from students
order by id desc, name asc;
```

9. 函數

在 MySQL 中，可以透過系統給定的函數對數字、字串、日期和時間、條件判斷、屬性整理進行處理，這裡僅對字串、日期和時間、聚合進行簡單介紹。

（1）字串處理函數見表 2-3。

▼ 表 2-3 字串處理函數

函數	說明
length（s）	傳回字串 s 的長度
contact（s1，s2，…）	對字串 s1、s2 等多個字串進行合併
insert（s1，x，len，s2）	將字串 s2 替換 s1 的 x 位置開始、長度為 len 的字串

（續表）

函數	說明
left（s，n）	傳回字串 s 的前 n 個字元
right（s，n）	傳回字串 s 的後 n 個字元

（2）日期和時間處理函數見表 2-4。

▼ 表 2-4 日期和時間處理函數

函數	說明	函數	說明
curdate()	傳回當前日期	minute()	傳回一個日期的分鐘部分
curtime()	傳回當前時間	month()	傳回一個日期的月份部分
date()	傳回當前時間的日期部分	adddate()	增加一個日期
day()	傳回一個日期的天數部分	addtime()	增加一個時間
hour()	傳回一個日期的小時部分		

（3）聚合處理函數見表 2-5。

▼ 表 2-5 聚合處理函數

函數	說明
avg()	傳回某列的平均值，但會忽略值為 NULL 的行
count()	傳回某列的行數
max()	傳回某列的最大值
min()	傳回某列的最小值
sum()	傳回某列之和

10. 分組

在 SQL 中可使用 group by 關鍵字對一個或多個列的查詢結果進行分組。在查詢敘述中通常需要結合使用匯總函數，程式如下：

```
# 在學校 school 資料表中對班級 classname 和學生人數 students 進行分組
#as 關鍵字可對資料表設置別名
select classname,count(students)as number
from school
group by classname；
```

2.3 建立第 1 個資料庫

本節將介紹兩種不同的建立資料庫的方式，一種為下載 MySQL 社區版並使用 DDL 對資料庫進行建立；另一種為使用國產小皮面板整合環境對資料庫進行建立。

2.3.1 使用 MySQL 社區版建立資料庫

1. 安裝社區版資料庫

MySQL 社區版是 MySQL 官方提供的開放原始碼免費版，具備 MySQL 資料庫管理系統的基本功能，與收費版的主要區別為不提供技術支援。

MySQL 社區版官方下載網址為 https://dev.mysql.com/downloads/mysql/。

（1）選擇下載的版本和作業系統。在本書的專案中所使用的 MySQL 版本為 5.7，對於作業系統讀者可選擇對應的系統及版本，如圖 2-6 所示。

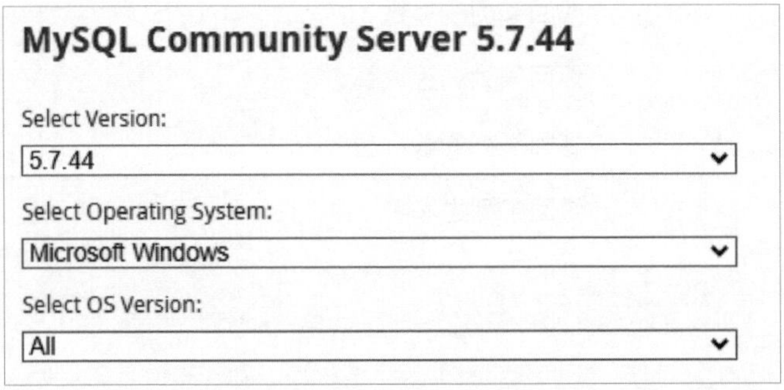

▲ 圖 2-6 選擇對應的版本與系統

2.3 建立第 1 個資料庫

（2）按一下 Download 按鈕下載對應的壓縮檔，如圖 2-7 所示。

Other Downloads:			
Windows (x86, 64-bit), ZIP Archive	5.7.44	336.5M	Download
(mysql-5.7.44-winx64.zip)		MD5: 7452012c6c03c05ccda60b0c01626204 | Signature	

▲ 圖 2-7 下載對應的壓縮檔

（3）按一下 Download 按鈕後會出現登入或註冊免費帳號提示，選擇底部的 No thanks，just start my download 即可，如圖 2-8 所示。

MySQL Community Downloads

Login Now or Sign Up for a free account.

An Oracle Web Account provides you with the following advantages:

- Fast access to MySQL software downloads
- Download technical White Papers and Presentations
- Post messages in the MySQL Discussion Forums
- Report and track bugs in the MySQL bug system

Login » using my Oracle Web account

Sign Up » for an Oracle Web account

MySQL.com is using Oracle SSO for authentication. If you already have an Oracle Web account, click the Login link. Otherwise, you can signup for a free account by clicking the Sign Up link and following the instructions.

No thanks, just start my download.

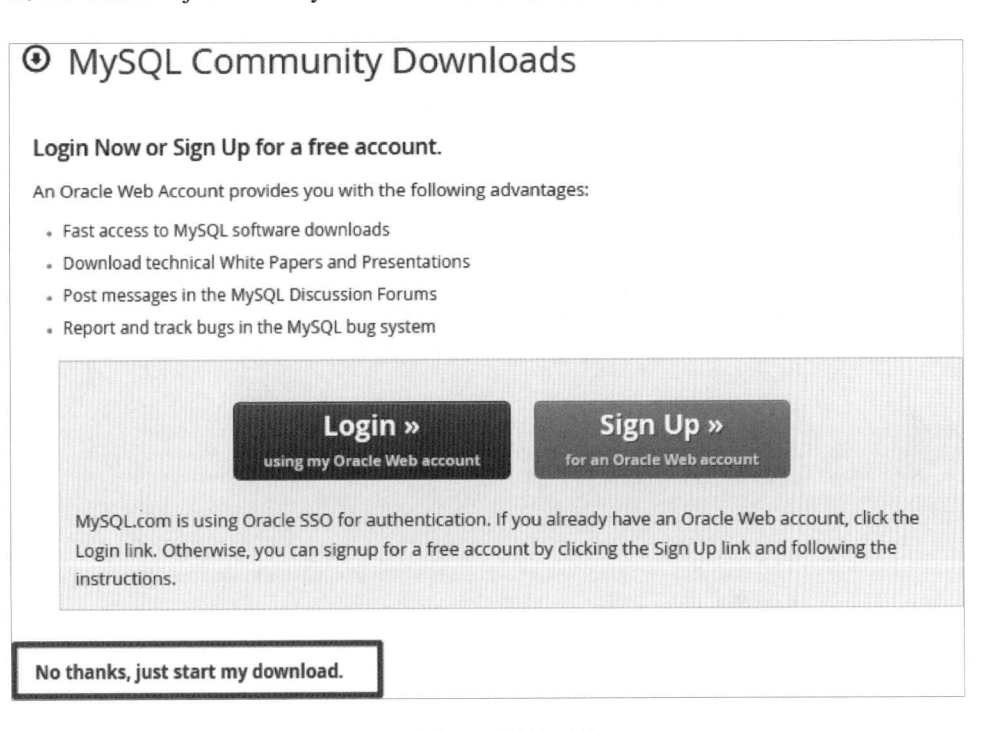

▲ 圖 2-8 開始下載

2 資料庫系統的出現

（4）對下載後的壓縮檔進行解壓，可得以下資料夾，如圖 2-9 所示。

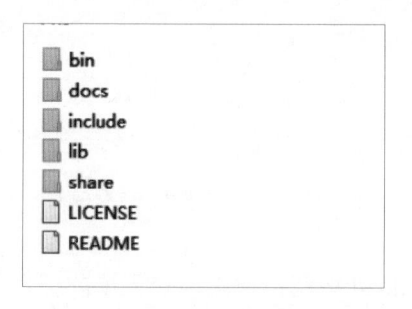

```
bin
docs
include
lib
share
LICENSE
README
```

▲ 圖 2-9 解壓後的資料夾

（5）進入系統屬性並按一下「環境變數」按鈕，如圖 2-10 所示。

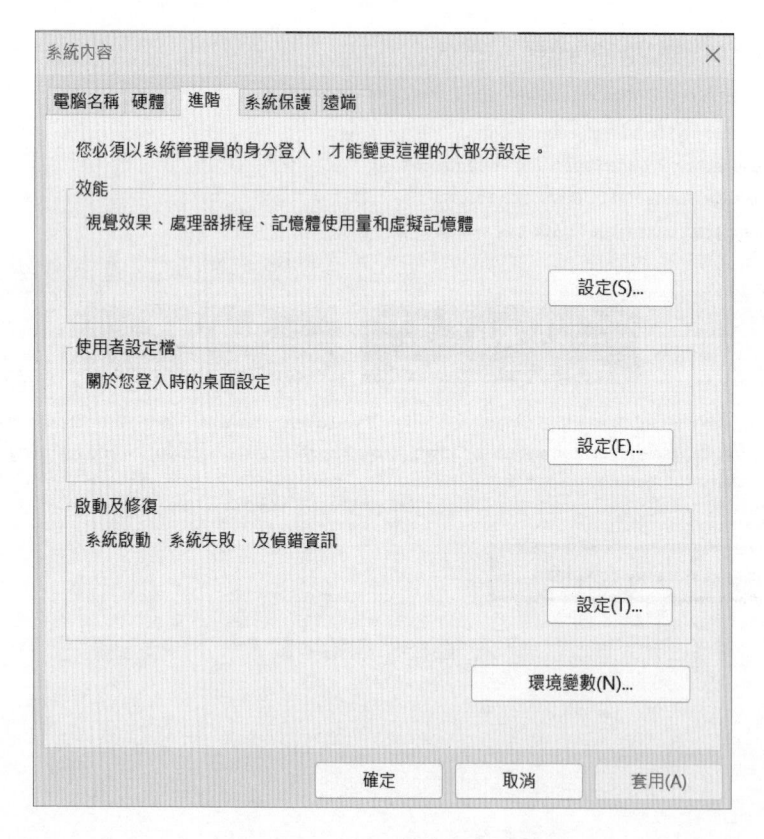

▲ 圖 2-10 「系統屬性」標籤

2.3 建立第 1 個資料庫

（6）在「環境變數」中選擇「系統變數」→ Path，按一下「編輯」按鈕，如圖 2-11 所示。

▲ 圖 2-11 「系統變數」標籤

（7）在編輯「環境變數」中新增解壓資料夾目錄中的 bin 資料夾位址，並按一下「確定」按鈕，如圖 2-12 所示。

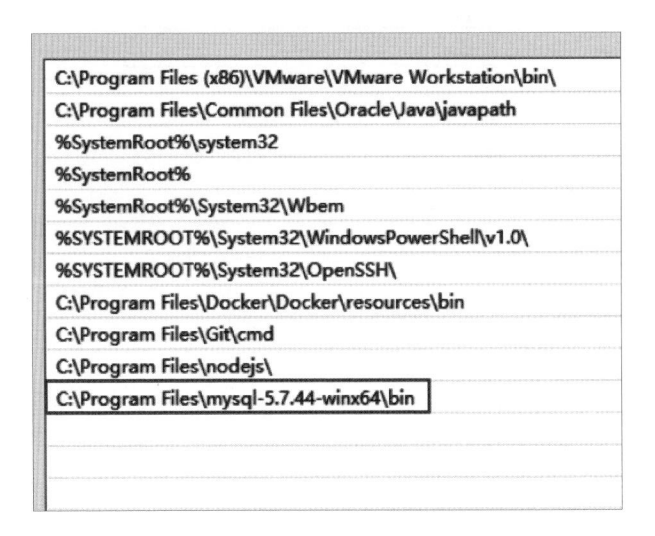

▲ 圖 2-12 「編輯環境變數」標籤

至此，MySQL 環境變數配置完成，可在終端中使用 MySQL。

2 資料庫系統的出現

（8）這一步為安裝和初始化 MySQL 服務，以管理員許可權進入終端並定位至 bin 目錄下，隨後執行安裝命令 mysqld -install 和初始化命令 mysql -initialize，如圖 2-13 所示。

```
管理員: 命令提示符
Microsoft Windows [版本 10.0.19045.2965]
(c) Microsoft Corporation。保留所有權利。

C:\WINDOWS\system32>cd C:\Program Files\mysql-5.7.44-winx64\bin

C:\Program Files\mysql-5.7.44-winx64\bin>mysqld -install
Service successfully installed.

C:\Program Files\mysql-5.7.44-winx64\bin>mysqld --initialize

C:\Program Files\mysql-5.7.44-winx64\bin>
```

▲ 圖 2-13 安裝和初始化 MySQL 服務

執行完兩筆命令後，在 MySQL 目錄中會出現 data 資料夾，如圖 2-14 所示。

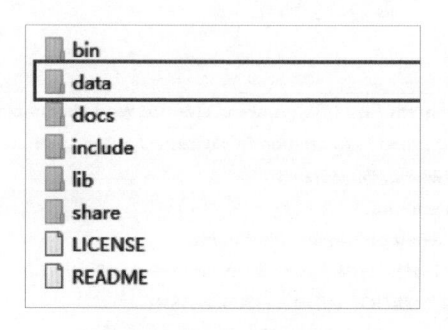

```
bin
data
docs
include
lib
share
LICENSE
README
```

▲ 圖 2-14 data 資料夾

（9）在 data 資料夾中找到唯一一個以 err 為副檔名（該檔案名稱通常為所用電腦名稱）的檔案，並選擇用記事本開啟，可在裡面看到系統自動生成的資料庫臨時密碼，如圖 2-15 所示。

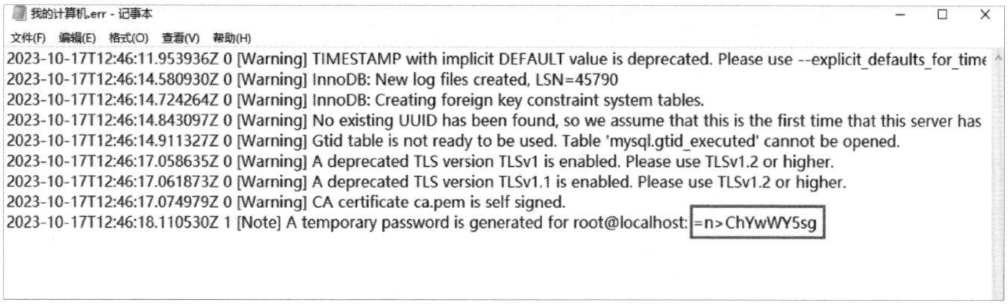

2.3 建立第 1 個資料庫

▲ 圖 2-15 err 檔案內的臨時性密碼

（10）回到終端啟動 MySQL 服務，並使用臨時密碼登入 MySQL，啟動命令如下：

```
// 啟動 mysql
net start mysql

// 登入
mysql -u root -p
```

在終端內的操作如圖 2-16 所示。

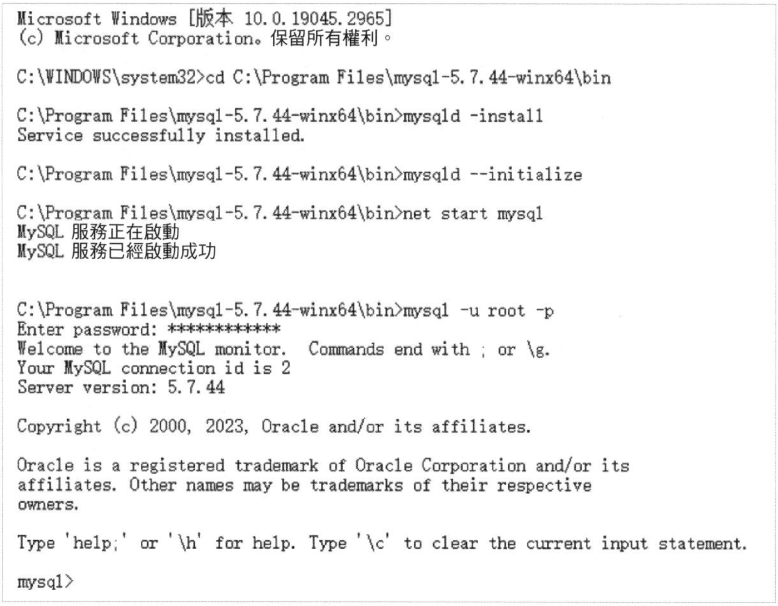

▲ 圖 2-16 開啟並登入 MySQL 服務

2 資料庫系統的出現

（11）因為臨時密碼過於複雜，所以通常在第 1 次登入之後會對密碼進行修改，修改密碼的命令如下：

```
alter user 'root'@'localhost' identified by '密碼';
```

在終端中的操作如圖 2-17 所示。

```
mysql> alter user 'root'@'localhost' identified by '123456';
Query OK, 0 rows affected (0.00 sec)

mysql> quit
Bye
```

▲ 圖 2-17 修改密碼

（12）資料庫開啟後可在資料庫中輸入查看狀態命令，命令如下：

```
status
```

可在狀態中看到初始化的 MySQL 預設字元集不為 uft8，如圖 2-18 所示。

```
Oracle is a registered trademark of Oracle Corporation and/or its
affiliates. Other names may be trademarks of their respective
owners.

Type 'help;' or '\h' for help. Type '\c' to clear the current input statement.

mysql> status
--------------
mysql  Ver 14.14 Distrib 5.7.44, for Win64 (x86_64)

Connection id:          4
Current database:
Current user:           root@localhost
SSL:                    Cipher in use is ECDHE-RSA-AES128-GCM-SHA256
Using delimiter:        ;
Server version:         5.7.44 MySQL Community Server (GPL)
Protocol version:       10
Connection:             localhost via TCP/IP
Server characterset:    latin1
Db     characterset:    latin1
Client characterset:    gbk
Conn.  characterset:    gbk
TCP port:               3306
Uptime:                 12 min 6 sec

Threads: 1  Questions: 9  Slow queries: 0  Opens: 107  Flush tables: 1  Open tables: 100  Queries per second avg: 0.012
--------------

mysql>
```

▲ 圖 2-18 MySQL 預設字元集

2.3 建立第 1 個資料庫

所以需修改為 utf8，在 MySQL 的檔案目錄裡新建檔案 my.ini，如圖 2-19 所示。

▲ 圖 2-19 增加 my.ini 檔案

按兩下檔案，開啟檔案後將檔案內容修改為 utf8 字元集，程式如下：

```
[client]
default-character-set=utf8
[mysql]
default-character-set=utf8

[mysqld]
character-set-server=utf8
```

（13）此時重新啟動伺服器，並檢查字元集，關閉資料庫的命令如下：

```
net stop mysql
```

可看到字元集已經變成了 utf8，如圖 2-20 和圖 2-21 所示。

▲ 圖 2-20 重新啟動 MySQL 服務

2 資料庫系統的出現

```
mysql> status
--------------
mysql  Ver 14.14 Distrib 5.7.44, for Win64 (x86_64)

Connection id:          2
Current database:
Current user:           root@localhost
SSL:                    Cipher in use is ECDHE-RSA-AES128-GCM-SHA256
Using delimiter:        ;
Server version:         5.7.44 MySQL Community Server (GPL)
Protocol version:       10
Connection:             localhost via TCP/IP
Server characterset:    utf8
Db     characterset:    utf8
Client characterset:    utf8
Conn.  characterset:    utf8
TCP port:               3306
Uptime:                 26 sec
```

▲ 圖 2-21 字元集被修改為 utf8

至此，MySQL 安裝配置完成，下面建立資料庫。

2. 建立第 1 個資料庫

（1）進入資料庫，使用 create 操作命令建立名為 school 的資料庫，並進入 school 資料庫，如圖 2-22 所示。

```
mysql> create database school;
Query OK, 1 row affected (0.00 sec)

mysql> use school;
Database changed
mysql>
```

▲ 圖 2-22 建立並進入 school 資料庫

（2）新建一張擁有學號（id，資料型態為 int）、姓名（name，資料型態為 varchar）、年齡（age，資料型態為 int）的學生（students）資料表，新建成功後展示資料庫中的資料表。需要注意的是，在資料庫中預設存在 information_schema、mysql 等 4 張資料表，如圖 2-23 所示。

```
mysql> create table student (
    -> id int,
    -> name varchar(255),
    -> age int
    -> );
Query OK, 0 rows affected (0.01 sec)

mysql> show databases;
+--------------------+
| Database           |
+--------------------+
| information_schema |
| mysql              |
| performance_schema |
| school             |
| sys                |
+--------------------+
5 rows in set (0.00 sec)

mysql>
```

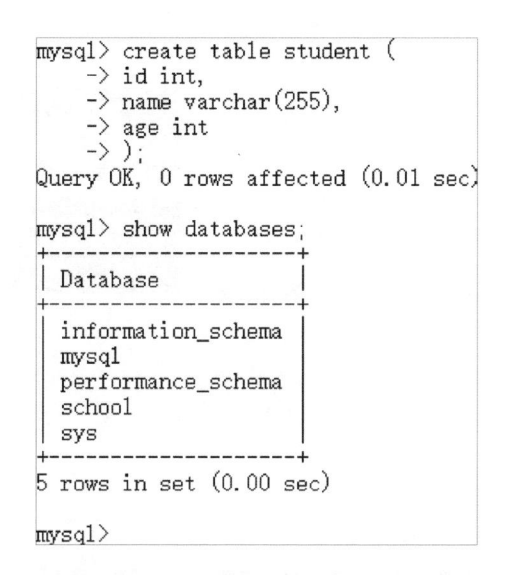

▲ 圖 2-23 新建 school 資料表並展示

至此,使用 MySQL 社區版建立第 1 個資料庫完成,讀者可對資料庫進行 CURD 操作。

2.3.2 使用小皮面板建立資料庫

小皮面板是一款伺服器整合環境工具,支援 Web 端管理,一鍵建立網站、FTP、資料庫等功能,擁有 Windows 和 Linux 兩種系統版本和完整的使用手冊,為開發者提供了免費、簡單易上手的伺服器環境。

1. 安裝小皮面板

(1)讀者可根據電腦系統選擇 Windows 版本或 Linux 版本的整合環境進行下載,案例下載 phpStudy v8.1 版本,如圖 2-24 所示。

2 資料庫系統的出現

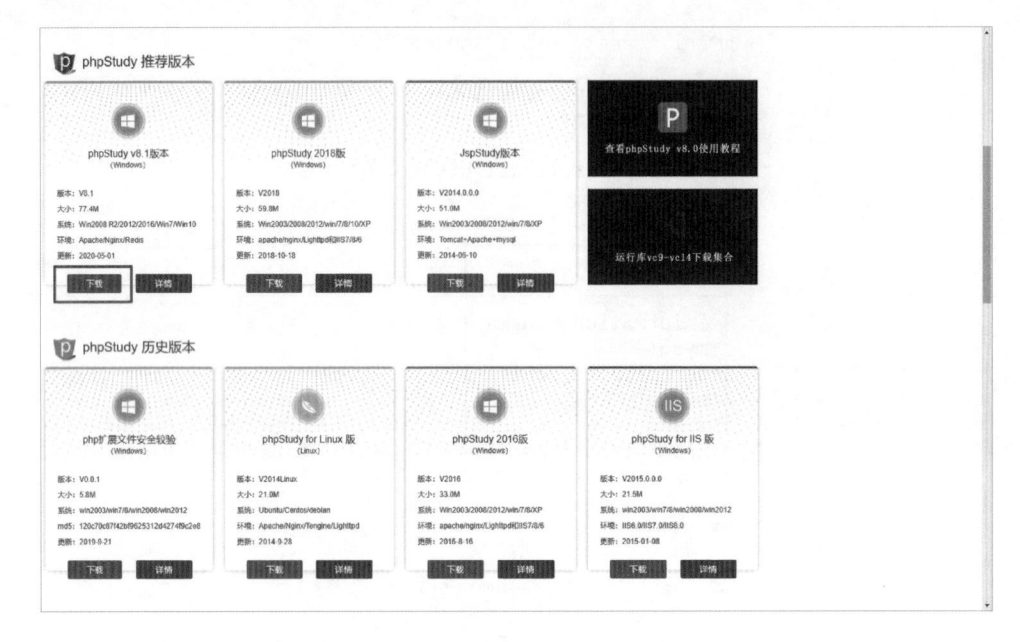

▲ 圖 2-24 下載 phpStudy v8.1 版本

（2）對下載後的壓縮檔進行解壓，資料夾包含安裝執行檔案和使用說明，如圖 2-25 所示。

▲ 圖 2-25 小皮面板安裝目錄

2.3 建立第 1 個資料庫

(3) 按兩下可執行檔,安裝小皮面板直至完成,如圖 2-26 所示。

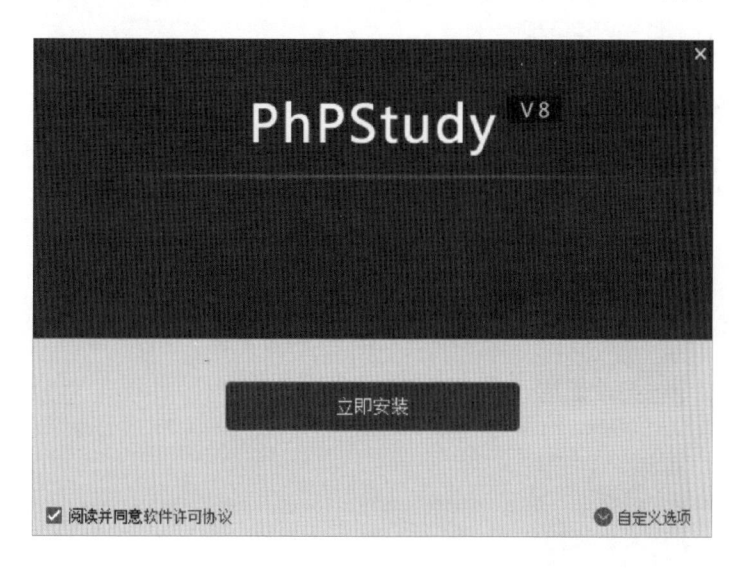

▲ 圖 2-26 下載並安裝小皮面板

2. 使用小皮面板建立資料庫

(1) 啟動小皮面板,如圖 2-27 所示。

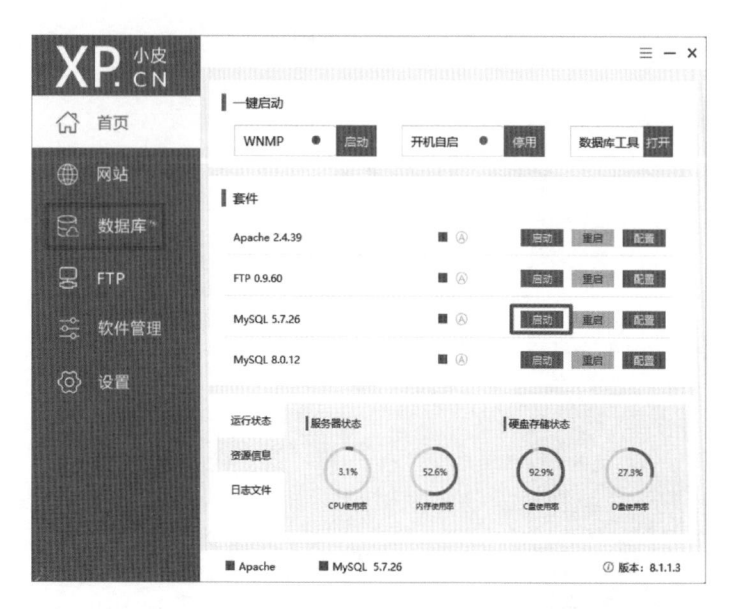

▲ 圖 2-27 小皮面板首頁

可以看到面板左側選單列有資料庫模組,並且在首頁的套件中已經安裝好了 MySQL 5 版本,只需啟動。

(2)按一下「啟動」按鈕啟動 MySQL 服務,並在資料庫中修改原始密碼,此步驟與 2.3.1 節啟動和初始化 MySQL 社區版之後對密碼進行重置過程相同,如圖 2-28 和圖 2-29 所示。

▲ 圖 2-28 修改資料庫原始密碼

▲ 圖 2-29 將資料庫密碼修改為 123456

2.3 建立第 1 個資料庫

（3）按一下左上角的「建立資料庫」按鈕，建立名為 school 的資料庫，並輸入資料庫使用者名稱和密碼，最後按一下「確認」按鈕，資料庫建立完成，如圖 2-30 和圖 2-31 所示。

▲ 圖 2-30 建立名為 school 的資料庫

▲ 圖 2-31 school 資料庫建立完成

至此，資料庫建立完成。

2.4 視覺化的資料庫管理工具

MySQL 除了有終端附帶的命令列管理工具外，還有視覺化和圖形化的資料庫管理工具，例如 MySQL 官方推出的 MySQL Workbench，這是一款專為 MySQL 設計的 ER/ 資料庫建模工具，同時支援 Windows 和 Linux 系統，並擁有開放原始碼和商業版兩個版本。視覺化的管理工具相較於命令列操作可以更為直觀地對資料表進行設計，也易於匯入或匯出資料結構和資料表，當資料庫出現問題時，方便管理員及時找到異常的函數庫或資料表進行修復，保證了資料庫管理的品質和提高了工作效率。

本節將使用 Navicat for MySQL 去建構在 2.3.2 節中透過小皮面板建立的 school 資料庫的資料表。Navicat 系列（包括 Navicat for MySQL）是目前最流行的視覺化和圖形化的資料庫管理工具之一，支援 MySQL、SQL Server、Oracle、MongoDB 等多種資料庫管理系統和多種作業系統。為什麼不選擇官方配套的 MySQL Workbench 而選擇 Navicat for MySQL 呢？首先是 MySQL WorkBench 並不支援中文，需要安裝額外的中文化套件，而 Navicat 系列的產品支援簡體中文；其次是 Navicat 系列產品都提供免費的試用版本，功能強大且完善；最後，簡潔不繁雜的頁面風格對剛接觸資料庫的學習讀者方便上手。

讀者可選擇適合電腦作業系統和位元數的版本進行下載，如圖 2-32 所示。

▲ 圖 2-32 選擇合適版本的 Navicat for MySQL 進行下載

2.4 視覺化的資料庫管理工具

下載後為一個 exe 執行檔案，按兩下此檔案進行安裝，安裝過程中可根據磁碟容量自行選擇儲存位置，其餘保留預設值即可，如圖 2-33 所示。

▲ 圖 2-33　Navicat for MySQL 安裝精靈

安裝完成後，按兩下應用軟體圖示後會出現試用提醒，按一下「試用」按鈕，如圖 2-34 所示。

▲ 圖 2-34　Navicat for MySQL 試用提醒

2 資料庫系統的出現

接著會進入 Navicat for MySQL 的主介面。在主介面的頂部包括連接資料庫、新建查詢視窗（查詢敘述）、查看資料表等功能；主介面的左側區域為資料表選擇區域，主介面主要區域則是顯示資料表內容的區域，如圖 2-35 所示。

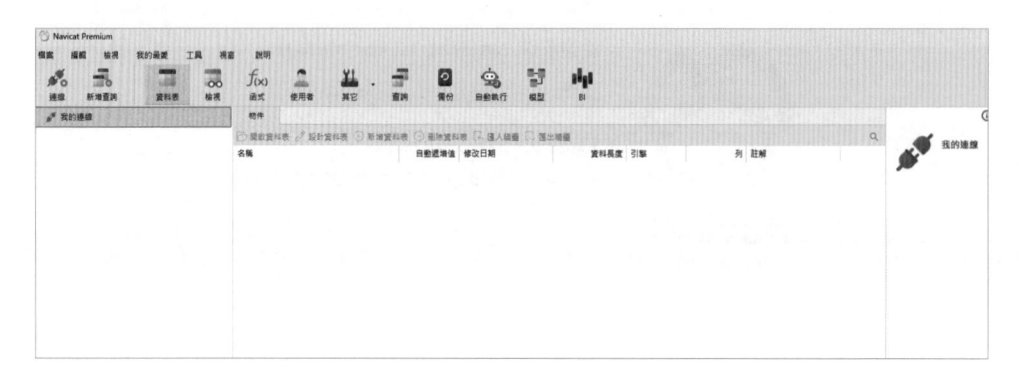

▲ 圖 2-35 Navicat for MySQL 介面

按一下頂部的「連接」按鈕並選擇 MySQL，即可連接在小皮面板架設的 school 資料庫，需要注意的是，此時小皮面板不能關掉。連接輸入的資料與小皮面板一致，如圖 2-36 所示。

▲ 圖 2-36 連接 school 資料庫

2-42

2.4 視覺化的資料庫管理工具

連接成功後，主介面的左側會顯示 school 資料庫。按兩下 school 會出現 school 資料庫和 information_schema 資料庫，後者為預設的資料庫，用於儲存資料庫的相關資訊，如圖 2-37 所示。

▲ 圖 2-37 連接 school 資料庫成功

按右鍵資料庫中的「資料表」按鈕，新建學生資料表，輸入對應的屬性和資料型態。最後按一下表上方的「儲存」按鈕，在彈出輸入資料表名的框中輸入 students 完成建資料表，如圖 2-38 所示。

▲ 圖 2-38 對 students 資料表進行設計

2 資料庫系統的出現

在右側的資料庫清單中，即可看到新建的 students 資料表及表的資料內容，如圖 2-39 所示。

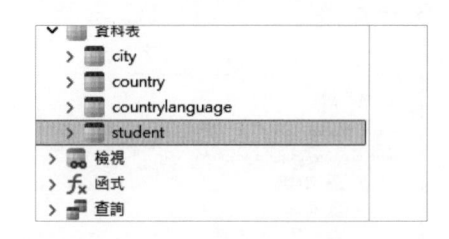

▲ 圖 2-39 新建 students 資料表成功

至此，完成了透過小皮面板建立校園資料庫，以及使用 Navicat for MySQL 對資料庫進行新建學生資料表的過程。

從 0 到 1 設計系統

　　一個完整的系統專案從需求者心中的設想到實現通常需要經過專案專案成立階段、需求分析階段、系統詳細設計階段、開發與測試階段、部署運行維護階段、專案收尾階段等多個階段。

　　在專案專案成立階段中，專案小組根據客戶提出的專案需求對專案目標進行明確，同時研判和制定專案在開發過程中的進度、成本、範圍等計畫書，並形成專案的整體計畫；在需求分析階段將對客戶所提出的需求進行詳細分析並形成需求文件，在這一步中會對系統的功能模組進行確定；系統詳細設計階段則根據需求文件對系統進行軟硬體方面的設計，包括系統架構設計、介面設計、資料庫設計等，UI 設計師會在此階段根據需求及其原始模型製成設計圖供客戶確認，詳細設計階段是一個頻繁跟客戶進行溝通的過程；開發與測試階段是專案開發組將功能需求實現的過程，在此階段中前後端開發人員與測試人員要充

3 從 0 到 1 設計系統

分溝通並制定開發計畫和測試計畫,保證專案按時開發完成;部署運行維護階段中的部署是專案進行上線的過程,運行維護則是日常維護系統以保證系統正常執行的過程;當專案經過以上許多階段並正常執行無任何故障後,則進入了專案收尾階段,至此整個專案結束。

在本章中,將針對需求分析階段如何透過客戶的不同需求去形成對應的功能模組進行探討,並結合多種方式對資料庫欄位進行設計,有助讀者了解專案從 0 到 1 的設計過程。

3.1 功能模組是如何討論出來的

系統的功能模組是專案小組透過分析和討論需求分析階段形成的需求文件而得出的,而需求文件的初步形成需要經歷多個階段。

首先是銷售經理與客戶的初步溝通,銷售經理會明確客戶的大致需求,為什麼說此刻的需求是大致的而非完整的呢?因為客戶通常並不具備資訊化系統專案開發的相關知識,往往是基於某種可能影響企業工作效率或成本方面的問題而形成的初步需求,例如全紙質化辦公會增加耗材成本、查詢資料需要花費大量時間成本、人工作業可能造成存檔遺失等問題。在了解需求的過程中往往考驗銷售經理的技術功底,銷售經理需及時對客戶提出的問題給予口頭上的解決方案,例如介紹適合專案體型的伺服器參數、資料庫管理系統等,所以在小企業中通常由專案經理兼任銷售經理。

在了解大致的需求後,銷售經理會與專案經理對專案進行初步評估,形成對專案的初步開發方案和預算表,並對客戶進行回饋。在這一階段中,開發公司內部會對專案進行可行性評估,如果評估報告中提到專案過於龐大複雜,則銷售經理會對專案可能需要分包的部分準備招投標工作,從承包方的角度來講就是所謂的二次分包。

在本節中,將解釋系統從設想到專案成立的每個過程,並簡介市面上複雜的多端應用架構設計,同時讀者可對常見的功能模組及其操作有一個簡單的認識。

3.1.1 從設想到專案成立

專案成立是資訊系統生命週期的初始階段，銷售經理申請專案專案成立，專案管理中心審查專案專案成立資料並根據專案大小程度任命專案經理，同時開發公司將進入需求調查研究階段，對專案進行可行性評估、對需求進行分析並逐一明確、對使用者開展需求調查研究、制定詳細設計報告書，這是正式實現專案需求的前奏。

在需求分析階段中，專案經理會與客戶進行多次溝通，開發組成員會對需求進行充分調查研究，在保證專案最終目標不變的情況下引導客戶或使用者更加具體地描述系統應用場景。一個設想就像一個小點，需求則讓小點不斷地向外延伸，最終形成一個完整的圓。

1. 明確專案需求

在系統的複雜度上，如果以企業大小進行區分，則一個簡單的企業系統可能只是單群組織、多使用者的形式，也就是適合小型企業內部使用的系統；如果是複雜的企業系統，例如有多個下屬子公司的企業所使用的系統，就是多群組織、多使用者的形式，在詳細設計時通常需要考慮不同子公司之間的協作合作和資訊共用，同時對資料進行隔離。在面對多種不同許可權使用者的情況下，對功能模組的許可權劃分也變得尤為重要，專案經理必須詳細了解客戶所屬企業的職能劃分，保證系統內部的資訊安全。面對複雜的專案情況，往往需要更多的時間成本才能明確每項的具體需求。

以生產型企業為例，專案經理需要充分了解企業從生產到售出成品過程中的每一步，例如生產原料的採購流程、採購訂單的審核流程、原料製作的生產過程、成品的出入庫及審核流程、訂單管理的流程等。另外，生產型企業內部通常還有帳單管理系統、客戶關係管理系統（Customer Relationship Management，CRM）等。針對每個流程，專案經理都需要有大概的實現想法，如系統要面向的使用群眾分為幾類、系統的介面風格特點、某項流程可能有多少個功能模組等，還需要根據豐富的專案開發經驗對開發週期進行估計。

3 從 0 到 1 設計系統

除了與客戶進行溝通外，專案小組內部則會展開對專案需求進行調查研究的環節。專案小組由專案總監、專案經理、UI 設計師、前後端開發工程師、資料庫工程師、運行維護工程師等人員組成，需求調查研究可以幫助專案小組更進一步地理解客戶的需求，明確專案的功能模組，為後續的開發與測試階段提供基礎。在調查研究開始之前，專案總監主持召開小組調查研究會，明確調查研究的目的和範圍、確定調查研究的內容及物件、設計調查研究的實施方案、籌備調查研究使用的工具材料等，形成需求調查研究計畫。調查研究的方式有很多種，包括派出組內成員對客戶所在企業的管理人員進行訪談、研究與客戶企業相同產業類型的系統功能、組織相關行業的專家開展流程分析，甚至派出小組成員進駐客戶企業短期實習等多種方式。一份周密詳細的需求調查研究計畫可讓客戶感受到開發公司的專業，使其重視調查研究並全力配合，節省調查研究時間和提高調查研究效率，增進雙方的熟悉度和好感度。調查研究可以更加明確客戶提出的需求，把客戶的需求抽象為具體的功能模組，為系統流程圖的製作提供邏輯基礎。

在滿足客戶的期望需求中，專案經理還可根據經驗增加額外需求，給予客戶出乎意料的驚喜，達到提高客戶滿意度的效果。同時專案經理也要預防可能出現的需求鍍金和需求蔓延，需求鍍金是當客戶對某些功能需求表現出過於熱衷的時候，出現忽略了其他功能重要性的情況，以生產型企業來講就是過於偏重某個流程而忽略其他流程，將會導致專案的各個模組在平衡度上出現偏差；需求蔓延則是當專案進入開發階段中，客戶在原定的需求清單上不斷地提出新的需求或對原有需求進行功能擴充，將會造成專案的範圍不斷擴大，開發進度不斷延期，開發成本也不斷上升，最終可能導致專案無法在合約簽訂日期交付。針對這兩種情況，通常可以採取敏捷開發、快速迭代等方式去滿足客戶的需求，但最好的方式還是準確理解客戶的需求並制定完整的需求文件。

需求文件在整個開發過程中通常會經歷多個版本的迭代，所以需求文件會在開頭標注版本編號及文件形成的日期、修改人、修改內容和審核人等資訊，方便開發人員了解最新的需求變化。

2. 詳細設計

　　僅有需求就像是畫大餅，空有想法而沒有實物，詳細設計階段則是把需求從虛變成實。系統詳細設計就是在需求形成的前提下對各個功能模組進行實體化分析和設計，包括資料庫設計、使用者介面設計、功能介面設計、程式風格設計等，這是從設想向具體實現邁出的重要一步。

　　在已有需求的階段上，資料庫工程師首先需要根據專案的使用場景確定不同的欄位及資料型態，例如關聯式資料庫會採取 E-R 圖的形式確定不同的物件實體、屬性（欄位）和關係；依據可能要儲存的內容考慮資料庫容量的大小，設計資料預留擴充和性能最佳化方案；對資料庫的存取模式進行分析，對以寫為主、以讀取為主或讀寫均衡的存取頻率設計不同的資料處理方案；在資料安全性方面，設計資料加密、許可權控制、身份驗證等多種方案，防患於未然；在系統的可用性上，還需根據系統的穩定性、安全性、可靠性等因素設計資料定期備份方案、異地災難恢復方案、資料稽核方案等。設計一個好的資料庫綱要能夠最大限度地滿足客戶的應用需求。

　　由於使用者介面是直接呈現在客戶眼前的，故而對於開發公司來講 UI 設計是真正的重中之重，相比之下客戶看不到的資料邏輯處理反倒顯得不那麼重要。一個能讓客戶眼前一亮、輕鬆舒服的互動介面能減少客戶在長時間使用過程中的疲勞感，提升客戶的使用體驗，給予客戶有探索這個系統的欲望。在 UI 設計的過程中，需要反覆地跟客戶進行溝通，了解使用者的使用習慣，例如一個企業高層導向的管理系統，色彩風格一定要簡單、樸素，內容以清晰明了的視覺化資料為主；如果是青年為主導向的應用系統，例如青年旅社預定系統、遊戲社交平臺等，色彩風格一定要鮮豔、多樣，通常還具備動態效果的頁面風格。UI 設計在明確產品定位、受眾人群後需要對整體風格進行把控，選擇統一風格化的元件，可以讓系統看起來更加協調，以基於 Vue 3 框架的 UI 函數庫 Element Plus 為例，以藍色為主色調，採用統一的顏色和圖示，使整個應用的介面看起來具有一致性。

從互動的角度來考慮，UI 設計師需要盡可能地減少不必要的互動，同時對使用者的操作提供足夠的回饋。回饋包括控制回饋和頁面回饋，完整的控制回饋可以讓使用者在與頁面的互動過程中清晰地感知到自己在操作，而當操作後，頁面回饋可以使頁面元素清晰地展現當前狀態。回饋也表現在使用者操作之前，系統應給予使用者充分的操作建議或安全提示，幫助使用者做出正確的決策。

在詳細設計的過程中，功能介面的設計是最為複雜的，即設計系統業務的核心功能，如果沒有設計好，則會為系統的可用性、安全性埋下隱憂。首要考慮的是介面的安全性，後端工程師在設計中需要確保資料在互動過程中不會發生資料洩露，通常會透過提供 Token、動態路由、許可權控制等保證介面的資料傳輸安全；其次是介面的性能設計，在面對巨量資料的情況下，需針對不同的場景設計不同的演算法處理查詢操作，保證介面在面對高併發的情況下發揮良好性能，並對可能發生的極端情況預留 Plan B 介面；在後端設計介面的時候還需遵循一個安全原則，就是後端永遠不能相信前端傳過來的資料，對每個介面接收的參數都需經過過濾、清洗才能執行 CURD 操作，並參數化 SQL 查詢，防止 SQL 注入、數字注入、字元注入等攻擊，保證資料庫安全；介面還應具備清晰的註釋和回饋資訊，需對可能出現的異常情況設計不同的狀態碼，方便程式設計師在開發時能快速地定位錯誤並解決問題，提高介面的容錯性和可維護性；考慮到公司未來的發展可能性，介面還需進行可擴充性設計，預防當現有業務發生變化時，已有介面不能處理業務而導致有損公司收益的情況發生，通常需結合公司的戰略發展去規劃介面的可擴充性。

後端開發人員在初步設計介面後輸出介面文件。介面文件顧名思義，是一份包括每個功能的實現介面、介面的請求方式、需要傳入的參數及其限制說明、傳回結果範例、可能出現的錯誤狀態碼及呼叫範例的文件。通常還有介面文件和介面標準文件之分，介面標準文件規定了介面的通用規則和標準，保證介面在不同功能模組之間的良好相容性。通常在介面文件中以功能模組對所屬介面進行區分，例如使用者模組可能有更新使用者資訊介面、獲取使用者清單介面、獲取使用者具體資訊介面等多個介面。一份有高品質的介面文件可以幫助前端開發人員更進一步地理解和使用介面，減少與後端開發人員的溝通成本，方便開發人員及時了解最新的介面變化。

3.1 功能模組是如何討論出來的

在開發組內部，還需設計程式設計的程式風格（標準）。首先是程式的命名標準，命名要能夠清晰地展示其用途，在前端通常會對範本的類別名稱使用串列命名法、用全大寫描述常數、使用駝峰命名法規定函數名稱和元件的命名，在後端則通常使用蛇形命名法對資料庫的資料表名稱、欄位名稱進行規定。在開發中還會使用外掛程式工具對程式進行標準檢測，如前端針對 JavaScript 語法的檢測工具 ESLint 和格式化工具 Prettier；其次是程式的註釋風格，面對只有程式沒有註釋的函數就像是鑽入了充滿迷霧的迷宮，需要花費大量的時間才能理解函數內部的實現邏輯，開發人員通常會在函數頂部使用多行註釋描述函數功能、形式參數數量及其資料型態（主流的程式編輯器（如 IntelliJ IDEA、WebStorm、VS Code 等）提供形式參數及資料型態提示功能），在函數內部使用單行註釋描述敘述的執行條件，在後端的函數處理檔案中會在開頭使用注解描述當前模組使用的所有參數。在設計程式風格時首先需要考慮程式的可讀性，特別是在模組化開發過程中，可能存在多個元件引用的公共程式，開發人員應以方便小組其他成員閱讀和理解的角度去寫程式。良好的程式風格不僅能提高開發效率，在後期的維護中也能降低時間成本。

專案經理在詳細設計階段收尾工作需要出具《系統詳細設計驗收報告》，邀請客戶共同確認驗收報告並簽字，這樣客戶就不會在後期隨意更改專案需求，減少開發期間出現需求鍍金和需求蔓延的機率。

3.1.2 使用者端的多端設計

如果一個系統是可售的，即客戶導向的，類似於 SaaS（Software as a Service，軟體即服務）系統，則在最簡單的情況下都會具備商家後臺端和使用者端，商家後臺端通常用於設計客戶可選的功能套餐和服務時長，當客戶向商家支付費用後，可透過網站或軟體登入系統使用購買的服務。

SaaS 系統開發商會根據大部分行業通用的流程去設計系統的基本功能。以生產行業為例，生產行業通常會具備採購原料的流程，在這一過程中客戶要輸入採購的原料資訊，例如採購型號、原料單位、原料數量、採購時間等，那麼這些欄位就具備通用性，適合生產行業的不同產業，而當客戶購買了系統服務後，還可在通用的欄位上進一步修改成符合自身產業鏈的欄位。在 SaaS 系統中，使用者無須擔心系統的運行維護問題，即開即用的特性使不少企業在面對非核心業務時會選擇方便快捷的 SaaS 系統。

商家後臺端和使用者端雖然面對的是不同的物件，但從後端開發的角度來講都同屬於使用者端（頁面端）的範圍。在面對多個使用者端的情況下，專案小組就需要考慮如何設計業務邏輯和應用場景。

專案小組在分析需求時就要確定系統所支援的裝置或平臺，如淘寶商場可在網站登入，也可以在手機端登入，這是物理意義上的多端，UI 設計人員需要考慮在不同裝置和作業系統上的頁面相容性，以及在不同場景下使用人群的頁面風格；後端工程師則需考慮以儘量簡單的資料型態去表達場景所需內容，保證在不同類型的裝置端上能夠正常地進行資料交換和保持資料的同步性。

在功能需求設計中，首先需要注意的是功能是否具有統一開關模組，例如在開發商操作的前端頁面可能存在用於控制某個功能是否可以使用的總功能模組，也就是說所有的功能模組都存在於這個模組的框架下，如果在這個模組內關閉了某個功能，則所有的子系統、客戶系統都不能使用該功能，這樣做的好處是當某個功能出現 Bug 時能第一時間停止此功能的使用，減少系統和客戶的損失；其次是需要劃分好功能的所處區域，如果是單一使用者端的一體化系統，則功能會根據不同的模組進行劃分，如果是多端系統，則功能可能會以不同的使用者端進行劃分。還是以購物網站為例，通常除了開發商的用於管控系統的端，還會有賣家端和買家端，回饋功能在賣家端和買家端都有可能存在，但賣家端不能對商品進行購買，只能管理買家購物的訂單，即買家端有購買商品功能，而賣家端有訂單管理功能。

在如今的應用市場中，多端已經成為大多數軟體的標準配備。在物理裝置上，不少軟體涵蓋 PC 端、手機端、平板端、智慧手錶端等；在實際應用上，不少軟體除了 App 還開發了能夠在微信或支付寶小程式上使用的端。多端能夠讓使用者在不同的裝置上使用軟體，在方便使用者操作的同時還保證了資料的一致性，提高了使用效率，但同時多端的設計也帶來了維護成本高的問題，當系統更新時，需要同步更新多個端的內容，並且需要考慮到不同端的相容性問題，因此，在設計多端的系統或應用軟體時，極大地考驗了頂層設計的邏輯完整性，只有綜合考慮所有的影響因素，才能實現系統在多端的最大效益。

3.1.3 常見功能模組及操作

各行各業的系統因為其所處的環境不同，導致其在核心業務上具有差異性，但是在功能模組上，通常具備以下幾個功能及操作。

（1）註冊和登入功能：用於使用者註冊帳號及登入系統的功能。

（2）個人資訊管理功能：用於設置使用者的暱稱、性別、年齡、職務、個人簡介等。

（3）使用者管理功能：用於管理使用系統的使用者，通常包括對使用者資訊進行修改，以及對帳號進行凍結、解凍、封禁等操作。

（4）許可權管理功能：用於設置使用者在系統內的操作許可權，通常包括設置使用者是否可存取某個模組，以及對模組內的資料是否可進行查看、修改、上傳和下載等操作進行限制。

（5）查詢功能：用於對存在清單的模組進行查詢操作，一般可分為精準查詢和模糊查詢兩種查詢方式。

（6）資料統計和分析功能：資訊化系統的特點之一，對系統內的資料進行統計和分析，如銷售系統可展示近七天的銷售額，並根據銷售數量分析產品的市場接受率。

（7）回饋功能：系統為了方便使用者使用和完善系統功能，一般會開設回饋功能以供使用者提出對系統的改善建議，同時也包括對使用者的操作提供回饋資訊。

（8）資訊推送功能：用於向使用者發送企業內部公告或系統版本資訊等。

（9）系統設置功能：通常包括系統的基礎資訊設置和網站內容管理等。

以上這些功能模組是不同行業內部系統的通用功能,也是組成一個企業系統的基本功能。通常系統設計者會根據企業的組織結構、業務流程、生產要素等實際情況對上述基本功能進行選擇和擴充,在豐富系統功能的同時滿足最基本的業務邏輯。

3.2 如何設計資料庫欄位

在 2.1.1 節關於資料模型的關係模型介紹中,曾簡單地提到過資料庫的欄位,它是資料表中某一列的列名稱,代表資料表中的屬性或特徵。在本節中,將從欄位的命名、資料型態、約束和功能判斷的角度簡單說明如何設計資料的欄位。

3.2.1 欄位的命名

在資料表中,每個欄位都有唯一的名稱,在設計資料表時要根據欄位所代表的意義設定欄位名稱,以及欄位的資料型態、長度、是否為主鍵等屬性。

通常欄位名稱在單字格式上會遵循下面幾個標準:

(1)應使欄位名稱具備直觀的描述性,盡可能地保持欄位名稱簡潔。

(2)欄位命名通常由小寫單字組成,如需多個單字,則可透過底線進行連接,也可使用駝峰命名法,一般不超過 3 個單字。

(3)欄位名稱一般採用名詞或動賓短語,便於理解欄位的內容和含義。

(4)欄位名稱禁止縮寫,如將 object 寫成 obj 或將 user_id 寫成 uid 等。

(5)欄位名稱禁止與資料表名稱重複,並且不包含資料型態(如 string、varchar 等)的單字。

(6)欄位名稱在表達多個個體或數量時,單字應使用單數而非複數。

在詳細設計的過程中，專案開發組會對程式標準進行討論並設計，在此期間也會對資料庫的命名以簡潔、明確和易於理解的原則進行標準，包括資料庫命名、資料表命名及欄位命名。開發人員在對資料庫進行建模時應遵循公司命名標準，確保資料的一致性和可維護性。

3.2.2 欄位的資料型態

在對欄位的命名進行明確之後，開發人員會對欄位的資料型態和長度進行選擇和確認，那麼應該如何選擇欄位的資料型態呢？

如果要儲存的是數值，則要根據業務的需求確定欄位的資料範圍和精度，在 MySQL 的數數值型態上，開發人員可以選擇整數類型（包括 TINYINT、SMALLINT、MEDIUMINT、INT、BIGINT）或浮點數類型（包括 FLOAT、DOUBLE、DECIMAL），例如在面對交易金額、儲存利率這類需要高精度和範圍的數值時，通常會選擇浮點數類型；在面對學生學號、身份證字號、產品訂單號碼等唯一識別碼時，通常會選擇整數類型。

如果要儲存字串類型的數值，則 MySQL 中豐富的字串類型可供多種場景選擇，一個合適的字串類型在執行中能夠節省空間並提升性能。下面簡介幾種常用的字串類型。

如果儲存一般的字串資料，則通常會在 CHAR 類型和 VARCHAR 類型中進行選擇，CHAR 類型用於儲存長度固定的字元，而 VARCHAR 可儲存可變長度的字元，在兩者的比較中因為 VARCHAR 的可變特性，也使其比 CHAR 類型更節省空間；如果需要儲存大量文字資料，例如新聞的稿件、科考論文、電影劇本等，則使用 TEXT 類型是個不錯的選擇，TEXT 類型是 MySQL 中支援儲存大量文字資料的字串類型，在 TEXT 類型家族中，還有 TINYTEXT、MDEIUMTEXT、LONGTEXT 三種類型，分別對應不同的長度；當儲存音訊、視訊等媒體物件時，在後端通常會轉換成二進位的格式進行儲存，這時就需要使用 BLOB 類型，這是一種用於儲存二進位資料的字串類型；在 MySQL 支援的字串類型中，還有相對特殊的 ENUM 類型和 SET 類型，ENUM 類型即列舉類型，用於儲存預先定義好的字串值清單，例如網頁遊戲中的裝備數值、天氣狀態等，SET 類型與 ENUM 類型類似，用於儲存一組不重複且最多 64 個字串值。

在面對需要進行單選的操作時，可使用布林值進行判斷，例如儲存使用者的性別、使用者帳號狀態等，布林類型包括 BOOL 類型和 BIT 類型。BOOL 類型是 MySQL 中的標準布林資料型態，是透過 TINYINT 類型實現的，當使用 FALSE 或 TRUE 作為布林值時會被自動轉換成 0 或 1；BIT 類型是一種二進位資料類型，可以儲存一個或多個位元的值，也可以為 NULL 值，當儲存一個位元時可表達為布林類型，當儲存多個位元時可用來表達使用者的許可權，如使用三位元二進位來分別代表讀、寫和刪除操作。

如果使用 Navicat 建立欄位，在選擇完資料型態後，則通常會自動生成最適合該資料型態的長度。以 VARCHAR 類型為例，預設長度一般為 255，代表能儲存 256 個字元，將 VARCHAR 類型長度限制為 255 可以節省磁碟空間和記憶體，在對資料進行檢索或操作時，較短的欄位效率更高，因為減少了 I/O 操作和記憶體消耗，進而降低了查詢複雜度和回應時間；如果為 INT 類型，則所表示數值的預設長度一般為 11 位元，共 4 位元組，代表能儲存從 -2147483648 到 2147483647 的整數，在 MySQL 的早期版本中，預設所表示數值的長度為 10 位元，但在某些情況下可能會出現數值過大而導致的溢出問題，所以所表示數值的預設長度被官方修改為 11 位元。在本書的專案中，除對個別欄位進行了長度修改外，其餘欄位皆使用預設長度，具體的長度限制會在後端程式中進行限制，這樣在學習和使用資料庫的同時，還可以減少讀者在設計和維護資料庫的負擔。

3.2.3 約束

在設計資料庫的欄位時可根據使用場景定義不同的約束，約束是欄位需要遵守的規則，主要用於保證資料的完整性和一致性。下面將介紹幾種常用的約束及其使用場景。

（1）主鍵約束（Primary Key）：主鍵是資料表中用於標識記錄唯一的欄位，記錄唯一也稱為實體完整性，每張資料表只能有一個主鍵。常見的如學生資料表的學號、使用者列表的手機號碼等都可設為主鍵，在一張資料表中，主鍵值是唯一的和不為空的，不為空也稱為不可為空約束。

（2）不可為空約束（Not Null）：不可為空即欄位的值不能為空，使用關鍵字 Not Null 來建立不可為空欄位。還是以學生資料表為例，不可為空約束除了用於主鍵之外，學生的姓名、年齡同樣應不為空，這對於確保資料的完整性和一致性非常重要。如果管理員在插入資料時未提供不可為空列的值，則將引發資料庫錯誤，這也是一種保證資料完整性的防範提醒。

（3）唯一約束（Unique）：唯一約束用於保證欄位的值在資料表中具有唯一性。與主鍵不同，一張資料表可以有多個唯一約束。以使用者資料表為例，除了使用者自身的 id，其所擁有的聯絡方式（如手機號碼、電子郵件等）也都具有唯一性。在某些情況下會出現主鍵由多列組成的情況，這時可以選擇用唯一約束來替代主鍵，以減少主鍵的複雜性。唯一約束還可加速查詢操作，通常管理員會增加唯一索引值來快速定位滿足條件的行。

（4）外鍵約束（Foreign Key）：如果在當前資料表中的某個欄位引用了其他資料表的主鍵，則稱這個欄位為外鍵，外鍵加強了兩張資料表之間的一列或多列資料的聯繫。在主鍵約束中提到，主鍵是不可為空的，進而當前資料表中的外鍵，也一定存在並且是不可為空的，這就是外鍵約束。

（5）檢查約束（Check）：檢查約束即限制欄位的值範圍，例如使用者年齡範圍、學生成績範圍。需要注意的是，在 MySQL 中不支援檢查約束。

綜上，在實際開發中，約束具有非常重要的作用，可以有效地保護資料的完整性、提高查詢效率、方便多資料表資料聯動和防止非法資料的輸入，資料庫開發人員應嚴格按照需求設計時確定的約束建立欄位。

3.2.4 功能的判斷

在設計資料表時，還需考慮增加用於判斷狀態的欄位，這類欄位通常具備初始值，一般為 NULL 值或自訂的預設值，如 0、1 等。

在 MySQL 中，NULL 值是表示空值的特殊值，在新建欄位後如果沒有定義初始值，則預設值為 NULL。程式設計師大多擁有自己的 Git 倉庫，假設要將倉庫的專案進行開放原始碼，就需要選擇一款開放原始碼協定，如 Apache License 2.0、OpenSSL License、MIT 等，在沒有選擇開放原始碼協定之前，可以想像到開放原始碼協定在當前倉庫的資料行中的值為 NULL。再例如在學生資料表中存在表達學科總成績的欄位，在沒有得到所有學科的成績前，可將值設為 NULL。如果當前欄位的值只需獲取一次性資料，則可以透過判斷該值是否為 NULL 再決定是否插入值。

在實際開發中通常會使用 0 和 1 作為初始值去對某些功能進行判斷。以資源回收筒為例，這是電腦、手機都必備的軟體，當刪除某個檔案時電腦首先會將檔案保留在資源回收筒內，只有當使用者進入資源回收筒進行真正刪除操作時檔案才會被銷毀，在這一過程中，檔案處於正常狀態時可表示為 0，當檔案在資源回收筒時可表示為 1，透過狀態的數值去表示檔案是否被刪除，即為一個簡單的判斷。同樣的使用場景可見於新聞管理系統的稿件刪除與否，對於重要的稿件資料，系統一般會設置二次判斷功能，即初次刪除為假刪除，再次刪除才為真刪除，這其中的原理即透過 0 和 1 去實現。

在企業管理系統中，狀態具有更加豐富的實現場景。下面簡單介紹幾種常用的場景。

（1）登入狀態：狀態可用於判斷使用者是否處於登入或離線狀態，並且系統可根據資料表中 0（假設 0 為登入狀態）的數量統計當前登入人數，實現展現線上人數功能。

（2）帳號狀態：可設置 0 和 1 代表正常帳號或封禁帳號的狀態欄位，在登入時檢查帳號狀態是否正常再放行。

（3）操作狀態：在嚴格的系統中，還會使用欄位記錄使用者的行為操作，當使用者執行了某個敏感操作時，將欄位置為 1，否則預設值為 0，這樣可對一些敏感操作進行溯源處理，增強系統的安全性。

（4）檔案狀態：如果企業系統是一個多組織的結構，則可以對檔案清單中的普通檔案增加狀態 0，對共用事件增加狀態 1，以此來判斷當前存在的共用檔案，還可使用 0 和 1 實現檔案正常狀態和加密狀態的判斷。

（5）事項狀態：假設在高管的事件清單中存在相同量化等級的事項，如當天需要完成的重點事項有 3 個，那麼系統應當有手動設置事項輕重緩急狀態的功能，可在資料表中用數字 0、1、2 標記普通、重要和必要的狀態，這樣就有利於決策者做出更加準確的判斷。

（6）過濾狀態：在實現搜尋功能時，可根據目標在資料表中的狀態作為附加搜尋條件，如搜尋身份為普通使用者的帳號，預設為搜尋全部使用者，但可增加單選按鈕只選擇正常狀態的使用者（狀態為 0）或只選擇封禁狀態的使用者（狀態為 1）。

在合適的場景中正確使用 0 和 1 做判斷，或說使用布林類型進行判斷，可以直觀地反映需求內部的邏輯關係，易於開發人員和後期維護人員理解，從而提高程式的可讀性和可維護性；從後端直接返給前端的狀態碼也使前端程式設計師能夠更加輕鬆地實現各種類型的條件判斷，不需再進行額外的加工操作，減輕了前端程式設計師的負擔；如場景（1）中登入人數的計算，也側面說明了使用布林類型可以更加方便地進行資料統計和分析，因此在專案的開發和資料庫管理中，廣泛地存在使用布林類型實現功能判斷的欄位。

3.2.5 資料表的 id

在資料表中，通常會增加 id 對記錄進行唯一標識，也就是主鍵。資料表中的 id 是一種自動增加的數字，在一般的查詢場景中可透過 id 搜尋資料表，也可以被用來修改和刪除某個記錄的索引，在複雜場景下可用以辨識記錄中的特殊值或連結（用 id 作為另一張資料表的外鍵使用）不同的資料表。

在建立資料表時，通常會將 id 設置為自動增加，也就是每次新增記錄時，資料庫會自動地為新記錄分配一個在上筆記錄的 id 的基礎上加 1 的 id，這有助資料表中記錄的連續性，也使排序和查詢操作更加高效，例如以使用者註冊先後的順序獲取使用者清單資訊，就可以透過 id 的大小獲取資料，當然也可以透過建立帳號時間獲取，但從檢索速度上，透過簡短無額外格式的 id 無疑比帶有時間格式的速度更快。資料庫自動分配給記錄的 id 具有持久性，即 id 一旦分配給某筆記錄，即使該筆記錄被刪除，id 也不會回收或重新分配給其他的記錄，當這筆記錄被刪除的時候，下筆記錄的 id 依舊是在被刪除的記錄的 id 的基礎上進行自動增加，例如當筆記錄（同時為最後一筆記錄）的 id 為 23，那麼上筆記錄的 id 為 22，如果把 id 為 23 的記錄刪除，並且新增一筆記錄，則資料表中的末尾兩個 id 將變成 22、24。

3.3 從 0 設計一張使用者資料表

任何系統都是為使用者服務的，而使用者資料表則是這一切的基礎。在設計使用者資料表之前，作為即將成為全端工程師的讀者需要明白設計欄位和設計資料表之前的差異，資料表是根據需求模組進行設計的，而欄位是根據模組中的具體功能設計的。在本節中，將從使用者資料表的重要性談起，並從設計資料表的角度介紹資料表和模組、欄位和功能的關係，最後透過 3.2 節的設計理論從 0 建立一張使用者資料表。

3.3.1 使用者模組

在一個系統中，使用者模組往往是最重要的模組之一，這是因為需求的提供者是使用者，而系統的使用者也是使用者。使用者模組是系統中使用者管理和處理使用者資訊的部分，提供了使用者註冊、登入、編輯使用者資訊、許可權管理等功能。使用者資料表是用於儲存使用者資訊的資料庫資料表，在資料表中通常會包含使用者的基礎資訊，如帳號、密碼、使用者名稱、性別、年齡、

3.3 從 0 設計一張使用者資料表

聯絡方式等,使用者模群組透過對使用者資料表的增、刪、改、查,實現了對使用者資訊的管理和操作。

在前端的設計中,使用者模組的不同功能通常處於不同的頁面,下面對使用者模組常見的功能介紹並描述其常見場景。

1. 註冊與登入功能

用於使用者的註冊與登入,其場景通常是系統的預設首頁,即輸入域名後進入的第 1 個頁面,使用者在輸入帳號和密碼後登入系統內部。在後端設計註冊及實現邏輯時需要對帳號與密碼的格式進行限制,如帳號為大於 6 位和小於 12 位的純數字、密碼需結合數字和大小寫字母等,並對登入次數進行限制;在前端也需對使用者登入時輸入的資料進行驗證,達到前後端的雙重驗證。值得一提的是,隨著安全隱憂的不斷增加,目前的登入除了驗證帳號和密碼外還會結合滑動拼圖塊、驗證登入 IP 位址、簡訊驗證等進行多重驗證,一些等級保護較高的系統還會透過 CA 認證去確認使用者的真實身份。多重驗證可以防止暴力破解、字典攻擊、彩虹表攻擊等,確保使用者資訊的真實性和合法性。

2. 管理使用者功能

管理使用者功能是使用者模組的主體,在系統中通常以單模組的形式出現,以清單的方式對使用系統的使用者進行展示。在使用者表格中,展示了使用者的基礎資訊,如帳號、使用者名稱、性別、年齡、聯絡方式、圖示、部門、職務、建立時間和更新時間等。對使用者的主要操作通常包括審核站外的註冊人員(與之相對的是在系統內部建立的使用者帳號)、編輯使用者的基礎資訊、設定使用者的許可權、對使用者帳號進行凍結和解凍等。

管理使用者的重點在於許可權,以新聞管理系統為例,通常會以三級的使用者許可權進行分層,即最頂層為超級管理員,中間層為負責各個模組(部門)的管理員,其餘的為普通使用者許可權。超級管理員可對除其之外的所有使用者進行管理,負責各個部門的管理員又可對其部門內的使用者(員工)進行管理。普通使用者一般只具備發佈文章、瀏覽系統和搜尋系統內容、發表評論和收藏文章等許可權;對於中層的管理員來講,除了普通使用者的許可權外,還兼具審核使用者評論、審核和管理文章、修改普通使用者帳號資訊等許可權；超級管理員則具有最高許可權，可以管理整個系統的所有使用者帳號。管理員在面對大量的使用者資料時，想要對特定使用者進行處理並不是一件簡單的事情，所以在表格（使用者模組抑或是其他的模組）中都會有搜尋功能，便於管理員進行日常維護。

在一些的 B2C（Business to Customer，企業與消費者之間的電子商務模式）系統中，除了系統的使用者清單之外還有客戶清單，客戶清單除了客戶的基礎資訊外還可按兩下查看每個客戶的詳細購物資訊，如購買產品型號、購買次數、購買產品類別、支付價格區間、支付類型、消費場景和時間等，管理員在日常維護客戶資訊外還可對惡意購買的「黃牛」進行封禁帳號處理。對於商家來講，客戶的購物資訊具有非常重要的戰略意義，結合客戶清單對購物資料進行分析，可以幫助商家了解大多數客戶對產品的喜好度、對產品的使用評價，進而最佳化產品設計、提高產品的吸引力，並結合分析的資料進一步指導產品的研發方向和拓展業務範圍，不斷提高產品的競爭能力。

3. 記錄功能

在 3.2.3 節關於功能的判斷描述中，提到了記錄使用者的操作行為欄位，對於使用者模組來講，記錄使用者的操作行為是不可或缺的。

使用者是業務的執行者，即使從手工記錄的階段轉變為無紙化辦公階段，但仍然可能出現操作異常的情況。在 ERP 系統中通常涉及大量的業務資料，如銷售訂單、採購訂單、出入庫訂單等，普通使用者在面對大量資料時可能會出現輸入錯誤，如填寫單號的時候多寫了一個數字、產品的型號填寫錯誤等。對於稽核部門的管理員（可以簡單地理解為財務）來講，需要經常對系統內儲存的資料進行稽核（對賬），以保證資料的正確性，如果 ERP 系統中沒有記錄使用者的操作日誌，則管理員對發生資料錯誤的時間節點、導致資料出錯的操作人員無從找起，對系統來講是一個極大的隱憂。對於許可權較高的管理員，當受到攻擊時更有可能洩露系統儲存的敏感資訊，如客戶資訊、財務資訊、企業負責人的聯絡方式等，當出現異常操作情況時，管理員可根據操作日誌及時封禁出現敏感操作的高許可權帳號。

操作日誌可以增加系統的安全性和可維護性，方便系統管理員追溯系統的歷史操作記錄，滿足系統管理員對使用者操作的稽核要求，避免系統的資訊出現洩露和濫用。

3.3.2 使用者資料表欄位

綜合 3.3.1 節的註冊與登入功能、管理使用者功能和記錄功能，對各個功能的操作物件進行抽象處理，為了方便開發，部分欄位採取預設長度，具體如下。

（1）登入功能：帳號、密碼。

（2）管理使用者功能：姓名、性別、年齡、圖示、聯絡方式、部門、職務、狀態。

（3）記錄功能：建立帳號時間、更新帳號資訊時間。

透過以上抽象出來的欄位並結合 3.2 節中關於欄位的命名、資料型態、約束、功能判斷和 id，可得到以下欄位及其屬性。

（1）id：主鍵，類型為 int，長度預設為 11，不為空且自動增加。

（2）account：帳號，類型為 int，長度預設為 11。

（3）password：密碼，類型為 varchar，長度預設為 255（此處長度並不是指密碼的長度可以為 255，這是因為在實際的場景中資料表儲存的密碼皆經過加密，加密後的長度由加密中介軟體決定，故設為 255 更為保險，不會出現長度過小問題）。

（4）name：使用者名稱稱（暱稱），類型為 varchar，長度預設為 255。

（5）sex：性別，類型為 varchar，長度預設為 255。

（6）age：年齡，類型為 int，長度預設為 11。

（7）image_url：用於儲存圖示在伺服器中的位址，類型為 varchar，長度預設為 255。

（8）email：電子郵件，即聯絡方式，類型為 varchar，長度預設為 255。

（9）department：部門，類型為 varchar，長度預設為 255。

（10）position：職務，類型為 varchar，長度預設為 255。

（11）create_time：建立時間，類型為 datetime，長度預設為 0（資料庫系統會依據資料型態的標準自動分配預設長度，即動態分配）。

（12）update_time：更新帳號資訊時間，類型和長度同 create_time。

（13）status：帳號狀態，類型為 int。

3.3.3 建立使用者資料表

1. 使用命令列建立使用者資料表

建立名為 gbms（General Background Management System，通用背景管理系統）的資料庫，並在資料庫中新建名為 users 的資料表，命令如下：

```
# 建立名為 gbms 的資料庫
create database gbms;

# 進入 gbms 資料庫
use gbms

# 新建名為 users 的資料表，並建立使用者資料表欄位
#primary key 為主鍵，auto_increment 為自動增加
create table users (
    id int primary key auto_increment,
    account int,
    password varchar(255),
    name varchar(255),
```

3.3 從 0 設計一張使用者資料表

```
    sex varchar(255),
    age int,
    image_url varchar(255),
    email varchar(255),
    department varchar(255),
    position varchar(255),
    create_time datetime,
    update_time datetime,
    status int
);
```

2. 使用 Navicat 建立使用者資料表

以 2.3.2 節的操作步驟為例，首先使用小皮面板建立名為 gbms 的資料庫，如圖 3-1 所示。

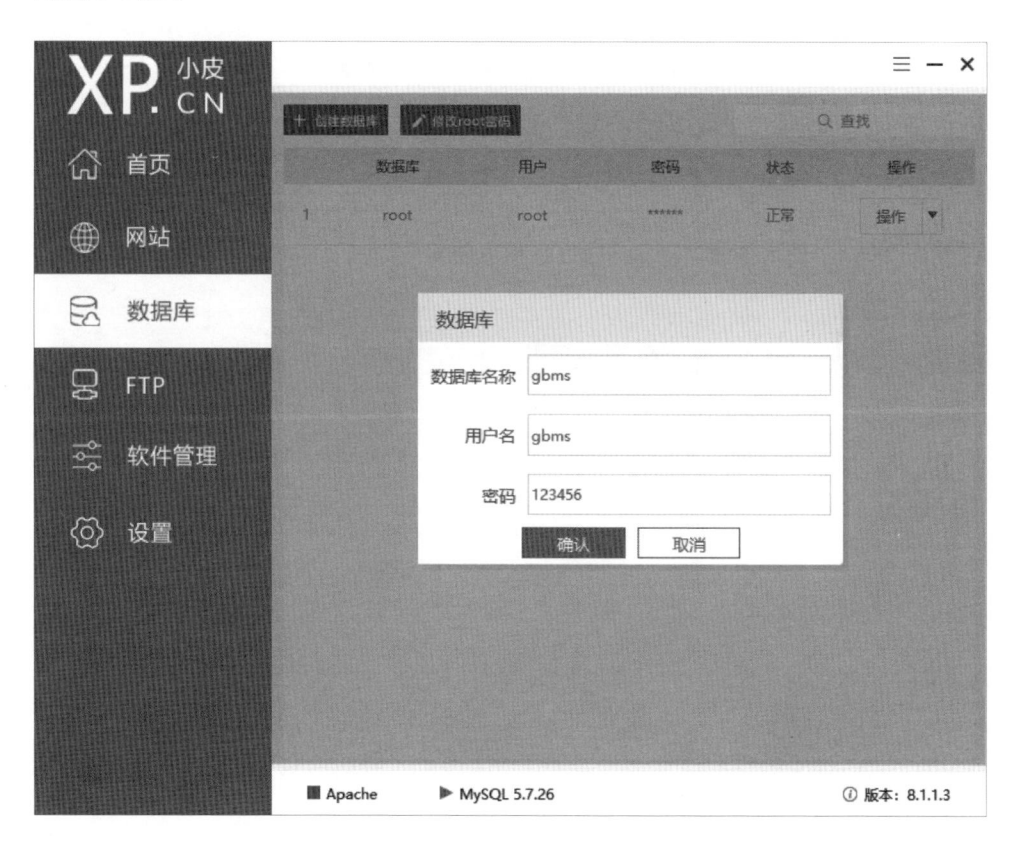

▲ 圖 3-1 建立 gbms 資料庫

接著開啟 Navicat for MySQL 的連接，輸入連接名稱、使用者名稱和密碼進行連接，如圖 3-2 所示。

▲ 圖 3-2　Navicat 連接資料庫

在左邊資料庫清單中選擇 gbms，並按右鍵 gbms 中的資料表，按一下「新建資料表」選項，進入建資料表頁面並輸入欄位、資料型態、長度及其他選項。需要注意的是 id 為主鍵，不為空並且自動增加，如圖 3-3 所示。

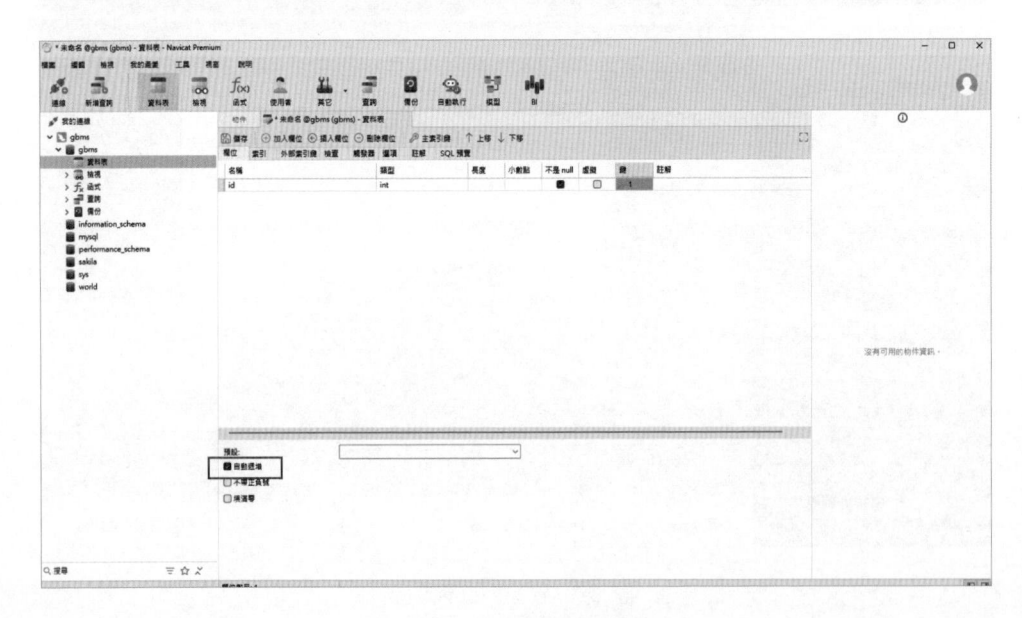

▲ 圖 3-3　設定 id 欄位

3.3 從 0 設計一張使用者資料表

其餘欄位在類型和長度上遵循 3.3.2 節的設定，如圖 3-4 所示。

▲ 圖 3-4 使用者資料表欄位

最後按一下左上角「儲存」按鈕，輸入資料表名稱 users 並確認，至此 users 資料表就建立成功了，如圖 3-5 所示。

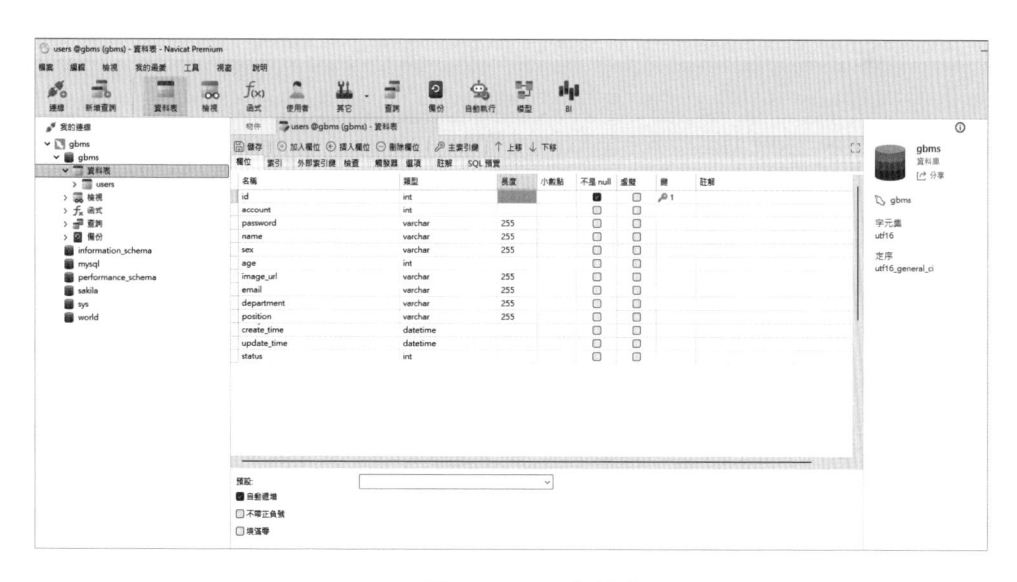

▲ 圖 3-5 users 資料表

MEMO

4

開始我們的後端之旅

在第 3 章中，讀者根據對使用者的屬性進行了抽象設計，並完成了自己的第 1 張資料表，那麼，對於使用系統的使用者來講，怎麼才能操作資料表裡面的欄位呢？答案是透過後端（伺服器端）的業務邏輯處理。

提起後端，對於前端的學習和開發人員來講總是帶有邏輯複雜、難學習等多樣的負面第一印象，這是因為傳統的後端語言（如 C、C++、Java、PHP 等）在學習週期上具有學習曲線比較陡峭，需要花費大量的時間去理解語言的基礎概念和語法規則，在學習時還需掌握物件導向程式設計、面向過程程式設計等程式設計範式，以及要熟練掌握資料結構和一定的演算法知識。諸如此類特點，學習傳統的後端語言相比前端語言來講需要花費更多的時間和精力。那麼，什麼是後端呢？後端是用來做什麼的呢？

4 開始我們的後端之旅

眾所皆知，前端是展示給使用者看的，那麼後端就是使用者看不到的，這兩者都是在 Web 開發中產生的概念。在使用者看不到的這部分內容中——後端，正以毫秒級的速度處理著使用者端每次的滑鼠按一下和鍵盤按鍵引起的事件，例如當使用者在登入頁面輸入帳號和密碼並按一下「登入」按鈕後，前端會馬上向後端發送使用者輸入的帳號和密碼，當後端獲得資料後會與資料庫中儲存的使用者資料進行對比，並將結果返給前端，整個操作可能在 5ms 內完成。後端是應用軟體和網站的重要組成部分，主要負責處理業務邏輯、儲存資料、保證資料安全，透過操作資料庫的內容與前端進行互動。

在本章中，讀者將進入學習後端之旅，了解後起之秀 Node.js 的 V8 引擎並認識其豐富的社區，並使用基於 Node.js 的 Express.js 框架進行初體驗，在這一過程中，讀者將了解到路由和處理常式是如何收納不同的業務邏輯的，在完成註冊和登入功能的介面後，使用測試工具 Postman 實現對介面的測試。

4.1 後起之秀 Node.js

談起 Node.js，最為人所知的是其讓 JavaScript 這個指令碼語言擁有了與 Java、PHP、Python 等後端語言同樣的地位，讓前端開發工程師使用前端語言也能實現後端功能的開發，這表示 JavaScript 實現了前端和後端的統一，成為一種高效、強大和流行的程式語言。那麼，Node.js 究竟使用了什麼魔法能讓 JavaScript 脫離瀏覽器的執行環境，使其能夠執行在後端呢？答案是 V8 引擎——Chrome V8 Engine，一個 JavaScript VM（Virtual Machine，虛擬機器）。

V8 引擎就像是豪華汽車的 V8 引擎，一個由 Google 使用 C++ 開發且開放原始碼的 JavaScript 引擎，主要用於 Chrome 和 Node.js 檔案中，運用在 Node.js 中就好像 JavaScript 擁有了動力去脫離瀏覽器的美好環境。不了解核心元件開發原理的讀者可能會對引擎有所疑惑，為什麼要取這樣一個名字呢？其實引擎指的是開發程式或系統的核心元件，它能夠獨立使用或嵌入應用程式中。汽車的引擎決定著汽車的性能和穩定性，而開發程式的引擎同樣具備對性能的最佳化，並給予程式強大的支援功能。

4.1.1 V8 引擎的最佳化機制

V8 引擎為 Node.js 提供了優秀的性能最佳化，包括出色的垃圾回收機制、高性能的解析和編譯 JavaScript 程式、支援使用 C++ 進行擴充等，在本節中將著重介紹垃圾回收機制的演算法邏輯和 JavaScript 程式如何被轉換成可被 CPU 執行的機器碼的過程。這是 Node.js 作為 JavaScript 的宿主環境不可缺少的重要部分。

1. 垃圾回收機制

出色的垃圾回收機制（Garbage Collection，GC）是 V8 引擎能夠實現高性能的關鍵之一。不管使用何種語言，在頻繁操作資料的過程中都有可能產生垃圾資料。當垃圾資料過多時會導致記憶體溢位進而使程式崩潰的情況，GC 的存在則是為了避免此種情況發生。可透過一個簡單的例子示範垃圾資料的產生，假設定義了一個 class 班級物件，在物件內新增 number 屬性代表學生數量，並新建一個陣列物件作為 number 的屬性值，用於儲存學生資訊，則程式如下：

```
// 定義一個班級物件
Let class = {}
// 新增陣列
class.number = new Array(60)
```

在這一過程中，堆積記憶體會建立一個陣列物件，並將該陣列物件的位址指向 number 屬性，即 number 儲存的是一個位址值，如果將 number 的屬性值指向另一個物件，則陣列物件將變成沒有任何物件指向（沒有任何人存取）的垃圾資料，程式如下：

```
// 將 number 值指向一個空白物件
class.number = {}
```

4 開始我們的後端之旅

對於堆疊區域來講,存放的函數會隨著執行的結束而自動釋放,而堆積區域是自由的動態記憶體空間,記憶體一般透過手動分配釋放或透過 GC 自動分配釋放。手動釋放記憶體空間的程式如下:

```
// 定義一個使用者物件
Let student = {
    name:"張三",
    age:18
};
// 將物件設置為 null
student = null;
```

V8 引擎的堆積記憶體設計與 GC 設計是息息相關的,在堆積記憶體中主要分為 5 個區域,如圖 4-1 所示。

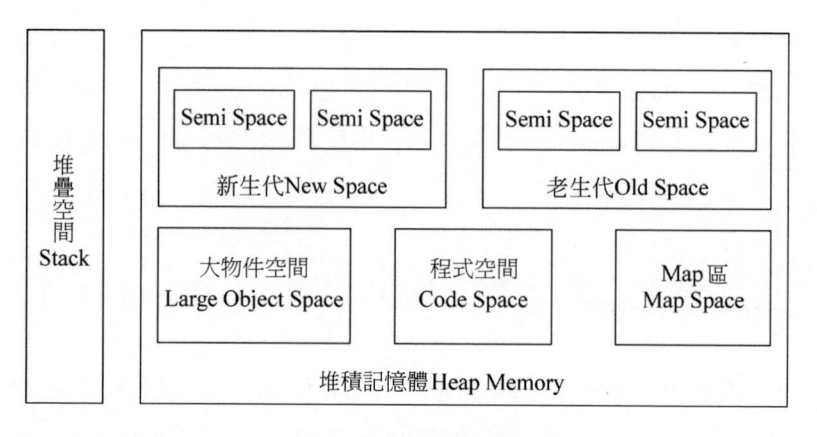

▲ 圖 4-1 堆積記憶體空間

在圖 4-1 中的 5 個區域分別如下。

(1)新生代(New Space):大部分物件的初始分配區域,是一個記憶體較小但垃圾回收頻繁的區域,該區域分為兩個半空間(Semi Space),用於使用 Scavenge 演算法處理垃圾。

(2)老生代(Old Space):當新生代內的物件經過多次 Scavenge 演算法後依然存活的時候將被轉移至老生代,是一個空間大且垃圾回收的頻率較低的區域，內部分為老生代指標區（Old Pointer Space）和老生代數據區（Old Data Space），老生代指標區包含著大量的二級指標，老生代數據區只儲存原始資料物件。

（3）大物件空間（Large Object Space）：存放預設超過 256KB 的物件。

（4）程式空間（Code Space）：用於儲存預先編譯程式，以便程式執行時期能夠快速地存取和執行這些程式。

（5）Map 區（Map Space）：用於儲存物件的 Map 資訊，包含物件的類型、屬性等資訊。

垃圾回收的過程主要在新生代和老生代之間，也稱為「分代策略」。在新生代的兩個半空間中，一半的空間是儲存了資料的空間（又稱 From 空間），一半是空閒的空間（又稱 To 空間）。新建立的物件都會被儲存在 From 空間中，並標記年齡為 1。當 From 空間不足或超過一定大小後，GC 首先會對物件區域中的垃圾做標記，接著觸發 GC 使用 Scavenge 演算法，GC 會把 From 空間中清理後存活的物件有序地複製到 To 空間中，在這一過程中，完成了記憶體的整理操作，此時 To 空間不存在記憶體碎片。完成了複製後，To 空間和 From 空間進行角色調換，To 空間變成了 From 空間，裡面存放著物件，From 空間因為把資料都複製到 To 空間了，空無一物而變成了空閒空間。等到 From 空間再次飽滿之後，重複執行 Scavenge 演算法。

因為新生代中採用的 Scavenge 演算法在每次執行時都需要把存活的物件從 From 空間複製到 To 空間，需要一定的銷耗成本，如果新生代的空間過大，則每次執行的時間都會過長，故而新生代被設計為記憶體較小的空間以提高效率。在經過兩次垃圾回收之後依然存活的物件會被轉移至老生代中，這也稱為「物件晉升」策略，如圖 4-2 所示。

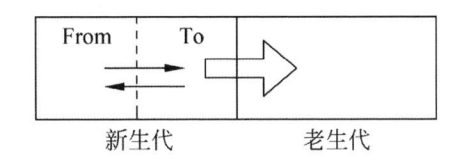

▲ 圖 4-2 Scavenge 演算法和物件晉升策略

4 開始我們的後端之旅

除了從新生代晉升的物件被存放到老生代，一些佔用空間大的物件會直接被儲存在老生代中。老生代的空間較大，如果使用 Scavenge 演算法，則會花費過多的時間，從而導致回收效率不高，同時浪費一半的空間，因此在老生代中會採用標記 - 清除（Mark Sweep）和標記 - 整理（Mark Compact）兩種策略。

在標記的初始階段會從一組根專案開始遞迴遍歷，在整個遍歷過程中能到達的元素稱為活動物件，沒有到達的元素則稱為垃圾資料。由於在老生代中的物件普遍佔有空間大，清理後就會產生大量不連續的記憶體碎片。假設在老生代中白色區域代表活動資料，灰色代表清理垃圾資料之後的區域，如圖 4-3 所示。

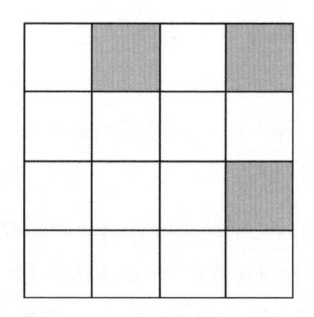

▲ 圖 4-3 「標記 - 清除」策略

這時，如果透過「標記 - 整理」演算法進行整理，對所有活動物件都進行標記，並往空間的某一側移動，就好比把一堆沙子往牆邊推，則最後某一側都是碎片空間，其餘的為活動物件，從而減少了零散的記憶體碎片空間，如圖 4-4 所示。

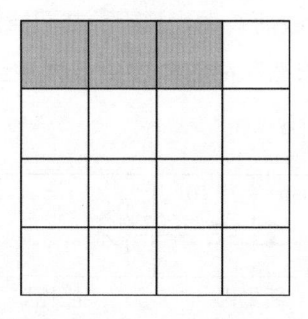

▲ 圖 4-4 「標記 - 整理」策略

需要注意的是，由於 JavaScript 是執行在主執行緒上的，當執行 GC 的回收演算法時會暫停 JavaScript 正在執行的指令稿，等 GC 過程結束後再進行執行，稱為全停頓（Stop The World，STW）。在新生代中雖然會頻繁地執行 Scavenge 演算法，但因為其空間小，存活物件少，故 STW 對主執行緒影響不大，但如果在老生代中執行 GC，則可能會佔用主執行緒過長的時間，從而造成頁面卡頓。為解決老生代 GC 的影響，V8 引擎將標記過程分為一個個的子標記過程，讓垃圾回收標記和主執行緒交替執行，直至標記階段全部完成，這稱為增量標記（Incremental Marking）演算法。

2. 編譯 JavaScript

在 V8 引擎中，提供了基於 ECMAScript 標準的 JavaScript Core（核心）特徵，這是 JavaScript 程式語言的標準，確保了 JavaScript 能夠在不同的瀏覽器和平臺上保持一致。值得一提的是，目前最流行的標準標準是 ECMAScript 技術委員會於 2015 年 6 月發佈的 ECMAScript 6（ES6），在 ES6 中引入的箭頭函數、範本字串、解構賦值、Promise 等新特性，極大地簡化了程式語法，提高了開發效率，其中 Promise 的非同步程式設計特性，使 JavaScript 可以更加方便地處理非同步作業。目前，最新的 ECMAScript 2023 已經發行，提供了新的陣列 API、支援 Symbol 作為鍵的 WeakMap、Hashbang 等新特性。

V8 引擎在編譯 JavaScript 程式時會將其轉換成抽象語法樹（Abstract Syntax Tree，AST），讀者可透過下面這個簡單的例子了解 AST。

```
// 定義一個名字
const name = 'Wyne';
```

在這一過程中，這行 JavaScript 程式首先會對敘述進行分詞，也就是將程式字串分割成最小的語法單字陣列，程式如下：

```
[
    {
        "type": "Keyword",           // 關鍵字
        "value": "const"
    },
```

```
    {
        "type": "Identifier",             // 定義
        "value": "name"
    },
    {
        "type": "Punctuator",             // 符號
        "value": "="
    },
    {
        "type": "String",                 // 字串
        "value": "Wyne"
    },
    {
        "type": "Punctuator",             // 符號
        "value": ";"
    }
]
```

獲得分詞的結果後會進行下一個步驟,即語法分析,在這一階段會對分詞進行組合,明確分詞之間的關係並得到整個敘述的表達含義,分析最終的結果,即 AST 程式。在 AST 中對敘述的類型、主體、變數都進行了描述。AST 程式如下:

```
{
    "type": "Program",
    "body": [
      {
        "type": "VariableDeclaration",          // 變數宣告
        "declarations": [
          {
            "type": "VariableDeclarator",
            "id": {
              "type": "Identifier",
              "name": "name"
            },
            "init": {
              "type": "TemplateLiteral",
              "quasis": [
                {
                  "type": "TemplateElement",    // 類型為範本元素
```

```
              "value": {
                "raw": "Wyne",                    // 原生值
                "cooked": "Wyne"
              },
              "tail": true
            }
          ],
          "expressions": []
        }
      }
    ],
    "kind": "const"
  }
  ],
  "sourceType": "script"                           // 程式原類型為指令稿
}
```

  V8 引擎會接收生成的 AST 和程式所在作用域,解釋並執行基礎位元組碼和物件位元組碼。位元組碼是一種中間狀態的二進位碼,需編譯成機器碼或經過解釋器解釋後才能在 CPU 執行。V8 引擎的位元組碼是 Google 公司所開發並私有的一組集合指令,用於執行算數運算、記憶體存取等基本操作。解譯器(Interpreter)將從上到下執行位元組碼中的每行,如果多次執行一些相同的位元組碼,則這些位元組碼會被 V8 引擎標記為熱點(Hot),熱點位元組碼會被最佳化編譯器轉換成更為高效的機器碼並被 CPU 執行,其他的位元組碼會透過解譯器進行解釋後在 CPU 執行。

  當然,有的讀者可能會想到,為什麼不直接把位元組碼都編譯成更高效的機器碼呢?這其實正是 V8 團隊最初設計的編譯方式,但同樣的一份 JavaScript 程式當編譯成機器碼時會有幾千倍的記憶體空間增長(K 到 M 的變化),而位元組碼只需 10 倍左右的空間。另外,機器碼雖然高效,但需要較長的時間進行編譯,而位元組碼執行慢,但解釋速度快,所以 V8 團隊選擇了一種折中的辦法,為位元組碼開發出強大的解譯器,為機器碼提供更智慧的最佳化方案,將大量常用的位元組碼編譯成機器碼最佳化後執行,減少機器碼的佔用空間,並提高 CPU 的執行效率。

在 V8 引擎中，還使用了隱藏類別和內聯快取的方式去最佳化 JavaScript，並且支援透過 C++ 擴充來增強 JavaScript 的性能，這裡不再進行詳細敘述。

4.1.2 非阻塞 I/O 和事件驅動

作為 JavaScript 執行的宿主環境，Node.js 大致可以被分成三層結構。首先是頂層的 Node.js 的標準函數庫（Node.js Standard Library），在這個函數庫中包含了 Node.js 提供給使用者的 fs 模組、events 模組、HTTP 模組等許多模組的 API，這一部分是使用者直接使用的應用層，也就是 JavaScript 直接撰寫的部分；第 2 層是 Bingdings（連接）部分，JavaScript 和 C++ 在這裡進行互動，頂層的 API 經過此層呼叫作業系統執行不同的命令；最底層是支援 Node.js 執行的地基，包含了 V8 引擎、libuv 函數庫等內容。在 libuv 函數庫內部包含了事件列表（Event Quene）、事件迴圈（Event Loop）和執行緒池（Thread Pool）等，實現了 Node.js 的事件驅動模型，這也是 Node.js 實現非同步的原因，如圖 4-5 所示。

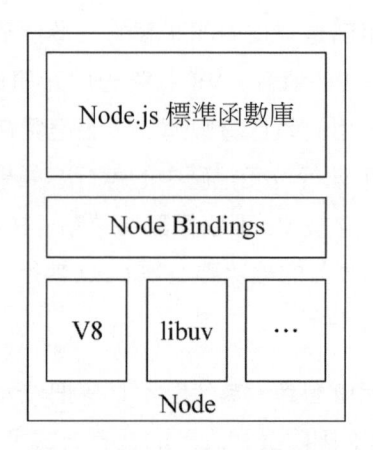

▲ 圖 4-5 Node.js 的內部結構

1. 阻塞、非阻塞 I/O

I 表示輸入（Input），O 表示輸出（Output），而 I/O 則是系統輸入和輸出的操作。什麼才算 I/O 操作呢？最簡單的例子就是資料庫的讀寫操作，DBMS 將資料儲存在硬碟上，並在記憶體中儲存和維護多個資料快取區，當執行讀取操作時，DBMS 首先檢查請求的資料是否存在於記憶體中，如果在記憶體中，則直接從快取區裡傳回資料，如果不在記憶體中，則從硬碟裡讀取資料，並將其載入到記憶體中，最後把記憶體中的資料寫入資料庫，這便是輸出操作；當需要往資料庫插入資料時，DBMS 首先會將資料寫入快取區中，而非直接寫入硬碟，DBMS 會定期地將快取區的資料刷新到硬碟上，稱為「刷寫」操作，而將資料寫入記憶體中的操作，即為輸入操作。整個 I/O 操作的過程就是對記憶體的讀寫過程，在 Node.js 中，則可理解為透過 JavaScript 程式和 SQL 敘述編譯成機器碼（位元組碼透過解譯器進行解釋）讓 CPU 執行讀寫記憶體命令。

I/O 操作需要花費一定的時間才能在系統核心完成，而 CPU 則不管完成的時間要多久都需要獲取操作的結果，這就涉及一個問題，CPU 是否會等待 I/O 操作結束後，也就是獲取結果後才去執行其他的操作呢？這就涉及阻塞 I/O 和非阻塞 I/O 的問題。

以一個簡單的獲取資料流程的過程為例。在阻塞 I/O 的情況下，當執行緒發起呼叫命令後，系統核心會經歷從無數據到獲取資料、獲得資料並就緒的流程，而在整個持續的過程中，作為 CPU 最小排程資源單位的執行緒會一直佔用 CPU，使其處於非執行狀態，也就是阻塞的狀態，這造成了 CPU 的使用率下降。阻塞 I/O 過程如圖 4-6 所示。

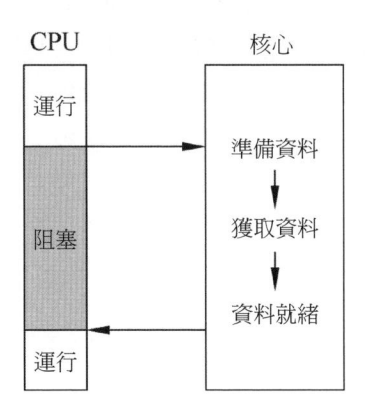

▲ 圖 4-6 阻塞 I/O 過程

當 I/O 操作為非阻塞時，執行緒發起呼叫命令後，系統核心會立即傳回一個當前無數據的資訊，相當於 CPU 獲得了結果，CPU 便繼續執行其他的事情，但同時會不斷地發出命令詢問系統核心資料獲取了沒有，也就是輪詢。直到系統核心的資料準備就緒，執行緒才會被暫停（阻塞），讓資料在核心空間和使用者空間進行資料互動。非阻塞 I/O 的好處顯而易見，能夠利用空閒的 CPU 時間切片，但是從整個呼叫過程來看，CPU 因為會發起大量的輪詢，所以還是處於使用率低的情況。非阻塞 I/O 過程如圖 4-7 所示。

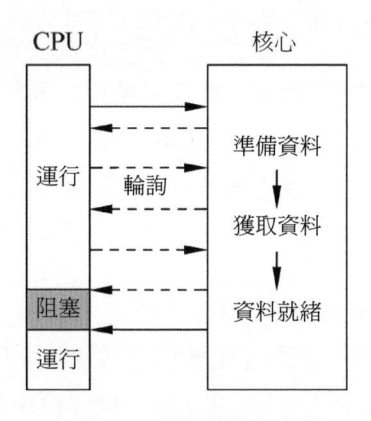

▲ 圖 4-7 非阻塞 I/O 過程

那麼有沒有什麼辦法能大幅地釋放 CPU 的使用率呢？試想一下，如果在呼叫命令發給核心之後 CPU 不會進行輪詢，而是等待核心資料就緒之後由核心來通知 CPU 暫停執行緒，就只需在資料互動的階段短時間地佔用 CPU。簡單來講，就是相較於非阻塞 I/O 減少了輪詢操作，這種過程就成為非同步非阻塞 I/O，如圖 4-8 所示。

4.1 後起之秀 Node.js

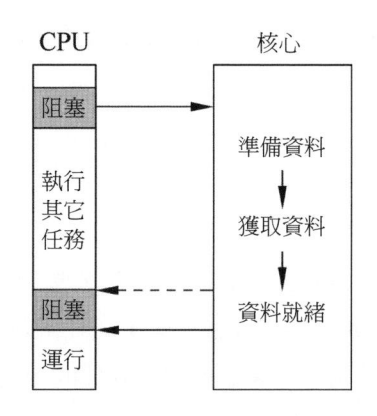

▲ 圖 4-8 非同步非阻塞 I/O 過程

非和步與同步的差別可簡單地理解為事件的主動通知和被動通知，從這個角度來看，圖 4-6 為同步阻塞 I/O，圖 4-7 為同步非阻塞 I/O，圖 4-8 則為非同步非阻塞，當然，讀者可能會想這樣的排列組合會不會也存在非同步阻塞 I/O，按照圖 4-8 的案例，非同步就是為了釋放 CPU 的時間切片，還阻塞它幹什麼呢？所以不存在也沒必要存在非同步阻塞 I/O。很多文件會把非阻塞 I/O 等於非同步 I/O，其實這混淆了兩者所處的環境區別，阻塞 I/O 和非阻塞 I/O 主要發生在硬體層面，而常說的 Node.js 發生非同步 I/O 是指事件迴圈內的場景。

那麼 Node.js 是如何在不同的作業系統上進行非阻塞非同步 I/O 的呢？答案在於 libuv，更準確地來講是發生在 libuv 的執行緒池。作為抽象封裝層的 libuv 會判斷當前所處的作業環境。如果在類 UNIX 系統（如 Linux）內，執行緒則會透過 epoll 方案與核心去實現事件通知機制，在 Windows 系統內，執行緒則會透過 IOCP 機制實現非同步非阻塞 I/O。

2. 事件驅動

在了解了作業系統層面的 I/O 後，現在回過頭來，以一個獲取檔案內資料的 API 來看 Node.js 的非同步 I/O 方案，程式如下：

```
const fs = require('fs');
fs.readFile('/test.txt', (err, data) => {
    console.log(data);
});
```

在這段程式中，fs.readFile 這個 JavaScript 函數首先呼叫了 Node.js 的核心模組 fs.js，這是用於檔案系統操作的模組；第 2 步，Node.js 的檔案系統模組呼叫內建模組 node_file.cc，建立了一個檔案 I/O 的觀察者物件；第 3 步，內建模組根據不同的作業系統在 libuv 中選擇對應的物件進行呼叫。在第 3 步中，以 Windows 系統為例，首先建立了一個用於檔案 I/O 的請求物件，該請求物件內包含一個回呼函數，即 fs.readFile 內的回呼函數。當請求物件生成後會被推進執行緒池中等待執行，這一執行的過程就是第 1 部分所講的非同步非阻塞 I/O。至此，JavaScript 的呼叫就結束了，會繼續執行其他的程式，有沒有感覺就像 CPU 向核心發起呼叫命令後就結束的過程？沒錯，非同步的第一階段已經完成了，接下來等待 I/O 執行緒執行完畢的訊息就可以了。

在 libuv 的事件佇列會不斷地接收從 JavaScript 呼叫的 API 請求，並透過事件迴圈把請求推進執行緒池中。這裡介紹兩種方法，一種是獲取執行緒池是否有執行完的請求的 GetQueuedCompletionStatus()，該方法的單字翻譯就是獲取佇列完成狀態；另一種是執行緒向作業系統提交完成狀態的 PostQueuedCompletionStatus()，單字翻譯是提交佇列完成狀態。事件迴圈的每輪 Tick（活動）都會呼叫 GetQueuedCompletionStatus() 檢查，如果有完成的就通知 JavaScript 執行回呼。

當執行緒執行完 I/O 操作後會從核心中獲取資料並將資料儲存在對應的請求物件中，然後呼叫 PostQueuedCompletionStatus() 向 Windows 系統的 IOCP 報告已經完成，並將執行緒還給作業系統。當事件迴圈檢查到完成的狀態，就把請求物件還給第 2 步建立的觀察者，觀察者就會將請求的結果作為參數傳到請求物件的回呼函數中。至此，回呼就結束了。

縱觀整個過程，JavaScript 把請求物件推進執行緒池後就不管了，直至觀察者獲取已經獲得資料的請求物件，才繼續回來執行該回呼，中途還在執行其他的任務，這不就是一個非同步作業嗎？完成的流程如圖 4-9 所示。

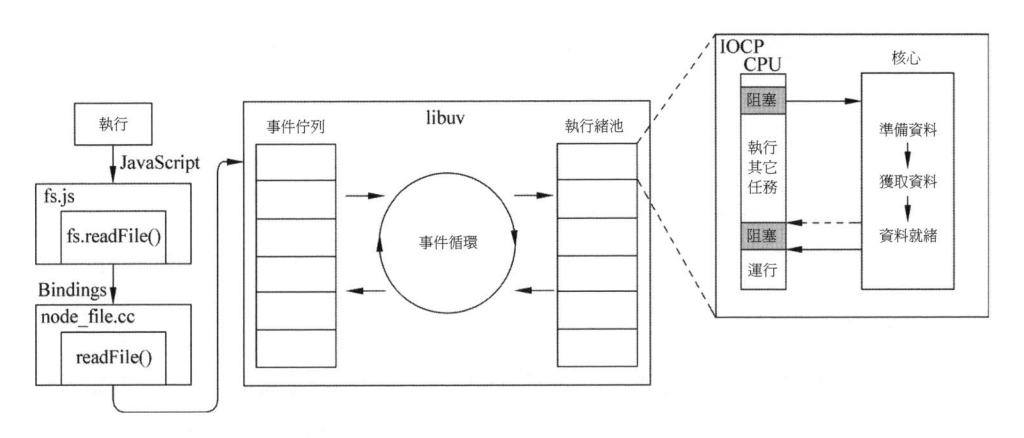

▲ 圖 4-9 Node.js 非同步 I/O 過程

在對 Node.js 的大部分介紹中會提到它是一個單執行緒的，其實只是指 JavaScript 執行的主執行緒是單執行緒，並且沒有創造其他執行緒的能力，而透過學習了解了 libuv 的執行緒池，可以發現 Node.js 並不是單執行緒的，在執行緒池中預設大小是 4，也就是可以並行 4 個 I/O 操作，其餘的會在執行緒池等待，這也是 Node.js 能夠實現高併發的關鍵。

值得一提的是，在事件迴圈中還能細化為多個階段，如 timers、pending callbacks、poll 等，涉及執行不同的優先等級的回呼函數，這裡不再進行詳細描述。

4.1.3 豐富的生態系統

Node.js 具有豐富的生態系統，包括能實現各種功能的第三方模組函數庫、多樣的框架和強大的社區支援。

首先值得一提的是 Node.js 社區最早也是最常用的套件管理工具——NPM（Node Package Manager，通常以小寫形式 npm 描述），npm 提供了完整的套件（相依或模組）管理功能，包括安裝套件、卸載套件、更新套件、查看套件、發佈套件等。在 npm 的官網中，可以查詢各種場景下需要用到的 Node.js 的套件或模組。截至 2023 年 npmjs 已經收錄大約 80 萬個 npm 套件，並有每月超 1000 萬的使用者下載超過 300 億個套件，是世界上最大的免費可重複使用程式倉庫。

開發專案中通常在 package.json 檔案中對 Node.js 的資訊進行配置，在該檔案中詳細展示了專案的名稱、版本、啟動和打包命令，以及專案在不同的環境下所使用的相依和具體的版本編號，在 4.2.5 節建構 Node.js 應用中展示了 package.json 檔案的程式架構。

擁有如此龐大數量的套件也反映了 Node.js 具有一個豐富的生態系統和社區支援。基於 V8 引擎的特性，Node.js 可以在 Windows、macOS、Linux 等多種平臺上執行，這也使 Node.js 的社區和使用群眾非常活躍，經常組織非官方的活動，如 Node.js Foundation、Node.js Working Groups 等，同時社區成員皆具有開放原始碼精神，也正因如此，JavaScript 的開發者才避免了需要自己建構元件去完成普通場景的需求。以開放原始碼的 JavaScript 函數庫 Day.js 為例，在不同的網站上展現的日期格式可能是不一樣的，有些以「-」為分割，如 2023-10-15，而有些又為 2023 年 10 月 15 號，面對這樣的情況，在專案中透過 new Date() 物件生成的日期及時間格式可能並不符合設計的需求，但透過一個簡單的僅有 2KB 的 Day.js 即可完成不同日期格式的轉換。目前，Day.js 的作者還在維護著這個周均達 2000 萬下載量的人氣日期函數庫。

在本書的專案中，使用 Node.js 的 Express.js 框架結合 MySQL 去實現伺服器端功能，但 Node.js 的生態系統中還有許多流行的框架，舉兩個目前最熱門的 Web 框架為例，一個是 Koa.js，這是由 Express.js 創始人打造的輕量級 Web 框架，對比 Express.js，語法更加簡潔，同時性能相比 Express.js 也進行了最佳化；另一個為 Nest.js，一個高效的使用 TypeScript 撰寫的可擴充伺服器端應用程式的漸進式 Web 框架，採用了模組化的架構，具備出色的撰寫靈活性。在資料庫方面，Node.js 與 MySQL、MongoDB、PostgreSQL 等 DBMS 都可進行搭配使用，為 Node.js 提供了資料儲存的解決方案。

4.2 套件管理工具

在 Node.js 中，套件是一種用來擴充功能的應用模組，可以簡單地理解為在套件內部封裝了實現某個功能的函數，並且對外提供了使用者使用的介面。Node.js 提供了套件管理工具供開發人員下載、使用、管理、發佈等對套件的操作，借助套件管理工具，可以極大地提高開發效率。除了 4.1.3 節中所提的 npm，還有一些其他流行的套件管理工具，如 cnpm、Yarn、Pnpm，本節將簡單介紹各種不同的套件管理工具常用的命令及配置項。

4.2.1 常用 npm 命令

熟練掌握 npm 命令是前後端開發人員必備的一項技能。透過 npm 命令可以輕鬆地使用各種開放原始碼套件和模組，更高效率地開發和管理專案，提高團隊的協作效率。同時，熟練地使用 npm 命令，對於學習其他的套件管理工具，如 Yarn、Pnpm 等也更加易於上手使用。本節將介紹在專案開發中比較常用的幾種 npm 命令。

1. 初始化專案

初始化專案命令如下：

```
npm init
```

執行該命令終端會進入一個互動環境，提示使用者輸入專案的基礎資訊，如專案名稱、版本、描述、入口檔案等，最終生成一個 package.json 檔案，該檔案記錄了專案的詳細資訊及專案所使用的相依，幫助版本迭代和專案移植記錄所使用的相依和版本編號，也可防止後期維護中誤刪某些套件而導致專案不能執行。

2. 全域安裝相依

全域安裝是將相依安裝在本地環境或作業系統中，安裝完成後任何專案都可直接引入。全域安裝需要在安裝相依時加「-g」命令，「-g」是「--global」（全域）的縮寫。以全域安裝 Express.js 框架為例，命令如下：

```
// 全域安裝 Express.js
npm install express --global
npm install express -g           //-g 可放在此，也可放在相依名稱前
npm i express -g                 //install 可縮寫為 i
npm i express@4.16.0 -g          // 安裝指定版本的 Express
npm i express@latest -g          // 安裝最新版本的 Express
```

通常全域安裝會將相依儲存到系統磁碟 AppData 目錄下的 Roaming\npm 資料夾中，AppData 目錄是使用者檔案的隱藏目錄，需手動顯示該資料夾。透過命令可查看全域安裝路徑，命令如下：

```
// 查看全域安裝路徑
npm root -g
```

系統磁碟通常會儲存大量系統檔案而導致記憶體容量不足，為了保證系統磁碟的記憶體容量最佳，可將 npm 全域安裝路徑指定至其他磁碟代號，設置成功後安裝的全域相依則儲存在指定路徑下，命令如下：

```
// 指定全域安裝路徑
npm config set prefix "D:\Program Files\node_global"
```

3. 局部安裝相依

局部安裝通常分為兩種，根據相依的性質所決定。對於只在本地開發環境使用的相依，即編譯、測試和偵錯所使用相依，在安裝時增加命令「-S」，此命令為「--save」命令的簡寫，相依資訊會被增加到 package.json 的 dependencies 物件中，dev 為 develop 單字的縮寫；對於用於生產環境的相依，則需增加命令「-D」，此命令是「--save-dev」的簡寫，相依資訊會被增加到 devDependencies 物件中。安裝時當沒有增加額外命令時預設為局部安裝，並將資訊儲存在 dependencies 物件中。以安裝 Express.js 框架為例，命令如下：

4.2 套件管理工具

```
// 安裝開發環境 Express,將資訊儲存到 dependencies 物件中
npm i express
npm i express --save
npm i express -S
npm i express@4.16.0 -S
npm i express@latest -S

// 安裝生產環境 Express,將資訊儲存到 devDependencies 物件中
npm i express –save-dev
npm i express -D
npm i express@4.16.0 -D
npm i express@latest
```

4. 安裝所有相依

在 GitHub 或 Gitee 等程式託管平臺拉取的專案一般需要先安裝專案相依才能啟動,這是因為包含專案相依的 node_modules 資料夾通常體積太大並不會上傳至專案倉庫中。快捷安裝所有相依的程式如下:

```
npm i            // 安裝所有相依
```

5. 更新相依

當專案開發週期中斷後再次進行開發,或從程式管理平臺複製年份較遠的專案時,有可能出現相依版本與當前執行環境不相容的情況,此時需對相依進行更新。更新相依的程式如下:

```
npm update express -g          // 更新全域相依

npm update express             // 更新當前專案相依
```

6. 卸載相依

卸載與安裝唯一的不同在於將 install 更改為 uninstall,需要注意的是 uninstall 不能進行簡寫,同時確定要卸載的相依是全域安裝還是局部安裝。卸載相依的命令如下:

4 開始我們的後端之旅

```
npm uninstall express -g              // 卸載全域安裝相依

npm uninstall express                 // 卸載相依，同時刪除儲存在 dependencies 中的資訊
npm uninstall express --save          // 同上
npm uninstall express -s              // 同上

npm uninstall express --save-dev      // 卸載相依，同時刪除儲存在 devDependencies 中的資訊
npm uninstall express -D              // 同上
```

7. 設置鏡像來源

透過終端設置鏡像來源，命令如下：

```
// 檢查當前鏡像來源
npm config get registry

// 官方來源
npm config set registry https://registry.npmjs.org

// 淘寶鏡像來源
npm config set registry https://registry.npmmirror.com

// 騰訊雲鏡像來源
npm config set registry http://mirrors.cloud.tencent.com/npm/

// 透過鏡像安裝相依
npm i express -g --registry=https://registry.npmmirror.com
```

淘寶鏡像來源還有專屬的套件管理工具——cnpm，這是由淘寶開發用於代替預設 npm 的套件管理工具，當遇到因為網路問題而導致下載相依緩慢、卡死的情況時，就可以使用 cnpm 進行救場。兩者除了下載的來源位址不同外，安裝的相依內容完全相同，命令則由 npm 改為 cnpm 即可，這點可以在 cnpm 官網找到原因，淘寶鏡像官方說明這是一個完整的 npmjs.org 鏡像，每十分鐘就與官方來源同步一次。

如果覺得使用命令切換不同鏡像來源太過麻煩，則可使用 nrm（Npm Registry Manager）快速切換想要的鏡像來源，命令如下：

4.2 套件管理工具

```
// 安裝 nrm
npm i nrm -g
cnpm i nrm -g


// 查看當前可用的鏡像來源列表
nrm ls


// 查看當前使用的鏡像來源
nrm current


// 切換鏡像來源
nrm use taobao                    // 切換為淘寶的鏡像來源


// 測試鏡像來源速度
nrm test taobao                   // 測試淘寶鏡像來源速度


// 增加鏡像來源，通常用於配置私有鏡像來源
nrm add 鏡像名稱 鏡像 URL 網址


// 刪除鏡像來源
nrm del taobao                    // 刪除鏡像來源列表中的淘寶鏡像來源
```

使用 nrm 可以管理多個鏡像來源，並且可以方便地在不同的鏡像來源之間快速切換，對於需要頻繁切換官方來源、鏡像來源和自訂私有來源的開發者十分有利。具體操作示範如圖 4-10 所示。

```
C:\WINDOWS\system32\cmd.exe

C:\Users\1>nrm ls
* npm ---------- https://registry.npmjs.org/
  yarn --------- https://registry.yarnpkg.com/
  tencent ------ https://mirrors.cloud.tencent.com/npm/
  cnpm --------- https://r.cnpmjs.org/
  taobao ------- https://registry.npmmirror.com/
  npmMirror ---- https://skimdb.npmjs.com/registry/

C:\Users\1>nrm current
You are using npm registry.

C:\Users\1>nrm use taobao
 SUCCESS  The registry has been changed to 'taobao'.

C:\Users\1>nrm test taobao
* taobao ---- 373 ms
```

▲ 圖 4-10 使用 nrm 切換鏡像來源

8. 部分查看命令

查看命令主要用於查看當前的 npm 版本編號、相依版本編號、相依清單等內容，命令如下：

```
npm -v                              // 查看版本編號
npm root                            // 查看專案相依所在目錄，如附加 -g 命令為查看全域相依所
                                    // 在目錄
npm list                            // 查看已安裝的全域相依，可簡寫為 npm ls
npm view express                    // 查看 Express 的版本資訊
npm view express version            // 查看 Express 版本編號
npm view express versions           // 查看 Express 歷史版本編號
npm view express repository.url     // 查看 Express 的安裝來源
npm config list                     // 查看配置資訊
```

9. 常用清除命令

當安裝某個相依時，如果中途卡住了並終止下載，當再次下載時可能會導致下載失敗，這時就需要清除 npm 快取。清除 npm 快取的一種方法是透過命令進行清除，命令如下：

```
npm cache clean                     // 清除 npm 快取
```

當專案開發到後期時，可能存在一些前期增加了但沒有使用的相依，這些相依可能會導致專案開啟的速度過慢，這時可使用命令對與專案無關的相依進行清除，命令如下：

```
npm prune                           // 清除與專案無關的相依
```

4.2.2 配置 npm

使用 npm 初始化專案或安裝及使用相依時，系統會自動生成一個用於管理 npm 的設定檔 .npmrc，該檔案在 Windows 系統一般會存在於兩個地方：一處是位於全域相依資料夾下的 npm 檔案中，可透過查看全域安裝路徑找到；另一處是當前系統使用者主目錄下的 .npmrc 檔案。對於 macOS 和 Linux 系統預設位置

4.2 套件管理工具

為 ~/.npmrc。除這兩處位置外，使用者可在專案的根目錄下手動新建 .npmrc 檔案，該 .npmrc 檔案的優先順序最高，在不同的專案根目錄配置 .npmrc 互不影響。執行時期 npm 將依照優先順序進行查詢，首先查詢專案根目錄下的 .npmrc 檔案，如果沒有找到，則查詢系統使用者主目錄下的 .npmrc 檔案，如果使用者主目錄下沒有此檔案，則查詢全域相依資料夾目錄。.npmrc 檔案用於儲存 npm 的預設參數，如鏡像來源、日誌等級、作用域參數等，檔案內部以 key=value 的格式進行配置。

一般情況下很少需要操作 .npmrc 檔案，但當卸載 Node.js 或 npm 時需要將 .npmrc 檔案刪除，因為它還會儲存在全域相依資料夾和使用者的資料夾中。如果沒有刪除該檔案，則使用者下載其他版本的 Node.js 時裡面的配置將覆蓋剛安裝的 Node.js 版本，這是因為在安裝完 Node.js 之後還沒有自動生成 .npmrc 檔案，而執行 npm 命令時將先檢索本地是否存在 .npmrc 檔案，未刪除的檔案會被誤認為使用者手工建立的 .npmrc，這樣會造成其他問題。

除下載 Node.js 可能會出現問題外，安裝相依出現失敗的情況也可透過刪除 .npmrc 檔案、刪除 node_modules 檔案和執行清除 npm 快取命令 3 個操作進行處理，這樣可解決大部分安裝相依失敗的問題。

下面簡單介紹常用的配置項。

1. 定義鏡像來源

除了可以使用終端和 nrm 切換鏡像來源外，還可在 .npmrc 檔案中直接定義使用哪個鏡像來源，以使用淘寶鏡像來源為例，命令如下：

```
registry=https://registry.npmmirror.com          // 淘寶鏡像來源
```

2. 日誌等級

日誌是使用 npm 安裝相依中輸出的資訊，可以透過命令設置是否輸出資訊（無錯誤情況）、輸出詳細資訊、只顯示警告和錯誤資訊等。

```
loglevel=silent          // 只顯示錯誤資訊
```

```
loglevel=warn            // 只顯示警告和錯誤資訊

loglevel=info            // 顯示詳細資訊
```

3. 指定相依儲存位置

透過設置 prefix 選項可指定全域安裝的路徑。例如將全域安裝的套件安裝在 /user/npm 目錄下，命令如下：

```
prefix=/user/npm
```

4. 作用域

如果企業內部使用的相依是自己內部開發的，則為了保證安全性和隱私性，開發團隊通常會把相依儲存在自己架設的私有伺服器中，這時可以利用指定鏡像來源從這個私有的伺服器中獲取相依，這個私有的伺服器也被稱為作用域。配置作用域的命令如下：

```
@作用域名：registry=https://npm.私有伺服器地址.cn
```

4.2.3 Yarn 介紹及常用命令

Yarn 是由 Facebook 和 Exponent、Google、Tilde 公司合作打造的一款用於替代 npm 的套件管理器。作為在 Node.js 誕生之後就開發出來的 npm 已經成為全世界最流行的套件管理器了，為什麼 Facebook 公司還需要開發出這樣一款替代品呢？原因在於版本、下載速度和安全性問題。不過在了解 Yarn 的優點時，需要先知道的前提是，Yarn 是基於 npm 的第 3 個版本進行開發的，而 Yarn 也是為了彌補第 3 個版本的 npm 的不足而出現的。

在 Facebook 介紹 Yarn 的一段話中，可以看到當時使用 npm 的開發人員所面臨的問題：不同機器或不同人所得到的安裝結果並不一致，安裝相依所花費的時間也無法忽視；由於 npm 使用者端在安裝相依套件時會自動執行其中的指令稿，安全性也令我們顧慮重重。

於 2016 年發佈的 Yarn 目前已經更新到了 v4.0+ 版本，但除部分新特性外在常用命令上並無太大的修改，所以本節還是以目前使用人數最多的 v1.22+ 版本介紹。

1. Yarn 的開發背景

在 npm 3 中，針對 npm 2 存在的巢狀結構地獄問題提出了扁平化思想。什麼是巢狀結構地獄呢？例如專案安裝了相依 A 和相依 B，而這兩個相依的內部都使用了相依 C，那麼 node_modules 的結構如下：

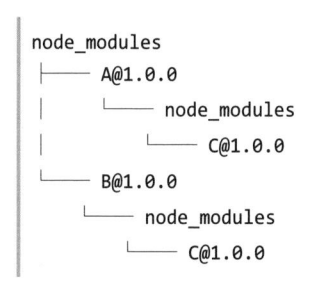

```
node_modules
├── A@1.0.0
│   └── node_modules
│       └── C@1.0.0
├── B@1.0.0
    └── node_modules
        └── C@1.0.0
```

可見相同版本的相依 C 被同時安裝了兩次，如果一個專案中有多個相依使用了相依 C，而相依 C 又使用了相依 D，則相依 D 的重複安裝數量將越來越多，即層級越深的相依重複安裝的次數越多，這樣 node_modules 的大小將變得不可估量。

在 npm 3 中採用扁平的 node_modules 結構，當存在多個子相依時會將「部分」子相依提升到主相依所在的目錄。還是以上述例子為例，相依 A 使用的相依 C 的版本為 1.0.0，但相依 B 使用的相依 C 的版本變為 2.0.0，同時增加一個使用了相依 C 的 1.0.0 版本的相依 D，在 node_modules 的結構如下：

```
node_modules
├── A@1.0.0
├── B@1.0.0
│   └── node_modules
│       └── C@2.0.0
```

```
├── C@1.0.0
└── D@1.0.0
```

可見使用了扁平化結構後被相依 A 和相依 D 都使用的相依 C 只安裝了一次，避免了相同的相依重複安裝的問題，解決了相依地獄的問題，但這又引出了兩個新問題，首先是每次提升到主相依目錄的都會是相依 C 的 1.0.0 版本嗎？其次相依 C 作為被使用的相依被提升到主相依目錄能直接使用嗎？

針對第 1 個問題，還是以上面的 node_modules 目錄結構為例，當手動將相依 A 升級至 2.0.0 版本時，假設相依 A 這個版本所使用的相依 C 也是 2.0.0 版本，那麼目錄結構將變成以下形式：

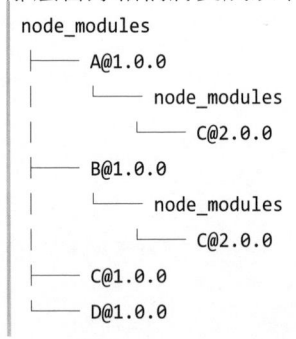

```
node_modules
├── A@1.0.0
│   └── node_modules
│       └── C@2.0.0
├── B@1.0.0
│   └── node_modules
│       └── C@2.0.0
├── C@1.0.0
└── D@1.0.0
```

當專案上傳至伺服器時，需要重新安裝相依，重新生成的目錄結構將變成以下形式：

```
node_modules
├── A@1.0.0
├── B@1.0.0
├── C@2.0.0
└── D@1.0.0
    └── node_modules
        └── C@1.0.0
```

這就導致伺服器的目錄結構與本地的目錄結構不同，這種不確定性可能會導致專案在開發過程中出現 Bug，而這種由於 Node 機制的 Bug 往往難以定位，如需確保目錄結構一致，則要刪掉 node_modules 重新執行安裝相依命令。

另外一種情況是，相依 A 和相依 B 都使用了相依 C 的 1.0.0 版本，而相依 D 和相依 E 使用的是相依 C 的 2.0.0 版本，那麼此時無論是把相依 C 的哪個版本提升到主相依目錄都會出現相依重複的問題。在重複的版本中則會造成破壞單例模式的問題，即使程式中載入的是同一個模組的同一版本，但實際使用的是不同的模組內的不同物件，同時，即使每個相依內部的程式不會相互污染，但版本重複可能導致全域的類型命名出現衝突。

第 2 個問題被稱為幽靈相依，也被稱為非法存取，即明明沒有使用這個相依，卻依然可以透過命令匯入並使用。這個問題在 v3 版本中並沒有極佳地得到解決。

另一種情況的版本問題同樣出現在專案相依所使用的相依中。相依是按照一種稱為語義化版本（Semver）的規則安裝並記錄到 package.json 檔案中的，Semver 定義了一套用於表明每個版本類型的描述標準，見表 4-1。

▼ 表 4-1 Semver 版本類型及描述

版本	描述
1.0.0	表示安裝指定的 1.0.0 版本
~1.0.0	表示安裝 1.0.X 中最新的版本
^1.0.0	表示安裝 1.X.X 中最新的版本

但是 Semver 是否奏效，取決於開發相依的作者是否遵守規則。如果開發者使用了帶「~」和「^」首碼的版本，則每次安裝的版本都有可能不一樣。

不過截至目前，npm 已經更新到第 5 代了，問題大多獲得了解決。在 v5 中執行安裝相依命令會首先讀取 npm 的配置資訊，例如鏡像來源、日誌等；其次在 v5 中執行 npm 命令時會檢查有無 package-lock.json 檔案，檔案內對每個相依的版本資訊進行了鎖定，準確描述了當前專案 npm 套件的相依樹，當安裝時會根據檔案內的資訊建構相依樹，其目的是保證不同使用者安裝的是一樣的版本；最後會檢查要下載的相依是否存在本地快取，若存在，則將對應的快取解壓到 node_modules 目錄中，同時生成 package-lock.json，若不存在，則下載對應的相依，驗證相依的完整性並增加至快取，之後再解壓到 node_modules 目錄中，生成 package-lock.json。整個流程如圖 4-11 所示。

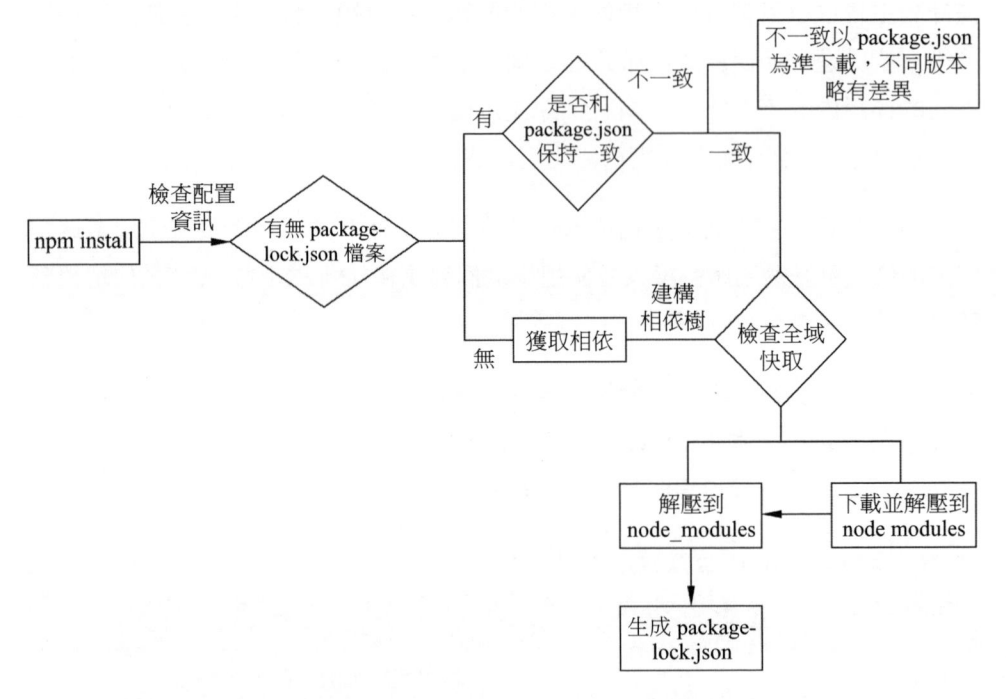

▲ 圖 4-11 npm install 執行過程

此外，雖然 v5 版本解決了版本問題和不確定性問題，但還會有安裝速度慢、扁平化演算法複雜等問題，只能等後續更好的解決方案了。

2. Yarn 的誕生

Yarn 的誕生主要針對 npm 的 v3 版本出現的問題。Yarn 在面對版本問題和不確定問題上使用了 LockFile（鎖定檔案），並設計了新的安裝演算法用於保證版本的一致性，當使用者增加相依時會生成 yarn.lock 檔案。LockFile 會把所有已安裝的相依的版本都進行鎖定，確保每次安裝所產生的 node_modules 目錄結構在不同的機器上總是一致的。除此之外，LcokFile 使用了簡明的格式進行記錄，採用有序的順序記錄相依資訊，確保每次更新都不會造成過多的改動。

4.2 套件管理工具

Yarn 的安裝過程主要分為 3 個步驟。

1）解析

Yarn 會對專案中使用的相依進行解析，向相依的來源發出請求，並遞迴地查詢每個相依的結構，也就是在相依內使用了什麼相依，以及最深有多少層。

2）獲取

Yarn 在這一步中會在一個全域快取目錄中對比即將下載的相依，如果不存在，則 Yarn 會把相依的壓縮檔拉到本地，並儲存在全域快取中，這樣當需要安裝的時候就無須重複下載了，同時也可以進行離線安裝。

3）連結

最後，Yarn 會把所需的相依從快取中複製到本地的 node_modules 目錄中，至此安裝完畢。

在第 1、第 2 步驟中，Yarn 消除了可能因為版本而帶來的不確定性。同時 Yarn 針對 npm 下載速度慢的問題，提供了能夠並行下載的解決方案，能夠最大化地實現資源的使用率；加上快取的特性，Yarn 在某些專案中比 npm 能有數量級的速度提升。

接著來談一下 Yarn 的其他優點。Yarn 在其內部具有互斥特性，也就是說同時在多個終端中使用 Yarn 命令不會造成相互衝突和污染；Yarn 還有一個重要的特性是提供了嚴格的安全保障，對每個下載的相依都會進行驗證並檢查相依的完整性，確保每次下載的都是同一個相依；在終端的提示方面，Yarn 結合 emoji 表情提供了更為直觀的資訊展示；在命令方面，Yarn 對比 npm 並沒有更改太多，使熟悉 npm 命令的程式設計師能夠快速上手。

對比 npm 的 v5 版本，可以發現兩者好像並無太大區別，它們都解決了 v3 版本引發的版本問題和不確定性問題，同時也都提供了快取檢查和驗證機制，其實就是 Yarn 解決了 v3 版本的問題，而 npm 官方也按照自己的方式去完善了 v3 版本的不足。也正因如此，Yarn 除了在下載速度上比 npm 的 v5 版本具備優勢外，其他最佳化方面並無太大差距，所以專案不管是使用 npm 命令還是 Yarn 命令都是可以的。

3. Yarn 的常用命令

Yarn 命令與 npm 命令的主要區別在於首碼，Yarn 以 yarn 開頭，部分命令有所改動，如安裝由 install 變成了 add（增加），比 npm 在語義上更清晰。

1）安裝 Yarn 和初始化專案

Yarn 透過 npm 進行全域安裝，安裝完需檢查是否存在版本編號，如存在，則表示安裝成功。Yarn 進行初始化專案的命令與 npm 相同，在終端需要輸入的專案基礎資訊，和 npm 初始化專案幾乎相同（主要是提示訊息不一樣），並且也會生成一個 package.json 檔案。

```
npm i yarn -g                              // 安裝 Yarn

yarn --version                             // 查看版本編號

yarn init                                  // 初始化專案
```

2）設置配置項

Yarn 的配置專案錄包括鏡像來源配置、專案基礎資訊配置、版本配置、許可證配置等，命令如下：

```
yarn config list                                       // 顯示所有配置項

yarn config get <key>                                  // 顯示某個配置項

yarn config delete <key>                               // 刪除某個配置項

yarn config set <key> <value> [-g|--golbal]            // 設置配置項

yarn config set registry https://registry.npmmirror.com/   // 設置鏡像來源
```

在 4.2.2 節曾提到 npm 的設定檔 .npmrc，而 Yarn 的設定檔名為 .yarnrc。在 Windows 系統該檔案位於使用者主目錄下，對於 macOS 和 Linux 系統則預設位

置為 ~/.yarnrc。內部的配置與 .npmrc 大致相同，但 key 與 value 都採用字串的形式，兩者使用空格進行分隔，以鏡像來源為例，程式如下：

```
"registry" "https://registry.npmmirror.com/"      // 鏡像來源
```

3）安裝相依

這裡的安裝指的是從倉庫即程式管理平臺初次將程式拉取到本地，透過 package.json 和 yarn.lock 記錄的相依資訊進行安裝，命令如下：

```
yarn install              // 安裝 package.json 記錄的相依，生成 yarn.lock 檔案，可簡寫為 yarn

yarn install --flat       // 安裝相依時會顯示多種版本以供選擇

yarn install --force      // 強制重新下載所有的相依

yarn install --production // 根據 package.json 檔案中的 dependencies 相依進行安裝

yarn install --no-lockfile   // 不讀取或生成 yarn.lock 檔案

yarn install --pure-lockfile // 不生成 yarn.lock 檔案
```

需要注意的是，在上述的 --no-lockfile 命令中，不讀取或生成 yarn.lock 檔案主要分為兩種情況，一種是在專案目錄中存在 yarn.lock 檔案，執行安裝時只根據 package.json 的相依目錄進行安裝，不讀取 yarn.lock 檔案內鎖定的版本；另一種是專案拉取下來後沒有 yarn.lock 檔案，安裝時也不生成該檔案。這個命令通常用於在開發過程中需要頻繁地更改和更新相依的階段。

4）下載（增加）相依

下面以安裝 Express 為例展示下載相依的方法，下載後會更新 package.json 和 yarn.lock 檔案，命令如下：

```
yarn add express              // 等於 npm iexpress --save

yarn add express@1.0.0        // 安裝指定版本的相依

yarn add express@beta         // 使用標籤代替版本，如 beta、next、latest
```

```
yarn add express -D              // 將相依增加到 devDependencies

yarn add express -P              // 將相依增加到 peerDependencies

yarn add express -O              // 將相依增加到 optionalDependencies

yarn global add express          // 全域安裝 Express
```

這裡需要注意的是 peerDependencies 和 optionalDependencies。前者的作用是當某個相依需要使用時，要安裝其搭配的相依才能使用，peer 即同齡人、同輩的意思，如果沒有安裝與其搭配的相依，則終端會發出警告並要求安裝；後者的作用是如果開發者希望在找不到某個相依（安裝失敗）的情況下仍然能夠保持安裝過程繼續執行，則可以把這個相依增加到 optionalDependencies 中。

5）更新相依

在 Yarn 中更新相依是基於標準範圍內的最新版本的，命令如下：

```
yarn upgrade                     // 將專案中的所有相依更新到最新版本

yarn upgrade express             // 將指定相依更新到最新版本
```

6）發佈相依

用於將內部開發的相依發佈到伺服器，命令如下：

```
yarn publish                     // 發佈相依
```

7）移除（刪除）相依

移除指定的相依會自動更新 package.json 和 yarn.lock，命令如下：

```
yarn remove express              // 刪除指定的相依
```

8）顯示相依的具體資訊

用於查看某個相依的名稱、當前版本、所有版本、相依描述等具體資訊，命令如下：

```
yarn info express        // 顯示相依的具體資訊
```

9）快取配置

主要包括已快取的相依、傳回全域快取位置、清除快取等，命令如下：

```
yarn cache list          // 列出已快取的相依

yarn cache dir           // 傳回全域快取本地位置

yarn cache clean         // 清除快取
```

10）執行指令稿

用於執行在 package.json 檔案中啟動專案的指令碼命令，假設啟動命令為 dev，命令如下：

```
yarn run dev             // 啟動專案
```

4.2.4 Pnpm 介紹及常用命令

Pnpm 是 Performant npm 的簡稱，即高性能的 npm，是由程式設計師 Zoltan Kocsis 開發的一款高效的套件管理器，於 2017 年發佈了它的第 1 個版本。從年份上可以看出 Pnpm 晚於 Yarn 的出現，而它的出現也正是為了解決 npm 和 Yarn 沒解決的問題——多重相依和幽靈相依。

Pnpm 在設計時採用非扁平的 node_modules 目錄結構，使用硬連結（Hard Link）和軟連結（Symbolic Link）的方式為重複安裝相依提供了解決方案，提高了下載速度和安裝效率。根據目前官方提供的基準資料在綜合場景下 Pnpm 比 npm 快了兩倍以上，與 Yarn 的 v4 版本不相上下。

1. 設計理念

假設一個程式設計師同時開發了多個 Vue 3 專案，那麼每個 Vue 3 專案在架設框架時都會形成同樣的 node_modules 檔案，這就導致了第 1 種重複安裝相依的情況；第 2 種情況就如同在 Yarn 節中提到的兩組不同的相依分別使用了相依 C 的 v1 版本和 v2 版本，不管套件管理器如何扁平化都會造成重複安裝相依問題。

　　Pnpm 在官網中對專案中可能存在相同相依的不同版本提出了解決方案，在這種情況下只有版本之間不同的檔案會被儲存起來，舉例來說，某個相依包含 100 個檔案，當其發佈新版本時，假設新版本只對其中一個檔案進行了修改，那麼 Pnpm 的更新操作只會把改動的新檔案增加到儲存中，而不會因為一個檔案的修改而儲存相依套件的所有檔案，這樣在新舊版本都可使用的情況下節省了儲存空間。

　　當安裝相依時，Pnpm 會在全域的 Store 目錄中儲存相依的硬連結，可以簡單地理解硬連結就是一個磁碟位址（另一種說法是原始檔案的副本），指向了儲存相依檔案內容的磁碟位置。假設某個專案 A 使用了相依 B，那麼會在 node_modules 目錄生成這個相依 B 的檔案目錄，並且在 node_modules 生成一個隱藏資料夾 .pnpm。在 .pnpm 檔案和全域 Store 裡都會儲存這個相依 B 的硬連結，node_modules 內的其他相依如果有包含相依 B 的檔案，則透過軟連結的形式指向 .pnpm 資料夾內相依 B 的硬連結。當另一個專案 C 也需要使用相依 B 時，就會在全域的 Store 目錄中檢查，如果找到了就直接使用，如果沒找到就下載，相當於專案 C 的 node_modules 內的 .pnpm 檔案中關於相依 B 的檔案指向的也是其在磁碟的位址，那麼就可以說這兩個專案使用的都是同一個相依，避免了重複安裝相依的情況。同時，非扁平化的目錄結構也使 Pnpm 不會出現幽靈相依問題，如圖 4-12 所示。

4.2 套件管理工具

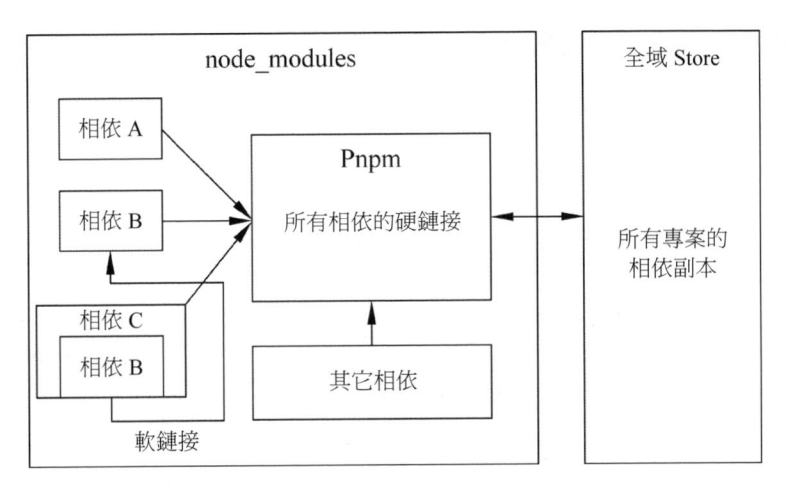

▲ 圖 4-12 Pnpm 相依連結邏輯

如果是 Windows 系統，則 Store 目錄的位置通常儲存在使用者目錄下的 \AppData\Local\pnpm\store\v3 中，如果是 macOS 或 Linux 系統，則預設的 Store 目錄位置是 ~/.pnpm/store/v3，對 Store 目錄感興趣的讀者可透過以下命令查看本機 Pnpm 的 Store 目錄位置：

```
pnpm store path          // 顯示 Store 目錄位置
```

因為 Store 的存在，避免了多個專案重複安裝相依的情況發生。當然，如果在一台電腦上開發了 100 個專案，則毫無疑問 Store 目錄會變得越來越大，Pnpm 官方也提供了命令解決這樣的問題，命令如下：

```
pnpm store prune         // 清除沒被引用的硬連結
```

執行該命令會掃描沒有被專案引用的硬連結並清除。舉個例子，當某個專案 A 在本地被刪除後，其使用的相依硬連結依舊被儲存在全域 Store 中，這時就會造成 Store 目錄充斥著沒使用的硬連結。

2. 常用命令

Pnpm 不僅在問題上對 npm 和 Yarn 進行了整合，在命令上也能看出 npm 和 Yarn 的影子。在透過對 npm 和 Yarn 命令進行了解和學習後，使用 Pnpm 無須投入太多精力進行學習。下面簡單地對 Pnpm 的常用命令進行總結。

1）全域安裝 Pnpm 和初始化

全域安裝 Pnpm 和初始化專案的程式如下：

```
npm i pnpm -g           // 全域安裝 Pnpm

pnpm -v                 // 檢查版本，如果出現版本，則表示安裝成功

pnpm init               // 初始化專案

pnpm i                  // 安裝 package.json 記錄的相依
```

2）常用配置

常用配置的程式如下：

```
pnpm config get registry                                      // 查看當前鏡像來源

pnpm config set registry https://registry.npmmirror.com/      // 以設置淘寶來源為例

pnpm config set cache-dir C:\node\pnpm\cache                  // 設置快取位址
```

3）增加相依

以增加 Express.js 框架為例，程式如下：

```
pnpm add express            // 同 yarn add express

pnpm add express@4.18.2     // 安裝指定版本相依

pnpm add express -D         // 將相依安裝至 devDependencies

pnpm add express -O         // 將相依安裝至 optionDependencies

pnpm add express -g         // 全域安裝相依
```

4）其餘管理相依

其餘管理相依的命令，程式如下：

4.2 套件管理工具

```
pnpm update              // 更新相依,可簡寫為 pnpm up

pnpm remove express      // 移除相依,可簡寫為 pnpm rm

pnpm publish             // 發佈相依
```

Pnpm 提供了類似 Yarn 的移除相依命令,但同時可使用 npm 的移除方式,即 uninstall 命令。

5)查看相依

除查看專案和全域的相依外,Pnpm 提供了查看過期相依的命令,執行 outdated 命令會顯示當前專案中安裝的所有相依及其當前版本和最新版本,方便開發人員了解相依的最新版本動態並決定是否更新,但該命令只檢查相依是否需要更新,並不提供自動更新操作。查看相依的程式如下:

```
pnpm list                // 查看本地安裝的相依,可簡寫為 pnpm ls

pnpm list --global       // 查看全域安裝的相依,可簡寫為 pnpm ls -g

pnpm outdated            // 查看過期的相依
```

6)執行指令稿

執行指令稿的程式如下:

```
pnpm run 指令碼命令       // 執行指令碼命令
```

4.2.5 建構一個 Node 應用

在本節中,將進行 Node 的環境配置及建構一個初始化的 Node 專案。

1. 下載 Node.js

Node.js 的發佈版本會分為長期支援(Long Time Support,LTS)版本和當前最新發佈(Current,譯為當前)版本。LTS 版本是 Node.js 的一種穩定版本,

4 開始我們的後端之旅

版本的新特性經過了較長時間的測試和驗證,比 Current 版本更具穩定性。標注為 LTS 的版本在發佈後會得到長時間的支援和更新,在企業級專案開發中的生產環境通常會選擇 LTS 版本。Current 版本則包含了最新的特性和改進了對於上個小版本的問題,並且會根據新的技術變化和市場需求不斷地更新和最佳化,如果專案中使用了具備最新特性版本的相依,則選擇 Current 版本是個不錯的選擇。

在選擇 Node.js 版本時,由於其支援多平臺的特性,使用者需選擇適合自己的作業系統版本和下載方式。以 Windows 為例,以 .msi 為副檔名的是 Windows Installer 開發出來的安裝程式,簡單來講就是安裝精靈,裡面包含了安裝的相關資訊,如安裝時可以讓使用者選擇安裝的目標路徑、是否選擇安裝一些生態內的程式等,以及可讓使用者卸載所安裝的程式;以 .zip 為副檔名的檔案是以壓縮檔的方式下載,解壓之後即可使用,相當於無須安裝的綠色版。一般會選擇以 .msi 為副檔名的安裝程式,特別是當系統磁碟容量不大的情況下。在本書專案中下載的是目前長期支援的 16.18.1 版本,作業系統為 64 位元的 Windows 安裝程式。

Node.js 下載網址為 https://nodejs.org/en/download。

Node.js 16.18.1 下載網址為 https://nodejs.org/dist/v16.18.1/。

進入 16.18.1 版本的下載網址後,選擇 .msi 結尾的安裝程式,如圖 4-13 所示。

```
node-v16.18.1-linux-x64.tar.gz
node-v16.18.1-linux-x64.tar.xz
node-v16.18.1-win-x64.7z
node-v16.18.1-win-x64.zip
node-v16.18.1-win-x86.7z
node-v16.18.1-win-x86.zip
node-v16.18.1-x64.msi
node-v16.18.1-x86.msi
node-v16.18.1.pkg
node-v16.18.1.tar.gz
node-v16.18.1.tar.xz
```

▲ 圖 4-13 下載 Node.js

4.2 套件管理工具

2. 安裝 Node.js

第 1 步：下載完成後，按兩下安裝程式，按一下 Next 按鈕進入同意協定步驟，勾選同意協定並再次按一下 Next 按鈕進入第 2 步，如圖 4-14 和圖 4-15 所示。

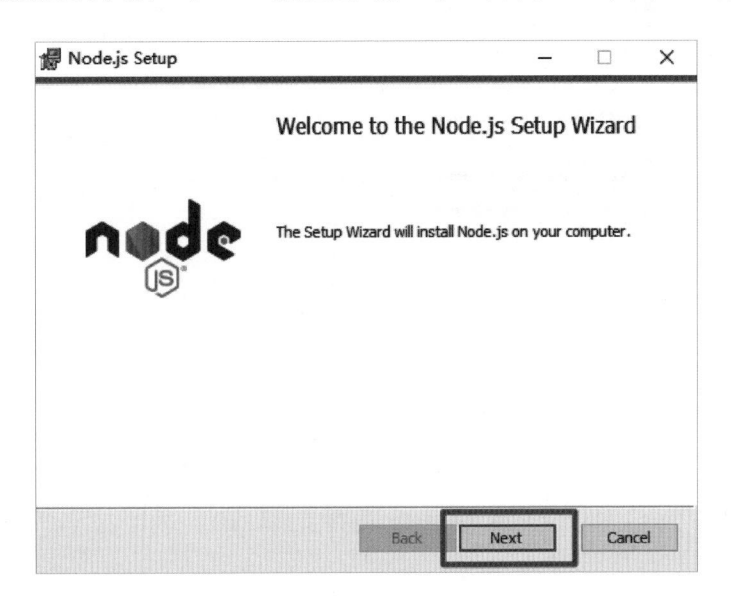

▲ 圖 4-14 安裝 Node.js

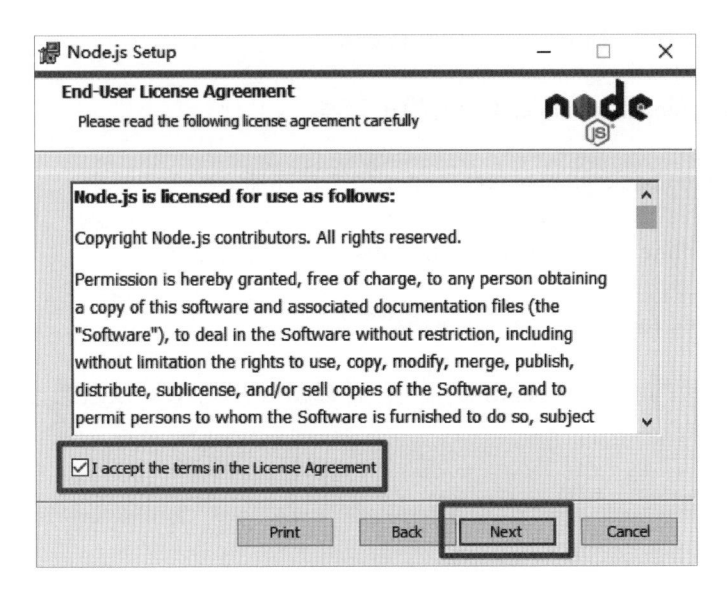

▲ 圖 4-15 勾選同意協定

第 2 步：選擇安裝路徑，通常保持預設路徑 C:\Program Files\nodejs\，如果 C 磁碟為系統磁碟並且容量不多，則可選擇其他磁碟，如圖 4-16 所示。

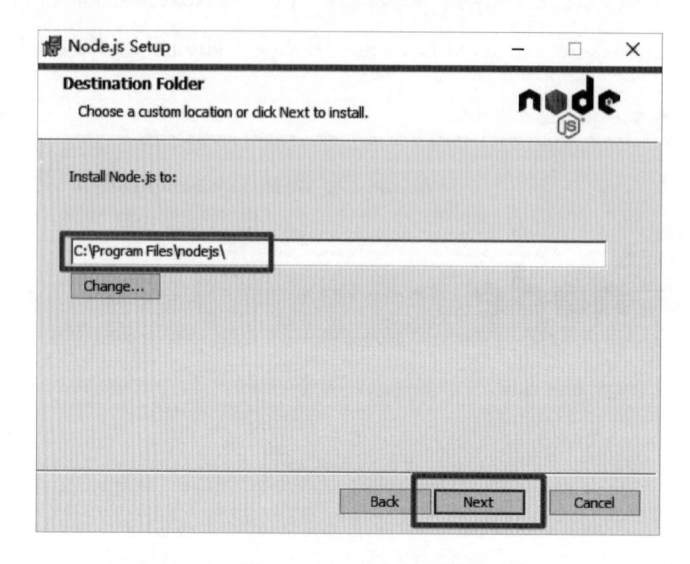

▲ 圖 4-16 選擇安裝目錄

第 3 步：選擇需要的 Node.js 特性，主要包括以下內容。

（1）Node.js runtime：Node 執行環境。

（2）corepack manager：核心模組管理。

（3）npm package manager：npm 套件管理器。

（4）Online documentation shortcuts：線上檔案捷徑。

（5）Add to PATH：增加到環境變數。

選擇預設的 Node.js runtime 即可，並繼續按一下 Next 按鈕進行下一步，如圖 4-17 所示。

4.2 套件管理工具

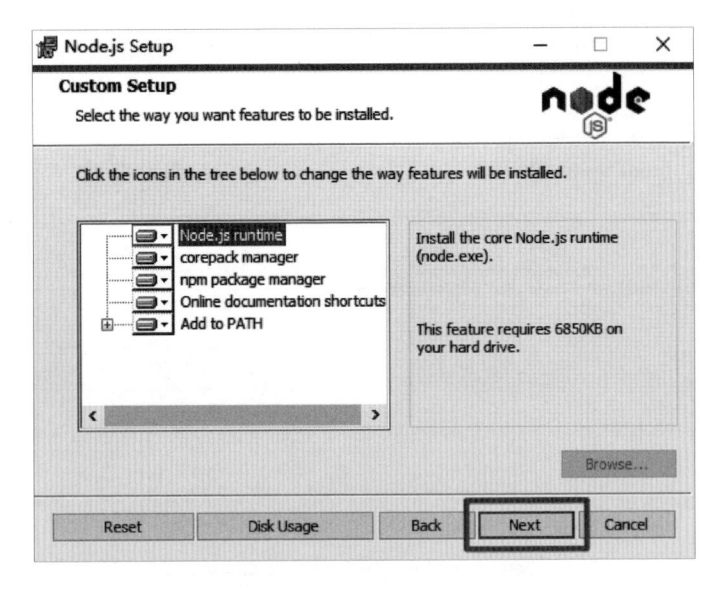

▲ 圖 4-17 選擇 Node.js 特性

第 4 步：這一步會提示是否需要安裝 Chocolatey，這是一款自動安裝的必要工具，通常不需要進行下載，按一下 Next 按鈕進行下一步即可，如圖 4-18 所示。

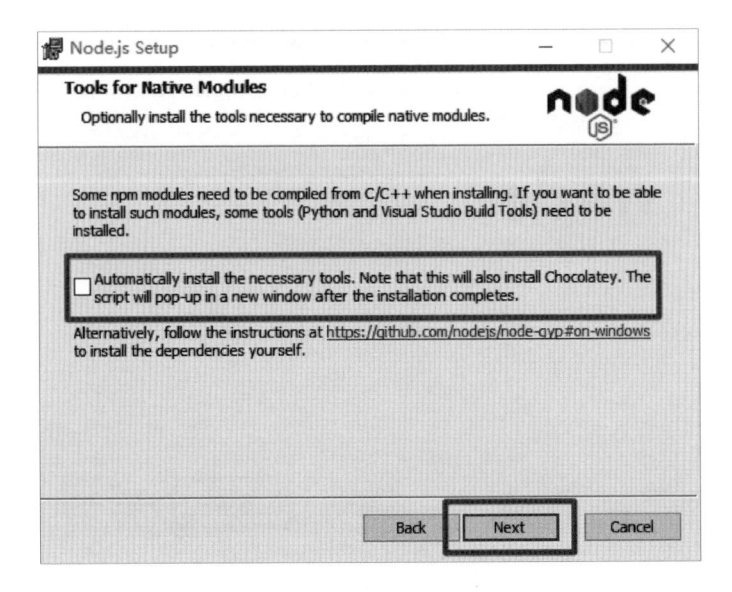

▲ 圖 4-18 跳過安裝 Chocolatey

4-41

第 5 步：按一下 Install 按鈕，進行安裝，如圖 4-19 所示。

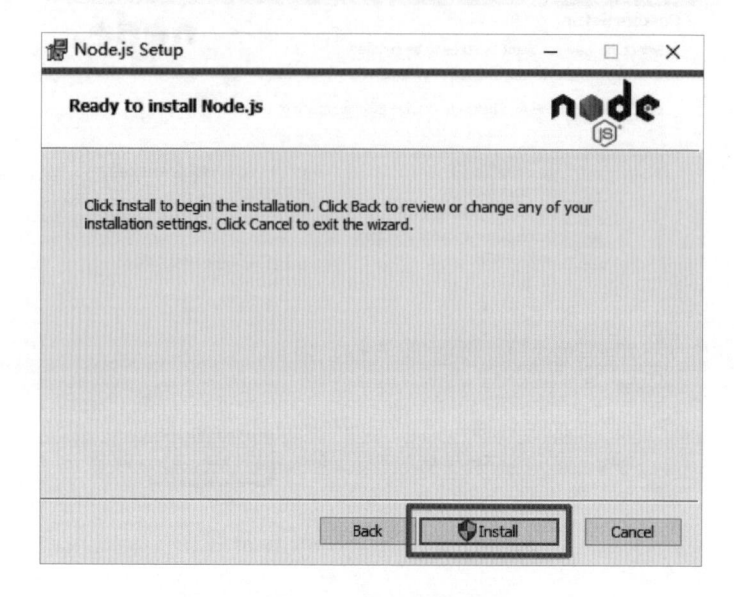

▲ 圖 4-19 進入安裝過程

第 6 步：按一下 Finish 按鈕，至此 Node.js 安裝完成，如圖 4-20 所示。

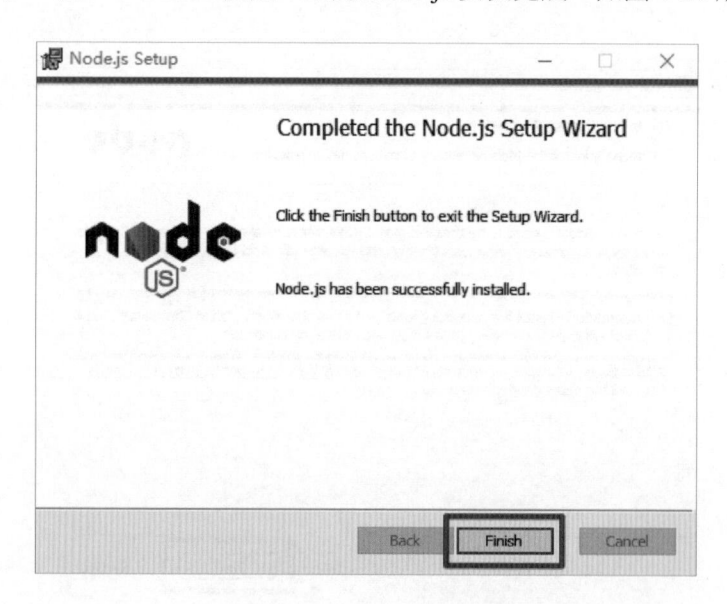

▲ 圖 4-20 完成安裝 Node.js

3. 檢查 Node.js 是否安裝成功

在鍵盤按快速鍵 Win+R，在彈出的執行框中輸入 cmd，然後按 Enter 鍵，在彈出的終端（命令提示符號）視窗中輸入命令 node -v。如果出現對應的 Node 版本，則表示安裝成功，如圖 4-21 和圖 4-22 所示。

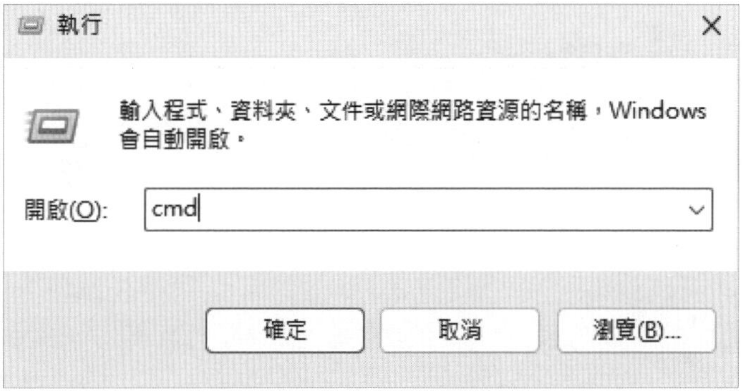

▲ 圖 4-21 進入終端

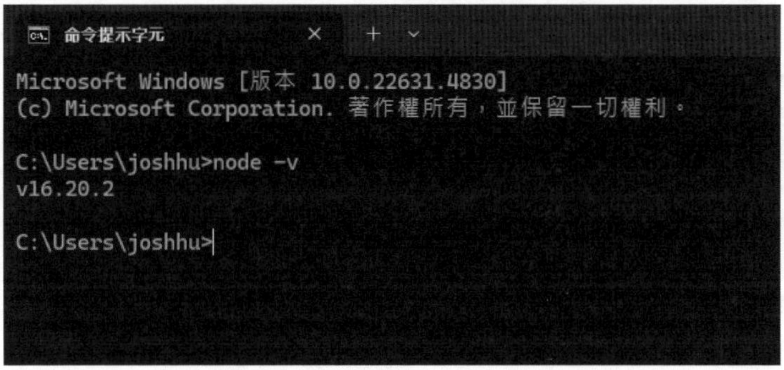

▲ 圖 4-22 檢查 Node.js 版本

4. 建構一個 Node.js 應用

在桌面上新建一個用於存放 Node.js 應用的資料夾，並在網址列中輸入 cmd，如圖 4-23 所示。

▲ 圖 4-23 新建一個資料夾

在開啟的終端中輸入命令 npm init 會提示輸入以下資訊。

（1）package name：專案或套件的名稱。

（2）version：專案或套件的初始版本編號，預設為 1.0.0。

（3）description：作者對於專案的描述。

（4）entry point：專案的入口檔案，預設為 index.js，但通常使用時會修改為 app.js。

（5）test command：用於專案執行測試的指令稿程式。

（6）git repository：使用 Git 版本控制的程式倉庫。

（7）keywords：keywords 是在 npm 搜尋時的關鍵字，類似於論文摘要的關鍵字，如果專案的作者想推廣此專案或套件，則需要在 keywords 中精準地描述專案內容。

（8）author：專案作者名稱。

（9）license：該專案所使用的開放原始碼協定。

如無須填寫內容，可使用 Enter 鍵直接跳過。當所有的內容都填寫或跳過之後會提示是否確定，輸入 yes 即可，最終會在資料夾中生成一個 package.json 檔案，如圖 4-24 和圖 4-25 所示。

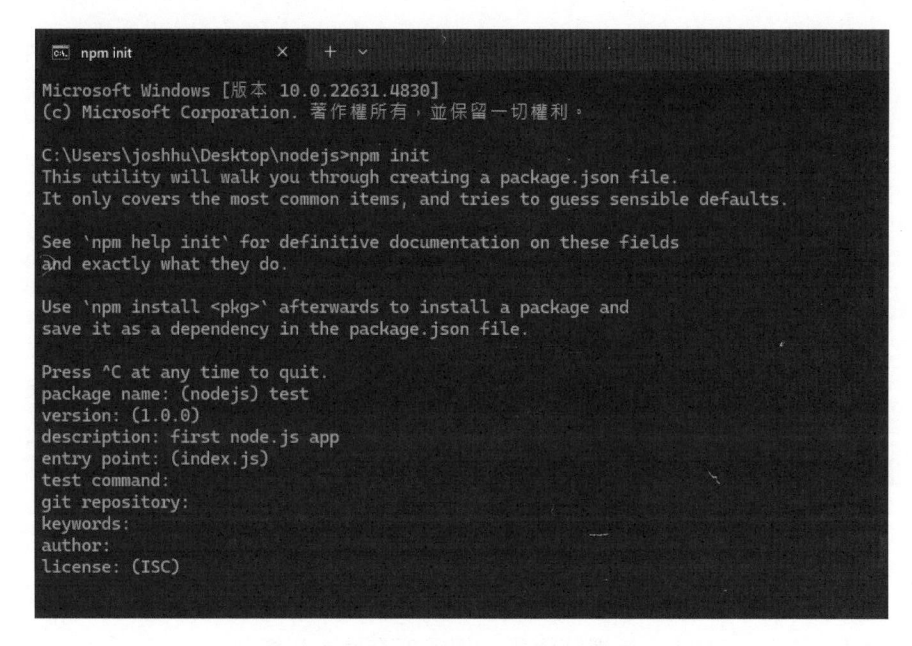

▲ 圖 4-24 初始化 npm 檔案

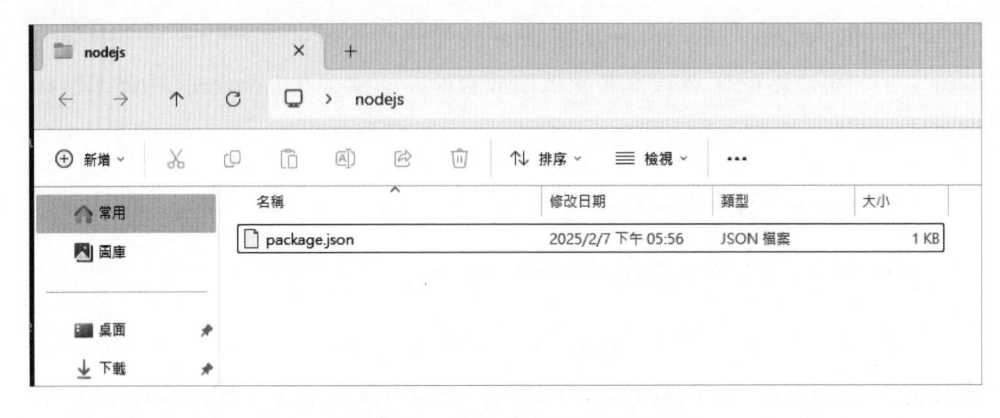

▲ 圖 4-25　生成 package.json

編輯成功器開啟 package.json 檔案，可以看到裡面的內容就是在建立應用時輸入的資訊，按 Enter 鍵跳過的內容則由專案進行了初始化，具體的程式如下：

```
{
    "name": "test",
    "version": "1.0.0",
    "description": "第1個Node.js應用",
    "main": "index.js",
    "scripts": {
      "test": "echo \"Error: no test specified\" && exit 1"
    },
    "author": "",
    "license": "ISC"
}
```

這就是最簡單的 Node.js 應用，雖然此時檔案好像空無一物，但當我們使用各種套件去架設專案時，這裡將變成一個管理套件的指揮部。

5. 建構一個簡單的伺服器

首先，需要將 package.json 檔案中的入口檔案（Entry Point）修改為 app.js，這是因為 app.js 通常作為專案入口及程式開機檔案，已經形成了一種名稱的標準，當專案開放原始碼或協作開發時，方便使用者在許多檔案中分辨出入口檔案。新建一個 app.js 檔案用於啟動伺服器，在檔案中首先需要匯入 HTTP 模組，

HTTP 模組是 Node.js 的核心模組之一，用於建立 HTTP 伺服器並監聽使用者端的請求；其次透過 http.createServer() 方法建立一個 HTTP 伺服器實例，該方法通常包含兩個可選參數，第 1 個參數為物件，用於控制連接，第 2 個參數為一個函數，當接收到請求時會被呼叫，該函數的參數為 req 和 res，分別為請求物件 request 和回應內容 response 的縮寫；最後使用 server.listen() 方法指定伺服器監聽的通訊埠和 IP 位址。具體的程式如下：

```
const http = require('http');                    // 匯入 HTTP 模組

const hostname = '127.0.0.1';                    // 伺服器地址
const port = 3000;                               // 通訊埠編號

const server = http.createServer((req, res) => { // 建立 HTTP 伺服器實例
  res.statusCode = 200;    // 回應狀態碼
  res.setHeader('Content-Type', 'text/plain');   // 設置回應標頭
  res.end('Hello Node!\n');                      // 傳回的資料
});

server.listen(port, hostname, () => {            // 指定監聽的通訊埠和 IP 位址
  console.log('伺服器執行在 http://${hostname}:${port}/');
});
```

配置完 app.js 檔案後，一個簡易的伺服器就算架設完成了，即可透過在終端輸入啟動執行伺服器命令執行伺服器，命令如下：

```
// 終端或 Shell 內輸入
node app.js
```

伺服器啟動成功後終端將傳回定義在 server.listen() 方法中的輸出敘述，如圖 4-26 所示。

```
PS C:\Users\w\Desktop\nodejs> node app.js
伺服器運行在 http://127.0.0.1:3000/
```

▲ 圖 4-26 執行伺服器

當在瀏覽器存取伺服器地址時，將輸出定義在 res.end() 方法內的敘述，如圖 4-27 所示。

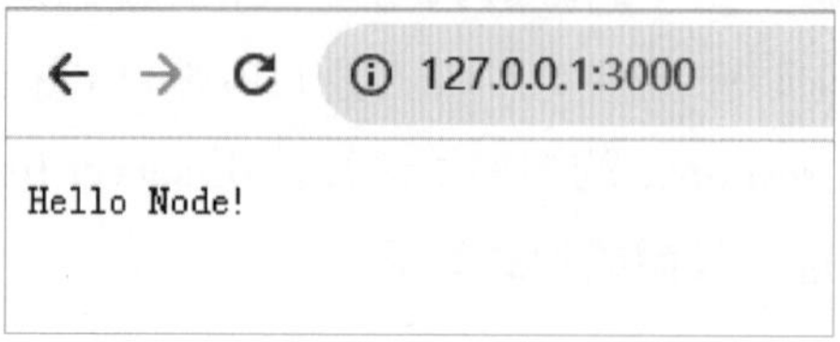

▲ 圖 4-27 輸出 Hello Node!

4.3 輕量的 Express.js 框架

Express.js 是基於 Node 平臺的快速、開放和極簡的 Web 框架，提供了一系列功能強大的特性以幫助使用者建構各種 Web 應用，是目前許多 Node.js 框架中 Stars（GitHub 中的點贊數量）和下載量最高的老牌框架，每週下載量高達 3 千萬次。另外，特別值得一提的是 Nest.js，為發佈最晚的框架，目前已躍進各框架 Stars 排行榜第二，是當之無愧的黑馬。

那麼，什麼是 Web 框架呢？Web 框架是用於 Web 快速開發一個網站或應用程式的軟體架構，包含內建的用於存取底層資料資源的 API 和高級的特性，更好的理解方式是從原生和框架的角度去看，假設存在一個 class 為 title 的 div，需要給 div 增加按一下事件，用原生的方式實現，程式如下：

```
const div = document.getElementsByClassName("title") // 獲取 div
div.addEventListener("click",() => {alert("click title")})// 綁定按一下事件
```

假設在 Vue.js 檔案中實現該邏輯，則程式如下：

```
<div @click="() => alert("click title")"></div>
```

對比兩處程式，Vue.js 相比原生 JavaScript 去除了不必要的 DOM 操作，顯得更加靈活和輕便，由此可見使用框架開發的優越性。

4.3 輕量的 Express.js 框架

對於 Web，框架分為前端（使用者端）框架和後端（伺服器端）框架。在本書 Vue 篇中所述的 Bootstrap 框架是前端的使用者介面框架，基於 HTML、CSS 和 JavaScript 建構了常見的頁面元素元件，如功能表列、按鈕、輸入框等，主要用於開發響應式版面配置、適應行動裝置的網站頁面；對於目前流行的 Vue.js、React.js、Angular.js 這類框架則屬於漸進式的 JavaScript 框架，提供了一套宣告式的、元件化的程式設計模型和高級的狀態管理工具等，並不像 Bootstrap 那樣提供大量預先定義的樣式和元件，對於開發者來講可以更加自由地開發簡單或複雜的使用者介面。後端 Web 框架則如本節所述的 Express.js，以及同樣基於 Node 的 Koa.js、Nest.js 和基於 Python 的 Django 等，使用框架本身具備的特性，在資料互動和業務處理方面去除了需要自己手寫底層邏輯的過程，直接將相關程式寫入框架即可。

在本節中，將對 Express.js 框架的特性、常用的 API 介紹，同時在 Node.js 中使用 Express.js 框架架設一個簡易的伺服器。

4.3.1 Express.js 介紹

Express.js 是由知名的開放原始碼貢獻者 T J Holowaychuk 開發的，他是 Express.js 的最初維護者之一，同時也是一名藝術家。在 4.1.3 節中提到的 Koa.js 也是由其建立的，他在 Mocha.js（一款出色且有趣的測試框架）、Commander.js（用於建構 Node 命令列的工具）、Jade.js（源於 Node 的 HTML 引擎範本）等出色的開放原始碼專案擔任主要的貢獻者，Express.js 的開發和推廣離不開 T J Holowaychuk 的重要貢獻。目前，Express.js 的主要維護者為 Douglas Christopher Wilson。

Express.js 中文官網為 https://www.expressjs.com.cn/。

Express.js 原始程式網址為 https://github.com/expressjs/express。

在 Express.js 的開發過程中，參考了基於 Ruby 語言開發的 Sinatra 框架。Ruby 語言同 JavaScript 一樣都是物件導向的指令碼語言，在 20 世紀 90 年代由日本人松本行弘開發，具有語法簡單、可擴充性強、靈活性強等特點，Ruby 致力於讓 Web 的開發變得更快、更高效和更好維護，基於這種設計理念，Ruby 開發出了不少流行的 Web 框架，如目前流行的 Ruby on Rails（ROR）框架、Sinatra 框架、Hanami 框架等。Express.js 在開發時受到了 Sinatra 框架的啟發，這是基於 Ruby 的非常小型的 Web 框架，小到一般只處理 HTTP 的請求和回應，不依賴任何範本引擎，可謂非常靈活，是輕量級 Web 框架的領頭羊。正因如此，後來者 Express.js 在設計時解決了 Node 原生 API 過於底層、程式過於煩瑣的問題，提供了一種更簡潔、更好用的使用風格，簡化了開發過程並提高了應用程式的可靠性和可維護性。

在 Express.js 的官網介紹內容中，對 Express.js 的主要特性做了 7 個總結，主要內容如下。

（1）Robust routing：翻譯為強健的路由，指的是強大的路由功能。路由可以幫助開發者定義 URL 路由規則，開發者將 URL 映射到不同的功能模組及處理函數上，從而實現對不同請求的回應。在 4.5 節中對路由有詳細的描述。

路由預設包含兩個參數，一個為請求路徑，另一個為處理函數。路由格式如下：

```
app.method(path,handler)        //app 為 Express 實例，method 為請求方式
```

（2）Focus on high performance：注重高性能。Express.js 提供的強大的路由和中介軟體機制，可以有效地滿足處理大量的併發請求，在其內部提供的最佳化機制，如路由快速匹配演算法和快取中介軟體等，提高了伺服器端回應請求和傳回資料的速度。

（3）Super-high test coverage：超高的測試覆蓋率。Express.js 得到 Node.js 社區廣泛認可的原因之一在於框架使用了大量單元測試、模組測試、整合測試以保證程式的可靠性和可用性，同時開發和運行維護也是開發者在許多 Web 框架中選擇 Express.js 的原因之一，畢竟，誰都不願意使用一個出現錯誤但不知道錯在哪裡的框架。

4.3 輕量的 Express.js 框架

（4）HTTP helpers（redirection, caching, etc）：HTTP 幫助方法（重定向、快取等）。Express.js 提供了許多 HTTP 的幫助方法，如括號裡的路由重定向，例如當使用者存取根 URL（/）時，Express.js 可使用 res.redirect() 方法將使用者端重定向至其他的位址用於展示頁面，而非停留在根頁面，程式如下：

```
app.get('/',(req,res)=>{                // 存取根路徑
    res.redirect('/home')               // 重定向至 /home 頁面
})
```

出色的快取機制是指 Express.js 在記憶體中會開闢一塊臨時區域，用於快取運算的位元組碼，當處理大量的併發請求時可以顯著地減少伺服器處理業務的壓力，提高性能和回應速度。

（5）View system supporting 14+ template engines：視圖系統支援 14 種以上的範本引擎。範本引擎就是將資料轉為視圖（HTML）的解決方案。開發者在 Express.js 中可以根據自己的需求選擇 ESJ（用於從 JSON 資料中生成 HTML 字串）、Pug.js（將 Pug 範本編譯成 HTML 程式）、Mustache 等範本引擎。

（6）Content negotiation：內容協商。Express.js 可根據使用者端發送的請求標頭資訊中的 Accept 欄位選擇傳回指定的資料格式。可透過 res.json()、res.xml()、res.setHeader() 等方法實現內容協商。下面以根據 Accept 欄位內容傳回不同格式的資料進行簡單示範，如果 Accept 標頭值為 application/json，則傳回 JSON 格式的資料；如果 Accept 標頭值為 application/xml，則傳回 XML 格式的資料，否則傳回 HTML 格式的資料。內容協商的範例程式如下：

```
app.get('/', function(req, res) {
  const accept = req.header('Accept');           // 獲取 Accept 欄位內容
  if (accept === 'application/json'){
    res.json({ message: 'Hello Express.js!' });
  } else if (accept === 'application/xml'){
    res.xml({ message: 'Hello Express.js!' });
  } else {
    res.send('Hello Express.js!');
  }
});
```

(7) Executable for generating applications quickly：快速生成應用程式的可執行檔。指透過基於 Express.js 框架的 Express Generator 生成器工具快速架設一個伺服器框架，裡面包含了入口檔案、路由檔案、公共檔案等必要檔案。新建一個資料夾，在網址欄中輸入 cmd 命令進入終端，使用命令安裝生成器工具（全域安裝），命令如下：

```
npm install express-generator -g        //-g 代表全域安裝
```

生成器工具安裝完後資料夾內並沒有 Express 專案，這時需要透過命令初始化一個 Express 專案，命令如下：

```
express app                             // 初始化一個 Express 專案
```

當命令執行完後，可在資料夾內看到 app 資料夾，即新建的專案，按兩下 app 資料夾可看到裡面已經初始化了入口檔案、路由檔案、公共檔案等檔案。同時，終端內也會舉出安裝相依及啟動專案的命令，如圖 4-28 和圖 4-29 所示。

```
C:\WINDOWS\system32\cmd.exe
create : app\public\stylesheets\
create : app\public\stylesheets\style.css
create : app\routes\
create : app\routes\index.js
create : app\routes\users.js
create : app\views\
create : app\views\error.jade
create : app\views\index.jade
create : app\views\layout.jade
create : app\app.js
create : app\package.json
create : app\bin\
create : app\bin\www

change directory:
  > cd app

install dependencies:
  > npm install

run the app:
  > SET DEBUG=app:* & npm start
```

▲ 圖 4-28 初始化 Express.js 框架

4.3 輕量的 Express.js 框架

▲ 圖 4-29　Express.js 框架基礎目錄

在啟動專案前，還需安裝專案所使用的相依，安裝相依的命令如下：

```
cd app               // 進入 app 檔案內

npm i                // 安裝專案相依
```

安裝完相依後可在 app 資料夾中看到 node_modules 資料夾，該資料夾是 Node.js 用於儲存套件的資料夾，如圖 4-30 所示。

▲ 圖 4-30　相依存放目錄

此時，可透過終端中提示的啟動命令啟動伺服器，如圖 4-31 所示。

```
C:\Users\1\Desktop\新增資料夾\app>npm start
> app@0.0.0 start
> node ./bin/www
```

▲ 圖 4-31　啟動 Express.js

透過 Express Generator 生成的專案預設的 IP 位址為本機地址，即 127.0.0.1 或 localhost，通訊埠編號預設為 3000。當在瀏覽器中輸入伺服器地址時，可看到 Welcome to Express 的字樣，如圖 4-32 所示。

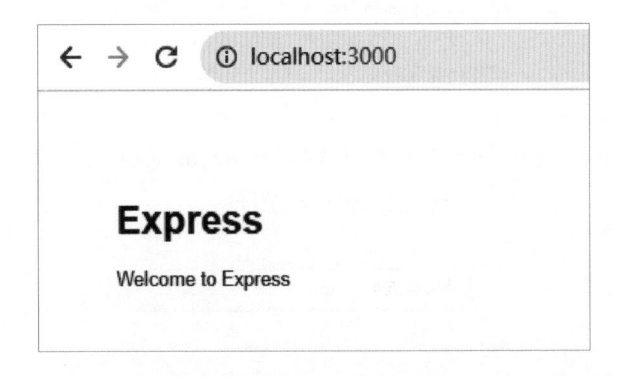

▲ 圖 4-32　Welcome to Express

4.3.2　在 Node 中使用 Express.js

在 4.2.5 節中曾使用 Node.js 建構了一個簡單的伺服器，本節將在 4.2.5 節伺服器的基礎上使用 Express.js 框架架設簡易伺服器。兩者之間的區別主要在於 app.js 檔案中，Node.js 建構的伺服器透過 HTTP 模組接受請求並回應，使用 Express.js 則匯入 express 模組接受請求並回應。

首先透過 npm 命令安裝 express 模組，命令如下：

```
npm install express -save
```

4.3 輕量的 Express.js 框架

其次是修改 app.js 檔案中的程式，匯入 express 模組並建立 Express 的實例，使用實例的 GET 方法定義路由接受請求並回應；最後使用實例的 listen 方法綁定和監聽伺服器的通訊埠，程式如下：

```
const express = require('express');       // 匯入 express 模組
const app = express();                    // 建立 express 實例

app.get('/',(req,res) => {                // 模擬 GET 請求
res.send('Hello Express')
})

app.listen(3000,() => {                   // 綁定並監聽伺服器通訊埠 3000
console.log('http://127.0.0.1:3000')      //IP 預設為本地位址
})
```

使用 app.js 作為入口檔案啟動伺服器，如圖 4-33 所示。

```
C:\Users\w\Desktop\新增資料夾>node app.js
http://127.0.0.1:3000
```

▲ 圖 4-33 監聽伺服器

在瀏覽器網址列輸入伺服器地址，相當於存取根目錄，將輸出 res.send() 方法傳回的資料，如圖 4-34 所示。

```
← → C   ⓘ 127.0.0.1:3000
Hello Express
```

▲ 圖 4-34 輸出定義的 Hello Express.js

至此，一個簡易的伺服器就建立完成了。最後，作為儲存後端程式的資料夾，可將檔案名稱修改為 backend（後端），便於標識及方便後期上傳至伺服器。

4-55

4.4 中介軟體

在實現具體的功能之前，不得不先提 Express.js 的中介軟體（Middleware Function）。中介軟體本質上是一個 function 處理函數，參數包括存取請求物件（request）、回應物件（response）和 next 函數。中介軟體的主要作用是在請求之前或請求之後執行一些操作，例如解析前端傳過來的資料、驗證表單物件、實現靜態託管等。另外，多個中介軟體之間可以共用一份請求物件和回應物件，當為上游的中介軟體的物件增加屬性或方法後，下游的中介軟體就可存取物件的屬性或方法。中介軟體與普通函數的區別在於中介軟體的必填參數——next 函數，當一個請求到達伺服器之後，可能要經過解析資料的中介軟體、驗證資料的中介軟體等多個中介軟體進行前置處理，而 next 函數則是實現多個中介軟體連續呼叫的關鍵，把請求移交給下一個中介軟體或路由，同樣的處理在 Vue.js 的路由守衛中也可見類似的操作。

4.4.1 不同的中介軟體

在 Express.js 的官方文件中，把常見的中介軟體分成了 5 種類型，分別為應用等級的中介軟體、路由等級的中介軟體、錯誤等級的中介軟體、Express.js 內建的中介軟體、第三方的中介軟體。下面分別對這 5 種類型的中介軟體做個簡單介紹。

1. 應用等級的中介軟體

綁定到 app 實例上的中介軟體。通常包括局部中介軟體和全域中介軟體，它們都必須在所有路由之前進行註冊。使用 app.use() 方法進行註冊（掛載）的為全域中介軟體，局部中介軟體則作為 app.get()、app.post() 等方法的回呼函數進行呼叫。全域中介軟體和局部中介軟體都可定義多個並可進行連續呼叫，程式如下：

```
// 定義兩個簡單的中介軟體
const mw1 = function(req,res,next){
    console.log('這是第 1 個中介軟體')
```

4.4 中介軟體

```
    next()
}

const mw2 = function(req,res,next){
    console.log('這是第 2 個中介軟體')
    next()
}

// 使用 app.use() 註冊即成為全域中介軟體
app.use(mw1)
// 連續呼叫
app.use(mw2)

// 使用 app.get() 呼叫即成為局部中介軟體
app.get('/',mw1,mw2,(req,res)=>{
    res.send('透過 GET 請求了局部中介軟體')
})

// 上面的寫法還可以以陣列的形式使用中介軟體
app.get('/array',[mw1,mw2],(req,res)=>{
    res.send('透過 GET 請求了局部中介軟體')
})
```

當使用 app.use() 方法呼叫全域中介軟體時,存取伺服器可在終端看到這兩個中介軟體的 console.log 敘述,如圖 4-35 所示。

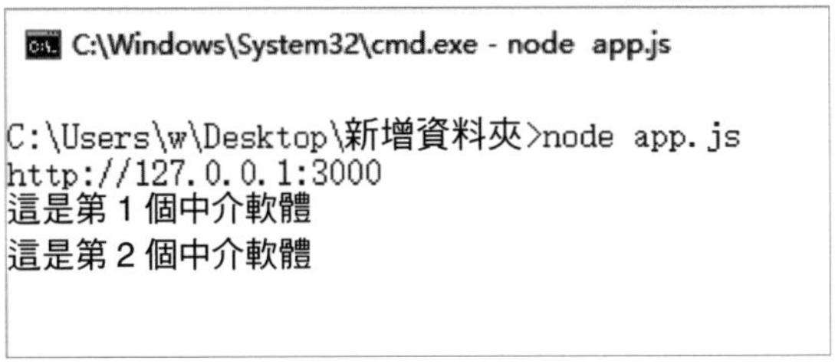

```
C:\Windows\System32\cmd.exe - node app.js

C:\Users\w\Desktop\新增資料夾>node app.js
http://127.0.0.1:3000
這是第 1 個中介軟體
這是第 2 個中介軟體
```

▲ 圖 4-35 測試全域中介軟體

當存取指定的路由時,可看到重複輸出了兩次中介軟體的 console.log 敘述,第 1 次是全域中介軟體的作用,第 2 次是局部中介軟體的作用,如圖 4-36 和圖 4-37 所示。

4-57

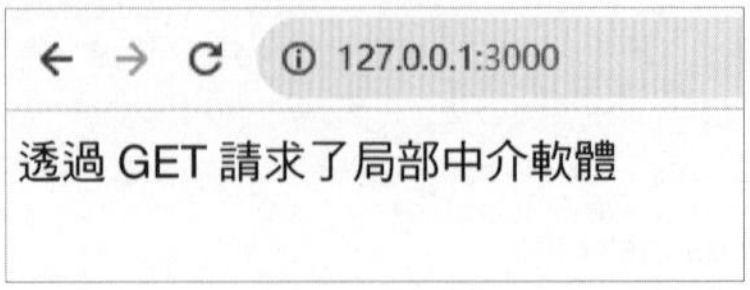
127.0.0.1:3000
透過 GET 請求了局部中介軟體

▲ 圖 4-36 局部中介軟體輸出內容

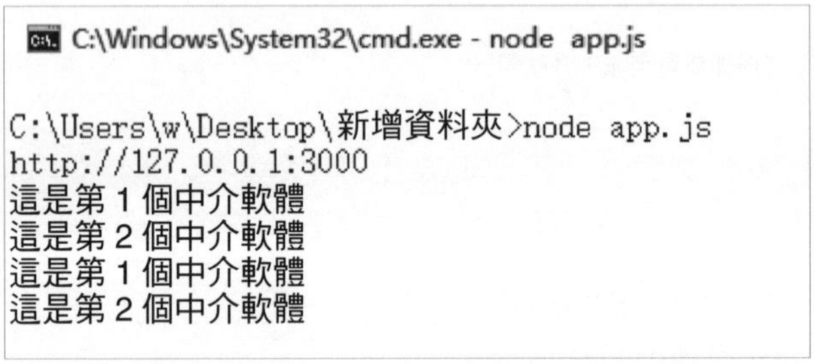
C:\Windows\System32\cmd.exe - node app.js
C:\Users\w\Desktop\新增資料夾>node app.js
http://127.0.0.1:3000
這是第 1 個中介軟體
這是第 2 個中介軟體
這是第 1 個中介軟體
這是第 2 個中介軟體

▲ 圖 4-37 兩種中介軟體共存狀態

2. 路由等級的中介軟體

掛載到 express.Router() 路由實例上的中介軟體，也就是說在路由實例上使用的中介軟體就叫路由等級的中介軟體。Express 的路由是核心模組，所以路由等級的中介軟體在處理業務邏輯上具有重要作用。當存取指定的路徑時會觸發定義在路由實例上的中介軟體，範例程式如下：

```
const router = express.Router()          // 建立路由實例

// 定義一個中介軟體
const rmw = function(req,res,next){
    console.log('路由等級中介軟體')
    next()
}

router.use(rmw)                          // 路由掛載中介軟體
// 定義一個路由處理函數
router.get('/router',(req,res)=>{
    res.send('路由處理函數')
})
```

4.4 中介軟體

```
// 也可直接將 rmw 中介軟體作為路由的第 2 個參數
router.get('/router',rmw,(req,res)=>{
    res.send('路由處理函數')
})

// 將路由增加到 app 實例中
app.use('/',router)
```

當存取路徑為 router 時會觸發註冊在路由實例的中介軟體，如圖 4-38 所示。

▲ 圖 4-38　傳回「路由處理函數」

3. 錯誤等級的中介軟體

用於捕捉專案中出現的異常資訊，方便開發和運行維護人員預防和處理專案崩潰的情況發生。除 next() 參數作為最後一個形式參數外，第 1 個參數必須為 err 形式參數。同時，錯誤等級的中介軟體必須註冊在所有路由之後，這怎麼去理解呢？只有經過業務邏輯之後才有可能出現問題，程式如下：

```
app.get('/error',(req,res)=>{
    throw new Error('伺服器內部發生了錯誤！')        // 拋出一個例外錯誤
})
// 定義一個錯誤等級的中介軟體
app.use((err,req,res,next)=>{
    res.send('Error:'+ err.message)                // 輸出捕捉的錯誤資訊
})
```

當存取路徑為 error 時會輸出捕捉的錯誤資訊，如圖 4-39 所示。

▲ 圖 4-39　測試錯誤中介軟體

4. Express.js 內建的中介軟體

自 Express.js 的 4.16.0+ 版本開始，Express.js 把使用者經常用於實現業務邏輯的功能封裝成內建的中介軟體。主要有 3 個常用的內建中介軟體，分別為 express.static()，用於提供靜態檔案服務的中介軟體，接收一個靜態檔案目錄作為參數，便於在瀏覽器直接存取靜態資源；express.json()，用於解析 JSON 資料的中介軟體，即將 JSON 資料轉為物件形式，便於路由程式處理業務；express.urlencoded()，用於解析 URL 編碼的資料的中介軟體，例如當伺服器端接收到透過表單提交的資料時，該中介軟體可將其轉為物件形式。Express.js 內建的中介軟體為伺服器的開發提高了效率，範例程式如下：

```
// 提供靜態檔案服務
app.use(express.static('public'))        //public 為靜態目錄

// 解析 JSON 資料
app.use(express.json())

// 解析 URL 編碼的資料
app.use(express.urlencoded({extended:true}))
```

在 Express.js 的 4.17.0+ 版本開始，Express.js 新增了兩個內建的中介軟體，分別為 express.raw() 和 express.text()。express.raw() 可直接存取請求的原始資料，不進行任何解析，通常結合下載功能使用；express.text() 用於處理文字請求。範例程式如下：

```
// 解析原始請求本體資料
app.use(express.raw({type:'application/octet-stream'}))

// 在 app.post() 方法中使用 express.text() 中介軟體，限制大小為 1MB
app.post('/text',express.text({limit: '1mb'}),(req,res)=>{
    res.send(req.body)              // 輸出請求本體資料
})
```

5. 第三方的中介軟體

非 Express.js 官方內建的中介軟體，由第三方開發。使用方法為透過 npm install 命令安裝中介軟體，使用 require 匯入中介軟體並掛載。第三方中介軟體是用得最多的中介軟體。以掛載用於解決跨域問題的 cors 中介軟體為例，程式如下：

```
// 在終端安裝 cors 中介軟體
npm i cors

// 在 app.js 檔案內進行配置
const cors = require('cors')

// 掛載 cors 中介軟體，這裡相當於應用等級中介軟體
app.use(cors())
```

4.4.2 使用中介軟體

本節將正式使用中介軟體去完善後端入口檔案的邏輯，使用包括解決跨域問題、靜態託管、解析物件等基本場景下的中介軟體，為後續的路由及路由處理常式打好基礎。

1. 解決跨域問題

在 4.4.1 節說明的第三方中介軟體中使用了 cors 中介軟體用於解決跨域問題，故可在 app.js 檔案中增加 cors 作為應用等級的中介軟體，防止前後端互動出現跨域問題，程式如下：

```
//app.js
const express = require('express')
const app = express()
// 匯入 cors
const cors = require('cors')

// 掛載 cors
app.use(cors())
```

2. 解析物件

本節將使用 Express.js 內建的中介軟體處理前端提交的表單資料和 JSON 格式的資料，程式如下：

```
// 處理請求格式為 application/x-www-form-urlencoded 的資料，即解析 URL 編碼
app.use(express.urlencoded({
    extended: false
}))

app.use(express.json())          // 處理 JSON 格式的資料
```

當表單資料透過 POST 方法提交時，通常會將請求標頭的 Content-Type 設置為 application/x-www-form-urlencoded，使用者端會將表單資料透過 URL 編碼格式發送至伺服器端，在伺服器端就需使用 Express.js 的 urlencoded 中介軟體解析這種格式的資料，並把資料儲存在 req 的 body 屬性中。可以看到中介軟體使用了 extended 參數，當其值為 true 時會使用 qs 函數庫深度解析，也就是可以解析巢狀結構的複雜資料結構，當其值為 false 時則使用 querystring 函數庫解析，只能解析簡單的鍵 - 值對資料。在專案中使用 false 值解析鍵 - 值對資料即可。

在大部分需求難度不大的專案中配置 express.urlencoded() 和 express.json() 就能滿足實現場景。

值得一提的是，當在 Express.js 中沒整合 urlencoded()、json() 這類處理資料的方法時，開發人員通常會使用第三方中介軟體 body-parser 處理使用者 POST 請求提交的資料。在 npm 官網中目前該中介軟體周下載量達到了驚人的 3800 萬次，故讀者在查閱由 Express.js 開發的伺服器端程式時會有很大機率遇到這個 body-parser。

3. 封裝錯誤中介軟體

在處理業務邏輯的過程中，可能會出現操作資料庫失敗的情況，這時可透過在參數 res 中增加處理顯示出錯的邏輯提醒開發者顯示出錯原因和位置。由於中介軟體具備下游可使用上游掛載的屬性的特性，那麼就可在到達路由之前全

4.4 中介軟體

域掛載錯誤中介軟體，這樣路由中的處理常式就都具有處理顯示出錯的屬性了，程式如下：

```
app.use((req, res, next) => {
    // 往 res 中掛載屬性 catch error
    // 如果 status 值為 0，則代表成功，如果 status 值為 1，則代表失敗，預設值為 1，方便處理失敗
    // 的情況
    res.ce = (err, status = 1) => {
        res.send({
            status,
            // 判斷這個 error 是錯誤物件還是字串
            message: err instanceof Error ? err.message : err,
        })
    }
    next()
})
```

至此本節的中介軟體都已配置完成，除路由等級的中介軟體外，其餘的 4 種中介軟體都進行了實踐，在後續路由與處理常式章節中將使用生成 token 和驗證資料的路由中介軟體。app.js 檔案內的完整程式如下：

```
//app.js
const express = require('express')
const app = express()

const cors = require('cors')
app.use(cors())
app.use(express.urlencoded({
  extended: false
}))
app.use(express.json())

app.use((req, res, next) => {
  res.ce = (err, status = 1) => {
    res.send({
      status,
      message: err instanceof Error ? err.message : err,
    })
  }
```

4 開始我們的後端之旅

```
    next()
})
// 綁定和偵聽指定的主機和通訊埠
app.listen(3007, () => {
    console.log('http://127.0.0.1:3007')
})
```

4.5 路由和處理常式

在 Express.js 的許多特性中，排在第一的即為 Robust routing，意為強健或強大的路由。路由是 Express.js 框架最重要的功能之一，是 Express.js 應對大量併發請求的基礎，也為 Express.js 的高性能提供了保障。那麼什麼是路由呢？路由和處理業務邏輯的具體程式或函數又有什麼關係呢？在路由等級中介軟體一節中的 get() 方法又是什麼？本節將從路由的介紹開始逐一解答以上問題，也表示讀者開始進入功能模組的具體實現階段。

4.5.1 什麼是路由

在 Express.js 中，路由指的是使用者端的請求與伺服器端處理常式之間的映射關係。映射關係就好比手機使用者撥打電話諮詢營運商時會首先進入數字選擇介面，語音提示不同的數字代表不同的業務，例如按 1 諮詢話費資訊、按 2 諮詢流量資訊、按 3 人工服務等。同理，當使用者端的請求到達伺服器端時會首先根據請求的類型和介面位址在路由表中進行匹配，當找到對應的路由後才會執行與之對應的路由處理常式。

路由的基本格式，程式如下：

```
app.method(path,handler)          //app 為 Express 實例，method 為請求方式
```

在 method 方法中第 1 個參數為請求的介面位址，第 2 個參數為對應的處理常式。故可設計兩個不同的請求類型的存取根路徑並輸出內容的路由，程式如下：

4.5 路由和處理常式

```
//app.js
// 回應 GET 請求
app.get('/',(req, res)=>{
    res.send(' 這是 GET 請求！');
})
// 回應 POST 請求
app.post('/',(req, res)=>{
    res.send(' 這是 POST 請求！');
})
```

但是上述程式會帶來一個問題，可以看到路由和處理回應的函數都被寫在 app.js 內，一旦路由數量達到幾十個甚至更多時，app.js 內的程式將變得十分臃腫，而如果測試介面或在實際使用時出現問題，則需要花費大量的時間去尋找使用者端請求介面對應的路由，所以在實際開發中 Express.js 不建議將路由直接掛載到 app 實例上，而是基於模組化的思維將路由放置到對應的模組中，其實就是把路由封裝到對應模組的 JS 檔案中，這樣便於開發和運行維護人員管理路由，實現高內聚低耦合的特性。

首先，在目錄下新建一個 router 資料夾，用於存放各個模組使用的路由，其次，在 router 資料夾新建 login.js 檔案，用於存放登入模組所使用的路由。在 login.js 檔案內匯入 Express.js 框架，並使用 Router() 方法傳回的實例，該方法用於建立路由和處理常式，程式如下：

```
//login.js
const express = require('express')
const router = express.Router()          // 使用路由
```

傳回的 router 實例是一個獨立的作用域，可以使用多種方法來增加路由處理常式，如 GET、POST、PUT、DELETE 等。每個路由處理常式都需要一個回呼函數作為參數，該回呼函數會在請求匹配成功後被呼叫，在回呼函數中使用 req 和 res 物件獲取請求資訊和發生回應。以增加一個 GET 請求的路由處理常式為例：

```
//login.js
const express = require('express')
const router = express.Router()               // 使用路由
```

4-65

```
router.get('/login',(req, res)=>{          // 跟掛載到 app 實例上差不多
    res.send('我是 login.js!');
})
```

與 app 實例掛載的路由一樣，在 router 的路由上增加中介軟體也採用同樣的方法，相關的例子在 4.4.1 節路由等級的中介軟體一節中進行了示範。

不要忘了現在是在 login.js 而非 app.js 檔案中，如果使用者端在此時發來請求，則將找不到任何路由，所以需要把 router 實例向外暴露，程式如下：

```
//login.js
const express = require('express')
const router = express.Router()            // 使用路由

router.get('/login',(req, res)=>{          // 跟掛載到 app 實例上差不多
    res.send('我是 login.js!');
})

// 向外暴露路由
module.exports = router
```

暴露的 router 實例可以作為中介軟體來使用，在 app.js 檔案匯入 router 實例並透過 app.use() 方法將其註冊到全域中介軟體中。方法的第 1 個參數即路徑可用於區分不同的功能模組。當存在多個註冊的路由中介軟體時，Express.js 會依次呼叫掛載的路由實例中介軟體，如果沒有匹配到路由，則繼續呼叫下一個掛載的路由實例中介軟體，直至找到匹配的路由實例。當匹配成功後，Express.js 會根據請求的類型和位址找到執行業務的路由處理常式並執行，程式如下：

```
//app.js
// 匯入暴露的路由實例，並命名為 loginRouter，表示登入模組
const loginRouter = require('./router/login')

app.use('/api', loginRouter)               // 註冊為全域中介軟體
```

當伺服器開啟後在瀏覽器存取路徑 http://127.0.0.1:3007/api/login 將輸出定義在 login 路由內的回應資料，如圖 4-40 所示。

▲ 圖 4-40 回應「我是 login.js！」

　　這裡需要注意的是暴露和引入模組的方法。在 Node 中預設使用 CommonJS 模組標準，與前端 ES6 提出的 ESM 模組標準不同。如果在 Node 中想使用 ESM 模組標準，則可使用 Babel 工具將程式中的 ESM 模組轉為 CommonJS 模組。在 Node 中，module.exports 是一個屬性，允許開發者從模組中匯出函數、物件或值，其他模組可引入暴露的函數、物件或值。暴露和引入函數的程式如下：

```
//a.js
function test(){                          // 定義一個測試函數
    console.log('This is a function!')
}

module.export = test                      // 向外暴露函數

//b.js
const test = require('./a.js')            // 匯入函數
test()                                    // 輸出 This is a function!
```

　　在這個例子中，在 a.js 模組內定義了一個名為 test 的測試函數，並透過 module.exports 向外暴露。在 b.js 模組中，使用 require 函數匯入了 a.js 模組，並呼叫模組內的 test() 函數。

　　此外，在匯入模組時使用的 require() 函數也有值得研究的地方，例如在 login.js 模組匯入 Express.js 框架時傳遞的是 express，程式如下：

```
const express = require('express')
```

　　而從 app.js 入口檔案匯入時傳遞的是一個相對路徑，程式如下：

```
const loginRouter = require('./router/login')
```

4-67

在 require() 方法中如果以「./」「../」或「/」開頭，Node.js 則會根據該模組所在的父模組確定其絕對路徑，然後將模組當作檔案進行查詢，並按照 .js、.json、.node 的順序依次嘗試補全副檔名，當找到該檔案時，則傳回該檔案，如果是目錄，當成相依進行處理；如果傳遞的內容不包含路徑資訊，Node.js 則會根據模組所在父模組找到可能存在的安裝目錄，並嘗試將模組當作檔案名稱或目錄名稱進行處理，所以匯入 Express.js 時傳遞的是一個目錄名稱，而在父模組（根目錄）的 node_modules 下找到 Express.js 框架的目錄名稱恰恰為 express，而如果沒有找到路徑確定的模組或沒有在父模組下找到目錄名稱，則會拋出沒有找到（Not Found）的顯示出錯。

4.5.2 專心處理業務的 handler

雖然把路由從入口檔案剝離到了對應的 router 資料夾下的模組中，但如果模組下的路由數量過多，加上每個路由內包含的處理接受請求和回應的函數程式，則會出現程式臃腫且不易管理的情況。這時就需要考慮進一步剝離路由，即把路由的函數參數封裝成專心處理業務的 handler（處理常式），這時每個路由只保留請求路徑和透過 CommonJS 匯入的處理常式模組的函數名稱即可。

在根目錄下新建資料夾 router_handler，用於儲存每個模組下的 handler。在 4.5.1 節建立了 router 資料夾下的 login.js 用於儲存登入模組的路由，同理，在 router_handler 下新建 login.js 用於儲存登入模組路由的 handler 函數，此時檔案目錄如圖 4-41 所示。

```
∨ 🗁 新增資料夾 C:\Users\w\Desktop\新增資料夾
    > 🗁 node_modules library root
    ∨ 🗁 router
        🗎 login.js
    ∨ 🗁 router_handler
        🗎 login.js
    🗎 app.js
    {} package.json
    {} package-lock.json
```

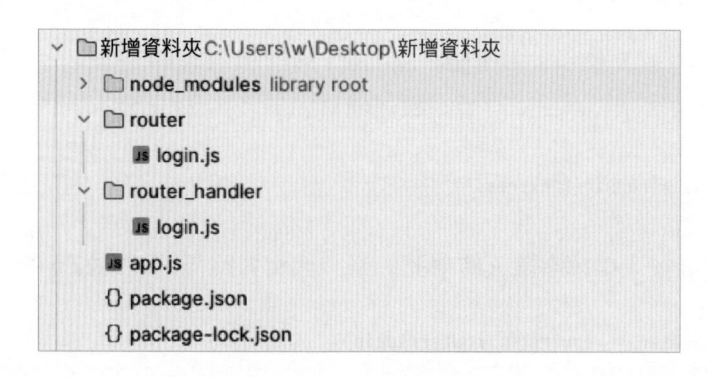

▲ 圖 4-41 檔案目錄

4.5 路由和處理常式

現在，可在 router_handler 目錄下的 login.js 寫一段關於登入帳號的邏輯，程式如下：

```js
//router_handler/login.js
//exports 是 module.exports 的別名
exports.login = (req,res) => {
    res.send('登入成功！')
}
```

回到 router 目錄下的 login.js，可匯入上述程式暴露的登入帳號邏輯，這時程式如下：

```js
//router/login.js
const express = require('express')
const router = express.Router()           // 使用路由
// 匯入 login 的路由處理模組
const loginHandler = require('../router_handler/login')

router.get('/login', loginHandler.login)  // 對應登入功能處理函數

// 向外暴露路由
module.exports = router
```

當伺服器開啟後在瀏覽器存取路徑 http://127.0.0.1:3007/api/login 將輸出定義在 login 路由內的回應資料，如圖 4-42 所示。

▲ 圖 4-42 回應「登入成功！」

這樣在 router 目錄下的每個模組檔案中就只保留了對應的路由路徑和 handler 函數名稱，每個路由對應的功能都清晰明了，當測試或在執行的過程中出現 Bug 時也易於找到出現問題的路由及其對應的處理函數。在實際專案的開發過程中也是按照這種類型剝離路由和路由處理常式的，讀者應了解將路由和處理常式剝離的原因，並能熟練操作剝離步驟。

4-69

4.5.3 GET、POST 及其兄弟

在 4.5.2 節新建的 router 目錄的登入模組中，對應處理登入邏輯的路由使用了 GET 請求方法，當使用者請求登入（存取登入路由）時會傳回 res.send() 方法定義的內容。那麼不同的請求方式分別代表什麼意義和業務場景呢？由於請求方式涉及網路通訊協定中的超文字傳輸協定（Hypertext Transfer Protocol，HTTP）的內容，本節將重點探討使用者端請求資料時常用的 5 種方法，對 HTTP 本身是如何工作的不進行詳細介紹，感興趣的讀者可自行查閱關於網路通訊協定的工作原理。同時本節將簡要探討所有路由都使用 POST 請求方法的緣由（所有的路由請求方式都使用 POST）。

HTTP 是一種實現使用者端和伺服器端之間通訊的回應協定，當使用者端請求資料時要向伺服器提交 HTTP 請求，說明請求的意圖。在 HTTP 協定中定義了多種與伺服器不同的互動方法，包括 GET、POST、HEAD、PUT、DELETE、OPTIONS、TRACE、CONNECT 和 PATCH，其中 GET、POST 和 HEAD 是 HTTP1.0 定義的，也是 HTTP 伺服器必備的，其他 6 種請求方法是 HTTP1.1 新增的。

1. GET 請求方法

如同 get 的翻譯「得到、獲得」一樣，GET 請求方法表示從伺服器中獲取資料，對應資料庫管理系統的 select 操作。整個請求流程主要為使用者端透過發送 GET 請求至伺服器，伺服器接受請求並查詢資料庫內的指定資料，將查詢結果傳回至使用者端，不涉及資料庫內的增、刪、改操作，對資料庫資料無影響。

使用 GET 請求時會將請求的參數附加在 URL 網址後，也就是說 GET 請求的參數往往是可見的。以在百度查詢 Express.js 框架為例，當在網址欄輸入 express 後，網址欄會變成 https://www.baidu.com/s?ie=UTF-8&wd=express 的內容。可以明顯地看到查詢的內容 express 被拼接在了 URL 網址後，而 ie 也很好理解，對應當前頁面的編碼格式為 UTF-8；wd 即為 word 的簡寫，代表了查詢的關鍵字。在 URL 網址中，查詢的內容與 URL 網址透過「？」分隔，當有多個查詢內容時會透過「&」連接。在網頁中按 F12 鍵開啟開發者工具，按一下網

4.5 路由和處理常式

路，選擇文件類型的請求，可看到名稱列出現了請求的內容，按一下可查看請求網址、請求方法、狀態碼等資訊，如圖 4-43 所示。

▲ 圖 4-43 請求標頭資訊

使用 GET 請求的優點是簡單、直觀，速度快，因為參數包含在 URL 網址中，使用者可以看到自己查詢的內容，也可以直接在 URL 網址修改請求的參數。如同百度會將搜尋內容以明文形式展現在網址欄，因為這是無關緊要的資料，在實際運用中通常會透過 GET 請求傳輸表格的頁碼以獲取對應頁碼的表格資料。

但帶來的缺點也很明顯，參數變成了以明文的形式傳輸，可能造成資料的洩露。此外，URL 對長度的限制也使 GET 請求不能處理包含大量資料的參數，所以雖然 GET 請求十分方便，但是程式設計師出於對資料的敏感往往會使用 POST 請求資料。

2. POST 請求方法

郵差的單字為 postman，而作為 HTTP 協定中最常用的另一種請求方式——POST，主要作用就是將資料傳遞給伺服器，通常執行資料的 insert 操作。與 GET 請求不同的是 POST 請求會將資料封包含在請求的主體中以鍵 - 值對的形式表示，而非作為 URL 的參數進行傳遞，所以 POST 請求的資料是不可見的，相對於 GET 會更加安全，這種特性也使許多後端開發人員會把增、刪、改、查都透過 POST 請求執行，本專案也是如此。

在實際開發中會透過 POST 請求向伺服器提交表單資料、上傳檔案等操作，例如系統內的登入資訊就是由一組表單資料組成的，包含使用者的帳號和密碼。因為脫離了 URL 傳參，所以 POST 請求可以提交大量資料。此外，POST 請求還支援發送影像、音訊和視訊等二進位檔案，與 GET 請求相比更加靈活。

然而有得必有失，POST 請求的資料在真正傳輸之前會先將請求標頭發送給伺服器確認，請求標頭包含發送的資料型態、資料長度、使用者 token 等資訊，待確認成功後才會發送資料，導致 POST 請求比 GET 請求速度慢。另外，因為請求資料被包含在主體中，使用者就不能直接在 URL 網址操作請求的參數了。

3. PUT 和 PATCH 請求方法

首先介紹的是 PUT 請求方法，與 POST 類似，PUT 請求方法也會將請求的資料封包含在請求主體中，對應的是資料的 update 操作，而 PATCH 也同樣對應的是 update 操作，那麼兩者有什麼不同呢？

不同點在於 PUT 請求會更新全部資料，而 PATCH 請求只更新部分資料。更為官方的介紹是 PUT 請求會上傳新內容替換掉原來位置的資源，而 PATCH 用於對指定資源的局部更新。例如存在一個包含兩個物件的陣列，當使用 PUT 請求更新時，假設只更新了陣列內的物件，但陣列會被修改的內容覆蓋，也就是陣列此時只剩下了被修改的物件；當使用 PATCH 請求更新時，只會修改指定的物件，另外的物件不受影響。

4. DELETE 請求方法

除了增（POST）、查（GET）、改（PUT 或 PATCH）外，最後剩下的就是刪（DELETE）操作，DELETE 請求就是用於請求伺服器刪除指定的內容，請求的資料也同樣儲存在封包主體中。在實際的開發場景中，DELETE 請求一般會將刪除內容的唯一標識傳遞給伺服器，伺服器接受請求後刪除指定的資料資源。

4.6 測試的好幫手

在學習各種高級程式語言的過程中,經常會遇到一個詞——介面(Application Program Interface,API),在各種較為官方的介紹中會把介面說成是一組定義、程式及協定的集合,這對於初學者來講可能會覺得雲裡霧裡,其實在不同的場景下介面代表著不同的含義,但總結一點,就是已經封裝好的、標準的、拿來即用的方法。舉個例子,在前端關於 JavaScript 的學習路線中會了解到 DOM 操作,DOM 操作提供了能存取元素節點的方法,如 getElementsByTagName()、getElementsByClassName() 等,這類供前端開發者直接使用的方法就是 DOM 的 API,從開發者的角度來講,這些方法是拿來即用的,是瀏覽器已經封裝好的,那麼這就是所謂的介面。在本書專案使用的 UI 框架 Element-Plus 提供的元件文件中,也都會提供 API 供開發者呼叫元件內部的屬性,如圖 4-44 所示。

Button API

Button Attributes

屬性名稱	說明	類型	預設值
size	尺寸	enum	—
type	類型	enum	—
plain	是否為樸素按鈕	boolean	false
text (2.2.0)	是否為文字按鈕	boolean	false
bg (2.2.0)	是否顯示文字按鈕背景顏色	boolean	false
link (2.2.1)	是否為連結按鈕	boolean	false
round	是否為圓角按鈕	boolean	false
circle	是否為圓形按鈕	boolean	false

▲ 圖 4-44 Element Plus 按鈕 API

介面也具備標準化的作用。以使用 MySQL 資料庫為例，MySQL 提供了統一的介面供各種高級開發語言（如 C、C++、Java 等）連接資料庫，想使用 MySQL 就得根據 MySQL 的介面去傳參。假設 MySQL 沒有提供統一的介面，那麼各種語言都會透過自己的方法去連接 MySQL 的介面，C 語言使用資料庫時可能傳 3 個參數，Java 又可能傳兩個參數，MySQL 就得根據各種語言的特性去提供不同參數的介面，這樣無疑是對 MySQL 的一種負擔。MySQL 的官方就會想，不如只提供一種介面，各種開發語言想使用 MySQL 就得按照這個介面的標準去傳參數，這樣各種語言就只能按照這種統一的標準去使用 MySQL 了。除了 MySQL，對於其他服務類的軟硬體產品都會提供統一的介面供不同使用場景的客戶呼叫。

在系統開發的過程中，後端為了確保提供給前端使用的介面正常，後端開發人員寫完相關功能邏輯的路由處理常式後通常會對介面進行測試。在 4.5.2 節透過在瀏覽器存取路徑 http://127.0.0.1:3007/api/login 獲取傳回值的過程就是一個簡單的介面測試，而這個路徑就是一個簡單的介面，雖然是一個路徑，但其實存取的是後端暴露出來的 login() 方法。

在系統開發中進行介面測試，能夠發現路由處理常式中存在的問題並解決，避免介面存在影響系統正常執行的 Bug，保證提供給前端開發者使用的介面是可靠的且穩定的。在前後端分離的開發趨勢下，後端往往只根據功能描述去完成功能模組的介面，無法知道前端的使用場景，透過對介面進行測試，能夠提前避免使用者在進行頁面互動操作時出現錯誤。同時，介面測試還保證了系統的安全性，防止非法使用者透過介面發送非法資料，在一定程度上減少了可能造成系統崩潰的機率。

雖然可以透過瀏覽器網址存取路由位址進行介面測試，但一旦遇到要傳值的介面，就需要手動在位址後面拼接參數；當後端提供的路由是透過 POST 方法存取時，想透過位址拼接傳值還不行，那該怎麼去測試介面呢？這就不得不提到測試介面的工具了。

4.6 測試的好幫手

在本節中將介紹測試工具 Postman 的安裝及使用方法。在做介面測試的時候，測試工具就相當於一個使用者端，可以模擬使用者發送各種 HTTP 請求，將請求資料發送至伺服器端，獲取對應的回應結果，從而驗證回應中的結果資料是否和預測值相匹配。

4.6.1 Postman

Postman 是 Google 公司開發的一款功能強大的用於發送 HTTP 請求的測試工具，也是目前主流的測試工具之一。Postman 具有的主要特點如下：

（1）支援 HTTP 的所有請求方式。

（2）支援增加額外的標頭欄位，如增加 token。

（3）支援檔案、圖片、視訊等資料請求。

（4）支援形成介面文件。

（5）支援團隊協作開發。

（6）自動美化回應資料。

簡單、方便的使用特點讓 Postman 成為後端開發者最常用的介面測試工具之一，下面從 Postman 的下載開始完成第 1 次介面測試。

Postman 下載網址為 https://www.postman.com/downloads/。

以 Windows 系統為例，按一下頁面中的 Windows 64-bit 按鈕，即可下載 Postman 的執行檔案；如果是 macOS 系統或 Linux 系統，則在按鈕下面的 Not your OS？（不是你的作業系統？）一行中可選擇下載適合自己系統的執行檔案，如圖 4-45 所示。

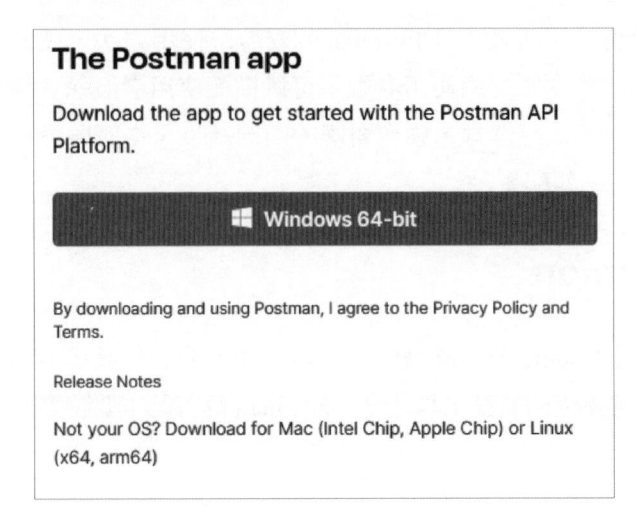

▲ 圖 4-45　下載 Postman

　　下載完成後，按兩下 Postman 執行檔案，無須安裝即可開啟 Postman 測試工具。初次使用時會進入註冊頁面，讀者可註冊免費帳號並登入，也可選擇註冊按鈕下面提示的繼續使用輕量化的 API 使用者端（Or continue with the lightweight API client）的連結直接使用 Postman。註冊頁面如圖 4-46 所示。

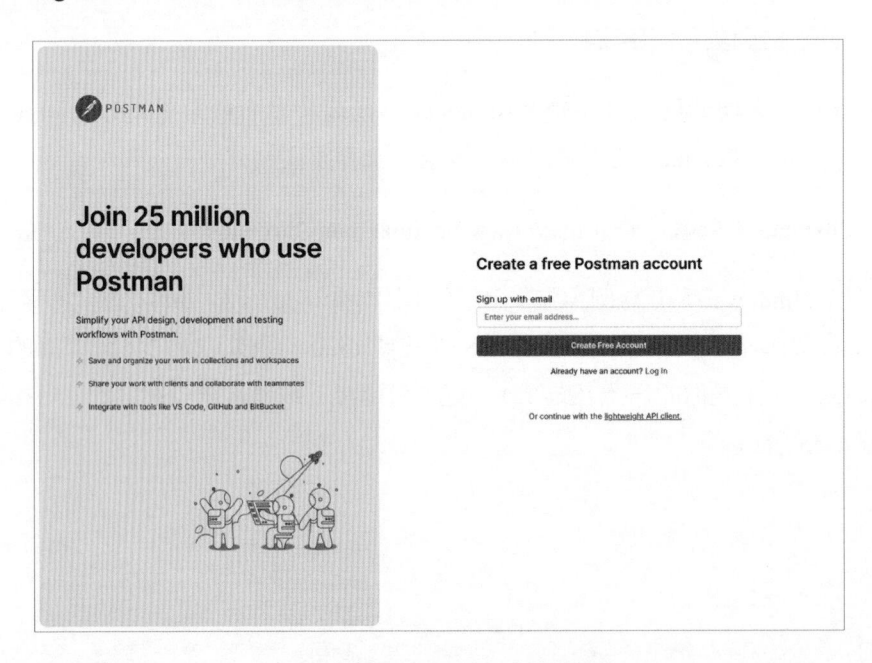

▲ 圖 4-46　Postman 註冊頁面

4.6 測試的好幫手

　　註冊成功後，將進入 Postman 的工作環境（Workspace），也就是按一下左上頂部功能表列的 Workspace 按鈕後進入的頁面，這裡預設選中的 Collections（收藏）對應的是使用者的收藏區域，可新建不同的模組用於儲存對應的功能介面，如圖 4-47 所示。

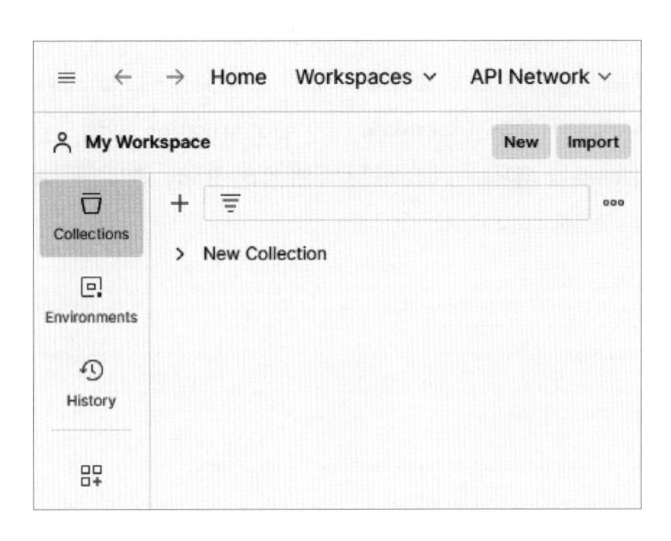

▲ 圖 4-47　工作環境區域

　　在初次使用時將進入工作環境的介紹頁面——Overview（概覽），該標籤頁只會在初次使用時展示。在這個標籤頁中，簡介了這個是屬於使用者個人私有的工作環境，除非自己分享該工作環境，否則裡面的內容只有自己能看到且操作，如圖 4-48 所示。

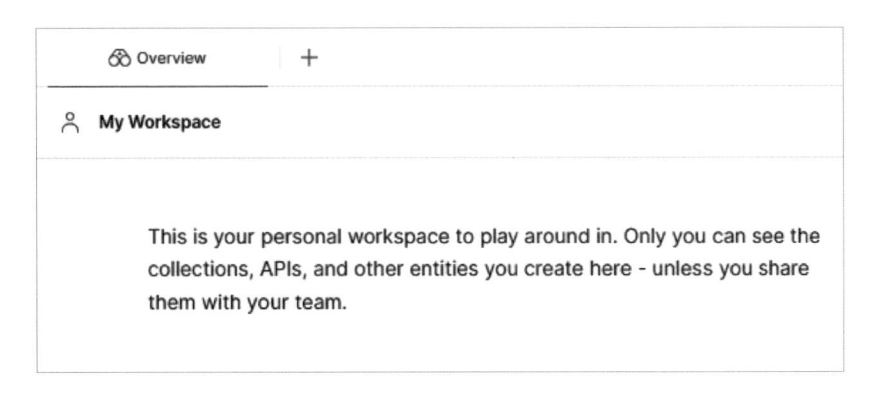

▲ 圖 4-48　工作環境介紹頁

4-77

當按一下圖 4-48 上方 Overview 標籤右側的「+」按鈕時，將新建一個測試介面的區域。測試介面標籤頁中包含兩個區域，上部分為編輯區，下部分為回應區（Response）。編輯區內包含輸入框和參數區域，輸入框分為選擇請求方式和填寫測試的介面位址兩部分，最右邊的藍色 Send 按鈕用於發送請求，需要注意的是，測試時伺服器端必須處於線上狀態；輸入框的下面為參數區域，包含多個選項，用於輸入請求參數並攜帶請求資訊，主要包括 Params 請求參數選項、用於請求時增加的認證資訊（如 token）的 Authorization 選項、自訂 HTTP 的請求標頭內容的 Headers 選項、以表單形式傳參的 Body 選項等。以請求 4.5.2 節中的 login 為例，如圖 4-49 所示。

▲ 圖 4-49 介面編輯區

底部的回應區（Response）呈現傳回伺服器端回應的資料，包括 Body、Cookies、Headers 和 Test Results。

Body 是主要的回應資訊，其中 Pretty 是經過 Postman 最佳化後的響應資料格式，而 Raw 則是未經最佳化的原始資料格式；如果傳回的是 HTML 檔案，則可透過 Preview（瀏覽）選項瀏覽傳回的 HTML 頁面；最後一個 Visualize（視覺化），提供了可透過 HTML 和 JavaScript 程式去自訂回應資料的展示方案，但通常不怎麼使用。

Cookies 是伺服器傳回瀏覽器的資料資訊，通常用於標記使用者和提供定制化的體驗。Headers 是傳回的回應標頭資料，包含傳回物件、長度、日期等。如果在程式中撰寫了斷言，則可在 Test Results 中查看。

回應 login 介面，如圖 4-50 所示。

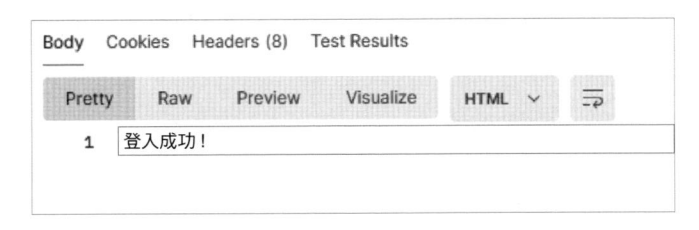

▲ 圖 4-50 介面回應區

4.6.2 試著輸出一下資料

在介紹 HTTP 請求時曾提到 POST 請求方法可以替代其他任何的請求方法，為了保證系統的資料安全，可以把登入介面的請求方法更改為 POST，同時增加一個透過 POST 請求方法存取的註冊介面，程式如下：

```js
//router_handler/login.js                    // 增加註冊處理函數
exports.register = (req,res) => {
    res.send('註冊成功！')
}

exports.login = (req,res) => {
    res.send('登入成功！')
}

//router/login.js
const express = require('express')
const router = express.Router()              // 使用路由

// 匯入 login 的路由處理模組
const loginHandler = require('../router_handler/login')

router.post('/login', loginHandler.login)           // 對應登入功能處理函數
router.post('/register', loginHandler.register)     // 對應註冊功能處理函數

// 向外暴露路由
module.exports = router
```

4 開始我們的後端之旅

這時 Postman 內的請求方法就不能是 GET 了，而應修改為 POST，同時為了測試新增加的註冊介面，把路徑中的 login 改為 register（註冊），如圖 4-51 所示。

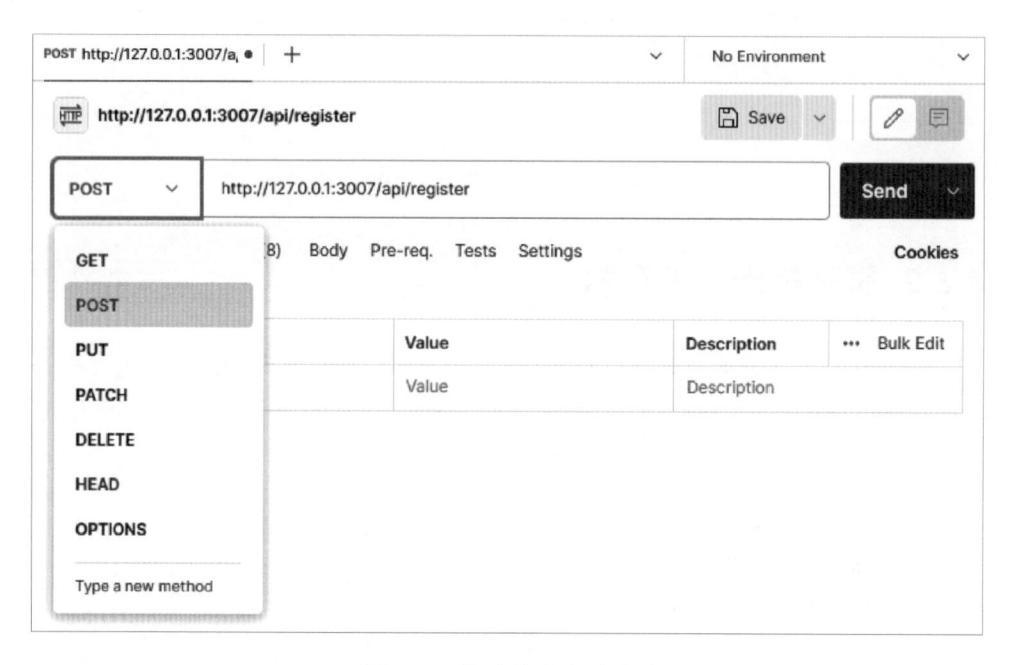

▲ 圖 4-51 修改請求方法和介面

不過當按一下 Send 按鈕發送請求時，回應區並沒有傳回「註冊成功！」字樣，而是報了一個 Error 錯誤，提示不能透過 POST 請求當前路徑，同時右上角可看到狀態碼變成了 404，如圖 4-52 所示。

▲ 圖 4-52 傳回 Error

4.6 測試的好幫手

但回到編輯器，又發現終端中沒有提示任何顯示出錯資訊，這是為何？如圖 4-53 所示。

```
終端  本機  ×  +  ∨
PS C:\Users\w\Desktop\新增資料夾> node app
http://127.0.0.1:3007
```

▲ 圖 4-53 編輯器無顯示出錯

這裡就不得不提到 Node 存在的問題，就是當修改完程式並按 Ctrl+S 快速鍵儲存程式後，如果不重新啟動伺服器，則伺服器將無法監聽到檔案的更改，這就帶來了另外一個問題，當遇到頻繁修改程式的情況下，就要不斷地手動輸入命令重新啟動伺服器以監聽到最新的程式變化，這無疑給程式設計師帶來了不必要的時間浪費，但車到山前必有路，一個名叫 Remy 的程式設計師在 2010 年開發出了一款名叫 nodemon 的 Node.js 第三方模組，該模組可在檢測到目錄中的檔案更改時自動重新啟動 Node 伺服器，開發人員只需關注程式的修改，不再需要手動重新啟動伺服器。截至 2023 年 11 月，nodemon 獲得了 25.7k 的 Stars，周下載量達到了 574 萬次，側面反映了使用 Node 開發專案的火熱程度。安裝 nodemon 的命令如下：

```
npm i nodemon -g        // 注意是全域安裝
```

與此同時，啟動伺服器也從 Node 變為使用 nodemon 作為首碼，命令如下：

```
nodemon app
```

啟動伺服器時 nodemon 會顯示當前使用的版本、監測的物件及隨時重新啟動的特性，如圖 4-54 所示。

```
PS C:\Users\w\Desktop\新增資料夾> nodemon app
[nodemon] 3.0.2
[nodemon] to restart at any time, enter `rs`
[nodemon] watching path(s): *.*
[nodemon] watching extensions: js,mjs,cjs,json
[nodemon] starting `node app.js`
http://127.0.0.1:3007
```

▲ 圖 4-54 nodemon 啟動伺服器

回到 Postman，此時測試註冊介面就輸出了定義在 res.send() 方法裡的內容，如圖 4-55 所示。

▲ 圖 4-55 回應「註冊成功」

4.7 小試鋒芒

相信透過本章前面內容的鋪陳，讀者已經對路由和路由處理常式有了一定的認識，並對實現註冊和登入功能已經躍躍欲試了。那麼在這一節中，讀者將以實戰的角度去思考並實現註冊和登入功能的路由處理常式。相信這一節過後，讀者會對前後端分離的開發方式有更為深刻的認識。

4.7.1 註冊和登入需要考慮什麼

註冊帳號是進入任何一個系統的第 1 步，也是最為關鍵的一步。試想，如果註冊帳號沒有限制，則對系統無疑是一場災難，系統將充斥著大量的水軍帳

4.7 小試鋒芒

號,假設存在一個能夠對某個物件進行評價的網站,使用者可以隨意註冊帳號,那麼不法分子就可以註冊多個帳號用以刷好評或刷壞評去達到某種目的。

在註冊帳號中,首先需要考慮的是標準使用者的帳號和密碼,以 QQ 為例,帳號是官方提供的長度範圍固定的純數字,密碼則必須包含字母和數字,可以想像這裡的帳號是一個具備唯一性的欄位,透過 QQ 帳號可以找到唯一的使用者,密碼則是一個透過正規表示法限制的字串,並且兩者都是必填項。那麼在註冊的路由處理常式中,就需要判斷帳號和密碼是否符合這些規則,其次,由於帳號具備唯一性,那麼就需要預防其他的使用者註冊相同的帳號,可以透過查詢資料庫中的 account 欄位與使用者註冊的帳號進行匹配,如果存在,則提示帳號已存在,不能繼續註冊,反之則允許使用者註冊。除了帳號,還要考慮使用者的密碼,密碼不能以明文的形式儲存在資料庫,防止一旦資料庫洩露,不法分子能使用帳號和純文字密碼登入系統。

當使用者進行登入時,也需對使用者端傳過來的帳號進行判斷,檢索資料庫中是否存在該帳號,如果不存在,則提前判斷登入失敗,而無須考慮密碼的正確性。由於註冊的時候對使用者的密碼進行了加密,那麼儲存在資料庫的就是一組加密過的字串,登入時就需要對資料庫中的密碼進行解密,並與使用者端傳過來的密碼進行匹配,如果相同,則登入成功,反之則登入失敗。與此同時,登入成功後還需將一些基礎的資訊傳回給使用者端,最為基礎的資訊是使用者的暱稱,以 QQ 為例,登入成功後使用者的頁面將顯示使用者的暱稱、圖示和個性簽名等資訊,這些都是登入成功後從伺服器端傳回的資料。對於登入還有一個重要的點是將 token 傳回給使用者端,token 是權杖(臨時)的意思,透過設置 token,可以達到保護系統資料和加強帳號安全性的作用。當使用者持有權杖時,可以存取伺服器端且操作資料,當權杖過期後,即讓使用者沒有關閉系統的頁面,也不能存取系統的任何資料,並當產生互動行為時自動跳回登入頁面。

在 3.3.2 節中,透過對使用者模組的分析設計出了一張使用者資料表,包括使用者的基本資訊(姓名、性別、年齡等)和帳號的基本資訊(帳號、密碼、建立時間、更新時間、狀態等)。這裡就會出現一個問題,要不要在註冊的時候提供使用者填寫基本資訊的表單輸入框，或說什麼時候才往這些欄位填充值呢？同樣可以參考 QQ 註冊帳號的邏輯，使用者是在註冊成功後才設置自己的基本資訊的，為什麼要這麼做呢？答案是節省使用者的註冊時間，提高使用者的使用體驗。如果使用者在註冊期間輸入了自己的基本資訊，但按一下註冊按鈕的時候提醒帳號已存在或其他不符合註冊規則的內容，則對使用者的體驗是十分不友善的，誰也不想浪費了時間和精力去填寫大量內容後卻吃了個閉門羹，所以在註冊的時候往往只提供帳號和密碼的表單輸入框。路由處理常式除了處理帳號的校驗和密碼加密外，對帳號的建立時間也需要進行記錄，達到對註冊使用者的溯源保證，值得一提的是，在一些等保較高的系統中，對帳號的註冊 IP 位址也會進行記錄。

4.7.2 業務邏輯程式實現

在這一節中，將對 MySQL 進行連接，同時透過各種中介軟體完善註冊和登入功能的實現邏輯。

1. 連接資料庫

首先需要安裝伺服器端連接 MySQL 資料庫的 Node.js 第三方模組，該模組與 MySQL 名稱相同，並且使用 JavaScript 進行撰寫，用於在 Node.js 環境下連接 MySQL，在其介紹中還提到無須編譯即可使用，並且是百分之百基於 MIT 協定開放原始碼的。

安裝方式同其他第三方模組一樣，透過 npm 命令進行安裝，命令如下：

```
npm i mysql
```

該模組的使用方法也很簡單，在 Express.js 框架中只需匯入該模組，並且透過模組提供的 createPool() 方法，填寫資料庫的位址、使用者、帳號及資料庫名稱便可連接伺服器。在專案的根目錄下新建 db（Database）資料夾，並在資料夾下新建 index.js 檔案用於連接資料庫，後續在路由處理常式的檔案中匯入暴露的 db 物件即可操作資料庫。匯入並配置資料庫資訊的程式如下：

4.7 小試鋒芒

```
//db/index.js
// 匯入 MySQL 資料庫
const mysql = require('mysql')

// 建立與資料庫的連接
const db = mysql.createPool({
    host:'localhost',                  // 伺服器地址
    user:'gbms',                       // 使用者
    password:'123456',                 // 密碼
    database:'gbms'                    // 資料庫名稱
})

// 對外暴露資料庫
module.exports = db

//router_handler/login.js
const db = require('../db/index.js')   // 在路由處理常式模組中匯入
```

2. 驗證資料

在面對使用者端傳過來的註冊和登入所輸入的帳號和密碼時需要使用 Joi 中介軟體對資料進行驗證（驗證）。Joi 是一個用於 JavaScript 的強大的 Schema（資料結構的定義和約束）描述語言和資料驗證器，可以透過簡單的屬性達到對資料的驗證作用，整個模組壓縮檔僅有 534KB，截至目前已經更新到了 17.11.0 版本。

在 npmjs 中並沒有過多地對該模組的使用介紹，僅提供了安裝 Joi 的命令，命令如下：

```
npm i joi
```

在專案中只使用了基礎的 API 對使用者的基礎資訊進行限制，讀者可存取 Joi 的 API 官網文件進一步了解各種 API 的使用方法，Joi 文件的位址為 https://joi.dev/api/?v=17.9.1。

在 Joi 中提供了常見的驗證方法，具體如下。

（1）.string()：用於驗證字串。

（2）.number()：用於驗證數位類型。

（3）.alphanum()：值為 a~z、A~Z、0~9 的值，即不能為其他符號。

（4）.pattern()：資料需滿足參數中的正規表示法。

（5）.min()：陣列的最小長度、數位類型最小值、字串最小長度。

（6）.max()：陣列的最大長度、數位類型最大值、字串最大長度。

（7）.required()：用於必填項。

透過對註冊和登入功能的分析，可得到帳號和密碼的驗證規則，由於長度需要結合 .string() 方法，故在設置帳號驗證規則時不使用 .number()。在使用時只需將 req.body 作為參數傳入 Joi 提供的 validate() 方法中。定義驗證規則的程式如下：

```
//router_handler/login.js
const db = require('../db/index.js')
// 匯入 Joi 模組
const joi = require('joi')

// 定義驗證規則
const userSchema = joi.object({
    // 帳號是長度為 6~12 位的必填字串
    account: joi.string().min(6).max(12).required(),
    // 密碼是數字與字母的混合且長度為 6~12 位的必填字串
    password: joi
        .string()
        .pattern(/^(?![0-9]+$)(?![a-zA-Z]+$)[0-9A-Za-z]{6,12}$/)
        .required(),
});

// 在註冊中使用
exports.register = (req, res) => {
    const result = userSchema.validate(req.body);
    res.send(result)
}
```

4.7 小試鋒芒

```
// 在登入中使用
exports.login = (req, res) => {
    const result = userSchema.validate(req.body);
    res.send(result)
}
```

下面假設輸入不符合驗證規則的數值後嘗試存取註冊路由，看一看會發生什麼。需要注意的是此時需要模擬使用者端對伺服器端發送參數，在 HTTP 的 POST 請求方法中需把參數放到主體（Body），故在工作環境的編輯區關於參數的選項中選擇 Body 按鈕，並選擇表單的方式（x-www-form-urlencoded）進行傳參，最後在參數輸入框中填寫帳號和密碼，如圖 4-56 所示。

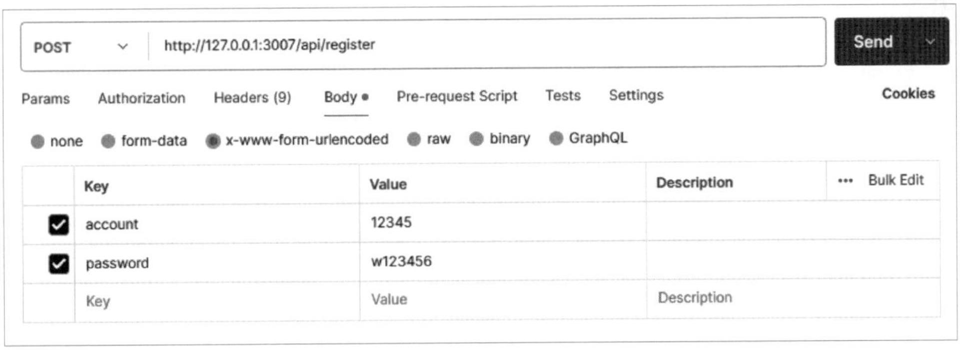

▲ 圖 4-56 選擇 Body 傳參

回應的內容主要包含兩個物件，一個是 value 物件，包含傳入的兩個參數；另一個是 error（錯誤）物件。在 error 的 details（詳情）物件中指出了帳號 account 的長度最少需要 6 個字元，在 path（路徑）物件中則對具體的出錯原因進行了標記，如圖 4-57 所示。

```
    "value": {
        "account": "12345",
        "password": "w123456"
    },
    "error": {
        "_original": {
            "account": "12345",
            "password": "w123456"
        },
        "details": [
            {
                "message": "\"account\" length must be at least 6 characters long",
                "path": [
                    "account"
                ],
                "type": "string.min",
                "context": {
                    "limit": 6,
                    "value": "12345",
                    "label": "account",
```

▲ 圖 4-57 帳號驗證出錯

下面假設輸入了正確的數值,則只輸出了傳輸的參數,沒有 error 物件,如圖 4-58 所示。

```
{
    "value": {
        "account": "123456",
        "password": "w123456"
    }
}
```

▲ 圖 4-58 回應傳參值

綜上,如果驗證的資料不滿足 Joi.object() 方法定義的規則,則傳回值將帶有一個 error 屬性,由此可透過判斷傳回值是否攜帶 error 屬性來驗證資料是否符合規則。此時,可透過增加 if 判斷敘述對註冊和登入的路由處理常式在驗證不通過的情況下提供回饋,程式如下:

```
// 在註冊中使用
exports.register = (req, res) => {
```

```
        const result = userSchema.validate(req.body)
        if(result.error) return res.ce(' 輸入的帳號或密碼有誤 ') // 呼叫全域錯誤中介軟體
        // 驗證成功後的邏輯
}
// 在登入中使用
exports.login = (req, res) => {
        const result = userSchema.validate(req.body)
        if(result.error) return res.ce(' 輸入的帳號或密碼有誤 ') // 呼叫全域錯誤中介軟體
        // 驗證成功後的邏輯
}
```

3. 判斷帳號是否已存在

　　當使用者輸入的帳號和密碼透過驗證規則後，不管是註冊還是登入都需要對比資料庫中已存在的帳號資料並進行判斷。註冊需判斷輸入的帳號是否已存在，登入則需判斷輸入的帳號是否不存在，這時只需透過 select 敘述查詢 users 資料表中的 account 欄位是否存在內容，查詢準則為使用者輸入的帳號。

　　使用匯入的 db 實例的 query 方法執行 SQL 敘述，該方法接收 3 個參數，分別是執行的 SQL 敘述、SQL 敘述中的條件參數、執行結果的回呼函數。在回呼函數中還包括兩個參數，一個是執行 SQL 敘述顯示出錯的形式參數 err，可透過全域顯示出錯中介軟體 res.ce() 輸出 err 用以處理出現錯誤的問題；另一個為查詢的傳回結果 results，通常對 results 進行加工後傳回使用者端。

　　使用「*」號代表查詢該條件下的所有資料，傳回的 results 為一個陣列物件，如果查詢的結果長度大於 0，則說明存在該帳號，反之則說明該帳號不存在，程式如下：

```
// 註冊
exports.register = (req, res) => {
        const result = userSchema.validate(req.body);
        if (result.error) return res.ce(' 輸入的帳號或密碼有誤 ')
        // 定義一個 select 敘述
        const sql = 'select * from users where account = ?'
        // 呼叫資料庫的 query 方法，傳入 SQL 敘述、條件參數、回呼函數
        db.query(sql, req.body.account, (err, results) => {
```

```
            if (err) return res.ce(err)
            if (results.length > 0) return res.ce(' 帳號已存在 ')
        })
    }

    // 登入
    exports.login= (req, res) => {
        const result = userSchema.validate(req.body);
        if (result.error) return res.ce(' 輸入的帳號或密碼有誤 ')
        const sql = 'select * from users where account = ?'
        db.query(sql, req.body.account, (err, results) => {
            if (err) return res.ce(err)
            // 登入輸入的帳號不存在
            if (results.length > 0) return res.ce(' 輸入的帳號不存在 ')
        })
    }
```

4. 對密碼進行加密和解密

　　在使用加密中介軟體 bcrypt 之前，必須先補充兩個基礎知識，一個是散列函數，也稱為雜湊（Hash）演算法，是指將密碼透過雜湊演算法變成一個長度固定的字串，即雜湊值，不管使用者輸入的密碼多長，最終的長度都是固定的，並且每次計算的結果都相同，由於結果相同，所以可以透過一個密碼表去逆向破解加密過的密碼；另外一個是鹽（Salt），也常常被稱為加密鹽，就像炒菜時不加鹽味道都一樣，但加多或加少鹽菜的味道將完全不同，鹽造成了這個效果，如果在加密時加入鹽作為干擾項，則每次輸出的結果將不再相同，也減少了逆向破解的機率（並不是完全不能破解），而 bcrypt 正是結合了雜湊演算法和加密鹽，讓密碼獲得了極大的安全性。

　　在 npmjs 中搜尋 bcrypt 可查到這個用於密碼加密的 Node.js 第三方函數庫，庫位址為 https://www.npmjs.com/package/bcrypt，安裝的命令如下：

```
npm i bcrypt
```

4.7 小試鋒芒

在 bcrypt 的介紹中提供了非同步和同步兩種寫法。首先是非同步的方式，使用 bcrypt.hash() 方法接收 3 個參數，分別是密碼、鹽值（saltRounds）、回呼函數，在回呼函數中可將得到的雜湊值儲存進資料庫，或處理可能發生的錯誤情況。需要注意的是參數 saltRounds，代表加密的時間，saltRounds 值越大，加密的時間越久，加密的密碼越安全，官方的預設值為 10。非同步加密的範例程式如下：

```
bcrypt.hash(password, saltRounds, function(err, hash) {
    // 進一步處理得到的雜湊值，如存進資料庫，或處理 err
})
```

同步的方式是使用 bcrypt.hashSync() 方法，該方法只接收兩個參數，分別是密碼和鹽值。由於隨密碼一同插入資料庫的還有帳號、建立時間、帳號狀態等，所以採用同步的方式進行加密，程式如下：

```
const hash = bcrypt.hashSync(myPlaintextPassword, saltRounds)
// 將獲取的雜湊值同帳號、建立時間等一起插入資料庫
```

有加密自然就有解密，bcrypt.compare() 和 bcrypt.compareSync() 分別作為非同步和同步的解密方式，bcrypt.compare() 接收使用者輸入的密碼、儲存在資料庫的雜湊值及回呼函數作為形式參數，bcrypt.compareSync() 則不需回呼。這裡讀者可以發現一個小技巧，就是不管什麼函數庫，同步的方法都會加上 Sync，這是因為單字 sync 的意思為「同時」，而單字 async 則為「非同步」，該技巧可在沒有文件的情況下快速區分一種方法是非同步的還是同步的，當然，也可用非同步函數都需要回呼函數來進一步處理結果進行判斷。

在註冊的路由處理常式中，可使用 bcrypt.hashSync() 方法對 req.body 裡面的 password 參數進行加密，並使用 res.send() 方法輸出雜湊值查看加密後的結果，程式如下：

```
// 匯入 bcrypt
const bcrypt = require('bcrypt')
// 註冊
exports.register = (req, res) => {
```

```
    const result = userSchema.validate(req.body);
    if (result.error) return res.ce(' 輸入的帳號或密碼有誤 ')
    const hash = bcrypt.hashSync(req.body.password, 10)
    res.send(hash)
}
```

透過 Postman 測試，可得到雜湊值的輸出，如圖 4-59 所示。

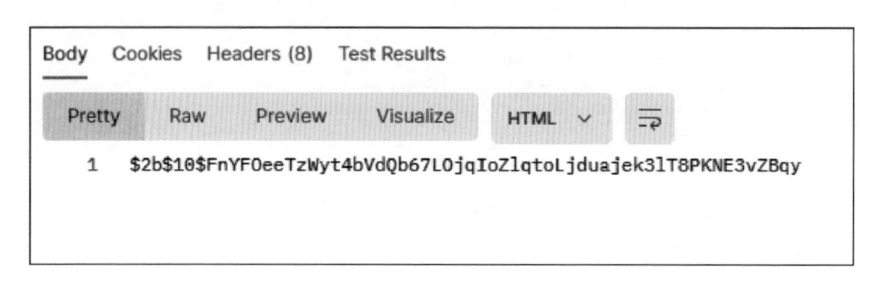

```
1  $2b$10$FnYFOeeTzWyt4bVdQb67LOjqIoZlqtoLjduajek3lT8PKNE3vZBqy
```

▲ 圖 4-59 輸出雜湊值

當然，密碼是在判斷完帳號是否存在後才進行加密和解密的，所以要把獲取雜湊值的程式放進 db.query() 方法的回呼函數中。

對於註冊，此階段透過 JavaScript 的 Date() 物件生成帳號的註冊時間，即 create_time，並新建一個 SQL 敘述，將帳號、密碼、建立時間、狀態一併插入 users 資料表中。在新增的 SQL 敘述對應的 db.query() 方法中，可透過對回呼函數的 results 的 affectedRows 屬性進行判斷，從而確認是否註冊成功，該屬性意為影響的行數，如果插入成功，則說明資料表中增加了一行，即 results.affectedRows==1，反之則說明插入失敗。最後使用 res.send() 增加狀態碼 0 和提示註冊帳號成功的訊息作為成功註冊的回應物件。

對於登入，假設當前輸入的帳號存在，那麼 select 敘述將傳回包含該帳號資訊的陣列的唯一物件，物件中包含帳號所對應的密碼雜湊值，透過 bcrypt.compareSync() 方法傳入使用者輸入的密碼和 results 陣列的唯一物件中包含的雜湊值作為形式參數進行驗證，可得到一個布林值，透過布林值就可判斷使用者輸入的密碼是否正確。此外，在生成 token 前還需對帳號目前的狀態進行判斷。最終的程式如下：

```javascript
// 註冊
exports.register = (req, res) => {
    const result = userSchema.validate(req.body);
    if (result.error) return res.ce(' 輸入的帳號或密碼有誤 ')
    const sql = 'select * from users where account = ?'
    db.query(sql, req.body.account, (err, results) => {
        if (err) return res.ce(err)
        if (results.length > 0) return res.ce(' 帳號已存在 ')
        const hash = bcrypt.hashSync(req.body.password, 10)
        // 新增插入敘述
        const sql1 = 'insert into users set ?'
        // 帳號建立時間
        const create_time = new Date()
        db.query(sql1, {
            account: req.body.account,
            password: hash,
            create_time,
            // 帳號初始狀態為 0
            status: 0,
        }, (err, results) => {
            //affectedRows 為影響的行數
            if (results.affectedRows !== 1) return res.ce(' 註冊失敗 ')
            res.send({
                status: 0,
                message: ' 註冊帳號成功 '
            })
        })
    })
}

// 登入
exports.login = (req, res) => {
    const result = userSchema.validate(req.body);
    if (result.error) return res.ce(' 輸入的帳號或密碼有誤 ')
    const sql = 'select * from users where account = ?'
    db.query(sql, req.body.account, (err, results) => {
        if (err) return res.ce(err)
        if (results.length !== 1) return res.ce(' 登入失敗 ')
        // 驗證密碼是否正確
```

```
            const compareResult = bcrypt.compareSync(req.body.password, results[0].
password)
        if (compareResult == 0) return res.ce(' 登入失敗 ')
        if (results[0].status == 1) return res.ce(' 帳號被凍結 ')
        // 生成 token 等邏輯
    })
}
```

5. 使用 token

JWT（JSON Web Token）是目前流行的一種用於跨域認證的解決方案，透過 token 驗證使用者是否具有存取伺服器端的許可權。登入成功後伺服器端會將 token 傳回給使用者端，使用者端通常會將 token 儲存在 LocalStorage 或 SessionStorage 中，這取決於使用者使用的場景，當 token 未過期時，HTTP 請求將攜帶 token 發送至伺服器以驗證使用者的合法性，如果驗證成功，則可存取請求介面。一般來講，存取註冊和登入介面不需要攜帶 token，理由也很簡單，此時還沒有使用者的角色許可權。

在 Express.js 框架中使用 jsonwebtoken 套件生成 JWT 字串，使用 express-jwt 套件解析並驗證從使用者端發送至伺服器端的 JWT 字串，安裝命令如下：

```
// 同時安裝多個相依，只需在相依後接著寫
npm i jsonwebtoken express-jwt
```

整個 JWT 字串包含 3 部分，分別是 Header、Payload、Signature，其中 Payload 是使用者資訊經過加密之後生成的字串，而 Header 和 Signature 是為了保證 token 安全性的部分。

在專案的根目錄下新建 jwt_config 目錄，並新建 index.js 檔案，用於向外暴露生成 JWT 字串的金鑰，程式如下：

```
//jwt_config/index.js
module.exports = {
    // 自訂金鑰名稱
    jwtSecretKey:'gbms',
}
```

4.7 小試鋒芒

回到 router_handler 下的 login.js 檔案,匯入 jsonwebtoken 套件和自訂的金鑰,並使用 jwt.sign() 方法生成 token,該方法接收 3 個參數,第 1 個參數是一個物件,為生成 Payload 所需的使用者資訊,可使用使用者端傳入的帳號和密碼作為物件內容;第 2 個參數為匯入的金鑰;最後一個參數是配置物件,通常用於配置 token 的有效時長。在設置傳回使用者端的資訊時,還需注意把雜湊值設置為空,保證使用者端接收的都是非敏感資訊,程式如下:

```js
// 匯入 jsonwebtoken
const jwt = require('jsonwebtoken')
// 匯入 JWT 設定檔
const jwtconfig = require('../jwt_config/index.js')

// 登入
exports.login = (req, res) => {
    const result = userSchema.validate(req.body);
    if (result.error) return res.ce('輸入的帳號或密碼有誤')
    const sql = 'select * from users where account = ?'
    db.query(sql, req.body.account, (err, results) => {
        if (err) return res.ce(err)
        if (results.length !== 1) return res.ce('登入失敗')
        const compareResult = bcrypt.compareSync(req.body.password, results[0].password)
        if (compareResult == 0) return res.ce('登入失敗')
        if (results[0].status == 1) return res.ce('帳號被凍結')
        // 剔除雜湊值
        results[0].password = ''
        const user = {
            account:req.body.account,
            password:req.body.password
        }
        // 設置 token 的有效時長,有效期為 7 小時
        const tokenStr = jwt.sign(user, jwtconfig.jwtSecretKey, {
            expiresIn: '7h'
        })
        res.send({
            results: results[0],
            status: 0,
```

```
            message: ' 登入成功 ',
            token: 'Bearer ' + tokenStr,
        })
    })
}
```

需要注意的是傳回使用者端的 token 帶有一個首碼 Bearer，以及一個空格，這是因為 JWT 是 Bearer 認證方式的具體實現。認證方式有很多種，標準的請求標頭結構為 Authorization: <type> <credentials>，Bearer 認證要求使用者端在請求時請求標頭中要包含 Authorization: Bearer <credentials>，如果只將 token 字串傳回給前端，則前端開發者就需要在請求標頭手動加上 Bearer，為了方便，一般會直接在後端就拼接上 Bearer，當然這需要前後端開發者的溝通和協定。

驗證 token 需要放在入口檔案的所有路由之前，需要匯入自訂的金鑰，以及解構賦值 express-jwt 套件中的 jwt() 方法，該方法接收一個包含金鑰和演算法的物件作為參數，並可使用 unless() 方法接收路由首碼，用以排除不需要攜帶 token 請求的路由，在本專案中為註冊和登入的首碼 api。一般來說為了開發和測試的方便會將 jwt() 方法註釋起來，不然每次 Postman 請求都需要增加 token，一般會等到系統功能模組基本完善再掛載到 express 實例中，程式如下：

```
//app.js
// 匯入金鑰
const jwtconfig = require('./jwt_config/index.js')
// 匯入 express-jwt 套件並解構賦值獲取 JWT
const {
    expressjwt: jwt
} = require('express-jwt')
// 掛載 JWT 驗證
app.use(jwt({
    secret:jwtconfig.jwtSecretKey,algorithms:['HS256']
}).unless({
    path:[/^\/api\//]
}))
```

4.7.3 最終效果

現在，回到 Postman 測試註冊和登入功能的介面。首先是註冊功能，輸入自訂且符合驗證規則的帳號和密碼，查看伺服器端回應資訊，此時可看到提示註冊帳號成功，如圖 4-60 所示。

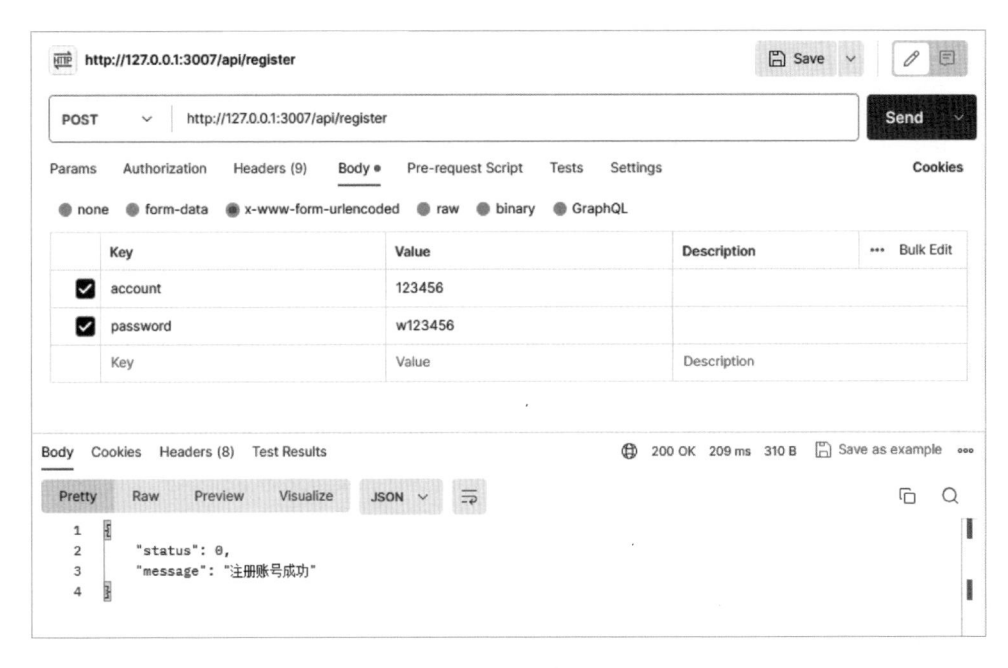

▲ 圖 4-60 註冊帳號成功

接下來查看 users 資料表中是否成功地插入了註冊資訊，可看到已經新增了一筆資料，如圖 4-61 所示。

▲ 圖 4-61 user 資料表新增資料

4 開始我們的後端之旅

最後在 Postman 進行登入測試，可看到回應的值包含使用者的基礎資訊、自訂的回應成功狀態、登入成功的提示及 token，如圖 4-62 所示。

```
{
    "results": {
        "id": 1,
        "account": 123456,
        "password": "",
        "name": null,
        "sex": null,
        "age": null,
        "image_url": null,
        "email": null,
        "department": null,
        "position": null,
        "create_time": "2023-11-10T03:49:00.000Z",
        "update_time": null,
        "status": 0
    },
    "status": 0,
    "message": "登录成功",
    "token": "Bearer eyJhbGciOiJIUzI1NiIsInR5cCI6IkpXVCJ9.
```

▲ 圖 4-62 登入測試成功

至此，專案的註冊功能模組就已完成了。不過還沒完，此時可透過路由位址右側的 Save 按鈕分別儲存註冊和登入的路由，按一下按鈕後會出現一個 SAVE REQUEST（儲存請求）的彈出窗，左下角有個 New Collection（新建收藏）按鈕，按一下此按鈕新建一個我的最愛，命名為 Login，並按一下右下角橙色的 Save 按鈕進行儲存，如圖 4-63 所示。

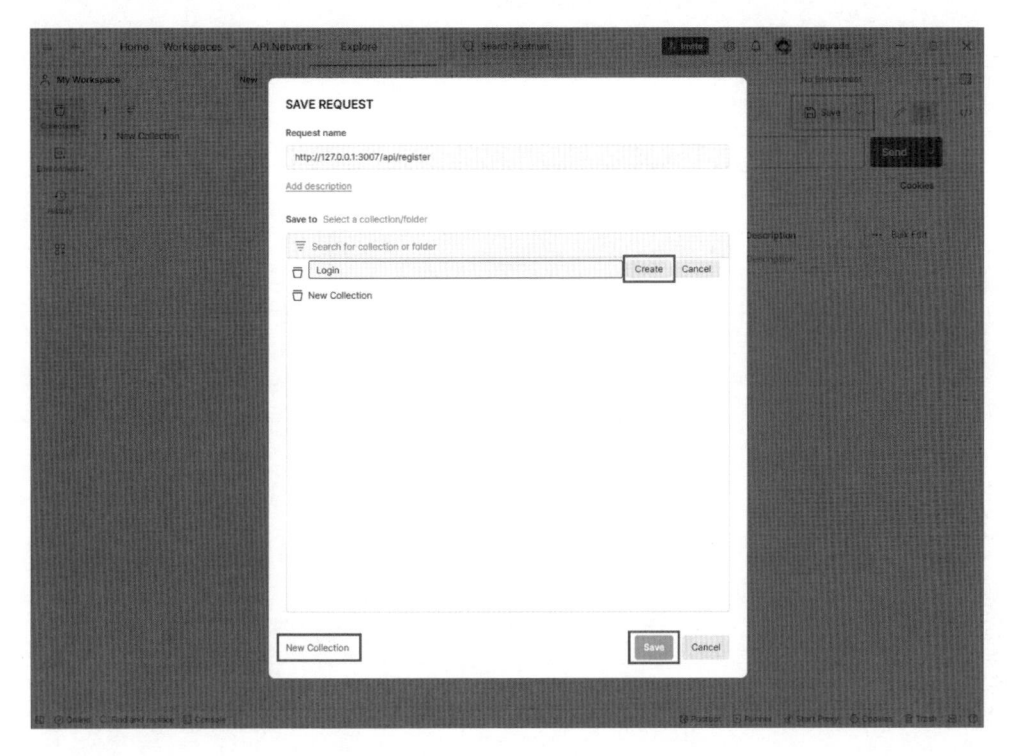

▲ 圖 4-63 儲存 Login 介面

這時左側工作環境的 Collections 列表就出現了剛剛儲存的路由，可以方便地按一下路由進行測試，如圖 4-64 所示。

▲ 圖 4-64 儲存介面成功

MEMO

實現更複雜的功能

實現了第 4 章中的註冊與登入功能後，相信讀者對資料庫的 select、insert 語法如何使用有了實際的操作經驗，對開發簡單的功能介面在邏輯上也有了初步的認識。本章將繼續使用第 4 章註冊的使用者資料，從這個剛進入資料庫的「新朋友」的角度，完善使用者的基本資訊。當然，一旦使用者的資料多了起來，作為系統的設計者就需要考慮到如何管理大量的使用者，就好像微信內的好友一旦多了起來，就得給使用者分配不同的標籤、備註。

本章將從真實開發的角度說明如何設計使用者個人資訊模組功能，以及多使用者管理模組功能，這些功能將比註冊和登入功能有更多的介面，也更複雜。相信透過這一章的實踐，讀者能夠「想像」得出當自己在使用網路上的各種系統時，帳戶的資訊在伺服器中是如何被使用和修改的。

5 實現更複雜的功能

5.1 使用者

不管是什麼樣的系統都是為使用者服務的。一般來講，企業使用者是需求的提供者，向開發團隊提供目前實際工作所欠缺的業務需求，幫助開發團隊在短時間內整理公司各個部門單獨或協作處理的事項邏輯；在整個系統的開發流程中，公司高層參與需求的具體的可行性分析，針對開發團隊可能遇到的問題進行協商，共同討論需求落地的細節，確保功能符合實際的工作需要；使用者還是系統的測試者和回饋者，企業的內訓師會作為第一批使用者參與系統的測試並回饋使用體驗，幫助開發團隊發現問題和改進，保證後期系統的平穩上線；當系統的整個專案開發週期都完成後，最終使用者還是使用者，內訓師培訓公司各個部門的人員使用系統，擔任企業內部的技術支援並與開發團體保持聯絡。

講完了參與系統開發週期的使用者，再來講在系統中被管理的使用者。一般來講系統管理的使用者包括兩類，一類是系統的使用者，即公司內部的人力資源，另一類則是客戶資源。

公司內部的人力資源很好理解，就是員工，這類使用者使用系統完成上級佈置的業務，在規定的時間範圍內完成。在沒有系統之前，通常會以紙質化的形式規定員工要完成的業務。一個用於銷售的系統會對使用者設計與業務相關的欄位，如每週／每月的銷售額、銷售產品及其數量、需要完成的任務及其進度、客戶評價、獎勵／懲罰金額等，企業可以透過這些欄位上的資料，透過員工列表分析和統計出每週或每月銷售量最多、最受歡迎的產品，對於員工來講，也可以更直觀地看到自己需要達到的目標，給自己有個更好的工作回饋。

客戶資源表達的內容則更加廣泛。如銷售系統通常會為每個客戶建立檔案，其中會記錄包括客戶的年齡、聯絡方式、購買時間及產品、客戶透過購買花費的累計金額、獎勵積分等，透過這些資料可以分析產品面向的群眾年齡範圍、整個年度銷售額較大的季、需要推出新產品的時機等，對企業分析市場走向、設計產品特點、調整戰略走向都具有十分重要的作用。另一種場景是記錄連絡人，充當紙質名片的作用，欄位上除了會設計客戶的名稱和聯絡電話外，還會包含客戶所在的企業名稱、企業行業、生成的主要產品等,這便於企業的對外聯絡部門最快地找到合適的聯絡人。

綜合整個開發週期來看,多種不同的角色在系統內扮演了使用者,在整個系統開發的過程中起著至關重要的作用。從使用系統的使用者角度來看,銷售系統的使用者可以從系統得到正向的回饋;從系統面向的客戶來看,系統可以從客戶身上更進一步地分析出面向的物件群眾,有利於調整企業的戰略規劃。從系統的角度來看,不斷增加使用者和客戶的過程,正是一個不斷認識新使用者的過程。

5.1.1 修改使用者資訊

在 4.7.1 節曾提到了註冊時為什麼需要使用者提供的資訊應該儘量少的原因,那麼在這節中,將透過幾個介面給 4.7.3 節新註冊的使用者設置自己的個人資訊,也就表示開始逐步實現使用者模組了。

當然,在寫設置個人資訊的程式之前,還需要做一些前置工作。註冊與登入模組所在的路由及其處理常式檔案名稱都是 login.js,而使用者模組的路由和處理常式當然不能寫在 login.js 內,所以在 router 和 router_handler 的目錄下都需要新建名為 user 的 JavaScript 檔案,用於使用者模組的路由及其詳細功能的程式實現。在 router/user.js 檔案中先匯入 Express.js 框架及路由模組,並匯入 user 的路由處理常式,最後向外暴露路由,程式如下:

```
//router/user.js
const express = require('express')
const router = express.Router()

// 匯入 user 的路由處理常式
const userHandler = require('../router_handler/user')

// 向外暴露路由
module.exports = router
```

5 實現更複雜的功能

同樣地，回到入口檔案 app.js，匯入使用者模組的路由並掛載到 app 實例上。需要注意匯入的路由名稱不能跟其他模組的名稱相同，否則會顯示出錯，程式如下：

```
//app.js
const userRouter = require('./router/user')          // 寫在掛載註冊和登入的路由下
app.use('/user', userRouter)
```

而在路由處理常式中，需先匯入 db/index.js 暴露的資料庫實例、用於驗證數值的 Joi，以及用於修改密碼使用的 bcrypt，程式如下：

```
//router_handler/user.js
const db = require('../db/index.js')
const joi = require('joi')
const bcrypt = require('bcrypt')
```

不管是暱稱、性別還是其他資訊都存在一個問題，怎麼才能在資料庫的 users 資料表中找到要修改的物件呢？這就表現了唯一性數值的重要性，可以透過主鍵，也可以透過帳號、電子郵件等具備唯一性的欄位值作為 where 的條件值找到對應的物件，在本專案中使用主鍵 id 作為參數。修改暱稱和後續的年齡、性別等介面一樣，都需要兩個參數，一個是 id，另一個是要修改的值。

對於要修改的值，需要跟註冊和登入一樣，即都要驗證值的符合標準性。暱稱是系統管理者內找到使用者的關鍵，應該禁止暱稱出現帶有各種符號的現象；修改的年齡範圍應該在 16 歲至 60 歲之間（法定勞動年齡）；性別應滿足長度為 1 的字串類型；電子郵件要符合使用者登入名稱@主機名稱.尾綴的格式；密碼則和註冊時的密碼規則一樣。

1. 修改暱稱

以中文姓名為規則設定暱稱的標準,需要包含中文字元且中文字元可重複出現 2~4 次的正規表示法,程式如下:

```
^[\u4e00-\u9fa5]{2,4}$
```

現在新建一個名為 changeName 的路由處理常式,透過解構賦值獲得前端傳過來的 id 和需要修改的值 name,並對 name 進行驗證,程式如下:

```
exports.changeName = (req, res) => {
    const {id, name} = req.body         // 解構賦值
    const verifyResult = joi.string().pattern(/^[\u4e00-\u9fa5]{2,4}$/).required()
.validate(name)
      if(verifyResult.error) return res.ce(' 輸入的暱稱有誤 ')
}
```

接下來定義一筆 SQL 敘述,透過 update 敘述更改 users 資料表中條件為 id 的 name 值,並透過 query() 方法執行。這裡還需增加一個帳戶資訊更新時間的值,方便對更改操作進行溯源,程式如下:

```
exports.changeName = (req, res) => {
    const {id, name} = req.body
    const verifyResult = joi
        .string().pattern(/^[\u4e00-\u9fa5]{2,4}$/)
        .required().validate(name)
    if(verifyResult.error) return res.ce(' 輸入的暱稱有誤 ')
    const update_time = new Date()         // 更新時間
    const sql = 'update users set name = ?,update_time = ? where id = ?'
    db.query(sql, [name, update_time ,id], (err, result) => {
        if (err) return res.ce(err)
        res.send({
            status: 0,
            message: ' 修改暱稱成功 '
        })
    })
}
```

5 實現更複雜的功能

這裡需要注意的是 query() 方法的第 2 個參數，使用的是中括號包裹兩個參數的形式，也就是以類似陣列的形式傳參，參數必須和 SQL 敘述中的空缺物件前後順序一致，而與之不同的是註冊介面中使用 insert 敘述傳參的方式，傳入的是一個物件，物件的鍵必須與資料庫中的欄位一致。

回到剛剛新建的 router/user.js 檔案，往裡面增加 changeName 路由處理常式對應的路由，程式如下：

```
//router/user.js
const express = require('express')
const router = express.Router()

// 匯入 user 的路由處理模組
const userHandler = require('../router_handler/user')

router.post('/changeName', userHandler.changeName)         // 修改暱稱
// 向外暴露路由
module.exports = router
```

一個好的習慣是往每個路由上邊或右側增加註釋，特別是在一個模組可能包含幾十個介面的大型專案裡，並且路由清單的順序與路由處理常式檔案中暴露的名稱順序相同，方便要修改的時候更快地找到對應的路由。一般查詢某個路由處理常式的順序是先看入口檔案 app.js 對應的路由檔案在哪裡，其次在路由檔案的清單中檢查是否有目標路由，最後到相應的路由處理常式檔案中查詢。當然讀者可能會想到直接在目錄中搜尋對應的路由名稱不就行了嗎？又何必那麼麻煩呢？這或許是個好辦法，但在修改路由處理常式的同時往往會涉及修改路由名稱，需要同時修改兩處，在查看的同時也一併開啟了對應的路由檔案，可以更加有效地統一修改。

現在,開啟 Postman,新建一個測試頁面,輸入介面位址以測試修改暱稱介面的可用性,首先測試不符合暱稱規則的數值,傳入數值 id 為 1,name 為單一字「張」,可看到「輸入的暱稱有誤」的回應資訊,說明暱稱標準測試成功,如圖 5-1 所示。

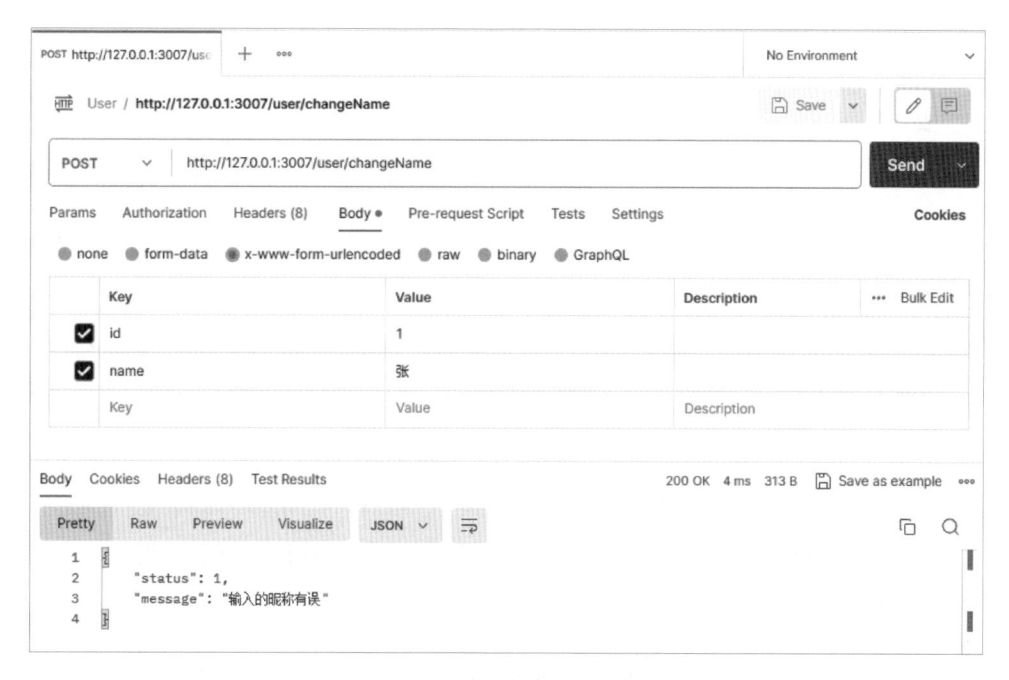

▲ 圖 5-1 測試暱稱標準成功

下面,將 name 改為符合標準的暱稱「張三」,再次進行測試,提示「修改暱稱成功」,說明該介面測試成功。這裡需要注意的是為什麼不用看資料表有無變化就知道測試成功了呢?因為在能輸出 res.send() 內容的情況下,說明已經執行了 SQL 敘述定義的內容,程式來到了回呼函數的階段,如果顯示出錯,則會輸出 res.ce(),反之則說明成功了,如圖 5-2 所示。

5 實現更複雜的功能

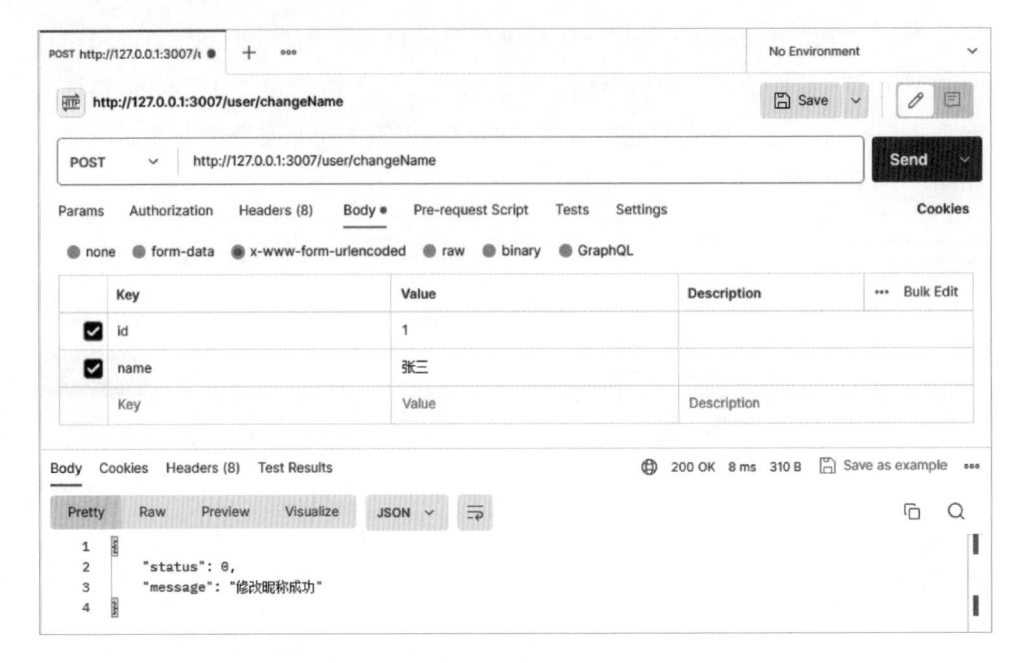

▲ 圖 5-2 測試修改暱稱介面成功

開啟資料庫，可看到 id 為 1 的使用者暱稱已經從 Null 值變成了張三，介面測試成功，如圖 5-3 所示。

▲ 圖 5-3 查看資料庫使用者暱稱

2. 修改年齡

新建一個名為 changeAge 的路由處理常式，透過解構賦值獲取 req.body 內的 id 和 age，其中年齡範圍可使用 Joi 的 number() 類型結合 min() 和 max() 進行限制，SQL 敘述只需把 name 修改為 age，同時修改 query() 中的參數。最後，在 router/user.js 下增加 changeAge 的路由。實現整體邏輯的程式如下：

```
//router_handler/user.js
exports.changeAge = (req, res) => {
    const {id, age} = req.body
```

5.1 使用者

```
    const verifyResult = joi
        .number().min(16).max(60).required().validate(age)
    if(verifyResult.error) return res.ce(' 輸入的年齡有誤 ')
    const update_time = new Date()                      // 更新時間
    const sql = 'update users set age = ?,update_time = ? where id = ?'
    db.query(sql, [age, update_time, id], (err, result) => {
        if (err) return res.ce(err)
        res.send({
            status: 0,
            message: ' 修改年齡成功 '
        })
    })
}

//router/user.js
router.post('/changeAge', userHandler.changeAge)            // 修改年齡
```

開啟 Postman 進行測試，假設輸入的年齡為 14，可看到回應的資料為「輸入的年齡有誤」，如圖 5-4 所示。

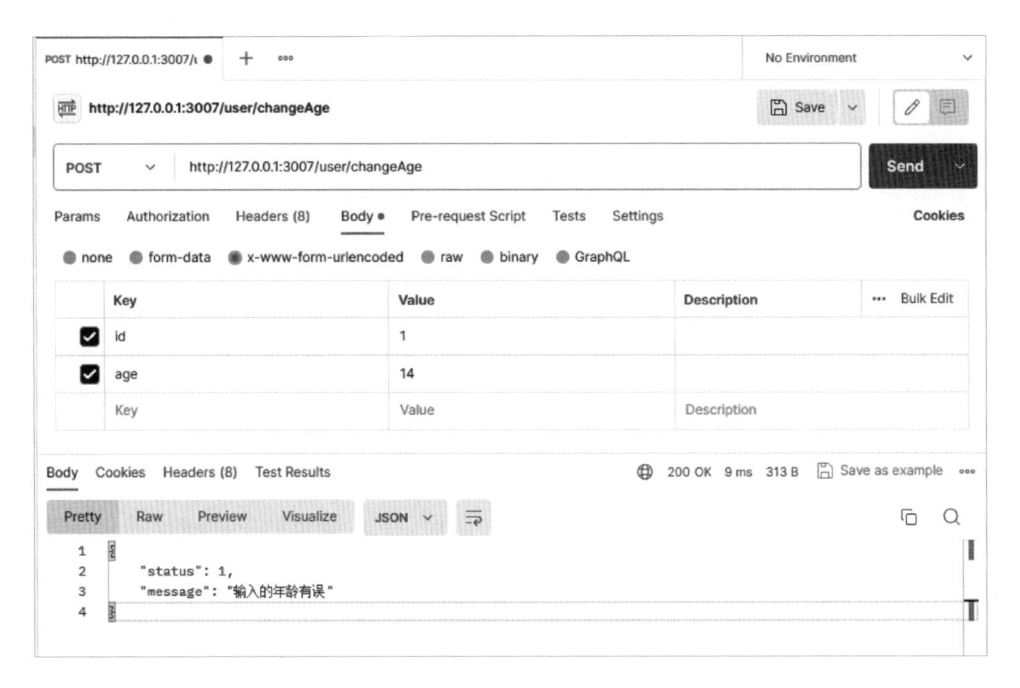

▲ 圖 5-4 對修改年齡介面進行數值測試

將數值修改為設定範圍內，可看到回應資料為「修改年齡成功」，介面測試成功，如圖 5-5 所示。

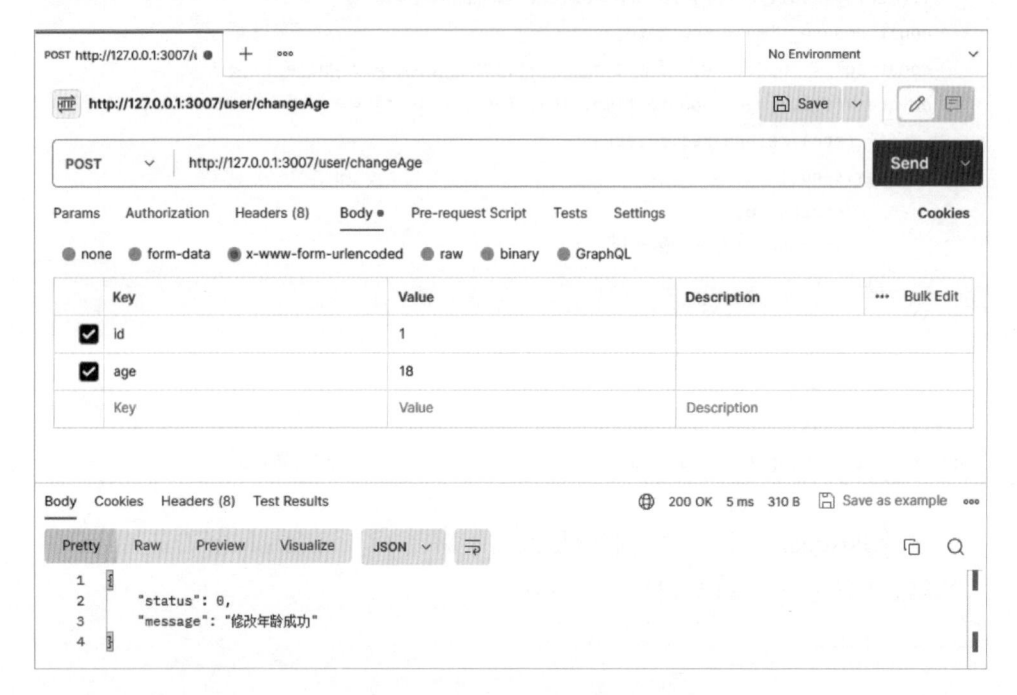

▲ 圖 5-5 修改年齡介面測試成功

同時可看到資料表中的欄位也已被修改了，如圖 5-6 所示。

▲ 圖 5-6 資料庫 age 值被修改為 18

3. 修改性別

在前端會透過 Element Plus 的選擇器組件以下拉清單的形式讓使用者選擇性別，如圖 5-7 所示。

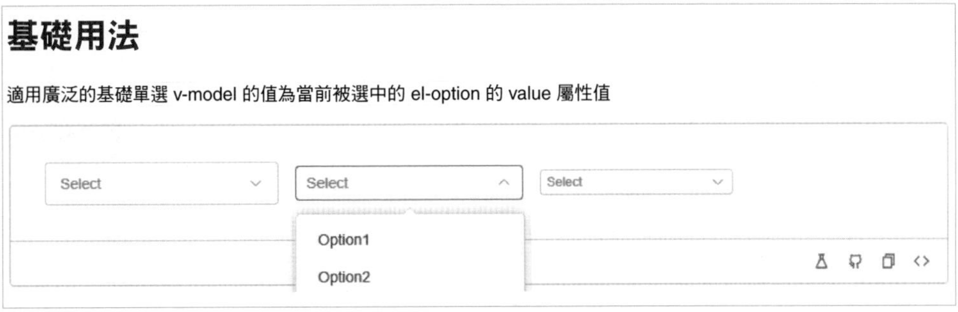
基礎用法
適用廣泛的基礎單選 v-model 的值為當前被選中的 el-option 的 value 屬性值
Select
Select
Select
Option1
Option2

▲ 圖 5-7 Element Plus 選擇器組件

後端接收的字串一定會是下拉清單選擇項中的「男」「女」字串，所以可以不增加 Joi 進行資料驗證。新建一個名為 changeSex 的路由處理常式，只需把 changeAge 的程式複製一遍，去掉 Joi 的驗證，把 age 修改為 sex，最後修改回饋的資訊提示即可得到新的介面。每次增加完介面後都需要在路由清單中新增路由。實現整體邏輯的程式如下：

```
//router_handler/user.js
exports.changeSex = (req, res) => {
    const {id, sex} = req.body
    const update_time = new Date()                          // 更新時間
    const sql = 'update users set sex = ?,update_time = ? where id = ?'
    db.query(sql, [sex, update_time, id], (err, result) => {
        if (err) return res.ce(err)
        res.send({
            status: 0,
            message: '修改性別成功'
        })
    })
}

//router/user.js
router.post('/changeSex', userHandler.changeSex)            // 修改性別
```

由於沒有增加驗證，在 Postman 測試時要注意輸入的參數符合預設標準，即「男」或「女」。測試結果如圖 5-8 所示。

5 實現更複雜的功能

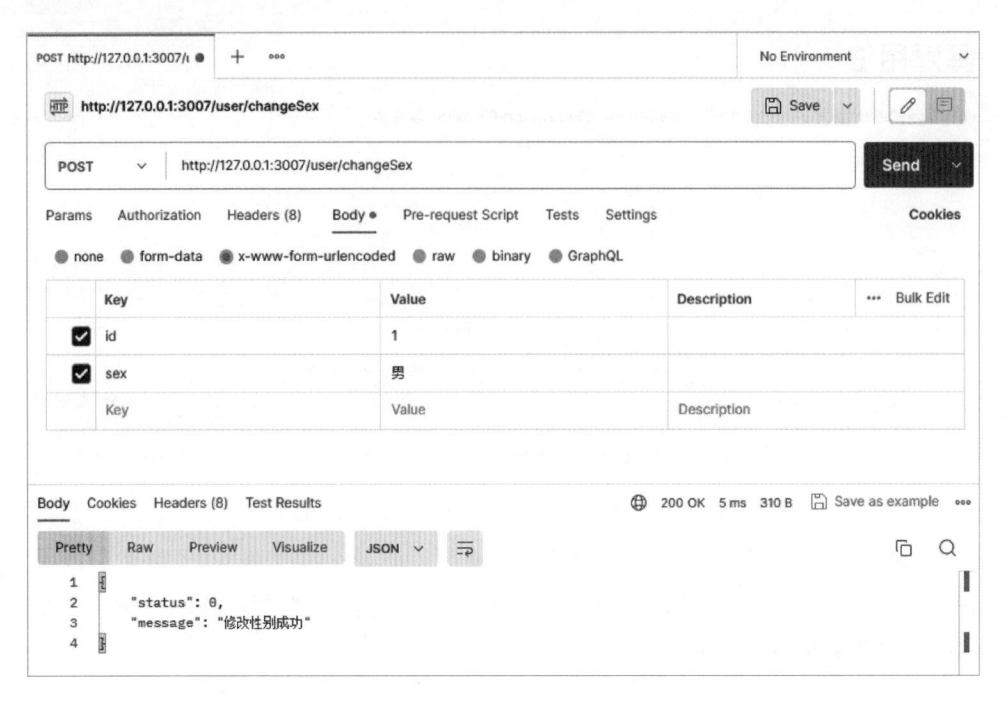

▲ 圖 5-8 修改性別介面測試成功

同時可見資料表中的 sex 欄位值已被修改了，如圖 5-9 所示。

id	account	password	name	age	sex
1	123456	$2b$10$xr/fL3...	張三	18	男

▲ 圖 5-9 資料庫 sex 值被修改為男

4. 修改電子郵件

電子郵件具備唯一性，同時需兼顧符合登入名稱 @ 主機名稱 . 尾綴的格式。新建 changeEmail 的路由處理常式，第 1 步透過 Joi 結合電子郵件通用的正規表示法進行格式判定，正規表示法的程式如下：

```
/^([a-zA-Z0-9_\.\-])+\@(([a-zA-Z0-9\-])+\.[a-zA-Z]{2,6})$/
```

可透過 select 敘述查詢資料表中是否有已存在的電子郵件資料進行過濾，確保電子郵件的唯一性，這同註冊 API 檢查帳號唯一性邏輯相同，程式如下：

```javascript
//router_handler/user.js
exports.changeEmail = (req, res) => {
    const {id, email} = req.body
    const verifyResult = joi
        .string()
        .pattern(/^([a-zA-Z0-9_\.\-])+\@(([a-zA-Z0-9\-])+\.)+([a-zA-Z]{2,6})$/)
        .required().validate(email)
    if(verifyResult.error) return res.ce(' 輸入的電子郵件格式有誤 ')
    // 檢查電子郵件唯一性
    const sql = 'select * from users where email = ?'
    db.query(sql,email,(err,result)=>{
        if (err) return res.ce(err)
        // 如果傳回的陣列大於 0，則說明電子郵件已存在
        if (result.length > 0) return res.ce(' 電子郵件已存在 ')
        const update_time = new Date()
        // 更新電子郵件邏輯
        const sql1 = 'update users set email = ?,update_time =? where id = ?'
        db.query(sql1, [email, update_time, id], (err, result) => {
            if (err) return res.ce(err)
            res.send({
                status: 0,
                message: ' 修改電子郵件成功 '
            })
        })
    })
}

//router/user.js
router.post('/changeEmail', userHandler.changeEmail)        // 修改電子郵件
```

在 Postman 中進行對照測試，一組以不符合電子郵件格式的數值進行測試，另一組以符合電子郵件格式的數值進行測試，可見只有符合規則的數值才會顯示修改電子郵件成功的提示，如圖 5-10 和圖 5-11 所示。

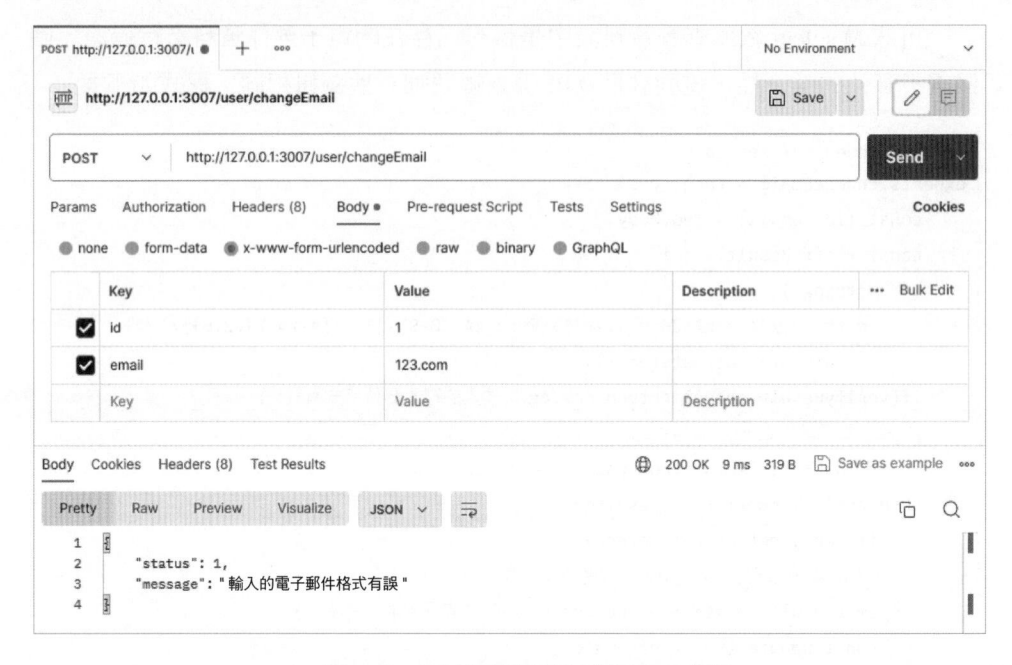

▲ 圖 5-10 回應回饋電子郵件格式有誤

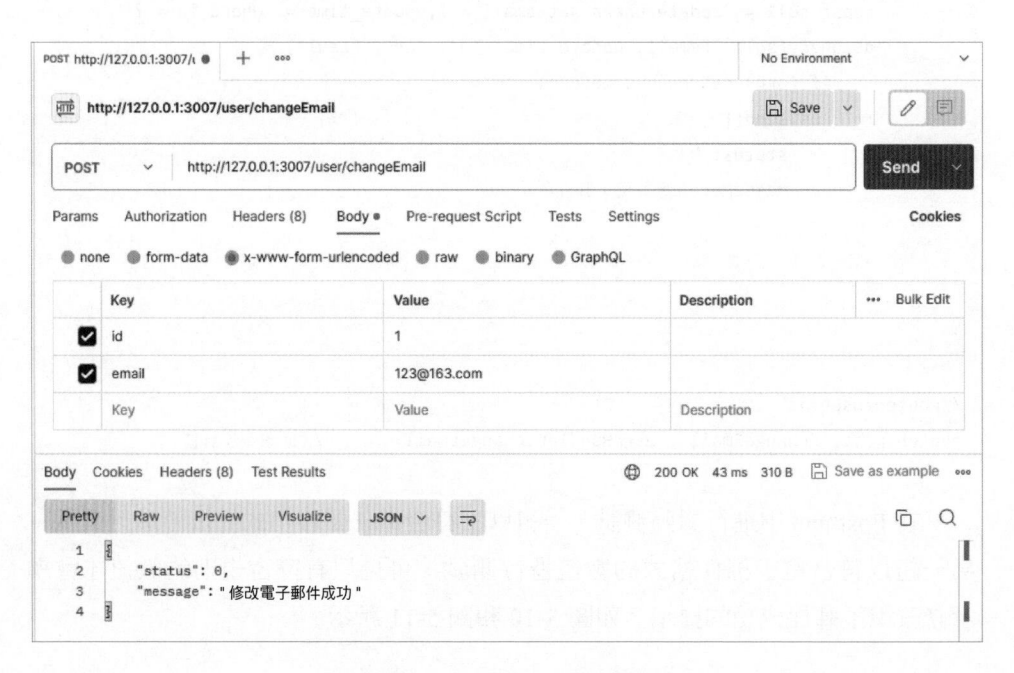

▲ 圖 5-11 修改電子郵件成功

5.1 使用者

此時 id 為 1 的帳戶就出現了新增的電子郵件資料，如圖 5-12 所示。

id	account	password	name	age	sex	email
1	123456	$2b$10$xr/fL3:	張三	18	男	123@qq.com

▲ 圖 5-12 資料庫已更新 email 值

接著新建一個帳戶，用於測試電子郵件唯一性。由於 id 自動增加的原因，新增帳戶在資料庫中的 id 為 2，如圖 5-13 所示。

id	account	password	name	age	sex	email
1	123456	$2b$10$xr/fL3:	張三	18	男	123@qq.com
2	1234567	$2b$10$aAxr/g	(Null)	(Null)	(Null)	(Null)

▲ 圖 5-13 新增使用者

在 Postman 傳入 id 為 2 且電子郵件值不變的參數。按一下 Send 按鈕可見測試的回饋結果為「電子郵件已存在」，說明唯一性測試成功。更新電子郵件介面測試成功，如圖 5-14 所示。

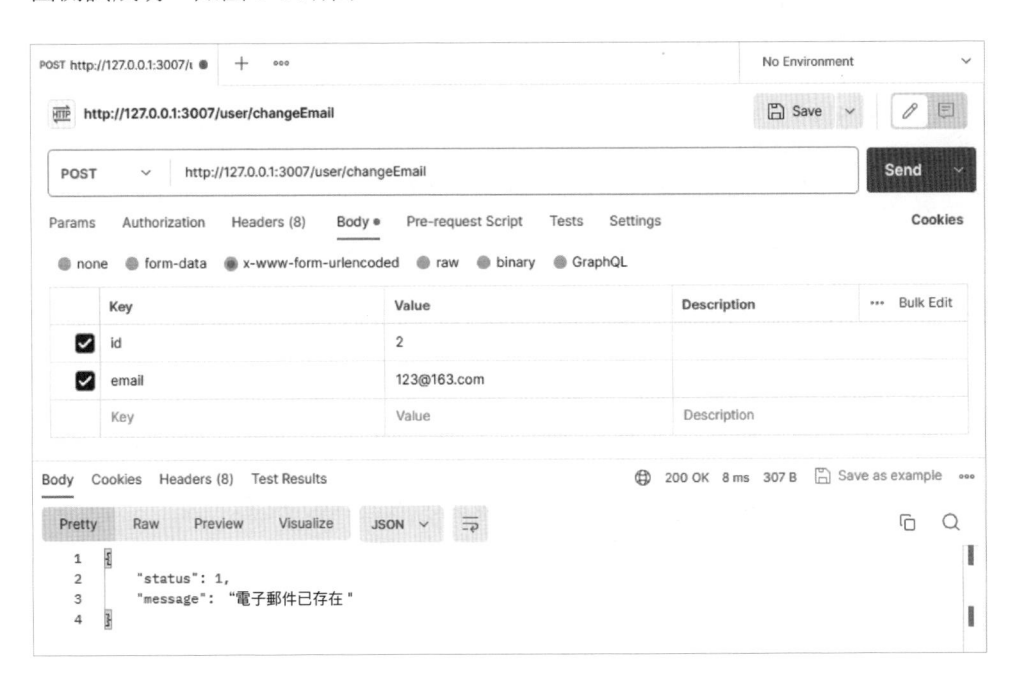

▲ 圖 5-14 修改電子郵件介面測試成功

5. 修改密碼

新建一個名為 changePassword 的路由處理常式。修改密碼一般分為 4 步，第 1 步是要求已經登入系統的使用者輸入當前的舊密碼，透過使用者的 id 獲得儲存在資料庫的雜湊值，使用 bcrypt 的 compareSync() 方法驗證舊密碼和雜湊值是否一致；第 2 步是驗證使用者輸入的新密碼是否符合 Joi 定義的規則；第 3 步將新密碼加密成雜湊值；第 4 步透過 id 更新使用者在資料庫的雜湊值，範例程式如下：

```js
//router_handler/user.js
exports.changePassword = (req, res) => {
    // 接收 id 新舊密碼
    const {id,oldPassword,newPassword} = req.body
    const sql = 'select password from users where id = ?'
    db.query(sql, id, (err, result) => {
        if (err) return res.ce(err)
        // 驗證舊密碼
        const compareResult =
            bcrypt.compareSync(oldPassword, result[0].password)
        if (compareResult == 0) return res.ce(' 舊密碼錯誤 ')
        // 驗證新密碼
        const verifyResult = joi
            .string()
            .pattern(/^(?![0-9]+$)[a-z0-9]{1,50}$/)
            .min(6).max(12).required().validate(newPassword)
        if(verifyResult.error) return res.ce(' 輸入的密碼格式有誤 ')
        // 加密新密碼
        const hash = bcrypt.hashSync(newPassword, 10)
        // 更新
        const update_time = new Date()
        const sql1 =
            'update users set password = ?,update_time = ? where id = ?'
        db.query(sql1, [hash, update_time, id], (err, result) => {
            if (err) return res.ce(err)
            res.send({
                status: 0,
                message: ' 修改密碼成功 '
            })
```

```
        })
    })
}

//router/user.js
router.post('/changePassword', userHandler.changePassword)          // 修改密碼
```

開啟 Postman，輸入修改密碼的 API 和需要的 3 個參數，首先測試舊密碼不對的情況，按一下 Send 按鈕，可看到「舊密碼錯誤」的回應資訊，說明該測試成功，如圖 5-15 所示。

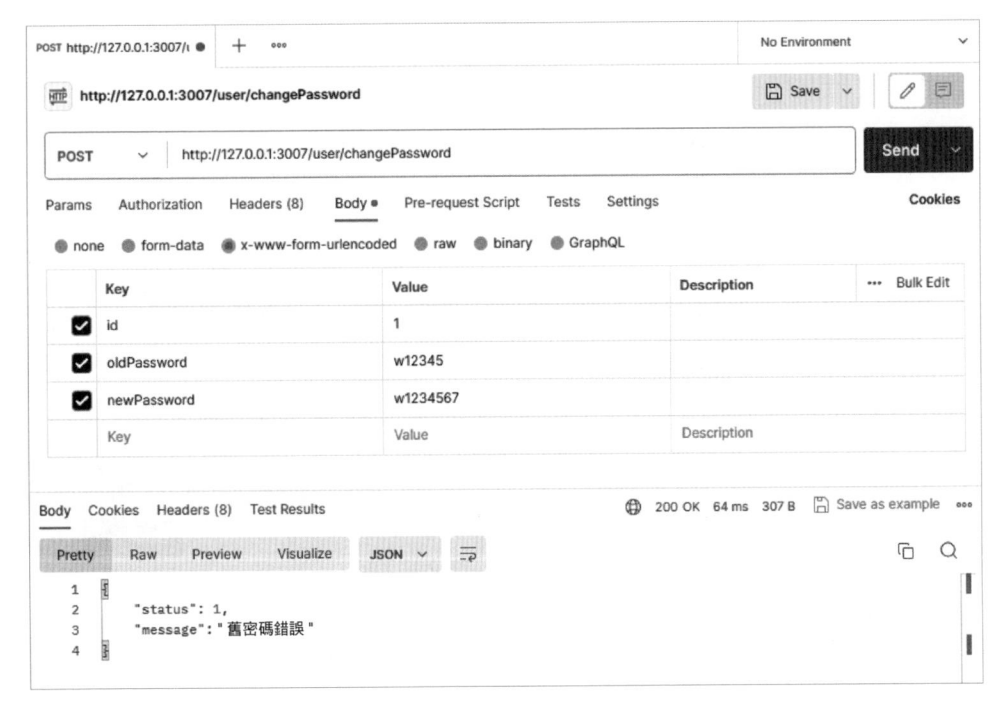

▲ 圖 5-15 進行錯誤舊密碼測試

其次，測試輸入的新密碼不符合驗證規則，可看到「輸入的密碼格式有誤」回應資訊，說明驗證階段測試成功，如圖 5-16 所示。

5 實現更複雜的功能

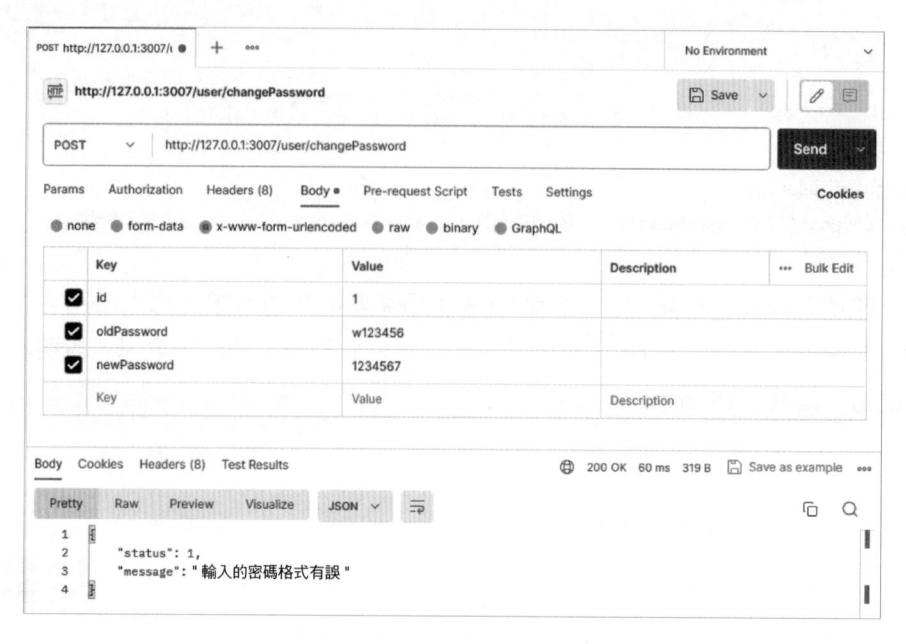

▲ 圖 5-16 進行密碼格式測試

最後，輸入正確的密碼值進行測試，回應資訊顯示「修改密碼成功」，說明密碼已修改，如圖 5-17 所示。

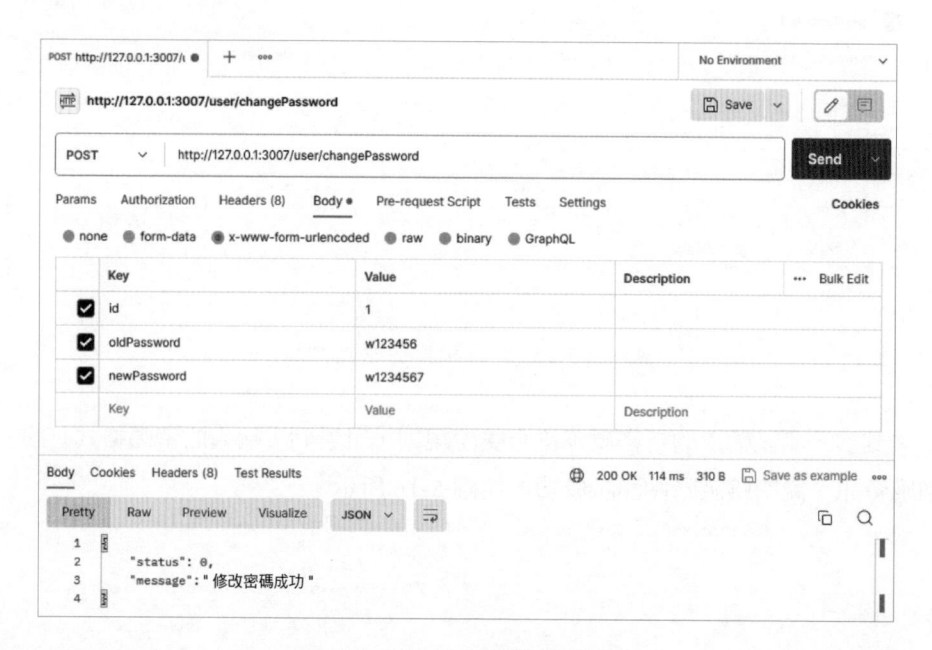

▲ 圖 5-17 修改密碼測試成功

測試後對比第 1 次註冊時儲存的雜湊值，可看到雜湊值已經更換了，說明修改密碼成功，如圖 5-18 和圖 5-19 所示。

id	account	password
1	123456	$2a$10$xr/fL33A4QAhy

▲ 圖 5-18 舊密碼

id	account	password
1	123456	$2a$10$14YRXQcAQs5

▲ 圖 5-19 新密碼

5.1.2 實現帳號狀態邏輯

在使用者管理中不可避免地會對使用者進行凍結帳戶甚至刪除號碼處理，刪除號碼表示跟公司同事的分別。在一些較為嚴格的系統會設置帳戶的使用有效期，如果過了這個期限就會自動凍結帳戶，如果需要再次使用，則需聯繫上級進行解凍，有個很好的例子是需要衝時間點卡的網遊，按遊戲時間進行收費，不續費就玩不了；如果帳戶出現嚴重的違規行為，則需進行刪除號碼處理。在這節中，將實現凍結、獲取凍結列表、解凍、刪除帳戶的邏輯。

1. 凍結和凍結使用者列表

凍結和解凍的關鍵在於使用者的 status 欄位，在註冊時已經增加預設的 status 欄位，正常的情況下值為 0，如果變為 1，則代表帳戶已經被凍結，在登入時會提示凍結而不能繼續登入。新建一個名為 banUser（ban，禁止）的路由處理常式。實現的邏輯與修改帳戶的基本相同，使用主鍵 id 作為條件找到對應的使用者，透過 update 敘述修改 status 的值即可。實現整體邏輯的程式如下：

```
//router_handler/user.js
// 凍結使用者，透過 id 把 status 置為 1
exports.banUser = (req, res) => {
    const sql = 'update users set status = 1 where id = ?'
    // 只需一個參數,此時不需要 []
```

```
    db.query(sql, req.body.id, (err, result) => {
        if (err) return res.ce(err)
        res.send({
            status: 0,
            message: '凍結成功'
        })
    })
}

//router/user.js
router.post('/banUser', userHandler.banUser)        // 凍結使用者
```

獲取凍結使用者列表可透過將 status 設置為 1 的條件值對整個使用者列表進行篩選。新建一個名為 getBanUserList 的路由處理常式，透過 SQL 敘述直接傳回結果，程式如下：

```
// 獲取凍結使用者列表
exports.getBanUserList = (req, res) => {
    const sql = 'select * from users where status = "1" '
    db.query(sql, (err, result) => {
        if (err) return res.ce(err)
        res.send(result)           // 直接傳回結果
    })
}

//router/user.js
// 獲取凍結使用者列表
router.post('/getBanUserList', userHandler.getBanUserList)
```

可以看到獲取凍結使用者列表處理常式直接把條件值寫在了 SQL 敘述中，而沒有在 db.query() 中進行傳參，這是一種簡寫的形式，以凍結使用者為例，可透過範本字串直接將參數寫在 where 後面，程式如下：

5.1 使用者

```
exports.banUser = (req, res) => {
    const sql = 'update users set status = 1 where id = ${req.body.id}'
    db.query(sql, (err, result) => {
        if (err) return res.ce(err)
        res.send({
            status: 0,
            message: '凍結成功'
        })
    })
}
```

開啟 Postman，測試凍結帳戶 API，為了方便獲取凍結使用者列表，測試會將使用者資料表中的兩個帳戶凍結，如圖 5-20 所示。

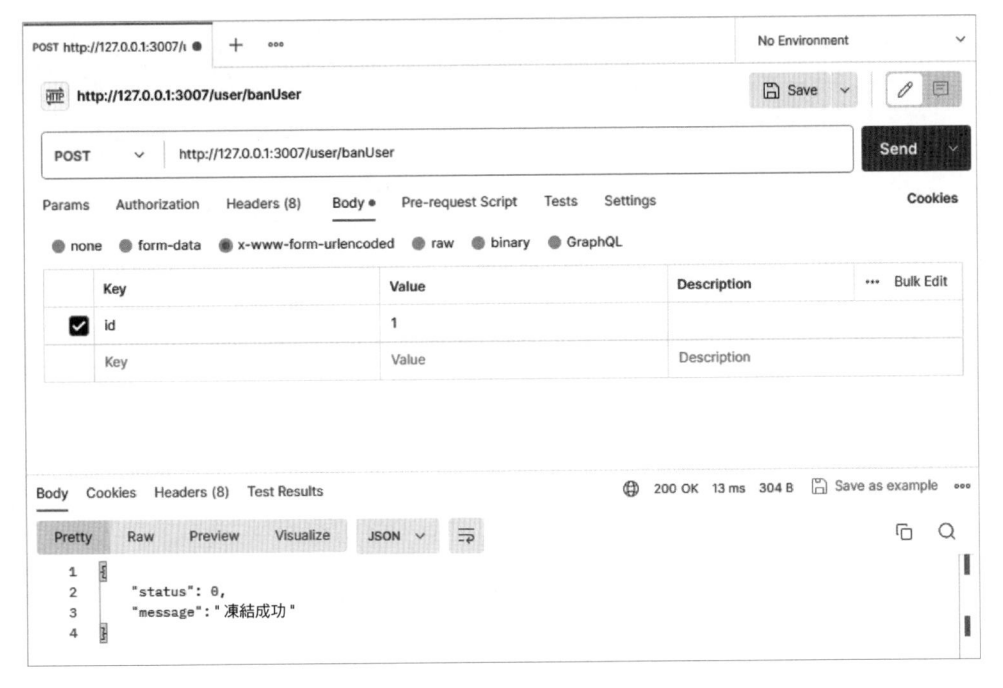

▲ 圖 5-20 測試凍結使用者介面成功

此時可看到資料表中的 status 欄位的值都為 1，如圖 5-21 所示。

id	account	status	name	password
1	123456	1	張三	$2a$10$14YRXQ
2	1234567	1	(Null)	$2b$10$aAxr/gA

▲ 圖 5-21 測試凍結使用者結果圖

最後測試獲取凍結使用者清單，需要注意的是此時不需要傳參，直接按一下 Send 按鈕即可，可見將兩個凍結的資料都傳回了。在系統中常見的各種各樣的表格資料，其原理就是使用 select 敘述透過 * 號傳回所有的數值。獲取凍結使用者列表回應如圖 5-22 所示。

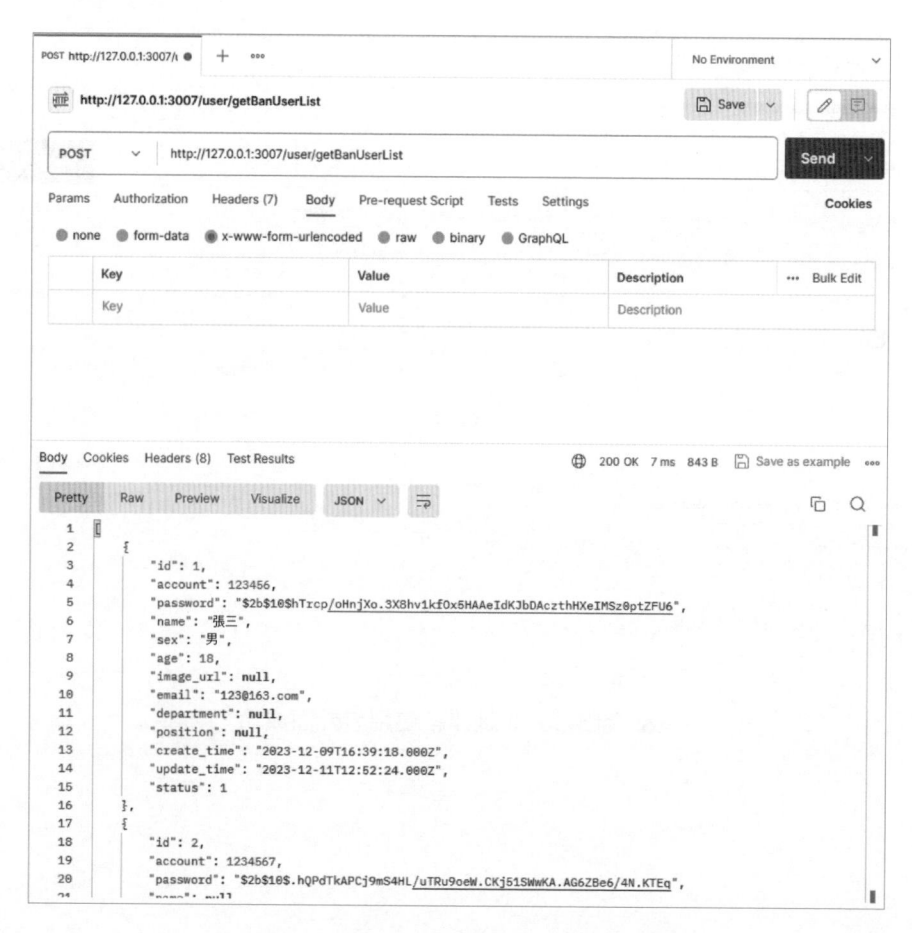

▲ 圖 5-22 測試獲取凍結使用者列表結果圖

5.1 使用者

但可以看到回應的資料帶有使用者密碼的雜湊值，所以需要對 SQL 敘述傳回的結果 result 進行加工，使用 forEach() 方法將傳回陣列的每個值的 password 屬性都置為空，程式如下：

```
// 對數值進行過濾
exports.getBanUserList = (req, res) => {
    const sql = 'select * from users where status = "1" '
    db.query(sql, (err, result) => {
        if (err) return res.ce(err)
        //e 為陣列中的每項
        result.forEach((e)=>{
            e.password = ''          // 將密碼置為空字元
        })
        res.send(result)
    })
}
```

現在再來看測試的響應結果，就會發現密碼已經被置空。使用 forEach() 進行數值過濾是一種常用的方法，提高了資料庫數值的安全性，保證了使用者的隱私。回應結果如圖 5-23 所示。

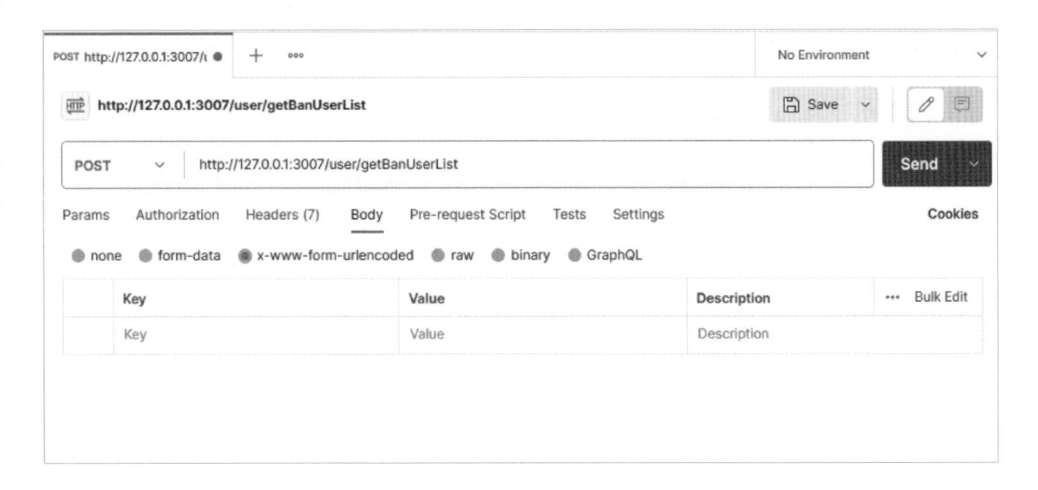

圖 5-23 修改邏輯使密碼置為空

▲ 圖 5-23 修改邏輯使密碼置為空（續上圖）

2. 解凍和正常使用者列表

解凍的邏輯即透過 id 找到對應的使用者，將使用者的 status 值修改為 0。新建一個名為 thawUser 的路由處理常式，並增加到路由列表中，程式如下：

```
// 解凍使用者，透過 id 把 status 置為 0
    exports.thawUser = (req, res) => {
    const sql = 'update users set status = 0 where id = ${req.body.id}'
    db.query(sql, (err, result) => {
        if (err) return res.ce(err)
        res.send({
            status: 0,
            message: '解凍成功'
        })
    })
}

// 解凍使用者
router.post('/thawUser', userHandler.thawUser)
```

5.1 使用者

在 Postman 測試 id 為 1 的資料,可見「解凍成功」字樣,說明測試成功,如圖 5-24 所示。

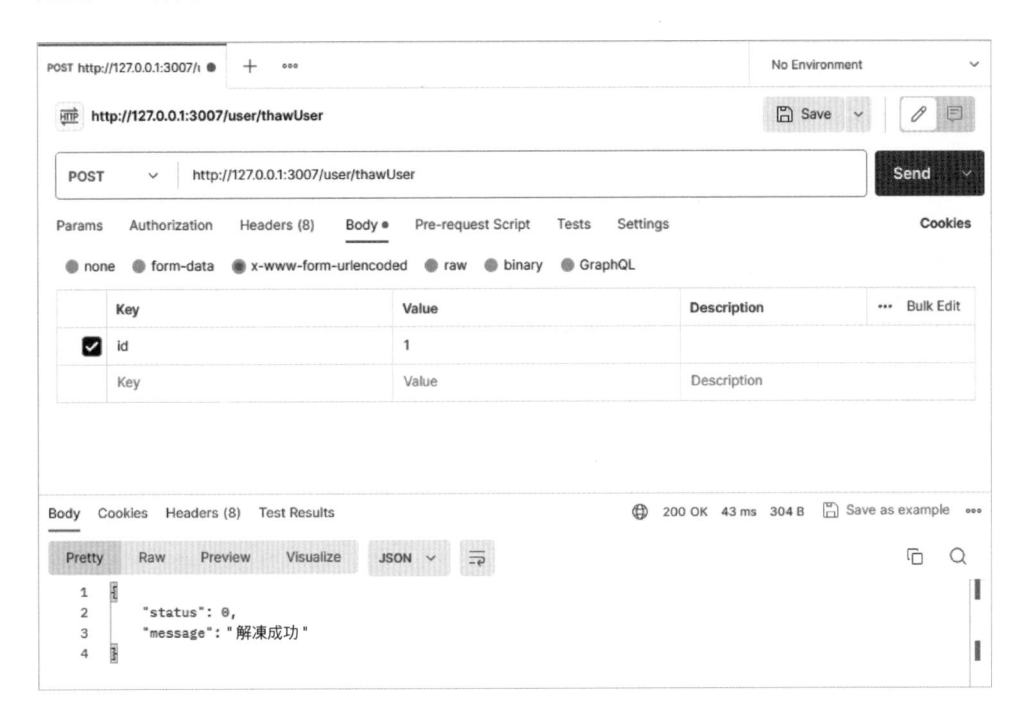

▲ 圖 5-24 測試解凍使用者成功

資料表中的使用者名為張三的 status 欄位同步被修改為 0,如圖 5-25 所示。

▲ 圖 5-25 使用者狀態解凍成功

同時,如果傳回正常使用者列表的資料,只需把搜尋的條件從 status=0 改為 status=1,程式如下:

```
// 獲取正常使用者列表
exports.getThawUserList = (req, res) => {
    const sql = 'select * from users where status = "0" '
```

5-25

```
    db.query(sql, (err, result) => {
        if (err) return res.ce(err)
        result.forEach((e)=>{
            e.password = ''
        })
        res.send(result)
    })
}

//router/user.js
// 獲取正常使用者列表
router.post('/getThawUserList', userHandler.getThawUserList)
```

3. 刪除帳號

新建一個名為 deleteUser 的路由處理常式，定義一筆 delete 的 SQL 敘述，接收 users 資料表的 id 值並刪除指定的使用者，程式如下：

```
// 刪除使用者
exports.deleteUser = (req, res) => {
    //delete 敘述，刪除資料表中的某一筆記錄
    const sql = 'delete from users where id = ?'
    db.query(sql, req.body.id, (err, result) => {
        if (err) return res.ce(err)
        res.send({
            status: 0,
            message: '刪除使用者成功'
        })
    })
}

//router/user.js
router.post('/deleteUser', userHandler.deleteUser)            // 刪除使用者
```

5.1 使用者

回到 Postman，刪除在修改電子郵件階段新建的 id 為 2 的使用者資料，可見回應資料傳回「刪除使用者成功」，說明測試成功，如圖 5-26 所示。

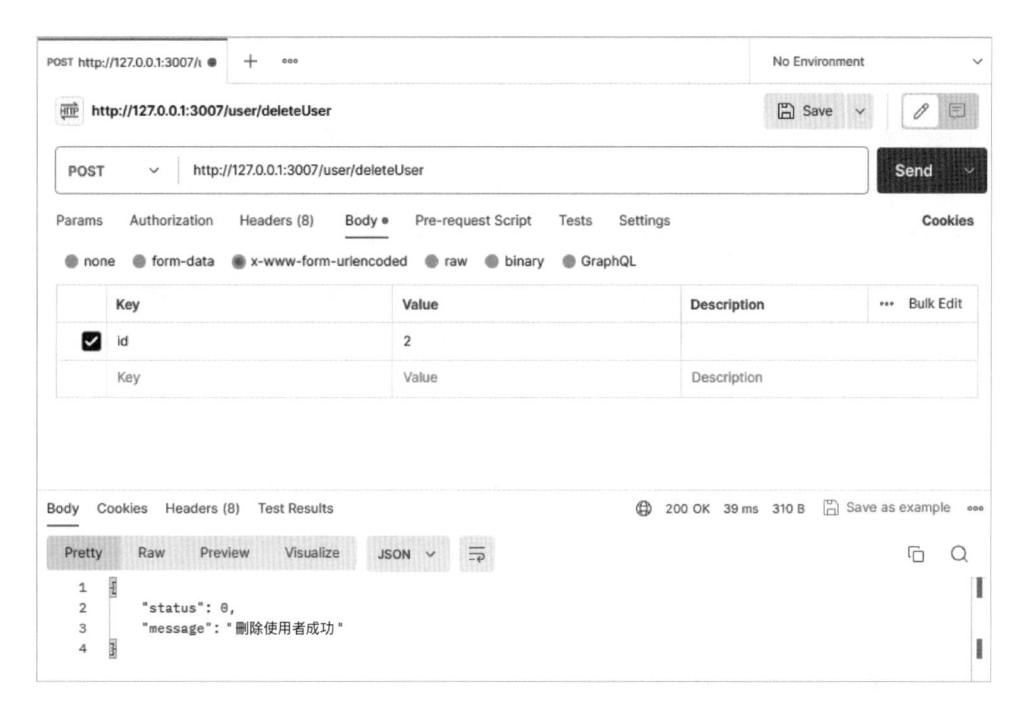

▲ 圖 5-26 測試刪除使用者成功

在實際開發中特別要注意刪除的許可權，一旦刪除資料不可恢復，所以系統一般會每天或隔天自動備份資料，並透過資料日誌記錄刪除操作，保證資料的完整性和系統的穩定性。最後回到資料表會發現 id 為 2 的使用者記錄已經消失了，如圖 5-27 所示。

▲ 圖 5-27 id 為 2 的記錄消失

5 實現更複雜的功能

5.2 實現上傳功能

相信經過 5.1 節的學習，讀者對資料庫的增、刪、改、查已經有了實操的體驗，對第 3 章的 SQL 敘述都進行了多次練習，也對系統中常見的功能有了更深刻的認識，至少，當看到某些系統內的使用者管理功能時會有一種似曾相識的感覺，因為不管什麼操作，追究其原理都是 CURD。了解了基礎的操作之後，本節將說明如何實現上傳使用者圖示的功能，也就是上傳檔案功能。

上傳檔案是系統不可或缺的功能，在許多場景會被應用，例如辦公系統通常需要支援檔案的上傳和下載，便於不同部門的使用者共用和協作處理檔案；社交媒體（如校園討論區、微博、貼吧等）都支援圖片和視訊的上傳，便於使用者分享自己的多彩生活；購物平臺就更不用舉例了，開啟首頁、詳情頁都是圖片，便於購物者了解實物。上傳檔案能夠方便地進行資訊共用，也可以實現儲存資料的功能，現在常見的雲端硬碟，就是將檔案傳至雲端服務器中。學習如何實現上傳檔案功能，是開發者最基本的一項操作。

5.2.1 Multer 中介軟體

在專案中為了實現上傳使用者圖示（檔案）功能，使用了 Multer 中介軟體。Multer 是一個 Node.js 檔案中介軟體，用於處理 multipart/form-data 類型的表單資料，在實際開發中主要用於上傳檔案。什麼是 multipart/form-data 類型呢？這是一種用於處理表單資料的 HTTP 編碼類型，需要注意的是，在處理檔案上傳時必須使用這種類型，在其內部使用 "boundary" 字串將表單資料分割為多部分，每部分有自己的標頭資訊，用於描述該部分的名稱、內容類別型等資訊，簡單來講就是先把檔案這種複雜的資料切成一小塊一小塊，然後進行傳輸。

Multer 中文文件網址為 https://github.com/expressjs/multer/blob/master/doc/README-zh-cn.md。

Multer 中介軟體會在 res 物件中增加一個 body 物件及 file（單檔案）或 files（多檔案）物件，body 物件包含表單的文字域資訊，file 或 files 物件則包含上傳的檔案資訊。使用 npm 安裝 Multer 的命令如下：

```
npm install multer -S
```

Multer 接收一個 options（意為選項）物件，最基本的是 dest 屬性，用於告訴 Multer 上傳檔案儲存在伺服器的位置，如果不寫 options 物件，則檔案將被儲存在記憶體中，不會寫入磁碟。為了防止檔案與本機存放區的其他檔案名稱重複，Multer 會預設修改上傳的檔案名稱，通常會在路由處理常式中重置檔案名稱。在 options 物件內可以增加表 5-1 所示的參數。

▼ 表 5-1 options 物件可選參數

鍵名	描述
dest 或 storage	儲存位置
fileFilter	檔案篩檢程式，用於控制哪些檔案可被接收
limits	限制上傳資料大小
preservePath	儲存引用檔案名稱的完整檔案路徑

在 app.js 內匯入 Multer 中介軟體並傳遞 options 物件 dest 及其參數，即在專案目錄新建 public 資料夾及其子資料夾 upload，用於存放上傳圖示等檔案，程式如下：

```
//app.js
// 緊接 app.use(cors)
const multer = require('multer')                    // 匯入 Multer

const upload = multer({dest:'./public/upload'})     // 檔案儲存位置
```

5 實現更複雜的功能

在 Multer 中提供了幾種不同的方法,用於處理檔案,具體如下。

(1).single(fieldname):接收一個以 fieldname 命名的檔案,檔案的資訊儲存在 req.file 中。

(2).array(fieldname[,maxCount]):接收一個以 fieldname 命名的檔案陣列,透過 maxCount 限制上傳檔案的數量,檔案資訊儲存在 req.files 中。

(3).fields(fields):接收指定 fields 的混合檔案,檔案資訊儲存在 req.files 中。

(4).none():只接收文字域(多行文字)。

(5).any():接收任何上傳的檔案,檔案陣列將儲存在 req.files 中。

官方提供了不同方法在實際操作中的具體案例,程式如下:

```
//app.js
const express = require('express')
const multer  = require('multer')                    // 匯入 Multer
const upload = multer({ dest: 'uploads/' })          // 儲存位置

const app = express()                                // 建立實例
app.post('/profile', upload.single('avatar'), (req, res, next)=>{
    //req.file 是 avatar 檔案的資訊
    // 如果存在,則 req.body 將具有文字域資料
})

app.post('/photos/upload', upload.array('photos', 12),(req, res, next)=> {
    //req.files 是 photos 檔案陣列的資訊
    // 如果存在,則 req.body 將具有文字域資料
})

const cpUpload = upload.fields([{ name: 'avatar', maxCount: 1 }, { name: 'gallery', maxCount: 8 }])

app.post('/cool-profile', cpUpload, (req, res, next)=>{
    //req.files 是一個物件 (String -> Array) 鍵是檔案名稱,值是檔案陣列
    //
```

```
    // 例如
    //req.files['avatar'][0] -> File 獲得陣列內的第 1 個元素
    //req.files['gallery'] -> Array 獲得陣列
    //
    // 如果存在，則 req.body 將具有文字域資料
})

app.post('/profile', upload.none(),(req, res, next)=> {
    //req.body 包含文字域
})
```

在專案中使用 .any() 方法接收任何上傳的檔案（當然也可以使用 .single() 方法），同時對檔案儲存位置使用靜態託管，程式如下：

```
//app.js
app.use(upload.any())                    // 將 upload 掛載為全域中介軟體

app.use(express.static('./public'))      // 靜態託管
```

靜態託管是指將指定目錄下的靜態檔案對外開放存取，假設在根目錄下的 public/upload 中存在一張名為 123.jpg 的影像，那麼可以直接透過路徑 http://127.0.0.1:3007/upload/123.jpg 存取該圖片。

需要注意的是，Multer 官方不推薦將其作為全域中介軟體使用，而建議作為路由等級的中介軟體使用，防止使用者惡意將檔案上傳至其他不處理檔案的路由。由於在本書專案中的上傳圖示功能是透過 Element-plus 元件的內建屬性傳參的，所以將 Multer 中介軟體掛載到全域中，讀者在實現上傳檔案功能時應注意使用場景。

5.2.2 實現上傳圖片

在上傳圖片之前，必須先知道上傳檔案後伺服器會接收到什麼資訊，便於對檔案進行處理，就像註冊時伺服器端已經知道 req.body 裡包含了帳號和密碼，才能夠對帳號進行過濾和對密碼進行加密。貼心的 Multer 官方舉出了檔案具有的資訊，見表 5-2。

▼ 表 5-2 檔案所具有的資訊

關鍵字	描述	備註
fieldname	由表單指定的名稱	
originalname	檔案在使用者電腦上的名字	
encoding	檔案編碼	
mimetype	檔案的 MIME 類型	
size	檔案的大小（位元組單位）	
destination	儲存路徑	DiskStorage
filename	儲存在 destination 中的檔案名稱	DiskStorage
path	已上傳檔案的完整路徑	DiskStorage
buffer	一個存放了整個檔案的 buffer	MemoryStorage

當然，在還沒上傳檔案之前，可能描述再詳細也不容易理解真實情況，現在簡單寫一個介面並上傳圖片，針對檔案具有的資訊一探究竟。新建一個名為 uploadAvatar（上傳圖示）的路由處理常式，並輸出儲存在 req.files 內的資訊，程式如下：

```
//router_handler/user.js
// 上傳圖示
exports.uploadAvatar = (req, res) => {
    res.send(req.files)
}

//router/user.js
router.post('/uploadAvatar', userHandler.uploadAvatar) // 上傳圖示
```

5.2 實現上傳功能

準備一張名為 123 的 jpg 圖片，如圖 5-28 所示。

▲ 圖 5-28 範例圖

開啟 Postman，輸入上傳圖示的介面位址。注意，此時在 Body 中選擇的是表單格式 form-data，在 Key 的輸入框中下拉選擇 File 檔案類型，按一下 Value 中的 Select Files 灰色按鈕，即可開啟上傳檔案框，傳入圖片即可，如圖 5-29 和圖 5-30 所示。

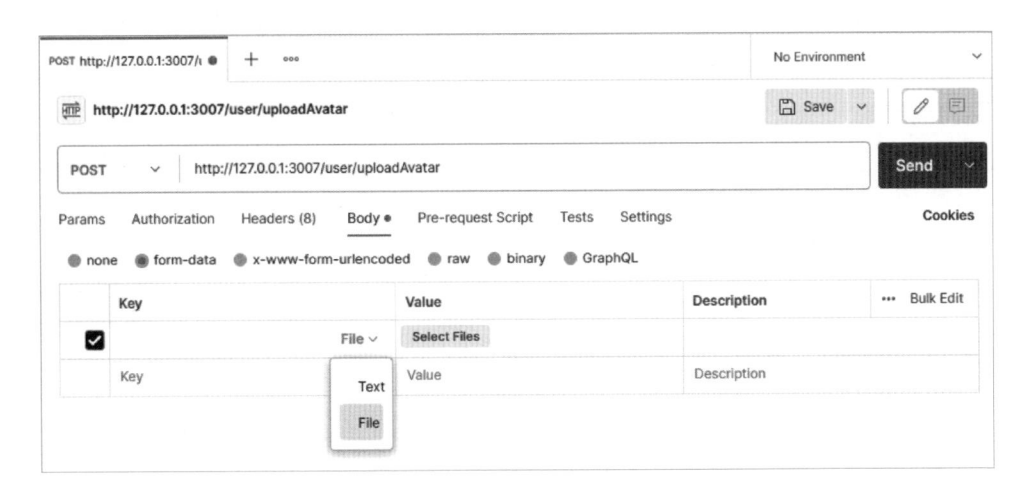

▲ 圖 5-29 選擇表單類型上傳檔案

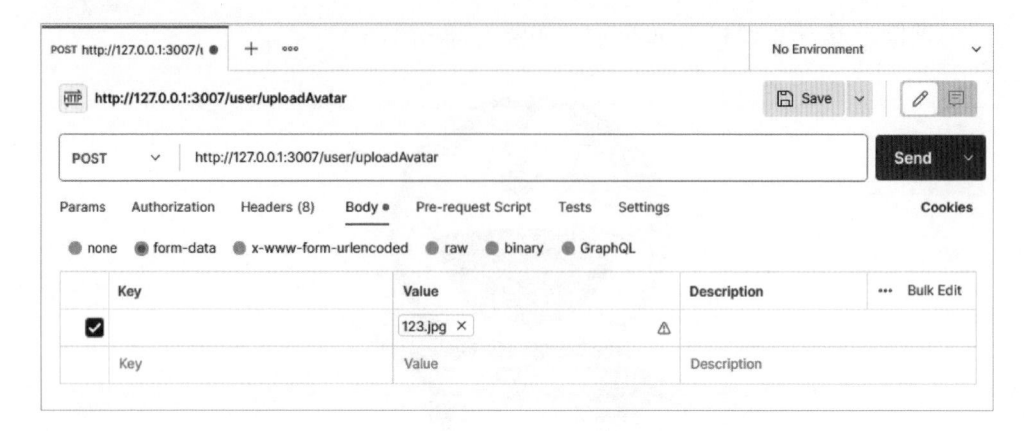

▲ 圖 5-30 上傳檔案

按一下 Send 按鈕後會輸出 req.files 包含的內容。可看到 originalname 就是檔案儲存在使用者電腦上的名稱，即 123.jpg；encoding 是一種檔案編碼格式，7-bit 是一種使用 7 位元二進位數字表示字元的編碼方式；mimetype 的值為 image/jpeg，說明上傳的是影像；destination 的值為伺服器中儲存檔案的位址，正好對應根目錄下的 public/upload；filename 是檔案的另一種名稱，可以看到這是一組隨機的數字，其目的是防止與其他檔案名稱相同和便於電腦辨識；path 則是儲存位址加上 filename，也就是檔案儲存在伺服器中的完整位址；size 則是上傳檔案的大小。上傳成功後的回應結果如圖 5-31 所示。

▲ 圖 5-31 上傳檔案回應資訊

```
Body    Cookies    Headers (8)    Test Results                          200 OK    9 ms    486 B    Save as example

Pretty    Raw    Preview    Visualize    JSON

 1
 2    {
 3        "originalname": "123.jpg",
 4        "encoding": "7bit",
 5        "mimetype": "image/jpeg",
 6        "destination": "./public/upload",
 7        "filename": "709d3d3f05aabaf722714400027e71dc",
 8        "path": "public\\upload\\709d3d3f05aabaf722714400027e71dc",
 9        "size": 8927
10    }
11
```

▲ 圖 5-31 上傳檔案回應資訊（續上圖）

除了表格中的 fieldname 和 buffer 沒有之外，其他的關鍵字都顯示出來了。fieldname 是由表單指定的名稱，如果在 Postman 中的 Key 輸入框輸入 123，則在 req.files 中會包含 fieldname；buffer 只有使用記憶體儲存引擎（MemoryStorage）時才會出現，該欄位包含整個檔案的資料，但預設為使用磁碟儲存引擎（DiskStorage），可以讓後端開發人員控制儲存的位置。

現在回到程式編輯器，開啟根目錄下的 public/upload 資料夾，可看到儲存了上傳的檔案，檔案名稱為回應資訊中的 filename，如圖 5-32 所示。

```
∨ 🗀 public
  ∨ 🗀 upload
       🖹 709d3d3f05aabaf722714400027e71dc
```

▲ 圖 5-32 檔案儲存資訊

很明顯，在伺服器中儲存這樣的檔案名稱並不是一種合理的方式，當遇到清理伺服器檔案的時候就分辨不出哪些是重要的和不重要的檔案，這時就需要對檔案名稱進行修改，那麼就涉及作業系統檔案了。

5.2.3 檔案系統

檔案系統簡稱 FS（File System），是 Node.js 的核心模組之一，也是學習 Node.js 的重點和困難，顧名思義，主要用於操作檔案。FS 提供了豐富的方法，可對檔案、目錄進行讀寫，以及刪除檔案等操作。使用 FS 模組相當於透過 JavaScript 作業系統的儲存管理層，換句話說，使用前端語言也能夠輕鬆地與檔案系統進行互動。下面簡單介紹 FS 模組的常用方法。

1. 寫入

寫入即向指定的檔案寫入資料，分為同步 / 非同步寫入、追加寫入和流式寫入。在專案的根目錄下新建一個 test.txt 檔案，並在 app.js 內匯入 FS 模組，用於測試不同的寫入方法，程式如下：

```
//app.js
const fs = require('fs')              // 匯入 FS 模組
```

如果想使用同步方法，則呼叫 FS 模組的 writeFileSync() 方法，該方法接收一個檔案路徑和寫入內容；如果想使用非同步方法，則呼叫 FS 模組的 writeFile() 方法，需要在同步的參數基礎上新增 1 個回呼函數，用於接收錯誤物件。下面分別透過兩種寫入方法向 test.txt 寫入一段文字。首先是非同步方法，程式如下：

```
const fs = require('fs')              // 匯入 FS 模組
fs.writeFile('./test.txt', ' 我是透過非同步寫入的 ', err => {
  // 接收顯示出錯物件並輸出
  if(err){
    console.log(err);
    return;
  }
  console.log(' 非同步寫入成功 ');
})
```

啟動伺服器之後，可在終端看到「非同步寫入成功」字樣，說明寫入成功，開啟 test.txt 檔案可見到「我是透過非同步寫入的」文字，如圖 5-33 和圖 5-34 所示。

▲ 圖 5-33 終端提示非同步寫入成功

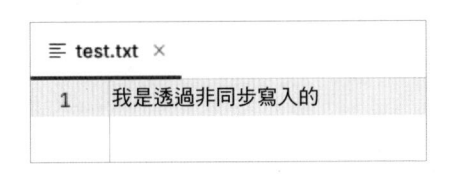

▲ 圖 5-34 測試檔案顯示非同步寫入內容

接下來將非同步寫入註釋，使用 try-catch 語法執行同步寫入，程式如下：

```
try{
  fs.writeFileSync('./test.txt', '我是透過同步寫入的');
}catch(e){
  console.log(e);
}
```

此時，終端並不會輸出任何內容，但是開啟 test.txt 檔案後會發現原來的文字已經被同步寫入的內容覆蓋了，如圖 5-35 所示。

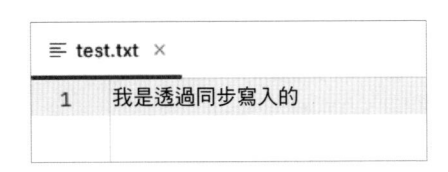

▲ 圖 5-35 測試檔案顯示同步寫入內容

5-37

5　實現更複雜的功能

其實不管是非同步還是同步都具備兩個特點，一個是當第 1 個參數的檔案路徑不存在時會新建一個檔案進行寫入；另一個是會將原來的內容覆蓋掉，所以會看到非同步寫入的內容被同步的內容覆蓋了。那麼如何才能在已經寫入的內容後面追加新內容呢？FS 模組提供了追加寫入方法。

追加寫入同樣分為同步和非同步方法，非同步方法為 appendFile()，同步方法為 appendFileSync()，其參數與單獨寫入的參數完全相同，下面先把同步程式寫入註釋，透過追加寫入的同步方式換行增加一段文字進行示範，程式如下：

```
fs.appendFileSync('./test.txt','\r\n 我是追加寫入的同步方式 ')
```

透過 nodemon 會自動監聽變化並重新啟動伺服器，此時直接開啟測試文字檔，可看到已經新增了一行資料，如圖 5-36 所示。

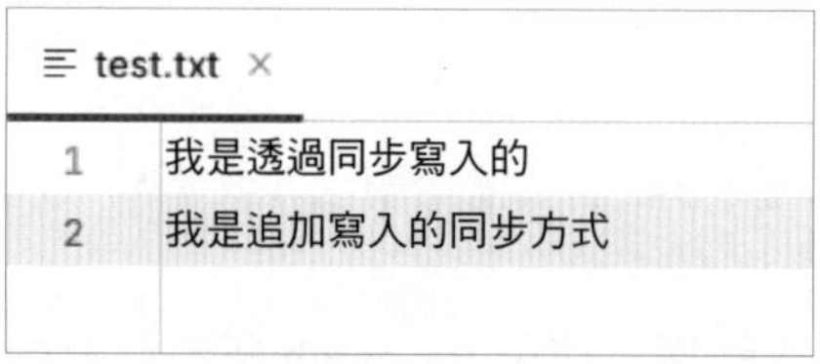

▲ 圖 5-36　測試檔案顯示同步追加寫入內容

追加寫入的非同步方式可採用 Node.js 的 throw 語法來捕捉 err 並拋出，程式如下：

```
fs.appendFile('./test.txt',' 我是追加寫入的非同步方式 ', err => {
  if(err) throw err       // 使用 throw 語法
  console.log(' 追加寫入成功 ')
})
```

儲存程式後可見終端輸出「追加寫入成功」字樣，此時開啟測試文字檔，已經新增了一行敘述，如圖 5-37 所示。

5.2 實現上傳功能

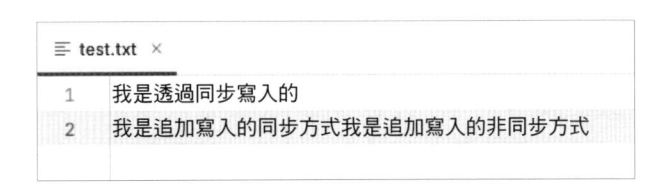

▲ 圖 5-37 測試檔案顯示非同步追加寫入內容

最後一種常用的寫入方式是透過 createWriteStream() 進行流式寫入，該方法接收目的檔案的路徑作為參數，並建立一個實例用於寫入內容。以流式寫入李白的《靜夜思》為例，程式入下：

```
let ws = fs.createWriteStream('./test.txt')        // 傳入路徑

ws.write('床前明月光 \r\n')
ws.write('疑是地上霜 \r\n')
ws.write('舉頭望明月 \r\n')
ws.write('低頭思故鄉 \r\n')

ws.end()                                            // 結束流式寫入
```

流式寫入同樣會覆蓋原來的內容，但好處是可以用於頻繁寫入的場景，只要沒執行 end() 方法就可一直寫入。開啟測試檔案可見內容已經變成了詩句，如圖 5-38 所示。

▲ 圖 5-38 測試檔案顯示流式寫入內容

寫入操作有很多實用的場景，最常見的例子是用於生成日誌，可在敏感的路由處理常式中增加寫入操作以生成操作日誌，舉例來說，將操作者、操作內容、操作時間組成的關鍵資訊寫入某個文字檔內；其次是顯示出錯的日誌，在全域中介軟體中接收顯示出錯的物件資訊並寫入記錄顯示出錯的文字檔中。

5-39

2. 讀取

讀取的方法主要有同步 / 非同步讀取和流式讀取。同步讀取方法為 readFileSync()，參數為讀取檔案的路徑；非同步讀取方法為 readFile()，參數為讀取檔案的路徑和回呼函數，回呼函數包含錯誤物件和讀取結果，該方法還有可選的第 2 個參數，可傳入編碼格式，如 utf-8 等。下面簡單示範非同步和同步讀取及其結果。首先是非同步讀取，讀取測試檔案中的詩句，程式如下：

```
fs.readFile('./test.txt', 'utf-8',(err, data) => {
  if(err) throw err;
  console.log(data);
})
```

在終端可看到輸入的詩句內容，如圖 5-39 所示。

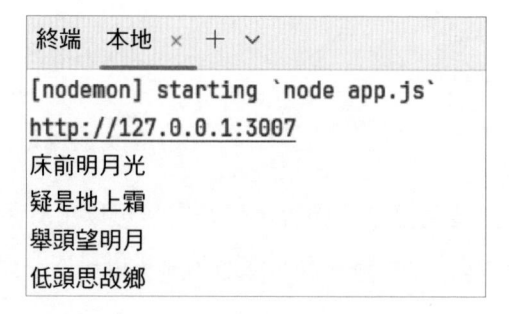

▲ 圖 5-39 非同步讀取檔案內的詩句

同步讀取可以透過定義一個 data 參數接收傳回的資料，該方法接收檔案所在路徑和編碼格式作為參數，程式如下：

```
let data = fs.readFileSync('./test.txt', 'utf-8')
console.log(data)
```

儲存程式後可見終端傳回的讀取的詩句，如圖 5-40 所示。

5.2 實現上傳功能

```
終端  本地  × + ∨
低頭思故鄉
http://127.0.0.1:3007
床前明月光
疑是地上霜
舉頭望明月
低頭思故鄉
```

▲ 圖 5-40 同步讀取檔案內的詩句

最後一種讀取方式是流式讀取，使用 FS 模組的 createReadStream() 方法建構實例物件。該方法的第 1 個參數為檔案路徑，第 2 個參數為一個可選的配置項，可以設置編碼格式、讀取起始和結束位置、最大讀取檔案位元組數等。這裡以常用的 start 和 end 為例，結合 utf-8 編碼格式，start 參數為讀取檔案的起始位置，end 則為結束位置。為了便於測試資料，將文字檔中的詩句改為數字 1~10，並透過流式讀取數字 1~6，程式如下：

```
let crs = fs.createReadStream('./test.txt', {
  encoding:'utf-8',              // 編碼格式
  start:0,                       // 起始位置
  end:5,                         // 結束位置
})

// 輸出讀取內容
crs.on('data', data => {
  console.log(data)
})

// 讀取完成
crs.on('end', () => {
  console.log(' 讀完了 ')
})
```

在輸入框可看見輸出了數字 1~6，如圖 5-41 所示。

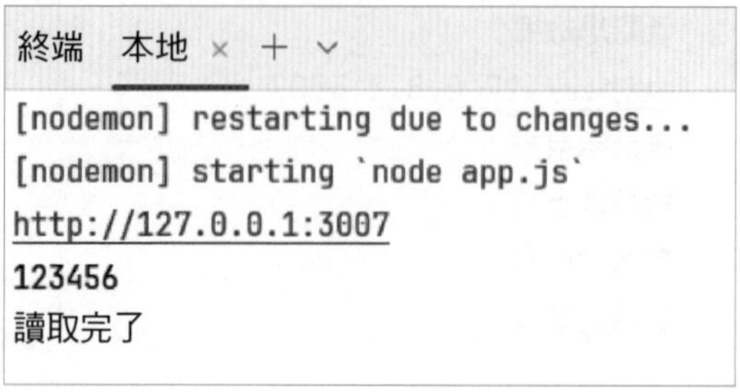

```
[nodemon] restarting due to changes...
[nodemon] starting `node app.js`
http://127.0.0.1:3007
123456
讀取完了
```

▲ 圖 5-41 流式讀取檔案內的數字

流式讀取還分為流動狀態和暫停狀態，上述一股腦輸出規定內的資料為流動狀態。流動讀取主要用於讀取內容較多的檔案。在一些場景中會透過實例物件的 pause() 方法在讀取過程中暫停讀取，實現暫停狀態。例如當讀取一篇文章的時候，可以在文章的段落增加結束標記符號，當讀到識別字時呼叫 pause()，以便暫停讀取，當監聽到使用者端的換段命令後再呼叫 resume() 方法繼續讀取。

讀取操作的使用場景除了上述的讀取文章外，還可以讀寫的日誌記錄，也可以查看圖片、視訊等。讀者可以思考一下，聊天軟體的按天數導回查看聊天記錄是否為一種讀取呢？是正常讀取還是流式讀取呢？

3. 檔案重新命名和移動

在 Node.js 中，可使用 FS 模組的 rename() 方法移動檔案，需要注意的是 renameSync() 方法，第一眼看上去該方法可能是移動檔案的同步方法，但其實該方法用於對檔案進行重新命名。下面將測試的文字檔移動到 public 目錄下面，程式如下：

```
fs.rename('./test.txt', './public/test.txt', (err) =>{
  if(err) throw err;
  console.log('移動檔案完成')
})
```

儲存程式後可看到根目錄下的 test.txt 檔案已經被移動到 public 目錄下了，如圖 5-42 所示。

▲ 圖 5-42 檔案被移動至指定目錄

然後使用 renameSync() 方法實現對 test.txt 檔案的重新命名操作，程式如下：

```
fs.renameSync('./public/test.txt', './public/ 測試 .txt')
```

執行後檔案名稱已經更改為「測試 .txt」，如圖 5-43 所示。

▲ 圖 5-43 test.txt 檔案被修改為「測試 .txt」

現在回過頭來看圖片上傳邏輯，是不是可以利用 renameSync() 對 filename 進行修改呢？或許可以將 filename 這組隨機的字串替換成本地圖片的名稱。透過對圖片進行上傳測試可知道 originalname 是檔案在本機存放區的名稱，那麼透過儲存 originalname 和 filename，加上儲存的檔案路徑，就可以對檔案名稱進行替換了，程式如下：

```javascript
//router_handler/user.js
const fs = require('fs')          // 匯入 FS 模組
// 上傳圖示
exports.uploadAvatar = (req, res) => {
    // 電腦隨機生成的字串
    let oldName = req.files[0].filename
    // 電腦上的檔案名稱
    let newName = req.files[0].originalname
    //renameSync 為重新命名
    fs.renameSync('./public/upload/' + oldName, './public/upload/' + newName);
    res.send(' 上傳成功！')
}
```

5 實現更複雜的功能

重新上傳 123.jpg，再次查看 upload 目錄會發現檔案名稱已經不是隨機字串了，如圖 5-44 所示。

```
∨  public
   ∨  upload
         123.jpg
         709d3d3f05aabaf722714400027e71dc
      測試.txt
```

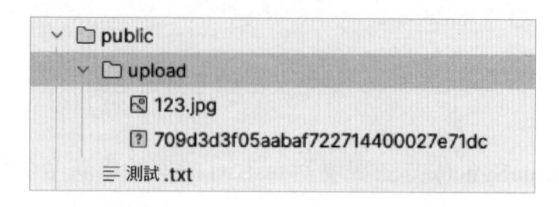

▲ 圖 5-44 上傳名為 123.jpg 的圖片

對於資料表中的 image_url 欄位，可使用儲存靜態託管路徑的方式儲存使用者的圖示，在需要使用者圖示呈現的場景，只需傳回靜態託管路徑便可顯示圖示。定義一筆 update 敘述，接收唯一的 id 作為條件，將 image_url 欄位更新為圖片位於伺服器的靜態託管路徑。最後，將成功上傳的資訊和圖片路徑傳回至使用者端。整體的邏輯程式如下：

```
// 上傳圖示
exports.uploadAvatar = (req, res) => {
    // 電腦隨機生成的字串
    let oldName = req.files[0].filename
    // 電腦上的檔案名稱
    let newName = req.files[0].originalname
    //renameSync 為重新命名
    fs.renameSync('./public/upload/' + oldName, './public/upload/' + newName)
    const sql = 'update users set image_url = ? where id = ?'
    db.query(sql, {
        image_url: 'http://127.0.0.1:3007/upload/${newName}'
    }, (err, result) => {
        if (err) return res.ce(err)
        res.send({
            status: 0,
            message:'上傳圖示成功',
            url: 'http://127.0.0.1:3007/upload/' + newName
        })
    })
}
```

5-44

4. 刪除檔案

在 Node.js 中可使用 unlink() 和 unlinkSync() 刪除檔案，前者接收刪除檔案的路徑和包含錯誤物件的回呼函數作為參數，後者則採用同步的方式，只接收檔案路徑。下面以非同步刪除檔案的方式刪除「測試 .txt」檔案。執行後「測試 .txt」就從目錄中消失了，需要注意的是編輯器內的目錄可能會有延遲，從而導致檔案還會有的假像，只需重新按一下父目錄再開啟，程式如下：

```
// 非同步
fs.unlink('./public/ 測試 .txt', err => {
  if(err) throw err;
  console.log(' 刪除檔案成功 ');
})

// 同步
fs.unlinkSync('./public/ 測試 .txt');
```

5. 資料夾操作

在 Node.js 中還提供了對資料夾的建立、讀取和刪除操作。下面對每種資料夾操作進行簡介。

首先是 mkdir() 和 mkdirSync()，用於非同步和同步建立資料夾，可將方法名稱拆分成 make（製作）和 direction（方向、管理）來記憶，同步需要額外加上個 Sync。以新建一個名為 test 的目錄為例，執行後可見根目錄下新增了 1 個名為 test 的目錄。建立資料夾的程式如下：

```
// 非同步建立資料夾
fs.mkdir('./test', err => {
  if(err) throw err;
  console.log(' 建立 test 目錄成功 ');
})

// 同步建立資料夾
fs.mkdirSync('./test')
```

其次是 readdir() 和 readdirSync()，用於非同步和同步讀取目錄，即單字 read（讀）和 direction 的結合。以讀取名為 test 的目錄為例，程式如下：

```
// 非同步讀取
fs.readdir('./public', (err, data) => {
  if(err) throw err;
  console.log(data);
})

// 同步讀取
let data = fs.readdirSync('./public');
console.log(data)
```

執行後會在終端輸出 public 目錄包含的內容，即 upload 目錄，如圖 5-45 所示。

```
http://127.0.0.1:3007
[ 'upload' ]
```

▲ 圖 5-45 讀取 public 目錄

最後是刪除資料夾，分為 rmdir() 和 rmdirSync()，即單字 remove（移除）和 direction 的結合。以刪除 test 目錄為例，程式如下：

```
// 非同步刪除資料夾
fs.rmdir('./test', err => {
  if(err) throw err;
  console.log(' 刪除資料夾成功 ');
});

// 同步刪除資料夾
fs.rmdirSync('./test')
```

6. __dirname 和 __filename

Node.js 有兩個特殊的變數，即標題的 __dirname 和 __filename，前者用來動態地獲取當前檔案所屬目錄的絕對路徑，後者用於獲取當前檔案的絕對路徑。以在 router_handler/user.js 輸出這兩個變數為例，程式如下：

```
//router_handler/user.js
console.log(__dirname)
console.log(__filename)
```

這樣就可以在終端輸出該檔案所在的目錄和絕對路徑了，如圖 5-46 所示。

```
[nodemon] restarting due to changes...
[nodemon] starting `node app.js`
C:\Users\w\Desktop\新增資料夾\router_handler
C:\Users\w\Desktop\新增資料夾\router_handler\user.js
```

▲ 圖 5-46 輸出檔案所在目錄和絕對路徑

那麼獲取絕對路徑有什麼用呢？例如當某個檔案顯示出錯的時候，可以在呼叫中介軟體時傳入 __filename，獲取顯示出錯的檔案路徑，並可儲存在錯誤日誌中，有助開發者定位和偵錯 Bug；如果需要匯入位於同目錄下的檔案，則可直接透過 __dirname 拼接檔案名稱的形式匯入，減少了程式量；同樣，也可作用在寫入、讀取檔案的路徑參數上，在一定程度上降低了出現路徑錯誤的機率。

5.2.4 資料表多了筆 URL 位址

對於資料表中的 image_url 欄位，可使用儲存靜態託管路徑的方式儲存使用者的圖示，在需要使用者圖示呈現的場景，只需傳回靜態託管路徑便可顯示圖示。從原理上來講只需透過 id 找到對應的使用者，並把圖片的靜態託管路徑更新到 image_url 欄位，可透過 form-data 類型同時接收圖片和使用者的 id，程式如下：

```
// 上傳圖示
exports.uploadAvatar = (req, res) => {
    // 電腦隨機生成的字串
    let oldName = req.files[0].filename;
    // 電腦上的檔案名稱
    let newName = req.files[0].originalname;
    // 重新命名
    fs.renameSync('./public/upload/' + oldName, './public/upload/' + newName)
    const sql = 'update users set image_url = ? where id = ?'
```

5 實現更複雜的功能

```
    // 接收圖示靜態託管位址和使用者 id
    db.query(sql, ['http://127.0.0.1:3007/upload/${newName}', req.body.id], (err, 
result) => {
        if (err) return res.ce(err)
        res.send({
            status: 0,
            message: '修改圖示成功'
        })
    })
}
```

開啟 Postman 測試上傳圖示的介面，除圖示檔案外增加 id 參數，按一下 Send 按鈕後回應區域會傳回「修改圖示成功」，說明介面測試成功，如圖 5-47 所示。

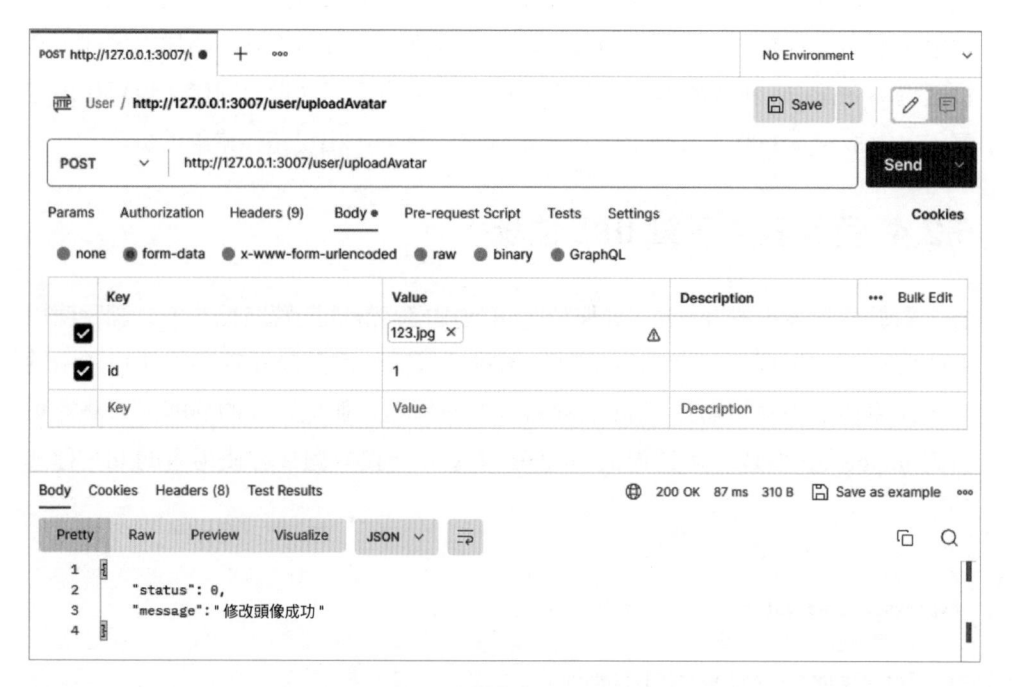

▲ 圖 5-47 上傳圖示介面測試成功

開啟資料表，發現使用者的 image_url 欄位已經多了一條路徑，如圖 5-48 所示。

5.2 實現上傳功能

id	account	status	name	image_url
1	123456	0	張三	http://127.0.0.1:3007/upload/123.jpg

▲ 圖 5-48 資料表 image_url 更新成功

但是還有一個問題需要解決，假設其他使用者也上傳了他所使用的電腦上的 123.jpg 作為圖示，那該怎麼處理呢？

通常系統上的圖片或其他類型的檔案會使用多種不同的演算法去命名儲存在伺服器的檔案，如帳號與圖片名稱相結合，或使用裁剪的時間戳記與圖片名稱結合，總之使圖片命名具備時間和空間上的唯一性，所以防止名稱相同的關鍵在於圖示上傳的路由處理常式。在本專案中採用帳號和圖片名稱相結合的方式，進一步加工 originalname。整體的邏輯程式如下：

```
// 上傳圖示
exports.uploadAvatar = (req, res) => {
    let oldName = req.files[0].filename
    // 增加帳號作為首碼
    let newName = '${req.body.account}' + req.files[0].originalname
    fs.renameSync('./public/upload/' + oldName, './public/upload/' + newName)
    const sql = 'update users set image_url = ? where account = ?'
    db.query(sql, ['http://127.0.0.1:3007/upload/${newName}', req.body.account], (err, result) => {
        if (err) return res.ce(err)
        res.send({
            status: 0,
            message: '修改圖示成功'
        })
    })
}
```

現在再次測試該介面，由於帳號也具備唯一性，所以可把參數 id 修改為 account。成功後可看到 upload 目錄下的檔案名稱已經變成了帳號與檔案名稱相結合的形式，如圖 5-49 所示。

```
public
  upload
    123.jpg
    123456123.jpg
```

▲ 圖 5-49 更新檔案名稱

此時可看到 image_url 下的檔案名稱已經變成了帳號與檔案名稱相結合的形式，如圖 5-50 所示。

```
image_url
http://127.0.0.1:3007/upload/123456123.jpg
```

▲ 圖 5-50 更新 image_url 值

如果上傳中文名稱的圖片會怎樣呢？在桌面定義一個名為「測試圖片」的圖片，上傳後會發現其 image_url 為亂碼的狀態，如圖 5-51 所示。

```
image_url
http://127.0.0.1:3007/upload/123456æµè¯å¾ç.jpg
```

▲ 圖 5-51 位址存在亂碼

這是由於圖片是以 Buffer 格式被傳輸至後端的，其實例的編碼格式為 latin1，需將其轉為 utf-8，程式如下：

```
//router_handler/user.js
let originalname =
  Buffer.from(req.files[0].originalname, 'latin1').toString('utf8')
let newName = '${req.body.account}' + originalname
```

再次進行測試，可發現名稱就被轉為中文名稱了，不再出現亂碼，如圖 5-52 所示。

```
image_url
http://127.0.0.1:3007/upload/123456測試圖片.jpg
```

▲ 圖 5-52 轉換中文圖片名稱

5.2 實現上傳功能

每個使用者的 image_url 都對應著伺服器內靜態託管的圖示檔案，除了上傳圖示檔案之外，還應該考慮的是刪除圖示檔案。假設某個使用者被管理員刪除了帳號，那麼其對應的圖示檔案也應該被刪除，從而減少伺服器的容錯檔案。那麼可以在刪除使用者的程式中結合刪除檔案的 unlink() 方法，達到在刪除使用者的同時也刪除圖示圖片的效果。

需要注意的是 unlink() 執行的位置，應該放在 delete 敘述執行之前，因為刪除之後資料表裡已經沒有對應的 id 用於去尋找 image_url 儲存的路徑了，可以先透過 select 敘述查詢使用者的 image_url，再刪除使用者記錄。由於查詢得到的 image_url 是靜態託管的位址，不是圖示檔案的絕對路徑，所以不能作為 unlink() 方法的路徑參數。可以使用字串的 slice() 方法，傳入從 http 到檔案名稱前面的「/」字串個數，即 29，那麼剩下的就是檔案的名稱了。獲得圖片的檔案名稱後，再透過字串拼接的方式得到檔案的實際路徑。整體的邏輯程式如下：

```
// 刪除使用者
exports.deleteUser = (req, res) => {
    // 傳入 id 找到對應使用者的圖示位址
    const sql = 'select image_url from users where id = ${req.body.id}'
    db.query(sql,(err,result)=>{
        if (err) return res.ce(err)
        if (image_url){
            // 得到檔案名稱
            image_url = result[0].image_url.slice(29)
            // 拼接檔案名稱並刪除
            fs.unlink('./public/upload/${image_url}', (err) => {
                if (err) return res.ce(err)
            })
        }
    }
    // 刪除使用者
    const sql1 = 'delete from users where id = ${req.body.id}'
    db.query(sql1, (err, result) => {
        if (err) return res.ce(err)
        res.send({
            status: 0,
            message: ' 刪除使用者成功 '
        })
    })
})
```

    })
}

5.3 展現資料

當系統內有新的朋友不斷註冊帳號的時候，就需要考慮到如何在前端呈現使用者資料。通常會使用表格展現這樣的資料，但一張表格的頁面高度是有限的，能展示的資料也是有限的，所以會結合換頁對全部資料進行分割，例如有 100 筆使用者資料，那麼就可以分為 10 頁，每頁 10 筆使用者資料。

表格是系統內最常見的元素之一，被大量地用於展示使用者清單、產品清單、檔案清單、採購列表、入庫出庫列表等。當然，目前還處於後端開發的階段，所以不需要去考慮前端的頁面是如何設計的，只需實現當接收某個頁碼的時候，能夠傳回對應範圍內的資料邏輯。在本節將闡述分頁的邏輯並結合多種不同的條件實現分頁功能。

5.3.1 分頁的邏輯

以共有 30 筆資料且每頁有 10 筆的情況為例，可得到表 5-3 的頁碼與每頁數量的對應關係。

▼ 表 5-3 頁碼與每頁數量對應關係

頁碼	數量	頁碼	數量
1	1~10	3	21~30
2	11~20		

可看到頁碼與數量之間的直接關係是：頁碼 ×10-9~ 頁碼 ×10，例如第 2 頁的起始數量是 2×10-9=11，結束數量是 2×10=20。根據這個關係，可以想像當使用者端傳輸分頁的頁碼時，伺服器端應該傳回在資料表中資料的起始和結

5.3 展現資料

束位置。還有一個角度是，第 2 頁獲得的資料跳過了前 10 筆資料，第 3 頁獲得的資料跳過了前 20 筆資料。綜合以上關係，以獲取第 2 頁資料為例，可以得到一筆 SQL 敘述，即從使用者資料表中跳過前 10 筆資料，並且獲得總數量為 10 的資料。

在 SQL 語法中提供了 limit 關鍵字，用來限制回應資料的數量，同時還提供了 offset 關鍵字，用來跳過多少筆資料。那麼上面例子的實現程式就顯而易見了，程式如下：

```
const sql = 'select * from users limit 10 offset 10'
```

由於頁碼是一個動態的變數，進而跳過的數量也是一個變數，所以可定義一個參數，以便獲取要跳過的數量，並在 SQL 敘述透過範本字串傳入該參數，程式如下：

```
//req.body.pager 為傳入的頁碼，number 為跳過的數量
const number = (req.body.pager - 1) * 10
const sql = 'select * from users limit 10 offset ${number}'
```

當然，資料表中的資料都是遵循一定的規則進行排序的，如自動增加的 id，以及插入資料表的時間先後等。同理，獲取資料表中的資料也需按照某個規則進行排序，對於獲取使用者列表，可透過 create_time 欄位進行排序。在 SQL 語法中提供了 order by 關鍵字進行排序，預設為昇冪排列，如果在敘述末尾增加 desc 欄位，則為降冪排列，程式如下：

```
//req.body.pager 為傳入的頁碼，number 為跳過的數量
const number = (req.body.pager - 1) * 10
// 預設昇冪
const sql = 'select * from users order by create_time limit 10 offset ${number}'
// 降冪，如果敘述過長，則可透過範本字串換行
const sql = 'select *
                from users
                order by create_time
                limit 10 offset ${number} desc'
```

5 實現更複雜的功能

如果想增加條件該怎麼辦呢？語法還是一樣的，即在資料表的後面增加 where 關鍵字，以獲取正常狀態的帳號為例，程式如下：

```
const sql = 'select *
             from users
             where status = 0
             order by create_time
             limit 10 offset ${number} desc'
```

這就是一個完整的分頁倒序邏輯。需要注意的是 4 個不同關鍵字的順序，先是 where，然後是 order by，再是 limit，最後是 offset。

現在新建一個名為 returnUserList（傳回使用者列表）的測試路由處理常式，並直接在資料表新增兩個使用者資料（此時資料表中一共有 3 筆使用者資料），設定按 id 進行排序並且每頁只能展示兩筆資料，用來測試分頁是否成功，程式如下：

```
// 傳回使用者資料
exports.returnUserList = (req, res) => {
    const number = (req.body.pager - 1) * 2
    const sql = 'select *
                 from users where status = 0
                 order by id limit 2 offset ${number} '
    db.query(sql, req.body.identity, (err, result) => {
        if (err) return res.ce(err)
        res.send(result)
    })
}

//router/user.js
router.post('/returnUserList', userHandler.returnUserList)        // 傳回使用者資料
```

5.3 展現資料

開啟 Postman，輸入傳回使用者資料的 API 位址，並傳入 pager 頁碼 1 和 2。回應內容分別如圖 5-53 和圖 5-54 所示。

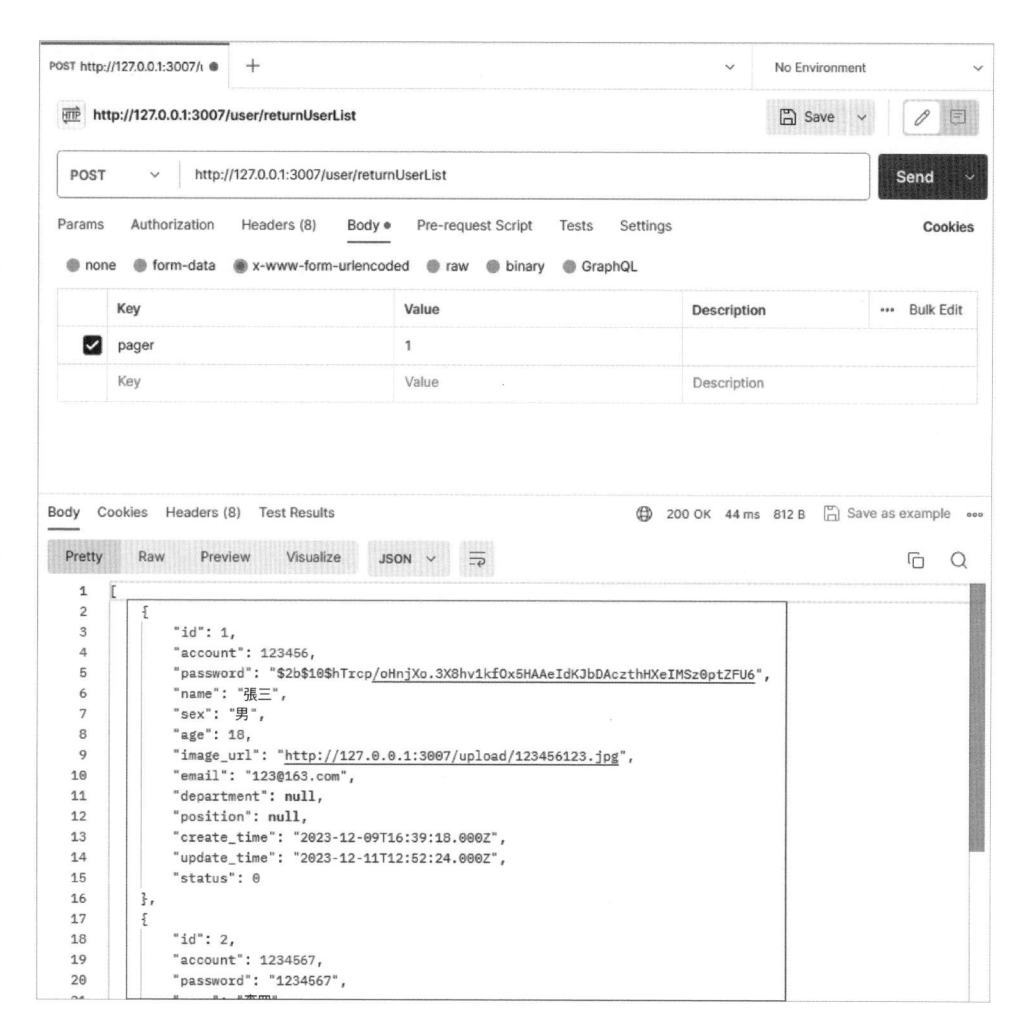

▲ 圖 5-53 第 1 頁傳回的數值

5-55

▲ 圖 5-54　第 2 頁傳回的數值

　　由圖 5-53 和圖 5-54 的測試結果可知，分頁的邏輯是行得通的。下面，透過分頁的邏輯實現使用者模組的分頁功能。

5.3.2　實現分頁

　　在本節中，將利用分頁的邏輯完善在 5.1.2 節中的使用者清單介面，並新增獲取指定部門或職務使用者清單的介面。

5.3 展現資料

1. 重構獲取使用者列表

在原有的基礎上,增加每頁 10 筆資料、根據建立時間進行分頁的邏輯,程式如下:

```
// 獲取凍結使用者列表
exports.getBanUserList = (req, res) => {
    const number = (req.body.pager - 1) * 10
    const sql = 'select * from users
                        where status = 1
                        order by create_time limit 10 offset ${number}'
    db.query(sql, (err, result) => {
        if (err) return res.ce(err)
        result.forEach((e)=>{
            e.password = ''
        })
        res.send(result)
    })
}
```

同理,獲取解凍(正常)使用者列表也是同樣的分頁,只需將狀態修改為 0。面對這樣的兩段只有一處不同的路由處理常式,是不是可以考慮合併為一個路由處理常式呢?這是作為程式設計師能少寫程式就少寫的優良品質。那麼獲取凍結列表和獲取正常使用者列表都可以在路由處理常式檔案和路由列表刪掉,以及 5.3.1 節增加的用於傳回使用者資料的測試介面,而合併的路由處理常式可命名為 getStatusUserList(獲取狀態使用者清單),接收頁碼和狀態值作為參數。整體的邏輯程式如下:

```
// 獲取狀態使用者清單
exports.getStatusUserList = (req, res) => {
    const number = (req.body.pager - 1) * 10
    const sql = 'select * from users
                        where status = ${req.body.status}
                        order by create_time limit 10 offset ${number}'
    db.query(sql, (err, result) => {
        if (err) return res.ce(err)
        result.forEach((e)=>{
```

```
            e.password = ''
        })
        res.send(result)
    })
}
```

對於人事部門的管理員來講,進入系統的使用者模組看到的應該是所有使用者資料,而非單獨的凍結或正常狀態使用者,所以還需增加一個介面,用於獲取指定頁碼的使用者列表。新建一個名為 getUserListForPage 的路由處理常式,程式如下:

```
// 獲取指定頁碼的使用者列表
exports.getUserListForPage = (req, res) => {
    const number = (req.body.pager - 1) * 10
    // 排除了條件
    const sql = 'select * from users
                        order by create_time limit 10 offset ${number}'
    db.query(sql, (err, result) => {
        if (err) return res.ce(err)
        result.forEach((e)=>{
            e.password = ''
        })
        res.send(result)
    })
}

//router/user.js
router.post('/getUserListForPage', userHandler.getUserListForPage)
```

此外,對於頁碼的總數,應該由傳回的總人數除於每頁的人數,故還需設計一個獲取所有使用者的數量的介面。實現的方式只需在傳回 user 資料表內容的時候輸出 length(長度)屬性,但這裡還是有個容易出錯的點,直接傳回數值會出現顯示出錯 Invalid status code(無效的狀態碼),原因在於 MySQL 不允許直接傳回一個數值,所以需使用物件的形式傳回,程式如下:

```
// 獲取所有使用者數量
exports.getUserLength = (req, res) => {
```

```
        const sql = 'select * from users'
        db.query(sql, (err, result) => {
            if (err) return res.ce(err)
            res.send({
                length:result.length
            })
        })
    }

//router/user.js
router.post('/getUserLength', userHandler.getUserLength)
```

2. 新增修改部門和職務介面

整個專案由使用者模組和產品模組組成,因為在使用者模組中設置了部門和職務的欄位,所以應該具有修改部門和職務的介面。同時,也應有對應的選項去獲取指定部門或指定職務的使用者清單,這裡需要考慮的是,在職的員工的帳號都應該是正常狀態,所以獲取時同時兼具部門或職務、帳號狀態的條件。

對於修改部門和職務的介面都是接收前端傳過來的部門名稱或職務名稱、使用者 id 即可,可以先透過一個 if 判斷前端傳過來的是 department 還是 position,再選擇不同的 update 敘述,程式如下:

```
// 修改使用者部門或職務
exports.changeLevel = (req, res) => {
    const update_time = new Date()
    // 定義一個空的 SQL 敘述,用來接收不同條件下的敘述
    let sql = null
    // 定義一個空的 content 參數,用於接收部門或職務
    let content = null
    if(req.body.department){
        content = req.body.department
        sql = 'update users set
                            department = ?,
                            update_time = ? where id = ${req.body.id}'
    }
    if(req.body.position){
        content = req.body.position
```

5 實現更複雜的功能

```
            sql = 'update users set
                            position = ?,
                            update_time = ? where id = ${req.body.id}'
    }
    db.query(sql, [content,update_time], (err, result) => {
        if (err) return res.ce(err)
        res.send({
            status: 0,
            message: '修改成功'
        })
    })
}

//router/user.js
router.post('/changeLevel', userHandler.changeLevel)         // 修改使用者部門或職務
```

開啟 Postman，測試如果參數為人事部，則 id 為 1 的 department 欄位是否會發生變化，如圖 5-55 所示。

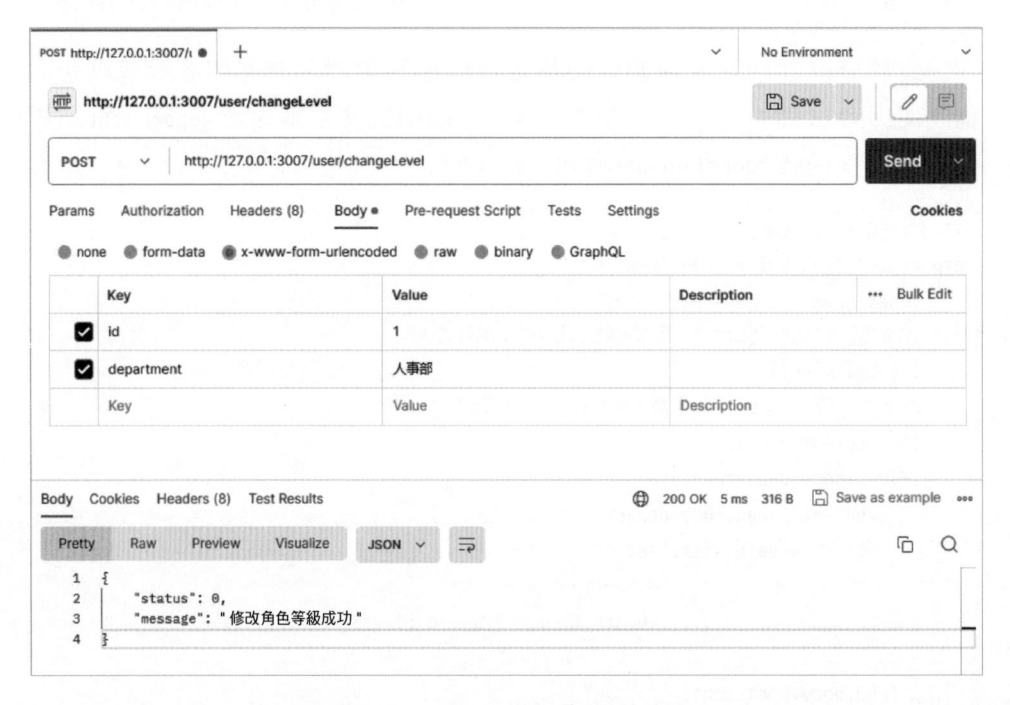

▲ 圖 5-55 測試修改使用者部門成功

開啟資料表可見只有 department 的值變成了「人事部」，position 的值沒有變化，說明介面測試成功，如圖 5-56 所示。

id	account	status	name	department	age	sex
1	123456	0	張三	人事部	18	男

▲ 圖 5-56　department 值更新為人事部

3. 獲取指定部門使用者列表

對於獲取指定部門的使用者列表，定義一個名為 getUserByDepartment 的路由處理常式，使用 AND 關鍵字連接條件，程式如下：

```
// 獲取指定部門的使用者列表
exports.getUserByDepartment= (req, res) => {
    const number = (req.body.pager - 1) * 10
    const department = req.body.department
    sql = 'select * from users
            where department = ? and status = 0
            order by create_time limit 10 offset ${number}'
    db.query(sql, department, (err, result) => {
        if (err) return res.ce(err)
        result.forEach((e) => {
            e.password = ''
        })
        res.send(result)
    })
}

//router/user.js
router.post('/getUserByDepartment, userHandler.getUserByDepartment)
```

在 Postman 測試獲取部門介面，傳入 pager 為 1、department 為人事部的條件，得到包含 id 為 1 的使用者記錄的陣列，傳回指定部門使用者列表測試成功，如圖 5-57 所示。

5 實現更複雜的功能

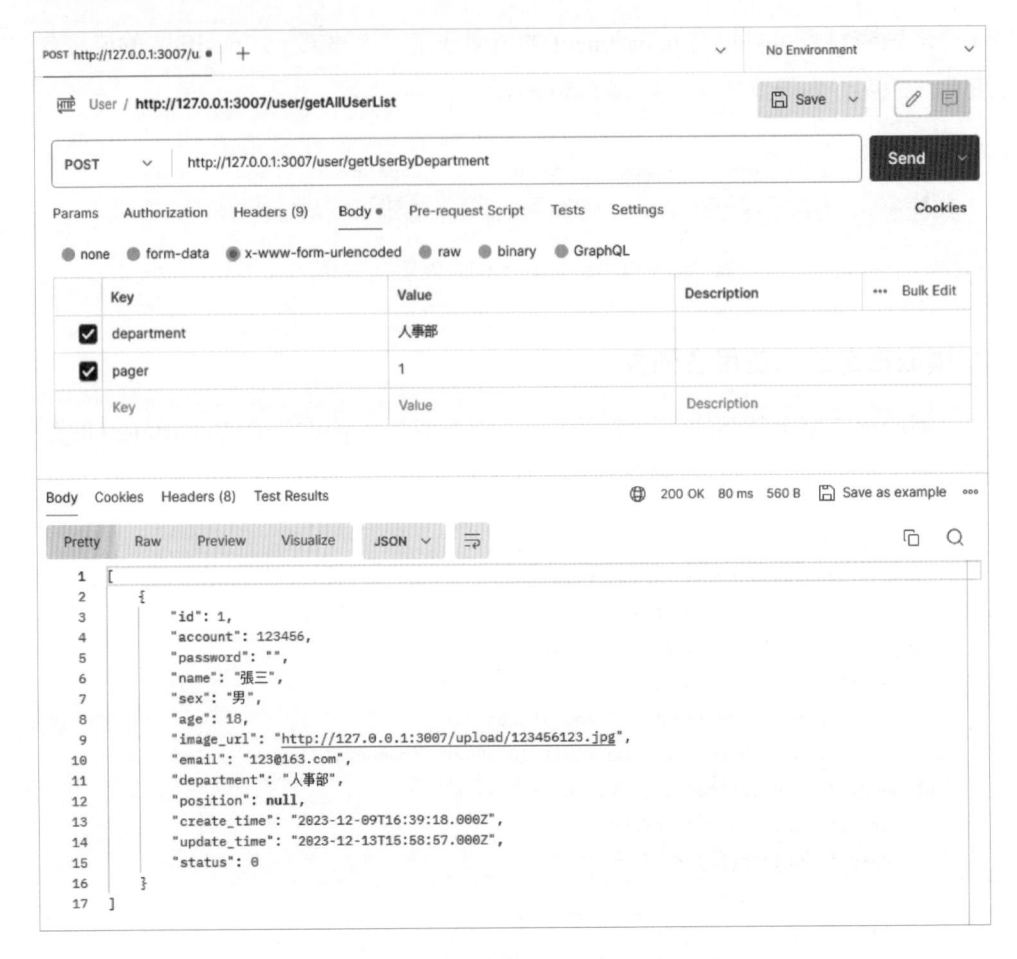

▲ 圖 5-57 傳回指定部門使用者列表

　　有了獲取指定部門的使用者列表後，還可增加一個透過帳號搜尋帳號的介面，用於快速地找到某位使用者。這裡為什麼不使用 id 作為搜尋條件呢？id 不是具備唯一性嗎？這是因為 id 是資料表內部的自動增加序號，不管是管理員還是普通使用者都不知道 id 的存在。建立一個名為 getUserInfo 的路由處理常式，由於搜尋的是單一使用者，所以不需要使用 forEach 遍歷陣列使其密碼為空，也不需要增加分頁邏輯，整體邏輯較為簡單，程式如下：

```js
// 獲取使用者資訊
exports.getUserInfo = (req, res) => {
    const sql = 'select * from users where account = ${req.body.account}'
    db.query(sql, (err, result) => {
        if (err) return res.ce(err)
        // 注意，select 傳回的是陣列，但只有一個元素
        result[0].password = ''
        res.send(result[0])
    })
}

//router/user.js
router.post('/getUserInfo', userHandler.getUserInfo) // 獲取使用者資訊
```

MEMO

行業百寶庫

　　企業進行數位化轉型最根本的一點就是把線下的流程遷移到線上。大部分企業的系統可以抽象為兩點，一是管理人，二是管理事務。管理人的是使用者管理模組，在第 5 章中系統性地對使用者管理模組通用的互動行為定義了介面，其目的是便於企業的管理人員透過系統就能實現管理公司員工（普通使用者）的許可權；管理事務模組可分為多種，如財務、採購、銷售等，將線下的各種資訊搬到線上統一管理，不僅實現了企業內部不同組織的資訊共用，還使企業高層擁有對事務情況的全景角度。

6 行業百寶庫

不管什麼類型的產品要銷售給客戶都需經過倉庫的入庫和出庫流程。在本章中，將重點講解如何實現企業資訊化系統產品模組中的核心——庫存產品管理。透過庫存的出庫資訊，可以了解產品在終端銷售的流動資料，企業可及時調整經營策略，快速回應市場的需求；透過庫存的產品資訊，可以調整銷售重點產品，避免庫存出現積壓現象，提高企業的盈利能力；透過資訊化系統，能夠統一管理多個終端的出入庫及審核操作，提高了工作效率，降低了溝通成本；根據特定時間範圍內的庫存出入庫資料，可以幫助企業管理人員做出更好的決策，提高企業決策的準確性。可以說，庫存管理是最複雜、最能表現企業管理能力的模組之一。

本章將從入庫到出庫的流程講起，分析庫存管理應具備的產品欄位，最後實現產品從入庫到出庫的程式邏輯。

6.1 從入庫到出庫

雖然說一個產品從入庫到出庫跟開發部門的程式設計師沒有太大關係，但了解產品在其中每個步驟的流程，不管是對於程式設計師自己開發企業系統，還是未來晉升產品經理後與其他行業的高管溝通業務都具有一定的現實意義。

不管是企業自己生產的產品，還是採購的產品都必須入庫，原因其實很簡單，就是避免企業資產的流失。入庫可以使企業產品得到統一管理和存放，庫存管理就是產品管理，可以方便地對產品的數量、參數、出入庫時間等資訊進行記錄和追蹤，確保每個產品都具有追溯性。追溯性是一個很重要的特性，曾經網上有個段子，講的是某公司會計在對賬時發現多出一塊錢，導致整個財務部門通宵對業務進行溯源統計，雖然是個段子，但也偏重地反映了溯源的重要性。

入庫要審核，並不是說採購的員工把產品放到倉庫就可以走了。在資訊系統專案管理的十大管理知識系統中，有個重要的模組叫作品質管制，當然該模組是針對系統在開發時應當保證的品質，其實入庫也是同理的。線上下操作時，

6.1 從入庫到出庫

每個產品入庫前都應詳細檢查是否符合產品所在行業的品質規定和國家標準，避免不良產品或劣質產品入庫和流入市場，這是對已存產品和市場的責任，就好比一筐柳丁扔進去一個發黴的，不出一個星期整筐柳丁都會爛了。線上上，則需填寫入庫產品的具體資訊。以入庫電腦為例，需要記錄入庫的電腦名稱、數量、電腦的單價、庫存的電腦總價、計算機型號和參數、入庫申請人、入庫備註等資訊。在本專案中直接由負責產品入庫的管理員填寫入庫資料，完成後產品進入產品清單。每次填寫成功後，產品清單都會更新新增內容。在這一階段中，申請入庫和審核的都為入庫管理員。

產品清單應當具備展示所有庫存產品資料的功能，並具有搜尋功能、編輯產品資訊功能、刪除產品功能、申請產品出庫功能。搜尋功能就好比透過帳號搜尋使用者，透過不同部門或職務搜尋使用者等，資料庫中的每個產品都應有唯一的產品序號，由系統自動生成，同時也提供模糊搜尋，以便尋找類似的產品；編輯產品資訊是管理員的一項許可權，當初次入庫資訊有誤時，可透過庫存管理員進行修改，值得一提的是，在實際的企業系統中，由於可能涉及修改庫存的金額，此項功能往往需要財務管理員授權；刪除產品功能用於產品的長期庫存為 0，並且未來都無採購計畫的產品，當產品還會有庫存時不能直接刪除，除非由程式設計師直接從資料庫刪除資料。申請出庫功能是普通使用者的基本許可權，用於申請某項產品出庫，用於企業內部使用、終端銷售、工程施工、第三方採購等，在申請時同樣需要填寫申請出庫數量、申請人、申請備註等資訊。填寫成功後，產品進入出庫清單等待審核。

在出庫審核列表中會展示所有待審核的出庫申請。這裡需要注意的一項互動操作是當某個成品已經進入出庫審核流程時，其他的使用者理應不能對該產品進行出庫申請，例如當柳丁數量有 100 個時，使用者 A 申請出庫 100 個，該項申請隨即進入出庫審核列表，此時使用者 B 也申請出庫 50 個，當管理員同意 A 的請求後，實際柳丁數量已經為 0 個，而使用者 B 應當不能對 0 庫存的柳丁進行申請出庫。假設出庫成功，該產品的庫存數量隨之減少，如果撤銷申請，則開放出庫申請供其他使用者請求。出庫成功後形成出庫記錄清單。

6 行業百寶庫

整個從入庫到出庫的流程如圖 6-1 所示。

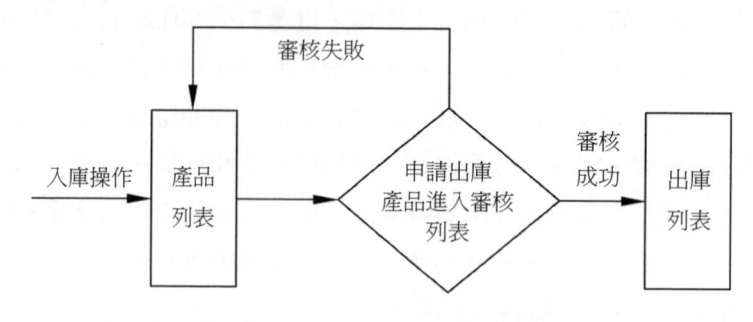

▲ 圖 6-1 從入庫到出庫的流程

6.2 如何考慮產品的欄位

在實際開發工作中，需要從業界標準去設計產品清單的欄位，一般包含以下內容。

（1）產品的 ID：用於唯一標識產品的編號，一般會使用日期加當天批次號碼或系統設定的內部自動增加序號。

（2）產品品牌：如華為 HUAWEI。當庫存存在多種相似規格、參數的產品時，可能需要考慮品牌的友善度去做出庫首選產品。

（3）產品名稱：如 HUAWEI MateBook D 16 2024。

（4）產品描述：對產品的主要描述，以 HUAWEI MateBook D 16 2024 為例，官網描述為 13 代酷睿 i5 16GB 1TB 16 英吋護眼全面螢幕 皓月銀，包括 CPU、記憶體容量、硬碟容量、螢幕特點、外觀顏色。

（5）產品分類：可以從大類方面區分，如消費品類、工業產品類、醫療器械類、電子產品類，也可以從小類方面區分，如消費品類可分為食品類、家電類、日化類、玩具類等。

（6）產品規格：產品的詳細規格參數，如尺寸、品質、顏色、材質等。在本書專案中以單位代替。

（7）產品價格：產品的售價，一般可進一步細分為成本價、銷售價、活動價等欄位。

（8）庫存數量：產品位於庫存的總數量，便於銷售和管理。

（9）庫存狀態：根據庫存數量得出的狀態，如庫存充盈、庫存過多、庫存過少等。

（10）產品圖片：用於詳細展示產品的圖片，通常會包含多張細節圖。

（11）入庫資訊：主要包括入庫申請人和入庫時間。

（12）備註資訊：主要為入庫備註和出庫備註。

在本書專案中，為了方便讀者進行練習，將去掉產品品牌、產品描述及產品圖片，原因是產品品牌與產品名稱、產品描述與備註都為相似的輸入項，在前端程式實現上除名稱外其餘皆相同，而產品圖片上傳功能已有上傳使用者圖示作為練習。

在專案設計階段中，需要考慮 3 個場景的使用欄位，分別是產品清單頁面、審核清單頁面、出庫清單頁面。產品清單頁面用於展示產品的基本資訊，如名稱、類別、單位、單價、庫存數量；審核頁面則需強調出庫的內容，主要是出庫數量、出庫申請人、申請出庫時間、審核狀態、審核人，其他的資料由產品清單提供，方便管理員進行審核；出庫清單頁面則包括產品 ID、產品名稱、出庫申請人、出庫數量、出庫審核人、出庫時間、出庫備註等。產品清單頁面和審核清單頁面共同使用產品資料表，出庫清單頁面使用出庫資料表。

當增加入庫的產品後，如果未有此產品，則直接在產品清單的資料表中新增一筆產品記錄；如果是已有產品，則需要新增庫存數量，只需透過模糊查詢或產品 ID 查詢對應的產品，直接在已有產品上更改庫存數量。

此外，如何判斷產品出庫的審核狀態也是需要著重考慮的內容。在本專案中，設定出庫的審核狀態使用類似於使用者帳號狀態的 status 欄位作為判定。在產品資料表對應的狀態欄位中，分別用在資料庫中、審核、不通過代表正常狀態、正在審核、審核失敗。當使用者發起某個產品的出庫申請時，狀態為審核，產品進入鎖定狀態，其他使用者不能對該產品申請出庫。審核成功後，出庫記錄的資料表新增一筆記錄，同時用已有庫存減去出庫的數量，在審核佇列的狀態變為在資料庫中。當出庫審核不成功時，審核佇列的狀態為不通過，庫存數量不變，使用者可選擇撤銷申請或繼續申請，撤銷申請後狀態為在資料庫中，鎖定狀態解除，如圖 6-2 所示。

id	product_id	name	…	status	
1	1001	蘋果	…	在庫	正常狀態

id	product_id	name	…	status	
1	1001	蘋果	…	審核	審核狀態（鎖定）

id	product_id	name	…	status	
1	1001	蘋果	…	不通過	審核不通過（鎖定）

撤銷申請或出庫成功

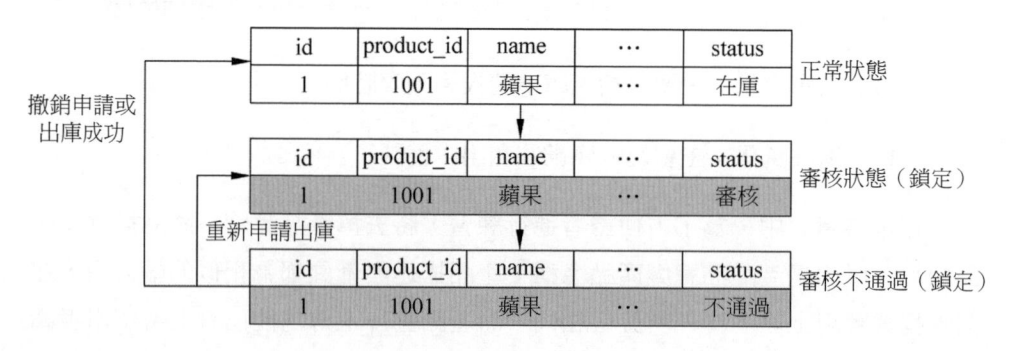

重新申請出庫

▲ 圖 6-2 產品狀態碼變化流程

整個產品管理模組看上去很複雜，使用者作為系統的最終使用者，怎樣能讓使用者合理地使用系統是程式設計師除了寫程式之外的另一個責任。開發時會同步形成一份培訓文件，用於系統完成基本的功能測試後使用，系統上線前，開發部門會在企業內部展開遠端或線下培訓，指導企業的內訓師如何使用及快速適應系統，再由企業內訓師培訓全體員工使用系統。

綜上可得到兩張資料表，分別是名為 product 的產品資料表，以及名為 out_product 的出庫資料表。

6.2 如何考慮產品的欄位

產品資料表 product 的欄位如下。

（1）id：資料表自動增加 id，類型為 int，長度預設為 11。

（2）product_id：由系統自動生成的產品唯一 id，類型為 int，長度預設為 11。

（3）product_name：產品名稱，類型為 varchar，長度預設為 255。

（4）product_category：產品分類，類型為 varchar，長度預設為 255。

（5）product_unit：產品單位，類型為 varchar，長度預設為 255。

（6）product_single_price：產品單價，類型為 int，長度預設為 11。

（7）warehouse_number：庫存數量，類型為 int，長度預設為 11。

（8）product_create_person：入庫操作人，類型為 varchar，長度預設為 255。

（9）product_create_time：產品入庫時間，類型為 datetime，長度預設為 0。

（10）product_update_time：最新編輯時間，類型為 datetime，長度預設為 0。

（11）product_out_number：出庫數量，類型為 int，長度預設為 11。

（12）apply_person：出庫申請人，類型為 varcahr，長度預設為 255。

（13）audit_person：出庫審核人，類型為 varchar，長度預設為 255。

（14）apply_time：出庫申請時間，類型為 datetime，長度預設為 0。

（15）audit_time：出庫審核時間，類型為 datetime，長度預設為 0。

（16）audit_status：審核狀態，類型為 varchar，長度預設為 255。

（17）apply_notes：出庫申請備註，類型為 varchar，長度預設為 255。

（18）audit_notes：審核備註，類型為 varchar，長度預設為 255。

產品資料表在新建資料表的設置如圖 6-3 所示。

id	int	11	☑	☐	🔑1
product_id	int	11	☐	☐	
product_name	varchar	255	☐	☐	
product_category	varchar	255	☐	☐	
product_unit	varchar	255	☐	☐	
product_single_price	int	11	☐	☐	
warehouse_number	int	11	☐	☐	
product_create_person	varchar	255	☐	☐	
product_create_time	datetime		☐	☐	
product_update_time	datetime		☐	☐	
product_out_number	int	11	☐	☐	
apply_person	varchar	255	☐	☐	
audit_person	varchar	255	☐	☐	
apply_time	datetime		☐	☐	
audit_time	datetime		☐	☐	
audit_status	varchar	255	☐	☐	
apply_notes	varchar	255	☐	☐	
audit_notes	varchar	255	☐	☐	

▲ 圖 6-3 新建申請表

出庫資料表 product 的欄位如下。

（1）id：資料表自動增加 id，類型為 int，長度預設為 11。

（2）product_id：產品 id，類型為 int，長度預設為 11。

（3）product_name：產品名稱，類型為 varchar，長度預設為 255。

（4）product_unit：產品單位，類型為 varchar，長度預設為 255。

（5）product_out_number：出庫數量，類型為 int，長度預設為 11。

（6）product_single_price：產品單價，類型為 int，長度預設為 11。

（7）apply_person：出庫申請人，類型為 varcahr，長度預設為 255。

（8）audit_person：出庫審核人，類型為 varchar，長度預設為 255。

（9）apply_time：出庫申請時間，類型為 datetime，長度預設為 255。

（10）audit_time：出庫審核時間，類型為 datetime，長度預設為 255。

出庫資料表在新建資料表的設置如圖 6-4 所示。

id	int	11	☑	☐	🔑 1
product_id	int	11	☐	☐	
product_name	varchar	255	☐	☐	
product_unit	varchar	255	☐	☐	
out_warehouse_number	int	11	☐	☐	
product_single_price	int	11	☐	☐	
apply_person	varchar	255	☐	☐	
audit_person	varchar	255	☐	☐	
apply_time	datetime		☐	☐	
audit_time	datetime		☐	☐	

▲ 圖 6-4 新建出庫資料表

6.3 實現產品管理的邏輯

資料表建本節將完成整個庫存（產品）管理的程式實現。雖然有兩張資料表，但因為同屬一個模組下，所以只需在 router 目錄和 router_handler 目錄下新建名為 product 的 JavaScript 檔案。跟使用者管理一樣，在路由列表檔案中先匯入 Express.js 框架及使用路由，其次匯入路由處理常式的模組，最後向外暴露路由，程式如下：

```
//router/product.js
const express = require('express')
const router = express.Router()                    // 使用路由

// 匯入 product 的路由處理模組
const productHandler = require('../router_handler/product')

// 向外暴露路由
module.exports = router
```

在入口檔案 app.js 中匯入 product 的路由，程式如下：

```
//app.js
const productRouter = require('./router/product')        // 新增產品模組
app.use('/product', productRouter)
```

在 product 的路由處理常式模組中，匯入資料庫操作模組，程式如下：

```
//router_handler/product.js
const db = require('../db/index')                        // 匯入資料庫操作模組
```

6.3.1 進入百寶庫

新建一個名為 addProduct（增加產品）的路由處理常式。根據產品資料表的欄位可知，產品入庫需要填寫產品的名稱、類別、單位、入庫數量、單價和瀏覽器儲存的當前帳號的使用者，即入庫人，可以從 req.body 裡面獲取這些參數。這裡還需做一個額外的判斷，就是入庫的數量不能為 0，雖然在前端可透過 Vue 的雙向綁定對輸入的數值進行判斷，但不要忘了後端永遠不能相信前端傳過來的資料。除這些參數外，在全域新建一個 count 參數，用於自動增加 product_id，並透過 Date() 物件自動生成產品的入庫時間。最後將獲取的參數一併插入 product 資料表中。整體的邏輯程式如下：

```
//router_handler/product.js
//id 初始為 1000
let count = 1000

// 產品入庫
exports.addProduct = (req, res) => {
    const {
        product_name,              // 名稱
        product_category,          // 類別
        product_unit,              // 單位
        warehouse_number,          // 入庫數量
        product_single_price,      // 單價
        product_create_person,     // 申請人
    } = req.body
```

6.3 實現產品管理的邏輯

```
    if (warehouse_number <= 0) res.ce(' 入庫數量不能小於或等於 0')
    //id 自動增加
    const product_id = count++
    const product_create_time = new Date()
    const sql = 'insert into product set ?'
    db.query(sql, {
        product_id,
        product_name,
        product_category,
        product_unit,
        warehouse_number,
        product_single_price,
        product_create_person,
        product_create_time,
        audit_status:' 在資料庫中 ',
    }, (err, result) => {
        if (err) return res.ce(err)
        res.send({
            status: 0,
            message: ' 產品入庫成功 '
        })
    })
}

//router/product.js
router.post('/addProduct', productHandler.addProduct)        // 產品入庫
```

在 Postman 新建一個視窗，輸入產品入庫的介面，需要注意的是此時介面首碼已經為 product 而非 user 了。在參數框輸入需要傳的值，最後按一下 Send 按鈕發起請求。可看到結果為「產品入庫成功」，如圖 6-5 所示。

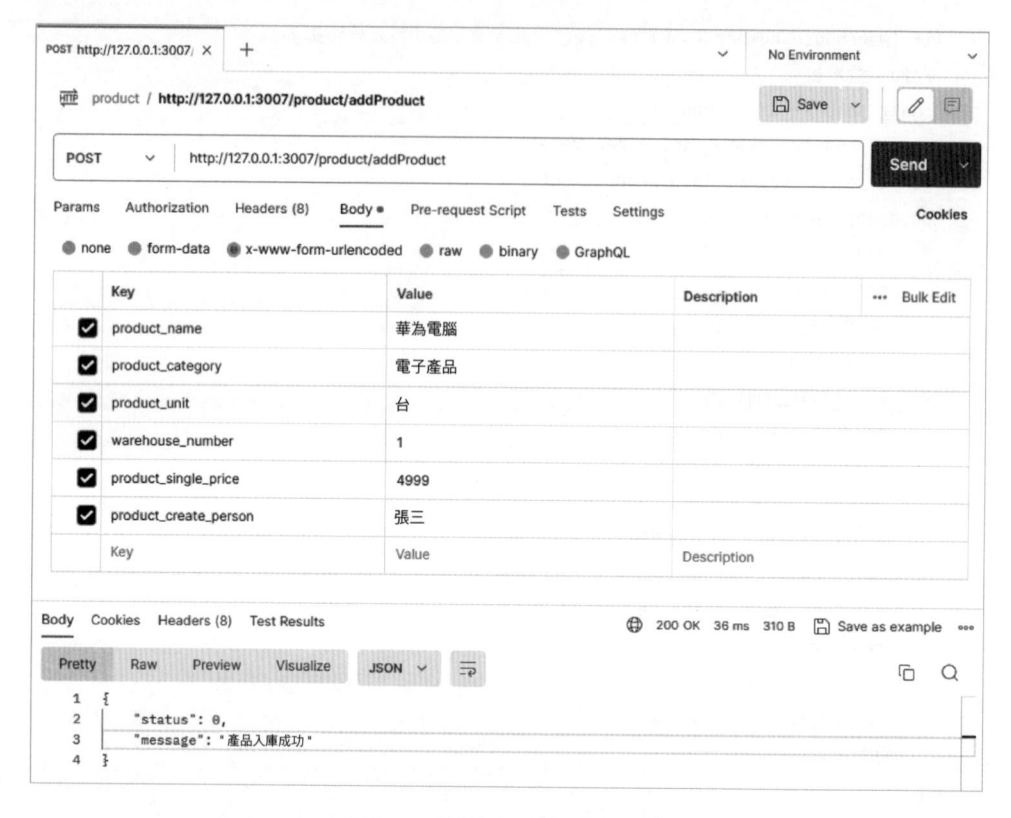

▲ 圖 6-5 測試產品申請入庫成功

按照慣例，還需新建一個 Collections 模組的介面，用於儲存產品，讀者可自行儲存介面並建立，這裡不再進行插圖敘述。開啟 product 的資料表，可看到已經插入一筆資料，如圖 6-6 所示。

id	product_id	product_name	product_category	product_unit	product_single_price
1	1001	華為電腦	電子產品	台	4999

▲ 圖 6-6 產品資料表新增資料

6.3.2 清點寶物

在本節將完成獲取產品清單、編輯產品資訊及刪除產品的功能實現。

1. 獲取產品清單

在 6.2 節提到，產品資料表包含產品資料和進入審核佇列的資料，關鍵在於 audit_status 欄位的參數值，所以獲取產品清單無須限制 audit_status。此外，新增的產品應該處於產品清單的頂部，而非處於尾部，即按時間降冪排列，那麼可使用 DESC 關鍵字。新建一個名為 getProductList 的路由處理常式，程式如下：

```
// 獲取產品清單
exports.getProductList = (req, res) => {
    const number = (req.body.pager - 1) * 10
    const sql = 'select * from product
        order by product_create_time desc
        limit 10 offset ${number}'
    db.query(sql, (err, result) => {
        f (err) return res.ce(err)
        res.send(result)
    })
}

//router/product.js
router.post('/getProductList', productHandler.getProductList)
```

開啟 Postman 進行測試，參數為頁碼 pager，按一下 Send 按鈕可得到產品清單，如圖 6-7 所示。

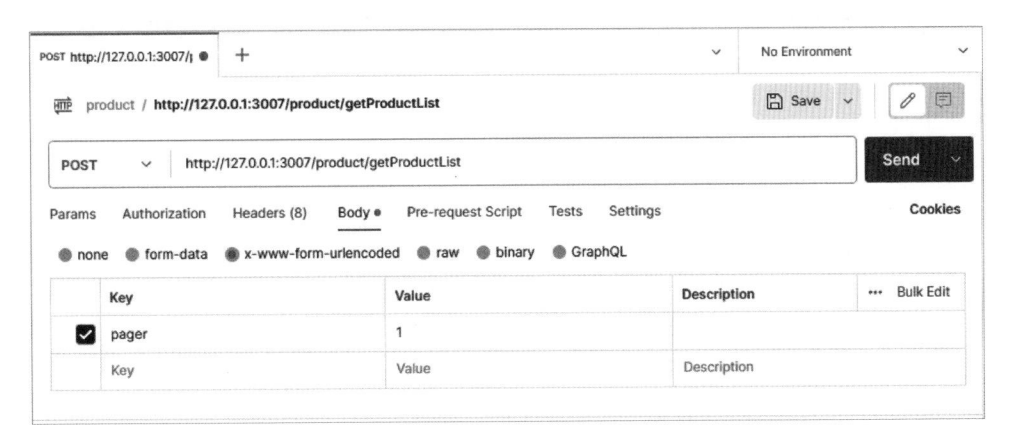

▲ 圖 6-7 測試獲取產品清單成功

```
Body   Cookies   Headers (8)   Test Results              200 OK   40 ms   704 B   Save as example
Pretty   Raw   Preview   Visualize   JSON
  1  [
  2    {
  3      "id": 1,
  4      "product_id": 1001,
  5      "product_name": "華為電腦",
  6      "product_category": "電子產品",
  7      "product_unit": "台",
  8      "product_single_price": 4999,
  9      "warehouse_number": 1,
 10      "product_create_person": "張三",
 11      "product_create_time": "2023-12-16T14:56:16.000Z",
 12      "product_update_time": null,
 13      "product_out_number": null,
 14      "apply_person": null,
 15      "audit_person": null,
 16      "apply_time": null,
 17      "audit_time": null,
 18      "audit_status": "在庫",
 19      "apply_notes": null,
 20      "audit_notes": null
 21    }
 22  ]
```

▲ 圖 6-7 測試獲取產品清單成功 (續)

2. 編輯產品資訊

在對產品資訊進行編輯時需要注意能編輯哪些內容。由於產品 ID 是由系統自動生成的，所以不在編輯範圍，而產品名稱、類別、單位、單價、庫存數量等都可以編輯，此外，產品入庫負責人不能編輯。新建一個名為 editProduct 的路由處理常式，從 req.body 接收可編輯的內容，使用 update 敘述結合該筆記錄的 id 值更新資料表內容，並透過 Date() 物件自動生成產品的編輯時間，程式如下：

```
// 編輯產品
exports.editProduct = (req, res) => {
    const {
        product_name,
        product_category,
        product_unit,
```

6.3 實現產品管理的邏輯

```javascript
        warehouse_number,
        product_single_price,
        id
    } = req.body
    const product_update_time = new Date()
    const sql =
        'update product set product_name = ?,product_category = ?,
                product_unit = ?,warehouse_number = ?,
                product_single_price = ? ,
                product_update_time= ? where id = ?'
    db.query (sql, [
        product_name,
        product_category,
        product_unit,
        warehouse_number,
        product_single_price,
        product_update_time,
        id
    ], (err, result) => {
        if (err) return res.ce (err)
        res.send ({
            status: 0,
            message: '編輯產品資訊成功'
        })
    })
}

//router/product.js
router.post('/editProduct', productHandler.editProduct) // 編輯產品
```

當參數過多時，尤其要注意 SQL 敘述中的更新項與 query() 方法中的參數一一對應。在 Postman 輸入對應的參數，修改提示「編輯產品資訊成功」，編輯產品介面測試成功，如圖 6-8 所示。

6 行業百寶庫

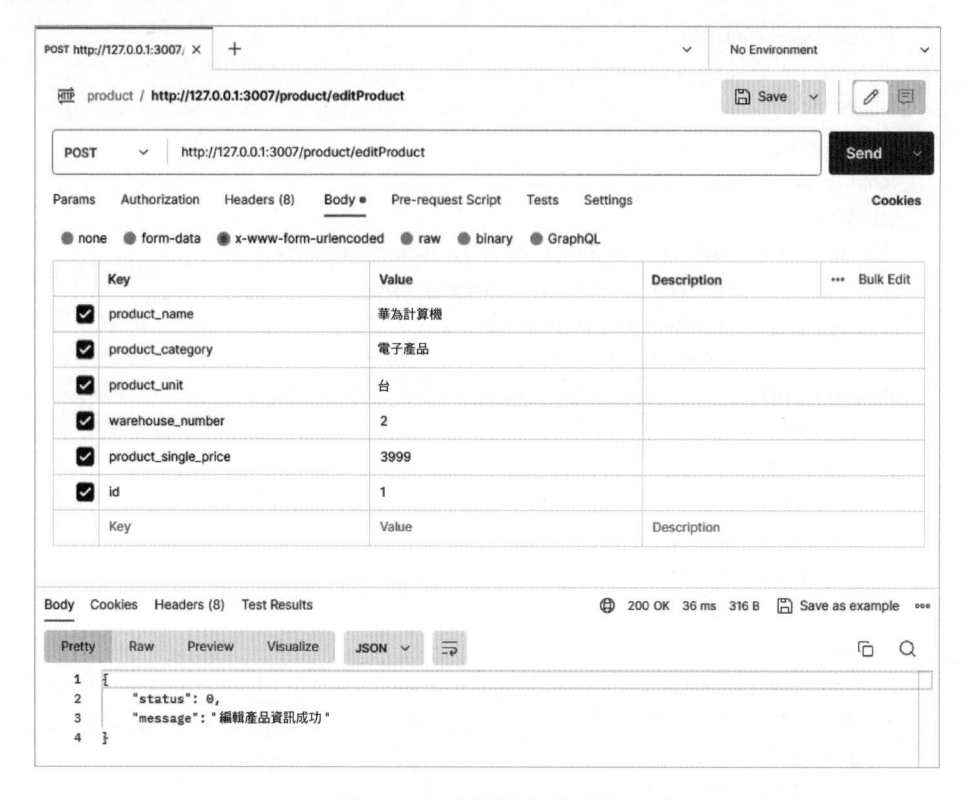

▲ 圖 6-8 測試編輯產品資訊成功

開啟資料表，可看到產品名稱、庫存數量都已發生了變化，如圖 6-9 所示。

id	product_id	product_name	product_category	warehouse_number	product_single_price
1	1001	華為電腦	電子產品	2	3999

▲ 圖 6-9 id 為 1 的資料發生變化

3. 透過產品清單查詢產品

可透過產品的 id 查詢對應的在資料庫中產品，新建一個名為 searchProduct 的路由處理常式，使用 select 敘述結合條件 product_id 搜尋 product 資料表，程式如下：

```
// 搜尋產品
exports.searchProduct = (req, res) => {
    const sql = 'select * from product
```

6.3 實現產品管理的邏輯

```
                        where product_id = ? '
    db.query(sql, req.body.product_id, (err, result) => {
        if (err) return res.ce(err)
        res.send(result)
    })
}


//router/product.js
router.post('/searchProduct', productHandler.searchProduct)          // 搜尋產品
```

此時透過介面測試傳回的即 id 為 1 的產品資料，如圖 6-10 所示。

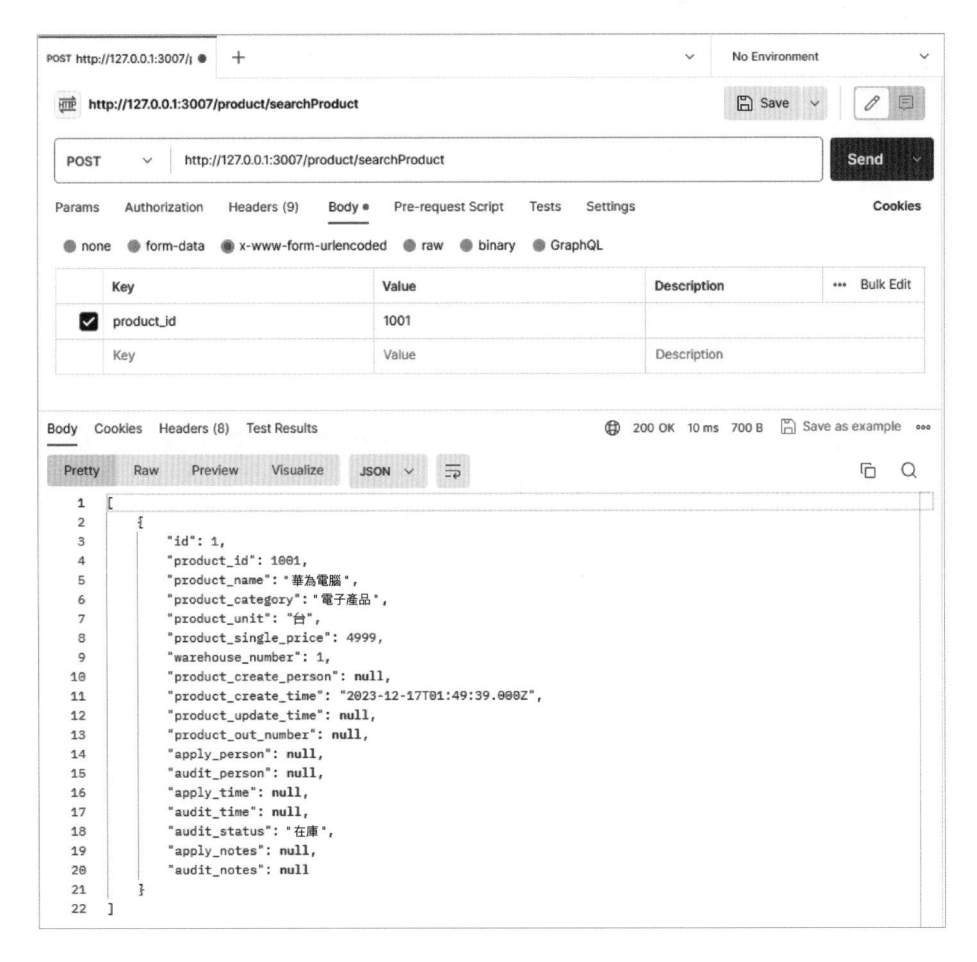

▲ 圖 6-10 測試成功產品 id 搜尋產品成功

4. 刪除產品

新建一個名為 deleteProduct 的路由處理常式，使用 delete 敘述結合資料表的 id 刪除產品。在刪除產品時需要判斷該產品的庫存是否已經為 0，當庫存不為 0 時不能執行刪除操作，主要在前端根據該筆記錄的庫存值設定刪除按鈕是否可按一下，程式如下：

```
// 刪除產品
exports.deleteProduct = (req, res) => {
    const sql = 'delete from product where id = ?'
    db.query(sql, req.body.id, (err, result) => {
        if (err) return res.ce(err)
        res.send({
            status: 0,
            message: '刪除產品成功'
        })
    })
}

//router/product.js
router.post('/deleteProduct', productHandler.deleteProduct) // 刪除產品
```

開啟 Postman 測試介面，可看到「刪除產品成功」字樣，說明介面測試成功，此時資料表已沒有資料了，如圖 6-11 所示。

▲ 圖 6-11 測試刪除產品介面成功

6.3 實現產品管理的邏輯

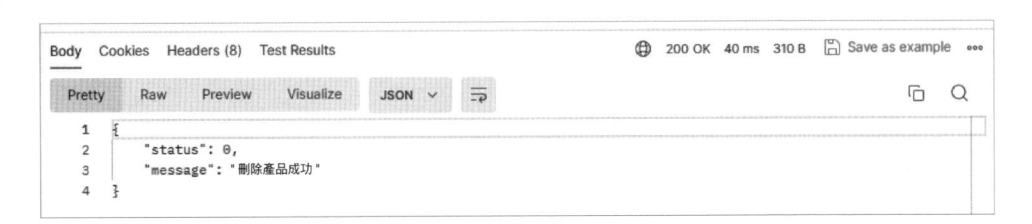

```
Body  Cookies  Headers (8)  Test Results          200 OK  40 ms  310 B   Save as example
Pretty  Raw  Preview  Visualize  JSON  ∨
  1  {
  2      "status": 0,
  3      "message": "刪除產品成功"
  4  }
```

▲ 圖 6-11 測試刪除產品介面成功 (續上圖)

6.3.3 鎖好庫門

本節將實現出庫申請、獲取申請列表、審核、撤回申請及再次申請功能，如圖 6-12 所示。

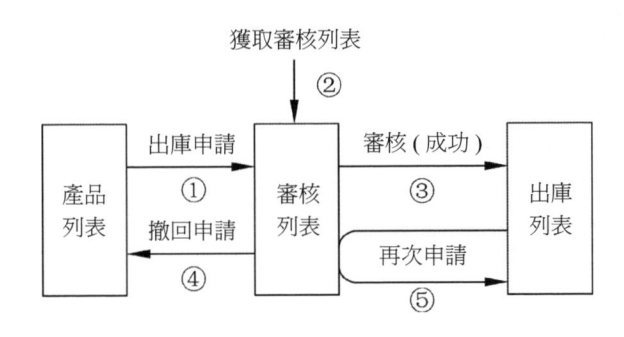

▲ 圖 6-12 審核頁面邏輯

1. 出庫申請

因為是在同一筆記錄上操作，所以出庫申請只需傳遞資料表 id、出庫數量、申請人、出庫備註，同時生成申請出庫時間，並更新產品狀態。新建一個名為 Outbound（出庫）的路由處理常式，使用 update 敘述更新對應的欄位值。在真實開發的情況下，此階段還應考慮出庫價格並計算利潤，以及出庫目的地等，這裡簡化了程式，程式如下：

```
// 出庫申請
exports.Outbound = (req, res) => {
    const audit_status = '審核'
    const {
```

6-19

```
            id,
            product_out_number,
            apply_person,
            apply_notes,
        } = req.body
        const apply_time = new Date()
        const sql =
            'update product set audit_status = ?,
            product_out_number=?,apply_person=?,
            apply_notes=?,apply_time= ? where id = ?'
        db.query (sql, [
            audit_status,
            product_out_number,
            apply_person,
            apply_notes,
            apply_time,
            id
        ], (err, result) => {
            if (err) return res.ce (err)
            res.send ({
                status: 0,
                message: '申請出庫成功'
            })
        })
    }

//router/product.js
router.post('/Outbound', productHandler.Outbound)        // 出庫申請
```

開啟 Postman，輸入對應的參數，可見「申請出庫成功」字樣，說明測試成功，如圖 6-13 所示。

6.3 實現產品管理的邏輯

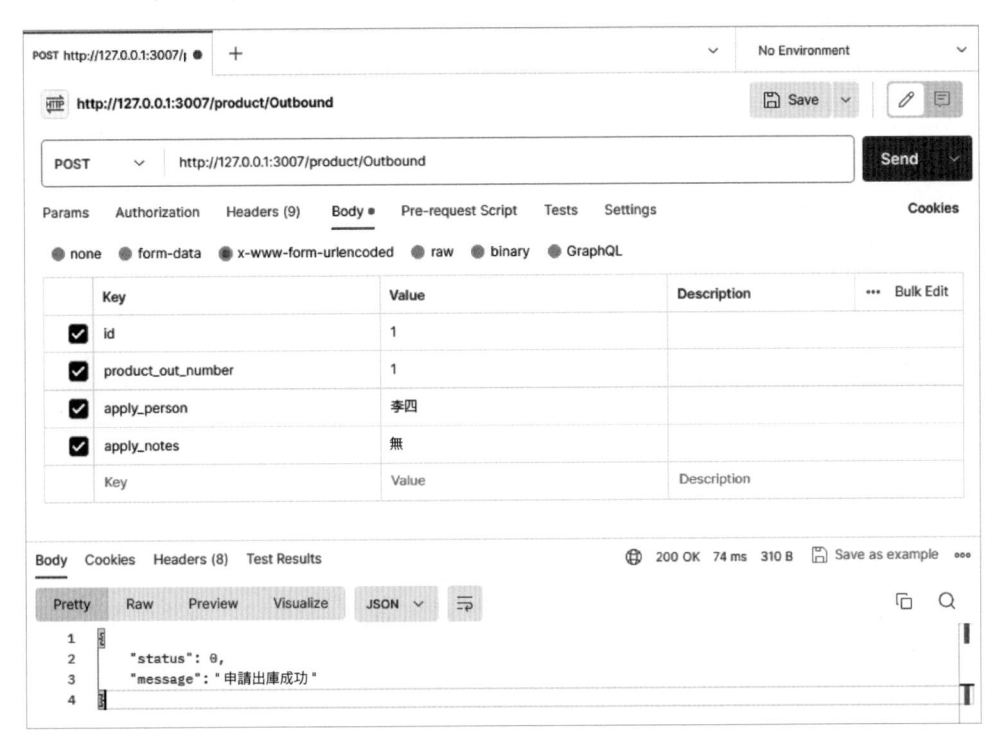

▲ 圖 6-13 測試產品申請出庫成功

開啟資料表，可看到 id 為 1 的記錄後半段已經出現了出庫數量、申請人、申請時間的值，同時狀態也已被更改為審核狀態，如圖 6-14 所示。

product_out_number	apply_person	audit_person	apply_time	audit_time	audit_status
1	李四	(Null)	2023-12-17 13:4:	(Null)	審核

▲ 圖 6-14 產品進入審核階段

2. 獲取申請 (審核) 列表

申請（審核）清單包括處於審核狀態和審核不通過狀態的資料，審核不通過的產品可再次進行申請。新建一個名為 getApplyList 的路由處理常式，使用 select 敘述透過 audit_status 的兩種狀態作為條件，並結合分頁操作進行實現，程式如下：

```javascript
// 獲取審核列表
exports.getApplyList = (req, res) => {
    const number = (req.body.pager - 1) * 10
    // 同一欄位兩種不同狀態共存，使用 or 關鍵字
    const sql = 'select * from product
        where audit_status = '審核' or audit_status = '不通過'
        order by apply_time limit 10 offset ${number}'
    db.query(sql, (err, result) => {
        if (err) return res.ce(err)
        res.send(result)
    })
}

//router/product.js
router.post('/getApplyList', productHandler.getApplyList)    // 獲取審核列表
```

在三種狀態選兩種狀態的條件下，還可使用 not in 關鍵字，變為排除狀態而非選擇對應的狀態，在上述程式中，需要排除在資料庫中的情況，程式如下：

```javascript
const sql = 'select * from product
        where audit_status not in ('在資料庫中')
        order by apply_time limit 10 offset ${number}'
```

在 Postman 傳入頁碼 pager 進行測試，傳回了處於審核狀態的陣列物件，說明測試成功，如圖 6-15 所示。

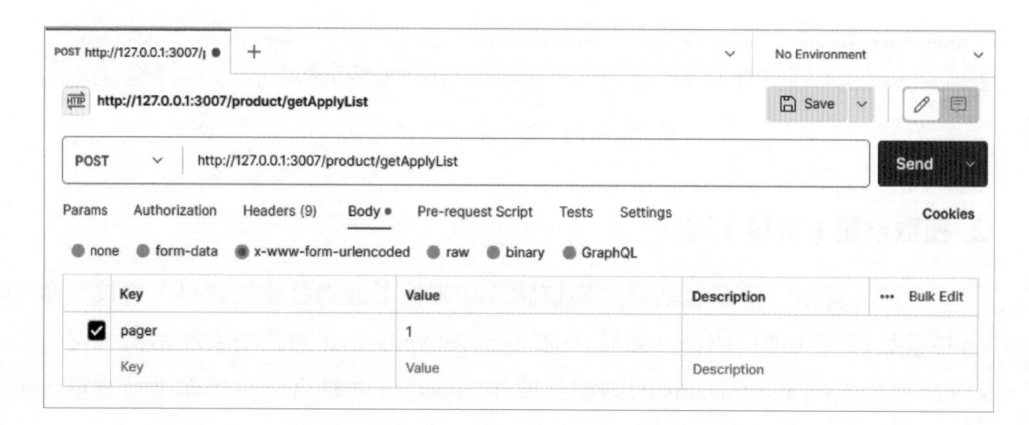

▲ 圖 6-15 傳回審核或不通過的資料

```
[
    {
        "id": 1,
        "product_id": 1001,
        "product_name":"華為電腦",
        "product_category":"電子產品",
        "product_unit": "台",
        "product_single_price": 4999,
        "warehouse_number": 1,
        "product_create_person": null,
        "product_create_time": "2023-12-17T01:49:39.000Z",
        "product_update_time": null,
        "product_out_number": 1,
        "apply_person": "李四",
        "audit_person": null,
        "apply_time": "2023-12-17T02:38:36.000Z",
        "audit_time": null,
        "audit_status":"審核",
        "apply_notes": "無",
        "audit_notes": null
    }
]
```

▲ 圖 6-15 傳回審核或不通過的資料 (續上圖)

3. 審核

審核分為兩種情況，一種是審核透過，此時需要把產品資料表內相應的產品資訊和出庫資訊複製到出庫資料表中，同時將 audit_status 更新為在資料庫中狀態，並清除產品資料表的出庫資訊；另一種是審核不通過，此時只需將產品的 audit_status 更改為不通過。新建一個 audit 的路由處理常式，用 if 敘述判斷兩種不同的情況，增加審核人和審核時間資訊，並使用不同的 SQL 敘述執行兩種情況下的邏輯。整體的邏輯程式如下：

```
// 產品審核
exports.audit = (req, res) => {
    const {
        audit_status,
        id,
        product_id,
        product_name,
        product_unit,
        warehouse_number,
        product_out_number,
```

```
        product_single_price,
        audit_person,
        apply_person,
        apply_time,
        audit_notes,
    } = req.body
    const audit_time = new Date()
    // 當審核不通過時,修改狀態及審核資訊
    if (audit_status == "不通過") {
        const sql = 'update product set
                     audit_status = '不通過',audit_person = ?,
                     audit_time = ?,audit_notes = ?,
                     apply_time= ?
                     where id = ${id}'
        db.query (sql,[audit_person,audit_time,
                    audit_notes,apply_time],
            (err, result) => {
              if (err) return res.ce (err)
              res.send ({
                  status: 0,
                  message: '審核不通過'
            })
        })
    }else{
        // 當審核透過時,將出庫資訊新增至出庫資料表
        const sql = 'insert into out_product set ?'
        db.query (sql, {
            product_id,
            product_name,
            product_unit,
            product_out_number,
            product_single_price,
            audit_person,
```

```
                apply_person,
                apply_time,
                audit_time
            }, (err, result) => {
                if (err) return res.ce (err)
                // 庫存 = 原庫存 - 出庫數量
                const newNumber = warehouse_number - product_out_number
                // 將產品出庫資訊置為 null
                const sql1 =
                    'update product set warehouse_number = ${newNumber},
                    audit_status = '在資料庫中',
                    product_out_number =null,apply_person=null,
                    apply_notes =null,apply_time = null,
                    audit_person = null,audit_time = null,
                    audit_notes = null
                    where id = ${id}'
                db.query (sql1, (err, result) => {
                    if (err) return res.ce (err)
                    res.send ({
                        status: 0,
                        message: '產品出庫成功'
                    })
                })
            })
        }
}

//router/product.js
router.post('/audit', productHandler.audit)         // 產品審核
```

首先在 Postman 測試審核不通過的情況，傳入 req.body 所需參數後，將 audit_status 的值設置為不通過，如果回饋「審核不通過」，則說明審核不通過邏輯測試成功，如圖 6-16 所示。

6 行業百寶庫

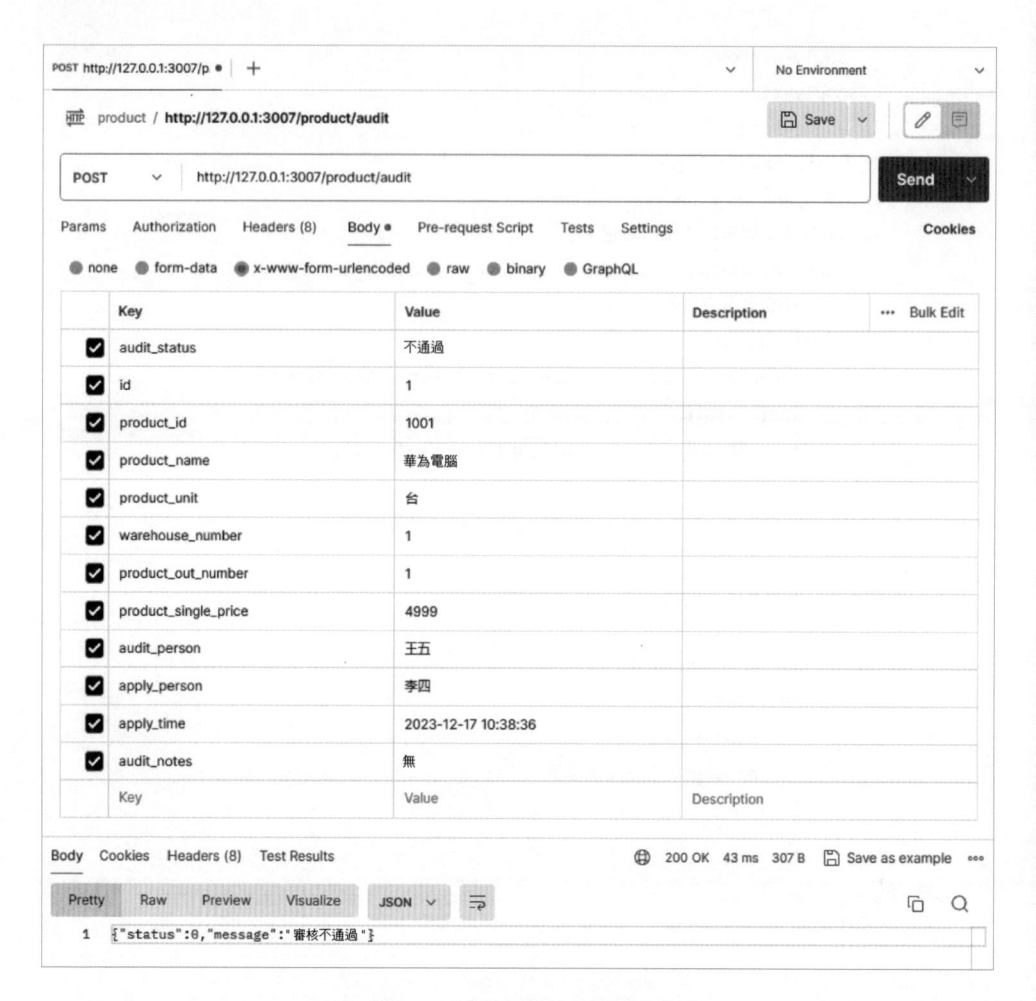

▲ 圖 6-16 測試審核不通過成功

回到 product 資料表，可看到產品的狀態已被修改為不通過，並新增了審核人及審核時間，如圖 6-17 所示。

product_out_number	apply_person	audit_person	apply_time	audit_time	audit_status	apply_notes	audit_notes
1	李四	王五	2023-12-17 13:4!	2023-12-17 1:	不通過	無	無

▲ 圖 6-17 資料表狀態變為不通過

6.3 實現產品管理的邏輯

把 audit_status 修改為透過，當然，後端並沒有透過欄位的判斷，但如果透過 if-else 排除了不通過的情況，則為透過。如果測試回饋「審核透過」，則說明產品已出庫，如圖 6-18 所示。

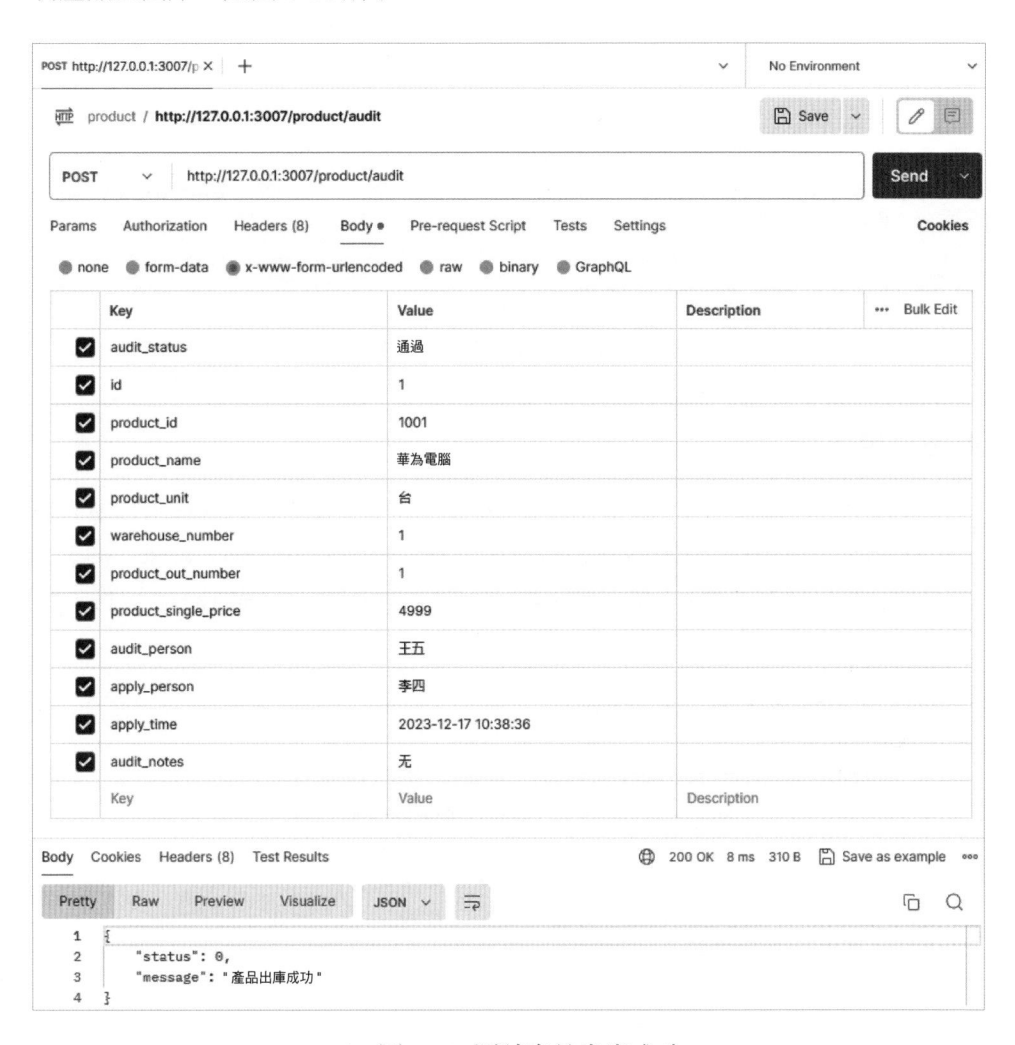

▲ 圖 6-18 測試產品出庫成功

現在開啟 product 資料表，發現該筆資訊的出庫內容已被清空，庫存從 1 變為 0，同時狀態已更新為在資料庫中，如圖 6-19 所示。

id	product_id	product_name	product_category	warehouse_number	audit_status
1	1001	華為電腦	電子產品	0	在庫

▲ 圖 6-19 產品出庫資訊被清空

開啟 out_product 資料表，可以發現新增了一筆出庫記錄，如圖 6-20 所示。

id	product_id	product_name	product_unit	out_warehouse_number	product_single_price
1	1001	華為電腦	台	1	4999

▲ 圖 6-20 出庫資料表新增資料

4. 撤回申請

撤回申請同審核出庫透過的部分邏輯相同，撤回後原有的審核階段資料將被置為 null，狀態會被修改為在資料庫中，產品原有資料不變。新建一個名為 withdraw 的路由處理常式，使用 update 敘述透過 id 找到記錄並修改，程式如下：

```js
// 撤回申請
exports.withdraw = (req, res) => {
    const sql =
        'update product set audit_status = ' 在資料庫中 ',
                    product_out_number =null,apply_person=null,
                    apply_notes =null,apply_time = null,
                    audit_person = null,audit_time = null,
                    audit_notes = null
                    where id = ${req.body.id}'
    db.query(sql, (err, result) => {
        if (err) return res.ce(err)
        res.send({
            status: 0,
            message: '撤回申請成功'
        })
    })
}
```

6.3 實現產品管理的邏輯

```
//router/product.js
router.post('/withdraw', productHandler.withdraw)          // 撤回申請
```

由於剛剛出庫操作已經把在資料庫中的產品庫存置為 0，所以需要再次將庫存修改為 1，並恢復成審核不通過後的階段，如圖 6-21 所示。

id	product_id	product_name	product_category	warehouse_number	audit_status
1	1001	華為電腦	電子產品	1	不通過

▲ 圖 6-21 審核不通過的情形

開啟 Postman 測試撤回申請，輸入 id 即可，如圖 6-22 所示。

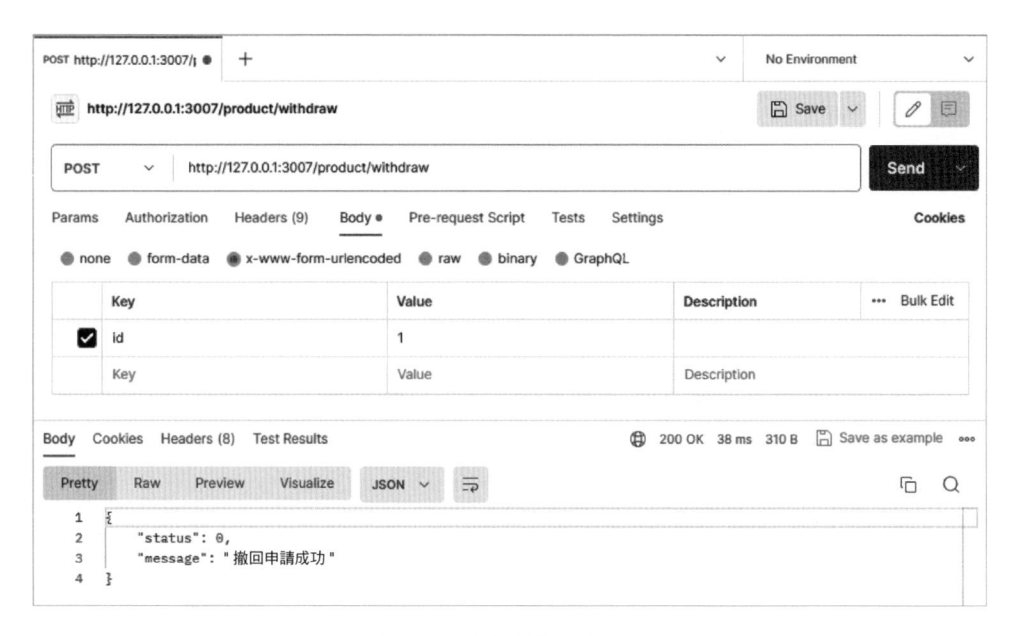

▲ 圖 6-22 測試撤回申請成功

開啟 product 資料表，可看到審核階段的出庫資訊已經被置為 null 了，並且狀態已變為在資料庫中，如圖 6-23 所示。

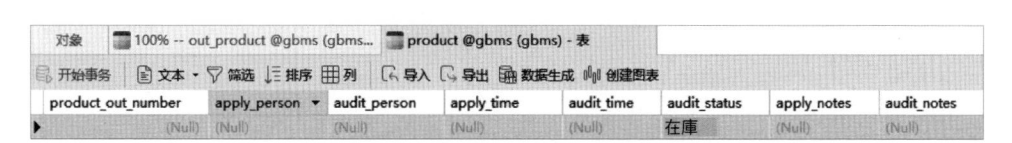

▲ 圖 6-23 撤回申請後出庫資訊為空

5. 再次申請

再次申請比較簡單，只需將 audit_status 的不通過狀態修改為審核狀態。新建一個名為 againApply 的路由處理常式，使用 update 敘述結合 id 更新狀態欄位值，程式如下：

```
// 再次申請
exports.againApply = (req, res) => {
    const sql =
        'update product set audit_status = '審核'
        where id = ${req.body.id}'
    db.query(sql, (err, result) => {
        if (err) return res.ce(err)
        res.send({
            status: 0,
            message: '再次申請成功'
        })
    })
}

//router/product.js
router.post('/againApply', productHandler.againApply)     // 再次申請
```

現在不用重新還原審核不通過的情形了，只需測試 audit_status 的在資料庫中狀態是否會更改成審核狀態，如圖 6-24 所示。

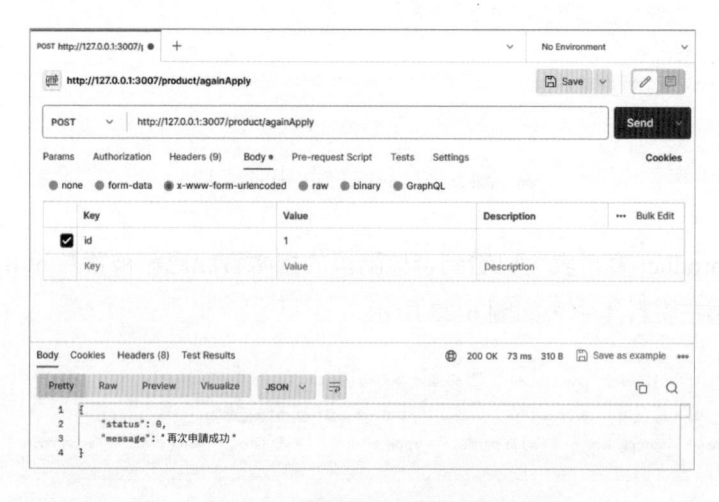

▲ 圖 6-24 測試再次申請介面成功

6.3 實現產品管理的邏輯

開啟 product 資料表,可看到在資料庫中狀態已被修改為審核狀態了,如圖 6-25 所示。

product_out_number	apply_person	audit_person	apply_time	audit_time	audit_status	apply_notes	audit_notes
(Null)	(Null)	(Null)	(Null)	(Null)	審核	(Null)	(Null)

▲ 圖 6-25 狀態由在資料庫中變為審核

6.3.4 獲得寶物

當產品審核透過後,產品出庫資料就被轉移到了出庫資料表。在前端出庫清單頁面主要包括 3 個功能,分別是獲取出庫清單、透過產品 id 搜尋該產品的近期出庫資料、清空出庫資料列表。

1. 獲取出庫列表

新建一個名為 getOutboundList 的路由處理常式,直接使用 select 敘述獲取全部資料即可,這裡需要注意的是 order by 關鍵字要使用審核時間進行排序,程式如下:

```
// 出庫產品清單
exports.getOutboundList = (req, res) => {
    const number = (req.body.pager - 1) * 10
    const sql = 'select * from out_product
            order by audit_time limit 10 offset ${number}'
    db.query(sql, (err, result) => {
        if (err) return res.ce(err)
        res.send(result)
    })
}

//router/product.js
// 出庫產品清單
router.post('/getOutboundList', productHandler.getOutboundList)
```

在 Postman 傳入 pager 參數，回應資料會傳回已出庫的內容，如圖 6-26 所示。

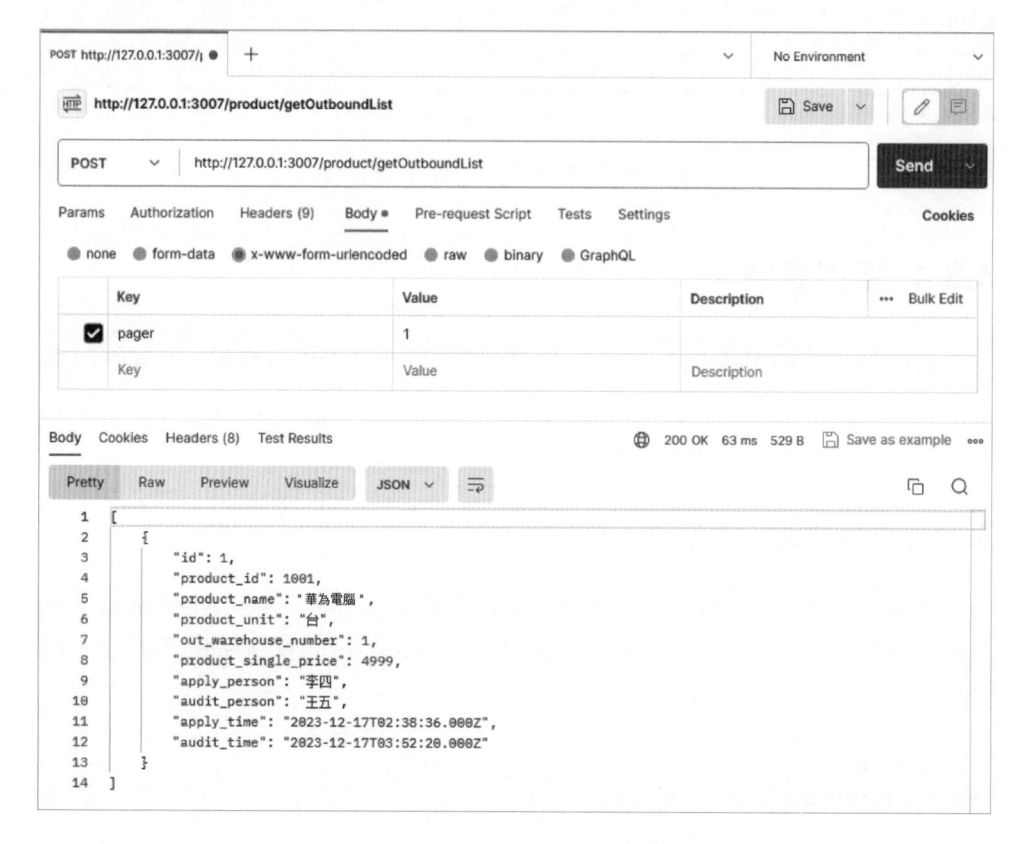

▲ 圖 6-26 傳回出庫列表

2. 搜尋出庫資料

搜尋出庫資料與搜尋產品邏輯大致相同，但不需要判斷狀態。新建一個名為 searchOutbound 的路由處理常式，使用 select 敘述透過 product_id 欄位搜尋，搜查產品傳回的結果只有一個，但某個產品的出庫記錄可能有許多筆，所以可以限制只傳回最近的 10 筆資料，程式如下：

```
// 搜尋出庫資料
exports.searchOutbound = (req, res) => {
    const sql = 'select * from out_product
                 where product_id = ?
```

6.3 實現產品管理的邏輯

```
                            order by audit_time limit 10'
    db.query(sql, req.body.product_id,(err, result)=> {
        if (err) return res.ce(err)
        res.send(result)
    })
}

//router/product.js
// 搜尋出庫資料
router.post('/searchOutbound', productHandler.searchOutbound)
```

在 Postman 傳入 product_id 進行測試，傳回了該產品最近的出庫記錄，如圖 6-27 所示。

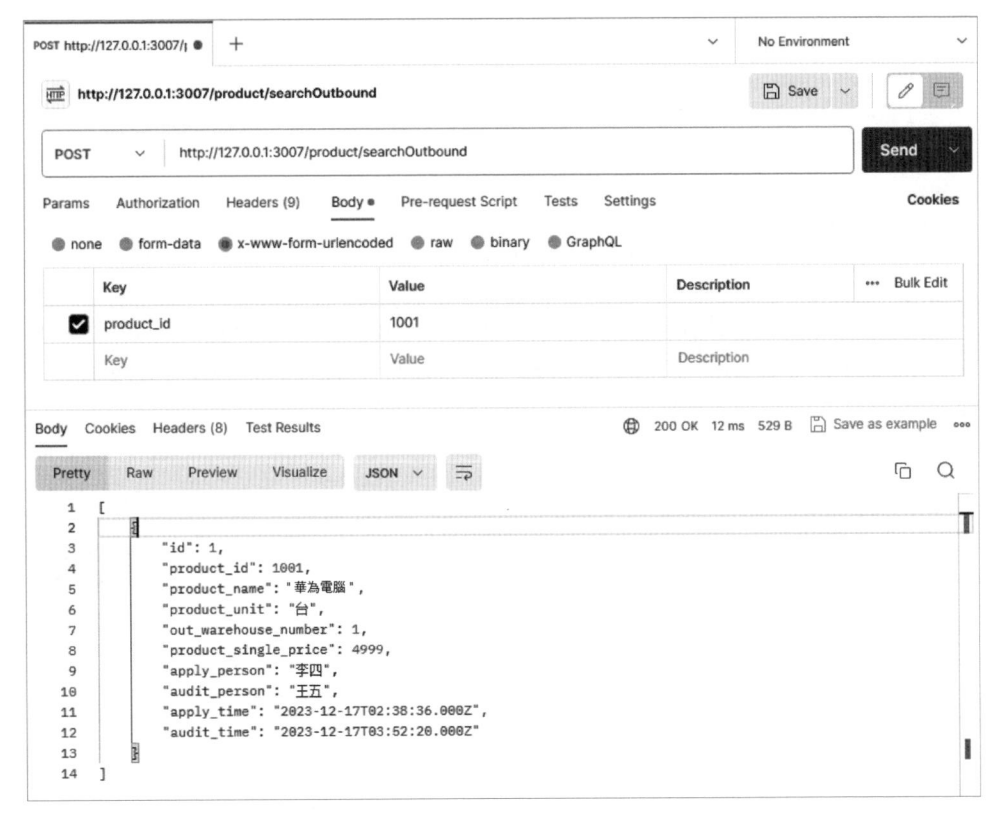

▲ 圖 6-27 測試搜尋出庫資料成功

6-33

3. 清空出庫資料列表

當資料過多時，或當資料庫已滿需要進行備份時，可能需要清空出庫資料清單，這是一個需要超級管理員才能執行的操作，並且具有較高風險。新建一個名為 cleanOutbound 的路由處理常式，使用 truncate 關鍵字清空整個出庫資料列表，程式如下：

```
// 清空出庫資料列表
exports.cleanOutbound = (req,res) =>{
    const sql = 'truncate table out_product'
    db.query(sql,(err,result) =>{
        if (err) return res.ce(err)
        res.send({
            status:0,
            message:'出庫資料列表清空成功'
        })
    })
}

//router/product.js
router.post('/cleanOutbound', productHandler.cleanOutbound)      // 清空出庫列表
```

在 Postman 進行測試，無須傳傳入參數數，按一下 Send 按鈕傳回回應資料「出庫資料列表清空成功」，此時資料庫的資料就完全消失了，如圖 6-28 所示。

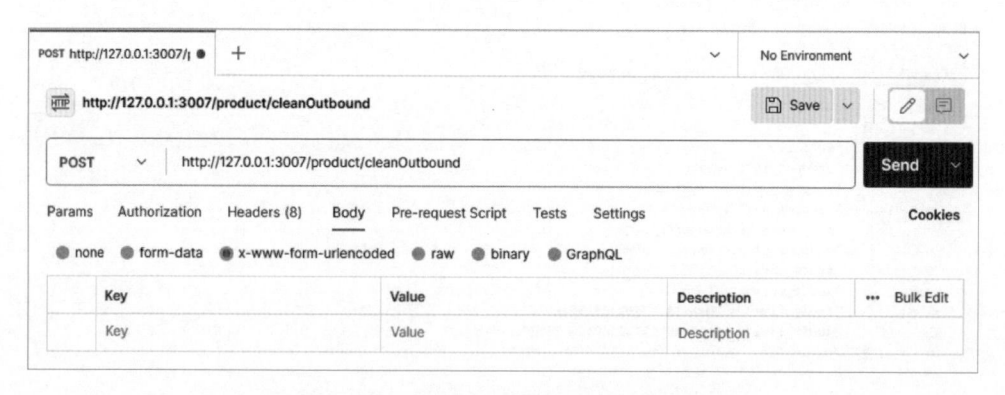

▲ 圖 6-28 測試清空出庫資料列表成功

6.3 實現產品管理的邏輯

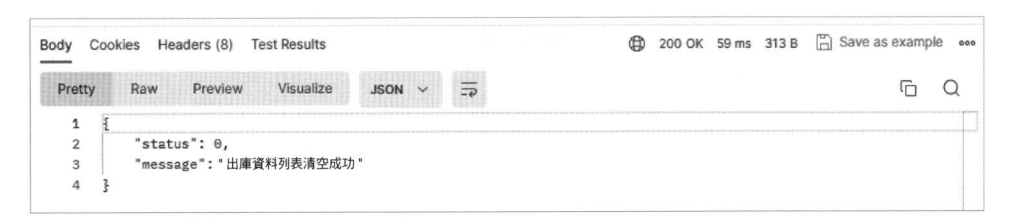

```
Body  Cookies  Headers (8)  Test Results                    200 OK  59 ms  313 B    Save as example  ...
Pretty  Raw  Preview  Visualize  JSON ∨

  1  {
  2      "status": 0,
  3      "message": "出庫資料列表清空成功"
  4  }
```

▲ 圖 6-28 測試清空出庫資料列表成功（續上圖）

此時開啟 out_product 資料表，如圖 6-29 所示。

id	product_id	product_name	product_unit	out_warehouse_number	product_single_price
(N/A)	(N/A)	(N/A)	(N/A)	(N/A)	(N/A)

▲ 圖 6-29 出庫資料列表已清空

需要注意的是，使用 truncate 關鍵字刪除資料列表是一個不可逆的操作，主要用於各種記錄資料表的清空，在使用這個關鍵字之前，一定要先備份必要的資料。除此之外，專案的開發手冊也應嚴格控制使用該關鍵字或監控其使用頻率。

MEMO

7

給系統裝個監控

　　對於電腦使用者來講,防毒軟體並不罕見,防毒軟體會時不時接地彈跳出更新的視窗讓使用者系統更新及修復漏洞,也會彈出垃圾過多和系統需要清理的提示,這說明防毒軟體在無時無刻地監控電腦的執行情況。

　　當然,這只是應用程式層面的監控,對於 Linux、Windows Server 等伺服器作業系統來講會通過多方面去監控系統的執行情況。在硬體層面,使用魯大師軟體的使用者可以看到 CPU 的溫度、記憶體的使用情況及硬體的狀態等;在軟體層面,開啟工作管理員,可以看到正在執行的應用程式、服務和處理程序,以及它們的資源使用情況、通訊埠編號等;此外還有安全性的監控,系統附帶的防火牆會監控網路異常流量,防止惡意程式碼的入侵。

7 給系統裝個監控

硬體層面的監控可及時地發現和解決系統可能存在的問題，例如發現記憶體不足了，可以加多一個記憶體模組，或 CPU 散熱過高，可以多加一個風扇等，從而保證系統的穩定性，避免了系統發生崩潰；在軟體層面的監控中，工作管理員顯示了每個處理程序在記憶體所佔的比例，可以關閉一些佔比高的自啟動的處理程序，最佳化系統的性能。可以說監控保證了電腦系統的正常執行和資料安全，提高了系統的穩定性和安全性。

那麼對於資訊化系統來講，監控是如何實現的，又代表著什麼呢？本章將介紹資訊化系統的監控——埋點，並實現 3 個模組的埋點操作。

7.1 什麼是埋點

埋點，也稱為事件追蹤（Event Tracking），是資料獲取領域關於使用者行為的專業術語，是對特定使用者行為或事件進行捕捉、處理和發送的一種技術手段。雖然埋點聽起來很專業，但埋點的使用場景卻處處都是，例如視訊和新聞文章的點擊率、使用者觀看視訊的時長記錄、軟體的最近登入記錄等都是埋點操作的具體實現。

簡單來講，埋點透過連結某種事件去監聽使用者在 App、網站的行為，如連結 JavaScript 的 onClick 按一下事件，使用者按一下某個內容後會觸發某個介面，資料庫就會記錄該內容被按一下了多少次。現在各種視訊平臺流行的推送視訊也是埋點的一種實現方式，每個視訊都有對應的標籤，假設某個關於西遊記的視訊標籤是古代、名著、電視劇，那麼當使用者停留在該視訊的時間達到了後端設計的某個時長，就會向後端自動發送該視訊綁定的標籤和使用者 ID，資料表關於該使用者的行為愛好欄位就會增加上古代、名著、電視劇的值，系統就會透過該值定向地推送涉及西遊記、古代、名著、電視劇的視訊給該使用者，達到使用者會長時間停留在該視訊平臺的目的，達到平臺即時線上人數保持高增長的目的，如圖 7-1 所示。

7.1 什麼是埋點

```
使用者  ——按一下瀏覽→  視訊
                      西遊記
                      #古代 #名著 #電視劇

     update hobby( 愛好 ) 欄位
              ↓
```

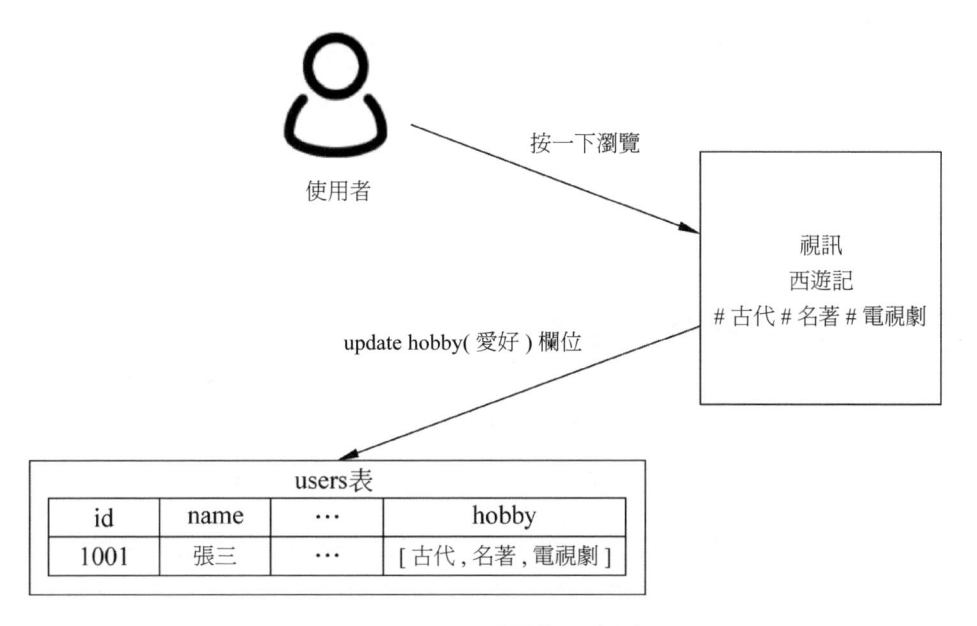

users表

id	name	...	hobby
1001	張三	...	[古代,名著,電視劇]

▲ 圖 7-1 埋點操作示意圖

　　埋點的技術原理，就是監聽軟體應用在執行的過程中的事件，在事件發生時進行判斷和捕捉。埋點一般分為三類，分別是按一下事件、曝光事件、頁面事件。按一下事件對應使用者的按一下行為，每按一下一次就記錄一次；曝光事件指的是統計應用內的某些局部區域是否被使用者有效瀏覽，一般用於廣告，例如頁面左下角有個絕對定位的小廣告，背景就統計某個時間段有多少使用者會按一下此廣告，從而追蹤廣告的有效程度；頁面事件主要記錄使用者存取的頁面和時長，現在很多購物軟體會採取頁面事件，例如讓使用者按一下某個商家頁面瀏覽 60s，就可以領取金幣等，或使用者玩小遊戲多少秒就可以獲得貢獻值等。

　　了解了埋點的原理，那麼埋點擷取的資料能用來幹什麼呢？最主要的場景就是埋點可以分析使用者的喜好行為，如上述所講的視訊推送，提高使用者的使用體驗和對平臺的使用率，同時平臺也可根據埋點即時收集的資訊調整主要推送內容；在一些銷售平臺會透過記錄使用者的存取 IP 分析全國區域內存取內容最多的省份區域，平臺可以根據得到的資料把業務放到重點的省份等；對於資訊化系統，埋點可對敏感的使用者行為進行記錄，達到溯源的效果，例如某

7 給系統裝個監控

個管理員手誤刪除了某個使用者帳號，當使用者發現自己的帳號沒了時，系統內儲存的資訊也消失了，此種情況就可以透過操作日誌回溯找出原因。

綜合來看，透過埋點擷取的資料可以形成不同的使用者行為模型，對於企業資訊化和數位化改革具有十分重要的意義。

7.2 設計並實現埋點

在設計埋點時，首先需要考慮哪些資料是值得擷取的，哪些資料能夠給系統帶來監控作用。埋點設計時應把勁用在刀刃上，減少無效的資料獲取。

在本書專案的註冊與登入模組中，讀者可以試著透過埋點獲取某段時間註冊的使用者數量並統計某段時間登入系統的使用者數量，例如 10 月份註冊 1000 人，然後統計 11 月份的登入人數，透過這兩項資料可以得到一個大致的黏性使用者資料。此外，登入的資訊也是值得記錄的資料，例如帳號 123456 在某年某月某日登入了系統，形成系統的登入日誌。在本書專案中，設計登入日誌用於記錄所有使用者的登入時間。

在使用者模組中，涉及了編輯使用者資訊、凍結使用者、刪除使用者的敏感操作，對比凍結使用者與刪除使用者，可以發現這兩個操作帶來的後果的嚴重性是不同的，所以可以對操作增加等級標記，如低級、中級、高級，例如帳號 123456 在某年某月某日刪除了帳號為 1234567 的使用者，操作等級為高級。

在產品模組中，主要的操作行為包括入庫產品、編輯產品資訊、產品申請出庫及審核出庫，可以根據操作的過程進一步將埋點擷取物件抽象成操作者、操作物件、操作內容、操作時間、操作狀態（可選）、操作等級的操作日誌記錄，例如帳號 123456 的張三（操作者），對華為電腦（操作物件）進行了出庫申請（操作內容），時間為某年某月某日（操作時間），審核狀態為透過（操作狀態），操作等級為中級。

7.2 設計並實現埋點

根據對 3 個模組的分析，可得到 login_log（登入日誌）資料表和 operation_log（操作日誌）資料表，登入日誌的欄位分析如下。

（1）id：資料表自動增加 id，類型為 int，長度預設為 11。

（2）account：帳號，用於唯一標識登入使用者，類型為 int，長度預設為 11。

（3）name：暱稱，類型為 varchar，長度預設為 255。

（4）email：電子郵件，用於聯繫登入使用者，類型為 varchar，長度預設為 255。

（5）login_time：登入時間，類型為 datetime，長度預設為 0。

在新建登入日誌資料表時的欄位設計如圖 7-2 所示。

id	int	11	☑	☐	🔑1
account	int	11	☐	☐	
name	varchar	255	☐	☐	
email	varchar	255	☐	☐	
login_time	datetime		☐	☐	

▲ 圖 7-2　設計登入日誌資料表

操作日誌的欄位分析如下。

（1）id：資料表自動增加 id，類型為 int，長度預設為 11。

（2）account：帳號，用於唯一標識登入使用者，類型為 int，長度預設為 11。

（3）name：暱稱，類型為 varchar，長度預設為 255。

（4）content：操作內容，類型為 varchar，長度預設為 255。

（5）time：操作時間，類型為 datetime，長度預設為 0。

7 給系統裝個監控

（6）status：操作狀態，類型為 varchar，長度預設為 255。

（7）level：操作等級，類型為 varchar，長度預設為 255。

在新建操作日誌資料表時的欄位設計如圖 7-3 所示。

id	int	11	☑	☐	🔑1
account	int	11	☐	☐	
name	varchar	255	☐	☐	
content	varchar	255	☐	☐	
time	datetime		☐	☐	
status	varchar	255	☐	☐	
▶ level	varchar	255	☐	☐	

▲ 圖 7-3 設計操作日誌資料表

7.2.1 登入模組埋點

經過了使用者模組和產品模組的練習，想必讀者對寫介面之前的步驟都比較熟悉了。首先需新建用於存放介面的路由檔案，在 router 目錄下新建名為 login_log 的 JavaScript 檔案，其次新建一個存放路由處理常式的檔案，在 router_handler 目錄下新建與路由檔案名稱相同的 JavaScript 檔案。

在 router/login_log.js 檔案中匯入 Express.js 框架及其路由、匯入路由處理常式模組，最後向外暴露路由，程式如下：

```
// 登入日誌模組
const express = require('express')
const router = express.Router()
// 匯入登入日誌路由處理模組
const loginLogHandler = require('../router_handler/login_log.js')

module.exports = router
```

7.2 設計並實現埋點

在 router_handler/login.log.js 檔案中匯入 db,程式如下:

```javascript
const db = require('../db/index')          // 匯入資料庫操作模組
```

在入口檔案 app.js 中掛載路由模組,使用 log 作為首碼,程式如下:

```javascript
//app.js
const loginLogRouter = require('./router/login_log.js')
app.use('/log', loginLogRouter)
```

1. 記錄登入資訊

經過前面的分析,已知記錄登入需要傳入使用者的帳號、暱稱及聯絡方式,登入日期由伺服器端生成,參數不多。新建一個名為 loginLog 的路由處理常式,使用 insert 敘述往 login_log 資料表插入欄位值,程式如下:

```javascript
// 登入記錄
exports.loginLog = (req,res)=>{
    const {account,name,email} = req.body
    const login_time = new Date()
    const sql = 'insert into login_log set ?'
    db.query (sql,{account,name,email,login_time},(err,result)=>{
        if (err) return res.ce (err)
        res.send({
            status:0,
            message:'記錄登入資訊成功'
        })
    })
}

//router/login_log.js
router.post('/loginLog', loginLogHandler.loginLog)          // 登入記錄
```

開啟 Postman 測試 loginLog 介面,如果輸入帳號、暱稱、電子郵件後傳回「記錄登入資訊成功」的回應資訊,則說明介面測試成功,如圖 7-4 所示。

7 給系統裝個監控

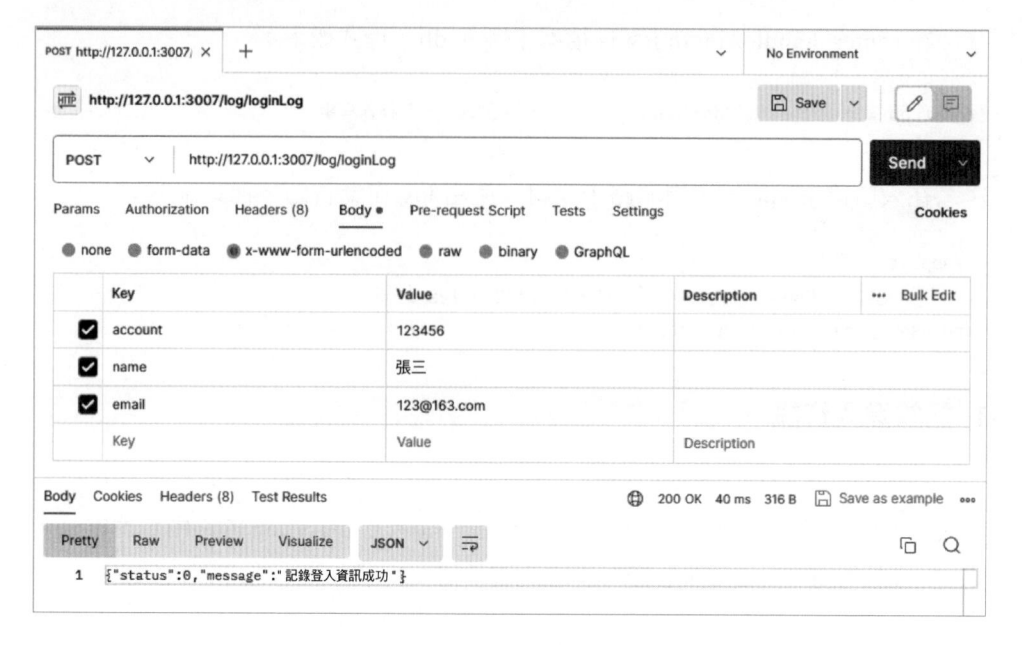

▲ 圖 7-4 測試登入記錄介面成功

開啟 login_log 資料表，可以發現已經插入了一筆使用者登入記錄，如圖 7-5 所示。

▲ 圖 7-5 插入一筆登入記錄

2. 傳回登入日誌

新建一個名為 getLoginLogList 的路由處理常式，結合 select 敘述和分頁獲取登入記錄資料表資料。當寫多了關於清單的介面後，就可以發現獲取列表基本上是和分頁相結合的，這樣就可以養成一個設計邏輯的習慣，想到清單就要考慮分頁。傳回登入日誌清單的程式如下：

7.2 設計並實現埋點

```
// 傳回登入日誌清單
exports.getLoginLogList = (req,res)=>{
    const number = (req.body.pager - 1)* 10
    const sql = 'select * from login_log
                    order by login_time
                    limit 10 offset ${number}'
    db.query(sql,(err,result)=>{
        if(err)return res.ce(err)
        res.send(result)
    })
}

//router/login_log.js
router.post('/getLoginLogList', loginLogHandler.getLoginLogList)
```

開啟 Postman 測試傳回登入日誌清單介面，如果可以看到傳回了剛插入的登入記錄，則說明測試成功，如圖 7-6 所示。

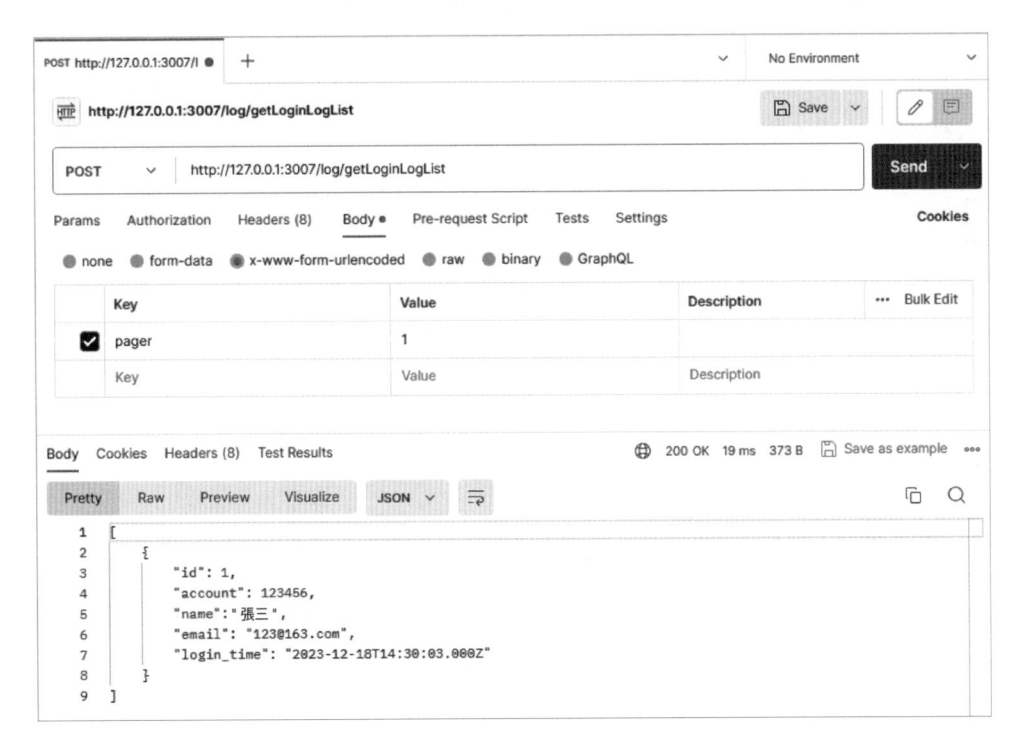

▲ 圖 7-6 測試獲取登入記錄成功

3. 搜尋使用者登入日誌

新建一個名為 searchLoginLogList 的路由處理常式,用於管理員搜尋指定帳號最近 10 筆登入記錄,程式如下:

```
// 搜尋最近 10 筆登入記錄
exports.searchLoginLogList = (req,res)=>{
    const sql = 'select * from login_log
                          where account = ?
                          order by login_time limit 10'
    db.query(sql,req.body.account,(err,result)=>{
        if(err) return res.ce(err)
        res.send(result)
    })
}

//router/login_log.js
router.post('/searchLoginLogList', loginLogHandler.searchLoginLogList)
```

當然,由於目前只有一筆記錄,所以傳回的結果和 getLoginLogList 介面的回應資料一樣,故不在 Postman 進行測試,但需要在 Postman 中將該介面的位址增加到 Collections 中,如圖 7-7 所示。

▲ 圖 7-7 將介面儲存到對應模組的記錄中

4. 清空登入日誌

登入埋點的最後一個介面為清空登入日誌,即使用 truncate 關鍵字清空資料表。新建一個名為 clearLoginLogList 的路由處理常式,程式如下:

7.2 設計並實現埋點

```js
// 清空登入日誌
exports.clearLoginLogList = (req,res)=>{
    const sql = 'truncate table login_log'
    db.query(sql,(err,result)=>{
        if(err) return res.ce(err)
        res.send({
            status:0,
            message:'登入日誌清空成功'
        })
    })
}

//router/login_log.js
router.post('/clearLoginLogList', loginLogHandler.clearLoginLogList)
```

開啟 Postman 測試清空登入日誌介面，如果傳回「登入日誌清空成功」的回應資料，則表示此時登入日誌的任何資料都已被刪除，如圖 7-8 所示。

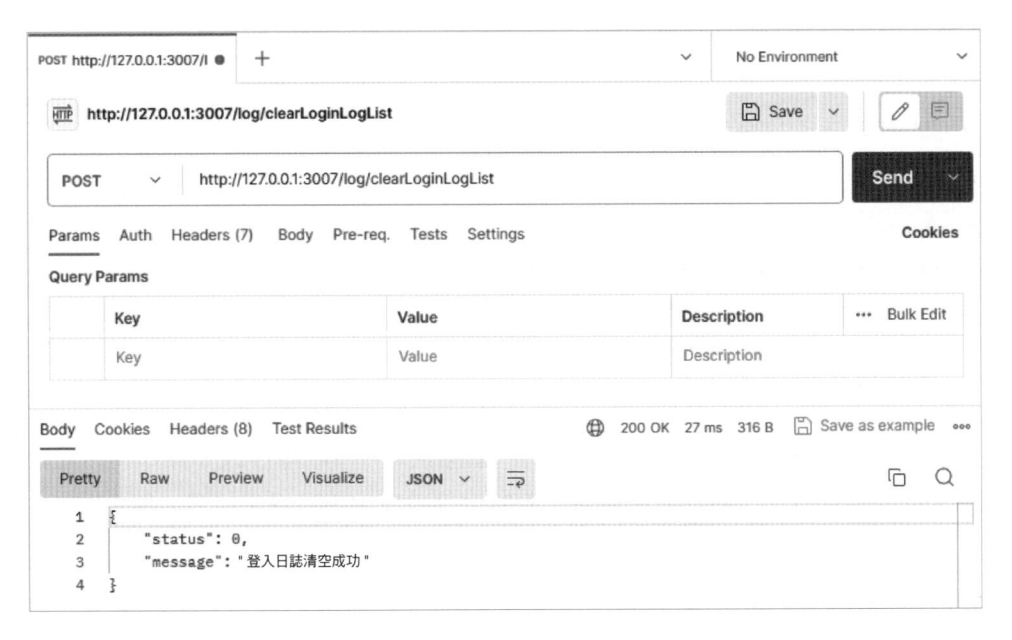

▲ 圖 7-8 測試清空登入日誌成功

7.2.2 使用者模組和產品模組埋點

使用者模組和產品模組的埋點可以共用介面，原因在於兩者的操作都有操作人、操作物件、操作內容及操作等級，唯一不同的是產品審核需要操作狀態，可作為可選的形式參數，如果沒有值，則不會影響資料表。

在 router 目錄和 router_handler 目錄都新建名為 operation_log 的 JavaScript 檔案，同之前的邏輯一樣，匯入必要的模組，並在入口檔案掛載路由模組，程式如下：

```javascript
//router/operation_log.js
// 操作日誌模組
const express = require('express')
const router = express.Router()
// 匯入操作日誌路由處理模組
const operationHandler = require('../router_handler/operation_log.js')

module.exports = router

//router_handler/operation_log.js
const db = require('../db/index.js')

//app.js
const operationRouter = require('./router/operation_log.js')
app.use('/operation', operationRouter)
```

1. 記錄操作資訊

新建一個名為 operationLog 的路由處理常式，接收操作人、操作物件、操作內容、操作等級、操作狀態參數，同時由伺服器端生成操作時間，程式如下：

```javascript
// 操作記錄
exports.operationLog = (req,res)=>{
    const {account,name,content,level,status } = req.body
    const time = new Date()
    const sql = 'insert into operation_log set ?'
    db.query(sql,{account,name,content,level,status,time}, (err,result)=>{
```

7.2 設計並實現埋點

```
        if (err) return res.ce(err)
        res.send({
            status:0,
            message:'操作記錄成功'
        })
    })
}

//router/operation_log.js
router.post('/operationLog', operationHandler.operationLog)          // 操作記錄
```

開啟 Postman，測試操作的內容為產品出庫，如果傳回「操作記錄成功」的回應資訊，則說明測試成功，如圖 7-9 所示。

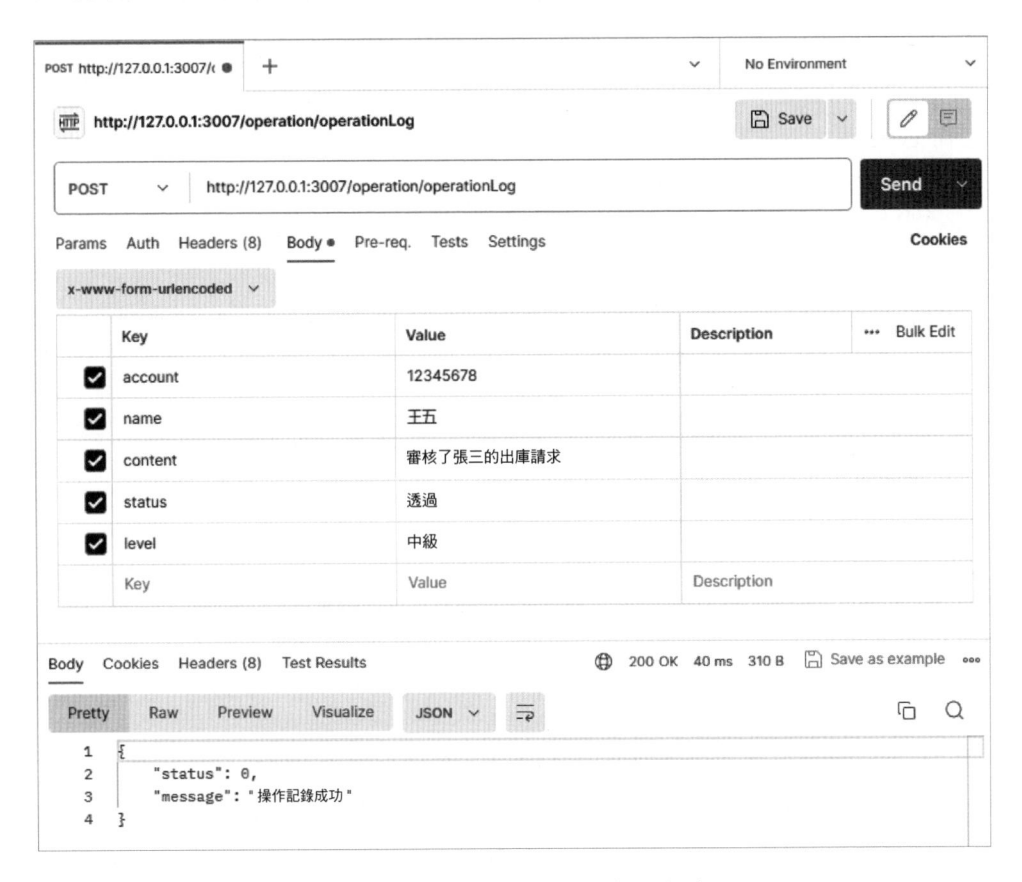

▲ 圖 7-9 測試記錄操作資訊成功

7 給系統裝個監控

開啟 operation_log 資料表,可看到已經插入了一筆操作記錄,如圖 7-10 所示。

id	account	name	content	time	status	level
1	12345678	王五	審核了張三的出庫請求	2023-12-27 12:02:13	通過	中級

▲ 圖 7-10 operation_log 插入了一筆操作記錄

2. 傳回操作日誌

傳回操作日誌的邏輯與傳回登入日誌的邏輯相同,直接將一份傳回登入日誌的程式複製到操作記錄模組,將名稱修改為 getOperationLogList,同時將搜尋的資料表修改為 operation_log,將 order by 關鍵字後面的時間修改為 time。由於邏輯相同,所以不再進行介面測試。傳回操作日誌清單的程式如下:

```
// 傳回操作日誌清單
exports.getOperationLogList = (req,res) =>{
    const number = (req.body.pager - 1)* 10
    const sql = 'select * from operation_log
                    order by time
                    limit 10 offset ${number}'
    db.query(sql,(err,result) =>{
        if (err) return res.ce (err)
        res.send (result)
    })
}

//router/operation_log.js
// 傳回操作日誌
router.post('/getOperationLogList', operationHandler.getOperationLogList)
```

3. 透過指定日期傳回操作日誌

登入日誌一般透過帳號傳回對應使用者的登入資訊,而操作一般透過日期定位操作行為,所以可以使用模糊搜尋的方式透過指定日期傳回操作日誌。新建一個名為 searchOperation 的路由處理常式,使用 select 敘述結合 like 關鍵字

7.2 設計並實現埋點

傳回日誌內容，需要注意的是，like 關鍵字在 where 關鍵字的後面，在 order by 關鍵字之前。整體的邏輯程式如下：

```
// 傳回指定日期操作日誌
exports.searchOperation = (req, res) => {
    const sql = 'select * from operation_log
                            where time
                            like '%${req.body.time}%'
                            order by time
                            limit 10'
    db.query(sql, (err, result) => {
    if (err) return res.ce(err)
        res.send(result)
    })
}

//router/operation_log.js
// 傳回指定日期操作日誌
router.post('/searchOperation', operationHandler.searchOperation)
```

開啟 Postman 測試該介面，輸入 time 參數，傳回了當天的操作記錄，說明測試成功，如圖 7-11 所示。

▲ 圖 7-11 測試傳回指定日期記錄成功

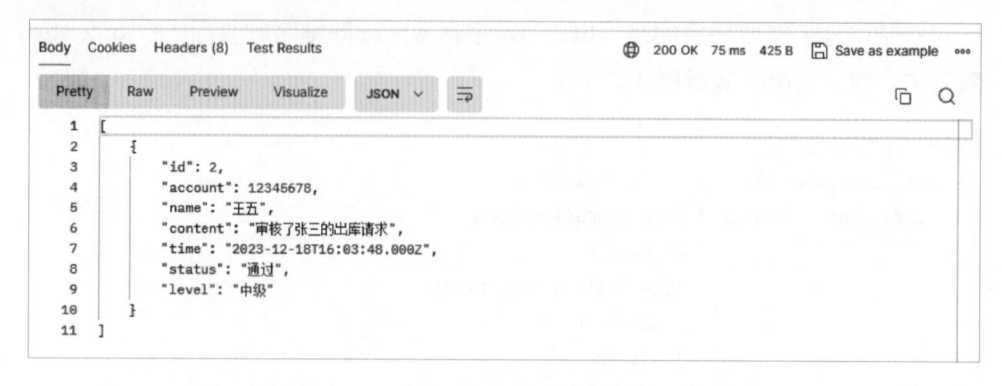

```
Body  Cookies  Headers (8)  Test Results              200 OK  75 ms  425 B   Save as example
Pretty  Raw  Preview  Visualize   JSON
  1  [
  2     {
  3        "id": 2,
  4        "account": 12345678,
  5        "name": "王五",
  6        "content": "審核了张三的出库请求",
  7        "time": "2023-12-18T16:03:48.000Z",
  8        "status": "通过",
  9        "level": "中级"
 10     }
 11  ]
```

▲ 圖 7-11 測試傳回指定日期記錄成功（續上圖）

4. 清空操作日誌

清空操作日誌的邏輯同清空登入日誌的邏輯相同，只需修改介面名稱和清空的資料表名稱，以及相應資訊。由於邏輯相同，故不再進行介面測試。清空的邏輯程式如下：

```
// 清空操作日誌
exports.clearOperationList = (req,res)=>{
    const sql = 'truncate table operation_log'
    db.query(sql,(err,result)=>{
        if (err) return res.ce(err)
        res.send({
            status:0,
            message:'登入操作清空成功'
        })
    })
}

//router/operation_log.js
// 傳回指定日期操作日誌
router.post('/clearOperationList', operationHandler.clearOperationList)
```

8

介面文件

　　在實際工作的開發過程中，在專案的詳細設計階段會輸出一份介面文件，介面文件是對每個介面說明用途的技術文件，會詳細描述介面的呼叫方式、參數、回應資料及其格式和類型等；在一些硬體的開發過程中，介面文件還會包括邏輯特性、功能、性能、互連關係等。開發人員透過介面文件可以了解和明確介面的具體要求和標準，以保證正確地呼叫和測試介面。

8 介面文件

但介面文件卻不一定在設計階段就舉出，這往往需要考慮多方面的情況。如果是一個完整的專案團隊，即有專案經理、專案總監、UI 設計、前後端開發人員、測試和運行維護等角色，則會在專案初期頻繁開會討論的時候就分析專案的每個功能需求，根據需求的特點、功能特性去分析出傳入的參數、傳回的回應結果及其格式和類型，並標準每個模組的介面首碼和完整路徑，後端開發人員根據得出的資料寫入具體的實現邏輯，前端也一併開始寫頁面，並使用 Mock.js 等工具建立模擬介面實現相關功能，最後只需將虛擬介面修改為真介面；另外的一種常見情況是專案團隊並不完整，在目前降本增效的趨勢下，很多公司會讓後端開發人員學習前端知識，也就是所謂的全端開發，那麼這樣就完全不用介面文件了，屬於自己設計介面自己呼叫；除此之外，如果開發不標準或由於專案小，則不需要詳細設計階段，通常會讓後端先寫介面，寫完某個模組的介面再輸出介面文件，接著前端再呼叫介面以實現頁面具體功能。

整體來講，介面文件的本質是為了使前後端開發人員的協作工作更方便，是屬於先設計再實施的一種文件，就好比建房子總要先畫圖後施工，但在實際開發中往往會由於團體因素、需求頻繁更改而導致介面文件成為一種擺設。由於本專案屬於全端開發練習專案，故而也屬於自己設計介面自己呼叫，也就變成了寫完介面再輸出介面文件。

在前面章節的開發過程中，已經在 Postman 收錄了 5 個模組的介面，本章將以註冊和登入模組為例，分別使用 Postman、Apifox、Express.js 的 Swagger 模組套件生成介面文件。

8.1 使用 Postman 生成介面文件

第 1 步，開啟 Postman，在左側的 Collections 中找到 Login 模組，按一下模組右側的「三個點」，即更多的選項，找到 View documentation（查看文件）並按一下，如圖 8-1 所示。

8.1 使用 Postman 生成介面文件

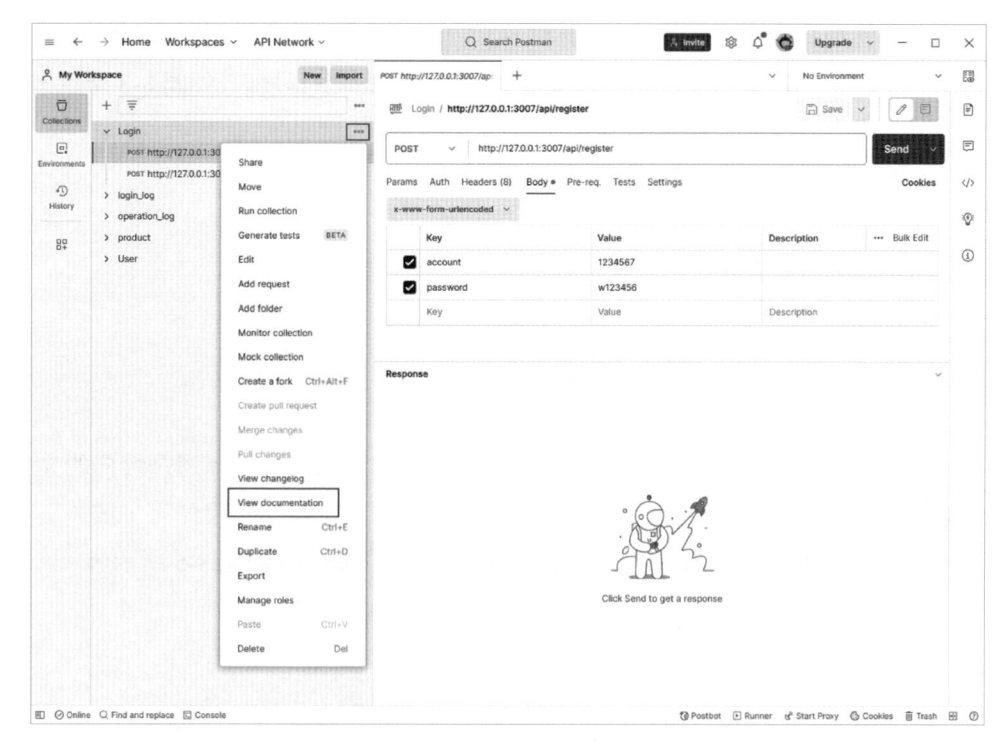

▲ 圖 8-1 按一下 View documentation

按一下後就進入了 Login 模組的介面文件，此時文件並沒有發佈到網路上，只有小組內的人可以看到介面，那麼如何往小組內增加組員呢？按一下最上方的 Invite（邀請）按鈕即可邀請他人進入自己的小組，如圖 8-2 所示。

▲ 圖 8-2 邀請他人至工作環境（小組）

8 介面文件

其次就是將介面文件發佈到網路上,這樣其他人可以透過網址找到該介面文件。按一下介面文件右上角的 Publish(發佈)按鈕進行發佈,如圖 8-3 所示。

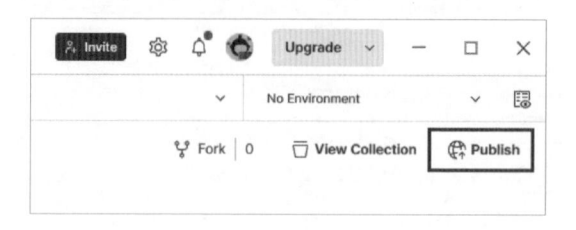

▲ 圖 8-3 發佈介面文件

按一下後將自動開啟一個發佈文件的網頁,在該網頁內可以選擇發佈的文件版本、環境、URL、介面文件、SEO 等的外觀,直接全部預設即可,按一下最底下的橙色 Publish(發佈)按鈕進行發佈,內容如圖 8-4 和圖 8-5 所示。

▲ 圖 8-4 發佈文件選項

▲ 圖 8-5 確定發佈文件

8.1 使用 Postman 生成介面文件

隨即介面文件便已經發佈到網路上了，此時會進入一個發佈設置概覽頁面，裡面包括了發佈的位址及在上一步選擇的發佈選項，如圖 8-6 所示。

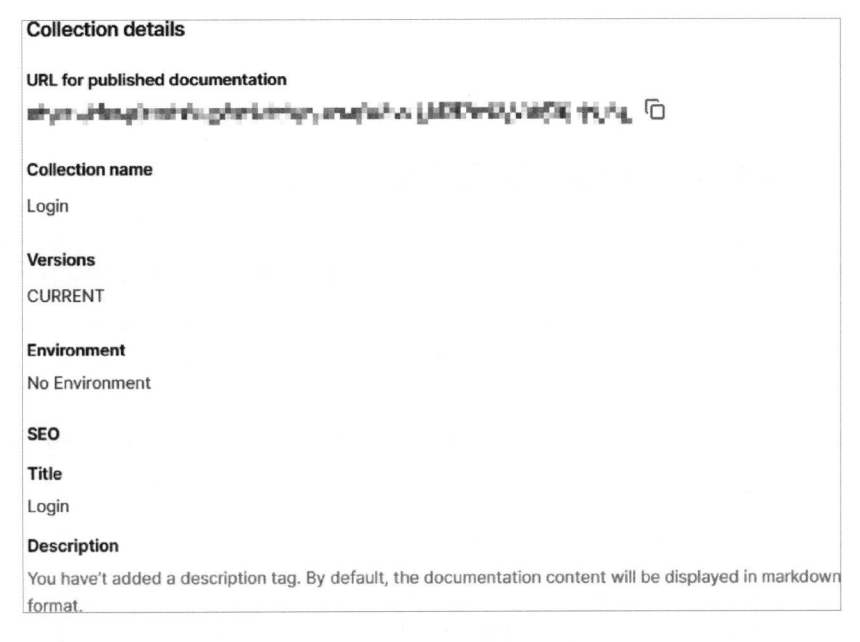

▲ 圖 8-6 發佈設置概覽頁

按一下文件位址，就獲得了一份公開的介面文件。文件左側為該模組下的所有介面，中間為介面的位址、請求本體等詳細內容。在實際開發中，該 URL 網址只會在開發小組內部共用，如圖 8-7 所示。

▲ 圖 8-7 公開的介面文件

8 介面文件

但不建議讀者使用 Postman 生成介面文件，一是生成的文件字型為英文，二是由於 Postman 的伺服器位於國外，可能會造成在 Postman 軟體內按一下橙色 Publish 按鈕開啟的網頁遺失。那該如何快速生成介面文件呢？這就不得不提測試軟體後起之秀——Apifox。

8.2 使用 Apifox 生成介面文件

Apifox 是一個集 API 文件、API 偵錯、API Mock、API 自動化測試於一體的協作平臺，定位是 Postman+Swagger+Mock+JMeter。那麼 Swagger、Mock 和 JMeter 分別是什麼呢？

Swagger 是一個開放原始碼的 API 設計和開發工具，用於建構和描述 RESTful 風格的介面文件。簡單來講就是一個生成介面文件的工具，並且符合主流的 RESTful 風格，其實之前在 Postman 設計的介面就屬於基於 RESTful 風格。RESTful 基於 HTTP 協定，使用 URL 網址來標識資源，並透過 HTTP 方法（如 GET、POST、PUT、DELETE）來操作這些資源，簡單且明了；其透過 URL 區分和存取所帶來的層次化架構使系統在模組化開發上更加易於擴充和維護。Swagger 提供了強大的 UI 介面，在 8.3 節中將使用適合 Express.js 框架的 Swagger 模組直接在伺服器生成介面文件。此外，支援多種語言和框架及開放原始碼和免費的特點，使 Swagger 成為開發人員最喜歡的介面文件工具之一。

Mock 意為假的、模擬的，在測試中 Mock 即模擬資料。當 API 還在開發且沒有約定的介面文件時，前端可根據頁面需要傳回的資料自己模擬 API 的傳回結果，例如某張表格用於記錄使用者的資訊，但此時沒有 API 供前端呼叫，即無法獲取後端 users 資料表資料，那麼就可以透過 Mock 去模擬後端傳回的回應資料。

JMeter 是 Apache 組織基於 Java 開發的壓力測試工具，用於對軟體做壓力測試。壓力測試成功模擬大量使用者併發存取系統，測試軟體系統在壓力情況下的表現和回應能力，發現系統可能存在的問題，以保證系統的穩定性和可靠性。

8.2 使用 Apifox 生成介面文件

作為後起之秀的 Apifox 目前在的使用率已經接近 Postman，但在國外 Postman 還是居於主流地位。學好 Postman，其他的 API 開發工具也易於上手，這也是為什麼前面都使用 Postman 測試介面而非 Apifox 的原因。除此之外，國產的 Apipost 也是集 API 文件、設計、偵錯和自動化測試於一體的 API 協作開發工具，這裡不再介紹。

下面對 Apifox 的安裝及其使用進行簡單介紹。

1. 下載與安裝 Apifox

進入 Apifox 官網，按一下「免費下載」按鈕，也可在「免費下載」下方選擇適合本機作業系統後進行下載，如圖 8-8 所示。

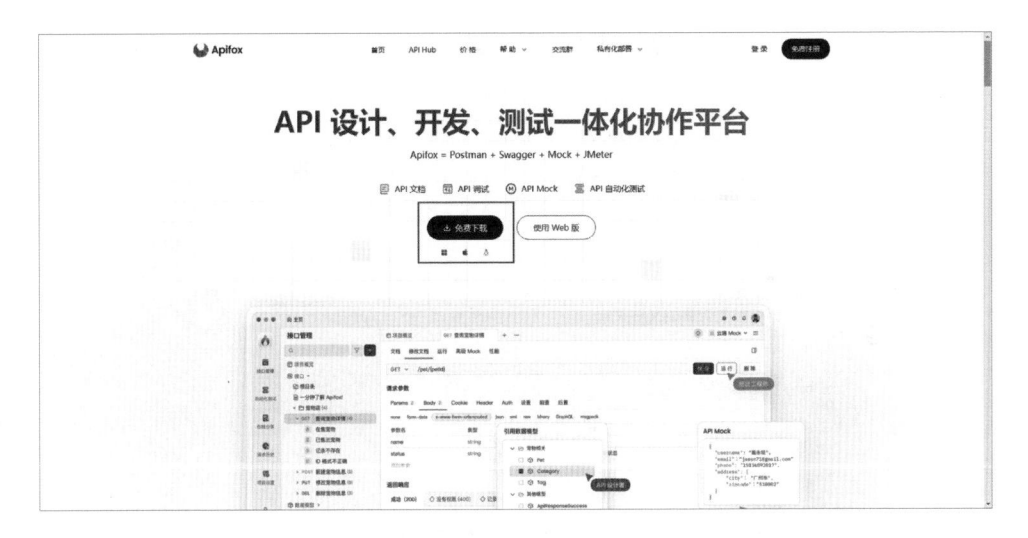

▲ 圖 8-8 下載 Apifox

下載後是一個名為 Apifox-windows-latest 的壓縮檔，也就是適合 Windows 版本的最新 Apifox，解壓後是 Apifox 的安裝執行檔案。按一下安裝執行檔案後首先需要選擇使用者，讀者可根據自己的需求進行選擇，如圖 8-9 所示。

8 介面文件

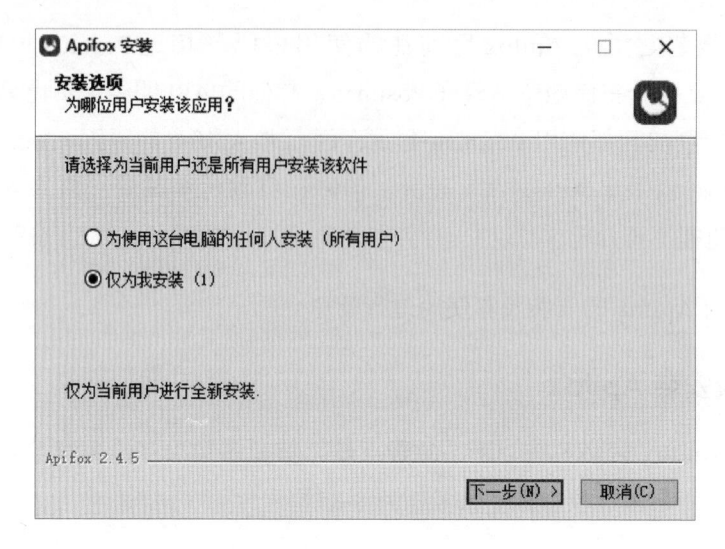

▲ 圖 8-9 選擇安裝使用者

下一步為選擇安裝路徑，通常為了避免系統磁碟（預設 C 磁碟）容量變小會選擇安裝在 D 磁碟中，讀者可根據需要自訂安裝路徑，如圖 8-10 所示。

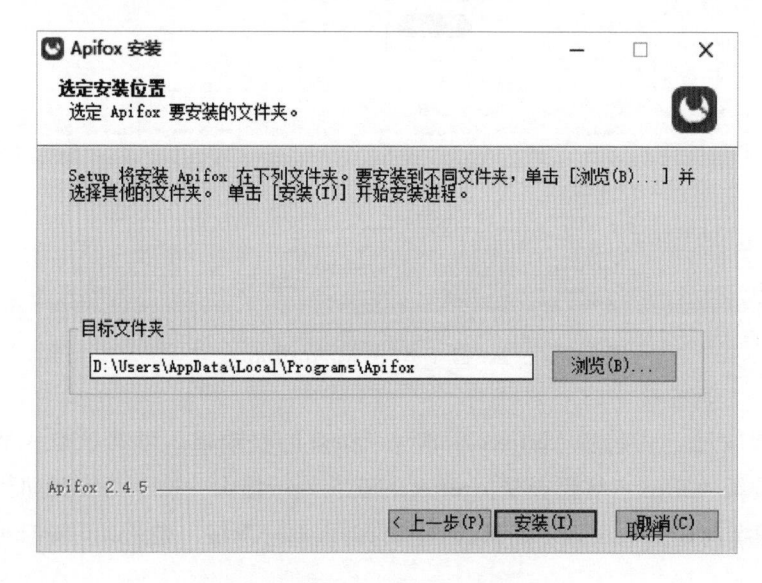

▲ 圖 8-10 選擇安裝路徑

8.2 使用 Apifox 生成介面文件

等待安裝完成後，即可執行 Apifox，如圖 8-11 所示。

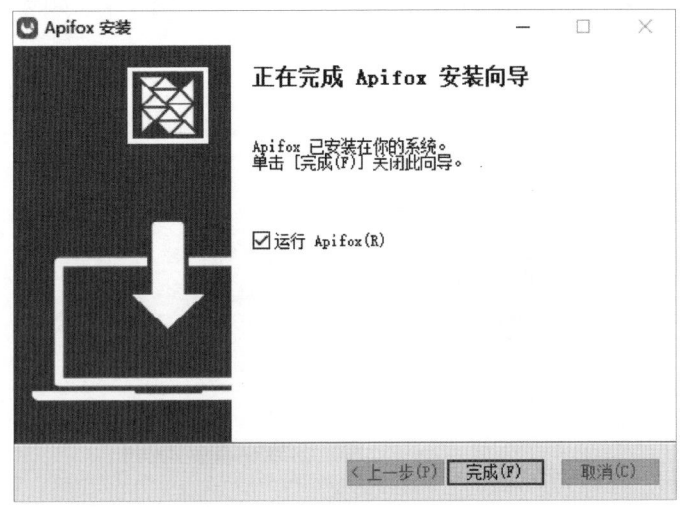

▲ 圖 8-11 安裝 Apifox 完成

2. 使用 Apifox

開啟 Apifox 後會提示使用微信、手機或電子郵件登入，讀者可選擇適合的方式進行登入。這也是 Apifox 與 Postman 的主要區別之一，Postman 支援離線使用。進入主頁，左側區域包括我的團隊（相當於 Postman 的 My WorkSpace）、API Hub（用於搜尋工具、開放原始碼專案）、我的收藏（專案）和最近存取（專案）；右邊為主要區域，為個人空間，可選擇團隊專案、查看團隊成員及設置團隊資訊等，如圖 8-12 所示。

▲ 圖 8-12 Apifox 主頁

8 介面文件

按一下右側紫色名為「新建專案」按鈕，在彈出窗內輸入專案名稱，專案類型為 HTTP，按一下「新建」按鈕，即建立好了第 1 個專案，如圖 8-13 所示。

▲ 圖 8-13 新建專案

在新建立的專案內選擇新建介面，如圖 8-14 所示。

▲ 圖 8-14 新建介面

8.2 使用 Apifox 生成介面文件

此時的頁面跟 Postman 有些類似，在請求方式中選擇 POST 請求，輸入註冊帳號的介面位址，在參數區域選擇 Body 及 x-www-form-urlencoded 格式，傳入註冊的帳號和密碼。需要注意的是 Apifox 的類型沒有 int，數字類型對應的是 number。按一下「發送」按鈕後接收伺服器端的回應資訊，如果提示「註冊帳號成功」，則說明介面測試成功，如圖 8-15 所示。

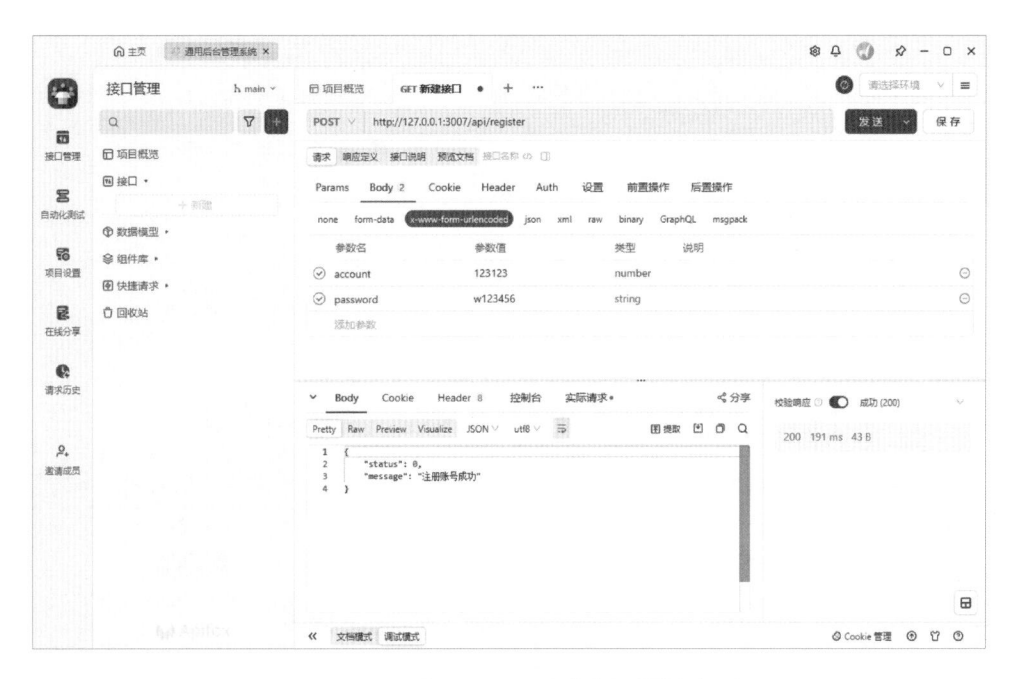

▲ 圖 8-15 在 Apifox 測試註冊帳號介面

此時按一下「發送」按鈕旁的「儲存」按鈕，會提示儲存的介面名稱，輸入「註冊」，儲存介面的目錄預設為根目錄，可按一下「新建目錄」按鈕，建立「註冊與登入模組」目錄，最後按一下「確定」按鈕，至此該介面就儲存成功了，如圖 8-16 所示。

8 介面文件

▲ 圖 8-16 儲存註冊帳號介面

按一下註冊與登入模組的更多選項，選擇匯出，如圖 8-17 所示。

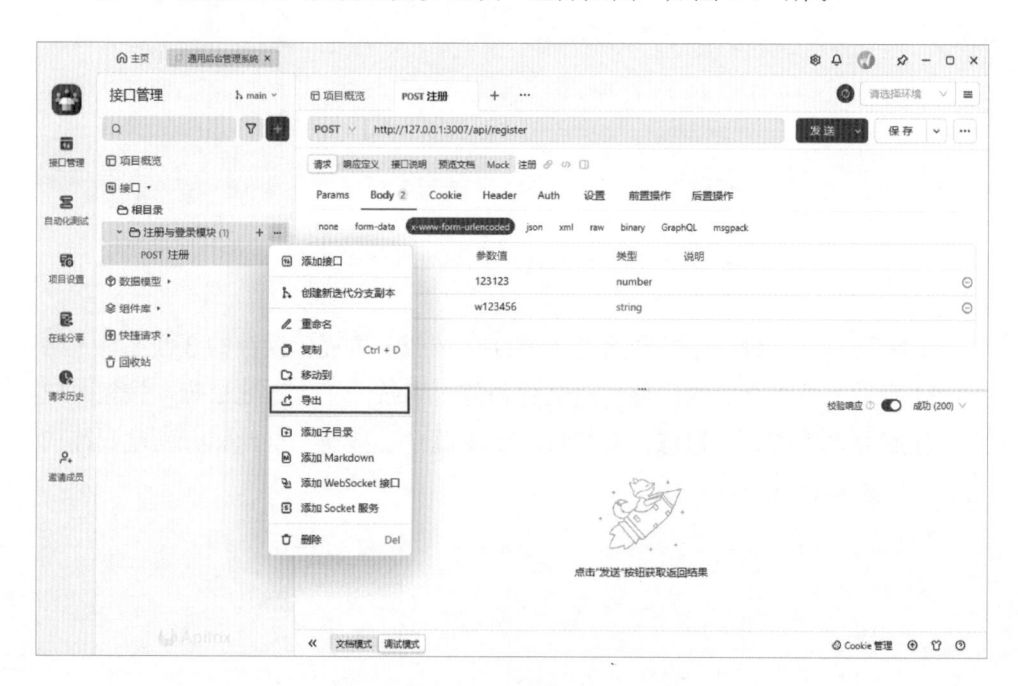

▲ 圖 8-17 匯出註冊帳號介面

8.2 使用 Apifox 生成介面文件

在匯出資料的彈框中，可以選擇多種不同的資料格式，OpenAPI 格式為 JSON 類型的展示形式；選擇 HTML 格式則類似於在 Postman 中將介面文件發佈在網路上，可在一個 URL 網址上閱讀介面文件；Markdown 格式是一種類似筆記型電腦的格式，使用易於閱讀、易於撰寫的純文字格式撰寫文件，然後將其轉為結構化的 HTML 輸出；最後一種 Apifox 格式展示的介面內容也是 JSON 類型。匯出範圍可以選擇包含全部、手動圈選介面和指定標籤，因為這裡只有一個註冊介面，所以圈選範圍只有 1 個介面。執行環境可以選擇開發環境、測試環境和正式環境，對應開發、測試和發佈的不同場景。

在這裡選擇 HTML 格式及開發環境，如圖 8-18 所示。

▲ 圖 8-18 匯出註冊與登入模組

按一下「匯出」按鈕後，會在本地生成介面文件，同時會在預設瀏覽器彈出生成的介面文件，如圖 8-19 所示。

8 介面文件

▲ 圖 8-19 生成註冊與登入模組的介面文件

8.3 使用 Swagger 模組生成介面文件

開啟編輯器,在終端下載 Express.js 的 Swagger 模組套件,程式如下:

```
npm install express-swagger-generator
```

在入口檔案中匯入 express-swagger-generator,並配置 Swagger 生成器選項,程式如下:

```
//app.js
const expressSwagger = require('express-swagger-generator')
const options = {
    swaggerDefinition: {
        // 基本資訊
        info: {
            title: ' 介面文件 ',                    // 文件標題
            version: '1.0.0',                     // 當前文件版本
            description: ' 介面文件描述 ',           // 文件描述
        },
        basePath: '/api',                         // 路徑
```

8.3 使用 Swagger 模組生成介面文件

```
        produces: ['application/json'],        //JSON 格式
        schemes: ['http'],                     //HTTP 請求
    },
    basedir: __dirname,                        // 路徑
    files: ['./router_handler/*.js'],          // 獲取註釋的目錄檔案
};
// 寫在掛載 cors 前
expressSwagger (app) (options)                 // 呼叫 Swagger 生成器
```

在 Swagger 的配置項中可看到 files，這是獲取註釋的目錄檔案，獲取什麼註釋？生成的介面文件是由 Swagger 註釋加工得到的。例如在註冊介面的上面寫上 Swagger 註釋，程式如下：

```
/**
 * 使用者資訊註冊
 * @route POST /api/users/register
 * @group Login - Operations about Login
 * @param {int} account.query.required - 使用者名稱
 * @param {string} password.query.required - 密碼
 * @returns {object} 200 - 註冊成功的使用者資訊
 * @returns {Error} default - 註冊失敗的錯誤資訊
 */
exports.register = (req, res) => {
    // 實現邏輯
}
```

對 Swagger 註釋的分析如下。

（1）@route：指明了請求方式及路徑。

（2）@group：指明了介面所屬的模組，如 Login。

（3）@param：指明了介面所需參數及其類型。

（4）@returns：介面傳回的資訊。

8 介面文件

當啟動伺服器之後會在伺服器的 /api-docs 檔案中生成介面文件,即在本地造訪 http://127.0.0.1:3007/api-docs,如圖 8-20 所示。

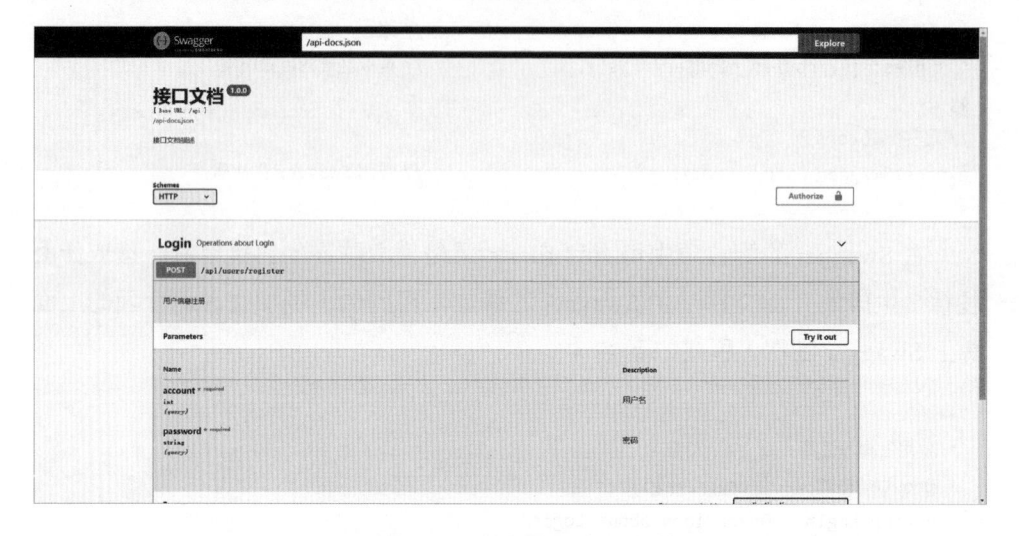

▲ 圖 8-20 生成註冊介面文件

9

程式上傳至倉庫

在實際工作中，在大多數情況下開發專案是協作開發的，極少存在開發組只有一個程式設計師兼顧前後端開發的情況。在多人協作開發時，需分清每人負責的開發模組，如果出現兩個或以上的開發人員同時修改了某個檔案，則會出現衝突問題；只有一個人開發時或許可以把程式儲存在本地，但這也是一種不標準、存在隱憂的行為，如不方便進行程式審查、備份程式複雜、程式無法回溯、電腦發生故障時影響開發進度等。

那有什麼好的辦法可以預防發生衝突現象且解決程式隱憂的行為嗎？那就不得不提程式倉庫了。在本章中，將對程式倉庫進行簡介，安裝並使用 Git 將後端程式上傳至倉庫，最後介紹視覺化的上傳工具 Sourcetree 並視覺化地上傳程式。

9 程式上傳至倉庫

9.1 程式倉庫

程式倉庫顧名思義，是一種專門用於儲存程式的倉庫，也稱為程式託管平臺。在開發過程中，程式倉庫的作用十分重要，為程式的原始檔案進行保管，同時，透過程式版本控制系統可對程式倉庫進行管理，如 Git，一個開放原始碼的分散式版本控制系統。將程式放入程式倉庫的原因主要包括以下幾方面。

（1）團隊協作開發：開發人員可在程式倉庫中對程式進行分支和合併操作，例如程式設計師 A 在分支 A 對模組 A 開發，套裝程式 B 在分支 B 對模組 B 開發，待開發完成後再進行合併，在此階段中，如出現 A、B 兩人同時修改一個程式檔案，則會發出衝突警告，避免出現程式 Bug 的隱憂。

（2）版本控制：透過 Git 上傳程式時需標注此次修改程式的版本，同時可備註修改內容，這樣開發人員就可以追蹤程式的變更歷史，知道哪個程式版本對應的修改內容，以及是何時修改的，這樣當程式出現問題時可及時進行程式回溯，從而保證了程式的可追溯性。

（3）備份和修復：基於版本編號或分支，程式倉庫相當於對原始程式碼進行了備份，當原始程式出現問題時可進行修復，防止原始程式碼遺失或損壞。

（4）自動化建構與測試：在程式倉庫 GitHub 中，可透過 GitHub Actions 進行自動化建構，即使用者寫一個指令稿，倉庫自動執行建立分支、提交更改、測試、部署和發佈程式等。

常見的程式倉庫有 GitHub、Gitee（國產碼雲）、GitLab 等，下面只對 GitHub 和 Gitee 程式倉庫進行簡介。

9.1.1 GitHub

GitHub 是由 Tom Preston-Werner、Chris Wanstrath 和 PJ Hyett 共同開發的開放原始碼及私有軟體專案導向的託管平臺，於 2008 年 4 月 10 日正式上線。因為只支援透過 Git 進行程式託管，故名 GitHub，Hub 有中心樞紐的意思。

9.1 程式倉庫

GitHub 是目前全球最大的程式託管平臺，註冊使用者已接近 1 億名，託管的專案也非常多，許多知名的開放原始碼專案能在 GitHub 找到原始程式，如 jQuery、Python、VS Code（知名的程式編輯器）。以在 GitHub 官網搜尋 VS Code 為例，能找到有關 VS Code 的原始程式、外掛程式等專案，如圖 9-1 所示。

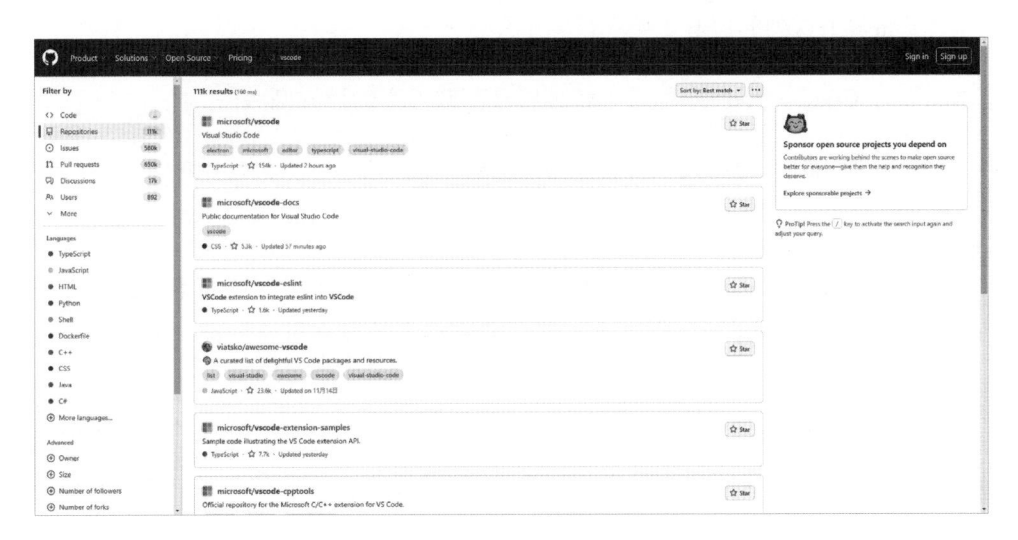

▲ 圖 9-1 在 GitHub 搜尋 VS Code

可以說在 GitHub 能找到任何類型的開放原始碼專案原始程式，為什麼這麼說？除了因為使用 GitHub 進行程式託管的使用者或企業多之外，在 GitHub 使用私人倉庫（最多 3 個人共用倉庫程式）是需要收費的，當然這也並不是說因為收費而導致開放原始碼的專案多，更重要的是開放原始碼文化鼓勵企業或個人共用專案。GitHub 提供了良好的平臺和環境，吸引了許多優秀的開發者，平臺鼓勵開發者將自己的專案開放原始碼與社區共用，以獲取其他開發者更好的回饋和建議。

在每個專案的倉庫裡，GitHub 提供了多種功能供開發者使用，如圖 9-2 所示。

9 程式上傳至倉庫

▲ 圖 9-2 GitHub 專案工具列

下面對工具列的每個選項進行簡單介紹。

（1）Code：Code 即程式，該選項是存放專案的程式區域。

（2）Issues：意為問題，這是 GitHub 開放原始碼專案最常用的功能之一，是其他開發者對本專案提供回饋、交流的區域。

（3）Pull requests：Pull 意為拉取，requests 為請求，該功能是一種通知機制，假設其他使用者 fork（複製倉庫）本專案，並且有更好的程式方案且修改了程式，就可以透過 Pull requests 通知專案的作者，請求允許將他的程式合併至本專案中，簡稱 PR。在 GitHub 中可看到知名的開放原始碼專案有許多貢獻者，除了本專案的作者外，許多貢獻者就是透過 PR 完善了該專案，是一種富有貢獻和開放原始碼精神的象徵。

（4）Actions：意為行為，可在此功能實現專案自動化建構。

（5）Projects：意為專案，其實這是一個展現表格、任務板、線路圖的區域，主要用於團隊之間調整專案進度、範圍，以及規劃 GitHub 上的多人協作專案工作。可對問題（Issues）、PR 進行篩選、排序和分組；可使用配置圖更直觀地展示專案進度；可增加自訂欄位來追蹤團隊的中繼資料等。

（6）Wiki：意為維基，但不是「維基百科」，該功能允許使用者建立和編輯文件，可以視為在該區域託管了倉庫專案的開發文件、介面文件、操作手冊等。

（7）Security：意為安全，如果開發團隊擔心該倉庫的專案洩露了某些機密，則可在此選項下執行 CodeQL 程式掃描、秘密掃描和相依掃碼等功能，向開發團隊發送安全警示，提高開發團隊對於程式和敏感資訊的安全性。

（8）Insights：意為洞察、了解，該選項包含了一些專案的指標，主要用於展示團隊工作的一些自訂資料。

（9）Settings：意為設置，包含了對倉庫的一些設置內容，包括專案的基礎資訊、專案分支、標記專案使用的語言、規則、使用的 Actions 及安全性方面等內容。

除此之外，還包括 GitHub 的個人資料方面，如查看個人的所有倉庫的清單、個人組織、個人貢獻等資訊，這裡不再一一敘述。

9.1.2 Gitee

Gitee（碼雲）基於 Git 的程式託管平臺，是華文地區最大的程式託管平臺，截至目前已經有 1000 萬名註冊使用者和 2500 萬個程式倉庫，同時也是 DevOps 整合式研發效能平臺。

Gitee 目前有多個版本，包括社區版、企業版、專業版、旗艦版和大專院校版，其中社區版是免費的開原始程式碼託管平臺，相當於國產的 GitHub，其他的版本可以視為用於特定客戶的付費版。不同於 GitHub，在 Gitee 中不管是開放原始碼還是私有程式都是免費的，在 Gitee 中也擁有大量優秀的開放原始碼專案。

值得一提的是 Gitee 的企業級 DevOps。DevOps 是 Development（研發）和 Operations（行動、企業、運轉，在此意為運行維護）的組合詞，是注重軟體開發人員（Dev）和運行維護人員（Ops）之間溝通的一種模式。通常對 DevOps 的定義是適應敏捷開發的一種流程，實現自動化軟體交付。

那麼如何去理解 DevOps 呢？先舉例一個場景，假設在某個大型專案中存在多個模組，如使用者模組、產品模組等，由於專案過於複雜，在這種情況下，每個模組都有專門的開發小組負責開發，使用的技術堆疊也不一樣，如使用者模組用 Java，產品模組用 Python，在這種情況下通常會拆分模組，並且把不同的模組內的內容（如產品模組的入庫、審核、出庫）拆分成一個個微服務，分別部署，便於維護。當專案要上線時會經過測試、發佈、部署和維護等階段，由於微服務許多，可能有幾百個，如果每次發佈都需要向運行維護人員提出申請，則運行維護人員的壓力可想而知，如圖 9-3 所示。

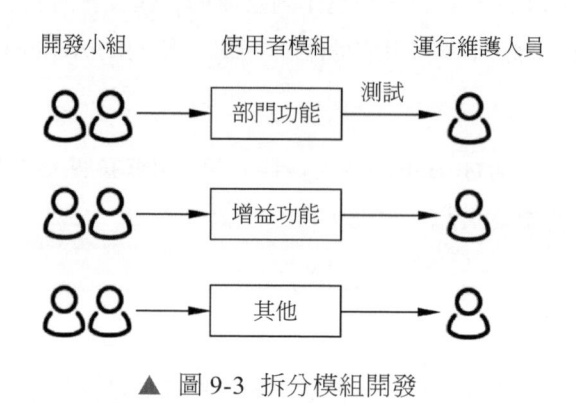

▲ 圖 9-3　拆分模組開發

那不如直接使用一台伺服器（平臺）專門管理這些微服務的申請和審核，運行維護人員將每個微服務上線的規則都定義好，各個開發小組只需將程式提交到平臺，透過平臺自動發佈和部署，這樣運行維護人員就只需透過平臺提供的視覺化模組監控整個流程。當上線出現問題時，開發人員可透過平臺的日誌檢查，快速地定位問題並解決問題。回看整個過程，將程式發佈到平臺的是開發人員，監控平臺的也是開發人員，這就是 DevOps 模式，即開發人員也是運行維護人員，如圖 9-4 所示。

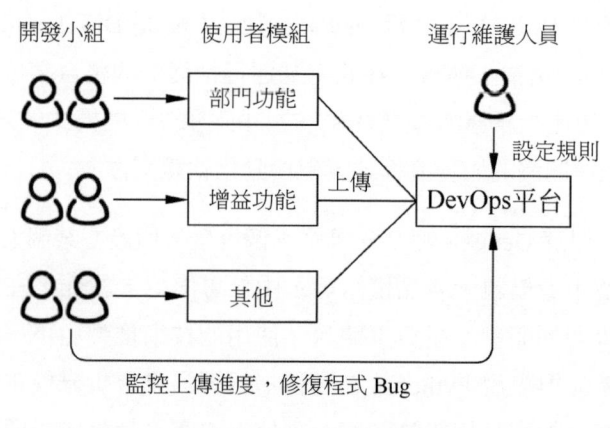

▲ 圖 9-4　DevOps 開發

Gitee 在倉庫方面的功能與 GitHub 類似，提供了 Issues、PR、Wiki、統計（存取專案統計、倉庫資料統計、提交程式統計等）、管線（類似 Insights，付費）和程式檢查（類似 Security）等功能。在 9.2 節中，將建立一個 Gitee 倉庫，用來託管伺服器端的程式。

9.2 Git 介紹

在介紹程式倉庫時提到，Git 是一個開放原始碼的分散式版本控制系統，由 Linux 創始人 Linus Torvalds 為了幫助管理 Linux 核心開發而開發的開放原始碼的版本控制軟體，可以有效、高速地處理從很小到非常大的專案版本管理。雖然說 GitHub、Gitee 都是基於 Git 的，但並不是只有 Git 一個版本控制系統，還有 CVS、SVN 等，當然都沒有 Git 的使用廣泛。

對於 Git 的分散式特點，可以簡單地舉一個例子，主開發者將程式 push（推送）到公共伺服器上（如 GitHub），其他處於不同地域的次開發者可透過 pull（拉取）或 fetch（拿取）將公共伺服器上的程式放到本地，修改完程式後透過 Issues 或其他方式通知主開發者，表達自己發現和修改了哪些問題，並且將更新發送給主開發者。主開發者獲得更新後就可以打上更新，並重新 push 到公共伺服器上。在這期間如果主開發者發現兩個或以上的次開發者提交的更新會出現衝突，就可以讓次開發者之間協作解決衝突問題，並由其中一人提交無衝突的更新，如圖 9-5 所示。

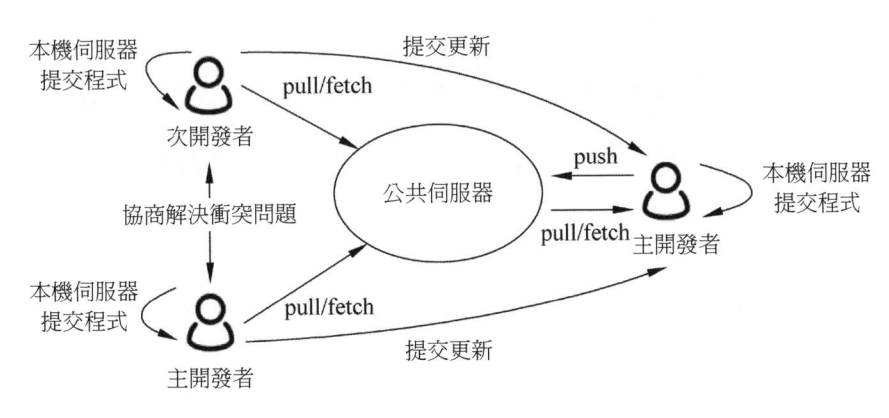

▲ 圖 9-5　Git 分散式開發

9 程式上傳至倉庫

對於 Git 的版本控制，在程式倉庫的介紹中曾提到，可保證對程式的可追溯性。Git 的分散式版本控制系統由專門的一台伺服器（公共伺服器或特地架設的伺服器）作為程式倉庫，同時每個使用者的電腦都是一個伺服器，和程式倉庫的程式是鏡像的關係，使用者修改程式後首先需要提交到自己的伺服器中，當需要同步時，才需要連接程式倉庫。對於 CVS/SVN 這類集中式的版本控制系統來講，需要有一台中央伺服器作為程式倉庫，同時每個使用者都透過網路直接連接並操作中央伺服器的程式，如果中央伺服器當機，則所有人都無法執行。

9.2.1 Git 安裝

進入 Git 官網，可看到頁面中有個電腦，按一下 Download for Windows 按鈕即可進入下載 Git 的介面。如果是 macOS 系統，則可在按鈕下方選擇 Mac Build 按鈕進行下載，如圖 9-6 所示。

▲ 圖 9-6 Git 下載選項

進入下載 Git 的頁面後，直接按一下 Click here to download 下載安裝檔案，讀者可選擇適合自己系統版本的 Git，如圖 9-7 所示。

9.2 Git 介紹

▲ 圖 9-7 選擇適合系統的版本

在安裝執行檔案時不斷地按一下 Next 按鈕直到安裝完成即可，安裝過程中無須勾選任何選項（通常是新特性的內容），如圖 9-8 所示。

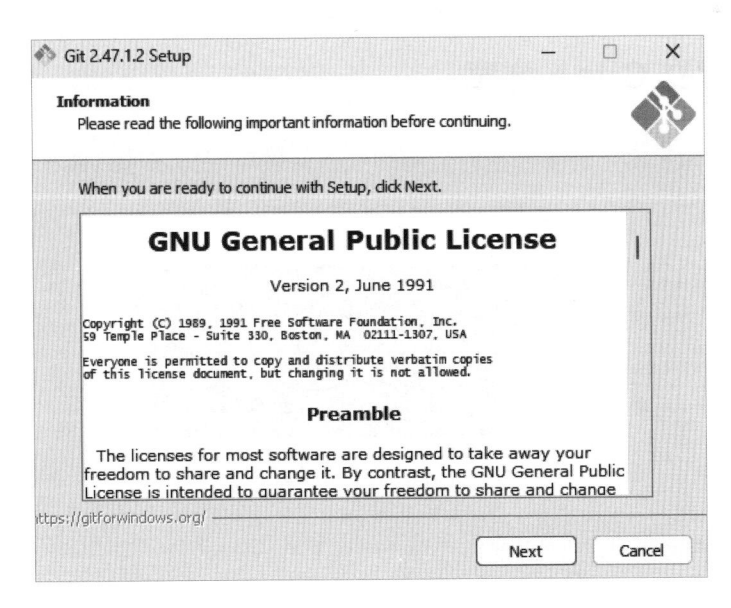

▲ 圖 9-8 安裝 Git

9 程式上傳至倉庫

安裝完成後在桌面上按右鍵滑鼠，可看到多了兩個選項，一個是 Open Git GUI here（Git 的圖形使用者端），另一個是 Open Git Bash here（命令列形式），至此 Git 安裝完成，如圖 9-9 所示。

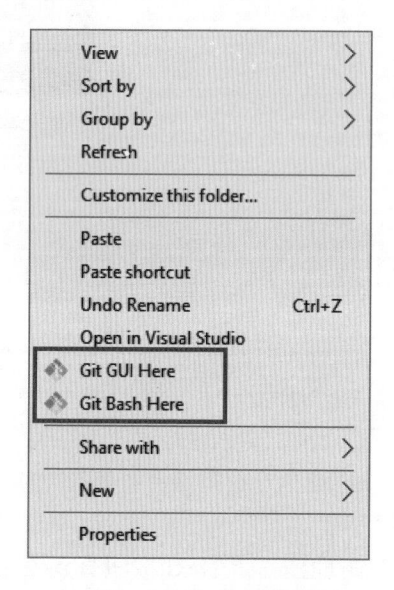

▲ 圖 9-9 Git 的兩種形式

9.2.2 建立 Gitee 倉庫

註冊 Gitee 並登入後，在右上角的加號區域可選擇新建倉庫，如圖 9-10 所示。

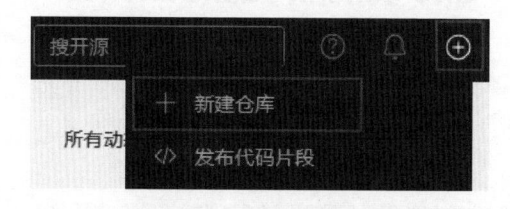

▲ 圖 9-10 選擇新建倉庫

9.2 Git 介紹

在新建倉庫頁面需要輸入倉庫名稱、倉庫介紹、選擇開放原始碼或私有（圖中選擇私有）並選擇是否初始化倉庫、設置模組和選擇分支模型（預設不選擇），最後按一下建立即可，如圖 9-11 所示。

▲ 圖 9-11 新建倉庫

建立成功後將進入倉庫的內碼表面，此時倉庫內無任何程式，Gitee 舉出了關於倉庫的 HTTPS 和 SSH 的位址及操作建議，如初始化 Readme 檔案（用於介紹專案內容）、簡單的命令列入門教學等，至此倉庫新建成功，如圖 9-12 所示。

9 程式上傳至倉庫

▲ 圖 9-12 倉庫內碼表

9.2.3 上傳程式

在安裝 Git 的時候，由於已經預設在環境變數中增加了 Git，所以可以在終端執行 Git 命令，如在終端顯示當前 Git 版本，命令如下：

```
git -version
```

在終端會顯示剛剛安裝的 2.43.0 版本的 Git，如圖 9-13 所示。

▲ 圖 9-13 終端顯示 Git 版本

要上傳程式，首先需要配置 Git 的全域設置，連接到 Gitee。這一部分就是內碼表面的 Git 全域設置內容，讀者需輸入 Gitee 的使用者名稱和電子郵件，程式如下：

```
// 命令列介面
git config --global user.name "admin"          // 輸入自己的 Gitee 使用者名稱
git config --global user.email "123@qq.com"    // 輸入自己的 Gitee 的電子郵件
```

9.2 Git 介紹

接著開啟專案所在的資料夾，在網址欄中輸入 cmd 命令進入終端頁面，進行初始化倉庫並使用 HTTPS 位址連接倉庫，程式如下：

```
// 初始化倉庫
git init
// 將倉庫拉到本地，這裡的位址為內碼表面的 HTTPS 位址
git remote add origin https://gitee.com/whs0114/system-backend.git
// 透過 pull 拉取 master 分支的程式，此時無程式
git pull origin master
```

此時會顯示出錯，該錯為無法在倉庫裡找到 master 分支，這是為什麼呢？原因是目前倉庫內沒有任何程式，也就不存在 master 分支了，master 分支通常預設為主分支，如圖 9-14 所示。

```
C:\Users\w\Desktop\新建文件夾>git init
Initialized empty Git repository in C:/Users/w/Desktop/新建文件夾/.git/

C:\Users\w\Desktop\新建文件夾>git remote add origin https://gitee.com/whs0114/system-backend.git

C:\Users\w\Desktop\新建文件夾>git pull origin master
fatal: couldn't find remote ref master    无法找到master分支
C:\Users\w\Desktop\新建文件夾>
```

▲ 圖 9-14 Git pull 操作顯示出錯

這時可在程式主頁初始化一個 Readme 檔案，這樣就出現 master 分支了，如圖 9-15 所示。

▲ 圖 9-15 主分支 master

9-13

9 程式上傳至倉庫

這時回到終端，重新執行 pull 命令，這樣就不會顯示出錯了，同時會出現 remote（遠端）連接提示及分支情況，根目錄也新增了 README.md 和 README.en.md 檔案，即從遠端倉庫拉取過來的檔案，如圖 9-16 所示。

```
C:\Users\w\Desktop\新建文件夾>git init
Initialized empty Git repository in C:/Users/w/Desktop/新建文件夾/.git/

C:\Users\w\Desktop\新建文件夾>git remote add origin https://gitee.com/whs0114/system-backend.git

C:\Users\w\Desktop\新建文件夾>git pull origin master
fatal: couldn't find remote ref master

C:\Users\w\Desktop\新建文件夾>git pull origin master
remote: Enumerating objects: 4, done.
remote: Counting objects: 100% (4/4), done.
remote: Compressing objects: 100% (4/4), done.          远程连接信息
remote: Total 4 (delta 0), reused 0 (delta 0), pack-reused 0
Unpacking objects: 100% (4/4), 1.82 KiB | 155.00 KiB/s, done.
From https://gitee.com/whs0114/system-backend
 * branch            master     -> FETCH_HEAD
 * [new branch]      master     -> origin/master          分支情況

C:\Users\w\Desktop\新建文件夾>_
```

▲ 圖 9-16 執行 pull 命令成功

這時可以執行上傳操作，如上傳資料夾中的所有檔案，在這一步需要注意的是，通常不會將 node_modules 目錄上傳到 GitHub 或 Gitee，原因很簡單，該檔案目錄包含的內容比較多且容量大，所以會在專案的根目錄中增加 .gitignore 檔案。這是一個用於 Git 忽略特定檔案或目錄的規則檔案，可以透過簡單的語法過濾不需要的檔案，在本專案中只需增加 node_modules，程式如下：

```
//.gitignore
node_modules
```

回到終端，執行上傳操作，即將資料夾的所有檔案上傳到暫存區，程式如下：

```
git add .
```

9.2 Git 介紹

這時還可能出現一個警告，可以說這是執行該命令經常會出現的警告，如圖 9-17 所示。

```
C:\Users\w\Desktop\新建文件夾>git add .
warning: in the working copy of 'app.js', LF will be replaced by CRLF the next time Git touches it
warning: in the working copy of 'package-lock.json', LF will be replaced by CRLF the next time Git touches it
warning: in the working copy of 'package.json', LF will be replaced by CRLF the next time Git touches it
```

▲ 圖 9-17 執行 add 命令出現警告

這時因為 CR 和 LF 是屬於不同的作業系統上的分行符號，在不同的作業系統上可能會造成不同的影響。如果 UNIX/Mac 系統拉取了 Windows 系統上傳的程式，則開啟之後每行會多出一個 ^M 符號；如果是 Windows 系統拉取了 UNIX/Mac 系統上傳的程式，則開啟之後所有文字會變成一行。解決的辦法分為兩種，程式如下：

```
//Windows 使用者
git config --global core.autocrlf true

//Linux/Mac 使用者
$ git config --global core.autocrlf input
```

此時再執行 add 命令，就不會顯示出錯了，如圖 9-18 所示。

```
C:\Users\w\Desktop\新建文件夾>git config --global core.autocrlf true
C:\Users\w\Desktop\新建文件夾>git add .
```

▲ 圖 9-18 執行 add 命令成功

然後執行 commit 命令備註此次上傳的程式，即增加描述，程式如下：

```
git commit -m '第 1 次上傳'
```

增加完檔案描述後會出現許多行 create mode 100644+ 檔案的提示，100644 是一個許可權的模式，代表使用者有讀和寫許可權（6）、群組有讀許可權（4）、其他人有讀許可權（4），如圖 9-19 所示。

9 程式上傳至倉庫

```
C:\Users\w\Desktop\新建文件夾>git commit -m '第1次上傳'
[master ff3b9c6] '第1次上傳'
 21 files changed, 2611 insertions(+)
 create mode 100644 .gitignore
 create mode 100644 .idea/.gitignore
 create mode 100644 .idea/modules.xml
 create mode 100644 ".idea/\346\226\260\345\273\272\346\226\207\344\273\266\345\244\271.iml"
 create mode 100644 app.js
 create mode 100644 db/index.js
 create mode 100644 jwt_config/index.js
 create mode 100644 package-lock.json
 create mode 100644 package.json
 create mode 100644 public/upload/123.jpg
 create mode 100644 public/upload/123456123.jpg
 create mode 100644 router/login.js
 create mode 100644 router/login_log.js
 create mode 100644 router/operation_log.js
 create mode 100644 router/product.js
 create mode 100644 router/user.js
 create mode 100644 router_handler/login.js
 create mode 100644 router_handler/login_log.js
 create mode 100644 router_handler/operation_log.js
 create mode 100644 router_handler/product.js
 create mode 100644 router_handler/user.js
```

▲ 圖 9-19 執行 commit 出現許可權提示

最後執行 push 命令將程式上傳至遠端倉庫，程式如下：

```
git push origin master
```

在上傳的過程中會提示進度，上傳完成後會出現 To 倉庫的 HTTPS 位址及主分支更新的字樣，如圖 9-20 所示。

```
C:\Users\w\Desktop\新建文件夾>git push origin master
Enumerating objects: 30, done.
Counting objects: 100% (30/30), done.
Delta compression using up to 12 threads
Compressing objects: 100% (25/25), done.
Writing objects: 100% (29/29), 36.41 KiB | 7.28 MiB/s, done.
Total 29 (delta 2), reused 0 (delta 0), pack-reused 0
remote: Powered by GITEE.COM [GNK-6.4]
To https://gitee.com/whs0114/system-backend.git
   6a26560..ff3b9c6  master -> master
```

▲ 圖 9-20 程式上傳成功

這時開啟 Gitee 倉庫的程式主頁，可看到所有的檔案都已被上傳到倉庫中，如圖 9-21 所示。

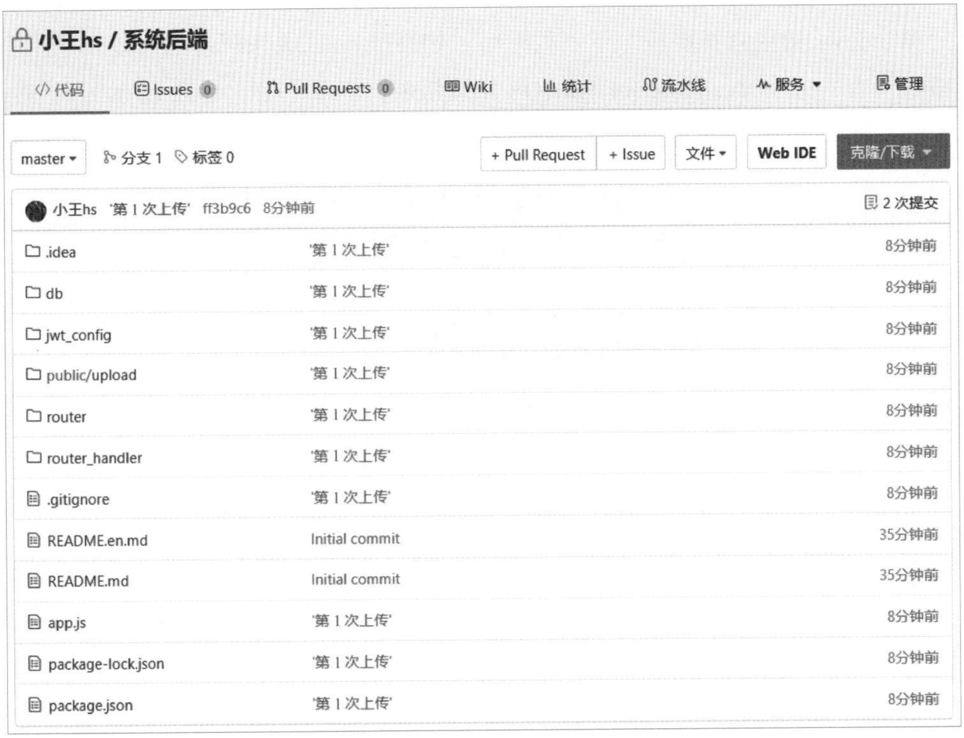

▲ 圖 9-21 程式主頁展示專案程式

9.3 視覺化的 Sourcetree

在本節將介紹一款免費的視覺化 Git 和 Hg（Mercurial，水銀，一款分散式版本控制系統）使用者端管理工具，支援 Git 專案的建立、複製、提交、push、pull 和合併等操作。可能有讀者會想在下載 Git 的時候不是附帶了一個 GUI 圖形介面嗎？為什麼還要使用 Sourcetree？這是由於 Git GUI 不簡潔，所以導致使用的人較少。下面進行 Sourcetree 的安裝及使用。

9.3.1 下載 Sourcetree

進入 Sourcetree 官網，可看到有個藍色的 Download for Windows 按鈕，對於 Windows 使用者直接按一下下載即可，如果是 macOS 系統，則可按一下藍色按鈕下方的 Also available for Mac OS X 按鈕進行下載，如圖 9-22 所示。

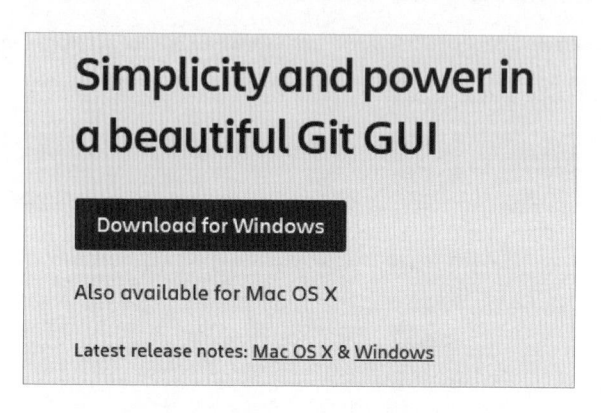

▲ 圖 9-22 Sourcetree 官網下載

按一下按鈕後會出現一個 Important information（重要資訊）的彈框，勾選同意並按一下 Download 按鈕即可，如圖 9-23 所示。

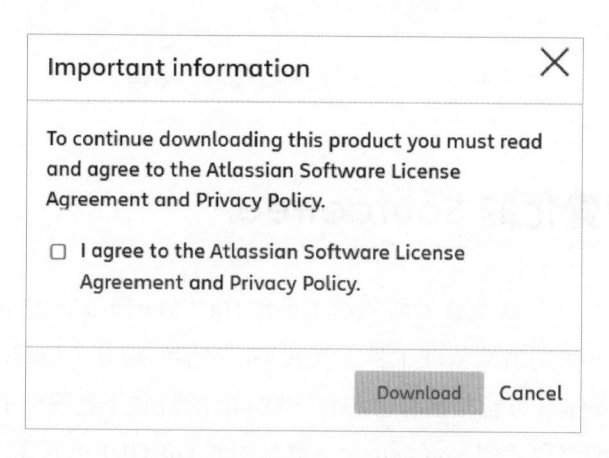

▲ 圖 9-23 同意軟體協定和政策

下載後是 Sourcetree 的安裝執行檔案，按兩下進入 Sourcetree 的安裝程式，第 1 步是提示登入 Bitbucket，這一步直接跳過即可，如圖 9-24 所示。

9.3 視覺化的 Sourcetree

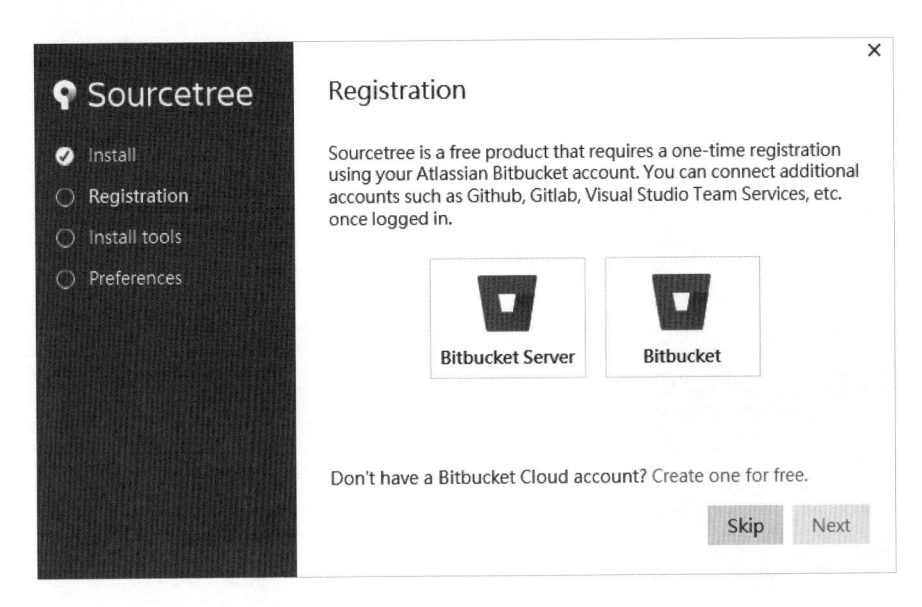

▲ 圖 9-24 跳過登入 Bitbucket

第 2 步進入選擇下載及安裝所需工具頁面，由於已經安裝了 Git，所以會提示已發現和配置預先安裝的 Git v2.43.0，還需勾選安裝 Mercurial 工具，同時需勾選高級選項中的預設配置自動換行處理（推薦），這是避免出現 CR 和 LF 錯誤的處理方案，如圖 9-25 所示。

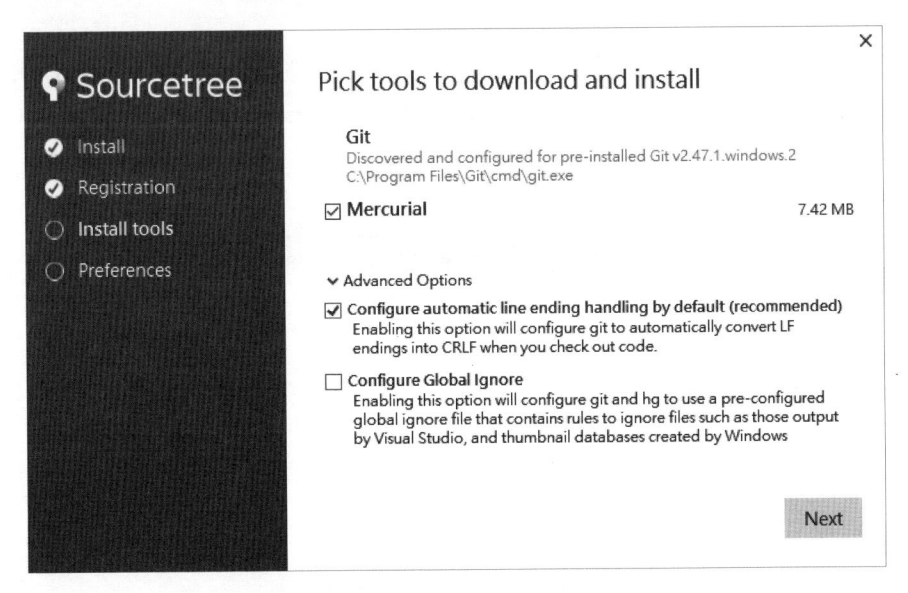

▲ 圖 9-25 下載及安裝所需工具

9 程式上傳至倉庫

安裝完工具後進入 Preferences（愛好）頁面，其實這是一個配置首選項頁面，需要輸入 Gitee（或 GitHub）使用者的使用者名稱和電子郵件位址，用於提交程式時使用，至此安裝完成，如圖 9-26 所示。

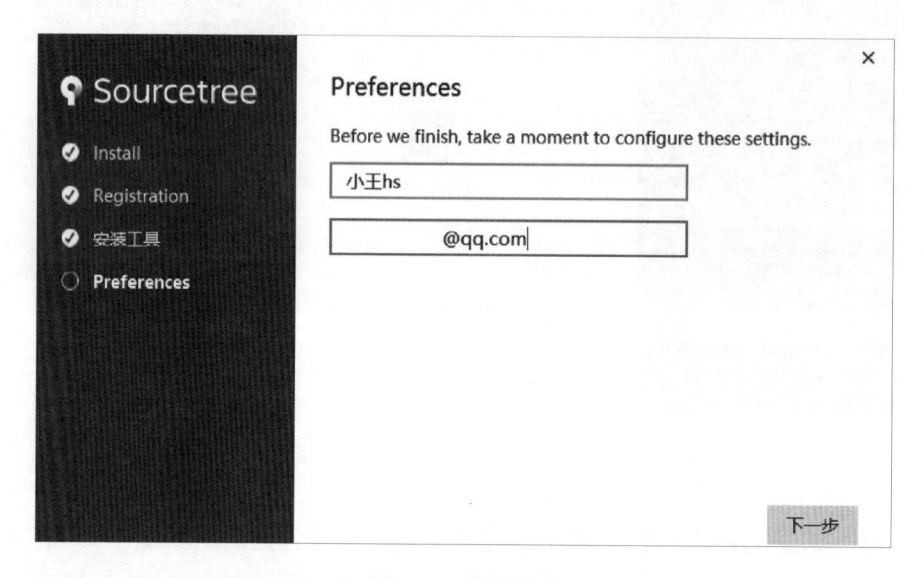

▲ 圖 9-26 配置首選項

9.3.2 配置本地倉庫

由於本地倉庫（存放後端程式的資料夾）已經和遠端倉庫連接，所以可以將該資料夾拖到 Sourcetree 的 Local（本地）頁面的本地倉庫中，以便視覺化地展示上傳的內容，如圖 9-27 所示。

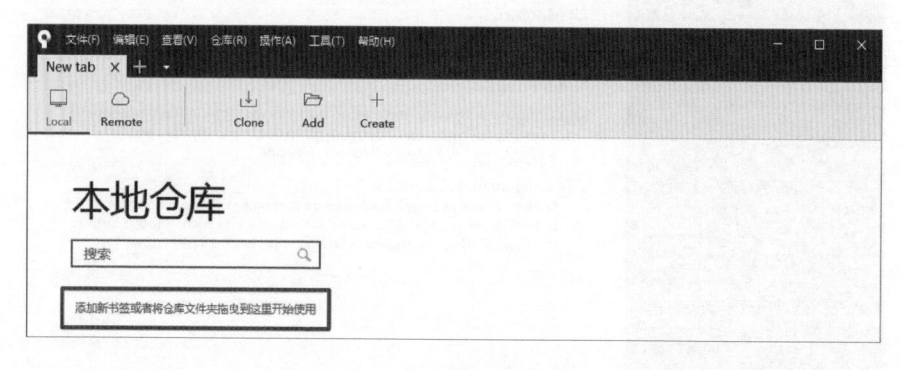

▲ 圖 9-27 配置本地倉庫

9.3 視覺化的 Sourcetree

此時就進入了本地倉庫的介面，可看到在 Git 命令列介面第 1 次上傳的程式記錄及其描述「第 1 次上傳」，同時記錄了上傳的日期和作者等資訊，如圖 9-28 所示。

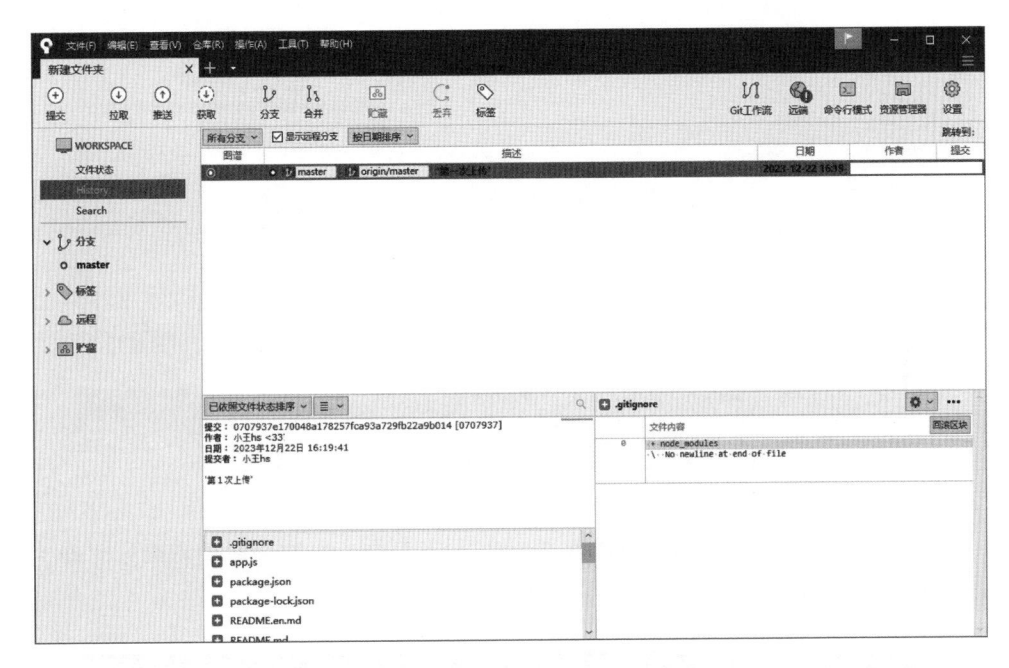

▲ 圖 9-28 本地倉庫介面

9.3.3 修改程式並提交

在 router_handler/login.js 檔案中將 token 的有效時長修改為 8h，可看到 Sourcetree 左上角的提交出現了藍色帶數字提示。進入提交頁面，首先按一下「暫存所有」按鈕，將修改的檔案提交到已暫存列表中，按一下檔案可在右側查看修改的程式內容，在下方的輸入框可輸入本次提交的備註，最後勾選「立即推送變更到」遠端倉庫的選項，並按一下「提交」按鈕，如圖 9-29 所示。

9 程式上傳至倉庫

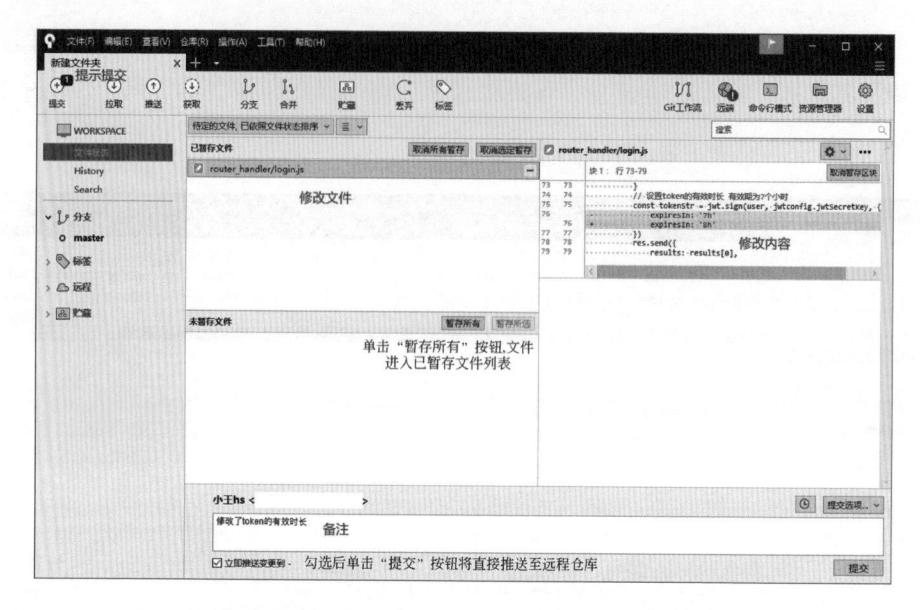

▲ 圖 9-29 將修改的程式檔案提交到遠端倉庫

提交成功後按一下左側 History 按鈕回到主頁面，可看到最新的提交記錄，此時程式已被推送至遠端倉庫中，如圖 9-30 所示。

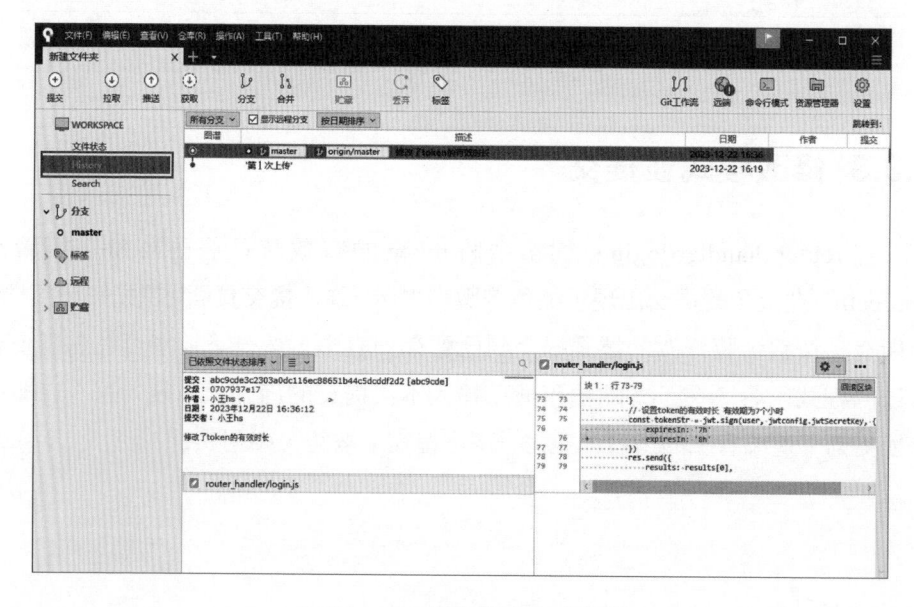

▲ 圖 9-30 查看提交程式記錄

9.3 視覺化的 Sourcetree

回到 Gitee，可看到倉庫中的 router_handler 的備註已經被更新為最新的備註了，如圖 9-31 所示。

master ▼	分支 1	标签 0		+ Pull Request	+ Issue	文件 ▼	Web IDE	克隆/下载 ▼
小王hs 修改了token的有效时长 abc9cde 3分钟前								2 次提交
db			'第 1 次上传'					19分钟前
jwt_config			'第 1 次上传'					19分钟前
public/upload			'第 1 次上传'					19分钟前
router			'第 1 次上传'					19分钟前
router_handler			修改了token的有效时长					3分钟前

▲ 圖 9-31 router_handler 備註更新

9 程式上傳至倉庫

MEMO

Vue.js 篇

10

前端的變革

　　前端是展現給使用者瀏覽和操作的頁面,可以是網站的網頁,也可以是行動端的 App 應用介面。前端隨著瀏覽器的出現而出現,並且隨著科技的不斷發展,從瀏覽器衍生到了各種行動裝置上。前端開發涉及的技術非常廣泛,從最初的前端三劍客(HTML、CSS、JavaScript)發展到如今的 Vue、React、Angular 等各種前端框架,在 2018 年以前,畢業生只會前端三劍客就可以找到一份薪資不錯的工作,而現在普遍的要求已經變成了應徵者需掌握 1~2 個前端框架和些許後端知識,可以說前端的技術目前正處於高速迭代和大爆發的時代。

10 前端的變革

而前端的變革正是從靜態頁面到重視互動、定制化的動態頁面開始的。在過去，開發者需從零開始透過撰寫大量的 HTML、CSS 程式去建構網頁的基礎版面配置，並且使用大量的宣告式 JavaScript 去監聽使用者的滑鼠、鍵盤事件，這種方式對於小型的門戶型（如政府網站、學校網站）網站專案是可行的，但對於大型專案來講，開發效率較低，並且容易出現重複程式和維護困難等問題。

隨著 AJAX 的出現，前端可以實現與後端進行互動，前端 JavaScript 程式也變得複雜起來，但前後端分離的開發模式使前端和後端可以獨立進行開發，提高了開發效率。JQuery 的出現彌補了 JavaScript 的 DOM 操作程式過於煩瑣的問題，其封裝了大量常用的 DOM 操作，使前端開發者在撰寫 DOM 操作事件處理時減少了心智負擔，可以輕鬆地完成各種複雜的操作事件，同時支援 CSS 各種版本的選擇器特性也使前端程式設計師在著色樣式方面更得心應手，而由推特（Twitter）公司推出的 Bootstrap 則幫助前端開發者能夠在短時間使用其內建的響應式元件模組架設出適應不同螢幕解析度和裝置類型的網頁。

而 Vue、React 等框架的出現，則是前端真正的革新。Vue 等框架採用元件化和模組化的思維模式進行開發，從需要把一個頁面的所有頁面程式都寫在一個 .html 檔案變成可以將逐層一個一個的元件拆分開來，幫助開發者在建構複雜的前端應用時能夠化整為零，像堆積木般進行開發。同時，Vue 等框架提供的狀態管理、路由、生命週期等功能大幅減少了開發者的工作量，提高了開發效率和可維護性。

雖然說學習前端比學習後端更容易，但前端要學的內容可不比後端少，特別是在如今的「大前端時代」，Nuxt.js、Next.js 等用於伺服器端著色（SSR）的 JavaScript 框架正再一次改變前端的開發思維和方式。框架的出現並不表示如今的前端開發者不需要學習前端三劍客及 JQuery、Bootstrap 的知識內容，在一些本國企業和單位的網站還是使用這些老牌框架進行架設的，作為未來的全端工程師應該有「可以不會，但不能不懂」的萬金油（遊戲裡意為全能型選手）的想法。

不管是什麼框架，其最終的生成內容都是 HTML、CSS、JavaScript，作為前端開發的核心、基礎，學習前端三劍客是任何前端開發者的第 1 步，同時也是貫穿整個前端開發生涯的必備技能。本章作為前端內容的開篇,將從前端三劍客開始講起,並對 JQuery、Bootstrap 框架的簡單使用介紹。

10.1 HTML

　　HTML(Hyper Text Markup Language,超文字標記語言)是由 Web 的發明者 Tim Berners-Lee 和同事 Daniel W.Connolly 於 1990 年創立的一種標記語言,在 1997 年 HTML4 成為網際網路標準,並被廣泛應用於網際網路 Web 應用的開發。對於現實世界來講,一段位於書上或報紙上的文字,如「這是 HTML」,讀者可以很直觀地理解這段文字說明的內容是什麼,但對於電腦來講,就需要額外的標記,如「這是一段文字內容」,內容為「這是 HTML」,HTML 的作用即在於此,就好比在商場的商品會打個標籤告訴買家這是什麼一樣。對著處於英文環境下成長的人講中文,對方可能聽不懂是什麼意思,同理,標記語言需要有專門的環境去辨識這些標記,對於 HTML 來講瀏覽器就是其翻譯器,使用 HTML 描述的內容需要透過 Web 瀏覽器才能顯示出所描述的內容,任何一個網頁本質上就是一個或多個 .html 檔案。

　　HTML 獲得廣泛應用的原因在於能將一系列頁面都整合在一個網站中。使用者在購買伺服器和域名之後,將 .html 檔案和相關的 .css、.js、靜態檔案等內容放到伺服器中,即可透過域名造訪網站(網站),而該使用者則被稱為站長,網站首先展示的頁面被稱為主頁。在 HTML 中可透過超連結(Uniform Resource Locator,URL,譯為統一資源定位器)標籤增加伺服器根目錄下其他的 .html 檔案路徑或別的網站域名,透過按一下事件即可跳躍至其他 .html 檔案頁面或其他域名的網頁。本質上,將視為擁有多個頁面(伺服器根目錄包含多個 .html 檔案)或能跳躍到多個頁面(一個 .html 檔案包含多個超連結)的稱為網站。

　　對於 HTML 的歷史,其經歷了 5 個版本長達 20 年的迭代,目前使用的標準被稱為 HTML5,在 2012 年初步形成了穩定版本,並於 2014 年 10 月 28 日由 W3C(World Wide Web Consortium,WWW 聯盟,Web 領域最具權威和影響力的國際中立性技術標準機構)發佈了 HTML5 的最終版。HTML5 在之前的基礎上新增並實現了表單、動畫、多媒體、資料儲存等新特性。每個 .html 檔案都可稱為 HTML 檔案，由各種 HTML 標籤（元素）組成。學習 HTML5，本質上是掌握各種標籤。

在每個 HTML 檔案中都會包含 3 個標籤，分別是 html 標籤、head 標籤和 body 標籤。被稱為根專案的 html 標籤是所有 HTML 元素的容器，不管這個 .html 檔案的內容是什麼，最外層的標籤總是 html；其次是 head（頭）標籤，head 標籤是所有標頭元素的容器，用於展示或匯入與網站有關的主要資訊，包含 title（標題）、meta（定義 HTML 檔案的詮譯資訊，如頁面描述、關鍵字等）、link（連結外部資源）、script（嵌入或引用 JavaScript 程式）等標籤；最後是 body（主體）標籤，網頁內的所有展示給使用者的內容都被包含在 body 標籤中，如文字、超連結、視訊、圖片、表格、表單等，是 HTML 檔案的主體部分。在任何一個網頁按 F12 鍵開啟開發者工具都可看到這 3 個標籤，如圖 10-1 所示。

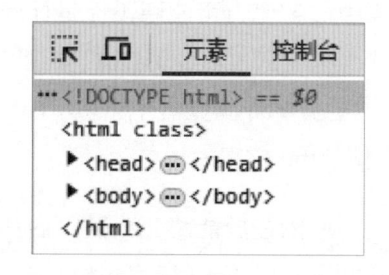

▲ 圖 10-1 HTML 檔案的主要標籤（元素）

值得注意的是 HTML 檔案的最頂部往往是由 <!DOCTYPE html> 宣告開始的，這是一個文件型態宣告（Document Type Declaration，DTD），透過標記 HTML 告訴瀏覽器這是一個 HTML5 文件，並遵循 HTML5 標準來解析和顯示頁面。在 HTML5 中只有一種 DTD，如果類型不為 HTML，則這個網站可能是基於 HTML4 或其他版本的規則進行解析的。除此之外，標籤基本是成對出現的，除個別可單獨使用外，如
。

下面簡單介紹幾種在實際開發中較為常用且在本書專案中使用的標籤。

10.1.1 定義標題

\<h1\> 到 \<h6\>，對應不同大小的文章標題，程式如下：

```
<h1> 這是一個文章標題 </h1>
```

其中 \<h1\> 是最高等級的標題，並且隨數字變大逐級遞減標題字型大小，如圖 10-2 所示。

▲ 圖 10-2 從 h1 到 h6 的標題範例

10.1.2 段落

使用 \<p\> 定義段落，段落在網頁中就是一段文字，程式如下：

```
<p> 這是一個段落 </p>
```

10.1.3 超連結

<a> 標籤是 HTML 的超連結標籤,具有多種屬性,其中,最重要的屬性是 herf,用於指定連結的目標 URL 網址,該位址可以是網址,也可以是絕對位址、相對位址,程式如下:

```
<a href="https://www.baidu.com">按一下造訪百度網站</a>
```

透過 target 標籤可指定連結如何開啟。常見的設定值有 _blank(在新視窗開啟)、_self(在當前視窗開啟)、_parent(在父級視窗開啟)、_top(在頂層視窗開啟)等。以 _blank 為例,程式如下:

```
<!-- HTML 的註釋格式 -->
<!-- 按一下後在新視窗開啟頁面 -->
<a href="https://www.baidu.com" target="_blank">按一下造訪百度網站</a>
```

假設需要在滑鼠停放連結時提供提示訊息,可使用 title 屬性,該屬性也是最為常用的屬性之一,程式如下:

```
<a href="https://www.baidu.com" title="按一下後跳躍至百度網站">按一下</a>
```

滑鼠移至「按一下」後會顯示「按一下後跳躍至百度網站」,如圖 10-3 所示。

▲ 圖 10-3 <a> 標籤的 title 屬性

<a> 標籤還具有下載檔案的功能。在下載 Git 和 Sourcetree 時按一下按鈕就下載的原理即透過 <a> 標籤的 download 屬性實現的。以下載伺服器儲存的圖片為例,程式如下:

```
<a href="http://127.0.0.1:3007/upload/123.jpg" download>下載檔案</a>
```

除以上常用的屬性外，<a> 標籤還有 rel（用於指示連結與當前文件之間的聯繫）、type（指定連接的 MIME 類型）等屬性，這裡不再進行程式和圖片示範。

10.1.4 圖片、視訊、音訊

在 HTML 檔案中透過 <img> 標籤展示圖片、透過 <video> 標籤展示視訊、透過 <audio> 標籤展示音訊，其中 <video> 和 <audio> 是 HTML5 的新特性，在之前的版本需要使用額外的外掛程式去呼叫。

<img> 標籤用於顯示圖片的屬性是 src，需注意的是不少初學者容易與 <a> 標籤的 href 屬性混淆；同 <a> 標籤一樣，<img> 也具有 title 屬性；除此之外，當圖片因為網路或別的原因無法顯示時可透過 alt 屬性使用文字代替圖片，即在圖片的地方提供文字描述。<img> 標籤無須使用 style 去綁定寬和高，直接使用屬性 width（寬）和 height（高）即可，程式如下：

```
<!-- 注意！無須尾標籤 -->
<img src="123.jpg" alt="這是圖片" title="123" width="200" height="200">
```

當滑鼠移至該標籤建立的圖片時，顯示「123」字樣，如圖 10-4 所示。

▲ 圖 10-4 <img> 標籤的 title 屬性

<video> 除具有 scr 屬性、width 和 height 屬性外，還有用於顯示視訊播放機主控台的 controls（控制）屬性，基本上在使用 <video> 標籤時會用到 controls；當使用 autoplay（auto，自動）屬性時，會在頁面開啟的時候自動播放視訊，一些網站開啟即播視訊的原理即是如此；當增加 loop 屬性時，視訊會循環播放；假如想設計視訊一開始為靜音，則可使用 muted 屬性，該屬性的預設布林值為 true，當為 false 時可正常播出聲音，程式如下：

```
<!-- 當瀏覽器不支援 video 標籤時，顯示不支援視訊標籤 -->
<video src="123.mp4" muted controls loop>不支援視訊標籤</video>
```

視訊的主控台包括播放／暫停鍵、靜音／正常、全螢幕和更多按鈕，更多按鈕中包含下載、畫中畫、調整播放速度等選項，如圖 10-5 所示。

▲ 圖 10-5 <video> 內容及其主控台

<audio> 的屬性與 <video> 屬性大致相同，但沒有 width 和 height 屬性，程式如下：

```
<audio src="123.mp3" controls>不支援音訊標籤</audio>
```

音訊的主控台包括播放／暫停鍵、音量鍵和包含調整播放速度的更多鍵，如圖 10-6 所示。

▲ 圖 10-6 <audio> 內容及其主控台

10.1.5 表格

表格涉及 4 個標籤，分別是 <table>（table，表格）、<tr>（table row，表格行）、<th>（table head，表格頭）和 <td>（table data，表格資料）標籤，其中 <tr>、<th> 和 <td> 必須巢狀結構在 <table> 中。<table> 標籤通常會使用 border 屬性設置表格的邊框大小，如果為 0，則沒有邊框，程式如下：

```
<table border="1">
  <tr>
    <th> 姓名 </th>
    <th> 性別 </th>
    <th> 年齡 </th>
  </tr>
  <tr>
    <td> 張三 </td>
    <td> 男 </td>
    <td>23</td>
  </tr>
</table>
```

該程式實現的表格如圖 10-7 所示。

▲ 圖 10-7 包含使用者基礎資訊的表格

10.1.6 輸入框

在 HTML5 中使用 <input> 標籤來展示輸入框，輸入框有多種用途，在 <input> 中提供了 type 屬性對應不同的輸入場景，如用於文字（text）、密碼（password）、電子郵件（email）、電話號碼（tel）等，程式如下：

```
<!-- 注意！無尾標籤 -->
<input type="text">
```

10 前端的變革

有時可見到部分網站的輸入框的內部會有淡灰色的文字提示，這是透過 placeholder（必要但無意義的詞項）屬性實現的；如果該輸入框表現為禁用，則使用 disabled（禁止）屬性，如果為唯讀，則使用 readonly（唯讀）屬性，更多的情況下會使用 disabled 代替 readonly。這裡以 placeholder 和 disabled 為例，程式如下：

```
<input type="text" placeholder="這是一個文字標籤">
<input type="text" placeholder="這是一個文字標籤" disabled>
```

可看到上面的輸入框預設帶有提示文字，而下面的輸入框則有淡灰色標識，表示禁止輸入，如圖 10-8 所示。

▲ 圖 10-8 包含使用者基礎資訊的表格

在表單的輸入框的左側通常會有名字提示，這是透過 name(名字) 屬性實現的；對於密碼、電子郵件等值會使用 pattern 屬性對輸入的值增加正規表示法；假設該輸入框是個必填輸入框，則需使用 required(必須) 屬性； 如果需要在頁面載入時自動獲取輸入框的焦點，則可以使用 autofocus(focus, 集中) 屬性。在 10.1.9 節關於表單的介紹中會以登入功能為例，展示上面描述的 input 用法。

10.1.7 按鈕

按鈕有兩種形式，一種是單純的按鈕，由 <button> 標籤建立，另一種是由 <input> 標籤結合 type 屬性的值 submit（提交）、reset（重置）、image（圖片）與 src 建立。在 <button> 標籤之間可以放置任何內容，如圖片、文字等，例如按一下圖片進行跳躍便是透過在 <button> 和 </button> 之間增加 <img> 標籤實現的，程式如下：

```
<!-- 基礎按鈕 -->
<button type="button">登入</button>
```

10.1 HTML

```html
<!-- 用於提交內容的按鈕 -->
<input type="submit" value=" 自訂文字 ">

<!-- 用於重置內容的按鈕 -->
<input type="reset" value=" 重置 ">

<!-- 圖片按鈕 -->
<input type="image" src="123.jpg" alt=" 提交 ">

<!-- 圖片按鈕 -->
<button><img src="./img/123.jpg" alt=""></button>
```

基礎按鈕與 input 結合 submit、reset 屬性的按鈕在外觀上並無太大區別。上述 3 部分程式其實只在文字上有所區別，主要在具體的實現場景上進行區分，3 個按鈕如圖 10-9 所示。

▲ 圖 10-9 \<button\> 與 \<input\> 文字按鈕對比圖

這裡需注意的是 \<input\> 標籤的圖片按鈕會顯得更真，而 \<button\> 標籤的圖片按鈕只是把文字替換成了圖片，也就是會存在按鈕的邊框，如圖 10-10 所示。

▲ 圖 10-10 \<button\> 與 \<input\> 圖片按鈕對比圖

10.1.8 單選按鈕、核取方塊

HTML 的單選按鈕和核取方塊其實都是使用 <input> 標籤實現的,如果屬性 type 的值為 radio,則會建立一個單選按鈕;如果屬性 type 的值為 checkbox,則會建立一個核取方塊。同一組的單選按鈕應該具有相同的 name(名字)屬性值,以便使用者只能選擇其中的一項;相應地,核取方塊的 value 屬性值則不唯一。以選擇性別的單選按鈕和選擇愛好的核取方塊為例,程式如下:

```
<!-- 單選按鈕 -->
<input type="radio" name="gender" value="male">男 <br>
<input type="radio" name="gender" value="female">女 <br>

<!-- 核取方塊 -->
<input type="checkbox" name="hobby" value="reading">閱讀 <br>
<input type="checkbox" name="hobby" value="sports">運動 <br>
```

單選按鈕通常是一個圓形的,而核取方塊通常為正方形,並且選擇項為打鉤狀態,如圖 10-11 所示。

▲ 圖 10-11 單選按鈕與核取方塊

10.1.9 標籤、換行、表單

表單是實現使用者與頁面背景互動的主要組成部分,一個表單可能包含輸入框、單選按鈕、核取方塊、按鈕等多種元件,例如常見的用於註冊或登入的視窗。在 HTML5 以前,表單的元件內容大多需要 JavaScript 進行控制,如今可以直接使用 HTML5 提供的智慧表單實現,還提供了內容提示、焦點處理、資料驗證等屬性,這些屬性可直接作用於元件標籤上。

10.1 HTML

表單使用 <form> 標籤包裹其內容，由於表單涉及將資料傳輸至後端，所以在實際開發中 <form> 標籤都會使用 action 屬性定義傳輸的目標 URL 及使用 method 屬性定義請求方法。以定義一個用於登入的表單為例，程式如下：

```html
<form action="/login" method="post">
    <!-- <br> 標籤為分行符號 -->
    <label for="account">帳號：</label><br>
    <!-- <label> 即標籤 -->
    <input type="text" id="account" name="account"
    placeholder="6-12 位數字" autofocus
    pattern="[0-9]{6,12}" required><br>
    <label for="password">密碼：</label><br>
    <input type="password" id="password"
    name="password" placeholder="字母加數字" required><br>
    <input type="submit" value="登入">
</form>
```

在這段登入表單中，使用了 <label> 標籤展示帳號、密碼，<label> 標籤的 for 屬性用於綁定相同值的 HTML 元素，當使用者按一下帳號時，帳號輸入框將獲取焦點，需要注意的是，這裡是透過 <input> 標籤的 id 屬性互相綁定的，而非 name 屬性；在 HTML5 中用於換行的是
 標籤，常用於文字區塊和表單之中；最後，在 <input> 標籤中的 name 屬性用於標識表單不同的內容，類似於 Postman 測試時傳入名稱為 account、值為 123456 等資料。表單如圖 10-12 所示。

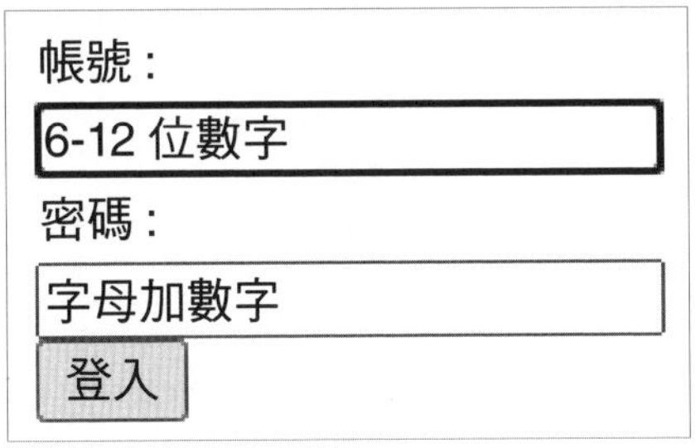

▲ 圖 10-12 登入表單

10.1.10 列表

HTML5 提供了兩種類型的列表，分別是使用 <ul> 標籤定義的無序列表（Unordered List）和使用 <ol> 標籤定義的有序列表（Ordered List），清單項（list）則使用 <li> 標籤，程式如下：

```
<!-- 無序列表 -->
<ul>
  <li> 蘋果 </li>
  <li> 香蕉 </li>
  <li> 柳丁 </li>
</ul>
<!-- 有序列表 -->
<ol>
  <li> 蘋果 </li>
  <li> 香蕉 </li>
  <li> 柳丁 </li>
</ol>
```

無序列表與有序列表的區別在於，無序列表的每個清單項前面是一個小小數點，而有序列表的每個清單項前面是用於排序的數字，如圖 10-13 所示。

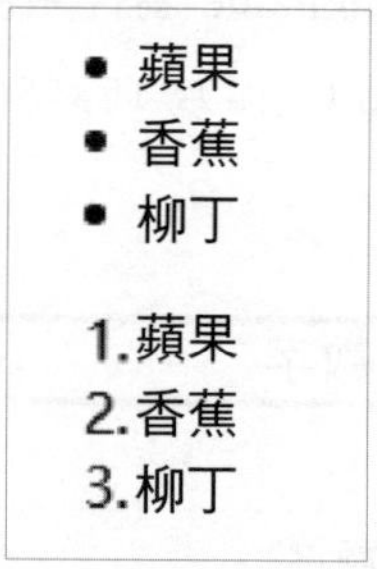

▲ 圖 10-13 無序列表與有序列表

10.1.11 區塊級元素、行內元素

HTML5 的標籤大體分為兩類，即區塊級元素和行內元素。

區塊級元素預設會佔據頁面的一行寬度，同時可包含其他的區塊級元素和行內元素，主要用於建構頁面的主體結構，如標題、段落、列表等，例如標籤 <p>、<h1> 至 <h6> 等就是區塊級元素。有一個特殊的區塊級元素是 <div>，該標籤沒有特定的語義，也正因為它沒有任何語義，所以就像一塊磚頭，哪裡需要就往哪裡搬，被大量用於頁面的版面配置和樣式化（結合 CSS 調整某區域的寬和高、顏色等）。

與區塊級元素對應的是行內元素，行內元素不會佔據整行寬度，只會佔據其內容所需要的寬度，也就表示行內元素不能使用 CSS 調整寬和高，從這個特點可推出行內元素不能包含區塊級元素，其只能包含行內元素或文字。行內元素主要用於文字，例如使用 <i> 標籤對文字斜體化、使用 <strong> 標籤對文字加粗等。區塊級元素有 <div> 標籤，行內元素則有 <span> 標籤，同樣是沒有語義的，但可以對文字進行分組和樣式化（主要為字型風格方面的樣式化）。

10.1.12 標識元素

在介紹表單一節曾出現了用於標識元素的屬性 id 和 name，此外用於標識元素的還有屬性 class（類別），標識元素主要用於獲取某個唯一或獲取多個相同特徵的元素。對於 name 的作用就是用於標識表單元素，本節簡單介紹 id 和 class。

在 HTML5 中使用 id 屬性為某個元素增加唯一的識別字，程式如下：

```
<div id="1"></div>
```

每個 id 只能在 HTML 檔案中出現一次，可用於 JavaScript 的 DOM 操作或 CSS 的 id 選擇器。

類別的使用場景是為一個或多個元素增加類別名稱，程式如下：

```
<!-- 具有咖啡、水特性的元素 -->
<div id="1" class="coffee water"></div>
<!-- 只具有咖啡特性的元素 -->
<div id="2" class="coffee"></div>
```

一個元素可以有多個類別名稱，通常會為具備相同特徵的元素增加相同的類別名稱。類別名稱主要用於結合 CSS 為多個元素增加樣式，或用於 JavaScript 的 DOM 操作。

10.2 CSS

CSS（Cascading Style Sheets，層疊樣式表）是運用在 HTML 或 XML（另外一種標記語言）元素上的語言，簡單來講，就是為元素增加樣式，如寬和高、顏色、顯隱等效果。如果頁面沒有 CSS，則將只會是白紙黑字的模樣。

CSS 由 Hakon Wium Lie 在 1994 首次提出相應的概念，當時另一位程式設計師 Bert Bos 正在設計一款名為 Argo 的瀏覽器，兩人一拍即合，決定設計 CSS。在 CSS 之前，其實已經存在不少針對樣式的語言，不同的瀏覽器開發商使用各自訂的樣式語言提供給使用者不同的頁面顯示效果，當然這是屬於大雜燴的一種場面。在 1995 年 WWW 的一次會議中，Hakon 演示了 Argo 瀏覽器支援 CSS 的例子，Bos 則展示了另一款支援 CSS 的瀏覽器 Arena（第 1 個支援背景圖片、表格、文字繞串流圖片和內嵌數學運算式的瀏覽器）。在 1994 年 10 月 W3C 組織成立之後，CSS 的創作成員全部成為組織成員，並為了 CSS 標準統一樣式語言的目標前進。

目前使用的是 CSS 的第 3 個版本（標準），也稱為 CSS3，所以不少相關書籍中寫的是 CSS3，或 HTML5+CSS3。CSS 的第 1 個版本於 1996 年 12 月發佈，過了兩年，即在 1998 年的 5 月就發佈了 CSS2，並且於 3 年之後，即 2001 年 5 月發佈了 CSS3（草案），直至 2017 年，才正式發佈 CSS3。怎麼過了 20 年了版本還是 CSS3？沒錯，這是因為千禧年之後 Web 的技術發展過於迅速，而不同瀏覽器廠商和新舊瀏覽器之間對於 CSS 標準的支援有所差異，一些特性可能在 Chrome（Google 瀏覽器）得到支援，而在 Firefox（火狐瀏覽器）不被支援，CSS 需要不斷地更新和完善才能適應快速發展的 Web 環境。值得一提的是，目前已有部分 CSS4 的新特性在一些瀏覽器中得到支援。

10.2 CSS

　　此外，CSS 原子化（Atomic CSS）也正在逐漸得到前端開發人員的青睞。原子，即在化學反應中不可再分的基本微粒，而在 CSS 中，將樣式屬性拆分為最小單元，並用簡潔的類別名稱來表示被稱為 CSS 原子化。原子化將每個樣式屬性拆分為非常小的部分，實現細粒度的樣式控制，實現透過不同的類別名稱去組合不同的樣式，給開發帶來高度可訂製和易於擴充的特性。目前業開發流行的 CSS 原子化框架主要有 Tailwind CSS 和 UnoCSS。以一個簡單的標題為例，分別使用 Tailwind CSS 和傳統方式配置樣式，程式如下：

```
<!-- 使用 Tailwind CSS 框架 -->
<h1 class="text-green text-center">標題</h1>
// 使用傳統方式
<style>
/* CSS 註釋格式 */
/* Scss 可使用 // 註釋 */
    /* 透過類別名稱即可為元素增加樣式 */
    .title{
            /* 字型顏色，綠色 */
        color: green;
            /* 字型水平位置，置中 */
        text-align: center;
    }
</style>
<body>
    <h1 class="title">標題</h1>
</body>
```

　　可看到，透過 Tailwind CSS 框架，只需書寫 HTML 程式，而無須書寫 CSS，便可配置元素的樣式，顯而易見的是減少了開發時的程式量、提高了開發效率，在管理 CSS 程式方面也帶來了更好的維護性。當然，有利就有弊，對於支援傳統樣式寫法或更喜歡使用預先編譯語言的開發者來講會覺得在元素上增加太多的類別名稱反而不好管理樣式，不過這也是見仁見智的問題了。在本書專案中會使用預先編譯語言 Sass 去書寫 CSS，對原子化 CSS 感興趣的讀者可透過 Tailwind CSS 或 UnoCSS 的官網進一步了解其特性。

10-17

學習 CSS 主要包括學習常用的樣式屬性、選擇器、盒子模型、版面配置方式、響應式開發及 CSS 的預先編譯語言如 Less 和 Sass(Scss)。本節簡單介紹在實際開發中常用的 CSS 樣式屬性、選擇器、盒子模型等,在 10.2 節介紹 CSS 的預先編譯語言,並於第 13 章版面配置中對常用的版面配置方式介紹。

10.2.1 選擇器

在上述使用傳統方式設置樣式的程式中,透過給標題增加類別名稱,就可在 <style> 標籤內使用類別名稱配置樣式,這就是類別選取器的實現方式。在 CSS 中,包含元素選擇器、類別選取器、ID 選擇器、屬性選擇器和虛擬類別選取器,透過 CSS 選擇器,開發者可以精確地定位到頁面中的特定元素,然後為其增加樣式。

元素選擇器是針對某個元素獲取的,例如存在多個 <p> 標籤定義的文字區塊,如果需要把這些文字區塊內的文字都設置為紅色,則只需將 p 取出來,程式如下:

```
p {
    color: red;
}
```

類別選取器是最常用的選擇器,透過給元素增加不同的類別可實現不同樣式的疊加。需注意的是類別選取器在單字的前面有個「.」,程式如下:

```
.class {
    color: red;
}
```

ID 選擇器則根據元素綁定的 id 獲取指定元素,在 id 面前需加上井號「#」,程式如下:

```
#id {
    color: red;
}
```

屬性選擇器比較特殊，例如 <a> 標籤會搭配 href 屬性來使用，而在頁面中展示的內容通常會有一條底線，如圖 10-3 所示，那麼可透過 href 屬性獲取元素並去掉底線，程式如下：

```
/* 選擇所有 a 元素中 href 屬性值以 https:// 開頭的元素 */
a[href^="https://"] {
  /* 定義無文字底線 */
  text-decoration: none;
}
```

可看到程式裡使用了「^」符號，這表示該屬性值是以 https:// 開頭的。在屬性選擇器中也提供了多種相對靈活的選擇方式，可指定包含某屬性值的元素，也可指定以某屬性值結束的元素，由於屬性選擇器的使用次數不多，這裡不再進行詳細敘述。

虛擬類別選取器是一種特殊的選擇器，這種特殊的選擇器是根據虛擬類別的狀態來選擇的，也是一種非常常用的選擇器。那麼什麼是虛擬類別呢？虛擬類別主要包含與使用者互動的元素和特定的元素，與使用者互動的元素主要包括滑鼠移過（滑鼠移上去，但未按一下）的元素、滑鼠正在按一下的元素、被按一下過的元素、獲取焦點的元素（例如按一下輸入框）等，程式如下：

```
/* 透過 hover（移過）虛擬類別，當滑鼠移到按鈕上時，按鈕顏色將變為黃色 */
button:hover {
  /* 定義背景顏色 */
  background-color: yellow;
}

/* 透過 active（啟動、行動）虛擬類別，當滑鼠按一下按鈕時，按鈕顏色變為紅色 */
button:active {
  background-color: green;
}
/* 透過 focus 虛擬類別，當滑鼠按一下輸入框時，輸入框邊框將變為紫色 */
input:focus {
  /* 定義邊框顏色 */
  border-color: purple;
}
/* 透過 visited（查看過）屬性，將按一下過的連結變為紫色 */
```

```
a:visited {
  /* 定義字型顏色 */
  color: purple;
}
```

特定的元素是指存在清單或多個文字區塊的情況下，透過父元素去選擇指定的子元素。下面以定義無序列表的第 1 個、第 n 個和最後一個元素的樣式為例進行演示，程式如下：

```
/* 無序列表中的第 1 個元素
    first 譯為第一，child 譯為孩子 */
ul:first-child {
  /* 設置字型粗細 */
  font-weight: bold;
}

/* 無序列表的最後一個元素，last 譯為最後 */
ul:last-child {
  color: red;
}
/* 無序列表的第 n 個元素 */
ul:nth-child ( n ) {
  color: blue;
}
```

10.2.2 字型、對齊、顏色

從對頁面抽象的角度來講，整個頁面無非就是一堆大小不同、顏色各異的字型，可能還有一些圖片。對於字型（font），主要是定義字型的系列、大小、顏色、粗細、樣式。什麼是字型家族呢？如果是在學校或單位寫過文字材料的讀者，則可能會有過將 Word 文件的中文設置為「細明體」，將英文設置為 Times New Roman 等的經歷，諸如此類的即為字型家族，設置字型家族的程式如下：

```
/* font-family 屬性應設置多種字型作為備用，以便在瀏覽器不支援首字型的情況下切換字型 */
p {
  font-family: "Times New Roman", Times, serif;
}
```

字型的大小透過 font-size 屬性進行設置。字型大小通常結合單位 px（像素）、em、rem 進行定義。像素單位即根據一像素作為基準調整大小，程式如下：

```
p {
  font-size: 16px;
}
```

需要注意的是 em 和 rem，兩者都是相對長度單位，也是用於響應式的單位。在行內元素中 em 單位是根據父元素的大小計算的，在區塊級元素中則根據相對瀏覽器預設字型大小進行計算，在瀏覽器中通常預設的文字大小是 16px。例如想將某個類別為 title 的 <div> 標籤的文字設置為 14px，程式如下：

```
.title {
  /* 14px/16=0.875em */
  font-size: 0.875em;
}
```

1rem 等於 HTML 根專案的大小，在設置 rem 時一般需先透過標籤選擇器去設定 <html> 標籤的 font-size。使用 rem 比 em 更加靈活（em 需要根據父元素計算來計算去），只需修改根專案的字型大小就可影響整個頁面配置，程式如下：

```
html {
  /* 此時 1rem 等於 16px */
  font-size: 16px;
}
```

假設標題文字在一個區塊級元素中，由於區塊級元素的特性，文字會預設居於整行的最左邊，對於這種情況可以使用 text-align 屬性使文字置中對齊，程式如下：

```
.title {
    text-align: center;
}
```

如果該區塊級元素設置了高度，則可以結合使用 line-height（行高）屬性和高度定義文字垂直置中，這是一個在實際開發中常用的操作，程式如下：

```
.title {
    text-align: center;
    line-height: 200px;
    height: 200px;
}
```

字型的顏色透過 color（顏色）屬性定義，CSS 中顏色的使用場景一般是行內元素的字型或區塊級元素的背景顏色。一般使用 3 種形式去設定顏色，分別是 CSS 預先定義的單字（如 red、blue、yellow）、十六進位顏色程式、RGB 顏色值，除此之外還可用 HSL 顏色值和 HSLA 顏色值去調整色調，程式如下：

```
/* 字型顏色 */
p {
  /* 白色，等於十六進位 #FFFFFF、RGB 顏色值 (255,255,255) */
  color: white;
}

/* HSL */
p {
  /* 綠色 */
  color: hsl(120, 100%, 50%);
}

/* HSLA */
p {
  /* 最後一個參數為透明值 */
  color: hsl(120, 100%, 50%,0.5);
}
```

字型使用 font-weight 屬性定義粗細，有兩種實現方法，一種是透過 CSS 預先定義的關鍵字 lighter、normal、bold 和 bolder 分別定義細、正常、粗和更粗；另一種是透過 100~900 的數字定義，程式如下：

```
/* 關鍵字 */
p {
  /* 將段落字型設置為粗體 */
  font-weight: bold;
}
```

```
/* 數字值,700 將段落字型設置為接近粗體的效果 */
p {
  font-weight: 700;
}
```

最後是字型常見的樣式,透過 font-style 屬性可將字型定義為斜體(italic)或傾斜(oblique)。斜體是字型的筆劃會被設計成傾斜樣式,而傾斜是將字型旋轉一定的角度,一般用於英文的標題或書名,程式如下:

```
p {
  /* 設置為斜體樣式,預設為 normal(正常)*/
  font-style: italic;
}

p {
/* 設置為傾斜樣式 */
  font-style: oblique;
}
```

10.2.3 背景、寬和高

圖片除了可以使用 HTML 的 <img> 標籤建立外,還可透過 background-image 屬性為區塊級元素增加背景(background)圖片。圖片通常需要結合寬(width)、高(height)進行定義,程式如下:

```
.class {
  /* 特別容易忽略的是路徑應帶有引號 */
  background-image: url("./123.jpg");
  /* 寬度 */
  width: 300px;
  /* 高度 */
  height: 200px;
}
```

寬、高的單位在不同的場景下有不同的選擇,對於需要在頁面保持一定比例的圖片,通常會使用百分比單位(%)或視埠單位(vh 和 vw),程式如下:

```css
.class1 {
  background-image: url("./123.jpg");
  width: 100%;
  height: 50%;
}
.class2 {
  background-image: url("./123.jpg");
  /* 相對於瀏覽器視窗寬度的百分比 */
  width: 30vw;
  /* 相對於瀏覽器高度的百分比 */
  height: 20vh;
}
```

背景圖片可透過 background-repeat 屬性定義圖片是否重複及重複位置,程式如下:

```css
.class {
  background-image: url("./123.jpg");
  /* 水平位置重複圖片 */
  background-repeat: repeat-y;
  /* 垂直位置重複圖片 */
  background-repeat: repeat-x;
  /* 水平和垂直位置都重複 */
  background-repeat: repeat;
  /* 不重複 */
  background-repeat: none-repeat;
}
```

前面曾透過 background-color 屬性為 \<input\> 的 focus 虛擬類別增加背景顏色,在只設置背景顏色的情況下可簡寫為 background,程式如下:

```css
.class {
  background: red;
}
```

當使用簡寫屬性時，還可合併其他的屬性，程式如下：

```
.class {
  background: red url("123.png") no-repeat;
}
```

對於圖片的起始位置，可透過 background-position 屬性進行定位（position），值可為 5 個預先定義的關鍵字 top（上）、right（右）、center（中）、left（左）、bottom（下），也可使用 x 軸和 y 軸的百分比進行定義，程式如下：

```
.class {
  /* 水平和垂直置中 */
  background-position: center center;
}
```

```
.class {
  /* 水平和垂直置中 */
  background-position: 50% 50%;
}
```

10.2.4 定位

定位是十分常用的，區塊級元素的定位則使用 position 屬性，例如有些網站某側會增加廣告圖片，無論使用者如何滑動頁面廣告都依舊在那個位置，這是透過固定定位實現的。定位分為靜態定位（沒有定位）、相對定位、固定定位、絕對定位和黏滯定位。相對（relative）定位是依據其原來的位置進行定位的，例如某個元素想向左偏移 20 像素，程式如下：

```
.class {
  position: relative;
  left: 20px;
}
```

固定（fixed）定位就是相對於瀏覽器的視窗進行定位的，所以對於固定在瀏覽器一側的廣告，無論使用者怎麼捲動頁面，廣告圖片都還是固定在那裡，程式如下：

```
.class {
  position: fixed;
  left: 20px;
}
```

　　絕對定位是需要在父元素開啟相對定位的前提下定義的，是根據父元素的位置進行定位的，不少剛學習前端的開發者經常會遇到絕對定位失效的情況，這往往是因為父元素沒有相對定位導致的，此時它的位置會相對於根專案進行定位，程式如下：

```
.father {
  /* 父元素 */
  position: relative;
  left: 20px;
}
.son {
  /* 子元素 */
  position: absolute;
  left: 20px;
}
```

　　黏滯定位是基於使用者的捲動位置來定位的，是一種在相對定位和絕對定位之間切換的定位。在一定的高度內，元素會隨著頁面的捲動而移動，當過了這個高度，元素則會呈現固定的狀態。比較常見的場景是標題的應用，當還未瀏覽到標題概括的內容時，標題會相對於頁面變化，當標題隨著頁面高度的變化已經到頂部時，則卡在頂部不動了，除非瀏覽到下一個標題內容。使用時需開啟 top、right、bottom、left 中的一種，黏滯定位才會生效，程式如下：

```
.father {
  height: 500px;
  /* 開啟捲軸 */
  overflow-y: scroll;
}
.son {
  position: sticky;
  top: 0;
```

```
  background-color: #f2f2f2;
}
```

10.2.5 顯示

在 CSS 中有兩種方式可使元素隱藏起來，一種是將 display（展示）屬性的值設為 none；另一種是將 visibility（可見）屬性的值設為 hidden（隱藏），但兩種方式的結果有所不同，使用 display 後元素將完全消失，不會佔用頁面的空間，而使用 visibility 隱藏元素後，雖然看不到元素，但元素還是佔據著頁面中的空間，程式如下：

```
.class {
  display: none;
}

.class {
  visibility: hidden;
}
```

對於 display，如果想讓元素再次顯示，則可將值設為 block（區塊），而對於 visibility，則可將值設為 visible（可見），程式如下：

```
.class {
  display: block;
}

.class {
  visibility: visible;
}
```

對於 block，還有另外一個作用，即可以將行內元素變為區塊級元素，而如果將區塊級元素變為行內元素，則需使用 inline（行內）定義，某些時刻還可使用 inline-block 使元素同時具有行內和區塊級的特性，即可對行內元素設定寬和高，程式如下：

```
.div {
  display: inline;
}

.span {
  display: inline-block;
  width: 300px;
  height: 200px;
}
```

在一些廣告的右上角會有個關閉的按鈕,當使用者按一下按鈕後廣告就消失了,這就是透過 display 屬性實現的。

10.2.6 盒子模型

盒子模型是指 HTML 的元素除 content(內容)本身外,還包括 padding(內邊距)、border(邊框)、margin(外邊距),盒子模型用於決定元素在頁面中的定位和尺寸。一個很好的查看方式是在網頁開啟開發者工具,在元素選項下的詳細樣式中的最底部有個盒子模型的圖,如圖 10-14 所示。

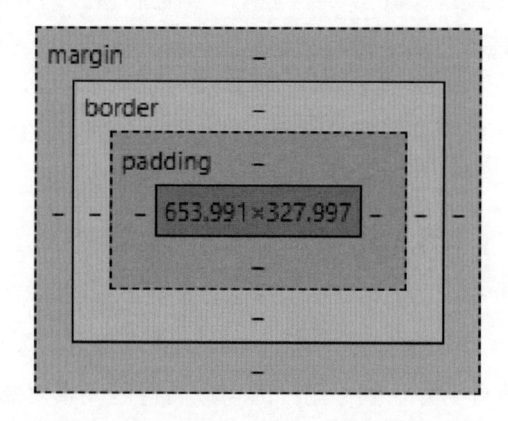

▲ 圖 10-14 盒子模型

首先是 padding,用於調整內容與邊框之間的距離,或說在邊框內填充左右寬度或上下高度。一般來講,padding 主要用於存在邊框的情況下給內容留白,以便凸顯內容所在區域。

在設定內邊距時有簡寫屬性,如果內容四周的內邊距都不同,則可遵循順時鐘的方向,即上、右、下、左的順序分別增加內邊距;如果左右的內邊距相同而上下的內邊距不相同,則遵循上、左右、下的順序;如果上下、左右分別相同,則遵循上下、左右的順序;在四周都相同的情況下,只需一個邊距參數,該規則同樣適應於 margin,程式如下:

```css
/* 4個內邊距都不同 */
.class {
  padding-top: 20px;
  padding-bottom: 30px;
  padding-left: 35px;
  padding-right: 25px;
}

/* 4個內邊距都不同的簡寫形式 */
.class {
  /* 上、右、下、左 */
  padding: 20px 25px 30px 35px;
}
/* 上下不同、左右相同 */
.class {
  /* 上為 20px、左右都為 25px、下為 30px */
  padding: 20px 25px 30px;
}
/* 上下、左右分別相同 */
.class {
  /* 上下為 20px、左右為 25px */
  padding: 20px 25px;
}
/* 上下左右都相同 */
.class {
  /* 上下左右為 20px */
  padding: 20px;
}
```

還有一種情況是三邊相同,一邊不同,那麼可以在上下左右都相同的基礎上單獨設置一邊的值,程式如下:

```
.class {
  padding: 20px;
  /* 單獨將底部設置為 30px */
  padding-bottom: 30px;
}
```

其次是 border，用於指定元素邊框的樣式和顏色，主要包括 border-style（style，樣式）、border-width 和 border-color 共 3 個屬性。

任何一個元素在預設情況下都沒有邊框的狀態，即 border-style 的值為 none，在需要增加邊框的情況下，可以使用 dotted（加點）、solid（實線）等值定義邊框，程式如下：

```
.class {
  border-style: solid;
}
```

對於邊框的寬度，可使用 border-width 屬性定義 4 條邊的寬度，程式如下：

```
.class {
  border-style: solid;
  border-width: 8px;
}
```

可單獨設置邊框的寬度，以設置上邊框為例，程式如下：

```
.class {
  border-style: solid;
  border-top-width: 8px;
}
```

邊框的顏色同字型顏色一樣，可使用顏色名稱、RGB 和十六進位進行定義，程式如下：

```
.class {
  border-style: solid;
  border-color: red;
}
```

10.2 CSS

更為常見的操作是使用簡寫，直接設置寬度、樣式和顏色，因為在實際開發中注重樣式的規整性，很少會發生 4 條邊都寬度不一、樣式不同的情況，簡寫程式如下：

```css
.class {
  border: 1px solid red;
}
```

最後是 margin，用於調整本元素與其他元素之間的距離，由於寫法與 padding 相同，這裡不再進行定義外邊距程式的範例，但 margin 有個十分常用的屬性值，可以使容器內區塊級元素水平置中，程式如下：

```css
.div {
  /* 上下 0，左右 auto */
  margin: 0 auto;
  width: 300px;
}
```

該屬性值表示上下外邊距為 0，左右外邊距自動計算，當該元素處於某個容器內（有父元素）時會使其自動保持水平置中。

此外，透過對盒子模型的觀察，可以得到兩筆公式：

（1）元素的總寬度 = 寬度 + 左內邊距 + 右內邊距 + 左邊框 + 右邊框 + 左外邊距 + 右外邊距。

（2）元素的總高度 = 高度 + 上內邊距 + 下內邊距 + 上邊框 + 下邊框 + 上外邊距 + 下外邊距。

透過計算盒子模型的總寬度和總高度，可以在結合 UI 設計圖開發時更加精確地控制元素的位置和尺寸。

10.2.7 外部樣式、內部樣式、行內樣式

CSS 使用選擇器在當前 HTML 檔案下定義樣式的方式稱為內部樣式，與之相對的是額外建立一個 .css 檔案專門用於定義樣式，或說封裝樣式，並透過

<link> 標籤在頁面進行連結,這樣的好處是如果有多個頁面的樣式相同,則直接引用這個公共 .css 檔案即可,程式如下:

```
<html>
  <head>
    <link rel="stylesheet" href="styles.css">
  </head>
  <body>
    <p>這是一段紅色的文字。</p>
  </body>
</html>

/* styles.css */
p {
  color: red;
}
```

最後一種是直接透過在元素中增加 style 屬性定義樣式,稱為行內樣式,程式如下:

```
<p style="color:red;">這是一段紅色的文字。</p>
```

如果大量使用行內樣式,則無疑該元素的標頭標籤會變得很長,其實 CSS 原子化也會出現這樣的問題,使用原子化標頭標籤可能會包含非常多的樣式類別,所以在寫樣式時需分情況使用不同的方式去實現 CSS 程式。

10.2.8 響應式

在 CSS 中,除了可使用 % 單位和視埠單位實現 CSS 響應式之外,還有媒體查詢、柵格版面配置、彈性版面配置等方法。本節僅簡單介紹媒體查詢的使用方法,將在 10.4 節關於 Bootstrap 框架的內容中介紹柵格版面配置,並在 13.2 節介紹彈性版面配置。

媒體查詢是一種允許根據裝置的特性(如寬度、高度)使用不同的樣式,在程式中使用 @media 規則去定義不同條件下的樣式。例如在正常情況下,頁面的字型大小為 16px，如果是在螢幕寬度小於 600px 的情況下，則可適當地將字型的大小修改為 10px，程式如下：

```
/* 預設樣式 */
body {
  font-size: 16px;
}

/* 當螢幕寬度小於 600px 時應用以下樣式 */
@media screen and (max-width: 600px) {
  body {
    font-size: 10px;
  }
}
```

10.3 JavaScript

　　JavaScript（JS）是一門用於 Web 的指令碼語言，用於實現網頁的互動效果，具備輕量級、物件導向、弱類型的特點。所謂指令碼語言，即程式不需編譯成機器語言和二進位碼，由解譯器直接解釋執行，也稱為直譯型語言，最簡單的例子是直接開啟瀏覽器的開發者工具，在主控台輸入 JS 程式就可執行。通常直譯型語言具備語法較為簡單的特性，JavaScript 也不例外。

　　JavaScript 在 1995 年由 Netscape（網景）公司的 Brendan Eich 在網景導覽者瀏覽器上首次設計實現而成，最初的用途只是用於前端表單的驗證。最初 JavaScript 被命名為 LiveScript（Live 譯為生活、Script 譯為指令稿），後來由於網景與 Sun 公司（開發 Java 的公司）合作，改名為 JavaScript，但實際上跟 Java 並無多大連結。

　　提到 JavaScript，就不得不提 ECMAScript（ES）。在 JavaScript 發佈之後，微軟的 IE 3.0 搭載了一個 JavaScript 的複製版 Jscript，除此之外還有另一個名為 ScriptEase 的指令碼語言，導致了 3 種不同版本的使用者端指令碼語言同時存在。為了建立語言的標準化，網景公司將 JavaScript 提交給歐洲電腦製造商協

10 前端的變革

會統籌標準化,並在網景、Sun、微軟等公司的參與下制定了 ECMA-262 標準。目前,JavaScript 的版本為 ECMAScript 2023,而最近一次主要改動的版本為 ECMAScript 2015,即 ES6,在 ES5 語言標準時代的 245 頁擴充至 600 頁,其中增添的許多新特性也是目前使用 JavaScript 最常用的特性,本書專案後端部分使用的 const、let 關鍵字、解構賦值等即為 ES6 的新特性。

JavaScript 是一門物件導向的語言。學習物件導向的語言經常能聽到一句話——萬物皆物件,物件導向其實也是一種較為抽象的表述,與之對應的是過程導向的語言,如 C 語言。物件是從一個特定的範本實例化出來的實體,更為確切地說是從稱為類別的「東西」實例化出來的,所謂實例化,就是從虛到實的過程。要想明白物件,首先要明白類別是什麼,類別是對多個物件的抽象,比方說農民的倉庫中有鏟子、釘耙、犁等,這些是實實在在且摸得著看得見的東西,能夠在下地幹活時派上用場,那麼這些工具可以統稱為「農具」,鏟子可以叫作農具,釘耙同樣也可以叫作農具,那麼農具就是一種「類別」,而鏟子就是農具的一種具體實現,也就是實例化,所以鏟子就是農具這個類別的物件;同樣還可以舉例動物園的各種動物,如大象、獅子、老虎等都是實體的,而這些實體可以統稱為動物,動物只是一個虛的、摸不到的名稱,那麼動物也是一個類別。

從上面的兩個例子中可以簡單地得到一個結論,物件是具有屬性和行為的實體,例如鏟子的屬性是有具體的使用年限,大象、獅子則具備體重屬性且有確切的數值,而類別是虛擬的,是對物件的屬性和行為封裝形成的獨立的範本或藍圖。物件導向開發,就是透過類別去實例化物件,根據物件本身具有的屬性和方法去執行現實邏輯。

在 JavaScript 中,生成實例物件的傳統方法是透過建構函數實現的,程式如下:

```
// 建構一個名為 Person(人)的函數,接收名字和年齡作為參數
function Person (name, age) {
  this.name = name;                    // 名字範本
  this.age = age;                      // 年齡範本
```

```
}
Person.prototype.play = function (game) {          // 定義一種方法
    return console.log(" 我在玩 " + game)
}
// 實例化物件,此時 person 已經有從範本獲取的 name 和 age 兩個屬性,並且實際值為張三和 23
var person = new Person(" 張三 ", 23);
console.log (person.name)                          // 輸出:張三
console.log(person.play(" 鬥地主 "))                // 輸出:我在玩鬥地主
```

在上述程式中,透過建構一個名為 Person 的函數來表示人的共通性,即人擁有名字、年齡,同時透過 JavaScript 的原型鏈增加了 play 函數(方法),表達人玩遊戲的這種行為。最後,透過 new 關鍵字調用 Person 函數實例化一個物件,即真實的人,該物件名稱為張三且年齡為 23 歲,並且喜歡玩鬥地主。

在程式中 this 是指誰呼叫該函數,屬性就會指向該物件,或說該物件擁有這些屬性。從 this 的角度看,person 物件是透過呼叫 Person 建構函數實例化的,那麼 person 物件就擁有了 name 和 age 屬性。在實際情況下,this 在不同的環境下有不同的指向物件,其中,最常用的場景即為在上述程式中在方法內使用 this 為物件增加屬性,其餘的情況都較為特殊且少用,所以不再進行詳細敘述。

在 ES6 中透過 class 關鍵字定義類別,相比於建構函數,更符合類別這個定義,程式如下:

```
class Person{
  constructor (name, age) {              //constructor 方法用於設置物件的初始屬性
    this.name = name;
    this.age = age;
  }

  play (game) {                          // 行為
    return console.log(' 我在玩 ${game}');
  }
}
```

JavaScript 的另一個特點是弱類型，即在定義變數時並沒有對變數的資料型態進行限制，例如定義一個名為 number（數量）的變數，程式如下：

```
var number = 1;                    // 類型為 int，即整數
```

雖然變數名稱為數量，並且值也是數字，但這不代表變數 number 的值就一定為數字，後續還可把 number 的值變為字串，並且不會報什麼錯誤，程式如下：

```
var number = " 數字 ";             // 類型為 string，即字串
```

這樣的好處是允許變數類型的動態改變，使程式設計更加靈活，但不好的地方是可能會在執行時期出現錯誤，例如在不知道變數類型的情況下對變數進行比較，可能會出現整數類型與字串類型對比的情況；其次是由於變數的類型不固定，當接替其他的程式設計師的業務時，可能還需要花些時間去弄清楚每個變數的類型是什麼，以及代表什麼意思。正是因為 JavaScript 弱類型的特點，才使 TypeScript———一個基於 JavaScript 建構的強類型程式語言誕生了。

JavaScript 包含 3 個主要部分，分別是 ECMAScript 規定的基本語法、文件物件模型（DOM）和瀏覽器物件模型（BOM）。ECMAScript 是 JavaScript 的核心，規定了語言的各方面，如語法、資料型態、關鍵字、操作符號、物件及其擴充、程式設計風格等；DOM 是一組操作 HTML 元素的介面，透過元素的 id、class 屬性去獲得對應的或多個元素，並掛載相應的事件，抽象地看，整個瀏覽頁面的操作無非就是按一下和輸入，而 DOM 操作就是監聽按一下或輸入的內容，並做出相應的邏輯；BOM 提供了瀏覽器視窗互動的方法和介面，例如可透過 BOM 介面獲取瀏覽器的解析度資訊，對樣式做出一定的響應式變化，此外，使用 BOM 管理瀏覽器的歷史記錄也是常見的場景，如實現前進、後退操作。

下面將簡單介紹 JavaScript 常用的主要語法、DOM 和 BOM 操作。

10.3.1 執行、輸出

JavaScript 主要執行在瀏覽器和 Node.js 環境中,其中,在 Node 篇中已經透過 Express.js 框架實現了伺服器端的邏輯,本節將說明如何在 HTML 檔案中使用 JavaScript 程式及在瀏覽器執行 JavaScript 並進行輸出內容的用法。

在 HTML 檔案中,JavaScript 程式必須寫在 <script> 與 </script> 標籤之間,而 <script> 標籤可放置在 <body> 和 <head> 部分中,通常會放在 <head> 中,使其程式位於頁面的頂部,讓 <body> 內部只有 HTML 元素,程式如下:

```
<!DOCTYPE html>
<html>
  <head>
    <title>使用 JavaScript</title>
    <script>
      console.log("123")              // 輸出 123
    </script>
  </head>
  <body>
    <!-- HTML 元素 -->
  </body>
</html>
```

當然,JavaScript 並不一定要寫在 .html 檔案內,同封裝 CSS 一樣,JavaScript 也可以對多個 .html 檔案共有的邏輯進行封裝,例如有多個頁面需要獲取當前的使用者資訊,那麼可以封裝一個名為 getUserInfo(獲取使用者資訊)的 .js 檔案,並在需要的 .html 檔案使用 <script> 標籤的 scr 屬性進行呼叫,程式如下:

```
<!DOCTYPE html>
<html>
  <head>
    <title>使用 JavaScript</title>
    <script src="./js/getUSerInfo.js"></script>
```

10 前端的變革

```
  </head>
  <body>
    <!-- HTML 元素 -->
  </body>
</html>
```

此外，開啟瀏覽器的開發者工具，並進入主控台（console）介面，可直接撰寫 JavaScript 程式並執行，如圖 10-15 所示。

▲ 圖 10-15 主控台輸出內容

在 JavaScript 中，有多種輸出內容的方式，最為重要的為 console.log()（log，日誌、記錄），它可將內容輸出至主控台。在開發期間，如果前端發現傳給後端的參數不對，就需要使用 console.log 去輸出傳的值，檢查哪裡的值沒有獲得；在沒有介面文件的情況下，對於後端傳給前端的值，前端也需透過 console.log 輸出回應資料以查看格式。一個重要的開發思維，就是能夠獨立使用 console.log 去排除錯誤。此外，還有 windows 物件的 alert() 方法、innerHTML、document.write() 這 3 種輸出方式。值得注意的是 alert() 方法，程式如下：

```
<script>
window.alert(" 注意，該操作會導致資料遺失 ");
</script>
```

該方法可在瀏覽器彈出一個警告框，通常會作為使用者在執行某些敏感操作時的埋點回應，如圖 10-16 所示。

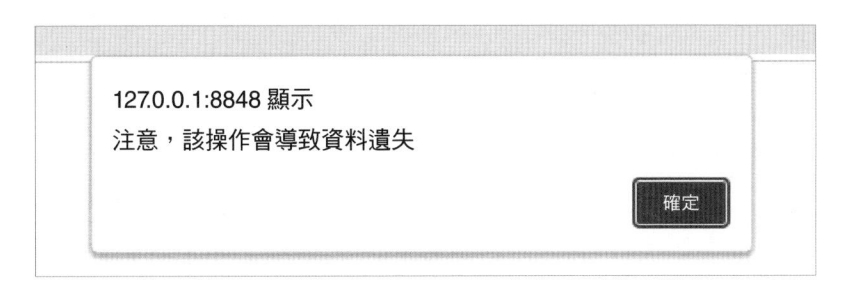

▲ 圖 10-16　瀏覽器彈出警告

單字 inner 譯為裡面的，innerHTML 即透過 DOM 操作獲取某個元素並修改其文字內容；document.write()（write，寫）則直接在頁面上輸出內容。這裡需要解釋的是，同樣是輸出內容，為什麼 document.write() 沒有 console.log() 那麼實用，或說為什麼不用 document.write() 直接在頁面輸出內容或數值，原因有兩個，第一是會影響頁面原來的內容，第二是傳回的資料通常有一定的格式，頁面作為 HTML 檔案不能清晰地展示出來。由於這兩種輸出方式在框架開發中不常使用，這裡不再進行程式演示。

10.3.2　var、let、const 及作用域

在後端程式中，使用了 let 關鍵字宣告變數和使用 const 關鍵字宣告常數，這兩個關鍵字都是在 ES6 引入的，並且都具有區塊級作用域、不能重複宣告、暫時性死區的特性。在 JavaScript 中，區塊級作用域指的是大括號 {} 包圍的程式區塊，通常是函數、條件陳述式或迴圈敘述，用 let 宣告的變數只在當前 {} 下可見，在 {} 外存取不了該變數，即為區塊級作用域特性，const 宣告的常數也是同理的。與之相對的函數作用域或全域作用域，使用 var 關鍵字定義的變數在全域都可存取。注意需區分函數作用域和區塊級作用域，程式如下：

```
// 使用 var 定義全域變數
var x = 10;
function test(){
    console.log (x);                    // 輸出 10，即在函數內部可以直接存取全域變數
}
test();
```

```
// 函數作用域
function test1(){
    var y = 10;
    console.log(y);                    // 輸出 10
}
test1();
console.log(y)                         // 此時位於函數外，y 沒有定義，會出現顯示出錯情況

// 使用 let
if (true) {                            // 這是一個區塊級作用域，而非函數
    let y = 30;                        // 在 if 條件陳述式的內部宣告 y
    console.log(y);                    // 輸出 30
}
console.log(y);                        // 此時位於 {} 外，y 沒有定義，會出現顯示出錯情況
```

變數即宣告參數的值是可變的，就如同宣告一個 number，值可以是 1，也可以是字串「數字」，那麼常數的值是不是不可以改變呢？並不是，常數的含義是指宣告的物件不能更改，但可以改變物件的屬性，從原理上來看只是宣告了一個物件，其實 JavaScript 引擎會在堆積中開闢一個空間用於存放物件的屬性及值，程式層面的常數只是該物件在記憶體堆積裡的位址值，可以以一個簡單的例子演示修改 const 定義物件的屬性值，程式如下：

```
const person = {
    name: "張三",
    age: 23
}
person.name = "李四";
console.log(person.name);              // 輸出：李四
```

但如果透過 const 宣告了一個數值，就不能修改了，程式如下：

```
const a = 10;
a = 20;                                // 執行時會出現顯示出錯情況
```

不能重複宣告是指已經在當前區塊級作用域下宣告了一個名為 number 的變數的情況下，再次宣告一個名為 number 的變數會出現顯示出錯情況，程式如下：

```
// 區塊級作用域 a
function a(){
    let number = 20;
    let number = 30;                    // 會提示重複宣告的顯示出錯
}
// 區塊級作用域 b
function b(){
    let number = 20;                    // 因為不在同一區塊級作用域，所以不會產生影響
}
// 使用 var 重複宣告
var a = 10;
var a = 20;                             // 重複宣告 a

console.log(a);                         // 輸出 20，不會提示重複宣告顯示出錯
```

暫時性死區是指宣告的常數不存在「變數提升」，也就是只能在宣告之後才能使用，與之對應的例子是使用 var 定義的變數存在「變數提升」，程式如下：

```
// 按常理此時還沒用 var 定義變數 a，但由於存在變數提升，已經存在 a，但沒定義值
console.log(a)                          // 不顯示出錯，輸出 undefined
var a = 100
// 使用 let
console.log(b)                          // 不存在變數提升，顯示出錯
let b = 100
```

此外還需要注意的是使用 const 宣告時必須賦值，否則會顯示出錯，程式如下：

```
let a                                   // 不顯示出錯
const b                                 // 顯示出錯
```

在實際開發中應避免使用 var 去定義變數。首先是 var 的作用域問題，當一個函數內部有多個條件陳述式（區塊級作用域）時，var 定義的變數在每個條件陳述式中都是可見的，這可能會導致衝突；其次是定義變數，按照正常思維是先定義才能使用，但由於 var 的變數提升特性，也容易導致意想不到的錯誤出現；最後是可重複宣告，可以在同一個作用域多次宣告同一個變數，這也可能會導

致混淆和錯誤，所以讀者在開發時應養成定義變數用 let 而定義常數用 const 的習慣。

10.3.3 資料型態

在 JavaScript 中，包含 8 種資料型態，並且分為基底資料型態和引用資料型態。

1. Number

用於表示數值的類型，支援整數、浮點數、八進制和十六進位，程式如下：

```
let number = 10                         // 整數
let number = 0.1                        // 浮點數
let number = 070                        // 八進制的 56
let number = 0xA                        // 十六進位的 10
console.log ( typeof number )           //typeof 是用於判斷類型的方法，輸出 number
```

2. String

用於表示字串的類型，字串可以使用單引號 (')、雙引號 (") 或反引號 (`) 標識，程式如下：

```
let name = ' 張三 '
let name = " 張三 "
let name = ` 張三 `
console.log ( typeof name )             //string
```

在後端曾使用範本字串的方法直接在 SQL 敘述中增加值，範本字串是 ES6 的新特性，可定義多行字串，同時可透過 ${} 在字串中插入變數，程式如下：

```
const sql = 'select * from product
    where audit_status = ' 在資料庫中 '
    order by product_create_time limit 10 offset ${number}'
```

3. Boolean

Boolean（布林值）即布林類型，包括 true（真）和 false（假），通常用於條件陳述式的判斷，程式如下：

```
if (true){                        // 預設為 true
    let y = 30;
    console.log(y);               // 輸出：30
}
```

4. Undefined

Undefined（未定義）類型只有一個值 undefined，當宣告變數但沒有初始化時，變數的值為 undefined，程式如下：

```
console.log(a)                    // 變數提升，輸出 undefined
var a = 100

let b;
console.log(b)                    // 未定義，輸出 undefined
```

5. Null

Null 類型表示空值或無值，只有一個值 null。在某些情況下，存在一些沒有使用但依舊有指標指向的物件，佔據著堆積空間的記憶體，如果不進行處理就會導致瀏覽器或 Node.js 處理程序使用的記憶體越來越大，最終導致程式崩潰，這種現象被稱為「記憶體洩漏」，這時可透過 null 來解除物件的指標引用以釋放記憶體，程式如下：

```
var obj = null;    // 變數 obj 儲存的是物件在堆積記憶體的位址（指標），置為 null 即可斷掉聯繫
```

6. Symbol

Symbol（記號、象徵）類型是 ES6 引入的新類型，用於表示唯一的值，透過 Symbol() 函數生成，程式如下：

```
let s = Symbol();
console.log(typeof s)              //"symbol"

// 使用 Symbol 設定唯一的屬性名稱
let a = {};                        // 定義一個物件
a[s] = "name";                     // 物件 a 包含一個名為 s 的屬性,並且該屬性名稱是唯一的
```

7. BigInt

BigInt 是 ES2020 新增的基底資料型態,可表示任意長度的整數,通常用於解決 Number 類型無法表示的資料,Number 類型對於超過 16 位元的十進位數字無法精確表示,而 BigInt 則沒有這種精度問題。定義 BigInt 有兩種方法,一種是直接在數字後面加 n,另一種是呼叫 BigInt 函數,程式如下:

```
let bi1 = 10n;
//Number.MAX_SAFE_INTEGER 為 JavaScript 的最大安全整數,是在 ES6 中引入的
let bi2 = BigInt(Number.MAX_SAFE_INTEGER);
console.log(bi1);                  // 輸出:10n
console.log(bi2);                  // 輸出:9007199254740991n
```

8. Object

Object(物件)是唯一的引用資料型態,包含 Array(陣列)、Function(函數)、Date(日期)等資料結構,所謂引用,即該變數引用(儲存)的是該物件的記憶體位址。可以透過 Objcet() 函數建立物件,也可以使用物件字面量標記法,程式如下:

```
let person = new Object();         // 建立了一個空白物件
person.name = " 張三 ";            // 增加屬性
// 字面量標記法
let person = {
    name: " 張三 ",
    age: 23
};
```

10.3 JavaScript

在後端的入庫時間、出庫時間等便是透過 Date() 函數建構的,程式如下:

```
const product_create_time = new Date()// 呼叫 Date() 建立入庫時間
```

10.3.4 條件陳述式

在 JavaScript 中,包含 4 種條件陳述式,分別 if 敘述、if-else 敘述、if-else if-else 敘述和 switch 敘述。條件陳述式通常結合比較運算子和邏輯運算子使用。假定存在對 x=3 進行比較,見表 10-1。

▼ 表 10-1 比較運算子

運算子	描述	比較	布林值結果
==	等於	x==3	true
		x==5	false
===	值和類型都需相等	x===3	true
		x==="5"	false
!=	不等於	x!=5	true
!==	不絕對等於	x!=="5"	"true
		x!==5	true
>	大於	x>1	true
<	小於	x<1	false
>=	大於或等於	x>=3	true
<=	小於或等於	x<=3	true

邏輯運算子用於變數與變數之間的邏輯運算,假定存在 x=3 和 y=5 並進行邏輯運算,見表 10-2。

10-45

▼ 表 10-2 邏輯運算子

運算子	描述	結果
&&	AND，和，左右兩個條件都需符合	（x<5&&y>1）為 true
||	OR，或，左右兩個條件只需一個符合	（x==3||y==6）為 true
!	NOT，不，不符合的情況	!（x==y）為 true

條件陳述式需注意的是，用於判斷相等的是相等運算子，即「==」，而非建立變數時的設定運算子，即「=」，相等運算子比較時會自動進行類型轉換；此外還有嚴格相等運算子，即「===」，會比較值和類型是否都相同，不會自動進行類型轉換。條件陳述式的範例程式如下：

```
//if 敘述，適用於單一情況
if (number == 100){          // 當數值為 100 時，執行程式區塊內的邏輯
    // 程式區塊
}

if (err) return res.ce(err)   // 後端實際運用

//if-else 敘述，適用於兩種情況下的選擇
if (number > 100){            // 當數值大於 100 時執行程式區塊 1 的邏輯
    // 程式區塊 1
} else {                      // 否則執行程式區塊 2 的邏輯
    // 程式區塊 2
}

//if-else if-else 敘述，適用於 3 種不同情況下的選擇，如成績的分數段
if (number < 60){             // 當數值小於 60 時，執行程式區塊 1 的邏輯
    // 程式區塊 1
} else if (number > 60 && number < 90) { // 當數值在 60~90 之間時，執行程式區塊 2
    // 程式區塊 2
} else {                      // 除去兩種情況外的預設情況，執行預設程式區塊
    // 預設程式區塊
}

//switch 敘述，適用於多種情況，比 if-else if-else 敘述更直觀
switch (number){
```

```
        case 1:
            // 程式區塊 1
            break;                      // 表示跳出迴圈
        case 2:
            // 程式區塊 2
            break;
        default:
            // 預設程式區塊
}
```

10.3.5 迴圈敘述

在 JavaScript 中，包含 6 種迴圈敘述，分別是 for 迴圈、for-in 迴圈、for-of 迴圈、forEach 迴圈、while 迴圈、do-while 迴圈。在本節中，主要介紹 for 迴圈、for-in 迴圈及 forEach 迴圈，這 3 種迴圈在實際開發中是常用的迴圈，其他的迴圈反而使用場景相對較少，同時本節對關鍵字 continue 進行簡介。

在 for 迴圈中，包含 3 個條件，或包含 3 個敘述。第 1 個敘述是用來設置初始條件的；第 2 個敘述用來定義條件範圍；第 3 個敘述用於在每次迴圈之後執行。例如輸出 3 次「123」，程式如下：

```
for (let i=0; i<3; i++){           // 起始條件為 0，範圍是 0~2，每次迴圈都加 1
    console.log(123)
}
```

這裡容易混淆的是 i++ 和 ++i，i++ 表示每次執行後都加 1，++i 則表示先加 1 後執行，分辨很容易，看 i 在加號的前面還是後面，如果 i 在加號的前面，則說明先使用 i，然後是 +，而如果 i 在加號的後面，即加號在前面，則說明先 + 後使用 i。

關鍵字 continue 在迴圈中起著跳過某一迴圈的作用，在實際開發中可透過 continue 在迴圈中過濾某些資料，例如在上述程式中，設定當 i 等於 1 時不輸出 123，那麼程式如下：

```
for (let i=0; i<3; i++){
    if(i=1) continue;                          //i 為 1 時，跳過迴圈
    console.log(123)
}
```

其次是 for-in 迴圈，主要用於遍歷物件的所有屬性。假設存在名為 person 的物件，使用 for-in 遍歷屬性名稱和屬性值，程式如下：

```
const person = {
    name: "張三",
    age: 23,
};

for (let property in person){
    console.log(property, person[property]);    // 輸出屬性名稱和對應的值
}
```

最後是 forEach 迴圈，在 5.1.2 節曾使用其處理密碼值為空，這是 forEach 迴圈的主要使用場景，用於處理陣列中的值，程式如下：

```
result.forEach((e)=>{
    e.password = ''
})
```

10.3.6 DOM 及其事件

前面介紹 JavaScript 時曾提到，DOM（Document Object Model，文件物件模型）是一種用於操作 HTML 檔案的介面，而其本質是在 HTML 檔案載入的時候將文件內的元素、元素包含的屬性和元素的值都轉為一個個物件組成的模型，這些物件表示文件的各種元素節點，以及文字節點、屬性節點等，也就是說，透過 DOM 提供的 API，可以找到並操作這些由元素或其文字、屬性組成的物件，這些物件包括 Document（文件）、Element（元素）、Text（文字）等。

在操作 HTML 元素時，首先應獲得該元素。假設存在一個包含 id、class 且有樣式、文字的元素，程式如下：

10.3 JavaScript

```
<div id="1" class="title" style="color: red;">Hello, World!</div>
```

可透過 Document 物件的 5 種 API 獲得元素,程式如下:

```
//get(獲取)Element(元素)by(透過)Id
let element = document.getElementById("1");

//Tag(標籤)Name(名字),透過標籤獲取元素,通常用於獲取多個元素
let element = document.getElementsByTagName("div");

//Class(類別)Name(名字)
let element = document.getElementsByClassName("title");
```

可以看到上述 API 的名字是十分直觀且具體的,透過單字就可知道是透過什麼方式獲得元素的,另外兩種方式是透過 CSS 選擇器獲取頁面的元素,程式如下:

```
//query(查詢)Selector(選擇器),透過 id 獲取符合條件的第 1 個元素
let element = document.querySelector("#1");

//All(所有),此時傳回一個類別名稱稱皆為 title 的節點物件陣列
var elements = document.querySelectorAll(".title");
```

此時,可對獲得的 Element 元素進行修改操作,如使用 innerHTML 屬性修改文字內容,程式如下:

```
let element = document.getElementsByTagName("div");    // 獲取元素
element.innerHTML="Hello!";                            // 修改元素文字
```

對於該元素的字型顏色樣式,可透過 Element 元素的 style 屬性的 color 屬性(多層巢狀結構物件)進行修改,程式如下:

```
element.style.color="yellow";
```

通常 DOM 操作是結合監聽方法來使用的。在實現監聽案例之前,需要簡單了解 JavaScript 事件。在 JavaScript 中有豐富的事件滿足現實世界使用者可能與頁面做出的互動動作,如 onclick 事件,用於當使用者按一下元素時觸發

回應；onload 事件，當使用者進入頁面時會觸發回應；onchange 事件，當使用者改變輸入框內容時會觸發回應；此外還有用於滑鼠的 onmouseover 事件和 onmouseout 事件，用於滑鼠移至元素上方或移出元素時觸發函數。以 onclick 為例，為按鈕增加按一下事件及其回應函數，程式如下：

```
// 在按鈕中增加 onclick 事件
<button onclick="open()"> 按一下我 </button>

// 使用者按一下按鈕時觸發函數
function open(){
    console.log(123);
}
```

什麼是監聽方法呢？以 onclick 事件為例，可透過元素的 addEventListener（增加事件監聽）方法，傳入 click 參數觸發 onclick 事件，程式如下：

```
// 定義了一個按鈕
<button id="myButton"> 按一下我 </button>

// 獲取按鈕元素
let button = document.getElementById("myButton");
// 增加按一下事件監聽器，給按鈕增加 click 事件，以及其對應的響應邏輯
button.addEventListener("click", function() {
  // 按一下後觸發邏輯
  console.log(" 按鈕被按一下了 !");
});
```

兩者的區別在於，onclick 是事件，而 click 是一種方法，執行 click 就是模擬滑鼠按一下的情況，例如可把 click 方法綁定在一個標題上，當按一下標題時，同時觸發 onclick 事件。需注意的是，如果一個按鈕同時綁定了事件和方法，則會先觸發方法的內容，而後執行事件的回應。在 JavaScript 中，事件還有事件反昇和事件捕捉兩種機制，由於在 Vue 框架中不常使用，所以這裡不介紹，感興趣的讀者可自行查閱關於事件機制相關的內容。

10.3.7 BOM

BOM（Browser Object Model，瀏覽器物件模型）是指將瀏覽器作為物件操作，讓 JavaScript 能夠與瀏覽器進行互動。BOM 中表示瀏覽器視窗的是 window（視窗）物件，所有 JavaScript 的全域物件都是 window 物件的屬性，並且全域函數都是 window 物件的方法。透過 window 方法，可以存取 document 物件，也可以存取瀏覽器視窗的高度、寬度等物件，程式如下：

```
// 獲取 header 標籤
window.document.getElementById("header");

// 獲取瀏覽器視窗的高度和寬度
let height = window.innerHeight;
let width = window.innerWidth;
// 將結果輸出到主控台
console.log(" 瀏覽器視窗的高度：" + height + "px");
console.log(" 瀏覽器視窗的寬度：" + width + "px");
```

輸出結果顯示了瀏覽器視窗的高度和寬度，如圖 10-17 所示。

▲ 圖 10-17 獲取瀏覽器視窗寬度和高度

在 BOM 中還需了解的是 history 物件，透過該物件可以實現頁面的前進和後退操作，以實現頁面前進為例，程式如下：

```
<button id="forwardButton" onclick="goForward()" > 前進 </button>

// 觸發頁面前進，forward（前進）
function goForward()
{
```

```
    window.history.forward()    // 當使用者從頁面 A 退回頁面 B 時，按一下按鈕會重回頁面 A
}
```

10.4 框架的出現

　　框架的出現代表著對原生內容的封裝，如果把原生的基礎知識比作磚頭，框架就是在磚頭的基礎上砌上了水泥。本節將簡單介紹 jQuery 框架的常用語法和 Bootstrap 框架柵格版面配置的使用方法。

　　或許有讀者會問 jQuery 這麼古老的框架有必要學嗎？其實只有在了解了 jQuery 才能更清楚地理解 Vue 在操作 DOM 元素上給予開發者多大的幫助，透過對比不同的 JavaScript 框架，去體會不同框架之間的特性，對於學習前端是非常有好處的。截至目前，企業機關單位還在使用 jQuery 框架，所以了解 jQuery 是有必要的。

　　對於 Bootstrap，則能了解在實際開發中常用的柵格版面配置，以及響應式設計。

10.4.1 jQuery

　　在了解了 JavaScript 的 DOM 操作之後，可以發現 DOM 提供的 API 是一段較為長的由多個單字組成的內容，雖然看上去很直觀且單字意義很明顯，但在以前編輯器還沒有強大的智慧補全功能的時候，開發時仍較為不方便。於是，在 2006 年 1 月，程式設計師 John Resig 發佈了 jQuery，一個快速、簡潔的 JavaScript 框架，遵循「Write Less，Do More」（寫更少的程式，做更多的事情）的原則，極大地最佳化了 JavaScript 常用的程式，其中，最為核心的是鏈式語法和封裝了原生 DOM 操作的各種 API。

　　下面以獲取元素、建立元素、增加事件和修改樣式為例，對原生 JavaScript 和 jQuery 的程式實現進行對比，了解 jQuery 的使用方式。假設存在一個包含 id 且有樣式的元素，程式如下：

```
<div id="1" style="color: red;">Hello, World!</div>
```

1. 安裝 jQuery

在使用 jQuery 之前,可透過官網下載 jQuery 檔案,這是一個 .js 檔案,放在根目錄並在 <head> 標籤中引入。

引入 jQuery 的程式如下:

```
<head>
    <script src="jquery-1.9.1.min.js"></script>
</head>
```

此外,還可透過 CDN(Content Delivery Network,內容分發網路)的方式連結 jQuery,CDN 是一種建構在網路上的內容分發網路,也就是將主要伺服器上的內容分發到部署在世界各地的邊緣伺服器,用於減輕主要伺服器的壓力,而使用者可透過 CDN 獲取離自己最近的伺服器的內容。在 HTML 檔案中,可透過 <link> 標籤的 href 屬性連結 jQuery 的 CDN 位址,由於 CDN 位址的長度過長,所以這裡不進行程式示範。

2. 獲取元素

在 jQuery 中,透過「$」符號和 () 函數獲取該元素,相較於 JavaScript 減少了程式長度,程式如下:

```
let element = document.getElementById("1");      // 原生 JavaScript

let element = $("#1");                            //jQuery 獲取元素
```

3. 建立元素

對比建立元素,jQuery 也極為方便,程式如下:

```
let newElement = document.createElement("div");   // 原生 JavaScript

let newElement = $("<div></div>");                //jQuery 建立元素
```

4. 增加事件

在原生的增加事件中,JavaScript 需要先執行獲取元素操作,再增加按一下事件,而 jQuery 可透過鏈式操作在一行敘述中同時執行多個操作,程式如下:

```
let element = document.getElementById("1");    // 獲取元素
element.addEventListener("click", function() {  增加按一下事件
  // 執行邏輯
});

$("#1").on("click", function() {                // 鏈式操作,在一行敘述同時執行多個操作
  // 執行邏輯
});
```

5. 修改樣式

同樣,對於修改樣式,jQuery 也可透過鏈式操作執行邏輯,程式如下:

```
let element = document.getElementById("1");
element.style.color = "yellow";                 // 將樣式修改為 yellow

$("#1").css("color", "yellow");                 //jQuery
```

10.4.2 Bootstrap

Bootstrap 是美國 Twitter 公司的設計師 Mark Otto 和 Jacob Thornton 合作開發的前端開發框架,不同於 jQuery 只對 JavaScript 進行了封裝,其結合了 HTML、CSS 和 JavaScript 這 3 種語言,提供了豐富的 Web 元件和全域 CSS 樣式,使 Web 開發更加快速、便捷。截至目前,Bootstarp 已經更新到了第 5 代版本,其響應式的元件庫和網頁範本成為開發官網專案的首選,如 Twitter 便是使用 Bootstrap 開發的。

在 Bootstrap 3 的底層樣式程式中,使用了 CSS 的預先編譯語言 Less,而在 v5 版本中變成了 Sass。使用 Bootstrap 框架及其元件開發的原始程式碼可同時調配手機、平板和 PC 裝置,這源於 CSS 媒體查詢特性。

10.4 框架的出現

　　Bootstrap 的特點在於提供了豐富的全域 CSS 樣式，也是透過類別名稱去實現樣式的。例如可透過其內建的 .container（容器）類別增加用於固定寬度且支援響應式版面配置的容器，這也是使用柵格版面配置的前提。在使用 Bootstrap 之前，需透過 link 標籤連結 Bootstrap 的 CDN，可在官方查詢最新的 CDN。

　　使用版面配置容器，程式如下：

```
<div class="container">
<!-- 子元素 -->
</div>
```

　　柵格版面配置指的是透過行（row）與列（column）的組合來建立版面配置。在 Bootstrap 中，將柵格版面配置中的每行平均分成 12 等份，透過調整列的樣式類別，去實現適應不同的螢幕裝置，程式如下：

```
<div class="container">
  <div class="row">
    <!-- 每行分成三份，每份為總寬度的 1/3 -->
    <div class="col-md-4">Column 1</div>
    <div class="col-md-4">Column 2</div>
    <div class="col-md-4">Column 3</div>
  </div>
  <div class="row">
    <!-- 每行分成三份，其中第一份和第三份為總寬度的 1/4，第二份為 1/2 -->
    <div class="col-md-3">Column 1</div>
    <div class="col-md-6">Column 2</div>
    <div class="col-md-3">Column 3</div>
  </div>
</div>
```

　　給每列的元素都增加上顏色樣式，能更為直觀地展示柵格版面配置，如圖 10-18 所示。

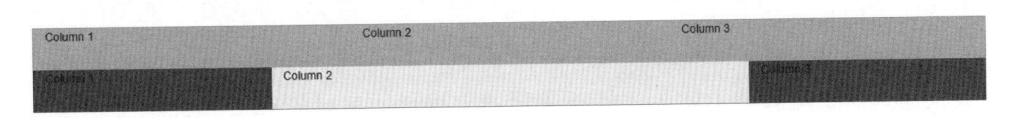

▲ 圖 10-18 柵格版面配置

在程式中可看到列的類別名稱除了表達列和幾等份的意思外,還有個 md
(middle,中間),這是代表適應中等螢幕的列,在 Bootstrap 的官網中提供了
適應不同螢幕的柵格參數,在使用版面配置時只需查詢裝置的螢幕,選擇不同
的類別首碼,如圖 10-19 所示。

	超小螢幕 手機 (<768px)	小螢幕 平板 (≥ 768px)	中等螢幕 桌面顯示器 (≥ 992px)	大螢幕 大桌面顯示器 (≥ 1200px)
柵格系統行為	總是水平排列	開始是堆疊在一起的,當大於這些設定值時將變為水平排列 C		
.container 最大寬度	None (自動)	750px	970px	1170px
類首碼	.col-xs-	.col-sm-	.col-md-	.col-lg-
列 (column) 數	12			
最大列 (column) 寬	自動	~62px	~81px	~97px
槽 (gutter) 寬	30px (每列左右均有 15px)			
可巢狀結構	是			
偏移 (Offsets)	是			
列排序	是			

▲ 圖 10-19 柵格版面配置參數

使用柵格版面配置,對於 UI 工程師來講可以更進一步地控制頁面元素的
版面配置,從而保證頁面的一致性; 對於開發者來講,一套原始程式適應不同
裝置,能夠有效地提升開發效率; 從使用者的角度看,多端一致性的頁面風
格,能提升使用者的體驗感,提高頁面的存取量。在本書專案 15.3.2 節使用了
element-plus 元件庫中的 layout 版面配置,即是透過柵格版面配置實現的。在實
際開發中,柵格版面配置的使用率是非常高,也是前端開發者必須掌握的技術。

10.4.3 Sass

Sass(Syntactically Awesome Style Sheets,語法很棒的樣式表)是 CSS 的
預先編譯語言,預先編譯是指用這類語言寫的程式需要經過編譯才能使用,道
理其實很簡單,瀏覽器只能辨識 CSS 語言,不認識 Sass 語言,所以 Sass 寫過的
樣式程式需要編譯成 CSS,才能在瀏覽器上呈現。常見的 CSS 預先編譯語言有

10.4 框架的出現

Less、Sass 和 Stylus 等，由於本書專案使用的是 Sass，所以只對 Sass 介紹，對其他預先編譯語言感興趣的讀者可自行查閱其文件。

Sass 使用類似 CSS 的語法，並且在 CSS 的基礎上增加了巢狀結構、混合、變數等功能，相對於 CSS 減少了重複的程式，為樣式程式提高了可讀性和靈活性，使 CSS 更易於組織和維護。在 Sass 版本 3.0 之前的檔案名稱副檔名為 .sass，而版本 3.0 之後的副檔名為 .scss，所以將最新版本的 Sass 稱為 Scss。

可透過兩個簡單的例子來展示 Scss 是如何使用樣式程式，以便更易於維護，假設存在一個父元素包含子元素的情況，分別使用原生 CSS 和 Scss 書寫樣式程式，程式如下：

```html
<div class="wrapper">              //wrapper，外殼
    <div class="container"></div>  //container，內容
</div>

// 原生 CSS，不同的類別需要分開寫
<style>
    .wrapper{
    /* … */
    }
    .container{
    /* … */
    }
</style>

//Scss，使用巢狀結構語法
<style lang="scss">
    .wrapper{
    // 樣式內容
        .container{
        // 樣式內容
        }
    }
</style>
```

可看到透過 Scss 可使 .container 巢狀結構在 .wrapper 中，與元素在 HTML 檔案中的關係保持一致，樣式與元素之間的關係一目了然，使樣式表更加模組化和更易於組織。

另一個例子是，假設存在兩個具有相同樣式屬性但值不同的元素，如果使用原生 CSS，則需要分開寫相同的屬性，這樣就造成了程式重複問題，在 Scss 中，可使用 @mixin（混合）的方式去處理這種問題，程式如下：

```
<div class="a">123</div>
<div class="b">123</div>

// 原生 CSS，不同的類別需要分開寫
.a{
  color: blue;
  font-size: 3px;
}

.b{
  color: red;
  font-size: 5px;
}

//Scss，混合語法，接收字型顏色和大小作為參數
@mixin button($color, $font-size: 3px){
  color: $color; //Scss 支援變數
  font-size: $font-size;
}

.a{
  @include button(blue);
}

.b{
  @include button(red, 5px);
}
```

綜上兩個例子，可看到 Scss 對比原生 CSS 所表現的優異之處，是在複雜的 HTML 元素結構情況下書寫樣式的首選。當然，在實際開發中，選擇 CSS 的預先編譯語言還是 CSS 原子化的相關框架都由專案總監決定，所以讀者在實際工作時應當對多種方式有所了解，這樣才能在不同的工作環境下保持競爭力。

10.5 真正的變革

前端的變革不在於 jQuery 對 DOM 操作的高度封裝，也不在於 Bootstrap 在響應式方面的突出表現，而在於前端模組化和元件化開發的思維及在前端架構、前端專案化方面的發展。

前端模組化和元件化是指將應用程式的程式拆分成多個獨立的模組和元件，每個模組或元件負責特定的功能或介面元素。在本書專案的 Vue 框架中，透過 vue-router 對每個模組進行拆分且對應其單檔案元件，使程式更易於管理和擴充；此外，還可將常用的元件及其邏輯、樣式單獨封裝成一個檔案，透過 ES6 的 import 語法在需要使用的頁面匯入，實現程式的再使用性。

前端專案化指的是引入專案化開發思想，透過制定一定的規則，對前端開發過程進行專案化管理，模組化和元件化即為其中的一項。例如使用 Vue 2 的 Vue-CLI 或 Vue 3 的 Vite 工具，能夠快速地架設框架的框架並自動配置專案的啟動、打包等操作，簡化專案的初始化和配置過程，這是前端專案化思想的具體實現；在開發過程中，使用 ESLint 等工具來保證全域的程式品質，就好比專案中的品質檢查流程；此外，透過 Git 對程式進行版本控制也是一種專案化思維的表現。在本書專案中，使用 Vite 建構工具，能夠為專案提供更快的啟動速度、更輕量的建構體積、更豐富的外掛程式系統，有效地提高了開發效率。

在前端架構方面，如果使用 Java、Python 等開發 Web 應用程式，則通常會採取 MVC（Model-View-Controller）架構，MVC 架構將應用程式分為模型（Model）、視圖（View）和控制器（Controller）3 個核心部分。

視圖即使用者看到的頁面，負責將模型中的資料呈現給使用者，並接收使用者的輸入事件；控制器則負責接收使用者的輸入事件，透過模型提供的介面去改變模型中的資料；模型是核心的資料層，封裝了資料及對資料的處理方法，並提供了存取和修改資料的介面，接收到控制器的命令後修改資料並提供給視圖展示。由此帶來的好處是，三部分彼此分離，降低了程式的耦合度，開發人員可以專注於開發自己的部分，並且在各自部分增加擴充不會對其他部分造成影響，從而提高了開發效率；在測試方面，可以對每部分獨立地進行測試，這也提高了程式的可維護性。當然，有利就有弊，如果小型專案也嚴格遵循 MVC 架構，就需要過多的介面去實現簡單的功能，增加了程式的複雜性，所以 MVC 在大型專案上更能表現其優勢。三部分之間的邏輯如圖 10-20 所示。

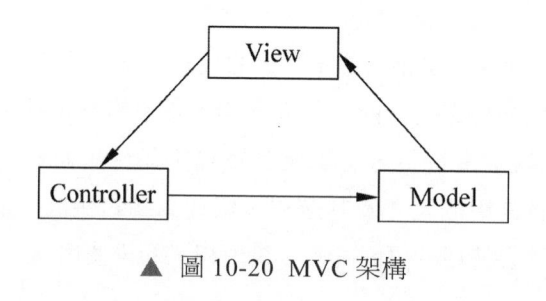

▲ 圖 10-20　MVC 架構

而在本書使用的 Vue 技術堆疊，則採用了 MVVM（Model-View-ViewModel）架構，這是一種基於資料雙向綁定的架構。MVVM 由模型（Model）、視圖（View）和視圖模型（ViewModel）三部分組成。

Model 層即資料模型層，泛指後端的資料處理程式（如路由處理常式）及資料庫，本書專案的整個後端都可稱為 Model 層；View 層即使用者介面，主要由 HTML 和 CSS 組成，在各個框架中則表現為「範本」語言，如 Vue 的 View 視圖層被包裹在 <template> 標籤中；ViewModel 層則是連接 Model 層和 View 層的橋樑，但不同於 MVC 架構的 Controller 層，View 層和 ViewModel 層透過資料雙向綁定進行通訊，如果 View 層資料發生了變化，則 ViewModel 層資料也會變化，反之亦然；此外，該層還包括了跟使用者互動相關的邏輯和事件處理機制，透過 Model 層提供的介面修改資料庫內的資料，並更新 ViewModel 的資料，最後呈現在 View 層中，這一步在 MVC 架構中則直接由 Model 層更新 View 層。

MVVM 架構帶來的好處是，只要開發者將範本和後端設計好，那麼後期只需維護 ViewModel 層，畢竟 ViewModel 層的資料會即時展現在 View 層中。MVVM 架構透過 ViewModel 層實現了 View 層和 Model 層的分離，這是前後端分離開發的重要表現。三部分之間的邏輯如圖 10-21 所示。

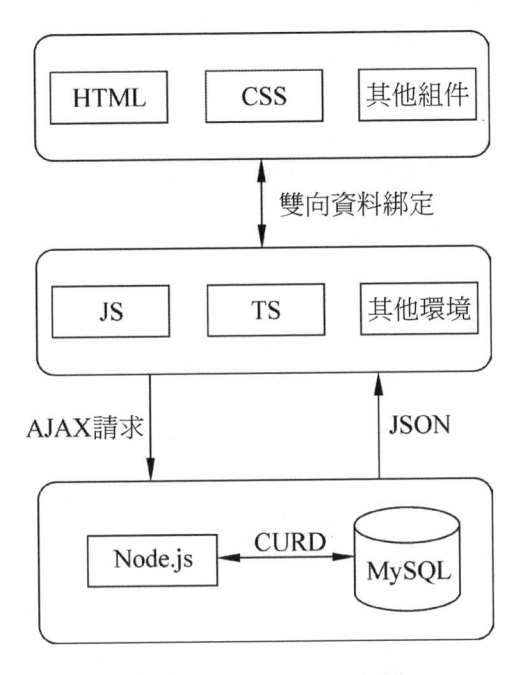

▲ 圖 10-21 MVVM 架構

除 Vue 外，目前主流的前端框架 React、Angular 都使用了 MVVM 架構。此外，除上述兩個架構外，還有 MVP、VIPER 等架構，這裡不再進行敘述。

MEMO

11

初識 Vue

　　隨著前端技術的不斷發展，湧現出一批具有顛覆性的先進前端框架，以模組化、組件化和響應式的設計思維為重點，讓前端開發人員可以建立出更絲滑、更具吸引力的頁面，契合了在當今社會高度發展下人們不斷提高的審美要求。如今，Vue.js、React、Angular.js 框架已成為目前主流的前端開發框架，而 Vue 更是由於其創始人尤雨溪的華人身份，以及全中文的技術文件。

　　本章，讀者將走進 Vue 的世界，認識 Vue.js，建立第 1 個 Vue 專案。

11 初識 Vue

11.1 Vue.js 的介紹

Vue 是由知名程式設計師尤雨溪於 2014 年作為個人專案建立的，在社區的驅動下不斷成為一個成熟的漸進式的 JavaScript 框架，也是目前最流行的前端框架之一。可能在從事前端開發的程式設計師中有 60% 使用 Vue.js，剩下有 30% 使用 React，最後有 10% 使用 Angular.js。

11.1.1 漸進式

Vue.js 的主要特點是漸進式。Vue.js 所提供的功能可以滿足前端開發的大部分需求，但 Web 的發展是十分迅速且多樣化的，開發者可能開發的是官網、背景、行動端應用等，在形式和規模上都有所不同。考慮到這一點，Vue.js 的設計團隊非常注重 Vue 在開發時的靈活性和「可以被逐步整合」的特性，所以 Vue.js 可以建構多種場景下的不同頁面，如普通的靜態頁面、在頁面中作為 Web Components（Web 元件）嵌入、單頁應用（Single Page Web Application，SPA）、全端 / 伺服器端著色（SSR）、靜態網站生產（SSG）等。

但不管場景如何多變，Vue 的核心基礎知識都是通用的，並且都能高效率地進行開發。基於這一點，即使是初次接觸 Vue 的開發者，隨著學習的不斷深入，當能夠完成複雜的專案時，Vue 的核心基礎知識依然適用。這也就是 Vue 為什麼是一個漸進式的框架，是一個可以與初學者共同成長，讓初學者漸入佳境的框架。

11.1.2 宣告式程式

Vue.js 基於標準 HTML、CSS 和 JavaScript 建構，並提供了一套宣告式的元件化的程式設計模型。下面以在 Vue.js 檔案中對一個按鈕增加按一下事件為例進行演示，程式如下：

```
<button @click="() => alert('123')">按鈕</button>
```

所謂宣告式,即只需宣告實現的結果,而無須關心其內部實現過程,在範本內部已經由 Vue 封裝了過程,如果以原生 JavaScript 的命令式寫法去實現上述過程,則程式如下:

```
const div = document.getElementsByTagName('button')    // 獲取 button 元素
div.innerText = '按鈕'                                 // 增加元素文字內容
div.addEventListener('click', () => { alert('123') })  // 綁定按一下事件
```

從上述程式可看到,原生 JavaScript 更符合自然語言的描述,即每步的過程都可以描述得很清楚,符合人們在做某一件事情時的邏輯。透過對比宣告式和命令式的實現程式,可以看到宣告式著色縮短了大量的程式,讓使用者無須關心程式是如何實現這個按一下事件的,並最終輸出 HTML 和 JavaScript 狀態之間的關係。當然,Vue 的底層還是使用原生的命令式去實現這一過程,並且在性能上並沒有優於命令式程式的性能。

11.1.3 組件化

元件化是指在 Vue 中會以一種類似寫 HTML 檔案的格式去寫 Vue 元件,也被稱為單檔案組件(Single-File Component,SFC),以 .vue 副檔名結尾。每個單檔案元件中都包含了範本(HTML)、邏輯(JavaScript)和樣式(CSS)三部分,以上述按鈕為例,程式如下:

```
// 一個完整的單檔案元件
<template>                                            // 對應 HTML 部分
  <button @click="() => alert('123')">按鈕</button>
</template>
<script setup>                                        // 對應 JavaScript 部分
</script>
<style scoped>                                        // 對應 style 部分
button {
  background: red;
}
</style>
```

11 初識 Vue

可以看到，該元件與常規的 HTML、CSS、JavaScript 並無太大區別，這表現了開發團隊在設計框架時考慮了易學好用性，讓了解前端三劍客的程式設計師能夠使用熟悉的語言撰寫模組化的元件。

元件化的另一個特點是關注點內聚，傳統的 Web 開發通常會將 HTML、JavaScript 和 CSS 分離，並透過 <script> 標籤和 <link> 標籤引入 .js 檔案和 .css 檔案，這是一種基於檔案類型分離的開發方式，但在一個單檔案元件中，其範本、邏輯和樣式是聯繫的，是耦合的，其目的是使元件具有內聚性和可維護性。面對元素較多的頁面，可透過多個單檔案元件組合起來，程式如下：

```
// 多個元件組合
<template>                              // 對應 HTML 部分
  <title></title>                       // 標題元件，其內部同樣由 3 部分組成
  <button @click="() => alert('123')">按鈕</button>
</template>

<script setup>                          // 對應 JavaScript 部分
import title from '../title.vue'        // 引入標題組件
</script>

<style scoped>                          // 對應 style 部分
</style>
```

在這種開發方式下，開發者在面對包含多種不同類型的元素的複雜頁面時，只需關心具體元素元件內部的範本、邏輯和樣式，這其實也是一種前端專案化的思維度資料表現，好比一個施工隊有不同的工種，刷漆的人員負責刷漆，貼牆磚的人員負責貼牆磚，只需負責各自的模組。

在單檔案組件的 <style> 標籤中，可看到有個 scoped 屬性，其作用是樣式只會在當前單檔案組件內生效。前面提到，一個複雜的頁面往往會存在多個單檔案元件，scoped 即是用在此種情況的。

11.1.4 選項式 API 與組合式 API

此外，在邏輯部分的 <script> 標籤中，可看到有個 setup 屬性，這是一種組合式 API 的編譯時語法糖（簡化程式的方式），本書專案所使用的就是此種方式。在 Vue 的 2.0 版本（不包括 v2.7）中，邏輯部分的程式使用的是選項式，程式如下：

```
<template>
  <div @click='increment'>{{ count }}</div>
</template>

<script>
export default {
  data(){                          // 參數區域
    return {
      count: 0                     //count，總數
    }
  },

  method:{                         // 方法區域
    increment(){                   // 按一下後數字遞增
     this.count++
    }
    }
}
</script>
```

使用選項式 API，在 <script> 部分會包含多個選項的物件來描述元件的邏輯，如在上述程式中的 data，其 return 傳回的屬性會成為響應式的狀態，此外還有用於改變狀態與觸發更新函數的 methods（方法）選項和生命週期鉤子函數選項。選項內定義的屬性會暴露在函數內部的 this 上，並指向當前的元件實例。

下面再來看 Vue.js 的 3.0 版本（包括 v2.7）所使用的含語法糖的組合式 API，程式如下：

```
<template>
  <div @click='increment'>{{ count }}</div>
</template>

<script lang='ts' setup>
import { ref } from 'vue';
const count：number = ref(0);              // 使用 ref 建立響應式資料
//const count = ref(0)也是可以的，ref 會根據初始化的值推導其類型

const increment = ()=> {
  count.value++;                           // 使用 value 存取響應式資料的當前值，並遞增
};
</script>
```

相對於選項式 API，可以很明顯地看到使用組合式 API 的程式更加簡潔，並且能夠使用純 TypeScript 宣告 props（屬性），其核心思想在於直接在函數作用域定義響應式狀態變數，並將從多個函數中得到的狀態組合起來處理複雜問題，例如在程式中除 increment 函數操作 count 外，還可以定義其他的函數去操作 count，這種形式更加自由和靈活。在官方介紹中，組合式 API 在執行時期還擁有比選項式 API 更好的性能。為什麼有組合式 API，在 Vue 3.0 還有選項式 API 呢？一方面是銜接 Vue 2.0 的開發方式，讓熟悉 Vue 2.0 開發方式的使用者更快上手；另一方面是選項式 API 以「元件實例」的概念為中心（如程式中的 this 指向實例），對於使用過物件導向語言背景的使用者來講，這通常與基於類別的心智模型更為一致，在某些方面按照選項來組織程式，可能對初學者更友善。

11.1.5 生命週期

鉤子函數是一種在特定階段呼叫的函數，在 Vue.js 檔案中提供了多種不同的生命週期鉤子函數，作用在元件的不同發展階段。在 Vue 3.0 使用的 setup 即

是一個鉤子函數,作用於建立元件之時,用於建立 data 和 method。下面舉例常用的生命週期鉤子函數,包括以下幾種。

(1) setup():建立組件時呼叫,在 Vue 2.0 中為 beforeCreate() 和 created() 鉤子函數。

(2) onBeforeMount():組件掛載到節點上之前呼叫。

(3) onMounted():組件掛載完成後執行。

(4) onBeforeUpdate():組件更新之前呼叫。

(5) onUpdated():組件更新完成之後呼叫。

(6) onBeforeUnmount():組件銷毀之前呼叫。

(7) onUnmounted():組件銷毀完成後呼叫。

(8) onActivated():組件從 <keep-alive> 啟動後呼叫。

(9) onDeactivated():組件從 <keep-alive> 停用後呼叫。

(10) onErrorCaptured():子元件或孫元件發生錯誤時呼叫。

其中,第 8 個和第 9 個生命週期鉤子函數的呼叫場景在於存在快取組件的場景。以使用按鈕動態切換不同的元件為例,程式如下:

```
<template>
  <div>
    <button @click="toggleComponent">切換組件</button>
    <keep-alive>
      <component v-if="show" :is="dynamicComponent" />
    </keep-alive>
  </div>
</template>

<script setup>
import { ref } from 'vue'
import ComponentA from './ComponentA.vue'
```

```
import ComponentB from './ComponentB.vue'

const show = ref(false);
const dynamicComponent = ref(ComponentA);

const toggleComponent = ()=> {
  show.value = !show.value;                        // 按一下按鈕後 false 變為 true
  if (show.value) {                                // 當為 true 時值為 1
    dynamicComponent.value = ComponentA;           // 切換為組件 A
  } else {
    dynamicComponent.value = ComponentB;           // 切換為組件 B
  }
}
</script>
```

在上述程式中，元件 A 和元件 B 被快取在 <keep-alive> 標籤中，而非重新建立和銷毀，當需要頻繁切換元件的時候，使用 <keep-alive> 能夠有效地提高性能。

11.1.6 響應式

在組合式 API 中，使用 ref() 函數宣告響應式狀態，該函數接收參數並將其包裹在一個帶有 .value 屬性的 ref 物件中，程式如下：

```
// 無 setup 語法糖
import { ref } from 'vue'

export default {
  setup(){
    const count = ref(0)
    // 將響應式狀態暴露給範本使用
    return {
      count
    }
  }
}
```

11.1 Vue.js 的介紹

```
//setup 語法糖
import { ref } from 'vue'

const count = ref(0)

console.log(conut)                  //{ value：0 }
console.log(count.value)            //0

// 在範本中直接存取，無須增加 .value
<div>{{ count }}</div>              //0
```

在原生 JavaScript 中，宣告一個變數無須使用 ref，但也無法被檢測到變數是否被存取或修改，程式如下：

```
const count = 0
```

而在使用了 ref 後，Vue.js 會在元件首次著色時，追蹤在著色過程中使用的每個 ref，當 ref 被修改時，將檢測到變化並觸發該元件的一次重新著色，而不會將整個頁面重新著色，這就是所謂的響應式，而這種宣告式地將元件實例的資料 count 綁定到呈現的 DOM 元素上稱為「範本語法」。

另一種宣告響應式狀態的是 reactive() 函數，與 ref 將值包裹在物件中不同，reactive() 將使物件本身具有響應式，即無須 .value 去存取內部值，程式如下：

```
import { reactive } from 'vue'

const obj = reactive({ count: 0 })

console.log(obj.count)              //0 無須透過 obj.count.value 存取

// 在範本中使用
<div>{{ obj.count }}</div>
```

需要注意的是，reactive() 只能用於物件類型，如物件、陣列等，不能用於 string、number 或 boolean 這樣的原始類型，此外其與 ref() 都會深層地轉換物件，

11 初識 Vue

即如果物件中還巢狀結構了別的物件，則巢狀結構的物件也具有響應式，不過可透過 shallowReactive() 函數選擇退出深層響應性。

需要注意的是 Vue 2.0 與 Vue 3.0 實現響應式的原理是不同的，在 Vue 2.0 中使用 Object.defineProperty() 函數實現資料綁架，透過 getter 和 setter 函數來追蹤資料變化，從而實現資料和視圖的同步；在 Vue 3.0 中使用了 Proxy 物件來替代 Object.defineProperty() 實現響應式資料，這是一個在面試中常會被問到的重點原理問題。有關響應式的原理在官網中有更詳細的敘述，對 Vue 3.0 的響應式實現原理及其原始程式感興趣的讀者可存取 Vue 3.0 官網文件進行查閱，本書只介紹到此。

在後續的專案實戰中，將對 Vue.js 檔案中的核心基礎知識逐一實踐。那麼現在讀者將隨著基礎知識的鏡頭來建立一個 Vue.js 專案的 demo，並在 demo 的基礎上逐步實現完整的背景前端頁面。

11.2 第 1 個 demo

demo 是 demonstration 的縮寫，譯為示範、證明，在電腦領域通常是指程式的示範，也可以視為某個專案的雛形、程式部分。本節將介紹如何建立一個 Vue 的 demo，並對 Vue 的框架進行分析。

11.2.1 安裝 Vue.js 專案

在桌面按 Windows+R 鍵，輸入 cmd 命令開啟終端命令列，輸入建立 Vue.js 專案的命令，命令如下：

```
npm create vue@latest
```

執行這一指令將安裝並執行 create-vue，它是 Vue.js 官方的專案框架工具，如圖 11-1 所示。

11.2 第 1 個 demo

```
Need to install the following packages:需要安裝下列套件
  create-vue@latest    官方的開發鷹架工具 create-vue
Ok to proceed? (y)    是否繼續輸入 y 繼續
```

▲ 圖 11-1 安裝 create-vue

輸入 y 後，將出現輸入項和幾個可選項。第 1 個輸入項是輸入專案的名稱，讀者可根據自己的喜好給專案輸入名稱，這裡輸入的是「背景前端」；第 2 個輸入項是輸入套件的名稱，預設按 Enter 鍵跳過即可。可選項包含是否使用 TypeScript 語法、是否啟用 JSX（JavaScript 的語法擴充，主要用於 React 框架）支援、是否引入 Vue Router、Pinia、Vitest 等內容，如圖 11-2 所示。

```
Vue.js - The Progressive JavaScript Framework

√ 請輸入專案名稱：…背景前端
√ 請輸入套件名稱：…
√ 是否使用 TypeScript 語法 ?... 否 / 是
√ 暑查後用 JSX 支援 ? ... 否 / 是
√ 是否引入 Vue Router 進行單頁面應用程式開發 ?... 否 / 是
√ 是否引入 Pinia 用於狀態管理 ? ... 否 / 是
√ 是否引入 Vitest 用於單元測試 ? ... 否 / 是
√ 是否要引入一款點對點 (End to End) 測試工具 ? » 不需要
√ 是否引入 ESLint 用於程式品質檢測 ? ... 否 / 是

正在建構專案 C:\Users\1\Desktop\ 背景前端 \ 背景前端 ...

專案建構完成，可執行以下命令：

  cd 背景前端
  npm install
  npm run dev
```

▲ 圖 11-2 配置 Vue 專案

在專案中，使用了 Vue.js 的全家桶，即 Vue+Vue Router+Pinia 的技術堆疊，所以在配置選項中都選了是，其餘的 JSX、Vitest、測試工具和 ESLint 選擇了否或不需要。專案建構完成後，使用 cd 命令進入專案根目錄，輸入安裝相依的命令並啟動專案，程式如下：

```
npm i
npm run dev
```

11 初識 Vue

輸入啟動命令後,Vite 將在本地架設一個伺服器,用於前端頁面的存取,如圖 11-3 所示。

```
Vite v5.0.10  ready in 506 ms

  Local:   http://127.0.0.1:5173/
  Network: use --host to expose
  press h + enter to show help
```

▲ 圖 11-3 Vite 啟動伺服器

這裡有個基礎知識,為什麼瀏覽專案的頁面需要架設伺服器,而普通的 HTML 頁面可以直接透過本地瀏覽器存取呢?Vue 的特性是單頁面應用(SPA),即不管這個專案有多少個頁面,例如用於登入的頁面、使用者管理的頁面,其實本質上是在同一個頁面,頁面在變換時是透過 JavaScript 動態地更新 DOM 元素實現的。由於這一特性,需要透過伺服器去完成資源的載入和管理及處理多個路由頁面之間的切換和調整,確保使用者存取不同的路由位址能夠被正確地載入和存取。此外,在 Vue 2.0 中是透過 Vue-CLI 工具來建立伺服器的,而在 Vue 3.0 則透過 Vite 去建立伺服器。

將 Vite 伺服器的位址複製到伺服器,即可看到由 vue-create 建立的 Vue.js 初始頁面,如圖 11-4 所示。

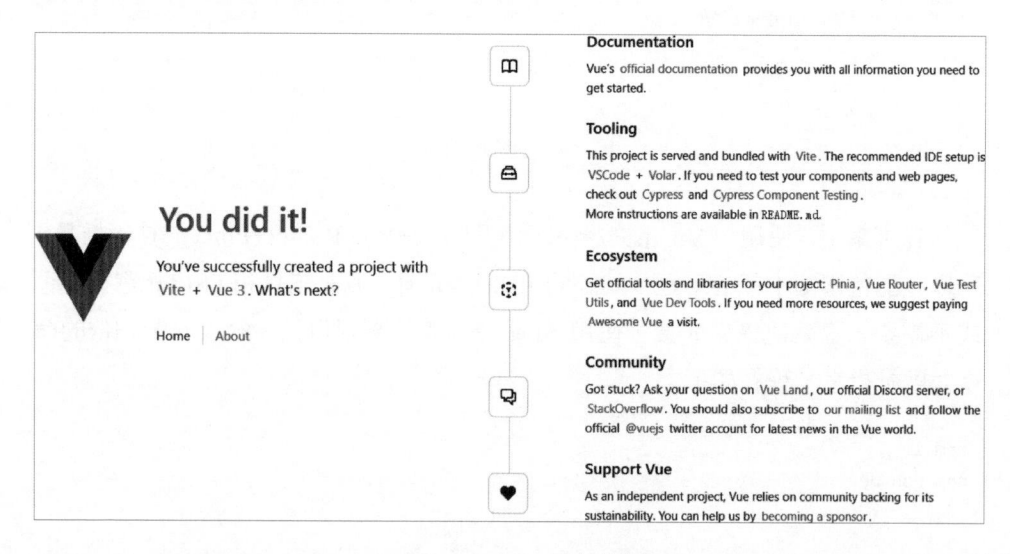

▲ 圖 11-4 Vue 初始頁面

11-12

在初始頁面中，介紹了有關 Vue 的文件、工具、生態系統、社區及支援 Vue.js 的方式。當然，這些在 Vue.js 的官網都可找到，在後續將對該頁面的內容進行刪除並重繪。

11.2.2 分析框架

在施工場地，框架是為了保證各施工順利而搭設的工作平臺，而在 Vue.js 檔案中，就是透過 create-vue 命令架設專案的基本目錄結構，把必要的檔案架設好。

開啟專案根目錄，如圖 11-5 所示。

```
.vscode
node_modules
public
src
.gitignore
env.d.ts
index.html
package.json
package-lock.json
README.md
tsconfig.app.json
tsconfig.json
tsconfig.node.json
vite.config.ts
```

▲ 圖 11-5 專案根目錄

1．.vscode 資料夾

Vue 官方推薦的 IDE（Integrated Development Environment，整合式開發環境）配置是 Visual Studio Code（下稱 VS Code）+Volar 擴充，VS Code 是一個知名的編輯器，Volar 則是 Vue 官方發佈的在 VS Code 的擴充，所以生成的框架會包含 .vscode 資料夾。在資料夾中包含了 extensions.json 檔案，裡面推薦了當前專案使用的外掛程式。當使用 vscode 編輯程式時還有包含 setting.json 檔案，裡面記錄了編輯器和外掛程式的相關配置，其目的是保證多人協作開發時編輯器環境的一致。

當然，並不是一定需要使用 vscode 進行程式編輯，JetBrains 出品的 WebStorm 和國產的 HBuilderX 都是不錯的選擇。由於筆者使用的是 WebStorm，故將 .vscode 目錄刪除，讀者可根據自己對編輯器的喜好進行選擇。

2. node_modules

與後端的 node_modules 檔案相同，用於存放專案所使用的相依，此時為 NPM 套件管理器的管理目錄，在 12.2 節中將遷移為 pnpm 套件管理器的管理目錄。

3. public

這是用於存放靜態資源的地方，此時目錄內只儲存了 Vue.js 的圖示。在一個專案中通常會有兩處存放靜態資源，一個是根目錄下的 public 目錄，另一個是位於 src 檔案下的 assets 目錄。兩者的區別在於 public 內的靜態資源在打包時不需經過前端建構工具（如 Vite、Webpack）的處理，而 assets 目錄下的靜態資源則會由建構工具進行處理，舉個簡單的例子，在 public 下的檔案可以使用絕對路徑引用，而 assets 的資源因為被處理過，所以只能使用相對路徑的形式。

4. src

src 是 Vue.js 專案的核心目錄，包含專案所使用的靜態資源（assets 目錄）、通用元件（components 目錄）、路由（router 目錄）、全域狀態管理（stores 目錄）、分頁檔（views 目錄）、根元件（App.vue）和入口檔案（main.ts）。

通用元件是在專案中較為大型的容器元件，通常用於頁面的主體框架；路由與後端的路由相差不大，目錄內存放的是包含了每個元件頁面路徑的檔案；全域狀態管理存放的是一些多元件內共用的資料；根元件是整個應用程式的進入點，負責統籌其他的元件頁面；入口檔案則是整個專案的啟動點，當執行 Vue 專案時會載入實例化 Vue、配置路由、配置 Pinia 等步驟。

5. .gitignore

與後端相同，該檔案儲存了無須上傳至 Git 倉庫的目錄或檔案。

6. env.d.ts

這是一個為使用者自訂的環境變數增加 TypeScript 智慧提示的檔案，例如某個環境變數（可以視為專案全域都可存取的變數）的類型為字串，程式如下：

```
//<reference types="vite/client"/>

interface ImportMetaEnv {
  VITE_API_BASEURL: string
}
```

當使用者在元件內設置 VITE_API_BASEURL 時會提示該變數類型為 string。

7. index.html

專案的預設入口檔案，當 Vue.js 專案被存取時，瀏覽器會載入並顯示這個檔案的內容。容易混淆的是 index.html、App.vue 與 main.ts 的關係。App.vue 是一個單檔案元件，裡面包含範本、邏輯和樣式三部分。下面來看 main.ts 檔案內的關鍵程式，程式如下：

```
//main.ts
import App from './App.vue'            // 引入 App.vue

const app = createApp(App)             // 建立 app 應用實例

app.mount('#app')                      // 掛載 app 應用實例
```

在上述程式中，可看到組件 App.vue 被引入了 main.ts 檔案中，並透過 createApp() 方法建立了應用實例 app，最後透過實例物件的 mount() 方法將應用實例掛載到一個容器元素中，而這個容器元素就是 index.html，程式如下：

11 初識 Vue

```
//index.html
<body>
  <div id="app"></div>
  <script type="module" src="/src/main.ts"></script>
</body>
```

根元件的內容將替換容器內 id 為 app 的元素，同時引入 main.ts 檔案中的模組內容。

8. package.json、package-lock.json

在 package.json 檔案中記錄了專案的名稱、版本編號、類型、專案指令稿（用於啟動、打包、瀏覽等）、開發和生產環境相依；在 package-lock.json 檔案中除記錄專案的基礎資訊外，詳細記錄了相依的具體版本資訊，也就是鎖定了相依，確保協作開發小組的成員所下載的相依是相同版本的。

9. README.md

副檔名為 .md 的檔案是 Markdown 類型檔案，Markdown 是一種輕量級的標記語言，通俗來講就是結合其設定的語法規則去撰寫文件，如想加粗字型，程式如下：

```
** 用兩個星號包裹文字為加粗內容 **
```

由於其支援的格式多樣和輕量化、易學好用的特點，對於程式部分、圖片、圖表和數學運算式都能被寫進文件，所以獲得了廣泛使用和支援。

在框架中主要介紹了專案的推薦 IDE 設置、支援 TypeScript 和如何啟動專案等內容。

10. TypeScript 相關檔案

在框架中包含了 tsconfig.app.json、tsconfig.json、tsconfig.node.json 這 3 個與 TypeScript 相關的檔案，其中 tsconfig.json 是用於整個 TypeScript 專案的根

配置,開啟該檔案可看到引入了 tsconfig.app.json 和 tsconfig.node.json,程式如下:

```
{
  "files": [],
  "references": [
    {
      "path": "./tsconfig.node.json"
    },
    {
      "path": "./tsconfig.app.json"
    }
  ]
}
```

在 tsconfig.app.json 檔案中包含了 TypeScript 對應用程式的全域配置,程式如下:

```
//tsconfig.app.json
{
  "extends": "@vue/tsconfig/tsconfig.dom.json",     // 繼承了 Vue 官方的 TS 配置
  "include": ["env.d.ts", "src/**/*", "src/**/*.vue"], // 需要進行編譯的檔案
  "Excelude": ["src/**/__tests__/*"],               // 排除不需要編譯的檔案
  "compilerOptions": {                              // 配置項
    "composite": true,            // 當為 true 時允許在專案中引用另一個專案
    "noEmit": true,               // 當為 true 時 TypeScript 編譯器不輸出 JavaScript 檔案
    "baseUrl": ".",               // 從哪個目錄開始解析相對路徑,為 . 即從根目錄開始解析
    "paths": {                    // 配置路徑映射
      "@/*": ["./src/*"]          // 使用 @ 代替 src,簡化了程式的複雜性
    }
  }
}
```

在 tsconfig.node.json 檔案中包含了用於 Node.js 環境的 TypeScript 配置,程式如下:

```
//tsconfig.node.json
{
```

```
  "extends": "@tsconfig/node18/tsconfig.json",
  "include": [
    "vite.config.*",                    // 編譯 vite.config.ts 配置
    "vitest.config.*",
    "cypress.config.*",
    "nightwatch.conf.*",
    "playwright.config.*"
  ],
  "compilerOptions": {
    "composite": true,
    "noEmit": true,
    "module": "ESNext",                 // 使用 ESNext 模組系統
    "moduleResolution": "Bundler",      // 使用 Bundler 管理器進行模組解析
    "types": ["node"]                   // 對 Node.js 類型的支援
  }
}
```

一般來講，前端專案執行在瀏覽器的環境中，只需配置 tsconfig.app.json 內的配置項，如果讀者需要在 Node 環境下執行，則需額外配置 tsconfig.node.json 檔案。

11. vite.config.ts

用於配置 Vite 的檔案，在預設情況下只配置了路徑的轉換，程式如下：

```
//vite.config.ts
export default defineConfig({
  plugins: [                            // 用於 Vue
    vue(),
  ],
  resolve: {                            // 解析

    alias: {                            // 別名
      '@': fileURLToPath(new URL('./src', import.meta.url))
    }
  }
})
```

當引用 src 下面的檔案時,可使用「@」代替「./src」,與 tsconfig.app.json 內的 paths 配合使用。

11.2.3 去除初始檔案

在初始化的專案中,由於包含了一些用於介紹 Vue 專案的頁面(如首頁),所以可將這些頁面刪除。

開啟 App.vue 檔案,刪除匯入的 HelloWorld 元件,同時將邏輯內容、範本內的 `<header>` 標籤及其包裹的程式、`<style>` 標籤包裹的樣式刪除,最終的程式如下:

```
<template>
  <RouterView />                    // 展示當前路由頁面
</template>

<style scoped>
</style>
```

刪除 src/components 目錄下的內容,包括 icons 目錄和 3 個 Vue 檔案,如圖 11-6 所示。

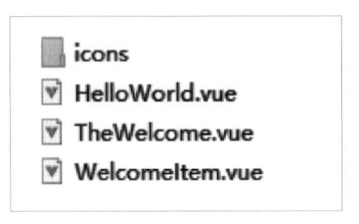

▲ 圖 11-6 刪除 components 內的 Vue 檔案

刪除 src/views 目錄下的兩個 Vue 檔案,如圖 11-7 所示。

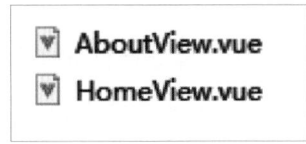

▲ 圖 11-7 刪除 views 內的 Vue 檔案

11 初識 Vue

刪除 src/stores 目錄下的 counter.ts 檔案，如圖 11-8 所示。

▲ 圖 11-8 刪除 stores 下的 counter.ts 檔案

刪除 src/assets 目錄下的 base.css 和 main.css 檔案，如圖 11-9 所示。

▲ 圖 11-9 刪除預設的 .css 檔案

開啟 main.ts 檔案並刪除引入 main.css 的程式，程式如下：

```
//main.ts
import './assets/main.css'              // 刪除
```

開啟 src/router/index.ts 檔案，刪除 routes 陣列物件內的內容，最終的程式如下：

```
//src/router/index.ts
import { createRouter, createWebHistory } from 'vue-router'

const router = createRouter({
  history: createWebHistory(import.meta.env.BASE_URL),
  routes: [
  ]
})

export default router
```

此時，透過 dev 命令啟動專案，專案首頁就變成了一片空白。不過不要緊，在第 12 章中，將從 router（路由）開始，建立第 1 個 Vue 元件，讓頁面呈現不一樣的內容。

12

再接再勵

在 11.1.3 節關於 Vue.js 的介紹中提到，Vue.js 是用於單頁應用（SPA）開發的框架，與之相對的則是以傳統方式開發的多頁應用（MultiPage Application，MPA）。在 MPA 模型中，每個頁面都是一個獨立的 HTML 檔案，頁面之間的跳躍透過 <a> 標籤的 href 屬性實現，當使用者按一下對應頁面的連結時，伺服器會將對應的 HTML 檔案傳回至瀏覽器。

12 再接再勵

多頁應用的優點很明顯，每個獨立的 HTML 檔案都有 <head> 標籤，在每個文件中都使用 <meta> 標籤增加網站網頁的描述和關鍵字，有助提高網站在搜尋引擎的排名，即 SEO，程式如下：

```
<head>
  <meta charset="UTF-8">
  <title>網頁標題</title>
  <meta name="description" content=" 描述 ">
  <meta name="keywords" content=" 關鍵字 1, 關鍵字 2, 關鍵字 3">
</head>
```

其次是每個頁面都是獨立的，有獨立的版面配置和樣式，有利於單獨開發和維護，而問題也很明顯，瀏覽器每次跳越網頁面都需要等待伺服器回應後才載入整個頁面，這其中可能會帶來網路延遲；一個頁面包括 HTML、CSS、JavaScript 等資源，載入的資源過多也會造成著色速度過慢，容易影響使用者的體驗。

單頁應用在打包時會將所有的單元件檔案都放在一個 HTML 檔案中，表示無論使用者按一下的是哪個應用頁面，瀏覽器都還是在當前的 HTML 檔案。打包是上線專案至伺服器的前置操作，打包程式如下：

```
npm run build
```

在專案根目錄開啟終端，輸入打包命令，可得到一個名為 dist 的資料夾，開啟該資料夾發現只有 3 個內容，一個是包含 CSS 和 JavaScript 檔案的靜態目錄，另一個是專案的圖示，最後一個是包含所有單元件檔案內容的 HTML 檔案，如圖 12-1 所示。

▲ 圖 12-1　dist 目錄內容

當然，讀者可能會想，所有的資源都在這個頁面，那豈不是首次載入會很慢嗎？這就不得不提到路由管理技術了，在路由中透過單檔案元件在根目錄下的路徑去映射每個元件頁面，允許在不變化 URL 的情況下更改視圖，這其實和後端透過路徑去映射每個路由處理常式是一樣的邏輯。路由中可使用懶載入技術，首次載入時，只展示定義在路由的首頁，當按一下其他頁面時，路由會根據元件路徑動態地載入和著色元件內容，在元件內部，還可透過重複使用不同的子元件，減少著色的載入時間。此外，透過快取資料和狀態管理等技術，也能讓單頁應用在展示資料時更加流暢。

本章將講解 Vue.js 全家桶的第 1 個角色——Vue Router，了解路由並建立第 1 個單檔案元件，使用 Element Plus 完成註冊和登入表單的基本內容。

12.1 Vue Router

Vue Router 是 Vue.js 生態的一部分，與 Vue.js 的核心深度整合，有單獨的文件和 API，主要功能包括巢狀結構模式路由映射、動態路由選擇、模組化和基於元件的路由配置、路由參數、導覽守衛、HTML5 的 history 模式或 hash 模式、路由懶載入等。

如果在使用 create-vue 時沒有選擇增加路由用於單頁應用程式開發，則需要額外使用 CDN 連結或命令安裝路由，安裝命令如下：

```
npm install vue-router@4
```

如同框架的核心檔案下有 router 目錄一樣，在使用命令安裝完路由後，需要在 src 目錄下新建 router 目錄，並建立名為 index 的 TypeScript 檔案，用於建立路由實例並暴露，最後在 main.ts 檔案中引入並掛載。完整的路由檔案基礎程式即為 11.2.3 節中刪除 routes 內容後的程式，程式如下：

```
//src/router/index.ts
// 匯入建立路由和建立歷史模式的函數
import { createRouter, createWebHistory } from 'vue-router'
```

12 再接再勵

```
const router = createRouter({
  history: createWebHistory(import.meta.env.BASE_URL),
  routes: [
  ]
})

export default router                    // 向外暴露

//main.ts
import router from './router'            // 引入路由

const app = createApp(App)
app.use(router)                          // 將路由掛載到實例上，注意順序，先建立實例再掛載路由
app.mount('#app')                        // 將實例掛載到 #app 節點是最後一步
```

　　從路由模組中引入的 createRouter 函數很好理解，create 是建立的意思，即可使用 createRouter 函數去建立路由實例。透過上述程式可知，其接收的是一個物件類型的參數，包括 history（歷史）和 routes（路由項），在更複雜的場景下，物件內還可增加其他的配置。

　　在 history 中，預設使用了 createWebHistory 函數，即歷史模式，該模式是一種基於瀏覽器 history API 的路由模式，使用 HTML5 中的 history.pushState（push，推入）和 history.replaceState（replace，替換）方法實現路由跳躍。首先是 history.pushState 方法，該方法允許在不重新載入頁面的情況下更改瀏覽器的 URL，和時會向歷史記錄清單增加一個新的專案，換句話說，就是在單頁應用中切換不同的路由位址以呈現不同的內容，但頁面不會重新載入；其次是 history.replaceState 方法，其作用與 history.pushState 大致相同，主要的差別在於其不會像歷史專案那樣增加新的專案，而是將舊的專案替換成新的專案。

　　但使用 createWebHistory 函數會有個問題，就是伺服器必須能夠處理前端發起的 URL 請求，例如前端請求伺服器回應傳回某個使用者的資訊，發起了路徑為 /user/getUserInfo/?id=1 的請求（GET 請求會在路徑後增加參數），但伺服器不能處理攜帶了 id 的路徑，只能處理 /user/getUserInfo，那麼將傳回

一個 404 的顯示出錯並會傳給前端，在這種情況下就需要增加額外的防遺失措施，如傳回 404 時跳躍至首頁、後端額外配置處理參數的路由等，而如果使用 createWebHashHistory 函數，即 hash（雜湊）模式，就不會出現這種問題。

與歷史模式不同，雜湊模式生成的 URL 會包含「#」號，對於有 URL 強迫症的使用者來講會顯得並不美觀。雜湊模式的本質是 hashchange 事件，該事件監聽 URL 雜湊值的變化，當「#」號後面的內容 (雜湊值) 發生變化時，該事件會被觸發，在路由中表現為更新頁面內容。在雜湊模式下，僅「#」號前面的內容會被包含在請求中，例如路徑 /user/getUserInfo/#id，對於後端來講，即使 URL 不全對，也不會傳回 404 錯誤。

在 vue-router 官網中也特別提到，雜湊模式在沒有主機的 Web 應用（本地執行）或無法透過配置伺服器來處理 URL 的時候非常有用。對於初次接觸 Vue 專案的讀者來講，基於官方的建議和為了在實際操作中擁有更好的容錯性，將 history 修改為 hash 模式是個不錯的選擇，程式如下：

```
// 匯入建立路由和建立 hash 模式的函數
import { createRouter, createWebHashHistory } from 'vue-router'

const router = createRouter({
  history: createWebHashHistory(),      // 可無參數
  routes: [
  ]
})
```

12.1.1 配置路由

在建立路由實例的物件中，還有一個屬性，即包含路由陣列的 routes。在 routes 陣列中的每個路由必須包含兩個屬性，一個為 path（路徑），另一個為路徑所指向的 components（組件），程式如下：

```
// 定義路由組件
const Home = { template: '<div>Home</div>' }

const router = createRouter({
```

```
  history: createWebHashHistory(),
  routes: [
    { path: '/', component: Home },         // 路徑及其映射的路由組件
  ]
})
```

1. 命名路由和傳參

如果給每個路由增加 name（名字）屬性，就變成了命名路由，程式如下：

```
const router = createRouter({
  history: createWebHashHistory(),
  routes: [
    {
    path: '/',
    name: 'home',                           // 為路由命名
    component: Home,
    },
  ]
})
```

增加命名路由有諸多好處，首先是沒有強制寫入的 URL，所謂強制寫入 URL，就是在程式中嵌入的 URL 網址。在傳統的 HTML 檔案中，通常會使用 <a> 標籤的 href 屬性嵌入 URL 網址跳越網頁面，由於 Vue.js 是單頁應用，在 Vue.js 檔案中則使用 <router-link> 標籤代替 <a> 標籤定義導覽連結，例如跳躍至首頁的程式如下：

```
<router-link :to="/">首頁</router-link>
```

那麼問題來了，如果首頁的位址（path）在開發中被頻繁修改，則在專案中有用到跳躍首頁的 <router-link> 標籤所綁定的 to 屬性值都需要修改，這無疑是個難題，而如果使用命名路由，則可透過名字去代替路徑，不管路徑怎麼變，只要名字不變都可跳躍至首頁，這就是沒有強制寫入的 URL，程式如下：

```
<router-link :to="{ name: 'home' }">Home</router-link>
```

其次使用命名路由傳值，params 的傳遞和解析都是自動的。假設存在一個用於展示使用者個人資料介面的元件，並且是透過使用者的 id 去獲取詳細資訊，那麼可以在跳躍到該元件時透過路由攜帶有參數進行著色，程式如下：

```
const router = createRouter ({
  history: createWebHashHistory(),
  routes: [
    {
      path: '/user/:id',                    // 路徑攜帶有參數，也稱為路由組件傳參
      name: 'userInfo',
      component: User,
    },
  ]
})
```

例如存取 id 為 1 的使用者，將被導覽至 /user/1，程式如下：

```
<router-link :to="{name: 'user', params: { id: 1 }}">
  張三
</router-link>
```

這裡有一個基礎知識，即 params（參數）和 query（查詢），它們兩個都是 URL 的參數部分，但表現形式、作用都有所不同。如同路由裡的 path 一樣，params 的表現形式為拼接在 URL 後面，並在冒號後面增加參數名稱，通常用於傳遞額外的資訊或參數，而且在網址欄中並不能看到參數，而 query 就好比 GET 請求方式的路徑，在 URL 網址後的「?」符號後增加參數名稱和參數值，例如 /user/?id=1，查詢參數會直接顯示在瀏覽器的網址欄中。

2. 導覽

使用 <router-link> 進行導覽稱為宣告式導覽，另一種導覽方式是程式設計式導覽，將上述程式修改為程式設計式導覽，程式如下：

```
router.push({ name: 'user', params: { id: 1 } })
```

12 再接再勵

　　兩者很容易區分，宣告式導覽明顯是一個標籤，是寫在範本內的，而程式設計式導覽是一種方法，寫在邏輯部分。宣告式導覽通常用於無須發起請求或無須判斷邏輯的按鈕，程式設計式導覽則用於有發起請求且需要判斷的按鈕。例如按一下「登入」按鈕，往往需要先判斷後端傳回的回應資訊才會進行下一步的跳躍，如果登入成功，則會在邏輯呼叫程式設計式導覽，以便跳躍至首頁，而宣告式導覽的場景就類似於在使用者清單中按一下按鈕查看使用者的資訊，透過 id 從後端獲取使用者的資訊就行了，無須在邏輯上進行跳躍操作。

　　如果使用 query 方式傳參，則把 name 改為 path、把 params 改為 query 即可，程式如下：

```
// 結果為 /?id=1
router.push({ path: '/', query: { id: 1 } })
```

　　另外幾種方式是使用雜湊值及直接路徑存取，程式如下：

```
// 結果為 /#home
router.push({ path: '/', hash: 'home' })

// 字串路徑
router.push('/')

// 帶有路徑的物件
router.push({ path: '/' })
```

　　需要注意的是，如果使用了 path，則 params 會被忽略，即 path 和 params 不能同時使用，程式如下：

```
// 錯誤寫法
router.push({ path: '/', params: { id: 1 } })
```

3. 路由重定向

　　路由重定向是指當存取某個路由路徑時，將重新導覽到指定的某個路由路徑，該過程在 routes 物件中使用 redirect（改變方向）屬性實現，該屬性接受一個路徑作為屬性值。下面舉例兩個常見的使用場景，第 1 個是專案啟動時通常

12-8

存取的是根目錄,路徑為「/」,而系統的第 1 個頁面通常是登入頁面,那麼可重定向至登入頁面,假設登入頁面的路徑為 /login,程式如下:

```
const routes = [{
  path: '/',
  redirect: '/login'
}]
```

另一種則是應對開發頁面時的場景,例如當登入模組開發完後,可能需要登入系統才能進入對應的開發頁面,這樣就顯得多此一舉,可直接將重定向路徑修改為對應開發頁面的路由路徑,這樣在啟動前端專案後開啟的頁面就是正在開發的頁面。

4. 巢狀結構模式路由

當某個元件頁面巢狀結構多個元件頁面時,被巢狀結構的組件路由稱為子路由。實現方式為在需要巢狀結構子頁面的路由增加 children 屬性,該屬性值為一個路由陣列,與 routes 結構相同;在父路由的範本中透過 <router-view> 標籤實現呈現不同的子路由內容。一個常見的場景是在頂部或左側有功能表列的頁面,當按一下不同的功能表選項內容區時會呈現不同的頁面,如果按一下使用者管理,則呈現使用者管理清單頁面,如果按一下產品管理,則呈現產品清單頁面,需要在選單的路由下巢狀結構兩個子路由。假設選單巢狀結構了使用者頁面,並且選單路徑為 /views/menu/index.vue,使用者路徑為 /views/user/index.vue,程式如下:

```
{
path: '/menu',
name: 'menu',
component: () => import('@/views/menu/index.vue'),
children: [ {
  name: 'user',
  path: '/user',
  component: () => import('@/views/user/index.vue')
  }]
}
```

12.1.2 建立一個 Vue 元件

在了解了 Vue Router 的基礎知識後,就可以建立 Vue 元件並將其著色至指定路徑上了。

首先,在 src/views 目錄下新建一個名為 login 的目錄,用於放置登入的單檔案組件(以下簡稱 vue 檔案)。建立名為 index 的 vue 檔案,在 <template> 中增加區塊級元素,將此頁面標記為登入頁面,程式如下:

```
//src/views/login/index.vue
<template>
  <div>登入頁面</div>
</template>
```

其次,在路由檔案中增加關於該組件的路由,程式如下:

```
//src/router/index.ts
const router = createRouter({
  history: createWebHashHistory(),
  routes: [
    {
      path: '/',
      name: 'login',
      component: () => import('@/views/login/index.vue')
    }
  ]
})
```

這裡有兩點需要注意,一個是 component 採用了路由懶載入的形式,另一個是匯入 vue 檔案會報紅線的問題,如圖 12-2 所示。

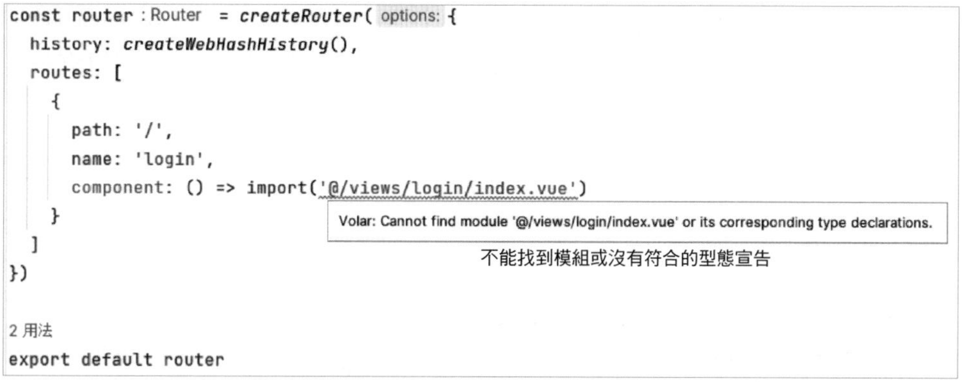

12.1 Vue Router

```
const router : Router = createRouter( options: {
  history: createWebHashHistory(),
  routes: [
    {
      path: '/',
      name: 'login',
      component: () => import('@/views/login/index.vue')
    }                      Volar: Cannot find module '@/views/login/index.vue' or its corresponding type declarations.
  ]                                       不能找到模組或沒有符合的型態宣告
})
2 用法
export default router
```

▲ 圖 12-2 引入 vue 檔案報紅線

以 ES6 的 import 匯入元件稱為靜態匯入，以匯入登入的單檔案組件為例，程式如下：

```
// 靜態匯入
import Login from './views/login/index.vue'

//routes 中
{ path: '/', component: Login }
```

這種方式在打包時會將所有的頁面元件都匯入路由中，這會導致 JavaScript 套件變得非常大，影響頁面載入。解決的方案是把不同路由對應的元件分割成不同的程式區塊，只有當路由被存取的時候才載入對應的組件，這就是路由懶載入，亦稱為動態匯入。Vue Router 支援開箱即用的動態匯入，只需使用箭頭函數傳入元件路徑，程式如下：

```
//routes 中
{
path: '/',
name: 'login',
component: () => import('@/views/login/index.vue')
}
```

12 再接再勵

另一個問題的原因在於 TypeScript 不會辨識 Vue 檔案，故而需要給 TypeScript 提供關於 Vue 檔案的類型資訊。開啟 env.d.ts 檔案，增加模組宣告，程式如下：

```
//<reference types="vite/client" />
// 增加以下程式
declare module '*.vue' {
    import { DefineComponent } from 'vue'
    const component: DefineComponent<object, object, any>
    export default component
}
```

該程式區塊宣告（declare）了一個新的模組（module），用於匹配任何以 .vue 結尾的檔案。在程式區塊中首先匯入了 Vue 3 關於定義 Vue 元件的 API——DefineComponent（定義元件），並定義了一個名為 component 的常數用於接收該 API 傳回的組件物件，最後暴露出去。該 API 的作用非常單純，內部沒有實現任何邏輯，只把接收的元件物件增加個 any 類型後直接傳回，純粹是為了給 TypeScript 提供類型推導。整段程式就是告訴 TypeScript 有以 .vue 結尾的組件物件，該物件的類型為 any。

現在，在終端輸入啟動專案的 dev 命令，按住 Ctrl 鍵並按一下終端的 URL 網址，可在瀏覽器開啟該專案，能看到預設頁面出現了「登入頁面」這幾個字，說明路由和元件都配置成功了，如圖 12-3 所示。

▲ 圖 12-3 成功開啟元件頁面

但每次開啟專案時都需要按住 Ctrl 鍵並按一下 URL 才能開啟頁面實在太麻煩了，能不能輸入啟動命令後直接自動開啟瀏覽器呢？還真能這樣處理。在 vite.config.ts 檔案的配置項中，增加 server 物件，並設置啟動通訊埠編號、自動開啟預設瀏覽器及跨域，程式如下：

12.1 Vue Router

```
//vite.config.ts
export default defineConfig({
  plugins: [
    vue(),
  ],
  server: {
    port: 8080,                    // 這裡將預設啟動時的通訊埠編號設置為 8080
    open: true,                    // 自動開啟預設瀏覽器
    cors: true,                    // 允許跨域
  },
  resolve: {
    alias: {
      '@': fileURLToPath(new URL('./src', import.meta.url))
    }
  }
})
```

此時重新啟動專案，可看到終端中的通訊埠編號已經從預設的 5173 變成了 8080，並自動在瀏覽器開啟了專案，如圖 12-4 所示。

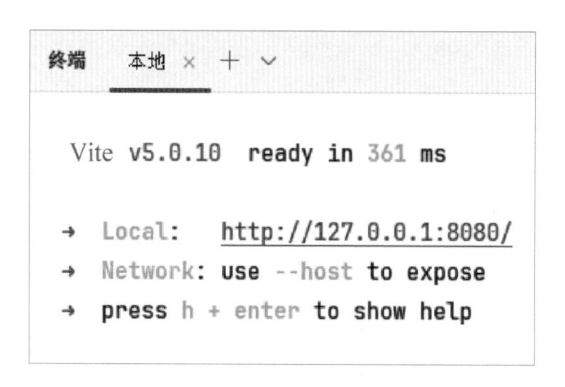

▲ 圖 12-4 通訊埠編號變為 8080

需要注意的是，無論通訊埠編號是 5173 還是 8080 都是可以使用的，8080 是 Vue 2 使用 Vue-CLI 框架工具打包時的預設啟動通訊埠編號。在選擇通訊埠編號時只要不是被其他應用程式佔用的及符合使用者通訊埠的範圍（1024~65535）即可。

12.2 Element Plus

　　大部分頁面含有按一下項,這是因為頁面與使用者之間的互動途徑絕大部分是透過滑鼠按一下實現的,而按一下事件的發生在符合現實邏輯的情況下,只需要一個按鈕。最原始的按鈕是透過 <button> 標籤實現的,但由於其樣式較為「樸素」,所以往往會透過其他方式實現一個按鈕,例如透過區塊級元素模擬實現一個按鈕,程式如下:

```
<div class="button">按鈕</div>

.button {
    width: 60px;
    height: 30px;
    background-color: #007BFF;
    /* 為邊框增加弧度 */
    border-radius: 5px;
    /* 當滑鼠移過在按鈕上時,將滑鼠的形狀改變為手形 */
    cursor: pointer;
    /* 設置字型顏色、行高及置中 */
    color: white;
    line-height: 30px;
    text-align: center;
}
```

　　在上述程式中,透過定義區塊級元素的寬和高、背景顏色、邊框弧度,模擬出了按鈕的基礎結構;透過定義字型的顏色、行高和位置,模擬出了按鈕中間的文字,並且使用 cursor 屬性模擬了將滑鼠移動到按鈕上出現「手形」的可按一下感覺,如圖 12-5 所示。

▲ 圖 12-5 模擬一個按鈕

12.2 Element Plus

透過撰寫這個按鈕可以發現，使用這種方式去模擬頁面的按鈕或其他元素，無疑會給開發者帶來極大的負擔，因為一個按鈕就需要寫如此多的樣式，更何況一個頁面可能存在多種不同顏色、類型、形狀的按鈕，更不用說使用這種原生方式去開發其他頁面元素了，如輸入框、表格、表單等。

那麼有更便捷的辦法去實現這種頁面元素嗎？有，例如 10.4 節提到的 Bootstrap 框架，在 Bootstrap 中提供了許許多多常用元件，例如按鈕、輸入框、導覽列、進度指示器等，如圖 12-6 所示。

```
EXAMPLE

    ≡  ≡  ≡  ≡

    ★ Star    ★ Star   ★ Star  ★ Star

<button type="button" class="btn btn-default" aria-label="Left Align">
  <span class="glyphicon glyphicon-align-left" aria-hidden="true"></span>
</button>

<button type="button" class="btn btn-default btn-lg">
  <span class="glyphicon glyphicon-star" aria-hidden="true"></span> Star
</button>
```

▲ 圖 12-6 Bootstrap 按鈕元件

可以看到，透過給 <button> 標籤增加 Bootstrap 內建的類別及屬性，就可以實現不同大小和形狀的按鈕了，這對於使用 Bootstrap 框架進行開發網頁的使用者是非常友善的，但別忘了現在是使用 Vue 3 在開發系統背景，這就不得不提到基於 Vue 3 開發，設計師和開發者導向的元件庫——Element Plus。

Element Plus 首先是 Element UI 的升級版，是用於 Vue 3 專案開發的 UI 函數庫，並且是由餓了麼（Eleme）公司開發的，沒錯，就是藍騎士的餓了麼公司。開啟手機上的餓了麼 App，可看到整體的樣式風格是與 Element UI、Element Plus 一脈相承的，整體來講就是偏藍色，並且很直觀。

Element Plus 的組件在設計理念上遵循了 4 種設計理念，分別是一致（Consistency），包括現實生活的流程、邏輯保持一致和所有的元素和結構保持一致，也就是整體風格上具有統一性；回饋（Feedback），即透過其元件的互動動效可以提供清晰的操作回饋感及整體頁面元素的狀態變化；效率（Efficiency），元件設計簡潔、文件清晰明了，開發者可透過簡單的屬性和配置跳躍元件的樣式，保證學習、使用和開發上都能達到高效性；最後是可控（Controllability），包括使用者決策可控和結果可控，使用者抉擇可控是指其包含多種不同的提示元件，可以根據場景給予使用者操作建議或安全提示，但最終決策權在使用者手中，結果可控是指使用者可以自由地操作，能夠對操作進行撤銷、回退等，例如在輸入框的資料在還沒確認前可以隨意填寫，不會對系統造成任何影響。

基於 Element Plus 的設計理念，其文件提供了大量實用的 UI 元件，如按鈕、版面配置容器、圖示、表單、表格、輪播圖等，能夠幫助開發者快速建構起一個實用且高品質的網站或系統。此外 Element Plus 還提供了 UI 設計師可用的工具套件，包括 Sketch Template、Figma Template 等設計範本資源，幫助 UI 設計師快速生成頁面範本，提高效率。

12.2.1 如虎添翼的 UI 函數庫

在安裝 Element Plus 之前，先簡單介紹 UI 函數庫的作用。就如同 Vue 2.0 有 Element UI、Vue 3.0 有 Element Plus 一樣，不同的框架都會使用基於自己語言開發的 UI 函數庫，例如基於 React 且用於 React 的由螞蟻金服開發的 Ant Design，每個框架都有自己獨特的設計理念和開發方式，而與之配套的 UI 函數庫可以更進一步地發揮出框架的特性，可謂如虎添翼。

UI 函數庫通常會提供一套預先定義的元件和樣式，在安裝了 UI 函數庫環境的情況下便可開箱即用，無須開發者從零開始撰寫程式，在提高了開發效率的同時也大大縮短了模組的開發週期。在每個元件的內部還會封裝相應的屬性、事件、方法、插槽等，這是元件設計師基於現實邏輯去應對可能發生的情況而

12.2 Element Plus

設定的內容。以 Element Plus 的 Table（表格）為例，內建的 Table 事件包含了各種各樣的可能在開發環境遇到的滑鼠事件，如圖 12-7 所示。

Table 事件

事件名稱	說明	回呼參數
select	當使用者手動勾選資料行的 Checkbox 時觸發的事件	selection, row
select-all	當使用者手動勾選全選 Checkbox 時觸發的事件	selection
selection-change	當選擇項發生變化時會觸發該事件	selection
cell-mouse-enter	當儲存格 hover 進入時會觸發該事件	row, column, cell, event
cell-mouse-leave	當儲存格 hover 退出時會觸發該事件	row, column, cell, event
cell-click	當某個儲存格被按一下時會觸發該事件	row, column, cell, event
cell-dblclick	當某個儲存格被按兩下擊時會觸發該事件	row, column, cell, event

▲ 圖 12-7 Element Plus 表格事件

　　UI 函數庫提供的元件還具有統一的設計標準和標準，例如 FB App 在整體風格上呈現偏藍的色調，而 55688 App 則呈現出黃色調。這樣帶來的好處是，不管是開發網站、系統還是行動端應用都具有一致的視覺效果，從而提升使用者的跨平臺使用體驗；其次是增加品牌的認知度，統一的設計風格可以更進一步地傳遞出品牌的價值和特點，讓品牌的形象更加鮮明，例如提起藍騎士，腦子裡就會想起 FB，而如果說到黃色袋鼠，腦子裡就會自動浮現出 55688 的形象，最具代表性的還有理髮店門口不斷旋轉的紅藍白三色轉筒。在潛意識的影響下，增強了存取者的內心聯想，達到增加品牌知名度的效果。

　　學習使用多種 UI 函數庫也是前端開發者的一條必經之路，同樣的框架在不同的公司中使用的 UI 函數庫可能會不一樣，例如 A 公司可能使用的是 Element Plus，B 公司可能使用的是 Ant Design Vue，C 公司還有可能使用的是 Naive UI，三者都是用於 Vue 的 UI 函數庫，並且不同的框架要掌握的 UI 函數庫更多。對於前端開發者來講，一個好的開發習慣是在學習優秀專案的同時多了解不同的 UI 函數庫，去體會和感悟不同 UI 函數庫所代表的風格、內涵，這樣當自己日後進階為專案總監時，就能夠選擇合適的 UI 函數庫去配合客戶需求所要表達的內容。

12.2.2 安裝 Element Plus

在後端部分使用了 npm 去安裝專案的相依，為了方便讀者熟悉不同的套件管理器，所以在前端部分選擇使用 pnpm 完成專案相依的安裝。在安裝之前，需要先把基於 npm 套件管理器的 node_modules 目錄刪除，再執行安裝 Element Plus 的命令，命令如下：

```
pnpm install element-plus
```

此時專案的根目錄會重新生成 node_modules 目錄，並新生成用於鎖定相依版本的 pnpm-lock.yaml 檔案，這時再把 npm 用於鎖定相依版本的 package-lock.json 刪除即可，這樣就完成了從 npm 到 pnpm 套件管理器的遷移。

安裝完之後需要在 main.ts 檔案中匯入 Element Plus 並掛載，程式如下：

```
//main.ts
import ElementPlus from 'element-plus'          // 匯入 Element Plus
import 'element-plus/dist/index.css'            // 匯入樣式

// 掛載 ElementPlus
app.use(createPinia())
app.use(router)
app.use(ElementPlus)
app.mount('#app')
```

這是一種完整匯入 Element Plus 的方式，即不管有沒有使用內建的元件，在打包時都會包含該元件的原始程式，這樣帶來的好處是開發時非常方便，副作用則是打包後的檔案會更大。在 Element Plus 中還提供了自動匯入、手動匯入等方式，讀者可自行嘗試不同方式帶來的變化。在本專案中為了方便讀者開發，所以採取了完整匯入的方式。

12.2 Element Plus

此時還可進行一個程式最佳化操作,可看到 app 掛載了 3 個不同的應用。在 Vue 中對於掛載多個應用提供了鏈式掛載的方式,實現了更為簡潔的程式,程式如下:

```
app.use(createPinia()).use(router).use(ElementPlus).mount('#app')
```

12.2.3 引入第 1 個 UI 組件

本節使用 Card(卡片)元件,用於登入和登錄檔單的外殼。

1. 引入 Card 組件

在 Element Plus 的元件區域找到 Card,可看到有對卡片容器元件的介紹及其使用的基礎場景,按一下右下角的「＜＞」符號,可查看範例元件的原始程式,如圖 12-8 所示。

▲ 圖 12-8 卡片範例及其原始程式

12 再接再勵

直接將範例原始程式部分的 <template> 和 <style> 內容複製至登入模組的單檔案元件，程式如下：

```
//src/login/index.vue
<template>
  <el-card class="box-card">
    <div v-for="o in 4" :key="o" class="text item">{{ 'List item ' + o }}</div>
  </el-card>
</template>

<style scoped>
.text {
  font-size: 14px;
}

.item {
  padding: 18px 0;
}
.box-card {
  width: 480px;
}
</style>
```

此時在瀏覽器中出現了一個包含清單項的卡片，如圖 12-9 所示。

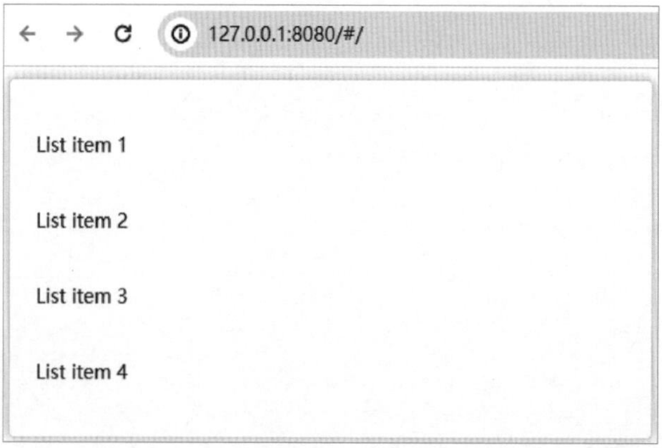

▲ 圖 12-9 卡片元件

2. 列表著色

為什麼程式內只有一個 <div> 卻出現了 4 行內容呢？原因在於 Vue 的清單著色——v-for 指令。在上述程式的 v-for 指令中，使用了一個範圍值，在這種情況下會將該範本基於 1~n 的設定值範圍重複多次著色。該指令常見的用法是，基於一個陣列去迴圈裡面的內容，其語法為 item in items 的形式，item 譯為一筆、一項，其中 items 是來源資料的陣列，item 則是迭代項的別名，程式如下：

```
<div v-for="item in items">
  {{ item.name }}
</div>

// 定義一個陣列
<script setup lang="ts">
import {ref} from 'vue'              // 匯入 ref
const items = ref([{ name: '張三' }, { name: '李四' }])
</script>
```

其中 item 選項還支援第 2 個參數，用於表示當前項的位置索引，程式如下：

```
<div v-for="(item,index) in items">
  {{ item.index }} : {{ item.name }}
</div>
```

輸出的結果如圖 12-10 所示。

▲ 圖 12-10　v-for 迴圈陣列

此外，該指令還可以用來遍歷物件的所有屬性，程式如下：

```
// 定義一個物件
const person = ref({
  name:'張三',
```

```
  age:23,
  sex:'男'
})

//value 為值，key 為屬性名稱，index 為索引
<div v-for="(value,key,index) in person">
  {{ index }} - {{ key }} - {{ value }}        // 輸出的第 1 項為  1 - name - 張三
</div>
```

值得注意的是，v-for 還有一個較為特殊的屬性——key。該屬性用來追蹤每個節點，減少重新著色帶來的銷耗，綁定的值一般是字串或 number 類型。舉個例子，假設當前的陣列是動態改變的，當某個元素發生變化時，在沒有使用 key 的情況下，因為 Vue 不知道哪些節點發生了變化，所以會全部進行更新；如果增加了 key，則 Vue.js 能辨識出發生變化的節點，並只更新該節點。在內容過多的情況下，增加 key 能極大地減少性能的銷耗，當然，Vue.js 官方也是推薦開發者在使用 v-for 時儘量都加上 key，程式如下：

```
<div v-for="(value,key,index) in person" :key="index">
  {{ index }} - {{ key }} - {{ value }}
</div>
```

現在將卡片內的範例程式及樣式程式刪除，程式如下：

```
<template>
  <el-card class="box-card">
  </el-card>
</template>

<style scoped>
.box-card {
  width: 480px;
}
</style>
```

可看到當前單頁面元件是純白背景的，而卡片元件除了有個邊框外也是白色的，這樣容易在視覺上帶來疲勞，如圖 12-11 所示。

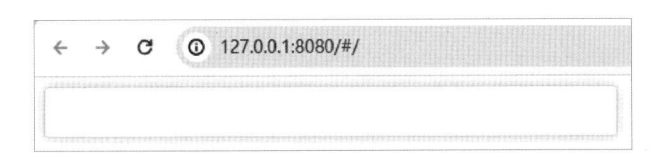

▲ 圖 12-11 無內容卡片元件

在實際開發時，為了便於區分不同元件的所屬區域，通常會給頁面的不同區域增加上背景顏色，這樣有利於更進一步地呈現元件，提高開發效率。

3. 去除預設邊距

這裡可以看到，卡片與頁面之間有個外邊距，而此時並沒有設置任何關於外邊距的程式，那麼邊距是從哪裡來的呢？在開發者工具中選擇元素選項，選中 <body> 標籤可看到預設帶有 8 像素單位的外邊距，這是 Chrome 瀏覽器的預設樣式，如圖 12-12 所示。

▲ 圖 12-12 <body> 標籤預設有 8px 的外邊距

在這種情況下可以找到位於 index.html 檔案中的 <body> 標籤，將 margin 屬性設置為 0，程式如下：

12 再接再勵

```
<style>
body {
  margin: 0;
}
</style>
```

4. 安裝 Sass

此時，卡片位於頁面的左上角並挨著邊，為了後期易於調整卡片元件的位置，可給 <el-card> 標籤增加父級元素，程式如下：

```
<div class="card-wrapper">          //wrapper 即外殼
  <el-card class="box-card">
  </el-card>
</div>
```

在出現了巢狀結構類別的情況下可安裝 CSS 預先編譯語言 Sass，便於調整樣式，命令如下：

```
pnpm i sass -s
```

安裝完成後，在 <style> 標籤中即可透過 lang 屬性增加上 scss（第 3 代 Sass），程式如下：

```
<style scoped lang="scss">
</style>
```

12.2.4 定義一個表單

在本節中，將在卡片元件內使用 Tabs（標籤頁）元件和 Form（表單）組件完成用於登入和註冊功能表單的基礎結構，如圖 12-13 和圖 12-14 所示。

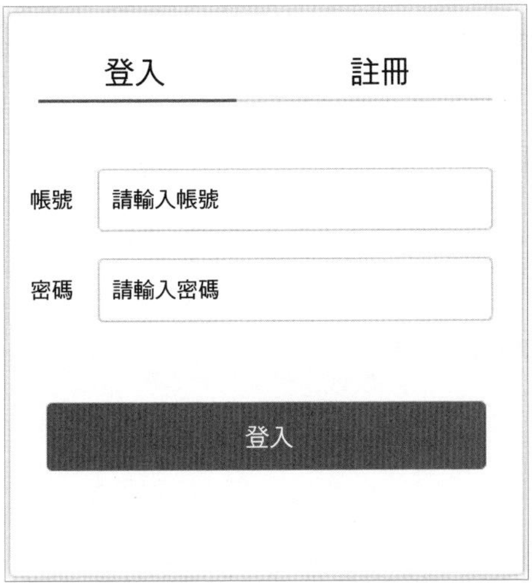

12.2 Element Plus

▲ 圖 12-13 登入表單

▲ 圖 12-14 登錄檔單

12 再接再勵

1. 引入 Tabs

在 Element Plus 中的 Navigation（導覽）列中找到標籤頁元件，這是一個用於分隔內容上有連結但屬於不同類別的資料集合的組件，如圖 12-15 所示。

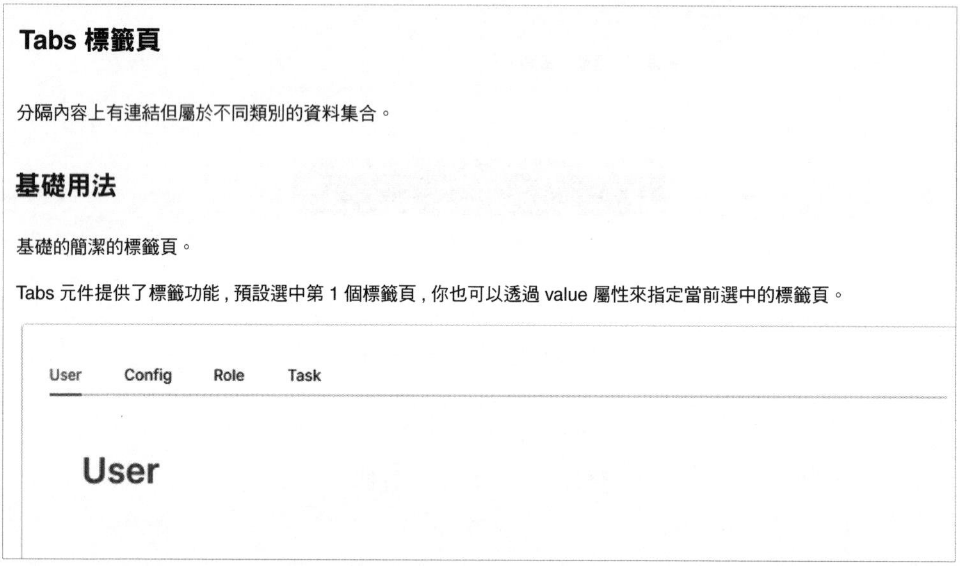

Tabs 標籤頁

分隔內容上有連結但屬於不同類別的資料集合。

基礎用法

基礎的簡潔的標籤頁。

Tabs 元件提供了標籤功能，預設選中第 1 個標籤頁，你也可以透過 value 屬性來指定當前選中的標籤頁。

| User | Config | Role | Task |

User

▲ 圖 12-15 標籤頁組件

將基礎用法原始程式中的 <el-tabs> 標籤及其內容複製至 <el-card> 中，並將其邏輯原始程式一併複製到元件內的邏輯部分。在案例中有 4 個 <el-tab-pane>，分別對應 User、Config、Role 和 Task 的標籤頁，而在要實現的登入與註冊功能中只需兩個標籤頁，所以刪掉兩個 <el-tab-pane> 標籤。在剩餘的兩個 <el-tab-pane> 標籤中，將用於展示標籤頁名稱的 label 屬性值更改為登入和註冊，程式如下：

```
<!-- wrapper 即外殼 -->
<div class="card-wrapper">
  <el-card class="box-card">
    <el-tabs v-model="activeName" class="demo-tabs"
      @tab-click="handleClick">
      <el-tab-pane label=" 登入 " name="first"> 登入 </el-tab-pane>
      <el-tab-pane label=" 註冊 " name="second"> 註冊 </el-tab-pane>
```

```
    </el-tabs>
  </el-card>
</div>

// 邏輯部分
import { ref } from 'vue'
import type { TabsPaneContext } from 'element-plus'

const activeName = ref('first')

const handleClick = (tab: TabsPaneContext, event: Event) => {
  console.log(tab, event)
}
```

此時可看到在卡片中包含了兩個標籤頁,如圖 12-16 所示。

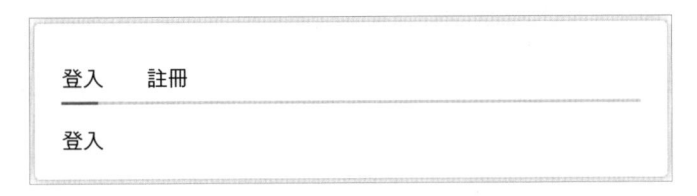

▲ 圖 12-16 卡片元件包裹標籤頁元件

但此時樣式有點不太對,註冊後面出現了這麼長的空間,不過沒關係,在標籤頁中提供了 stretch 屬性使標籤的寬度自動撐開,程式如下:

```
<el-tabs v-model="activeName" class="demo-tabs"
@tab-click="handleClick" :stretch="true">
```

這時再回看卡片中的標籤頁,就和圖 12-13 中的差不多了,如圖 12-17 所示。

▲ 圖 12-17 標籤頁自動撐開

2. 事件處理

在 Vue.js 中可以使用 v-on 指令（簡寫 @）來監聽 DOM 事件，並在事件觸發時執行對應的邏輯。在引用標籤頁原始程式時，可看到 <el-tabs> 的屬性中使用了「@」符號對 DOM 元素進行事件監聽，並綁定了在觸發監聽時執行的 handleClick（搖桿按一下）函數。

事件觸發可以綁定定義在 <script> 內的方法名稱，如 <el-tabs>，也可以綁定內聯的 JavaScript 敘述，程式如下：

```
const count = ref(0)

// 範本中
<button @click="count++">加 1</button>              // 按一下時 count 將自動增加 1
```

事件處理的場景在專案中非常常見，如監聽登入按鈕的按一下事件並執行邏輯。在 Element Plus 的元件中幾乎提供了對應的事件，以標籤頁為例，如圖 12-18 所示。

Tabs 事件

事件名稱	說明	回呼參數
tab-click	Tab 被選中時觸發	(pane: `TabsPaneContext`, ev: `Event`)
tab-change	activeName 改變時觸發	(name: `TabPaneName`)
tab-remove	按一下 Tab 移除按鈕時觸發	(name: `TabPaneName`)
tab-add	按一下 Tab 新增按鈕時觸發	—
edit	按一下 Tab 的新增或移除按鈕後觸發	(paneName: `TabPaneName` | `undefined`, action: `'remove'` | `'add'`)

▲ 圖 12-18 組件預設事件

在使用時只需透過「@ 事件名稱」的形式綁定觸發函數，如綁定圖 12-18 中的 tab-change 事件，程式如下：

```
<el-tabs v-model="activeName" class="demo-tabs"
@tab-change="handleClick">
```

```
handleClick

// 函數名稱一般根據場景自訂
const handleClick = (name: TabPaneName) => {
  console.log(TabPaneName)
}
```

由於在專案開發中無須用到原始程式中的 tab-click 事件,所以可將 <el-tabs> 綁定的事件及其邏輯刪除。

3. Attribute 綁定

在 Vue 中透過 v-bind 指令對 attribute(屬性)進行綁定,簡寫為一個英文冒號「:」,在 <el-tabs> 中透過 v-bind 指令綁定了 stretch 屬性,並且這是一個布林類型的屬性。在 Element Plus 中,通常會提供布林類型的屬性去決定某個元件是否具備某種狀態,如輸入框元件可透過綁定 disabled 屬性決定是否禁用該輸入框、綁定 show-password 用於輸入密碼時呈現加密樣式。有時可不通過「:」綁定屬性,以 show-password 為例,因為該屬性的預設值為 false,所以在標籤增加該屬性時就變為了 true,故而不需要使用「:」,程式如下:

```
<!-- 相當於 :show-password="true" -->
<el-input show-password>
```

在實際開發中,通常會綁定動態類別或樣式。例如某個元素可能有多種不同的樣式,並且在 <style> 標籤中根據不同樣式定義了不同的類別,那麼就可以透過 v-bind 及其布林值去切換不同的類別,程式如下:

```
<div class="static" :class="{ active: isActive }">123</div>

<style lang="scss" scoped>
.static {
  font-size: 16px;
}

.active {
  color: red;
```

```
}
</style>
```

當 isActive 為 true 時將增加名為 active 的類別，字型將變為紅色。可能有的讀者會問，假設原來的 static 中也有 color 樣式，並且顏色為綠色，字型會呈現什麼顏色呢？這看似是個優先順序的問題，其實不然，但在實際開發中，決定權應該是由開發者決定的，也就是應該規避這種可能出現衝突的情況，而非交由瀏覽器做決定。

當有多個樣式類別時，還可透過綁定陣列的形式去著色，程式如下：

```
const fontClass = ref('fontstyle')      // 字型樣式
const imgClass = ref('imgstyle')        // 圖片樣式

<div :class="[fontClass, imgClass]"></div>
```

如果想根據條件去著色指定的類別，則可以使用三元運算式，程式如下：

```
<!-- isTrue 為 true 時，著色 trueClass，反之著色 falseClass -->
<div :class="[isTure ? trueClass : '', falseClass]"></div>
```

4. 登入表單及其輸入綁定

在 Element Plus 元件的 Form 表單元件中找到 Form（表單），它是一組用於使用者輸入資料的元件的統稱。通常一個表單會包含輸入框、單選按鈕、核取方塊、下拉選擇框等組件，如圖 12-19 所示。

以在典型表單的原始程式中關於輸入框的程式為例，程式如下：

```
<el-form-item label="Activity name">
  <el-input v-model="form.name" />
</el-form-item>

// 對應該輸入框的邏輯部分
import { reactive } from 'vue'

const form = reactive({
```

```
  name: '',
  // 其他資料
})
```

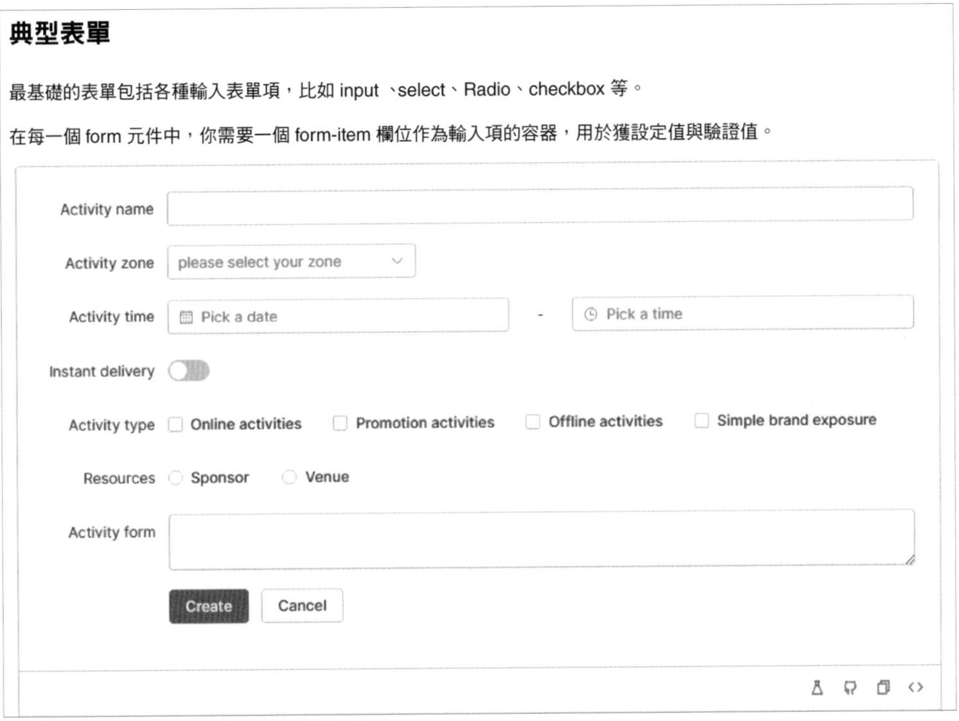

典型表單

最基礎的表單包括各種輸入表單項，比如 input、select、Radio、checkbox 等。

在每一個 form 元件中，你需要一個 form-item 欄位作為輸入項的容器，用於獲設定值與驗證值。

▲ 圖 12-19 典型表單

在 <el-input> 標籤中，可看到有個 v-model 指令，這是 Vue 用於綁定表單輸入的指令，當使用者修改輸入框的內容時，form 中的 name 也會隨之修改。根據典型表單範本和邏輯部分的原始程式可知，v-model 可用於不同類型的輸入，不管是單選按鈕、核取方塊還是文字標籤。該指令是 Vue 響應式系統的主要表現之一。

在登入與註冊功能中只需將輸入框增加至 <el-tab-pane> 中，並定義相應的 form 物件綁定帳號與密碼，程式如下：

```
<!-- template 部分 -->
<el-tab-pane label=" 登入 " name="first">
```

```
    <el-form>
    <!-- label 屬性為標籤文字 -->
      <el-form-item label="帳號">
        <el-input v-model="loginData.account" placeholder="請輸入帳號" />
      </el-form-item>
      <el-form-item label="密碼">
        <el-input v-model="loginData.password" placeholder="請輸入密碼" show-password />
      </el-form-item>
    </el-form>
</el-tab-pane>

// 邏輯部分
import { ref,reactive } from 'vue'
// 登入表單資料
const loginData = reactive({
  account: null,                          // 帳號
  password: '',                           // 密碼
})
```

此時在瀏覽器就可看到多出了用於輸入帳號和密碼的輸入框，由於在密碼輸入框增加了 show-password 屬性，所以輸入的密碼呈加密狀態，如圖 12-20 所示。

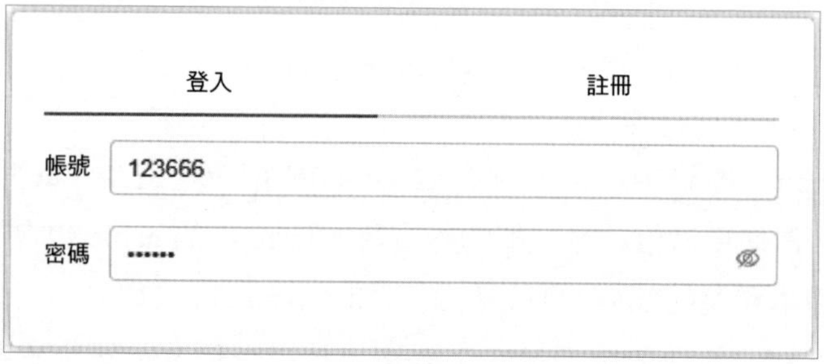

▲ 圖 12-20 帳號及密碼輸入框

這時還缺少用於登入的按鈕，在密碼輸入框的下方定義一個用於包裹登入按鈕的區塊級元素，在其中使用 Element Plus 的 button（按鈕）元件建立登入按鈕，程式如下：

12.2 Element Plus

```
<!-- template 部分 -->
<el-tab-pane label=" 登入 " name="first">
  <el-form>
    <el-form-item label=" 帳號 ">
      <el-input v-model="loginData.account" placeholder=" 請輸入帳號 " />
    </el-form-item>
    <el-form-item label=" 密碼 ">
      <el-input v-model="loginData.password" placeholder=" 請輸入密碼 " show-password />
    </el-form-item>
    <!-- 底部外殼 -->
    <div class="footer-wrapper">
      <el-button type="primary"> 登入 </el-button>
    </div>
  </el-form>
</el-tab-pane>
```

此時，一個基本的登入表單雛形就已經出來了，如圖 12-21 所示。

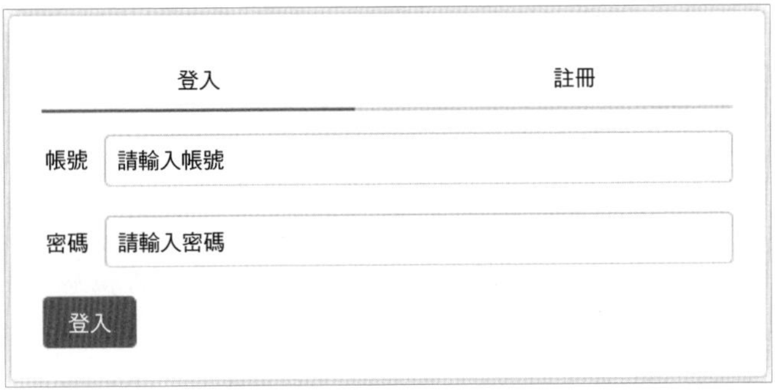

▲ 圖 12-21　登入表單雛形

5. 完成登錄檔單

在圖 12-14 中，登錄檔單主要為 3 個輸入框及一個按鈕，在嘗試過登入表單後，就可以照葫蘆畫瓢將登錄檔單的內容實現了，程式如下：

```
<!-- template 部分 -->
<el-tab-pane label=" 註冊 " name="second">
  <el-form class="login-form">
    <el-form-item label=" 帳號 ">
```

```
        <el-input v-model="registerData.account"
            placeholder=" 帳號長度 6-12 位 " />
      </el-form-item>
    <el-form-item label=" 密碼 ">
        <el-input v-model="registerData.password" show-password
            placeholder=" 密碼長度 6-12 位,含字母數字 " />
      </el-form-item>
      <el-form-item label=" 確認密碼 ">
        <el-input v-model="registerData.rePassword" show-password
            placeholder=" 請再次輸入密碼 " />
      </el-form-item>
      <div class="footer-wrapper">
        <el-button type="primary"> 註冊 </el-button>
      </div>
    </el-form>
</el-tab-pane>

// 邏輯部分新增登錄檔單資料
const registerData = reactive({
  account: null,
  password: '',
  rePassword: '',                    // 再次輸入密碼資料
})
```

此時,按一下標籤頁元件中的註冊按鈕,即可看到登錄檔單的內容,如圖 12-22 所示。

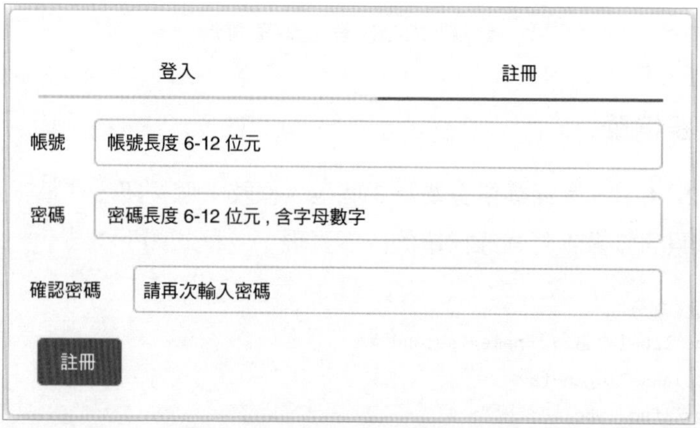

▲ 圖 12-22 登錄檔單雛形

12.3 給 JavaScript 加上緊箍咒

在使用標籤頁元件時可看到有一段匯入了 type 的程式，程式如下：

```
import type { TabsPaneContext } from 'element-plus'
```

這裡的 TabsPaneContext 就是標籤頁元件內建的 TypeScript（TS）類型，用於描述標籤頁內容屬性的類型。在本節將簡單地介紹 TS 及其使用方法，並給表單資料增加上 TS 類型。

12.3.1 TypeScript 是什麼

TypeScript 是由微軟公司基於 JavaScript 建構的強類型程式語言，是 JavaScript 的超集合，其主要目的是解決由於 JavaScript 弱類型而可能導致的類型問題。在 2012 年微軟首次發佈了 TypeScript，目前最新的版本是 2023 年 8 月發佈的 5.2 版本。

其誕生的背景是微軟使用 JavaScript 開發大型專案，但發現其弱類型特性容易導致一些平時難以發現的類型錯誤，於是由微軟任職的電腦科學家 Anders Hejlsberg 領銜開發了 TypeScript，值得一提的是，作者 Anders Hejlsberg 同時還是語言 Delphi、C# 之父，以及開放原始碼開發平臺 .NET 的創立者。

TypeScript 雖是 JavaScript 的超集合，但需注意這是兩種不同的語言，其在目錄中以 .ts 為檔案副檔名。透過 TypeScript 編譯器（TSC），可將 TypeScript 程式轉譯成 JavaScript 程式，這樣就可執行在瀏覽器或 Node.js 環境中。同時，任何 JavaScript 程式都是有效的 TypeScript 程式，也就是說可以在 .ts 檔案中寫 JavaScript 程式，而在 .js 檔案中寫 TypeScript 時卻會顯示出錯。

TypeScript 支援許多尚未發佈的 ECMAScript 新特性，也支援一些之前僅在後端語言中的介面和特性，如泛型、列舉、宣告檔案（如 env.t.ds）等。學會並使用 TypeScript 可以有效地提高程式品質，減少後期的維護時間。在目前的前端開發應徵職位中，要求求職者掌握 TypeScript 已經是一個普遍性的要求。

12.3.2 基礎類型定義

本節將簡介 TypeScript 的類型注解、高級類型系統、物件導向程式設計等主要特性。

1. 類型注解

TypeScript 的類型注解是一種為變數、函數參數和函數傳回值增加約束的方法，透過增加類型注解，可以提供靜態類型檢查功能，即在引用變數或傳參時如果類型不一致，在編譯時就能捕捉到類型錯誤。

定義變數時可透過在變數名稱後增加冒號「:」和類型的方式增加類型注解，以 JavaScript 的 8 種基本類型為例，程式如下：

```
let str: string = " 張三 ";
let num: number = 23;
let bool: boolean = true;
let u: undefined = undefined;
let n: null = null;
let obj: object = {name: " 張三 "};
let big: bigint = 10n;
let sym: symbol = Symbol("i");
```

在預設情況下 null 和 undefined 是所有類型的子類型，即可將 null 和 undefined 賦值給其他已定義了類型的變數，程式如下：

```
let str: string = " 張三 ";
str = null
str = undefined
```

對於函數，則可為函數形式參數和傳回值增加類型注解，也稱為函數宣告，程式如下：

```
// 函數形式參數和傳回數值型態注解
function add (a: number, b: number): number {
  return a + b;
}
```

```typescript
// 如果沒有傳回值
function add(a: number, b: number): void {
  console.log(a + b);
}

// 可選參數，形式參數 b 非必需的參數
function add(a: number, b?: number) {
  if (b) {
    console.log(a + b);
  } else {
    console.log(a);
  }
}

// 預設參數值
function add(a: number, b: number = 3): void {
  console.log(a + b);
}
```

　　類型注解不是必需的，而是可選的。如果忽略類型注解，TypeScript 則會根據上下文自動推斷出變數的類型，稱為類型推斷，程式如下：

```typescript
// 類型推斷為 string
let str = "張三";

// 兩個形式參數都是 number 類型，TypeScript 會推斷傳回的為 number 類型
function add(a: number, b: number) {
  return a + b;
}
```

　　對於陣列，TypeScript 支援限制陣列的個數和類型，稱為元組，程式如下：

```typescript
// 定義一個元組類型
type Person = [string, number];

// 建立一個元組實例
let person: Person = ["張三", 23];
//let person: Person = ["張三", 23 , "男"]; 顯示出錯
```

```
// 存取元組中的元素
console.log(person[0]);                 // 輸出 " 張三 "
console.log (person[1]）;               // 輸出 23
```

但元組的限制個數並不是絕對的，在元組中可透過剩餘元素去實現不受個數限制，程式如下：

```
// 定義一個元組類型，假定為班級人數及人名
type StudentName = [number, ...string[]];
let OneClass: StudentName = [3, " 張三 ", " 李四 ", " 王五 "];
```

這裡的 type 是高級類型系統中的類型態名稱，即給一個包含多種類型的類型起個別名，在標籤頁中引入的 TabsPaneContext 即為 Element Plus 預設的類型態名稱。在實際開發中通常會在一個 .ts 檔案中統一定義公共使用的類型態名稱，並在需要使用的檔案中引入。

元組同樣支援使用「?」實現可選元素，程式如下：

```
// 定義一個可選元組類型
type Person = [string, number?];

// 建立一個元組實例
let person: Person = [" 張三 "];        // 不顯示出錯
```

另外值得注意的是 any 類型，這是 TypeScript 類型系統的頂級類型，任何類型都可視為 any 類型，由於在開發中 any 類型常被不熟悉 TypeScript 的開發人員濫用，故 TypeScript 也被戲稱為 AnyScript，程式如下：

```
// 相當於未指定類型，用了 TypeScript，好像又沒用
let str: any = 123;                     // 名字是 str，但值又為 number 類型
```

此外，在類型注解中還有 never、unknown、object、Object 和 {} 等類型，礙於專案使用 TypeScript 的情況，這裡不再進行詳細介紹。

2. 高級類型系統

假設存在一個函數能夠接收任何類型的參數，而傳回值也只能是其類型，那麼可能就需要根據每種類型都寫一遍函數，程式如下：

```
// 接收一個 number 類型並傳回一個 number 類型，arg 譯為參數
type isNumber = (arg: number) => number;
// 接收一個字串類型並傳回一個字串類型
type isString = (arg: String) => String;
// 其他類型也是如此

// 以 isNumber 為例，在函數中使用
function outputNum (num: idNumber){
  console.log (num)
}
```

這種方式無疑是一種笨方法，好在 TypeScript 提供了一種能夠處理多種資料型態的函數或類別的方法——泛型，程式如下：

```
function identity<T> (arg: T): T {
  return arg;
}
```

這裡的 T 是一種抽象的類型，取決於呼叫該函數的第 1 個參數的類型，以傳入一個數字為例，那麼 T 就變成了 number；如果傳入的是一個字串，T 就變成了 string，這樣就極佳地解決了開頭提到的類型問題。泛型是高級類型系統最重要的基礎知識之一，也是掌握 TypeScript 的里程碑之一。

在泛型中還有多種其他方式可定義類型，程式如下：

```
// 多種類型參數
function Person<T, U> (name: T, age: U): [T, U] {
  return [name, age];
}

const person = Person("張三", 23);
console.log(person) //["張三", 23]
console.log(Person<string,number>(" 張三 ", 23))    // 顯示設定類型
```

```
console.log(Person(" 張三 ", 23))                    // 可省略尖括號

// 預設類型
function Person<T = string, U> (name: T, age: U) : [T, U] {
  return [name, age];
}

// 泛型約束
// 定義一個介面
interface Age{
  age: number;
}

// 在傳值給 Person 函數時，物件應具有 Age 屬性，否則會顯示出錯
function Person<T extends Age> (arg: T) {
  console.log (person.age) ;
}
const person = Person(" 張三 ");           // 顯示出錯
```

在定義類型注解時，假設一開始並不知道該類型的設定值，可採取聯合類型的方式，該方式在定義類型時透過「|」分隔多種類型，程式如下：

```
//userInfo 既可以是 string 類型也可以是 number 類型
let userInfo: string | number;
userInfo = " 張三 "
userInfo = 23

// 在函數參數中同樣適用
function userInfo (arg: number | string) {
  console.log (arg)
}
```

一個常見的場景是，輸入框的帳號初始值應該是空的，即為 null，但輸入的值是 number 類型，那麼就可以使用聯合類型讓 account 同時具有兩種類型，程式如下：

```
// 表單介面
interface FormData {
```

```
    account : number|null;
}
```

在泛型約束例子中使用 extends（擴充）關鍵字對泛型進行了約束，可結合 extends 關鍵字和聯合類型達到條件類型的作用，相當於類型中的三元運算式，程式如下：

```
// 條件的類型是否為 string，如果 T 的類型是 string 類型，則為 string 類型，反之為 number 類型
type Type<T extends string | number> = T extends string ? 'string' : 'number';
```

在某些時刻，TypeScript 並不能準確地檢測到類型，例如透過後端介面傳回的資料，這時可使用 as 語法進行類型斷言，即人為地告訴 TypeScript 這是什麼類型。類型斷言是非常常用的一種語法，程式如下：

```
// 登入互動邏輯
const Login = async ()=> {
  //login 為介面名稱，當然，讀者現在只需知道這段程式會傳回一個物件，並賦值給 res
  const res = await login (loginData) as any // 呼叫登入介面，傳回類型為 any
  // 當沒有類型斷言時，TS 會提示類型錯誤，因為假設傳回的不是物件，那麼是沒有 .status 的
  console.log (res.status)
}

// 在定義響應式變數時，可透過 < 類型 > 方式增加類型斷言
const account = ref<number>()
const password = ref<string>()
```

3. 物件導向程式設計

TypeScript 具有物件導向程式設計的特性，包括類別、繼承、介面等。在 10.3 節 JavaScript 的介紹中曾使用 class 關鍵字定義類別，TypeScript 的類別則是在此基礎上對類別的內容增加了類型注解，程式如下：

```
class Person {
  name: string;
  age: number;
```

```
    constructor(name: string, age: number){
        this.name = name;
        this.age = age;
    }

    play(game:string):void { // 行為
        return console.log('我在玩 ${game}');
    }
}
```

透過 extends 關鍵字,TypeScript 實現了類別之間的繼承。定義一個 Employee(員工)類別,員工除了有員工編號外,還應有姓名、年齡等屬性,那麼可透過 extends 關鍵字繼承 Person 類別實現,程式如下:

```
class Employee extends Person {
    id: number;                         // 員工編號

    constructor(name: string, age: number, id: number){
        super(name, age);               // 呼叫父類別的建構函數
        this.id = id;
    }
}
```

此外還可在 Employee 類別中對 play() 方法進行重寫和多載,程式如下:

```
// 重寫
class Employee extends Person {
    id: number;                         // 員工編號

    constructor(name: string, age: number, id: number){
        super(name, age);               // 呼叫父類別的建構函數
        this.id = id;
    }
    // 重寫 play,即覆蓋父類別的原方法
    play(game:string, time:number):void {
        return console.log('我玩了 ${game} 一共 ${time} 小時');
    }
}
```

12.3 給 JavaScript 加上緊箍咒

```
// 多載
class Employee extends Person {
    id: number;                              // 員工編號

    constructor(name: string, age: number, id: number){
        super(name, age);                    // 呼叫父類別的建構函數
        this.id = id;
    }

    // 多載即在一個類別中有多個名稱相同方法，但參數量、類型、順序有所不同
    play(time:number, game:string):void;
    play(time:number, game:string, year:number):void;
}
```

　　與類別相關的是在泛型約束的例子中曾使用的 interface（介面），在例子中定義了 age 屬性。介面在物件導向程式設計中是一種對行為的抽象，在 TypeScript 中通常用來定義屬性的類型，程式如下：

```
// 一個慣例是介面名稱通常使用大寫字母開頭
interface Person{
  [key: string]: any;                        // 索引簽名
  name: string;
  age: number;
  play(): void;
}
```

　　在上述程式中，除定義了規定的屬性名稱及其對應的數值型態外，還使用了索引簽名。程式中的索引簽名規定了屬性名稱 key 為字串類型，值可為任何類型，在這種情況下能夠更方便地存取和增加屬性，特別是在迴圈物件內的屬性時。

　　介面與類別一樣，可以使用繼承的方式，區別在於子類別只能繼承一個父類別，而介面可以繼承多個介面，同時類別也能繼承多個介面，程式如下：

```
interface Animal {                           // 動物介面
makeSound(): void;                           // 發聲行為
}
```

12-43

```
interface Dog {                    // 狗
  bark(): void;                    // 狗吠
}

interface Cat {                    // 貓
  meow(): void;                    // 貓叫
}

interface DogAndCat extends Animal, Dog, Cat {
  // 繼承了 Animal、Dog 和 Cat 的屬性和方法
}
```

與介面透過 extends 繼承介面不同,在類別中透過 implements 關鍵字繼承介面,程式如下:

```
// 定義一個 MyAnimal 類別,繼承 Animal 介面
class MyAnimal implements Animal {
  name: string;

  constructor (name: string) {
    this.name = name
  }

  findFood(): void {
    console.log('${this.name} 正在找食物 ');
  }
}

// 定義一個 MyDog 類別,在繼承父類別 MyAnimal 的同時繼承 Dog 介面
class MyDog extends MyAnimal implements Dog {
  play(): void {
    console.log(' 這個名為 ${this.name} 的狗正在玩遊戲 ');
  }
}
```

看到這裡讀者可能會覺得介面能實現的,類別不也能實現嗎?為什麼多此一舉還需要介面呢?如果從子類別只能繼承一個父類別的角度來看,這個答案

12.3 給 JavaScript 加上緊箍咒

就很明顯了,如果子類別在一些場景下即使透過多載或重寫方法都不能滿足需求,就可以額外定義介面去增加方法,因為類別可以繼承多個介面,因此,在物件導向程式語言中,介面通常只定義一組方法名稱,但沒有具體的內部邏輯。這也是物件導向程式設計的多態性實現方法之一,一個類別可以以多種形態存在,使程式更加易於擴充。

在某些情況下,前面提到的類型態名稱與介面有些許相同之處,程式如下:

```
// 描述物件
interface Person {
  name: string;
  string: number;
}

type Person = {
  name: string;
  age: number;
};

// 描述函數
interface add{
  (x: number, y: number): number;
}

type add = (x: number, y: number) => number;
```

但 type 可以用於基本類型、元組中,而介面不行,程式如下:

```
type Name = string;

type UserInfo = [number, string];
```

介面可以定義多次,並且多次定義的介面最終會被合併,而類型態名稱不行,程式如下:

```
interface Person { name: string; }
interface Person { age: number; }
const person : Person = {
```

```
  name: "張三";
  age: 23;
}
```

在擴充方面，介面使用 extends 關鍵字擴充（繼承）其他的介面，而類型態名稱透過「&」符號擴充多種類型態名稱，這種方式也稱為交叉類型，程式如下：

```
type Person = {
  name: string;
  age: number;
};
type User = Person & {
  Sex: string;
};
```

此外，介面也可透過 extends 擴充類型態名稱，程式如下：

```
interface Person extends User {
  phone: number;
}
```

12.3.3 常用的 TypeScript 配置

在 11.2.2 節曾分析過 TypeScript 的設定檔 tsconfig.json，在透過 create-vue 建立的專案框架中該檔案並沒有直接對 TypeScript 進行配置，而是引用了其他兩個檔案內的配置。該專案檔案包含了 TypeScript 編譯相關的配置，如是否進行嚴格檢查、是否允許編譯 JavaScript 檔案等，本節簡單地對部分常用的配置項介紹，程式如下：

```
// 常規部分選項
"target": "es6",         // 指定 ECMAScript 版本
"module": "commonjs",    // 指定使用範本，如果使用 ES6 的模組系統，則可選為 "es2015"
"allowJs": true,         // 允許編譯 JS 檔案
"checkJs": true,         // 檢查 JS 檔案的錯誤
"outDir": "./",          // 用於指定編譯輸出目錄
"declaration": true,     // 是否生成宣告檔案，如 env.t.ds
"noEmit": true,          // 不生成輸出檔案
```

12.3 給 JavaScript 加上緊箍咒

```
"lib": [],              // 編譯時包含哪些函數庫檔案,如 "dom" 和 "es2015"

// 類型檢查部分選項
"strict": true,         // 啟用所有嚴格類型檢查選項,包括下列檢查選項和其他未列出檢查選項
"noImplicitAny": true,  // 捕捉未明確宣告類型的變數、參數、傳回值等,包括 any 類型
"strictNullChecks": true,   // 嚴格空值檢查
"alwaysStrict": true,   // 每個檔案都採取嚴格模式


// 模組解析部分選項
"moduleResolution": "node",  // 選擇模組解析策略
"baseUrl": "./",             // 模組解析基礎路徑
```

在專案中已經預設存在 noEmit、baseUrl 等配置項,由於在開發過程中會用到瀏覽器的 localStorage,所以需要在 lib 選項中增加 dom 函數庫檔案,使 TypeScript 能夠辨識瀏覽器 DOM 的類型定義,程式如下:

```
//tsconfig.app.json
"lib": ["dom"],
```

12.3.4 給表單資料加上 TypeScript

回到登入與註冊的單檔案元件中,為邏輯部分的登入與登錄檔單資料增加介面,宣告帳號、密碼及再次輸入密碼的類型,最終的程式如下:

```
// 表單介面
interface FormData {
  account : number|null;          // 預設為 null,輸入時為 number
  password : string;
  rePassword?: string;            // 在登入表單資料中無該選項,故為可選項
}

// 登入表單資料
const loginData : FormData = reactive ({
  account: null,
  password: '',
})
```

```
// 登錄檔單資料
const registerData : FormData = reactive({
  account: null,
  password: '',
  rePassword: '',
})
```

13

頁面設計想法

　　一個頁面可以沒有 JavaScript，但不能沒有 CSS，不然頁面只是空有一堆文字。透過 CSS 可以創造出一個美觀、自然、易於使用的頁面，給頁面賦予豐富的精神內涵。如何去設計頁面，不僅是 UI 設計師需要考慮的問題，也是整個專案團隊需要考慮的問題，在實際開發中，可能實現一個頁面需要篩選掉幾個方案甚至幾十個方案，所以經常有人說 UI 設計師也是「掉頭髮」專業。前端程式設計師在開發中雖然無須花費額外的時間去學習 UI 設計，但就如同應該掌握不同的 UI 元件庫一樣，了解一些常見的設計想法能夠讓自己有更多的閃光點，在小組開會討論時也能夠提出自己的想法去幫助實現專案，解決一些可能 UI 設計師沒有考慮到的實現困難，這對於自身發展前景無疑是有利的。

　　在本章中，將對頁面設計的版面配置想法和樣式想法進行簡單介紹，並完成登入與註冊頁面的樣式，為後續系統的其他頁面配置做鋪陳。

13 頁面設計想法

13.1 版面配置

在設計時首先應考慮頁面的基本結構。一個頁面通常包括標頭、頁面標題或 LOGO、導覽列、內容區、底部區，在一定程度上符合 HTML 的 <head><body> 和 <footer> 標籤，而在 HTML5 中有更符合這種描述的語義化標籤，包括 <aside> 側邊欄標籤、<nav> 導覽列標籤、<section> 章節標籤、<article> 文章標籤等，這些標籤名稱就好似其在頁面中的版面配置位置，如圖 13-1 所示。

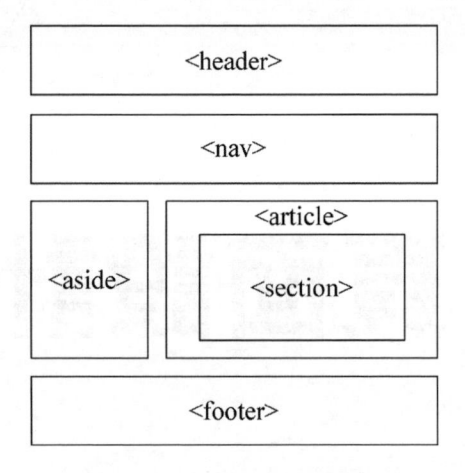

```
┌─────────────────────────────┐
│         <header>            │
└─────────────────────────────┘
┌─────────────────────────────┐
│          <nav>              │
└─────────────────────────────┘
        ┌──────────────────┐
        │    <article>     │
┌──────┐│  ┌────────────┐  │
│<aside││  │  <section> │  │
│  >   ││  │            │  │
└──────┘│  └────────────┘  │
        └──────────────────┘
┌─────────────────────────────┐
│         <footer>            │
└─────────────────────────────┘
```

▲ 圖 13-1 頁面結構元素

當然，不是每個頁面都採用如圖 13-1 所示的結構。在實際開發中，有可能一個頁面只有標頭和內容區；或只有標頭、內容區、底部區；又或只有側邊欄和內容區等。在 Element Plus 的版面配置容器中，對常見的頁面配置提供了容器和元件標籤，如圖 13-2 所示。

13.1 版面配置

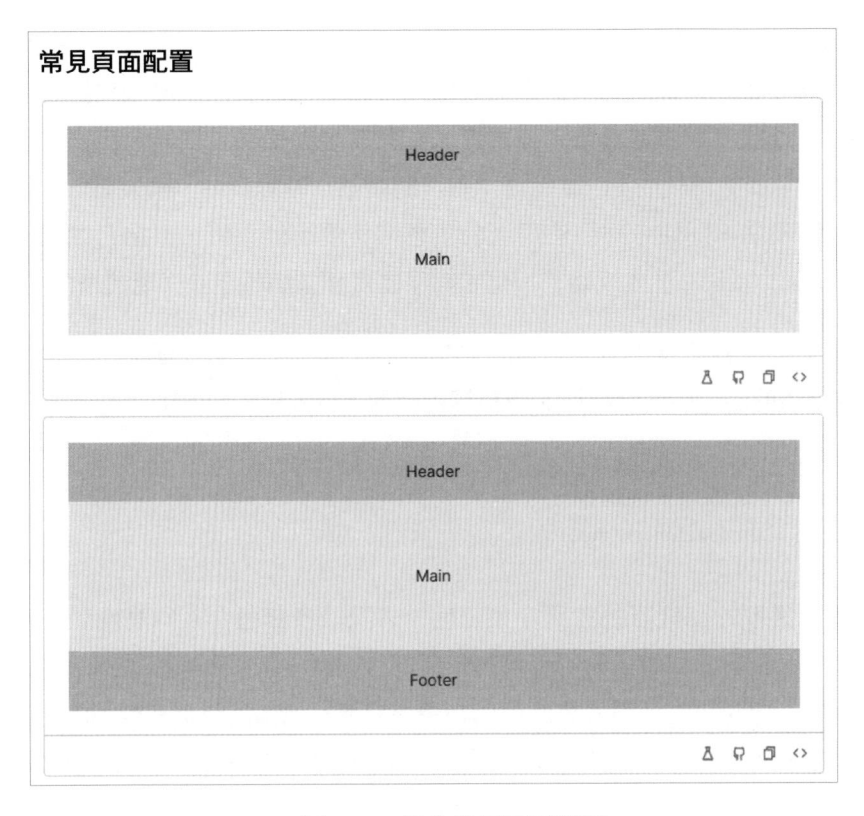

▲ 圖 13-2 部分常見頁面配置

　　對於使用者來講，良好的頁面配置無疑能提高使用體驗，幫助使用者更快地理解網頁內容，降低認知負擔；對於開發者來講，清晰的頁面結構也表示清晰的 HTML 範本程式及明朗的樣式巢狀結構，在一定程度上提高了開發效率，對後續的擴充和維護也帶來了便利。頁面配置與 CSS 版面配置是相互相依的，HTML 定義了頁面的基本結構，而 CSS 則透過不同的版面配置方式使內容具有相容性、清晰性。下面，對 CSS 常見的版面配置方式及其適用場景介紹。

　　最簡單的版面配置方式即僅透過 px 作為單位，不需要進行複雜的計算和樣式調整的靜態版面配置，帶來的好處是呈現樣式時會保證樣式完整，例如圖片

13 頁面設計想法

使用 px 單位設定寬和高後，不管頁面放大還是縮小都不會對圖片進行拉伸或擠壓；靜態版面配置帶來的缺點也比較明顯，即響應式較差，無法根據螢幕解析度和裝置進行自我調整調整，如果需調整就得手動微調，則容易出錯。靜態版面配置主要用於傳統的 PC 端網頁，如新聞網站、導覽網站、個人部落格等以內容為主的網站，即使考慮到使用者的螢幕解析度可能不同，但結合瀏覽器的手動縮放功能（Ctrl+ 滑鼠滾輪），也能夠保證頁面結構穩定且展現清晰的內容。

如果使用者不會使用瀏覽器的手動縮放功能，則該怎麼辦呢？在 10.3.7 節關於 BOM 的內容中曾介紹檢測螢幕解析度的 API，程式如下：

```
// 獲取瀏覽器視窗的高度和寬度
let height = window.innerHeight;
let width = window.innerWidth;
```

基於獲取的瀏覽器視窗高度和寬度，去設計多套適合不同高度和寬度範圍的靜態版面配置，根據不同的螢幕解析度進行切換，這種版面配置稱為自我調整版面配置。聽起來這種需計算的操作好像很複雜，但由於螢幕有標準的參數，如筆記型電腦和 PC 端螢幕主流解析度是 1920×1080；參數 2k 表示 2560×1440，參數 4k 表示 3840×2160。只要根據常規參數去設計即可，但在實際開發中，響應式版面配置比自我調整版面配置更為方便，也更為常用。

響應式版面配置主要包括媒體查詢、流式版面配置、彈性盒子版面配置等技術。在 10.1.7 節中曾介紹過媒體查詢的實現方式，這裡不再贅述。流式版面配置是一種基於百分比寬度實現的版面配置，也稱為百分比版面配置，注意，是基於寬度而非高度，也不是基於寬度和高度，因為頁面寬度往往是相對的，而頁面高度可以透過滑動捲軸去展現內容，所以高度可以設置為其他單位或自動撐開。透過配合 max-width（最大寬度）和 min-width（最小寬度）等屬性，流式版面配置能夠在 PC 端和平板之間、平板與行動端之間這種螢幕解析度差異不大的場景下實現頁面結構的銜接，因為兩者在呈現頁面的內容結構上基本相同，而 PC 端和行動端往往會採用不同的頁面設計。以 iPad 和 iPhone SE 尺寸下的京東商場為例，如圖 13-3 和圖 13-4 所示。

13.1 版面配置

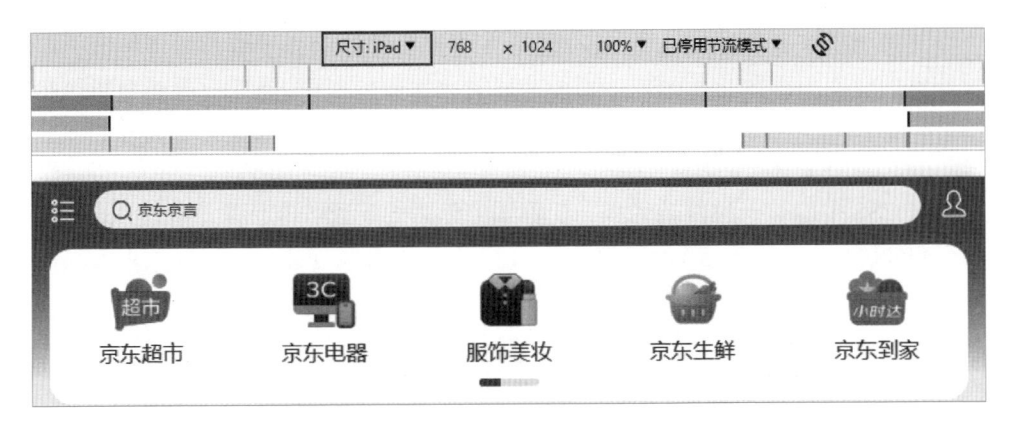

▲ 圖 13-3 iPad 中的京東類別便捷欄

▲ 圖 13-4 iPhone SE 中的京東類別便捷欄

可看到在不同的尺寸下，每個圖示之間的間隔是不同的，但透過在開發者工具中檢查其寬度，可看到 5 個圖示的寬度都是 20%，如圖 13-5 所示。

```
.m_index_box_new_container_nav_box {
    width: 20%;
    text-align: center;
    display: block;
    float: left;
    font-size: 0;
    line-height: 0;
}
```

▲ 圖 13-5 圖示寬度

13 頁面設計想法

　　流體版面配置與 10.4.2 節 Bootstrap 中提到的柵格版面配置有些許相似，但不完全相同，如果將包裹柵格版面配置的容器寬度設為 100%，就變成了流式版面配置。

　　在 CSS 中還有一種傳統的版面配置叫浮動版面配置，透過將元素的 float（浮動）屬性設置為 left（左）或 right（右），使元素脫離文件流，並在水平方向上浮動，程式如下：

```
<div class="container">
  <p>
    <img src="./img/123.jpg" alt="" />
    這是一段文字。
  </p>
</div>

img {
  float: left;
}
```

　　在這段程式中，透過給圖片增加浮動，使元素脫離了 <p> 標籤的文件流，「漂浮」在文字左邊，如圖 13-6 所示。

▲ 圖 13-6 圖片脫離文件流

　　浮動版面配置的使用場景大多為新聞網站、個人部落格等，主要用於達到如圖 13-6 所示的圖片被文字環繞的效果，但由於在多個頁面元素的情況下容易出現其他樣式問題，如高度坍塌等，浮動版面配置也逐漸變得較少採用了。

此外，在 10.2.4 節中介紹的透過 relative 和 absolute 等屬性對元素進行定位的版面配置也稱為定位版面配置，使用的場景大部分是側邊欄或頂部的廣告。

13.1.1 彈性版面配置

在響應式版面配置中，彈性盒子（Flex Box）版面配置是 CSS3 的新特性，是一種全新的、目前主流的版面配置方式，能夠對容器內的子元素進行合理排列、對齊和分配空白空間。彈性盒子由彈性容器（Flex Container）和彈性子元素（Flex Item）組成，透過將父元素 display 屬性的值設置為 flex 或 inline-flex 而將其定義為彈性容器，其子元素將變為彈性子元素。

在彈性盒子中包括許多屬性，以下列舉了幾個常用的屬性，見表 13-1。

▼ 表 13-1 彈性盒子常用屬性

屬性	描述
flex-direction	指定彈性子元素的排列（主軸）方式，如橫向排列或縱向排列
justify-content	用於子元素沿彈性容器的主軸（橫軸）線對齊
align-items	用於子元素沿彈性容器的側軸（縱軸）線對齊
flex-wrap	用於子元素溢位時換行
align-content	用於子元素所在行對齊
align-self	用於子元素在側軸（縱軸）方向上的對齊

在每個屬性當中，又有幾個屬性值，以 flex-direction 為例，程式如下：

```
<div class="container">
  <div class="flex-a">1</div>
  <div class="flex-b">2</div>
  <div class="flex-c">3</div>
</div>

.container {
  display: flex;
```

```
    flex-direction: row;
}
```

當將屬性值設置為 row（行）時，主軸為水平方向，子元素從頁面的左側向右排列，如圖 13-7 所示。

▲ 圖 13-7 flex-direction 屬性值為 row

當將屬性值設置為 row-reverse（行 - 翻轉）時，主軸為水平方向，但子元素從頁面的右側向左排列，如圖 13-8 所示。

▲ 圖 13-8 flex-direction 屬性值為 row-reverse

當將屬性值設置為 column（列）時，主軸為垂直方向，子元素從頁面的頂部向下排列，如圖 13-9 所示。

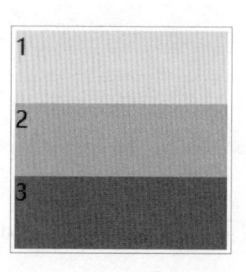

▲ 圖 13-9 flex-direction 屬性值為 column

當將屬性值設置為 column-reverse（列 - 翻轉）時，主軸為垂直方向，子元素在頂部從尾元素向下開始排列，如圖 13-10 所示。

13.1 版面配置

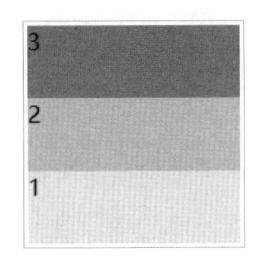

▲ 圖 13-10 flex-direction 屬性值為 column-reverse

　　不管是在學習中還是在開發中想要第一時間準確地判斷彈性盒子的屬性和屬性值都是不太可能的，也是沒有必要的，畢竟有那麼多屬性和屬性值，並且通常是由多個屬性結合起來使用的，但因為有 Google 瀏覽器這個幫手在，可以準確且靈活地運用彈性盒子。當給彈性容器（父元素）增加 display 屬性和 flex 屬性值後，在開發者工具的元素中找到父元素，可看到在 flex 屬性值旁邊有個小按鈕，按一下該按鈕即可查看可選的屬性、屬性包含的屬性值和簡略示意圖，按一下簡略示意圖可在瀏覽器直接看到該子元素在當前屬性下的效果，例如按一下 flex-direction 選項的第 3 個示意圖，即將屬性值設為 row-reverse，子元素在水平方向上從頁面右側向左排列，如圖 13-11 所示。

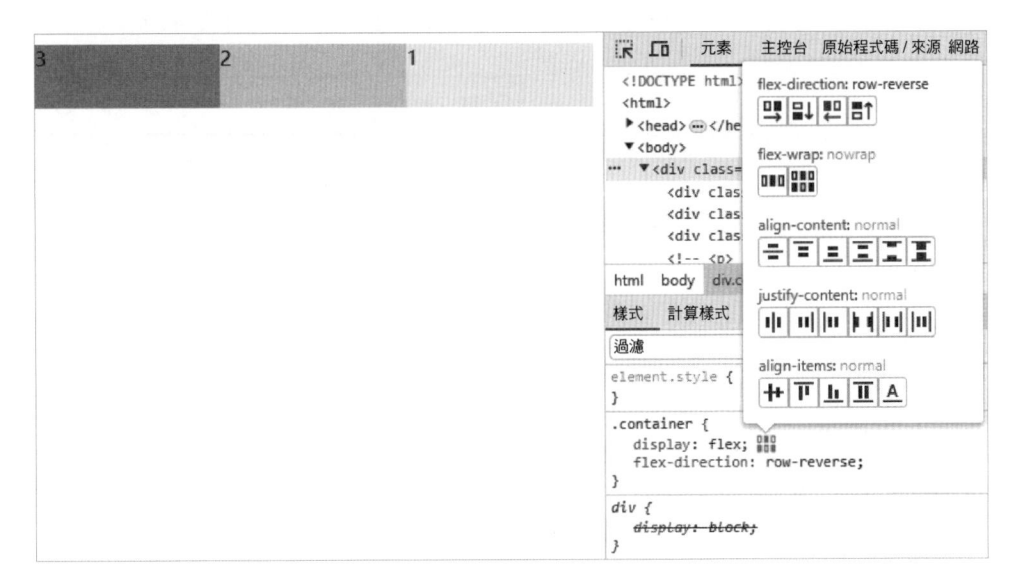

▲ 圖 13-11 彈性盒子工具調整彈性樣式

13 頁面設計想法

　　如同彈性盒子這個名稱般，其對於盒子內元素強大的對齊和排列能力，使開發者能夠靈活地兼顧不同螢幕解析度去設計頁面配置，是響應式設計的首選方案。雖然其需要掌握的屬性較多，但有瀏覽器的彈性盒子工具也能快速上手。在實際開發中，彈性盒子主要用於需要精確對齊和分佈的場景，如存在多個卡片元件的頁面、元素需左右平均分佈的場景等，但其實由於其靈活的特性，彈性盒子被廣泛地使用在各種場景中。

13.1.2 選單

　　選單是系統不可缺少的元素，是通向系統各個模組的基礎。一個好的選單應具備清晰、簡單、合理的設計，最大限度地展示系統的主要功能模群組，提升使用者的導覽體驗和提高系統的可用性。本節主要探討選單的兩種設計方案及其緣由。

　　理論上一個元素可以放置在頁面的任何一個位置，但就像觀看電影、足球比賽有最佳位置一樣，選單也有其最佳的位置，一種方式是選單位於頂部，另一種方式是選單位於左側。以 Element Plus 為例，其主要模組選單是位於頂部的，包括進入指南、元件、資源等模組，如圖 13-12 所示。

▲ 圖 13-12　頂部功能表列

　　當進入指定的模組後，其選單是位於左側的，如元件模組內選擇元件的選單，如圖 13-13 所示。

13.1 版面配置

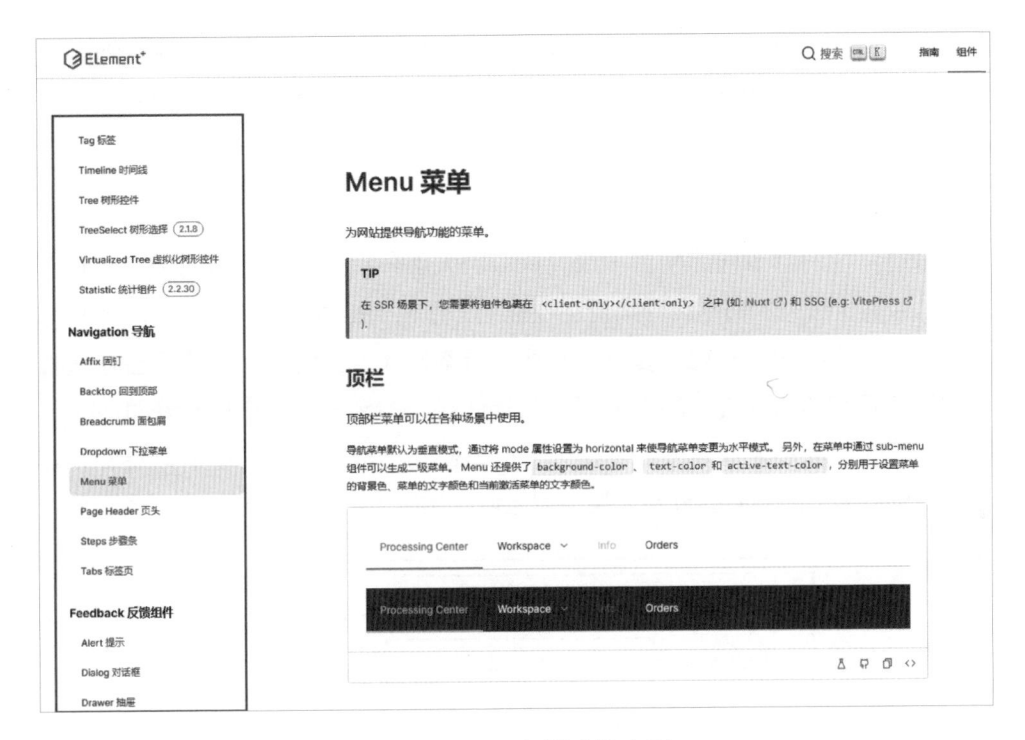

▲ 圖 13-13 左側功能表列

在 Element Plus 提供的選單元件中只有位於頂欄和左側欄的可選項，這其實是一種基於使用者習慣的設計方式。可以說大多數使用者已經習慣了頂部或左側的選單版面配置，這種版面配置具有極高的認知度和可讀性。使用頂部或左側的選單版面配置能夠讓本就熟悉這種版面配置的使用者更快地熟悉新系統，如果某個網站「創造性」地設計了右側選單，就像開慣了左舵車的司機開右舵車一樣不自然。

那什麼選項適合頂部選單，什麼選項又適合左側選單呢？一般來講，頂部適用放置一級和二級選單，能夠一步合格切換到對應的頁面，而左側選單適合多級選單，逐級展開，方便使用者在一級選單對應的模組下進行導覽操作。常規的設計是，頂部的選單項會包括網站的 LOGO，該 LOGO 往往也是傳回首頁

13 頁面設計想法

的按鈕；網站的重要頁面或全域功能，如搜尋框、個人資料入口；在官網的頂部欄通常包括企業簡介、聯繫我們等內容，是使用者最常按一下的內容。左側的選單項一般是頂部選單對應的二級選單或三級選單，即作為頂部選單相關頁面的功能。

千篇一律的選單版面配置，或說採取與大部分網站相同的架構設計，並不表示是抄襲。優秀的網站設計案例往往經過了市場的檢驗，能夠幫助設計師避免一些常見的錯誤設計思維，減少不必要的方案迭代，對前端工程師乃至整個開發週期都是有利的。常見的商場網站就是個很好的例子，大部分商場網站除品牌 LOGO、顏色之外並無太大區別，一般頂部為一級選單、選單下方為 LOGO 和搜尋框，再下面為商品分類和輪播圖區域，如圖 13-14 所示。

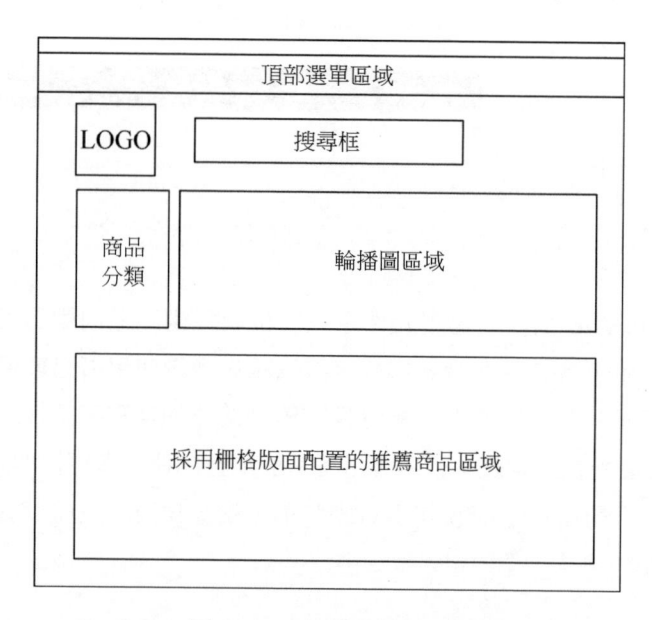

```
┌─────────────────────────────────────────┐
│              頂部選單區域                │
├─────────────────────────────────────────┤
│  ┌──────┐  ┌─────────────────────┐     │
│  │ LOGO │  │      搜尋框          │     │
│  └──────┘  └─────────────────────┘     │
│  ┌──────┐  ┌─────────────────────┐     │
│  │ 商品 │  │                     │     │
│  │ 分類 │  │     輪播圖區域       │     │
│  │      │  │                     │     │
│  └──────┘  └─────────────────────┘     │
│  ┌───────────────────────────────────┐  │
│  │                                   │  │
│  │   採用柵格版面配置的推薦商品區域   │  │
│  │                                   │  │
│  └───────────────────────────────────┘  │
└─────────────────────────────────────────┘
```

▲ 圖 13-14 常見商場版面配置

不管是 UI 設計師還是前端工程師都是直面使用者第一感官的。在開發的空餘時間可以多去參考不同類別的成功網站案例，去學習和汲取頁面的設計靈感，如色彩搭配、排版版面配置等方面內容，在拓寬設計視野的同時培養自身的設計素養，特別是當前端工程師自己獨立開發專案時，設計思維顯得尤為重要。

13.1 版面配置

在實際的設計階段中，選單的設計應當處於頂層設計部分，從選單的角度向下相容各種功能模組，在網站的結構上給予使用者舒適的使用者體驗。

13.1.3 表格頁面

除選單外值得一提的是表格頁面，因為任何系統都會充斥著大量表格頁面，作為系統的重要組成部分，表格頁面通常也由固定的元件組合而成，分別是動作表格內容區域、表格內容區域和表格換頁區域。動作表格內容區域通常包括搜尋表格內容、增加表格內容和清空白資料表格內容等元件；表格內容區域用於展示專案細節，並且提供編輯專案資訊的元件；表格換頁區域則一般只有分頁器元件，並且在設計方案上通常位於表格的右下角，如圖 13-15 所示。

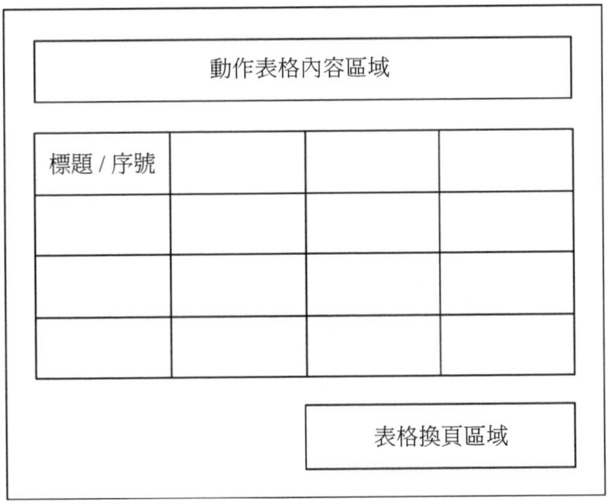

動作表格內容區域			
標題 / 序號			
		表格換頁區域	

▲ 圖 13-15 表格頁面配置

13 頁面設計想法

在對表格內容進行便捷搜尋設計時，應當考慮到搜尋內容的唯一性和多樣性，即搜尋的結果是唯一的還是有多個結果。假設表格存在一個班級的資料，那麼搜尋學號就是唯一性結果，而搜尋出生年月則可能是多樣性結果。在搜尋框的 placeholder 屬性中應給予使用者明確的提示，如圖 13-16 所示。

▲ 圖 13-16 明確搜尋內容

在對表格的換頁區域進行設計時，應當考慮到未來表格內容的數量。如果未來表格展示的內容足夠多，如一頁展示 10 筆資料，但總數可能有幾百筆資料，則應該增加上能夠直接跳躍到指定頁面的功能，如圖 13-17 所示。

▲ 圖 13-17 跳躍分頁器

如果後端對資料有數量限制，即資料有預設儲存筆數，多餘的不展示或自動刪除，設計時就需對表格頁數進行限制，如一共展示 100 筆資料，那麼可將頁數限制為 10 頁，每頁 10 筆，過了 10 頁後的內容預設不展示，在這種情況下選擇能夠換頁的元件就可以了，如圖 13-18 所示。

▲ 圖 13-18 普通分頁器

13.2 樣式

一個好的網頁，應在保證內容協調的基礎上突出展示內容，本節透過結合部分網站案例和 Element Plus 元件簡單介紹在樣式方面應當考慮的問題。

一個網頁充斥的最多的元素即是文字，字型的大小、粗細和樣式直接影響使用者的體驗。在設計時應當對字型有個統一風格的標準，如預設字型大小為 16px，顏色為白色。在不同的區域還應細分不同的標準，如選單區域的字型該多大、內容區域的字型該多大、什麼情況下字型需加粗、預設字型的顏色是什麼等。字型在兼顧可讀性的同時還應兼顧當前網站的風格，如宣揚傳統文化的網站可使用楷書、隸書等字型表現網站特色，但需注意的是所用字型是否可以免費使用。為了兼顧不同的螢幕解析度和使用人群，還可透過 JavaScript 的 DOM 操作，給予使用者全域調整字型的樣式，如手機老人模式下的字型放大。

在網頁設計時應當使用顏色和邊距去突出重點內容。以騰訊雲的主控台為例，如圖 13-19 所示。

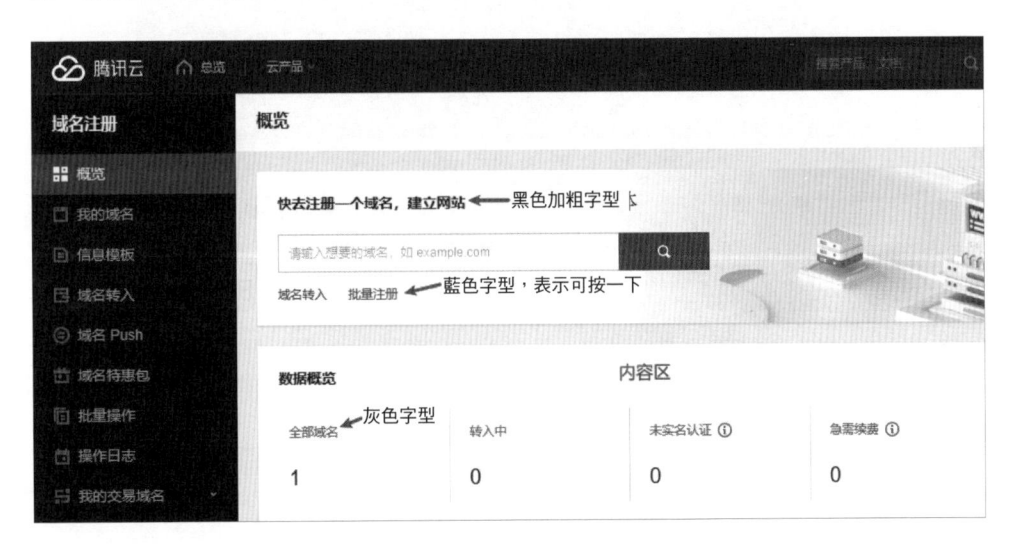

▲ 圖 13-19 選單與內容顏色對比

13 頁面設計想法

首先，可看到圖中左側功能表列和概覽區域分別使用了深色和淺色，呈現出一種色差感，採取對比的方式突出主要的內容，讓使用者的視覺焦點處於光亮的區域，在視覺上隱藏了其他不重要的資訊；其次，在整個概覽區域的背景顏色和主要內容的背景顏色之間也採取對比的方式去達到一種層次感；最後，在主要內容之間，標題字型採用了加粗的方式；對於「域名轉入」等按鈕使用了藍色字型表示可按一下；「全部域名」等標題使用了淺灰色以提升可讀性。可以說充分表現了逐層變化的視覺效果，讓使用者的注意力集中在操作區域中。

此外，在概覽區域還透過固定的邊距或留白去分隔不同的展示內容，對於邊距應當使用 4 的倍數或其他偶數，這是由於螢幕解析度是偶數的緣故，在上述圖中不同的內容區塊的邊距為 20px，如圖 13-20 所示。

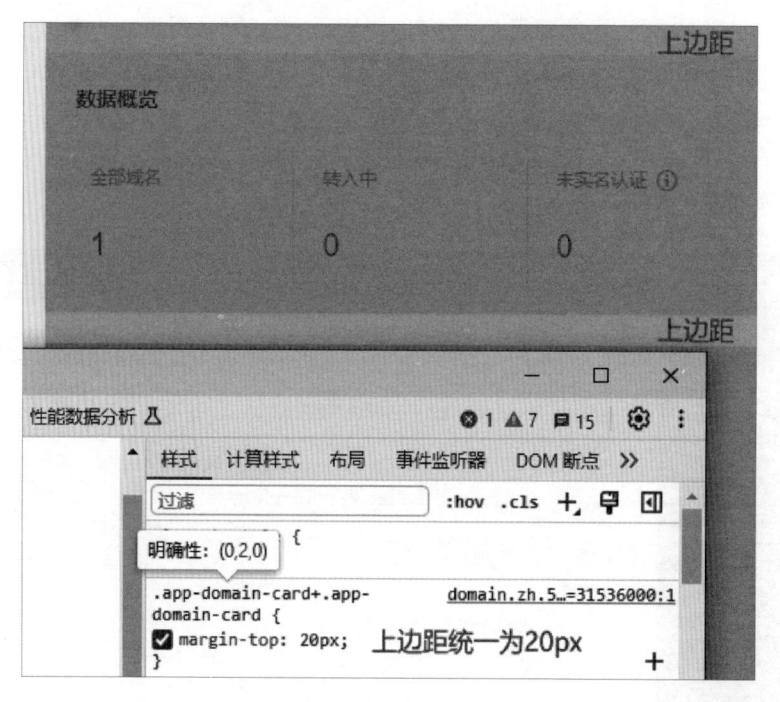

▲ 圖 13-20 內容區間邊距

在設計專案時還應透過樣式給予使用者回饋資訊,例如展現不同程度狀態、不同進度之間的資訊。在一些包含等級的系統中會將某項任務標記為緊急、加急和普通等狀態,那麼在設計時就該考慮透過色調去展現不同程度的等級,例如危急狀態為紅色、加急狀態為橙色、普通狀態為綠色等;在一些系統中會透過步驟條或進度指示器的形式回饋進度狀態之類的資訊,如顯示當前任務的進度、下載檔案的速度等,在 Element Plus 中也提供了步驟條和進度指示器元件,以步驟條為例,如圖 13-21 所示。

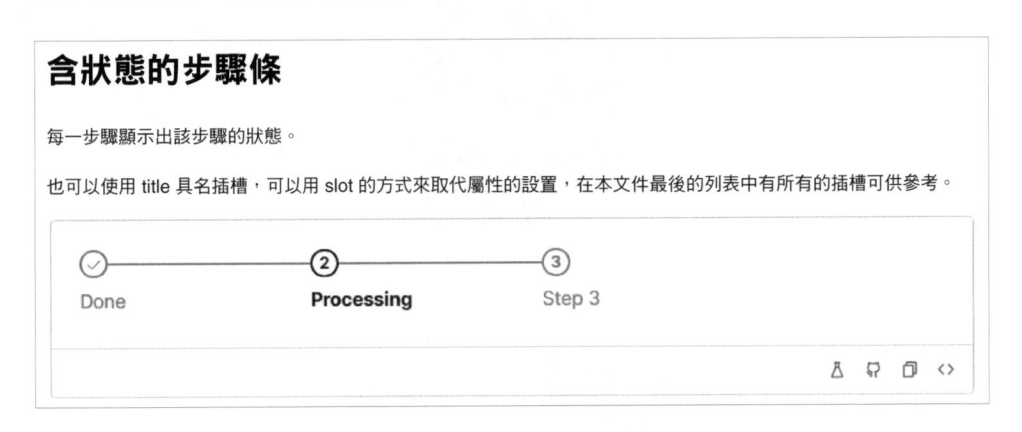

▲ 圖 13-21 步驟條

13.3 顏色

圖 13-19 充分表現了顏色在樣式方面的重要意義,在網頁可讀性、視覺吸引力和使用者體驗上有著不可替代的作用。在樣式一致性上,統一色調的顏色能夠傳達給使用者一種充滿活力或寧靜的體驗,在商務軟體上還能表現出品牌的特色,就如同 12.2.1 節提到的不同服務配色的案例。

如同圖 13-14 所示的商場經典版面配置一樣,在成功的網站案例上,顏色也具有參考性。每種呈現出來的顏色都是經過這些網站的 UI 設計師千挑萬選出來的,是經過了多次使用者視覺與心理暗示方面的實驗所得出來的,所以看一個優秀的網站案例不僅要看整體版面配置,也要看顏色。以京東商場為例,雖然整體看上去是紅色的，但又並不是真正意義上的純紅，整體色調其實是基於 RGB（243，2，19）這個色號的，屬於偏向鮮豔的顏色，以商品分類和搜尋框的背景顏色為例，如圖 13-22 和圖 13-23 所示。

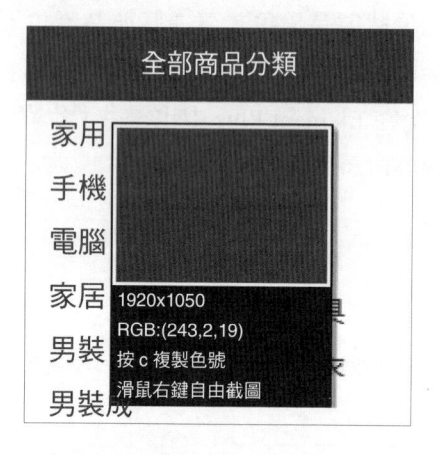

▲ 圖 13-22 商品分類背景顏色

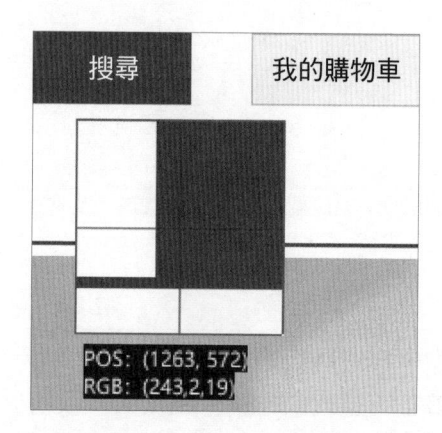

▲ 圖 13-23 搜尋框背景顏色

那麼，如何去獲取顏色的色號呢？最簡單的方式是透過截圖，可以利用 QQ 或微信的截圖，如圖 13-22 所示，透過 QQ 截圖的方式，能夠按 C 鍵複製色號；圖 13-23 則透過微信截圖的方式顯示色號，但不能複製色號，只能手動記下來。

此外，國產的截圖神器軟體 Snipaste 也能夠實現獲取色號的功能，並且支援 RGB 和十六進位兩種色號的轉換，可以說這是程式設計師必備的軟體之一。

13.4 完成登入頁面

經過前面版面配置、樣式和顏色的內容鋪陳之後，相信讀者已經對如何實現登入與註冊頁面有了大致的想法了。在本節中將透過彈性版面配置去調整卡片元件位置及其內部元素的結構，並介紹一種能夠調整元件樣式的樣式選擇器，從 0 到 1 完成前端部分的第 1 個頁面樣式。

13.4.1 卡片位置

在替卡片元件增加 Wrapper 後，即可透過彈性盒子使卡片元件具有彈性，給外殼增加 justify-content 屬性的 center 屬性值，便可將卡片調整至主軸的置中位置，不過此時卡片元件還是位於頁面的頂部，想要讓卡片元件位於中間位置還需加上高度，並且結合 align-items 屬性的 center 屬性值。

需注意的是高度，這裡的高度應該選擇什麼單位呢？一個好的建議是使用視埠高度，即 vh，這樣可以在不同的螢幕解析度上都保持一個相對穩定的位置；如果使用 px，則無法保證在不同螢幕解析度下的位置，而如果使用百分比高度，則在當前元素的父元素上增加百分比高度還不夠，需逐層增加高度直至頂級標籤 <html>，這樣做就太麻煩了，所以使用視埠高度是個不錯的方案，程式如下：

```
.card-wrapper {
  display: flex;
  justify-content: center;
  align-items: center;
  height: 100vh;
}
```

13 頁面設計想法

但實現的效果可能會與想像中的視覺效果有所偏差，如圖 13-24 所示。

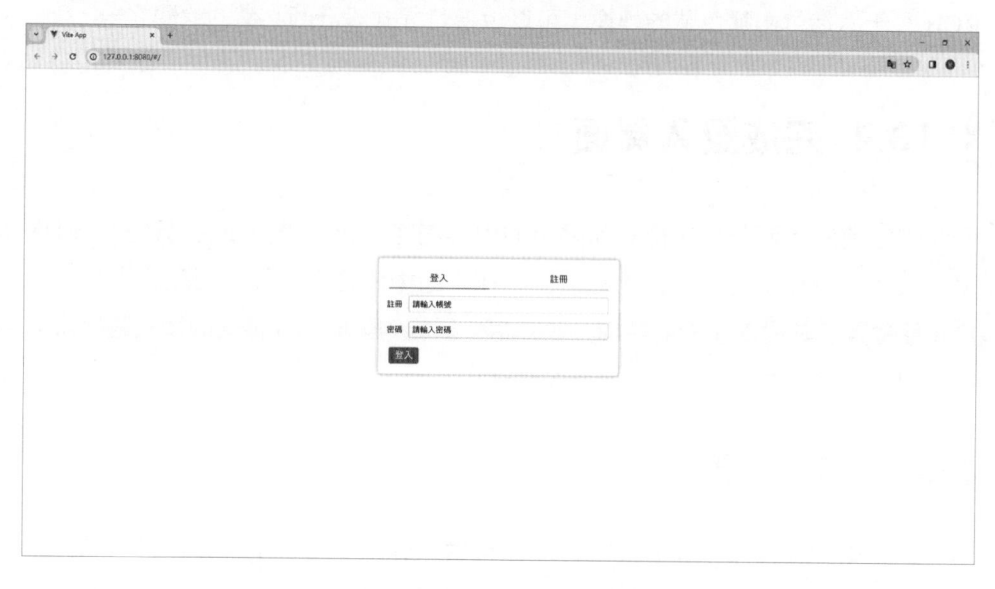

▲ 圖 13-24 卡片元件置中

在包含瀏覽器頂部標籤頁和 URL 網址欄的情況下，卡片元件更偏下一點，這是由於視埠高度是基於瀏覽器的高度來決定的，以高度 0vh 為例，可見半個卡片元件被嵌入了瀏覽器頂部中，如圖 13-25 所示。

▲ 圖 13-25 卡片元件高度 0vh 樣式

13.4 完成登入頁面

而 align-items 屬性置中則是指卡片元件處於可視區的水平位置（不包括瀏覽器頂部），如圖 13-26 所示。

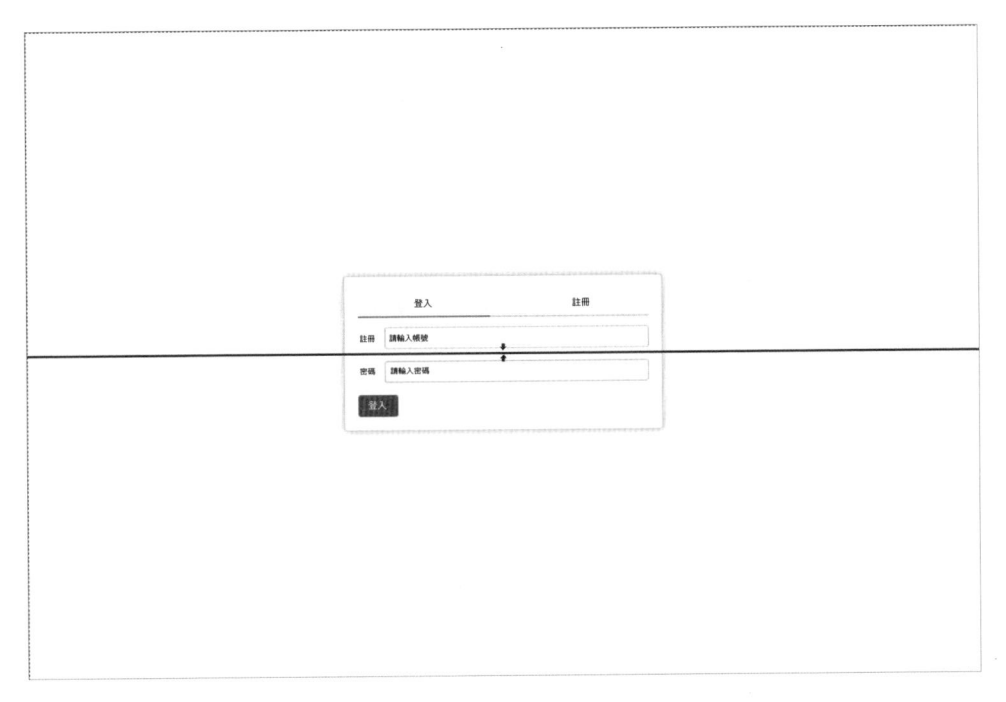

▲ 圖 13-26 align-items 屬性置中

使用者在瀏覽頁面時視覺系統會將瀏覽器頂部內容也包括在內，所以相當於在內容區置中的情況下又增加了頂部屬於瀏覽器操作區的高度，這就顯得元件處於中間偏下的位置，而解決辦法也很簡單，將視埠高度調整為 90vh 或更少，讓卡片元件看起來偏上一點，達到一個比較舒適的視覺角度，程式如下：

```
.card-wrapper {
  display: flex;
  justify-content: center;
  align-items: center;
  height: 90vh;
}
```

13 頁面設計想法

13.4.2 卡片樣式

本節將完善卡片元件的樣式,調整卡片的寬和高、字型、輸入框和按鈕樣式。

1. 字型

在 12.2.4 節原有範本結構上,登入系統時無任何文字提示,呈現給使用者的只有登入頁面和註冊頁面,按常規想法來講應該有系統名稱去提醒使用者正在登入的系統,所以在卡片元件內應當增加系統名稱作為標題,用於提示,程式如下:

```
<template>
  <div class="card-wrapper">
    <el-card class="box-card">
      <div class="title">背景管理系統</div>
      <!-- 標籤頁組件 ... -->
    </el-card>
  </div>
</template>
```

增加後的效果如圖 13-27 所示。

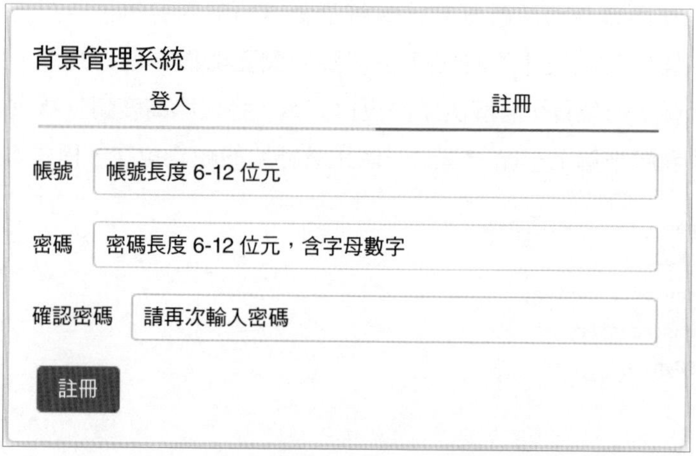

▲ 圖 13-27 增加標題

13.4 完成登入頁面

　　新增的系統名稱還應處於置中位置用以表示嚴謹，並且應使用字型加粗和字型大小加大的樣式去突出系統名稱，那麼可透過 font-weight 和 font-size 去調整字型粗細和字型大小大小。對於置中顯示，這裡有兩種想法，一種是給該元素增加彈性盒子，透過 justify-content 屬性的 center 屬性值使其置中；另一種是直接使用 text-align 屬性的 center 值使其置中，這樣就只需一行程式便可實現置中效果了，程式如下：

```
// 卡片元件
.box-card {
  width: 480px;

  // 標題
  .title{
    font-size: 20px;
    font-weight: 700;
    text-align: center;
  }
}
```

　　對比圖 12-13 可以發現標籤頁的字型和登入按鈕相對於帳號輸入框旁的標題字型大小是更大的，但程式上標籤頁的字型是寫在屬性內的，沒有類別名稱能獲得這個元素，以登入為例，程式如下：

```
<el-tab-pane label=" 登入 " name="first">
```

　　面對這樣的組件應該如何處理呢？一個好的辦法是「樣式穿透」，也稱為深度選擇器。首先，在瀏覽器的開發者工具中找到當前元件元素的隱藏類別名稱，如圖 13-28 所示。

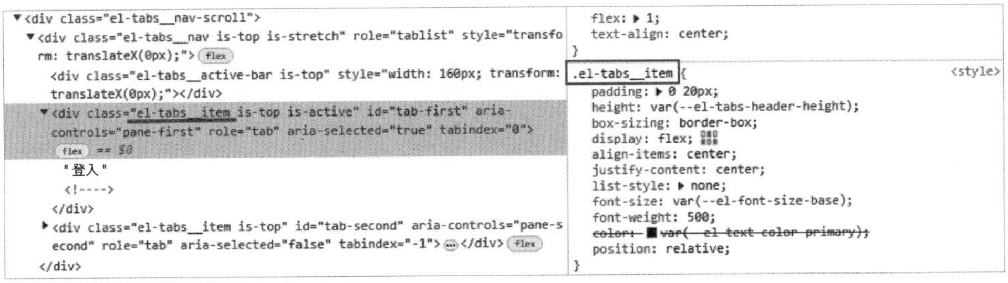

▲ 圖 13-28 元素隱藏類別名稱

13 頁面設計想法

然後透過 :deep（.類別名稱）的語法即可修改該元素的樣式，程式如下：

```
// 標籤頁字型大小
:deep (.el-tabs__item) {
  font-size: 18px;
}
```

這裡需要注意的是在不同的預先編譯語言和框架中可能有些許差別，例如在使用 Vue-CLI 建構的專案中用的是 ::v-deep，此外還有 /deep/，但不被 Vue-CLI 支援，程式如下：

```
::v-deep .class {
  font-size: 18px;
}

/deep/ .class {
  font-size: 18px;
}
```

最終的實現效果如圖 13-29 所示。

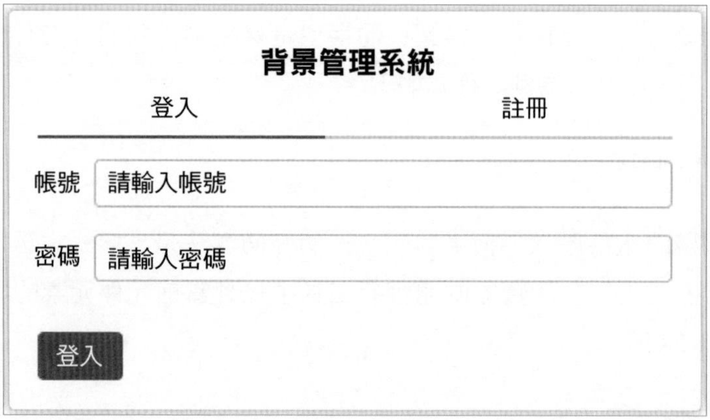

▲ 圖 13-29 字型的最終效果

2. 輸入框

預設的輸入框同樣可透過樣式穿透調整高度，首先調整輸入框，程式如下：

13.4 完成登入頁面

```
// 輸入框高度
:deep(.el-input__inner){
  height: 40px;
}
```

其次調整輸入框左側的標籤名稱，同樣需適應輸入框的高度，程式如下：

```
// 輸入框標籤名稱高度
:deep(.el-form-item__label){
  height: 40px;
  line-height: 40px;
}
```

3. 按鈕

按鈕需位於置中位置，給父元素增加彈性盒子，調整子元素（<el-button>），使其位於置中的位置，這裡不管登入還是註冊按鈕外殼都是相同的類別名稱，程式如下：

```
// 底部按鈕外殼
.footer-wrapper {
  display: flex;
  justify-content: center;
}
```

對於按鈕，可透過增加類別名稱或以標籤選擇器的方式去修改樣式，但按鈕元件的隱藏類別名稱跟標籤名稱是一模一樣的，所以可直接透過類別名稱去修改樣式，程式如下：

```
// 登入按鈕
.el-button {
  width: 300px;
  height: 45px;
  font-size: 16px;
}
```

4. 卡片的寬和高

最後是卡片的寬和高，如圖 13-24 所示，在整個內容區域的角度上能發現卡片元件的寬度著實有點過長了，況且輸入框也無須輸入那麼長的資料，這是由於直接複製 Element Plus 卡片元件上的原始程式導致的，其案例的寬度是 480px，那麼可對其進行適當修改，筆者這裡將其修改為 400px。當然，這個寬度並不是固定的，讀者需根據自己的螢幕解析度去調整寬度以達到舒適的效果，這裡只是做個示範，程式如下：

```
.box-card {
  width: 400px;
}
```

卡片的高度是由內部的表單元件撐開的，這裡就涉及了一個問題，登入頁由兩個輸入框、文字按鈕和登入按鈕組成，而註冊頁由 3 個輸入框和註冊按鈕組成，導致註冊頁的高度會比登入頁的高度更高。為了保證切換標籤頁時高度不變，卡片元件的高度需以註冊頁的高度為標準，即在原有樣式上增加註冊頁的高度——345px，程式如下：

```
.box-card {
  width: 400px;
  height: 345px;
  // 系統標題
  // 底部外殼
}
```

13.4 完成登入頁面

至此，登入頁和註冊頁就完成了，如圖 13-30 和圖 13-31 所示。

▲ 圖 13-30 登入頁面

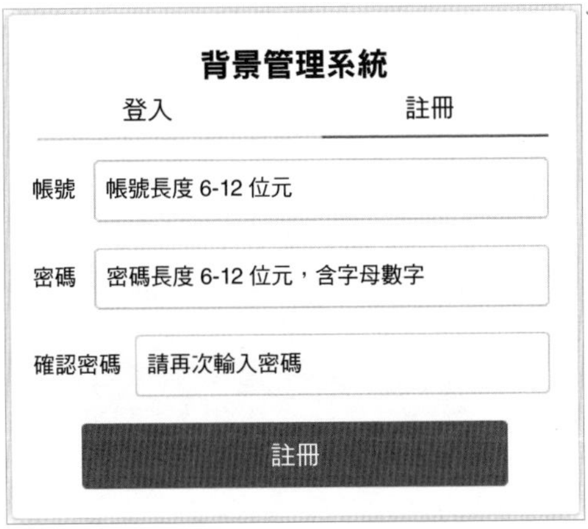

▲ 圖 13-31 註冊頁面

MEMO

14

互動

　　傳統的導覽式網站稱為靜態網站或靜態頁面,即只需 HTML 和 CSS 就可將頁面的內容呈現出來,如不少資源整合型的網站,內容就是將其他網站的 URL 網址收錄在一起。靜態頁面帶來的好處是無須增加資料庫,在伺服器一般只儲存了一個 HTML 檔案,沒有任何指令稿,也就表示不會帶來任何風險,包括可能受到的資料庫攻擊、內容請求失敗導致網頁崩潰等,在一定程度上提高了網站的性能。

14 互動

但靜態網頁帶來的問題也很明顯，一個是當網頁內容較多時，更新起來比較麻煩，需要開發人員手動編輯和替換伺服器儲存的 HTML 檔案；另一個是缺乏互動性，特別是在當今注重使用者定制化的時代，缺乏互動性也就表示無法獲取更豐富、更符合個人需求的內容，而動態網頁則完美地解決了這兩個問題。

動態網頁從抽象的角度來看就是增加了互動功能的靜態網頁，能夠動態地改變頁面的內容，有自己的後端和資料庫，能夠實現即時的資料交換和處理，而實現這一過程的關鍵技術在於網路通訊協定，在前後端分離的開發模式中，廣泛使用 HTTP 協定完成使用者端的請求和伺服器端的內容回應。

本章將從基礎的 AJAX 技術開始講起，逐步探索非同步請求的實現過程，透過基於 Promise 的 HTTP 函數庫（模組）——Axios，實現登入與註冊功能。

14.1 Axios

Axios 是一個可用在瀏覽器和 Node.js 環境中的 HTTP 函數庫，其作用非常簡單，也就是能夠建立 HTTP 請求存取後端，同時可在內建的攔截器中對請求資料和回應資料進行加工。安裝 Axios 的命令如下：

```
pnpm add axios
```

在配置 Axios 之前，不得不先提 JS 原生的 AJAX 技術與 ES6 新增的 Promise 物件，原因在於 Axios 是基於 Promise 實現對 AJAX 技術的封裝。了解 AJAX 能夠更進一步地使用 Axios，也能讓自己處理更多的請求場景，特別是當遇到需要維護老專案時，互動往往就是透過 jQuery 封裝的 AJAX 實現的；Promise 物件的重要性在於處理非同步請求，在前端的學習路線中 Promise 已經被單獨地從 ES6 分離出來作為一個基礎知識，在本節了解 Promise 只是為使用 async await 語法做鋪陳。

14.1.1 AJAX

AJAX（Asynchronous JavaScript and XML，非同步的 JavaScript 和 XML）不是一種程式語言，而是一種現行的網際網路標準，是指透過原生 JavaScript 的 XMLHttpRequest 物件向伺服器請求資料。這裡的 XML（Extensible Markup Language，可延伸標記語言）是指另一種不同於 HTML 的標記語言，通常用於表示和儲存結構化資料，是進行資料交換的常見選擇之一。與 HTML 最大的不同是可自訂標記名稱，這表示 XML 能給開發者帶來極高的自由度，以展現一名學生資訊為例，程式如下：

```
<student>
  <id>1001</id>
  <name>張三</name>
  <age>23</age>
</student>
```

如上述程式所示，標籤可使用通俗易懂的英文單字，能夠直觀地描述標籤內容。XML 沒有固定的標籤，這使其學習難度大大降低，但缺點是佔用空間比二進位資料多。

在早期，由於 XML 的簡單特性，使其在任何程式中讀寫資料都非常容易，也讓 XML 成為資料交換的唯一公共語言，如將 XML 資料傳輸到伺服器，或從伺服器中載入 XML 資料並以 XML 格式輸出結果，例如將名字傳輸至伺服器，程式如下：

```
// 建立 xhr 物件
// 建立 XML 資料
var xmlData = '<data><name>張三</name><data>'
// 發送請求
xhr.send(xmlData);
```

正是在這樣的環境下，AJAX 在命名上帶有 XML，但這並不表示 AJAX 只能使用 XML 來傳輸資料，所以這是一個頗有誤導性的命名。現在，AJAX 更多地使用 JSON 格式作為資料交換的格式，因為 JSON 更加簡潔，在資料處理方面

14 互動

更容易解析和操作。下面以透過 AJAX 請求在 5.3.2 節建立的獲取使用者資訊介面 getUserInfo 為例，逐步分析 AJAX 的請求步驟。

第 1 步是建立 XMLHttpRequest 物件實例，程式如下：

```
var xhr = new XMLHttpRequest();
```

第 2 步使用實例的 open() 方法設置請求類型、URL 網址及是否非同步，程式如下：

```
xhr.open('POST', 'http://127.0.0.1:3007/user/getUserInfo', true);
```

第 3 步設置請求標頭格式，程式如下：

```
xhr.setRequestHeader('Content-Type', 'application/json');
```

第 4 步使用實例的 send() 方法傳輸參數，在 getUserInfo 介面中傳輸的是使用者的帳號，程式如下：

```
xhr.send(JSON.stringify({ account: 123456 }));
```

透過上述 4 個步驟，就已成功地將資料傳輸至伺服器了，現在對伺服器傳回的狀態進行判斷及輸出回應資料。在實例中提供了 onreadystatechange 事件監聽 readyState（準備狀態），一共有 5 種 readyState 狀態，狀態碼從 0 到 4 分別表示請求未初始化、與伺服器建立連接、請求已接收、請求處理中和請求完成且回應就緒，代表了請求過程中的每個過程。通常只需監聽狀態碼 4；此外實例中還提供了 status 屬性，即 HTTP 狀態碼，常見的 HTTP 狀態碼見表 14-1。

▼ 表 14-1 常見的 HTTP 狀態碼

狀態碼	描述	狀態碼	描述
200	請求成功	403	禁止存取
400	請求錯誤	404	檔案未找到或請求出錯
401	未經授權	500	伺服器內部錯誤

14.1 Axios

當 readyState 等於 4 且 status 為 200 時表示回應已就緒,程式如下:

```
xhr.onreadystatechange = function() {
  if (xhr.readyState === 4 && xhr.status === 200) {
    console.log(JSON.parse(xhr.responseText));        // 使用了 JSON 轉換格式
  }else{
    console.log('請求出問題了。')
  }
};
```

此時開啟開發者工具中的主控台,即可看到傳回的回應資料,如圖 14-1 所示。

```
▼ {id: 1, account: 123456, password: '', name: '張三', sex: '男', …} 🛈
    account: 123456
    age: 18
    create_time: "2023-12-09T16:39:18.000Z"
    department: "人事部"
    email: "123@163.com"
    id: 1
    image_url: "http://127.0.0.1:3007/upload/123456123.jpg"
    name: "張三"
    password: ""
    position: null
    sex: "男"
    status: 0
    update_time: "2023-12-13T15:58:57.000Z"
  ▶ [[Prototype]]: Object
>
```

▲ 圖 14-1 AJAX 回應資料

上述程式在 jQuery 中可被封裝為一個物件,請求成功和失敗將分為兩種方法進行處理,程式如下:

```
$.ajax({
    url: 'http://127.0.0.1:3007/user/getUserInfo',
    type: 'POST',
    data: JSON.stringify({
        account: 12345699
    }),
    contentType: 'application/json',
```

14 互動

```
    success: function(response) {
        console.log(JSON.parse(response));
    },
    error: function() {
        console.error(' 請求出問題了。');
    }
});
```

在 jQuery 框架出現以後，大部分網站使用這種方式請求伺服器。此外，在 error 方法中一般會有 3 個形式參數，分別是 jqXHR，它是由 jQuery 對 XMLHttpRequest 物件的封裝，包含伺服器傳回的所有資訊物件，如 readyState、status、statusText(對應狀態碼的描述) 和 responseText(伺服器傳回的文字資訊)；textStatus 是描述請求失敗的字串，如 "timeout"(逾時)、"error"(錯誤)、"abort"(請求被中止) 等；最後一個是 errorThrown，包含伺服器傳回的具體錯誤資訊的異常物件。

14.1.2 Promise

在介紹 Promise 之前，先來看一段 Axios 官網用於請求介面的範例，程式如下：

```
axios.get('/user?ID=12345')
    .then(function(response) {
        // 捕捉請求成功的回應及其處理邏輯
        console.log(response);
    })
    .catch(function(error) {
        // 捕捉顯示出錯及其處理邏輯
        console.log(error);
    })
    .finally(function() {
        // 不管成功還是顯示出錯都執行的邏輯
    });
```

在這段程式中,使用了 then() 和 catch() 方法去處理請求成功和失敗的回應內容,以及使用 finally() 方法執行無論成功還是失敗都需處理的邏輯,而這 3 種方法都來自 Promise 實例,也就是說,Axios 請求傳回的結果是一個 Promise 物件。

Promise 是非同步程式設計的一種解決方案,是 ES6 的重要新特性。Promise 物件有兩個特點,一個是物件的狀態不受外界影響,每個 Promise 物件都如同上述程式一樣對應一個非同步作業,其狀態可能為 pending(進行中)、fulfilled(已成功)和 rejected(已失敗),只有非同步作業的結果能決定其狀態,並且不能更改,這也是 Promise(承諾)名稱的由來;另一個特點是狀態一旦改變就不會再變,狀態的轉變只有兩種,一種是從 pending 轉變為 fulfilled,另一種是從 pending 轉變為 rejected,其最終結果稱為 resolved(已定型),在轉變之後任何時候都可以得到這個結果。

在 ES6 中規定 Promise 物件是一個建構函數,用來生成 Promise 實例。Promise 物件接收一個函數作為參數,該函數包含的兩個形式參數也是函數,分別是用於非同步作業成功時的 resolve 函數和非同步作業失敗時的 reject 函數,程式如下:

```
const promise = new Promise(function(resolve, reject) {
  if ( 非同步作業成功 ){
    resolve(value);
  } else {
    reject(error);
  }
});
```

當非同步作業成功時,resolve 函數會被呼叫,並將非同步作業請求的結果傳遞給 Promise 實例的 then() 方法,對結果進一步操作或執行其他邏輯;反之即為操作失敗,那麼會呼叫 Promise 實例的 reject() 函數,將導致失敗的資訊傳遞給 Promise 實例的 catch() 方法,並進一步對錯誤進行處理或執行其他操作。以請求 getUserInfo 介面為例,當成功時會將圖 14-1 的內容作為 resolve 函數的參數,該函數的作用就是將結果傳至 then() 方法的回呼函數形式參數中。這一步其實就是對應 Axios 範例程式的前兩個程式區塊。

Promise 實例的 then() 方法是定義在原型物件 Promise.prototype 上的,catch() 方法和 finally() 方法都是如此。在 then() 方法中包含兩個參數,一個是對應成功狀態的回呼函數,另一個是對應失敗狀態的回呼函數,程式如下:

```
promise.then(function(value) {
  // 處理成功邏輯
}, function(error) {
  // 處理失敗邏輯
});
```

這好像跟之前講的處理失敗不一樣,怎麼沒有 catch()?答案是 catch() 方法其實是 then() 方法第 2 個回呼函數的別名,這兩者其實是相同的。使用 catch() 能更清晰地表示處理錯誤,所以一般不會使用 then() 方法的第 2 個函數參數,程式如下:

```
promise.then(function(value) {
  // 處理成功邏輯
}).catch(function(error) {
  // 處理失敗邏輯
});
```

Promise 是非同步程式設計的解決方案,但更準確地說,是為了解決「地獄回呼」(Callback Hell)而提出的。什麼是地獄回呼呢?就是在一個回呼函數內再次呼叫其他的回呼函數,換句話說,就是在回呼中不斷巢狀結構其他的回呼。假設使用 fs.readFile 函數連續非同步讀取兩個檔案,程式如下:

```
fs.readFile (fileA, function (err, data) {
  console.log (data)
  fs.readFile (fileB, function (err, data) {
    console.log (data)
  });
});
```

這樣的程式無疑特別糟糕，不僅程式難以閱讀，而且要修改讀取某個檔案的參數時，可能前後的讀取操作都需要修改，但透過 Promise 的 then() 方法可以將這樣的地獄回呼改成鏈式呼叫，程式如下：

```
// 該模組是 Promise 版本的 fs.readFile，傳回一個 Promise 物件
const readFile = require('fs-readfile-promise');
readFile(fileA)                          // 開始讀取 fileA
.then(data => {
  console.log(data)
})                                       // 讀取 fileA 完畢
.then(() => {
  return readFile(fileB);                // 開始讀取 fileB
})
.then(data => {
  console.log(data)
})                                       // 讀取 fileB 完畢
.catch(err => {
  console.error('讀取錯誤：', err);
});
```

在上述程式中，假設讀取 fileA 時出現錯誤，那麼錯誤結果會一直傳遞到某個 then() 後面的 catch() 被捕捉，後續的讀取操作不會繼續執行。在處理 Promise 物件時，最好帶有 catch() 方法，如果沒有 catch() 方法指定錯誤處理的回呼函數，則拋出的錯誤將不會被傳遞到外層程式，整個邏輯暫停了都沒有人知道。

最後是 finally() 方法，就如同 finally（最終）的含義，只要增加了 finally() 方法，那麼不管狀態是成功還是失敗都會執行 finally() 方法內定義的邏輯，可用於提醒某個 Promise 物件結束了非同步作業，程式如下：

```
// 建立一個新的 Promise 物件
const promise = new Promise((resolve, reject) => {
  // 定義一個計時器，模擬非同步作業網路請求
  setTimeout(() => {
    // 模擬成功的情況，resolve 參數為成功的值
    resolve('Success!');
  }, 1000);                              //1s 後執行請求
});
```

14-9

```
promise
  .then(result => {
    console.log(result);              // 輸出 'Success!'
  })
  .catch(error => {
    console.error(error);             // 輸出錯誤資訊
  })
  .finally(() => {
    console.log(' 操作結束 ');        // 無論成功還是失敗都會執行的操作
});
```

此外，在 Promise 中還包括 all()、race()、any() 等方法，這裡不再進行詳細敘述。

14.1.3 async await

Promise 雖然能夠使用 then() 方法讓地域回呼更簡潔，但除此之外，並沒有帶來更好的寫法，特別是當鏈式的 then() 數量多了之後。那麼有沒有更好的辦法呢？先來了解一下這個好辦法的「前身」。

1. Generator 函數

在 ES6 中提出了另一種非同步程式設計解決方案——Generator 函數，也稱為生成器函數，該函數比較特別，在 function 和函數名稱之間有個「*」星號；其次是在函數體內部使用 yield（產出）定義不同的「狀態」。執行該函數會傳回一個能夠遍歷函數內部每種狀態的物件，這句話聽起來很抽象，什麼是狀態？怎麼算是遍歷函數內部每種狀態呢？以一個簡單的傳回字串的程式為例，程式如下：

```
// 定義一個生成器函數
function* returnString() {
  yield ' 第 1 次執行 ';
  yield ' 第 2 次執行 ';
}
```

14.1 Axios

```
// 建立生成器函數的實例
const gen = returnString();

// 使用 next 方法迭代生成器函數
console.log(gen.next());        // 輸出 { value: '第1次執行', done: false }
console.log(gen.next());        // 輸出 { value: '第2次執行', done: false }
console.log(gen.next());        // 輸出 { value: undefined, done: true }
```

在上述程式中,透過呼叫 3 次 console.log 可看到定義的 returnString 生成器函數每次輸出的內容都是不同的,好像這個函數每次執行的過程中都會發生暫停,只有使用 next() 方法才會繼續執行,沒錯,生成器函數一共經歷了 3 種不同的狀態,分別是開始執行、第 1 次暫停和第 2 次暫停,這種暫停及使用 next() 方法繼續執行的狀態即為生成器函數中的「狀態」。在生成器函數中,yield 敘述的作用就是暫停函數的執行並將控制權返給呼叫者,只有當呼叫者使用 next() 方法時,生成器函數才會再次從上一次暫停的地方開始執行,直至下一個 yield 之前。

上述程式的每次呼叫,生成器函數都會傳回一個指向內部狀態的指標物件——遍歷器物件(Iterator Object)。第 1 次呼叫 next() 方法時,生成器函數開始執行,輸出「第 1 次執行」,並進入第 1 次暫停;第 2 次呼叫時,從第 1 次暫停的位置繼續執行,執行下一行程式碼,輸出「第 2 次執行」,並進入第 2 次暫停;最後一次呼叫時,生成器函數執行至結束,遍歷器物件中的 done(結束)值變成了 true。

生成器函數的另外兩個特性是能夠進行資料交換和具備錯誤處理機制。所謂資料交換,即可透過 next() 方法傳參到生成器函數內部再 return 出來,需要注意的是,這裡的 next() 參數會被當作上一個 yield 運算式的傳回值,程式如下:

```
// 定義一個生成器函數
function* Add(x){
  var y = yield x + 1;
  return y;
}
```

14 互動

```
var add = Add(1);                    // 初次執行,傳入 1
add.next()                           //{ value: 2, done: false }
add.next(3)                          //{ value: 3, done: true }
```

在初次執行時,傳入 1,此時 yield 的值變成了 2,進而執行 next() 函數輸出的是 2,而最後一次執行時,參數 3 是作為上一次執行完的結果傳入生成器函數內的,此時 y 由 2 變成了 3,進而 return 傳回的值也是 3,此時遍歷結束。

錯誤處理機制是指在生成器函數內可結合 try-catch 程式區塊捕捉錯誤。以使用 throw() 方法拋出錯誤為例,程式如下:

```
function* Add(x){
  try {
    var y = yield x + 1;
  } catch (e){
    console.log(e);
  }
  return y;
}

var add = Add(1);
add.next();
add.throw('拋出一個錯誤');           // 輸出 '拋出一個錯誤'
```

現在,將 Promise 使用 readFile 函數連續非和步讀取兩個檔案的案例換成生成器函數,以此來看兩者的差別,程式如下:

```
function* readFilesGenerator() {
  try {
    const dataA = yield readFile(fileA);
    console.log(dataA);              // 輸出 fileA 的資料

    const dataB = yield readFile(fileB);
    console.log(dataB);              // 輸出 fileB 的資料
  } catch (err) {
    console.error('讀取錯誤:', err);
  }
}
```

對比兩者的程式可看到，生成器函數比 Promise 具有更清晰的流程邏輯，直觀感受就是少了一大堆 then()；透過 yield 關鍵字的暫停執行能讓多個非同步作業變得如同同步操作，設想一下，當上述程式的第 1 個 yield 敘述讀取完 fileA 之後，是不是可以把處理資料放置在下一個 yield 敘述中？相當於無須寫回呼函數，這就是非同步作業的同步化表達。

生成器函數一定要每次執行都使用 next() 嗎？那無疑太麻煩了，著名的程式設計師 TJ Holowaychuk 於 2013 年 6 月發佈了一個用於自動執行生成器函數的小工具——co 模組，這個名稱是不是聽起來很熟悉？答案在第 4 章的 4.2 節，他正是 Express.js 框架的創始人。現在來看 co 模組是如何使用的，以連續讀取兩個檔案為例，程式如下：

```
// 定義一個生成器函數
const readTwo = function* () {
  const data1 = yield readFile('fileA');
  const data2 = yield readFile('fileB');
  console.log(data1);
  console.log(data2);
};
```

只需匯入 co 模組，將生成器函數傳入 co 函數。該函數會傳回一個 Promise 物件，故可使用 then() 方法進行下一步處理，程式如下：

```
const co = require('co');
co(gen).then(()=>{
  console.log(' 讀取完成 ');
})
```

2. 更簡單的語法糖

能不能無須匯入 co 模組就能自動執行且具有更清晰的語法？還真有，也就是本節的主角，ES2017 新增的 async 函數。

使用 async 函數的方法與生成器函數在形式上並無太大區別，還是以連續讀取兩個檔案為例，程式如下：

14 互動

```javascript
// 定義一個 async 函數
const readTwo = async()=>{
  const data1 = await readFile('fileA');
  const data2 = await readFile('fileB');
  console.log(data1);
  console.log(data2);
};

// 直接呼叫
readTwo();
```

對比發現，只是將「*」號變成了 async（非同步），將 yield 變成了 await（等待）。由此可見使用 async 函數比生成器函數有更好的語義，明確地告訴呼叫者這是一個非同步函數，並且函數裡面有正在「等待」執行的函數及其結果；由於在 async 函數中內建了執行器，所以執行只需一行程式碼，無須匯入 co 模組和傳參；await 關鍵字傳回的內容是 Promise 物件解析的結果，比生成器傳回的遍歷器物件更好處理。

當使用函數宣告的方式定義 async 函數時，可對其傳回的 Promise 物件使用 then() 方法增加回呼函數，例如處理錯誤，程式如下：

```javascript
// 函數宣告
async function Add(x) {
  return await x + 1;                    // 等於 return x + 1
}

Add (1) .then((data)=> {
  console.log(data);
}).catch((err)=> {
  console.log(err);
})
```

假如在 async 函數中有多個 await 命令等待執行，那麼只有等所有的 await 命令都執行完畢，才會執行 then() 方法內的回呼函數。如果某個 await 命令後面的 Promise 物件出現了 reject 狀態，則後面的 await 將暫停執行，等於 async 函數傳回的 Promise 物件是 reject 狀態，這種狀態將被 catch 捕捉。

錯誤處理機制分為兩種情況，一種是為可能出現異常的非同步作業增加 try-catch，程式如下：

```
async function readTwo() {
  try{                                  // 可包含多個可能出錯的 await
    await readFile('fileA');
    await readFile('fileB');
  } catch(err) {
    console.log(err)
  }
  return await readFile('fileC');       // 繼續執行讀取 fileB 操作
}
```

另一種是直接在 await 後面的 Promise 物件增加 catch()，程式如下：

```
async function readTwo() {
  await readFile('fileA').catch((err)=>{
    console.log(err)
  })
  return await readFile('fileB');       // 繼續執行讀取 fileB 操作
}
```

生成器函數對比 Promise 結構更加清晰，而 async 函數比生成器函數具有更明顯的語義，並且實現了自動執行。正所謂青出於藍而勝於藍，在實際開發中，基本上會使用 async 函數去完成對非同步作業傳回資料的處理。

在本書專案中，前端使用的 API 都會經過 Axios 二次封裝，而呼叫 Axios 實例傳回的正是 Promise 物件，所以可使用 async 函數呼叫 API 實現對回應結果的處理。

14.1.4 Axios 的二次封裝

安裝完 Axios 之後，需對 Axios 進行二次封裝。封裝的內容包括建立 Axios 實例、配置請求的 URL 網址首碼、請求逾時範圍、請求標頭類型及增加請求攔截器和回應攔截器。

請求攔截器是用於請求在發送至伺服器之前操作的區域，例如請求時攜帶 token 就是在此完成的；回應攔截器則是在請求得到回應之後，對回應本體進行一些處理，通常會在此增加判斷 HTTP 的狀態碼、統一處理錯誤等內容。整個請求和回應流程如圖 14-2 所示。

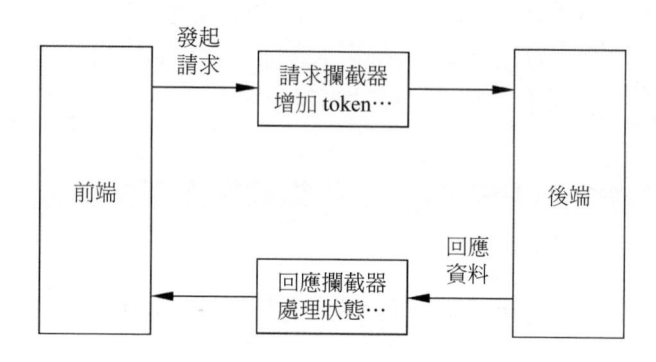

▲ 圖 14-2 請求和回應流程

在 src 目錄下新建一個名為 http 的目錄，並新建一個名為 index 的 TypeScript 檔案，用於二次封裝 Axios。

首先匯入 Axios 模組，透過 Axios 的 create() 方法建立實例。為了統一處理回應攜帶的資訊，這裡引入了 Element Plus 的 Message（訊息提示）組件，程式如下：

```
//src/http/index.ts
import axios from 'axios'
import { ElMessage } from 'element-plus'

const instance = axios.create({
    baseURL: 'http://127.0.0.1:3007',    // 後端 URL 網址
    timeout: 6000,                        // 設置逾時
    headers: {                            // 請求標頭
    'Content-Type': 'application/x-www-form-urlencoded'
    }
});
```

Message 元件可提供成功、警告、訊息、錯誤類別的操作回饋,程式如下:

```
ElMessage({
  message: '登入成功',
  type: 'success',                    // 成功狀態
})
```

然後需要增加請求攔截器,為了方便後面進行測試,此時不在請求攔截器增加攜帶 token 的邏輯,程式如下:

```
instance.interceptors.request.use(function(config) {
  // 增加請求之前的邏輯
  return config;
}, function(error) {
  // 當請求出現錯誤時的邏輯
  return Promise.reject(error);
});
```

這裡傳回的 Promise 物件可能會發出一個警告,提示該 Promise 物件不存在,原因在於 TypeScript 預設情況不能辨識 Promise 物件,解決辦法是在 TypeScript 配置的函數庫檔案中增加上 "es2015",即 ES6,程式如下:

```
//tsconfig.app.json
"lib": ["dom","es2015"],
```

其次是增加回應攔截器,程式如下:

```
instance.interceptors.response.use(function(response) {
  // 對回應資料進行處理
  return response;
}, function(error) {
  // 當響應出現錯誤時的邏輯
  return Promise.reject(error);
});
```

這裡配置的內容就比較多了,還記得在後端設置的回應狀態碼 status 和 message 嗎?以註冊介面為例,程式如下:

```
res.send({
  status: 0,
  message: '註冊帳號成功'
})
```

　　針對這些內容,可在回應攔截器的處理資料函數中增加判斷回應資料是否存在 status 和 message,如果 status 為 0,則輸出 success(成功)狀態的綠色訊息提示,反之則以 Message 元件的 error(錯誤)形式彈出紅色訊息提示,程式如下:

```
// 對回應資料進行處理
// 判斷回應資料中的 status
if(response.data.status||response.data.message){
  if(response.data.status==0){
    ElMessage({
      message: response.data.message,         // 傳回的 message,如註冊成功
      type: 'success',                         // 成功狀態為綠色訊息提示
    })
  }else{
    ElMessage.error(response.data.message)    // 錯誤狀態為紅色訊息提示
  }
}
```

　　這裡需注意的是,在 7.2 節設計的埋點介面的回應值中同樣包含 message,而埋點應當是「悄悄」進行的,故需把記錄登入資訊和記錄操作資訊的 message 去除,只傳回狀態碼。

　　其次是在回應攔截器的錯誤處理函數中,可判斷是否存在顯示出錯回應,以及針對可能出現的 HTTP 錯誤狀態碼進行訊息提示。在有多種狀態碼的情況下,可透過 switch 敘述進行判斷,程式如下:

```
// 增加回應攔截器
instance.interceptors.response.use(function(response) {
    // 判斷響應資料中的 status 邏輯
    return response.data
}, function(error) {
  if (error && error.response){
```

```
    switch (error.response.status){
      case 400:
        ElMessage.error(' 請求錯誤 ')
        break
      case 401:
        ElMessage.error(' 未授權,請登入 ')
        break
      case 403:
        ElMessage.error(' 拒絕存取 ')
        break
      case 404:
        ElMessage.error(' 請求位址出錯 : ${error.response.config.url}')
        break
      case 500:
        ElMessage.error(' 伺服器內部錯誤 ')
        break
      default:
        ElMessage.error(' 連接出錯 :${error.response.status}')
    }
  }
  // 對回應錯誤做點什麼
  return Promise.reject(error);
});
```

最後,向外暴露 instance 實例,程式如下:

```
export default instance
```

14.2 撰寫前端介面

本節將透過暴露的 Axios 實例在前端撰寫介面函數。在 src 目錄中新建一個名為 api 的目錄,用於統一存放各模組的介面函數,然後在該目錄中新建一個名為 login 的 TypeScript 檔案,用於存放登入與註冊模組使用的介面函數。

14 互動

　　首先是註冊的 API。定義一個名為 register 的函數並向外暴露，接收表單資料程式後透過解構賦值獲取帳號和密碼，在傳回的 instance 實例中增加註冊介面的請求路徑、請求類型、請求參數，程式如下：

```
//src/api/login.ts
import instance from '@/http/index'          // 匯入 Axios 實例

// 註冊 API
export const register = (data:any):any => {
  const {
    account,
    password
  } = data                                    // 解構賦值獲取帳號和密碼
  return instance({
    url: '/api/register',                     // 請求位址
    method: 'POST',                           // 請求類型
    data: {                                   // 請求參數
      account,
      password
    }
  })
}
```

　　其次是登入 API，與註冊 API 邏輯相同，只需修改請求路徑，程式如下：

```
// 登入 API
export const register = (data:any):any => {
  const {
    account,
    password
  } = data
  return instance({
    url: '/api/login',                        // 登入介面請求位址
    method: 'POST',
    data: {
      account,
      password
    }
```

})
}

14.3 完成登入與註冊功能

如果要完成登入與註冊功能,則首先需匯入定義在 api/login.ts 檔案下的兩個 API,程式如下:

```
//src/views/login/index.vue,下同
// 邏輯部分
import {
  login, register
} from '@/api/login'
```

然後分別給登入按鈕和註冊按鈕綁定對應的按一下事件,並定義對應的按一下函數,其中,在註冊按一下事件中需對兩次輸入的密碼進行判定,並且當註冊成功後跳躍至登入標籤頁,程式如下:

```
<!-- 登入按鈕綁定名為 Login 的函數 -->
<el-button type="primary" @click="Login">登入</el-button>
<!-- 註冊按鈕綁定名為 Register 的函數 -->
<el-button type="primary" @click="Register">註冊</el-button>

// 邏輯部分
const Login = async() => {
  const res = await login(loginData)          // 傳入登入表單資料
  console.log(res)                            // 查看輸出資訊
  if (res.status == 0) {                      // 如果 status 為 0,則代表登入成功
    // 登入成功邏輯
  }
}

const Register = async() => {
  // 判斷初次和再次輸入的密碼是否相等
    if (registerData.password == registerData.rePassword) {
      const res = await register(registerData)      // 傳入登錄檔單資料
```

14-21

```
    console.log(res)
    if (res.status == 0) {                    // 註冊成功
      activeName.value = 'first'              // 跳躍至登入標籤頁
    }
  }
}
```

現在,開啟瀏覽器進行註冊測試,輸入要註冊的帳號和密碼並按一下「註冊」按鈕,提示註冊成功,如圖 14-3 所示。

▲ 圖 14-3 註冊成功

14.3 完成登入與註冊功能

當再次按一下「註冊」按鈕時會提示帳號已存在，說明邏輯沒有問題，如圖 14-4 所示。

▲ 圖 14-4 註冊攔截

從整個註冊流程可以發現一個問題，就是註冊成功後並沒有切換到登入標籤頁，而這個邏輯是根據傳回的狀態值是否為 0 進行判斷的，難道註冊成功了狀態值也不為 0 嗎？開啟主控台查看輸出的結果便知道原因了，如圖 14-5 所示。

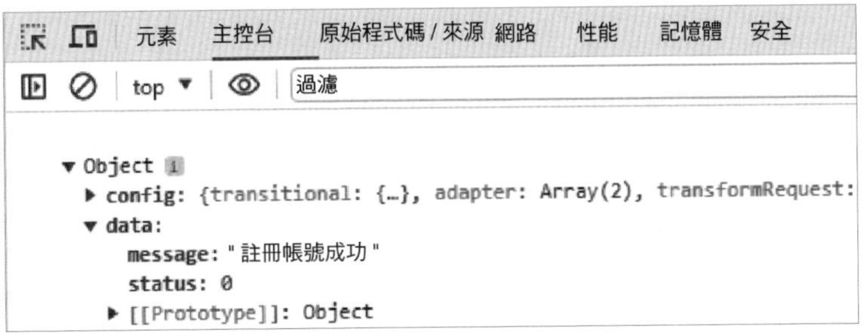

▲ 圖 14-5 傳回資訊

14 互動

透過主控台輸出的資訊可看到整個傳回的 response 資訊內容，而輸出的 status 被包裹在 data 物件中，並不能直接透過 res.status 獲取，在判斷敘述中應該是 res.data.status，但這樣就太複雜了。正確的做法是在回應攔截器中傳回 response 物件的 data 屬性，而非直接傳回 response 物件，程式如下：

```
//src/http/index.ts
// 對回應資料進行處理
if(response.data.status||response.data.message){
  if(response.data.status==0){
    ElMessage({
      message: response.data.message,
      type: 'success',
    })
  }else{
    ElMessage.error(response.data.message)
  }
}
return response.data;                    // 將程式修改為傳回 response.data
```

此時再次嘗試註冊，可看到輸出的就是 data 屬性中的內容了，與 Postman 傳回的資料形式相同，更方便對資料進行處理，如圖 14-6 所示。

▲ 圖 14-6 輸出 data 資料

最後，進行登入操作，輸入剛剛註冊的帳號和密碼，可看到提示登入成功，如圖 14-7 所示。

14.3 完成登入與註冊功能

▲ 圖 14-7　登入成功

至此，從 0 到 1 完整地實現了登入與註冊功能的前後端互動。

14 互動

MEMO

15

登堂入室

　　在跨過了登入模組這扇大門後，讀者就正式進入開發系統內部的階段了。本章將從 0 到 1 由淺入深地建構系統基本版面配置，根據模擬的 UI 圖開發個人資訊設置模組和使用者清單模組，使用 Element Plus 的版面配置容器、選單、圖示、表格等多種元件，結合 Vue Router、Pinia（Vue 3 全家桶成員）實現系統的各種樣式，並自訂封裝全域可用的麵包屑元件和頁面內彈窗元件。

　　同時，本章將進一步地結合第 4、第 5 章開發的介面進行前後端互動，實現個人資訊設置模組和使用者清單功能，相信讀者在本章中也能夠進一步地體會到前後端分離開發所帶來的高效率。

15 登堂入室

15.1 建構系統基本版面配置

本節將使用 Element Plus 的版面配置容器建構系統的基本版面配置，使用的容器如圖 15-1 所示。

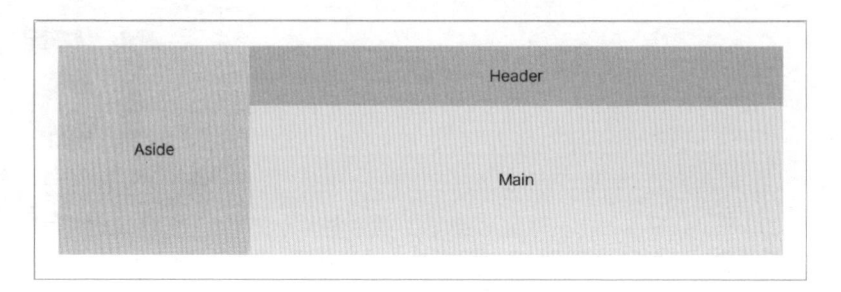

▲ 圖 15-1 容器示意圖

從容器示意圖可知，該容器包含 3 部分。在本書專案中，左側 Aside 區域將設定為功能表列，包含個人設置、使用者模組和產品模組功能表選項；右上側 Header 區域將設定為歡迎標語、使用者圖示、退出系統等；右下側 Main 區域將展示不同的模組內容。依據此設計想法可知，在路由中整個選單頁面將包含其他的頁面，也就是選單頁面將作為父路由，而其他頁面將作為子路由，如個人設置、使用者模組等。

在實現路由之前，需新建選單頁面、個人設置頁面和使用者模組頁面，新建頁面的邏輯與登入頁面相同，在 views 目錄下新建名為 menu（選單）、set（設置）、user（使用者）的檔案目錄，並在各自目錄下新建名為 index 的單檔案組件。當完成後，在 routes 中增加 menu 路由，並在 menu 路由中使用 children 屬性包裹其他子路由，程式如下：

```
//src/router/index.ts
{
path: '/menu',
name: 'menu',
component: () => import('@/views/menu/index.vue'),
children: [ {
    name: 'set',
```

```
    path: '/set',
    component: () => import('@/views/set/index.vue')
  }, {
    name: 'user',
    path: '/user',
    component: () => import('@/views/user/index.vue')
  }]
}
```

接著便可在選單的單檔案組件中匯入容器。將容器的原始程式碼複製到範本中，需要注意的是，\<el-main> 標籤內應為 \<router-view>，用巢狀結構的子路由展示頁面，程式如下：

```
//views/menu/index.vue
<template>
  <div class="common-layout">
    <el-container>
      <el-aside width="200px">Aside</el-aside>
      <el-container>
        <el-header>Header</el-header>
        <el-main>
          <router-view></router-view>
        </el-main>
      </el-container>
    </el-container>
  </div>
</template>
```

此時，有兩種辦法進入 menu 頁面，一種是在登入按鈕綁定的函數中增加跳躍邏輯，另一種是直接在路由中增加重定向，在存取根目錄「/」時重定向至 /menu，這樣在啟動專案時開啟的頁面就是 menu。由於後續登入成功後需要跳躍至 menu，所以在這裡使用第 1 種方法存取 menu，同時為了方便開發，可將呼叫登入 API 的程式註釋起來，這樣就不會發起請求了，這也是在實際開發中一種常用的手法，程式如下：

```
//views/login/index.vue
// 引入路由、定義路由實例
```

15 登堂入室

```
import { useRouter } from 'vue-router'
const router = useRouter()

const Login = () => {
 // 按一下 " 登入 " 按鈕跳躍至 menu
  router.push('/menu')
  //const res = await login(loginData)
  //console.log(res)
  //if (res.status == 0) {
  // 實際跳躍應位於判斷邏輯內
  //}
}
```

　　此時，menu 頁面除範本內的兩個單字外並無任何內容。下面將使用選單、圖示、圖示等元件逐步完善 menu。

15.1.1 容器版面配置

　　在實現之前，先分析以最終實現效果模擬的 UI 圖，如圖 15-2 所示。

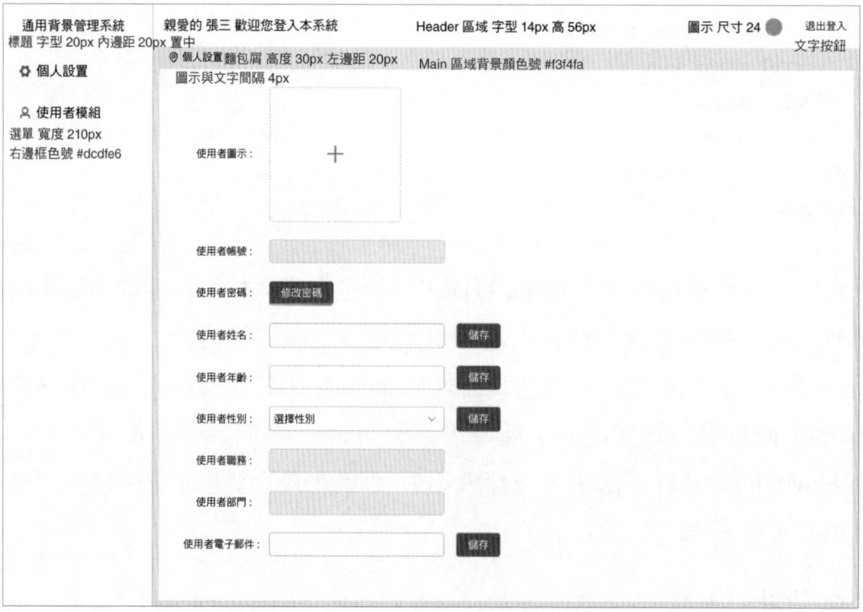

▲ 圖 15-2　系統基本版面配置圖

15.1 建構系統基本版面配置

透過 UI 圖可知，Aside 區域由標題與選單組成，並且每個功能表選項包含圖示和文字；在 Header 區域則分為左右兩部分，左側是包含使用者姓名的歡迎語，右側為使用者的圖示和退出登入（系統）的文字按鈕；最後是 Main 區域，為了突出主體，使用了與其餘區域不同的背景顏色號。

在實際開發中，開發者對於類似 Aside 區域中的標題部分首先應想到是否需要使用 text-align 屬性及其 center 屬性值，這是因為標題通常是置中的，而如果包裹標題的區塊級元素設定了高度，則需考慮使用 line-height 達到垂直置中的效果，當然，另一種想法是使用萬能的彈性版面配置。對於 Header 區域這種左右有內容的場景，則首先考慮使用彈性版面配置去實現。

1. 功能表列

在 Element Plus 組件的 Navigation 導覽一列中找到 Menu 選單組件，並下滑至側欄，如圖 15-3 所示。

▲ 圖 15-3 選單組件

側欄選單的原始程式部分包含多個選單項，其中 index 為 1 的選單項還包含子功能表欄，index 為 2 的選單項是預設開啟的功能表選項，index 為 3 的選單項是禁用的功能表選項，index 為 4 的選單項是正常的功能表選項。目前個人設置和使用者模組皆為不包含子功能表的選項，故將一個不包含子功能表選項的原始程式複製至 <el-aside> 標籤中即可，程式如下：

```
//views/menu/index.vue
<!-- 依據 UI 圖將寬度設置為 210px -->
<el-aside width="210px">
  <el-menu
    default-active="2"
    class="el-menu-vertical-demo"
    @open="handleOpen"
    @close="handleClose"
  >
    <el-menu-item index="2">
      <el-icon><icon-menu /></el-icon>
      <span>Navigator Two</span>
    </el-menu-item>
  </el-menu>
</el-aside>
```

在上述複製的原始程式中，包含了 default-active 屬性，該屬性接收一個字串作為參數，原始程式中預設開啟 index 為 2 的選單頁面，而在專案中按一下功能表選項後呈現不同模組頁面使用的是選單元件的預設屬性 router，該屬性會將 index 的值作為 path 進行路由跳躍，所以要將 <el-menu-item> 標籤的值都修改為對應模組的路徑，並且把 default-active 的屬性值修改為 set，即預設開啟個人設置頁面，也就是進入系統後展現的內容首先是個人設置頁面。在 <el-menu> 標籤中還有兩個綁定函數，分別綁定了開啟包含子功能表時的回呼和關閉包含子功能表時的回呼，但在專案中無須使用該回呼函數，故將它們刪除。

接著，將 index 為 2 的程式複製一份，把兩段 < el-menu-item > 標籤中的 <span> 修改為個人設置、使用者模組，並且將 router 屬性的值修改為對應的路由路徑 set 和 user。

15.1 建構系統基本版面配置

另外還需要注意的是 <el-icon>，即 Element Plus 的圖示元件，這是一個需要額外下載並配置的元件，使用 pnpm 下載，命令如下：

```
pnpm install @element-plus/icons-vue
```

安裝完成後需要在 main.ts 檔案中匯入所有圖示並註冊，程式如下：

```
//main.ts
// 匯入圖示
import * as ElementPlusIconsVue from '@element-plus/icons-vue'

const app = createApp(App)
// 註冊
for (const [key, component] of Object.entries(ElementPlusIconsVue)) {
    app.component(key, component)
}
```

需要注意的是，在註冊圖示的程式中可能會出現 TypeScript 警告，如圖 15-4 所示。

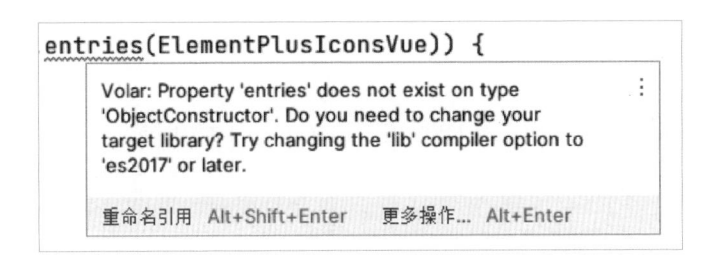

▲ 圖 15-4　entries 屬性警告

警告顯示 entries 屬性不存在於類型 ObjectConstructor 中，並舉出了修改目標函數庫的解決方案，即在 lib 中增加 es2017 或增加更新的標準，程式如下：

```
//tsconfig.app.json
"lib": ["dom","es2015","es2017"]
```

15 登堂入室

在 UI 圖中，個人設置使用的圖示是 <Setting/>、使用者模組使用的圖示是 <User/>，需將 <el-icon> 包裹的標籤修改為對應的圖示。最後，還需給側邊欄增加標題，程式如下：

```
//views/menu/index.vue 本節其餘程式同此路徑
<el-aside width="210px">
  <div class="title"> 通用背景管理系統 </div>
  <el-menu
    default-active="set"
    class="el-menu-vertical-demo"
    router
  >
    <el-menu-item index="set">
      <el-icon><Setting /></el-icon>
      <span> 個人設置 </span>
    </el-menu-item>
    <el-menu-item index="user">
      <el-icon><User /></el-icon>
      <span> 使用者模組 </span>
    </el-menu-item>
  </el-menu>
</el-aside>
```

此時，Aside 區域就出現了標題和選單，如圖 15-5 所示。

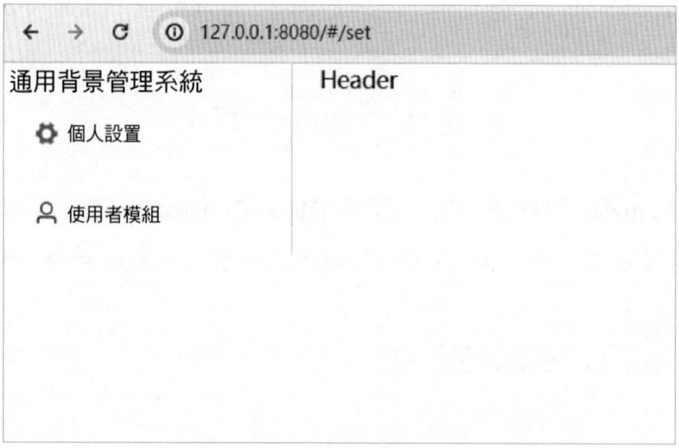

▲ 圖 15-5 功能表列內容

15.1 建構系統基本版面配置

目前容器的父元素 <el-container> 並沒有設置高度，所以其高度是由內容撐開的，但這是不妥的，整個 <el-container> 應該佔滿瀏覽器可視區，在這種情況下，通常使用視埠單位去增加高度，程式如下：

```
.el-container {
  height: 100vh;
}
```

其次可看到 Aside 區域與右側區域之間有個邊框，這是 <el-menu> 的預設樣式，如圖 15-6 所示。

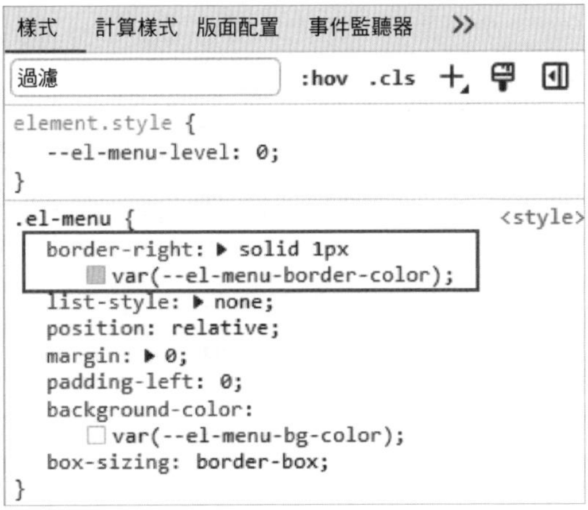

▲ 圖 15-6 選單邊框

從圖 15-5 可看出邊框的樣式有點問題，即只在有內容的部分才有邊框，而下面的空白區域沒有邊框，這是因為有高度的地方才有邊框，而高度是由內容撐開的。如果要實現圖 15-2 的效果，則可將 <el-menu> 的預設邊框去除，轉而給整個左側區域的 <el-aside> 增加邊框，<el-aside> 的高度是由 <el-container> 決定的，這在圖 15-1 的示意圖中有所表現，而其高度已經被設置為 100vh，所以從上到下的邊框就實現了，程式如下：

```
// 選單
.el-menu {
  border-right: 0px;                    // 去除邊框
```

```
}

// 左側區域
.el-aside{
  border-right: 1px solid #dcdfe6;          // 增加邊框
}
```

最後是標題的樣式,在 UI 圖中為字型 16px、內邊距 20px 和置中,由於瀏覽器預設字型大小為 16px,所以只需設置內邊距和置中,程式如下:

```
// 標題
.title {
  padding: 20px;
  text-align: center;
}
```

現在,整個功能表列就和 UI 圖中需顯示的內容一模一樣了,如圖 15-7 所示。

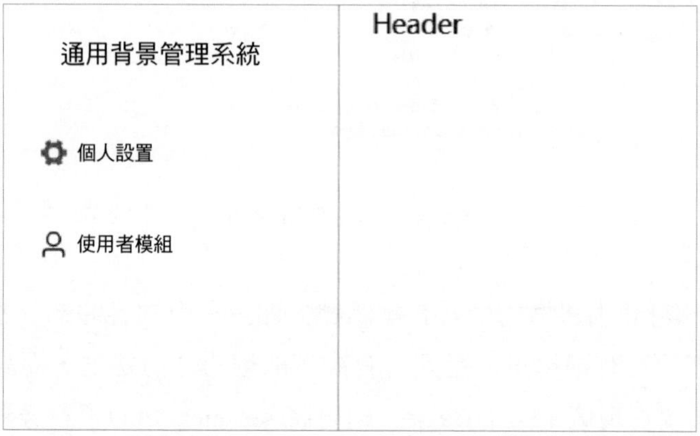

▲ 圖 15-7 完整選單樣式

2. Header 資訊區

Header 區域的兩部分內容可透過兩個區塊級元素實現,再使用彈性版面配置的 justify-content 屬性及其 space-between 屬性值實現靠近的均勻分佈。左側的內容很簡單，定義一個類別名稱為 left-content（左側內容）的 <div>，只需包裹住歡迎語，右側類別名稱為 right-content（右側內容），程式如下：

```
<el-header>
  <div class="left-content">親愛的 張三 歡迎您登入本系統</div>
  <div class="right-content"></div>
</el-header>
```

此時，歡迎語中的名稱是靜態的，在前後端分離的開發情況下，前端頁面的動態內容在沒有呼叫介面前都是使用靜態資料去充當佔位元素的，除非使用 Mock.js 模擬真實介面進行著色。

在右側內容中，使用了一個圖示元件。該元件位於 Element Plus 元件的 Data 資料展示一列，基礎用法的原始程式屬性包括調整圖示大小的 size（尺寸）和路徑 src，程式如下：

```
<el-avatar :size="50" :src="circleUrl" />
```

在 UI 圖中，size 為 24；src 的用法與 <img> 標籤相同，需注意的是這裡綁定的圖片路徑為絕對路徑，在 5.2.1 節講解 Multer 中介軟體時曾提到靜態託管，所以在後端伺服器開啟的情況下，可使用靜態託管的圖片。最後是退出登入的文字按鈕，定義一個 <span> 標籤包裹「退出登入」字樣，並綁定按一下後退回登入頁面的函數，程式如下：

```
<el-header>
  <div class="left-content">親愛的 張三 歡迎您登入本系統</div>
  <div class="right-content">
    <el-avatar :size="24" :src="imageUrl" />
    <span class="exit" @click="exit">退出登入</span>
  </div>
</el-header>

// 邏輯部分
import {useRouter} from 'vue-router'
const userStore = useUserInfo()
// 定義一個 imageUrl，值為圖片位於伺服器的靜態託管位址
```

```
const imageUrl = ref('http://127.0.0.1:3007/upload/123.jpg')

// 退出登入
const exit = () => {
  router.push('/')
}
```

接著,依據 UI 圖中關於 Header 區域的高度、字型大小等關鍵資訊給 Header 區域增加樣式,程式如下:

```
// 標頭樣式
.el-header {
  display: flex;
  height: 56px;
  align-items: center;
  justify-content: space-between;
  font-size: 14px;
}
```

但是現在右側的圖示與文字按鈕是緊挨在一起的,並且圖示和文字並不在同一水平線上,如圖 15-8 所示。

▲ 圖 15-8 圖示挨著按鈕

這是什麼原因,又該如何處理呢?原因在於此時右側內容並無寬度,圖示元素是區塊級元素、文字按鈕是行內元素,所以會挨在一起並且沒有換行。可給右側內容增加一個適當的寬度,再採取彈性版面配置 justify-content 屬性的 space-between 屬性值,將元素放置在內容區的起始和結束位置,並使用 align-items 屬性使圖示和文字按鈕同處於縱軸(水平)上。最後,給文字按鈕增加上按一下樣式,程式如下:

15.1 建構系統基本版面配置

```
// 標頭右側內容
.right-content {
  width: 120px;
  display: flex;
  justify-content: space-around;
  align-items: center;

  // 文字按鈕
  .exit{
    cursor: pointer;
  }
}
```

至此，Header 區域就完成了，如圖 15-9 所示。

▲ 圖 15-9 完成 Header 區域版面配置

3. Main 區域樣式

在 UI 圖中可知，Main 區域的背景顏色號為 #f3f4fa，但除給 <el-main> 增加背景顏色外，還需要注意的是其預設附帶有 20px 的內邊距，如圖 15-10 所示

```
.el-main {                          <style>
  --el-main-padding: 20px;
  display: block;
  flex: ▶ 1;
  flex-basis: auto;
  overflow: ▶ auto;
  box-sizing: border-box;
  padding: ▶ var(--el-main-padding);
}
```

▲ 圖 15-10 分析 el-main 預設樣式

15-13

在 UI 圖中的麵包屑是緊挨著 Main 區域上側的，所以其內邊距應該設置為 0px，以方便 Main 區域的內容更進一步地進行版面配置，這其實與去除瀏覽器預設的 8px 外邊距是相同的道理。在使用不同的 UI 元件庫的容器元件時都應分析其預設樣式是否攜帶有（內外）邊距，通常情況下為了更進一步地佈置主體內容會將邊距設置為 0，程式如下：

```
.el-main {
  --el-main-padding: 0;
  background-color: #f3f4fa;
}
```

15.1.2 封裝全域麵包屑

麵包屑是一種常見的網站導覽元素，用於標識使用者在網站中的當前位置，並允許在多層路徑的情況下按一下麵包屑傳回之前的位置。讀者可能會覺得這個元素的名稱很奇怪，麵包屑不就是麵包的邊角料嗎？關於麵包屑的由來有兩種說法，一種是獵人使用麵包屑引誘小動物一步一步地走向陷阱；另一種說法來源於是格林童話的一則故事，故事中被繼母和父親拋棄的兄妹 Hansel 和 Gretel 使用麵包屑作為路標，以此標記回家的路。兩種說法都帶有使用麵包屑進行指路的作用。本節讀者將學會如何封裝元件及在具體頁面中匯入元件。

在 Element Plus 元件的 Navigation 一列中提供了 Breadcrumb 麵包屑元件，如圖 15-11 所示。

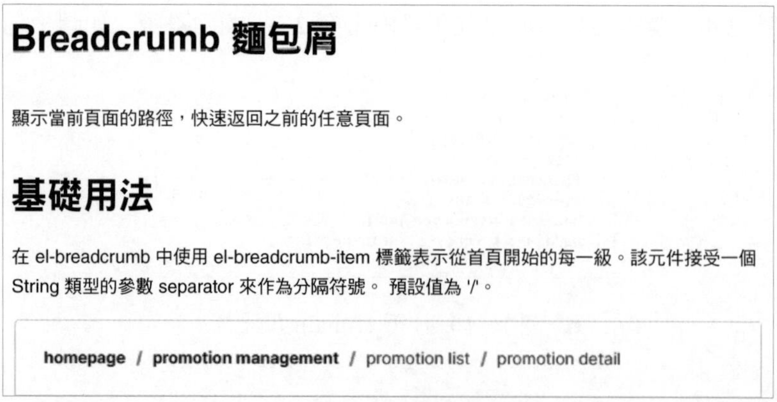

▲ 圖 15-11 麵包屑

15.1 建構系統基本版面配置

麵包屑基礎原始程式主要包括兩個標籤,如下所示。

```
<template>
  <el-breadcrumb separator="/">
    <el-breadcrumb-item :to="{ path: '/' }">homepage</el-breadcrumb-item>
  </el-breadcrumb>
</template>
```

一個是 <el-breadcrumb>,用於包裹麵包屑選項,separator 屬性工作表示不同層級之間的分隔符號;另一個是 <el-breadcrumb-item>,可綁定 to 屬性並以此調整路徑。

由麵包屑的作用可知,它是全域各個模組都需使用的元件。相比於在每個模組頁面中單獨使用麵包屑,將麵包屑作為通用元件單獨封裝,並在需要的頁面中進行引用更符合邏輯。在實際開發中,需要對多次重複使用或全域使用的元件進行封裝,這種做法能夠有效地提高程式的可維護性,減少程式容錯度。

在 src/components 目錄下新建名為 bread_crumb 的單檔案組件,用於封裝包含圖示的麵包屑。在範本中新建類別名稱為 bread-crumb 的區塊級元素,以此包裹圖示和麵包屑,在 UI 圖中可知該區塊級元素的高度為 30px、左內邊距為 20px,其中,使用的座標圖示的標籤名為 <Location/>。由於圖示和麵包屑都是區塊級元素,所以可以使用彈性版面配置使其位於同一(水平)縱軸上,程式如下:

```
//scr/components/bread_crumb.vue
<template>
  <div class="bread-crumb">
    <el-icon><Location /></el-icon>
    <el-breadcrumb separator="/">
      <el-breadcrumb-item> 個人設置 </el-breadcrumb-item>
    </el-breadcrumb>
  </div>
</template>

// 樣式部分
.bread-crumb {
```

```
    height: 30px;
    padding-left: 20px;
    display: flex;
    align-items: center;
    // 圖示
    .el-icon{
      margin-right: 4px;
    }
}
```

這裡程式中的「個人設置」應由引用麵包屑的組件來決定，這就涉及了兩個元件之間的傳值。

在 Vue 中提供了 Props 宣告的方式進行元件傳值，該方式是在子元件內使用 defineProps() 方法顯式宣告所接收的 Props，並由父組件單向將資料傳遞至子組件。聽起來元件傳值很複雜，下面從元件傳值的實踐中了解 Props 的使用方法。首先，在麵包屑組件中宣告接收的 Props，並將從父元件接收的值透過範本語法呈現到 < el-breadcrumb-item > 標籤中，程式如下：

```
<el-breadcrumb-item>{{props.name}}</el-breadcrumb-item>

// 宣告接收的 Props
const props = defineProps(['name'])
```

其次，在個人設置頁面匯入需要使用的麵包屑，在範本上增加麵包屑標籤並傳值，程式如下：

```
<template>
  <BreadCrumb :name='name'></BreadCrumb>
</template>

// 邏輯部分，匯入麵包屑
import BreadCrumb from '@/components/bread_crumb.vue'

// 傳給子組件 name
const name = ref(' 個人設置 ')
```

15.1 建構系統基本版面配置

在範本上增加元件通常使用 PascalCase（帕斯卡命名法），由兩個或兩個以上的單字組合而成，並且首字母為大寫，需區分的是另一種常用於函數名稱的駝峰命名法，該命名法首字母為小寫。當在範本上看到具有帕斯卡命名方式的標籤時，即為一個 Vue 元件。

此時，開啟個人設置頁面，即可看到出現了麵包屑，如圖 15-12 所示。

▲ 圖 15-12 實現麵包屑

同理，需給使用者模組增加麵包屑元件，程式如下：

```
//views/user/index.vue
<template>
  <BreadCrumb :name='name'></BreadCrumb>
</template>

// 邏輯部分
import BreadCrumb from '@/components/bread_crumb.vue'

// 傳給子組件 name
const name = ref(' 使用者模組 ')
```

整個傳值的流程是一個單向的過程,即只能由父元件傳值給子元件,而不能由子元件傳值給父元件,如圖 15-13 所示。

```
父組件
①匯入麵包屑
import breadCrumb
②使用麵包屑
<breadCrumb :name='name'></breadCrumb>
③傳值
const name = ref('個人設置')
```

```
子組件
①宣告接收的 Props
const props = defineProps(['name'])
②範本語法呈現到範本上
<el-breadcrumb-item>{{props.name}}</el-breadcrumb-item>
```

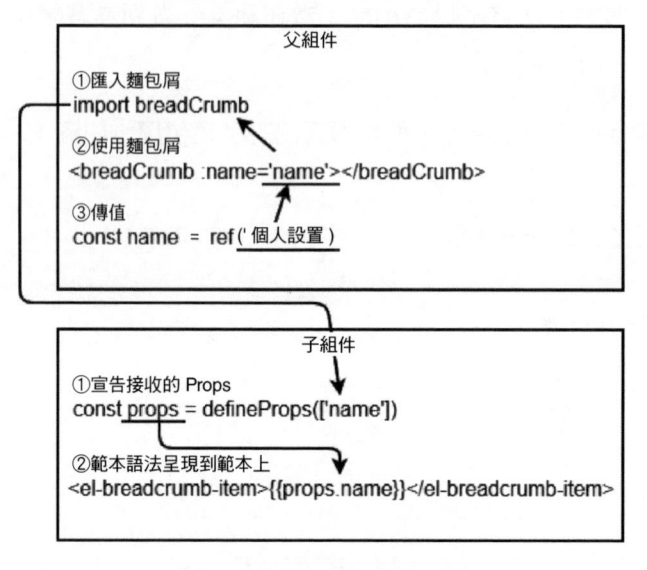

▲ 圖 15-13　Props 傳值流程

15.2 個人設置模組

本節將實現個人設置模組的頁面樣式及功能,並透過 Pinia 實現個人設置上傳圖示與標頭圖示聯動效果,以及使用 localStoage 在個人設置頁面呈現使用者資訊。讀者將以更貼近實際開發的形式逐一了解在樣式和功能實現上的關鍵點。現在,先分析由最終效果圖作為 UI 圖的具體細節,如圖 15-14 所示。

15.2 個人設置模組

▲ 圖 15-14 個人設置頁面顯示效果圖

在面對容器內（除麵包屑）透過內邊距去突出主體內容的情況時，需要知道這其實是兩個區塊級元素共同實現的效果，其中一個區塊級元素作為 wrapper（外殼），而另一個作為 content（內容）。外殼是 Main 區域排除麵包屑之後的剩下區域，內容區域則是由外殼增加 8 像素的內邊距實現的，同時內容繼承了外殼的高度。在整個系統中，不管是個人設置頁面、使用者模組還是產品模組其結構都是如此，故在設計時就需考慮把外殼和內容兩個元素的樣式定義為公共樣式，所以可將類別名稱設為 common-wrapper（共同外殼）和 common-content（共同內容）。

在個人設置頁面的效果圖中，外殼高度是整個 Main 區域減去麵包屑的高度和下邊距的高度，可透過 calc() 函數實現，該函數允許使用特定的數學運算式來動態地計算 CSS 屬性值，如加、減、乘、除等；內容區的樣式則在繼承外殼的高度的基礎上增加白色的背景顏色，程式如下：

15 登堂入室

```
<!-- 外殼 -->
<div class="common-wrapper">
  <!-- 內容 -->
  <div class="common-content">
  </div>
</div>

// 樣式部分
.common-wrapper {
  padding: 0px 8px 8px 8px;
  // 高度減去麵包屑和底部內邊距
  height: calc(100% - 38px);

  // 內容
  .common-content {
    height: 100%;
    background: #fff;
  }
}
```

15.2.1 內容區基礎版面配置

　　透過觀察圖 15-14 可發現，每行的內容大體可分成三類，分別是文字提示、內容及部分選項的按鈕，每個內容區域與文字提示或按鈕之間的距離是固定的，並且都在同一水平線上。在這種情況下，可給每行增加一個 wrapper，用於實現文字提示、內容和按鈕同處於縱軸上，以及設定每行與 common-wrapper 左側的距離和上一行內容的距離；對於內容，則需要增加距離左右兩邊的外邊距，程式如下：

```
<!-- 外殼 -->
<div class="common-wrapper">
  <!-- 內容 -->
  <div class="common-content">
      <div class="info-wrapper">
        <span>文字提示：</span>
        <div class="info-content">
          <!-- 圖示框、輸入框 -->
```

15.2 個人設置模組

```
      </div>
      <!-- 按鈕 -->
    </div>
  </div>
</div>

// 樣式部分
.common-wrapper {
// 外殼樣式
  .common-content {
  // 內容樣式

    // 使用者資訊外殼
    .info-wrapper {
      display: flex;
      align-items: center;        // 水平置中
      padding-left: 60px;         // 左內邊距
      padding-top: 24px;          // 上內邊距
      font-size: 14px;            // 文字提示的字型大小

      // 使用者資訊內容
      .info-content {
      margin-left: 24px;
      margin-right: 16px;
      }
    }
  }
}
```

　　此外，圖 15-14 還提到輸入框的寬度為 240px，這裡就不能直接透過類別名稱 el-input 設定寬度，因為使用者性別是下拉清單而非輸入框，但好在 Element Plus 的下拉清單是在輸入框的基礎上修改而來的，所以可使用樣式穿透法修改其寬度，程式如下：

```
// 只改變輸入框寬度，無法改變下拉清單寬度
.el-input {
  width: 240px;
}
```

15 登堂入室

```
// 使用樣式穿透法修改輸入框和下拉清單寬度
:deep(.el-input) {
  width: 240px;
}
```

最後，在 api 目錄下新建一個名為 user 的 TypeScript 檔案，用於放置個人設置模組的封裝介面，程式如下：

```
//api/user.ts
import instance from '@/http/index'
```

1. 增加上傳圖示

上傳圖示的位置在於 Element Plus 元件的表單一列的最後一個選項，如圖 15-15 所示。

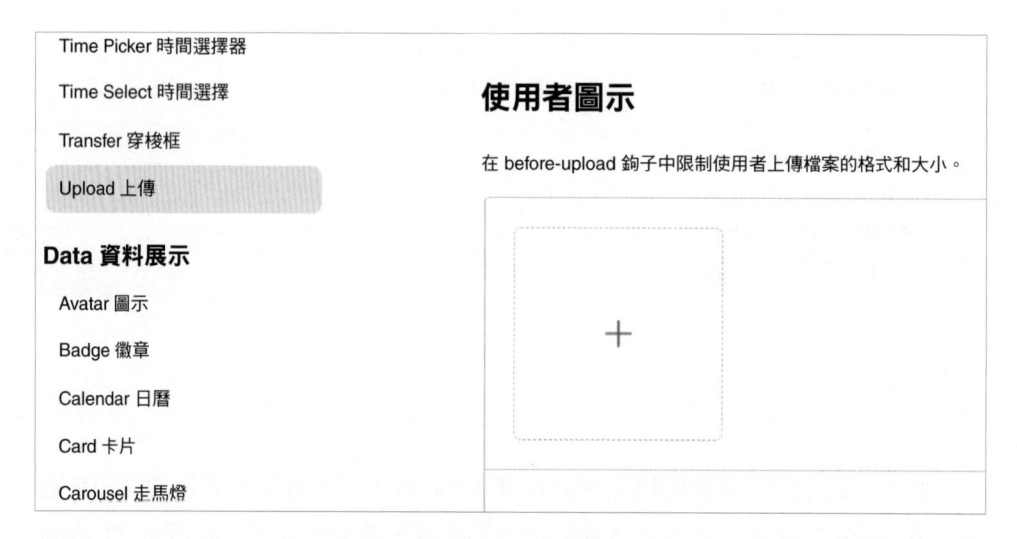

▲ 圖 15-15 上傳圖示

下面來分析上傳圖示的原始程式，便於後期修改。首先是範本內的原始程式，程式如下：

```
<el-upload
  class="avatar-uploader"
  action="https://run.mocky.io/v3/9d059bf9-4660-45f2-925d-ce80ad6c4d15"
```

15.2 個人設置模組

```
    :show-file-list="false"
    :on-success="handleAvatarSuccess"
    :before-upload="beforeAvatarUpload"
  >
    <img v-if="imageUrl" :src="imageUrl" class="avatar" />
    <el-icon v-else class="avatar-uploader-icon"><Plus /></el-icon>
</el-upload>
```

　　首先是範本內的 action 屬性,可看到原始程式中的 action 是一個 URL 網址,這是 Element Plus 官網提供的上傳圖示測試位址,在本專案中應修改為在後端設置的 URL 網址;其次是 show-file-list(展示檔案清單)屬性,用於顯示已上傳的檔案清單,該屬性會在上傳框的下方出現上傳檔案列表,這會影響頁面配置,所以單一檔案上傳時都會設置為 false,使用的場景是在上傳多個檔案時幫助使用者查看是否已上傳需要上傳的檔案。

　　第 3 個屬性 on-success(成功後)掛載的是一個名為 handleAvatarSuccess(處理圖片成功)的函數,即上傳成功後的鉤子函數,程式如下:

```
import { ElMessage } from 'element-plus'              // 引入訊息提示
import { Plus } from '@element-plus/icons-vue'        // 引入 "+" 圖示
import type { UploadProps } from 'element-plus'       // 官方封裝類型

const imageUrl = ref('')
const handleAvatarSuccess: UploadProps['onSuccess'] = (
  response,
  uploadFile
) => {
  imageUrl.value = URL.createObjectURL(uploadFile.raw!)
}
```

　　該鉤子函數傳回兩個資料,response 即後端 res.send() 傳回的資料;uploadFile 則包含了上傳檔案的資訊,如上傳名稱、尺寸、類型等資訊。在回呼函數部分的程式執行了一個邏輯,也就是從 uploadFile 建立了一個物件 URL 網址,並傳遞給 imageUrl,而 imageUrl 對應著 <el-upload> 標籤內的 <img> 標籤,再看 <img> 標籤下方的 <el-icon> 標籤,可知兩者是互為顯示和隱藏的,當有圖片路徑時切換到 <img> 呈現圖片,當沒有圖片時呈現的是「+」形狀的圖示。

15-23

15 登堂入室

但問題是後端傳回並不是 URL 網址,而是狀態碼和訊息提示,程式如下:

```
res.send({
  status: 0,
  message: '修改圖示成功'
})
```

此外,上傳圖示不同於登入與註冊功能那樣在 script 部分定義參數和傳參,也不用在 api 目錄下封裝 API,而是直接在 action 屬性中增加 URL 網址,按一下圖片方框後直接上傳檔案完成請求。這就帶來一個問題,在 5.2.4 節寫的上傳使用者圖示介面需接收使用者的帳號資訊,但在此好像並不能攜帶其餘參數的屬性,程式如下:

```
const sql = 'update users set image_url = ? where account = ?'
```

這就需要分成兩步來完成了,第 1 步是完成上傳圖示並傳回圖示位於伺服器的 URL 位址,第 2 步是將位址與 user 資料表中的使用者進行綁定。在原來的上傳圖示程式中,使用的是 account 作為圖片的唯一標識,由於不能傳入 account,故可採取與生成產品 product_id 相同的方式給每張圖片增加唯一標識,程式如下:

```
//router_handler/user.js
//id 初始為 1000
let image_id = 1000

// 上傳圖示
exports.uploadAvatar = (req, res) => {
  let oldName = req.files[0].filename
  image_id++                      //id 自動增加
  // 增加唯一 id 作為首碼
  let originalname =
  Buffer.from(req.files[0].originalname,'latin1').toString('utf8')
  let newName = '${image_id}' + originalname
  fs.renameSync('./public/upload/' + oldName, './public/upload/' + newName)
  res.send({
    status: 0,
```

```
    url: 'http://127.0.0.1:3007/upload/${newName}'
  })
}
```

當傳回 url 後,再使用另外的介面接收 url 並更新至 user 資料表的 image_url 欄位中,程式如下:

```
//router_handler/user.js
// 綁定帳號
exports.bindAccount = (req, res) => {
  const { account, url } = req.body
  const sql = 'update users set image_url = ? where account = ?'
  db.query(sql, [url, account], (err, result) => {
    if (err) return res.ce(err)
    res.send({
      status: 0,
      message: '修改圖示成功'
    })
  })
}
```

```
//router/user.js
router.post('/uploadAvatar', userHandler.uploadAvatar)           // 上傳圖示
```

此時可在 user.ts 封裝綁定帳號的介面,該介面接收使用者帳號和圖片位址作為參數,程式如下:

```
//api/user.ts
// 綁定使用者與圖示
export const bindAccount = (account:number, url:string) => {
  return instance({
    url: '/user/bindAccount',
    method: 'POST',
    data: {
      account,
      url
    }
  })
}
```

```
//views/set/index.vue
import { bindAccount } from '@/api/user'                    // 個人設置頁面匯入介面
```

此外,使用自動增加 id 需考慮到產品或使用者的數量範圍,雖然這是一個簡單的方法,但在實際開發中通常會使用 UUID(生成唯一標識的模組)或雪花(Snowflake)演算法去生成唯一標識。

另外一個屬性 before-upload(上傳之前)掛載的是一個名為 beforeAvatarUpload(上傳圖片之前)的函數,即用於圖片上傳至伺服器之前的鉤子函數,程式如下:

```
const beforeAvatarUpload: UploadProps['beforeUpload'] = (rawFile) => {
  if (rawFile.type !== 'image/jpeg') {
    ElMessage.error('Avatar picture must be JPG format!')
    return false
  } else if (rawFile.size / 1024 / 1024 > 2) {
    ElMessage.error('Avatar picture size can NOT exceed 2MB!')
    return false
  }
  return true
}
```

該鉤子函數接收一個 rawFile(原生檔案)作為參數,透過其內部的邏輯可知,在函數中對上傳檔案的類型和大小進行了限制和提醒,在實際開發中,只需將這段程式的提示修改為中文,程式如下:

```
// 圖示上傳之前的函數
const beforeAvatarUpload = (rawFile:any) => {
  if (rawFile.type !== 'image/jpeg') {
    ElMessage.error(' 圖示必須是 JPG 格式 !')
    return false
  } else if (rawFile.size / 1024 / 1024 > 2) {
    ElMessage.error(' 圖示必須小於 2MB!')
    return false
  }
  return true
}
```

15.2 個人設置模組

回到範本上，結合開頭分析的 info-wrapper 和 info-content 區塊級元素，將文字提示「使用者圖示：」增加到上傳圖示左側，程式如下：

```
<div class="info-wrapper">
  <span>使用者圖示：</span>
  <div class="info-content">
    <el-upload
      class="avatar-uploader"
      action="http://127.0.0.1:3007/user/uploadAvatar"
      :show-file-list="false"
      :on-success="handleAvatarSuccess"
      :before-upload="beforeAvatarUpload"
    >
      <img v-if="imageUrl" :src="imageUrl" class="avatar"/>
      <el-icon v-else class="avatar-uploader-icon">
        <Plus/>
      </el-icon>
    </el-upload>
  </div>
</div>
```

最後是樣式，直接複製 Element Plus 的預設樣式即可，這裡不再展示。最終的實現效果如圖 15-16 所示。

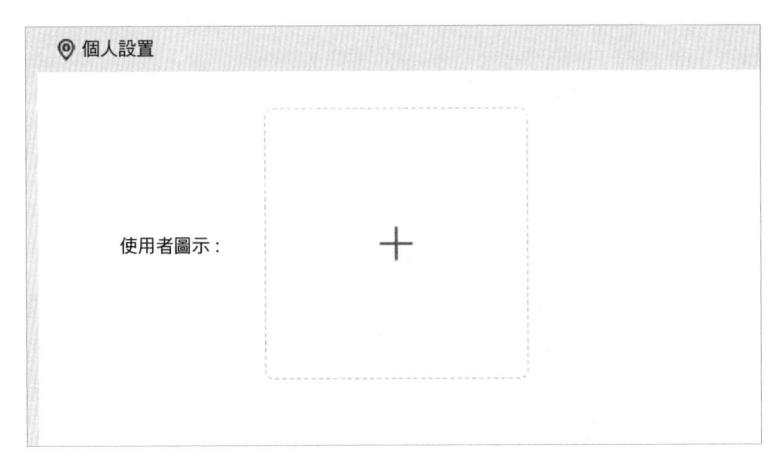

▲ 圖 15-16 完成上傳圖示版面配置

2. 完成使用者帳號版面配置

使用者的帳號、職務和部門都應只能由管理員設置，使用者本身無權設置，故在圖 15-14 中使用禁用的輸入框，只作為展示資料用。以帳號為例，程式如下：

```
<div class="info-wrapper">
  <span>使用者帳號：</span>
  <div class="info-content">
    <!-- disable 為禁用輸入框 -->
    <el-input v-model="userAccount" disabled></el-input>
  </div>
</div>

// 邏輯部分
const userAccount = ref()
```

由於使用者職務、部門和使用者帳號在範本上的結構相同，這裡不再展示。實現的效果如圖 15-17 所示。

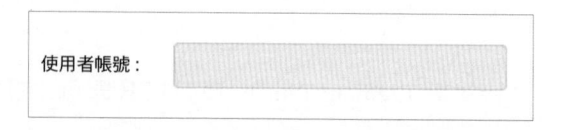

▲ 圖 15-17 完成使用者帳號版面配置

3. localStorage 與 sessionStorage

問題來了，如何能在個人設置頁面內呈現使用者的圖示、帳號、姓名等個人資訊呢？在後端設計登入介面的傳回資料時，除傳回 status、token 外，還傳回了排除了密碼的使用者資訊，但那是登入模組，有沒有辦法在個人設置頁面也能獲取使用者資訊呢？有，那就是 HTML5 的 Web Storage 提供的兩個 API——localStorage 與 sessionStorage。透過這兩個 API 能夠在瀏覽器端儲存資料和獲取資料，顯然不管什麼頁面都處於瀏覽器的環境內，這就實現了不同模組之間的資料聯動。

15.2 個人設置模組

　　localStorage 與 sessionStorage 的主要區別在於，前者的生命週期是永久的，並且能在同源的不同視窗之間共用，即使關閉頁面或瀏覽器之後儲存的資料也不會消失，除非主動刪除資料；後者的生命週期只在當前階段下有效，並且不能共用，一旦關閉頁面或瀏覽器，資料就會被清空。此外，兩者的儲存空間都為 5MB，基於 sessionStorage 的特性，通常其儲存空間不會被佔滿，但當 localStorage 儲存空間達到最大限制時會怎樣呢？會存不進去並顯示出錯，專案設計者通常不會往 localStorage 儲存過多的資料。

　　基於兩者的特性，在儲存方面就變得有選擇了，如果是重要的資訊，則通常會選擇 sessionStorage，畢竟時間長了總會有風險；如果是需要長期儲存的資料，則 localStorage 是一個好選擇。一個常見的場景是一些網站的 7 天免登入功能，就是將具有 7 天時效的 token 儲存到 localStorage 中，當使用者開啟頁面時會自動向伺服器端發送 token 並進行驗證是否過期，當沒過期時就能實現自動登入。

　　在專案中 5.3.2 節曾設計了透過帳號獲取使用者資訊的介面，其目的是用於使用者模組的搜尋功能，那麼可在個人設置元件中透過該介面獲取使用者的資訊並呈現，但首先需要獲取帳號，可在登入成功後先將回應資訊中的使用者帳號儲存到 localStorage 中，然後進行頁面跳躍。使用者帳號儲存在傳回的 results 物件中，程式如下：

```
//login/index.vue
const Login = async() => {
  const res = await login(loginData)
  console.log(res)
  if (res.status == 0) {
    localStorage.setItem('account', res.results.account)         // 儲存帳號
    router.push('/set')         // 登入成功後跳躍至個人設置頁面
  }
}
```

　　此時開啟開發者工具中的應用，選擇本機存放區空間，可看到已經儲存了 account，如圖 15-18 所示。

15 登堂入室

	金鑰	值
	account	123666

▲ 圖 15-18 瀏覽器儲存資料

在前端封裝透過帳號獲取資訊的介面，程式如下：

```ts
//api/user.ts
// 獲取使用者資訊
export const getUserInfo = (account:number):any => {
  return instance({
    url: '/user/getUserInfo',
    method: 'POST',
    data: {
      account
    }
  })
}
```

在個人設置頁面中匯入該介面，並在元件掛載之後呼叫，程式如下：

```vue
//set/index.vue
import {onMounted,ref} from 'vue'                    // 匯入 onMounted 生命週期
import { bindAccount, getUserInfo } from '@/api/user' // 匯入介面

onMounted(async() => {
  let account = localStorage.getItem('account') as any   // 類型斷言
  const res = await getUserInfo(account) as any
  userAccount.value = res.account
})
```

15-30

15.2 個人設置模組

這時,使用者帳號的輸入框就顯示內容了,如圖 15-19 所示。

使用者帳號: 123666

▲ 圖 15-19 輸入框資料展示

獲得了上傳圖示的 bindAccount 介面所需要的帳號,接下來可進一步完善其邏輯,程式如下:

```
// 上傳成功後
const handleAvatarSuccess: UploadProps['onSuccess'] = async (
  response,
  uploadFile
) => {
  //res.send 傳回的 status 為 0
  if (response.status == 0) {
    // 傳入帳號和圖片位址,實際參數需和 API 形式參數的順序一致
    await bindAccount(userAccount.value,response.url)
  }
}
```

讀者可能會問,已經在 localStorage 儲存了帳號了,為什麼這裡還透過調取介面獲取呢?確實可以直接將 localStorage 儲存的帳號賦值給 userAccount,但透過帳號獲取的不僅是使用者帳號,還有使用者影像、部門、職務、姓名、性別等資訊,所以可在 onMounted 鉤子函數內使用傳回的資料繼續賦值。

此外,對於 Header 區域的使用者姓名,此時也可透過 localStorage 獲取,程式如下:

```
//login/index.vue
// 在 Login 函數內儲存姓名
localStorage.setItem('name', res.results.name)

//menu/index.vue
<div class="left-content"> 親愛的 {{name}} 歡迎您登入本系統 </div>
// 邏輯
const name = ref(localStorage.getItem('name'))
```

15-31

15 登堂入室

當使用者按一下 Header 區域退出登入時,應該使用 localStorage 的 clear() 方法清除所有儲存在 localStorage 的資料,程式如下:

```
//menu/index.vue
// 退出登入
const exit = () => {
  router.push('/')
  localStorage.clear()
}
```

4. 完成使用者姓名版面配置及功能

使用者姓名在使用者帳號版面配置的基礎上取消了禁用屬性,增加了按鈕。在按鈕中可綁定儲存姓名的函數,程式如下:

```
<div class="info-wrapper">
  <span> 使用者姓名:</span>
  <div class="info-content">
    <el-input v-model="userName"></el-input>
  </div>
  <el-button type="primary" @click="saveName"> 儲存 </el-button>
</div>

//onMounted 內
//userName.value = res.name as string

// 定義使用者姓名
const userName = ref()
// 儲存姓名函數
const saveName = () => {}
```

由於是新註冊的使用者,所以使用者姓名為空,如圖 15-20 所示。

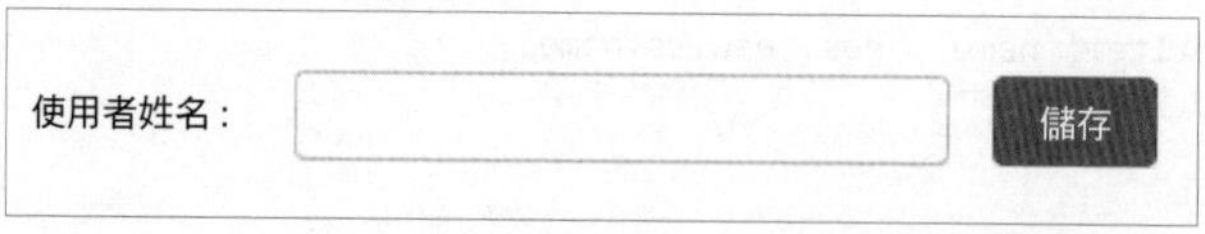

▲ 圖 15-20 完成使用者姓名版面配置

15.2 個人設置模組

版面配置完成後,可封裝修改使用者姓名的介面,並在元件中匯入和使用。該介面接收使用者 id 和姓名作為參數,程式如下:

```
//api/user.ts
// 修改姓名
export const changeName = (name:string, id:number) => {
  return instance({
    url: '/user/changeName',
    method: 'POST',
    data: {
      name,
      id
    }
  })
}

//... 為先前匯入的介面
import { ...,changeName } from '@/api/user'
```

由於該介面接收一個姓名和 id,所以可定義一個 userId 並從 onMounted 中獲取使用者的 id 對其複製,最後傳進修改姓名的介面中,程式如下:

```
//onMounted 賦值 id
//userId.value = res.id as number

// 定義一個 id
const userId = ref<number>()
// 儲存姓名函數
const saveName = async () => {
  const res = await changeName(userName.value,userId.value)
  console.log(res)
}
```

此時在輸入框輸入張三,並按一下「儲存」按鈕,查看主控台可發現出現修改成功提示,如圖 15-21 所示。

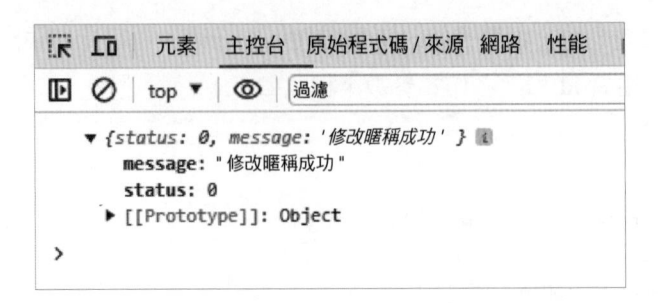

```
          {status: 0, message: '修改暱稱成功'}
             message: "修改暱稱成功"
             status: 0
           ▶ [[Prototype]]: Object
```

▲ 圖 15-21 修改暱稱成功

對於修改年齡、修改電子郵件也是相同的邏輯，首先封裝 API，其次在組件中匯入，最後在綁定函數中傳參並呼叫介面。需要注意的是，在進行開發時必須先定義 res（result）去輸出回應內容，這樣才能保證前後端是正常互動的狀態。在確保回應資訊沒問題後，只需在函數中保留 await 敘述。讀者可在參考修改姓名程式的基礎上，手寫修改年齡、電子郵件功能程式來提升對 Vue 3 的熟練度。另外由於使用者年齡、電子郵件與使用者姓名在範本上的結構相同，這裡不再演示。

5. 完成使用者性別版面配置及功能

在圖 15-14 中，使用者性別採用了下拉清單的方式。下拉清單在 Element Plus 中稱為選擇器，在 From 表單元件一列中，元件由 <el-select> 標籤標識，選擇項由 <el-option> 包裹，程式如下：

```
<div class="info-wrapper">
  <span> 使用者性別： </span>
  <div class="info-content">
    <el-select v-model="userSex" placeholder=" 選擇性別 ">
      <el-option label=" 男 " value=" 男 "/>
      <el-option label=" 女 " value=" 女 "/>
    </el-select>
  </div>
  <el-button type="primary" @click="saveSex"> 儲存 </el-button>
</div>

// 定義使用者性別
```

15.2 個人設置模組

```
const userSex = ref<string>()
// 儲存性別函數
const saveSex = () => {}
```

實現的效果如圖 15-22 所示。

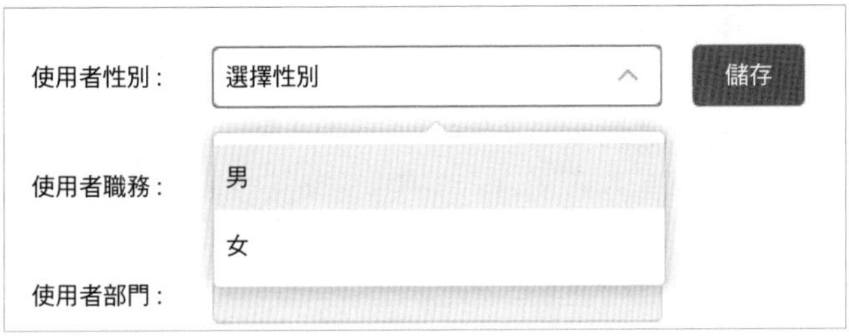

▲ 圖 15-22 完成使用者性別版面配置

這裡需要注意的是 label 值最好與 value 值相同，並且與資料表中定義的類型相同，這是因為在前後端分離開發時，前端可能在 value 值使用 1 代表男性，使用 0 代表女性，當後端採取的是字串類型儲存時就會出現錯誤問題。

儲存性別邏輯與儲存姓名相同，程式如下：

```
//api/user.ts
// 修改性別
export const changeSex = (sex:string, id:number):any => {
  return instance({
    url: '/user/changeSex',
    method: 'POST',
    data: {
      sex,
      id
    }
  })
}
// 匯入 changeSex 介面並使用
const saveSex = async () => {
  await changeSex(userSex.value, userId)         // 只保留 await 敘述
}
```

6. 封裝使用者密碼彈窗

最後需要完成修改使用者密碼功能，由於修改密碼需要對舊密碼和新密碼進行驗證，所以在本專案中修改密碼將採取彈窗的形式，如圖 15-23 所示。

▲ 圖 15-23 完成使用者修改密碼功能

修改密碼的版面配置類似於使用者帳戶，只是把輸入框改為按鈕，在按鈕中增加開啟彈窗的函數，程式如下：

```
<div class="info-wrapper">
  <span>使用者密碼：</span>
  <div class="info-content">
    <el-button type="primary" @click="openChangePassword">
    修改密碼
    </el-button>
  </div>
</div>

// 開啟修改密碼彈窗函數
const openChangePassword = () => {}
```

15.2 個人設置模組

在 Element Plus 元件的 Feedback 回饋元件一列中提供了 Dialog 對話方塊元件，該元件會彈出一個對話方塊，下面簡要分析其基礎用法中範本的原始程式，程式如下：

```
<el-dialog
  v-model="dialogVisible"
  title="Tips"
  width="30%"
  :before-close="handleClose"
>
  <div> 內容區域 </div>
</el-dialog>

// 控制彈窗關閉
const dialogVisible = ref(false)
```

彈窗使用 <el-dialog> 標籤進行標識。如原始程式所示，彈窗的屬性主要包括 3 個，分別是用於控制彈窗開合的 v-model 屬性，用於展示彈窗標題的 title 屬性和用於修改彈窗寬度的 width 屬性，在開發時需將寬度修改為圖 15-23 中標注的 400px。在原始程式中還使用了 before-close（關閉之前）屬性綁定了名為 handleClose（關閉）的函數，用於當關閉彈窗之後的邏輯處理。

由於該彈窗元件是屬於個人資訊設置功能內的，所以不同於麵包屑元件那樣封裝在通用元件的 src/components 目錄中，而是在 set 目錄下新建一個 components 目錄，並在其中新建名為 change_password（修改密碼）的單檔案元件，表示其為 set 目錄下的元件。

圖 15-23 中的彈窗內封裝了一個表單元件，包含兩個輸入框，其程式與登入功能類似，程式如下：

```
//set/change_password.vue
<el-dialog v-model="dialogVisible " title=" 修改密碼 " width="400px">
  <el-form class="login-form"  :model="passwordData"
    :label-position="labelPosition">
    <el-form-item label=" 請輸入您的舊密碼 " prop="oldPassword">
      <el-input v-model="passwordData.oldPassword"
```

```
                  placeholder=" 請輸入您的舊密碼 "
                  show-password />
    </el-form-item>
    <el-form-item label=" 請輸入您的新密碼 " prop="newPassword">
      <el-input v-model="passwordData.newPassword"
                placeholder=" 請輸入您的新密碼 "
                show-password />
    </el-form-item>
  </el-form>
</el-dialog>

// 邏輯部分
//TypeScript 介面
interface PasswordData {
  oldPassword : string;
  newPassword : string;
}
// 定義新舊密碼
const passwordData : PasswordData = reactive({
  oldPassword: '',
  newPassword: '',
})
```

可在表單中使用 rules（規則）屬性,定義表單內容的驗證規則,程式如下:

```
<el-form class="login-form"
         :label-position="labelPosition"
         :rules="rules">

// 表單規則
const rules = reactive({
  oldPassword: [
    { required: true, message: ' 請輸入您的舊密碼 ', trigger: 'blur' },
  ],
  newPassword: [
    { required: true, message: ' 請輸入您的新密碼 ', trigger: 'blur' },
  ],
})
```

15.2 個人設置模組

在規則中,規定了新舊密碼皆為必填項,當沒有輸入資料時會在輸入框底部出現「請輸入…」的紅色字型提醒,觸發(trigger)的方式為 blur(失去焦點),如圖 15-24 所示。

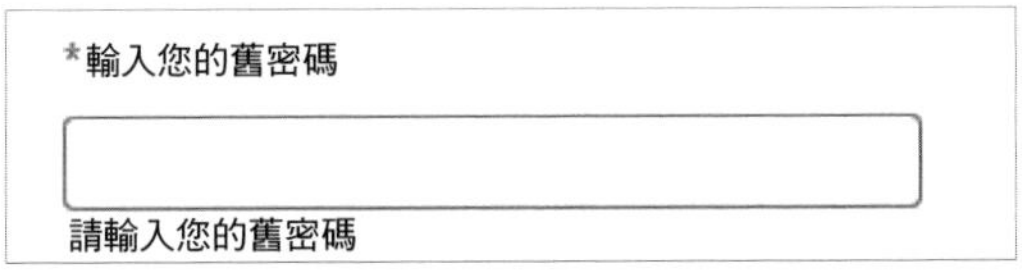

▲ 圖 15-24 rules 提示

最後是底部的按鈕部分,在彈窗元件中提供了名為 footer 的插槽,用於在底部區域增加內容,使用方法為在 <template> 標籤中增加「#footer」。在底部區域增加用於取消彈窗和確認修改密碼的按鈕,其中按一下「取消」按鈕後便將 dialogVisible 值改變為 false,按一下「確定」按鈕則呼叫修改密碼的介面,程式如下:

```
<!-- 底部內容 -->
<template #footer>
  <!-- dialog 預設底部類別,按鈕位於右下角 -->
  <div class="dialog-footer">
    <el-button @click="dialogVisible = false">取消</el-button>
    <el-button type="primary" @click="sure">
      確定
    </el-button>
  </div>
</template>

// 修改密碼函數
const sure = () => {}
```

那麼,如何在個人設置模組按一下「修改密碼」按鈕後開啟該彈窗呢?可在彈窗元件內定義一個能夠開啟彈窗的方法,並向外暴露以供父元件使用。在 Vue 3 關於元件的 API 中提供了 defineExpose 函數,用於顯式地指定元件向外暴露資料、方法或計算屬性,程式如下:

```
// 定義開啟彈窗方法
const open = () => {
  dialogVisible.value = true
}
// 向外暴露 open,該方法無須從 Vue 匯入
defineExpose({
  open
})
```

　　回到父元件中,匯入彈窗元件並在修改密碼按鈕中使用暴露的 open 方法。如何使用子元件的方法呢? Vue 的設計者為開發者提供了 ref 屬性,可用來在父元件中獲取對子元件的引用,從而調取子元件的方法或存取子元件的資料,程式如下:

```
//set/index.vue
<template>
  // 上傳圖示等元素
  <Change ref="handleDialog"></Change>
</template>

// 匯入彈窗組件
import Change from './components/change_password.vue'

// 可透過 handleDialog 獲得子元件方法或資料
const handleDialog = ref()

// 開啟密碼彈窗
const openChangePassword = () => {
  handleDialog.value.open()
}
```

　　這時按一下「修改密碼」按鈕就會彈出修改密碼框,如圖 15-25 所示。

15.2 個人設置模組

▲ 圖 15-25 彈出修改密碼框

修改密碼需要接收使用者的 id,相信讀者已經有了想法,也就是可以直接在登入邏輯中儲存使用者的 id,並在元件中透過 localStorage 的 getItem() 方法獲取;另一種方法是把後端修改密碼介面獲取 id 修改為獲取 account,這種情況主要用在前後端開發人員沒有協商好使用的唯一標識。在登入邏輯中增加儲存 id,程式如下:

```
//login/index.vue
localStorage.setItem('id', res.results.id)          // 儲存 id
```

首先封裝修改密碼的 API,該 API 接收 3 個參數,程式如下:

```
//api/user.ts
// 修改密碼
export const changePassword = (
    id:number,
    oldPassword:string,
    newPassword:string):any => {
```

```
    return instance({
      url: '/user/changePassword',
      method: 'POST',
      data: {
        id,
        oldPassword,
        newPassword
      }
    })
}
```

在邏輯中首先應判斷使用者是否輸入了舊密碼和新密碼,然後是呼叫修改密碼的 API。在修改密碼成功後,應當關閉彈出窗後跳躍至登入頁面以讓使用者重新登入,程式如下:

```
//set/change_password.vue
import { changePassword } from '@/api/user'      // 匯入介面
import {
  ElMessage
} from 'element-plus'                            // 匯入訊息提示
import { useRouter } from 'vue-router'           // 匯入路由並建立實例
const router = useRouter()

const sure = async() => {
  // 判斷是否輸入了新舊密碼
  if (passwordData.oldPassword && passwordData.newPassword) {
    // 呼叫介面
    const res = await changePassword(
        localStorage.getItem('id') as any,
        passwordData.oldPassword,
        passwordData.newPassword)
    console.log(res)
    if (res.status == 0) {
      dialogVisible.value = false
      router.push('/')                           // 跳躍至登入頁面
    }
  } else {
    ElMessage.error(' 請輸入密碼 !')
```

```
    }
}
```

此時，整個修改密碼的邏輯就完成了，在彈框中輸入舊密碼和新密碼後，可在主控台中看到「修改密碼成功」，如圖 15-26 所示。

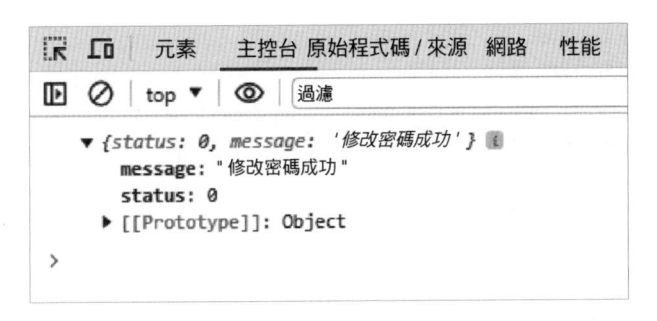

▲ 圖 15-26 修改密碼成功

15.2.2 封裝公共類別

本節對在使用者模組、產品模組及日誌模組中都會用到的樣式類別 common-wrapper 和 common-content 進行封裝並引用。

在 assets 目錄下新建一個名為 css 的目錄，並新建一個名為 common 的 SCSS 檔案用於存放需要全域使用的類別。將 set 元件中的樣式類別 common-wrapper 和 common-content 的內容放置在 common.scss 檔案中，程式如下：

```
//assets/css/common.scss
// 外殼
.common-wrapper {
  padding: 0px 8px 8px 8px;
  // 計算 減去了標頭還有麵包屑 + 2×8=16 邊距
  height: calc(100% - 38px);

  // 內容
  .common-content {
    height: 100%;
    background: #fff;
```

```
    }
}
```

　　此時在 set 元件中可將這兩個樣式程式區塊刪除，並使用 CSS 提供的 @import 語法匯入公共類別檔案，程式如下：

```
<style lang="scss" scoped>
@import '@/assets/css/common.scss';

// 帳戶資訊外殼、圖示等其他樣式

</style>
```

15.2.3 Pinia

　　Pinia 是 Vue 3.0 的全家桶成員之一，是 Vue 3.0 的狀態管理函數庫，是 Vue 2.0 狀態管理函數庫 Vuex 的升級版。所謂狀態，其實就是在 Pinia 中定義的資料和方法，這些資料和方法在被引用的元件當中是共用的。舉個簡單的例子，假設元件 A 使用了 Pinia 中的 dataA，元件 B 也使用了 dataA，那麼當元件 A 改變 dataA 時，組件 B 的 dataA 也會同時改變，反之同理。基於這種特性，可以在個人設置頁面完成上傳圖示時同步更新標頭的圖示，如圖 15-27 所示。

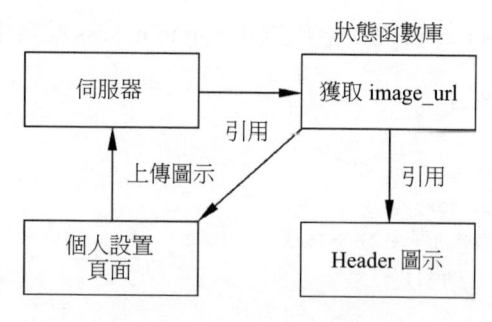

▲ 圖 15-27 共用資料

15.2 個人設置模組

在 src 目錄下的 stores（倉庫、商店）目錄，即為 Pinia 的專有目錄，每個 store 中都包含 3 個核心要素，分別是儲存資料的 State（狀態）、用於進行計算衍生資料的 Getter 和處理業務邏輯的 Action（行為）。在不了解 Pinia 之前，可能覺得這些要素很抽象，不過沒關係，當定義了一個 store 之後，能夠發現其實很容易理解。

1. 定義 Pinia

與路由相同，首先需要從 Pinia 模組中匯入用於建立 Pinia 的方法，而這一步驟通常是在一個單獨的檔案內進行的。在 stores 目錄下新建一個 index.ts 檔案，用於建立 Pinia，程式如下：

```
//stores/index.ts
import { createPinia } from 'pinia'
const pinia = createPinia()              // 建立 Pinia
```

在使用 export 向外暴露 Pinia 之前，不得不談到 Pinia 的缺點，也就是在 state 中儲存的資料在瀏覽器刷新之後會遺失，目前來講解決的辦法就是安裝用於資料持久化的外掛程式——pinia-plugin-persistedstate（pinia- 外掛程式 - 持久化資料），名稱很長，但好在單字好記。安裝外掛程式的命令如下：

```
pnpm i pinia-plugin-persistedstate
```

安裝完之後在 stores/index.ts 檔案中匯入，使用 Pinia 實例的 use() 方法掛載持久化外掛程式，程式如下：

```
//stores/index.ts
import { createPinia } from 'pinia'
// 匯入外掛程式
import piniaPluginPersistedstate from 'pinia-plugin-persistedstate'
const pinia = createPinia()
pinia.use(piniaPluginPersistedstate)           // 掛載外掛程式

export default pinia                           // 暴露 Pinia
```

15-45

另外需要注意的是，由於在建立 Vue 3.0 專案時選擇了 Pinia，所以在 main.ts 檔案下會有匯入 createPinia 方法並掛載在 app 實例上的程式，但由於現在在 store/index.ts 暴露了 Pinia，所以需把原來的關於 Pinia 的程式刪除，程式如下：

```
// 刪除
import { createPinia } from 'pinia'
app.use(createPinia())
// 換為匯入 Pinia 並掛載 Pinia
import pinia from './stores'
app.use(pinia)
```

2. 定義和存取 Store

在 stores 目錄下新建一個名為 user 的 TypeScript 檔案，用於建立儲存使用者圖示的 Store。Store 由 Pinia 的 defineStore() 方法定義，該方法的第 1 個參數為當前 Store 的 id，不能與其他 Store 名稱重複，第 2 個參數為具體的配置，包含 State、Getter、Action 等內容，程式如下：

```
//stores/user.ts
import { defineStore } from 'pinia'
export const useUserInfo = defineStore('userInfo',()=> {
  state: ()=> {},           // 存放資料
  getter : {},              // 計算資料
  action : {},              // 處理資料
},{
  persist:true              // 持久化外掛程式使用位置
})
```

在上述程式中，使用的是選項式 API 的寫法，但 Pinia 官方還提供了 setup() 的寫法，定義狀態、Getter 和 Action 的方式與單檔案元件中使用 const 定義資料、函數相同。下面從解決圖示共用的需求出發，學習如何使用 Pinia。

在 State 中定義需要共用的圖片位址，程式如下：

```
// 選項式寫法
state: ()=> {
  return {
```

```
      imageUrl: '',
    }
},
//setup() 寫法
const imageUrl = ref<string>()
```

假設在 menu 組件的圖示想存取 Store 獲取 imageUrl，首先需匯入向外暴露的 Store，其次建立 Store 的實例，程式如下：

```
//menu/index.vue
// 邏輯部分
import { useUserInfo } from '@/stores/user'      // 匯入 Store
const userStore = useUserInfo()                   // 建立實例
```

此時，就可透過實例直接存取 Store 中的狀態了。將範本中圖示 src 屬性的值修改為 Store 中的 imageUrl，程式如下：

```
//menu/index.vue
<el-avatar :size="24" :src="userStore.imageUrl"/>
```

3. 使用 State

除了可以直接使用實例存取 State 外，還可以對 State 的資料進行重置、變更和替換等，假設想在 menu 元件中將 State 中的 imageUrl 重置為空，那麼可透過 $reset() 方法實現，程式如下：

```
userStore.$reset()                                // 重置 State
```

在本專案中，需要在上傳完圖片後，修改 State 儲存的 imageUrl 以達到修改 menu 元件中的圖示，那麼可使用 $patch() 方法對 State 進行變更，程式如下：

```
//set/index.vue
<!-- <el-upload> 標籤內 -->
<img v-if="userStore.imageUrl"
     :src="userStore.imageUrl"
     class="avatar"/>
```

```
// 邏輯部分
import { useUserInfo } from '@/stores/user'    // 匯入 Store
const userStore = useUserInfo()                // 建立實例

const handleAvatarSuccess: UploadProps['onSuccess'] = async (
  response,
  uploadFile
) => {
  //res.send 傳回的 status 為 0
  if (response.status == 0) {
  // 修改 State 中的 imageUrl
    userStore.$patch({
      imageUrl: response.url
    })
    imageUrl.value = response.url
    await bindAccount(userAccount.value as number, response.url)
  }
}
```

替換 State 的內容使用 $state() 方法，但由於可能會破壞響應性，通常會使用 $patch() 方法以更改代替替換。

此外，如果 State 中儲存的是 number 類型的數值，則可直接透過運算子達到更改的效果，程式如下：

```
// 假設在 Store 定義了一個 count
const count = ref<number>(0)

// 在引用組件中可直接透過運算子更改
userStore.count++
```

4. 使用 Action

由圖 15-27 可知，在 Pinia 中獲取圖片位於伺服器的 URL 網址，可在 Action 中增加獲取使用者資訊的介面，並把 image_url 賦值給 imageUrl，程式如下：

15.2 個人設置模組

```
//stores/user.ts
import { getUserInfo } from '@/api/user'
// 選項式寫法
async userInfo (account:number) {
  const res = await getUserInfo (account) as any
  this.imageUrl = res.imageUrl            //this 指向 state 物件
}
//setup() 寫法
const userInfo = async (account :number) =>{
  const res = await getUserInfo (account) as any
  imageUrl.value = res.image_url
}

return {
  imageUrl,userInfo
}
```

對於需要在進入系統就載入的資訊，通常會在登入成功後進行著色，也就是可在登入成功後使用 Store 定義的 userInfo 方法，程式如下：

```
//login/index.vue
// 邏輯部分
import { useUserInfo } from '@/stores/user'    // 匯入 Store
const userStore = useUserInfo()                 // 建立實例

const Login = async()=> {
  const res = await login (loginData)
  console.log (res)
  if (res.status == 0) {
    localStorage.setItem('account', res.results.account)
    localStorage.setItem('id', res.results.id)
    userStore.userInfo (res.results.account)    // 使用 Store 定義的 Action
    router.push('/set')
  }
}
```

5. 完成上傳圖示

此時重新登入系統，可發現在開發者工具應用選項的本機存放區空間中，出現了名為 userInfo 的金鑰，並且值為儲存在 State 中的 imageUrl，如圖 15-28 所示。

▲ 圖 15-28 儲存 Store 成功

此時按一下圖示框，上傳圖示後可看到 Header 區域與圖示框被同步替換成了新圖示，說明圖示聯動成功，如圖 15-29 所示。

▲ 圖 15-29 實現圖示聯動

15.3 使用者清單模組

表格是一個系統中最常見的元素之一，具有十分重要的作用，能夠清晰地展示大量資料，幫助管理者獲取需要的資訊，做出正確的判斷。在本專案中，透過表格，能夠實現對使用者、產品、日誌資訊的資料展示。本節將透過 Element Plus 的表格、分頁等元件，架設使用者清單模組主要架構，使用彈出窗元件實現使用者詳細資訊框，並對通用的表格類別進行抽象封裝。

15.3.1 使用者模組基礎架構

首先分析一下整個使用者模組主頁面的 UI 圖，如圖 15-30 所示。

▲ 圖 15-30 使用者模組圖

整個使用者表格區域可以分為 3 部分，分別是包括輸入框、單選按鈕和按鈕的表格標頭（上方）區域；頁面核心的表格內容區域；位於表格底部的分頁區域。基於這種劃分方式，就可以定義 3 個區塊級元素分別包裹其內容，但不要忘記在 15.2.2 節封裝的作為頁面基礎版面配置的公共類別，程式如下：

```
<template>
  <div class="common-wrapper">
    <div class="common-content">
      <!-- 表格標頭區域 -->
```

```
            <div class="table-header"></div>
            <!-- 表格內容區域 -->
            <div class="table-content"></div>
            <!-- 底部分頁區域 -->
            <div class="table-footer"></div>
        </div>
    </div>
</template>

<style lang='scss' scoped>
@import '@/assets/css/common.scss';
</style>
```

基於圖 15-30 所示的邊距資訊,可分別將三部分內容都增加上邊距,其中,底部的分頁位於整行元素的最右側,可使用彈性版面配置的 justify-content 屬性的 flex-end 屬性值,將其位於盒子的尾部,為了顯得不那麼擁擠,還可調整分頁器距上方表格的距離,程式如下:

```
// 表格上方
.table-header{
  padding: 0px 10px;              // 左、右內邊距
}

// 表格區域
.table-content{
  padding: 0px 10px;
}

// 底部分頁
.table-footer{
  display: flex;
  justify-content: flex-end;
  margin: 10px 10px 0 0;          // 上、右外邊距
}
```

此外,在透過對 menu 頁面的 Header 區域版面配置之後,讀者能夠發現表格標頭區域的版面配置和 Header 區域類似,即都將內容分佈在元素的兩邊,而

這種版面配置是使用彈性版面配置的 justify-content 屬性的 space-between 屬性值實現的。下面從表格頂部的內容實現開始，逐步完成整個頁面結構。

1. 表格頂部內容版面配置

如圖 15-30 所示，表格頂部主要包括 4 種不同類型的元素，其中輸入框、下拉清單和按鈕在先前的個人設置頁面都已實現，只有用於篩選狀態的單選按鈕是初次接觸，其中，按鈕與其他 3 個元素分別位於整行的左右兩側。基於這種分佈的版面配置，可定義兩個區塊級元素，分別包裹輸入框、下拉清單、單選按鈕和包裹按鈕，並在 <table-header> 使用彈性版面配置，程式如下：

```
<!-- 表格上方 -->
<div class="table-header">
  <!-- 表格上方左部分 -->
  <div class="left-header"></div>
  <!-- 表格上方右部分 -->
  <div class="right-header"></div>
</div>

// 樣式部分
.table-header{
  padding: 0 10px;
  display: flex;
  justify-content: space-between;
  height: 60px;
  align-items: center;
}
```

圖 15-30 中的輸入框尾部有「放大鏡」圖示，這是由輸入框元件提供的插槽屬性增加的，用於標識該輸入框為搜尋框。在專案中使用輸入框作為搜尋框可增加「@change」事件，該事件會在當 v-model 值改變、輸入框失去焦點或使用者按 Enter 鍵時觸發，以便在使用者輸入數值後將表格資料更新為指定內容，程式如下：

```
<!-- 表格上方左部分，m-2 為元件內建尺寸類別 -->
<div class="left-header">
  <!-- 使用 ":suffix-icon" 在輸入框前面插入 " 放大鏡 " 圖示 -->
```

```
  <el-input
    v-model="userAccount"
    class="w-50 m-2 distance"
    placeholder=" 輸入帳號進行搜尋 "
    :suffix-icon="Search"
    @change="searchByAccount"
  />
</div>

// 邏輯部分
const userAccount = ref<number>()              // 定義使用者帳號
// 搜尋帳號邏輯
const searchByAccount =  ()=> {}
```

對於下拉清單，在 15.2.1 節中使用了增加多個 <el-option> 標籤著色下拉內容的操作，但對於內容較多的情況，可使用 v-for 進行著色。下拉清單同樣提供了「@change」事件用於選中時觸發。此外，還可透過下拉清單組件內設的增加 clearable 屬性和「@clear」事件在清空下拉清單時重新獲取所有使用者資料，程式如下：

```
<!-- 部門下拉清單 -->
<el-select
  v-model="department"
  placeholder=" 請選擇部門 "
  clearable
  @clear="clearOperation"
  @change="searchForDepartment">
  <el-option v-for="item in departmentData"
             :key="item" :label="item"
             :value="item"/>
</el-select>

// 邏輯部分
const department = ref()                                   // 選中值

const departmentData = ref([' 人事部 ',' 產品部 '])         // 使用陣列定義下拉資料

const searchByDepartment = ()=> {}                         // 使用部門搜尋使用者
```

15.3 使用者清單模組

```
const clearOperation = ()=> {}                    // 清空選擇框觸發函數
```

左側區域的最後部分是單選按鈕。單選按鈕位於 Element Plus 組件的 Form 表單一列，其樣式如圖 15-30 頂部的單選按鈕所示，樣式由可選的圓框和選項名稱組成，主要適用於不太多的選項場景，如二選一、三選一等。單選按鈕使用 <el-radio-group> 標籤標記，選項由 <el-radio> 標記，選項的屬性 label 對應單選按鈕綁定的數值。在專案中使用單選按鈕切換篩選凍結、正常狀態的使用者，程式如下：

```
<!-- 表格上方左部分 -->
<el-radio-group v-model="userStatus"
                class="ml-4"
                @change="searchByStatus">
  <el-radio label="1"> 凍結 </el-radio>
  <el-radio label="0"> 正常 </el-radio>
</el-radio-group>
</div>
// 邏輯部分
const userStatus = ref()

const searchByStatus = ()=> {}                    // 選擇狀態執行邏輯
```

此時左側區域的搜尋框、下拉清單和單選按鈕是擠在一起的，可透過給位於中間的下拉清單增加左右外邊距分隔兩邊的元素，程式如下：

```
// 下拉清單新增類別
.distance{
  margin: 0 10px;
}
```

這樣整個頂部左側的版面配置就完成了，如圖 15-31 所示。

▲ 圖 15-31 表格頂部左側版面配置

其次是右側區域的按鈕，按鈕的作用是當管理員根據帳號、部門或狀態搜尋使用者之後重新顯示所有使用者清單，當執行獲取使用者清單的邏輯時，還應清空搜尋框帳號或選中的狀態，程式如下：

```
<!-- 表格上方右側區域 -->
<div class="right-header">
  <el-button type="primary" @click="getAllUser">所有使用者</el-button>
</div>

// 邏輯部分
const getAllUser = ()=>{
  if(userAccount.value) userAccount.value = null
  if(userStatus.value) userStatus.value = null
  if(department.value) department.value = null
  // 請求邏輯
}
```

2. 增加表格

表格（table）位於 Element Plus 組件的 Data 資料展示一列，如圖 15-30 所示，表格的基本形式為展示多筆結構類似的資料，在圖中還使用表格提供的插槽插入 Element Plus 的 Tag（標籤）元件，用於標識使用者狀態和用於標識進行凍結、解凍操作的按鈕。表格由 <el-table> 標籤標識，列標籤由 <el-table-column> 標識，程式如下：

```
<template>
  <el-table :data="tableData" style="width: 100%">
    <el-table-column prop="date" label="Date" width="180" />
    <el-table-column prop="name" label="Name" width="180" />
    <el-table-column prop="address" label="Address" />
  </el-table>
</template>

const tableData = [
  {
    date: '2016-05-03',
    name: 'Tom',
    address: 'No. 189, Grove St, Los Angeles',
```

15.3 使用者清單模組

```
  }
]
```

　　表格的常用屬性不多，在 <el-table> 中提供了 data 屬性，用於綁定表單資料，使用 style 屬性定義表格寬；在 <el-table-column> 標籤中使用 prop 對應表單資料中的屬性，label 為列名稱，如果該列內容寬度較長，則可使用 width 屬性定義其寬度。此外，表格還提供了 type 為 index（索引）的列，用於標識每行資料的序號，程式如下：

```
// 序號列
<el-table-column type="index" width="50"/>
```

　　表格的插槽用法為在 <el-table-column> 標籤內使用 <template #default="{row}"> 定義，其中 row 為每行的資料物件，如 row.status 存取的是這行資料物件的狀態屬性值。在程式中共有兩處使用了插槽，第 1 處是 Tag(標籤)，如圖 15-30 所示，標籤是用來標記內容的元素，用 <el-tag> 標識。標籤預設為淺藍色，可使用不同的 type 選擇標籤的類型，如 success(成功) 為淺綠色標籤、info(資訊) 為淺灰色標籤、warning(警告) 為橙色標籤、danger(危險) 為淺紅色標籤。在表格中使用了預設類型表示凍結，success 類型表示正常，程式如下：

```
<el-table-column prop="status" label=" 狀態 ">
  <template #default="{row}">
    <el-tag v-if="row.status=='1'" class="ml-2">凍結</el-tag>
    <el-tag v-else class="ml-2" type="success">正常</el-tag>
  </template>
</el-table-column>
```

　　另一處使用插槽的是表格的操作列，在插槽中使用了兩個按鈕，對應凍結使用者和解凍使用者。在按鈕中應當根據當前狀態進行禁止或非禁止按一下操作，如當前使用者已被凍結，此時不能按一下「凍結」按鈕，反之當狀態為正常時，可按一下「凍結」按鈕。在操作列還可使用 fixed 屬性固定當前列，當視窗寬度過長時操作列將始終固定在右側，方便管理員操作，程式如下：

```
<el-table-column label=" 操作 " width="200" fixed="right">
  <template #default="{row}">
```

15-57

```
    <div class="button-content">
     <el-button type="primary" @click="banUserById(row.id)"
                :disabled='row.status==1'>凍結
     </el-button>
     <el-button type="success" @click="actUserById(row.id)"
                :disabled='row.status==0'>解凍
     </el-button>
    </div>
  </template>
</el-table-column>

// 邏輯部分
const banUserById = (id: number) => {}        // 透過 id 凍結使用者
const actUserById = (id: number) => {}        // 透過 id 解凍使用者
```

表格列中還需要注意的是時間，資料表中的時間是精確到秒的，通常對於使用者的註冊和更新日期在非日誌記錄資料表上是精確到日的，故可透過 JavaScript 字串的 slice() 方法剪貼時間長度。在 slice() 方法前要有個鏈判斷運算符號，即「?」，防止當 create_time 為 null 或 undefined 時造成錯誤，程式如下：

```
<el-table-column prop="create_time" label=" 建立時間 " width="150">
  <template #default="{row}">
    <div>{{ row.create_time?.slice (0, 10) }}</div>
  </template>
</el-table-column>
```

那該如何修改使用者的資訊呢？在 <el-table> 中使用了「@row-dbclick」事件，用於在管理員按兩下行內容時觸發修改使用者內容的彈窗，在 15.4.4 節將透過 Dialog 群組件實現使用者詳細資訊彈窗。整個表格的程式如下：

```
<div class="table-content">
<el-table :data="tableData"
          style="width: 100%"
          border
          @row-dblclick='editUser'>
    <el-table-column type="index" width="50"/>
    <el-table-column prop="account" label=" 帳號 " width="100"/>
    <el-table-column prop="name" label=" 姓名 "/>
```

```html
    <el-table-column prop="age" label=" 年齡 " />
    <el-table-column prop="sex" label=" 性別 " />
    <el-table-column prop="department" label=" 部門 " />
    <el-table-column prop="position" label=" 職務 " />
    <el-table-column prop="email" label=" 電子郵件 " width="120" />
    <el-table-column prop="status" label=" 狀態 ">
        <!-- 插槽內容 -->
    <el-table-column>
    <el-table-column prop="create_time" label=" 建立時間 " width="150">
        <!-- 插槽內容 -->
    <el-table-column>
    <el-table-column prop="update_time" label=" 更新時間 " width="150">
        <!-- 插槽內容 -->
    <el-table-column>
    <el-table-column label=" 操作 " width="200" fixed="right">
        <!-- 插槽內容 -->
    <el-table-column>
</el-table>

// 邏輯部分
const tableData = ref<object[]>([])// 表格內容
// 按兩下進入編輯使用者頁面
const editUser = ()=>{}
```

在設計表格的 prop 屬性時要注意和資料表一致，準確來講要與從伺服器回應的陣列的物件屬性一致，不然會出現內容不顯示的情況。怎麼獲取表格的資料呢？答案在 15.4 節。

3. 分頁

分頁是表格的孿生兄弟，有表格就存在分頁。分頁在 Element Plus 組件的 Data 資料展示一列，由 <el-pagination> 標籤標識，效果如圖 15-30 的表格底部所示，基礎的分頁程式如下：

```html
<!-- layout 屬性的 3 個參數分別為上一頁、頁數、下一頁，total 為總頁數 -->
<el-pagination layout="prev, pager, next" :total="50" />
```

在分頁中常用的屬性包括標識當前頁面的 current-page、用於設置最大頁碼數的 pager-count、總頁數 page-count，其中，總頁數由總專案數除以每頁顯示的行數的結果向上取整數。此外，監聽使用者換頁並刷新資料由「@current-change」事件監聽，該事件會傳回當前頁數的頁碼，在後端設置的接收頁碼傳回頁面內容就是為此監聽事件準備的。可定義一個物件綁定上述屬性的值，程式如下：

```
//user/index.vue
<!-- 分頁 -->
<div class="table-footer">
  <el-pagination :current-page="paginationData.currentPage"
                 :pager-count="7"
                 :page-count="paginationData.pageCount"
                 @current-change="changePage"
                 layout="prev, pager, next"/>
</div>

// 邏輯部分
// 分頁資料
const paginationData = reactive({
  // 總頁數
  pageCount: 1,
  // 當前所處頁數
  currentPage: 1,
})

// 傳回使用者長度並計算總頁數
const returnUserLength = ()=> {}
returnUserLength()                              // 執行該函數

const changePage = (value: number)=> {}         // 監聽換頁
```

值得一提的是，分頁不僅可以在後端計算，也可由前端使用 JavaScript 計算得出，一個簡單的想法是將傳回的所有資料切分成規定數量的陣列，如每個陣列包含 10 個使用者資料，再將其儲存至一個空陣列中，這樣便組成了二維陣列。

15.3 使用者清單模組

當使用者按一下換頁時，例如頁碼為 2，那麼呈現的就是一維陣列中下標為 1 的二維陣列（陣列從 0 算起）。當然，這樣做太複雜了，最好的辦法還是由後端接收頁碼並傳回資料。

4. 封裝表格類別

由於產品模組、操作和登入日誌的版面配置與使用者模組相同，所以整個表格的版面配置可作為公共類別。只需在 assets/common.scss 檔案中增加本頁除表格頂部下拉清單用於分隔元素的 distance 類別的樣式。

15.3.2 使用者資訊框

在個人設置頁面並無修改使用者部門和職務的選項，原因在於這種許可權應該由管理員進行設置，在表格中預留了監聽按兩下表格的觸發事件。在 user 目錄下新建一個名為 components 的目錄，並新建名為 user_info 的單檔案組件，用於完成能夠修改使用者部門和職務的資訊框。本節在使用者資訊框中使用了圖示框、柵格版面配置、標籤、下拉清單等多種組件以完善使用者的基礎資訊，讓讀者能夠進一步熟練地使用 Dialog 元件進行自訂內容，如圖 15-32 所示。

▲ 圖 15-32 使用者資訊框

1. 基礎版面配置

整個資訊框與修改密碼框相同，使用了 Dialog 彈出元件，在彈窗內將內容分成了兩部分，左邊為圖示區域，右邊為使用者資訊區域，這種橫向的版面配置無疑使用了彈性版面配置。需要注意的是，在右邊資訊區域使用了柵格版面配置的情況下，需給其分配寬度，否則就只是普通的區塊級元素。最底部的刪除使用者按鈕是使用彈窗提供的插槽進行版面配置的，並且在樣式方面與 Header 區域的退出登入按鈕一樣，實現了滑鼠可按一下的效果，這是一種按鈕的慣用想法，程式如下：

```
<template>
  <el-dialog v-model="dialogVisible" title=" 使用者資訊 " width="600px">
    <div class="dialog-wrapper">
      <!-- 左邊部分 -->
      <div class="dialog-left"></div>
      <!-- 右邊部分 -->
      <div class="dialog-right"></div>
    </div>
    <template #footer>
      <span class="delete"> 刪除使用者 </span>
    </template>
  </el-dialog>
</template>

// 樣式部分
// 外殼的目的在於使用彈性版面配置
.dialog-wrapper {
  display: flex;
  // 左側圖示區域
  .dialog-left {
    width: 30%;                        // 圖示寬度
  }
  // 右側資訊區域
  .dialog-right {
    width: 70%;                        // 資訊區域的寬度
    padding: 10px;                     // 調整與圖示區域的距離
  }
```

```
}
.delete {
  font-size: 16px;
  color: #409eff;
  cursor: pointer;
}
```

在邏輯方面，可先配置向外暴露的函數，程式如下：

```
// 邏輯部分
import { ref } from 'vue'
const dialogVisible = ref(false)

// 開啟修改密碼的彈窗
const open = ()=> {
  dialogVisible.value = true
}

defineExpose({
  open
})
```

2. 左側圖示區域

左側的內容只有一個圖示，圖示路徑可採用伺服器靜態託管的圖片。圖示為區塊元素，預設處於左上角位置，故需使用彈性版面配置讓其置中，程式如下：

```
<div class="dialog-left">
  <el-avatar shape="square" :size="178" :src="imageUrl"/>
</div>

// 邏輯部分
const imageUrl = ref('http://localhost:3007/upload/123.jpg')

// 樣式部分
.dialog-left {
  width: 30%;
```

```
display: flex;
justify-content: center;
}
```

3. 右側資訊區域

在關於 Bootstrap 一節 (10.4.2 節) 中曾簡單介紹過柵格版面配置，這是一種基於將寬度平分為固定數量的區域的版面配置。柵格版面配置位於 Element Plus 元件的 Basic 基礎元件一列中，但需要注意的是，Bootstrap 是基於 12 列分欄建立版面配置的，而在 Element Plus 中是基於 24 列的。使用的方法非常簡單，Element Plus 使用 \<el-row\> 標籤標識柵格版面配置，使用 \<el-col\> 的 span 屬性決定每列佔據的分欄數。下面簡單示範幾個例子，程式如下：

```
<!-- 整行只有一列元素 -->
<el-row>
  <el-col :span="24"><div /></el-col>
</el-row>
<!-- 整行有兩列元素 -->
<el-row>
  <el-col :span="12"><div /></el-col>
  <el-col :span="12"><div /></el-col>
</el-row>
```

由圖 15-32 可知，姓名、帳號狀態的寬度是較短的，而帳號和聯絡方式的內容是較長的，所以可分別對左右兩列給予不同的分欄數，程式如下：

```
<el-row>
  <el-col :span="8">
    <span> 姓名：張三 </span>
  </el-col>
  <el-col :span="16">
    <span> 帳號：123666</span>
  </el-col>
</el-row>
```

當繼續在 24 分欄的基礎上增加 \<el-col\> 標籤時，由於其會將新增的內容自動移動到下一行，所以可將狀態放置在帳號下面，程式如下：

15.3 使用者清單模組

```html
<el-row>
  <!-- 姓名、帳號部分 -->
  <el-col :span="8">
    <div class="status">狀態：
    <el-tag v-if="userStatus==1" class="ml-2">凍結</el-tag>
    <el-tag class="ml-2" type="success" v-else>正常</el-tag>
    </div>
  </el-col>
</el-row>
```

但此時就會有一個問題，如何調整行與行之間的間距呢？即使內容換行了，但還是處於一個 `<el-row>` 標籤內，所以在換行時最好使用另外的 `<el-row>` 標籤去包裹下一行內容，這樣就能透過 el-row 類別去調整行與行之間的間距，程式如下：

```html
<el-row>
  <!-- 姓名、帳號部分 -->
</el-row>
<el-row>
  <!-- 狀態、聯絡方式部分 -->
</el-row>
```

```js
// 邏輯部分
const userStatus = ref(1)
```

```css
// 樣式部分
.el-row {
  margin-bottom: 20px;
}
```

對於使用了 Tag 元件的狀態，由於文字同圖示一樣，在沒有樣式時位於左上方，而 Tag 元件內的文字相較於文字就顯得往下移動了幾像素，這就需調整文字與元件的水平位置，使其齊平，程式如下：

```css
.status {
  display: flex;
  align-items: center;
}
```

最後是下拉清單部分，整體的構造其實與個人設置頁面的修改性別一致，只是將按鈕變為採取監聽數值變化進行修改，故可將個人設置頁面的程式直接複製過來進行修改，程式如下：

```
<div class="info-wrapper">
  <span>使用者部門：</span>
  <div class="info-content">
    <el-select v-model="userDepartment"
               @change="editDepartment">
      <el-option label=" 人事部 " value=" 人事部 "/>
      <el-option label=" 產品部 " value=" 產品部 "/>
    </el-select>
  </div>
</div>
<div class="info-wrapper">
  <span>使用者職務：</span>
  <div class="info-content">
    <el-select v-model="userDepartment"
               @change="editPosition">
      <el-option label=" 員工 " value=" 員工 "/>
      <el-option label=" 經理 " value=" 經理 "/>
    </el-select>
  </div>
</div>

// 邏輯部分
const userDepartment = ref<string>()
const editDepartment = ()=> {}              // 監聽修改部門事件
const userPosition = ref<string>()
const editPosition = ()=> {}                // 監聽修改職務事件
```

在樣式方面，同樣使用彈性版面配置使文字與下拉清單齊平，並且調整文字與下拉清單之間的距離，程式如下：

```
.info-wrapper {
  display: flex;
  align-items: center;
  height: 40px;
```

```
  .info-content {
    margin-left: 20px;
  }
}
```

至此,整個使用者資訊框就完成了。

15.4 完善使用者列表功能

整個使用者模組的功能都是圍繞著表格內容展開的,本節將在獲取表格資料的基礎上,完成表格的分頁功能、使用者的凍結與解凍功能、表格頂部的搜尋與篩選功能、使用者資訊框的修改部門和職務功能及刪除使用者功能。

首先在 api 目錄下的 user.ts 檔案中繼續封裝獲取使用者列表(所有使用者)的介面,該介面接收頁碼作為參數,程式如下:

```
//api/user.ts
// 獲取指定頁碼的使用者
export const getUserListForPage = (pager:number):any => {
  return instance({
    url: '/user/getUserListForPage',
    method: 'POST',
    data: {
      pager
    }
  })
}
```

其次在使用者模組頁面匯入介面,並透過函數將介面傳回的數值賦值給表格,程式如下:

```
//user/index.vue
import { getUserListForPage } from '@/api/user'

// 預設呈現第 1 頁的資料
const getFirstPageList = async ()=> {
```

```
    tableData.value = await getUserListForPage(1) as any
}
getFirstPageList()
```

此時,在使用者模組頁面就出現了使用者的資料,如圖 15-33 所示。

▲ 圖 15-33 完成獲取使用者資料

15.4.1 實現分頁功能

實現分頁功能分為兩步,第 1 步是獲取總頁數,這需要獲取使用者的長度和每頁展現的數量,程式如下:

```
//api/user.ts
// 獲取使用者長度
export const getUserLength = ():any => {
return instance({
    url: '/user/getUserLength',
    method: 'POST',
  })
}
```

15.4 完善使用者列表功能

在使用者模組頁碼匯入介面,並在 returnUserLength 函數內計算出總頁數。這裡使用了數學模組的 ceil(),該方法用於向上取整數,在當前使用者數量不足 10 的情況下,該方法傳回數字 1,即總頁數為 1,程式如下:

```
// 傳回使用者長度並計算總頁數
const returnUserLength = async()=> {
  const res = await getUserLength()as any
  paginationData.pageCount = Math.ceil (res.length / 10) 總頁數
}
returnUserLength()
```

第 2 步為監聽使用者按一下的頁碼並輸出對應頁碼的資料,該實現邏輯使用的仍然是根據頁碼傳回指定資料的 API,參數為分頁組件「@current-change」傳回的頁碼,程式如下:

```
// 監聽換頁
const changePage = async (value: number) => {
  paginationData.currentPage = value // 頁碼
  tableData.value = await getUserListForPage (value) as any
}
```

15.4.2 實現凍結與解凍功能

凍結和解凍功能的邏輯相同,透過表格獲得對應使用者的 id,傳入 API 實現凍結和解凍操作。讀者可能會問,表格裡面沒有顯示 id,如何獲取 id 呢?其實是有 id 的,只是沒有顯示出來。封裝凍結和解凍 API,程式如下:

```
//api/user.ts
// 凍結使用者
export const banUser = (id:number):any => {
    return instance ({
        url: '/user/banUser',
        method: 'POST',
        data:{
            id,
        }
    })
```

```
}

// 解凍使用者
export const thawUser = (id:number):any => {
    return instance({
        url: '/user/thawUser',
        method: 'POST',
        data:{
            id,
        }
    })
}
```

在使用者模組頁面匯入 API 後,分別在 banUserById 函數和 actUserById 函數中執行邏輯。這裡需要注意的是,在凍結或解凍實現之後,應呼叫 getUserListForPage 介面重新更新當前頁面資料,程式如下:

```
//user/index.vue
// 凍結使用者
const banUserById = async (id: number) => {
    const res = await banUser(id)
    if (res.status == 0){
        tableData.value = await
            getUserListForPage(paginationData.currentPage) as any
    }
}
// 解凍使用者
const actUserById = async (id: number) => {
    const res = await thawUser(id)
    if (res.status == 0){
        tableData.value = await
            getUserListForPage(paginationData.currentPage) as any
    }
}
```

15.4.3 實現搜尋與篩選功能

表格頂部分為 4 個功能，下面分別實現帳號搜尋功能、部門篩選功能和狀態篩選功能及重置所有使用者功能。

1. 帳號搜尋功能

首先實現帳號搜尋功能，由於該 API 在個人設置頁面獲取使用者資訊時已經封裝過，故直接匯入使用者模組頁面即可。在搜尋框綁定的「@change」事件呼叫 API 並傳入帳號，將傳回的值著色至 tableData 中，程式如下：

```
// 透過帳號進行搜尋
const searchByAccount = async()=> {
  tableData.value = await getUserInfo(userAccount.value as number) as any
}
```

2. 部門篩選功能

其次實現部門篩選功能，透過部門進行搜尋，部門搜尋包括兩個監聽事件，一個是監聽選中值，另一個是監聽清空選中值，對於清空選中值只需呼叫 getUserListForPage 重新更新頁面資料，而對於監聽選中值，則需考慮頁碼。封裝部門篩選 API，程式如下：

```
//api/user.ts
// 透過部門篩選使用者
export const getUserByDepartment = (pager:number,department:string):any => {
    return instance({
        url: '/user/getUserByDepartment',
        method: 'POST',
        data:{
            pager,
            department
        }
    })
}
```

預設監聽部門選中值攜帶的頁碼為 1，當使用者按一下換頁時，傳回對應頁碼呈現的資料。這裡就需要特別注意總頁數，此時的總頁數應為對應部門的人數除以每頁顯示的專案數，並向上取整數，故應新增獲取對應部門總人數的介面，程式如下：

```
//router_handler/user.js
// 傳回指定部門總人數
exports.UserLengthForDepartment = (req, res) => {
    sql = 'select * from users
            where department = ? and status = 0 '
    db.query(sql, req.body.department, (err, result) => {
        if (err) return res.ce(err)
        res.send({
            length:result.length
        })
    })
}


//router/user.js
router.post('/UserLengthForDepartment',
userHandler.UserLengthForDepartment)
```

在 api 目錄下的 user.ts 檔案中新增傳回指定部門總人數的介面，程式如下：

```
//api/user.ts
// 傳回指定部門的總人數
export const UserLengthForDepartment = (department:string):any => {
    return instance({
        url: '/user/UserLengthForDepartment',
        method: 'POST',
        data:{
            department
        }
    })
}
```

15.4 完善使用者列表功能

將兩個介面匯入使用者管理模組,在 searchByDepartment 函數中先獲取當前部門的總頁數,然後預設傳回當前部門的第 1 頁資料,當使用者按一下換頁時,再傳回對應頁碼的資料,程式如下:

```
//user/index.vue
// 根據部門獲取使用者
const searchByDepartment = async()=> {
  const res = await UserLengthForDepartment(department.value) as any
  // 獲取總頁數
  paginationData.pageCount = Math.ceil(res.length / 10)
  // 預設傳回第 1 頁資料
  tableData.value = await getUserByDepartment(1,department.value) as any
  // 當換頁時
  if(paginationData.currentPage!==1){
    tableData.value = await 
   getUserByDepartment(paginationData.currentPage,department.value) as any
 }
}
```

對於清空選中部門,直接呼叫 getFirstPageList 函數即可,程式如下:

```
// 清空選項
const clearOperation = ()=> {
  getFirstPageList()
}
```

3. 狀態篩選功能

狀態篩選功能同樣需要傳回當前狀態下的使用者總數,故需新增實現該用途的介面,程式如下:

```
//router_handler/user.js
// 傳回指定狀態總人數
exports.UserLengthForStatus = (req, res) => {
    sql = 'select * from users
             where status = ?'
    db.query(sql, req.body.status, (err, result) => {
        if (err) return res.ce(err)
        res.send({
```

```
            length:result.length
        })
    })
}

//router/user.js
router.post('/UserLengthForStatus', userHandler.UserLengthForStatus)
```

在前端封裝獲取狀態使用者清單介面和新增的傳回狀態使用者總數介面，程式如下：

```
//api/user.ts
// 傳回指定部門的總人數
export const UserLengthForStatus = (status:number):any => {
    return instance({
        url: '/user/UserLengthForStatus',
        method: 'POST',
        data:{
            status
        }
    })
}

// 獲取狀態使用者清單
export const getStatusUserList = (pager:number,status:number):any => {
    return instance({
        url: '/user/getStatusUserList',
        method: 'POST',
        data:{
            pager,
            status
        }
    })
}
```

15.4 完善使用者列表功能

篩選不同狀態使用者的實現邏輯與透過部門篩選使用者的實現邏輯相同，在匯入兩個介面後，先利用當前狀態的總人數計算出總頁數，傳回頁碼為 1 的資料，並根據頁碼變化傳回對應的頁碼資料，程式如下：

```
//user/index.vue
// 篩選不同狀態使用者
const searchByStatus = async()=> {
  const res = await
    UserLengthForStatus (userStatus.value as number) as any
  paginationData.pageCount = Math.ceil(res.length / 10)
  tableData.value = await
    getStatusUserList (1,userStatus.value as number) as any
  if(paginationData.currentPage!==1){
    tableData.value = await
      getStatusUserList (paginationData.currentPage,
        userStatus.value as number) as any
  }
}
```

4. 重置所有使用者功能

當使用者輸入了帳號或選擇了部門、狀態之後，可按一下「所有使用者」按鈕重置當前狀態，等於重新進入使用者模組，此時應清空帳號、部門、狀態的數值，並呼叫 returnUserLength 函數和 getFirstPageList 函數獲取總頁數和首頁資料，程式如下：

```
//user/index.vue
// 所有使用者按鈕
const getAllUser = ()=>{
  if(userAccount.value) userAccount.value = null
  if(userStatus.value) userStatus.value = null
  if(department.value) department.value = null
  // 請求邏輯
  getFirstPageList()
  returnUserLength()
}
```

15.4.4 實現使用者資訊框功能

在實現使用者資訊框功能之前，先回顧一下之前實踐過的組件通訊例子，在 15.1.2 節的麵包屑中曾使用 Props 接收父元件傳值，而在 15.2.3 節則使用了 Pinia 去實現兩個元件之間的聯動。在本節中，將介紹兩種用於元件之間通訊的工具，一種是名為 defineEmits 的 API，這是一個可選的 API，用於定義元件可發佈的自訂事件的函數，使用的場景通常為子元件改變了某些狀態而觸發父元件內容需要相應地進行更新，例如在改動使用者的部門或職務之後，相應的使用者列表資料也要進行更新；另一種是名為 Mitt 的通訊工具，它是由 Vue 3 官方推薦的簡潔、靈活的 JavaScript 事件訂閱和發佈函數庫，大小只有 200B，類似於 Vue 2 的 Bus 模組，安裝 Mitt 的命令如下：

```
pnpm i mitt
```

在本節將透過 Mitt 將每行的使用者資訊傳遞至使用者資訊框，並透過 defineEmits 去觸發使用者列表的更新。

1. Mitt 實現訊息傳值

作為全域都可能用到的工具，需要將 Mitt 定義在公共的工具檔案中，在開發中通常會在 src 目錄下新建一個名為 utils（使用工具）的目錄，用於存放全域使用的工具。在 utils 目錄下新建名為 mitt 的 TypeScript 檔案，匯入 Mitt 並向外暴露，程式如下：

```
//src/utils/mitt.ts
import mitt from 'mitt'
import type {Emitter} from 'mitt'
// 暴露出去的名稱為自訂的 bus
export const bus:Emitter<any> = mitt()
```

15.4 完善使用者列表功能

在 Mitt 中主要有 4 種 API，用於發佈、監聽、取消監聽和清除監聽，其中發佈、監聽和取消監聽的第 1 個參數為標記作用的字串，也就是元件之間傳值的「暗號」，程式如下：

```
// 發佈
bus.emit('tag',params)
// 監聽
bus.on('tag',(params)=>{})
// 取消監聽
bus.off('tag')
// 清除監聽
bus.all.clear()
```

下面透過具體的需求在實戰中學習 Mitt。目前需要在使用者資訊框顯示當前按兩下表格某行使用者的資訊，那麼可以在開啟資訊框的同時使用 emit() 將值傳至使用者資訊框中，並在資訊框使用 on() 接收資料，程式如下：

```
//user/index.vue
import { bus } from "@/utils/mitt"

// 按兩下綁定函數
const editUser = (row:any)=>{
  bus.emit('editUser',row)
  userInfo.value.open()
}

//user/components/user_info.vue
import { bus } from "@/utils/mitt"

bus.on('editUser',(row:any)=>{
  console.log(row)
})
```

在按兩下表格使用者並開啟資訊框後,可在主控台看到輸出的資料,說明資料已經被傳至使用者資訊框中,如圖 15-34 所示。

▲ 圖 15-34 資訊框獲取使用者資訊

此時即可透過範本語法將使用者的基礎資訊呈現到範本中,程式如下:

```
<!-- 以姓名為例 -->
<span>姓名:{{ userName }}</span>

// 賦值
bus.on('info',(row:any)=>{
  imageUrl.value = row.image_url
  userName.value = row.name
  userAccount.value = row.account
  userStatus.value = row.status
  userEmail.value = row.email
  userDepartment.value = row.department
```

15.4 完善使用者列表功能

```
    userPosition.value = row.position
})
```

Mitt 的監聽應在使用者資訊框組件銷毀的時候取消監聽,可在銷毀之前的生命週期使用取消監聽方法,程式如下:

```
//user/components/user_info.vue
// 匯入 onBeforeUnmount 生命週期
import { ref,onBeforeUnmount } from 'vue'

onBeforeUnmount(()=> {
  bus.all.clear()                     // 取消監聽
})
```

2. 實現修改使用者部門和職務功能

在 api/user.ts 下繼續封裝關於實現修改使用者部門和職務的介面,這個介面透過接收的參數名稱實現修改使用者部門和職務功能,故需定義 3 個形式參數,程式如下:

```
//api/user.ts
// 實現修改使用者部門和職務功能
export const changeLevel =
    (id:number,department?:string,position?:string):any => {
    return instance({
        url: '/user/changeLevel',
        method: 'POST',
        data:{
            id,
            department,
            position
        }
    })
}
```

接著在使用者資訊框組件中匯入該 API。此外，考慮到修改部門或職務是透過 id 查詢指定物件的，在使用者資訊框元件中還需定義一個 id，並在 Mitt 內賦值，程式如下：

```
//user/components/user_info.vue
import { changeLevel } from '@/api/user'

bus.on('editUser',(row:any)=> {
  userId.value = row.id
  // 其餘賦值
})
const userId = ref<number>()
```

最後是在兩個下拉清單 "@change" 事件的綁定函數中分別呼叫 changeLevel 介面，程式如下：

```
// 更新部門
const editDepartment = async()=> {
  await changeLevel (userId.value as number,userDepartment.value)
}

// 更新職務, 注意第 2 個參數為 undefined
const editPosition = async()=> {
  await changeLevel (userId.value as number, undefined,userPosition.value)
}
```

下一步，將在兩個函數內透過 defineEmits 函數重新著色父群組件，即使用者清單資料。

3. defineEmits

defineEmits 函數定義在子元件中，接收一個陣列作為參數，陣列內包含自訂事件的名稱，其實相當於 Mitt 模組 emit() 方法的第 1 個參數，用於元件之間溝通的「暗號」，但需要注意的是它是事件，不是標記。定義後即可在更新部門和更新職務的函數內使用 defineEmits 函數傳回的方法發佈自訂的事件，程式如下：

15.4 完善使用者列表功能

```
//user/components/user_info.vue
// 通常使用 emit 作為 defineEmits 函數傳回的方法名稱
const emit = defineEmits(['success'])

// 更新部門
const editDepartment = async()=> {
  await changeLevel (userId.value as number,userDepartment.value)
  emit('success')
}

// 更新職務
const editPosition = async()=> {
  await changeLevel (userId.value as number,userPosition.value)
  emit('success')
}
```

此時,名為 success 的事件就已經發佈成功了,接下來只需在父元件範本內的子元件標籤監聽該事件,該事件綁定的函數應該重新著色該筆使用者所在頁碼的資料,那麼可定義一個函數,用於更新當前頁碼的資料,程式如下:

```
//user/index.vue
// 綁定 success 事件
<UserInfo ref="userInfo" @success="renderThisPage"></UserInfo>
// 重新著色當前頁碼的資料
const renderThisPage = async()=> {
  tableData.value = await
      getUserListForPage (paginationData.currentPage) as any
}
```

4. 刪除使用者

第 1 步還是在 api/user.ts 下封裝刪除使用者的 API,並在使用者資訊框內匯入,程式如下:

```
//api/user.ts
// 刪除使用者
export const deleteUser = (id:number):any => {
    return instance({
```

```
            url: '/user/deleteUser',
            method: 'POST',
            data:{
                id
            }
        })
    }

    //user/components/user_info.vue
    import {changeLevel,deleteUser} from '@/api/user'
```

在面對刪除使用者這種能造成不可逆結果的需求時，應當增加二次確認邏輯以防止造成意外，而正好 Element Plus 提供的 Message Box 訊息彈窗元件能滿足這個需求，該元件位於 Feedback 回饋元件一列中。訊息彈窗元件提供了 confirm（確定）框，該對話方塊接收 3 個參數，第 1 個參數為對話方塊提示語，如「您確定要刪除這個使用者嗎？」；第 2 個參數為對話方塊左上角的標題；第 3 個參數為一個物件，該物件前兩個屬性為確認按鈕和取消按鈕的文字，第 3 個屬性用於表明訊息類型，可傳入 success（成功）、error（錯誤）、info（資訊）、warning（警告），呼叫該對話方塊會傳回一個 Promise 物件，用於處理使用者不同的選擇，可在 Promise 的 then() 方法中呼叫刪除使用者介面，程式如下：

```
//user/components/user_info.vue
<span class="delete" @click="openMessageBox">刪除使用者</span>

// 邏輯部分
const openMessageBox = ()=> {
  ElMessageBox.confirm (
      '您確定要刪除這個使用者嗎 ?',      // 對話方塊提示語
      '警告',                        // 對話方塊標題
      {
        confirmButtonText: '確認',
        cancelButtonText: '取消',
        type: 'warning',
      }
  ).then (async()=> {                // 按一下「確認」按鈕時的邏輯
      await deleteUser (userId.value as number)
      emit('success')                // 著色使用者列表
```

15.4 完善使用者列表功能

```
      dialogVisible.value = false      // 關閉使用者資訊框
    })
    .catch(()=> {                       // 按一下「取消」按鈕時的邏輯
      ElMessage({
        type: 'info',
        message: '取消刪除',
      })
    })
}
```

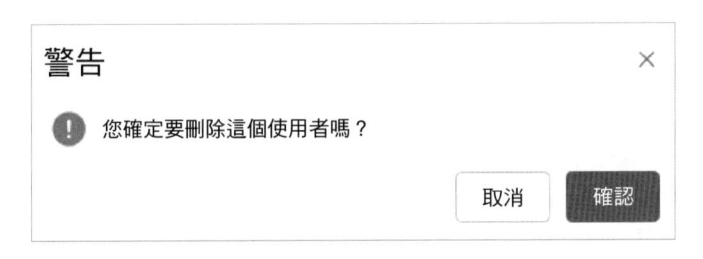

實現效果如圖 15-35 所示。

▲ 圖 15-35 二次確認彈出窗

假設使用者嘗試刪除自己的帳號該怎麼辦呢？合理的邏輯應當不能刪除自己的帳號，可透過 localStorage 判斷當前使用者的 id 是否與 userId 相同，然後終止刪除過程，程式如下：

```
then(async()=> {
  let id = localStorage.getItem('id') as any as number
  if (id == userId.value) {
    return ElMessage.error('不能刪除自己的帳號！')    // 終止刪除
  }
  await deleteUser(userId.value as number)
  emit('success')
  dialogVisible.value = false
})
```

15.5 實現日誌記錄

在本專案中,登入日誌和操作日誌的版面配置都採用與使用者模組相同的版面配置。在具體內容上,登入日誌表格頂部為透過帳號搜尋最近的 10 筆記錄;操作日誌表格頂部為透過日期輸出最近的 10 筆記錄,並且都有清空記錄的按鈕。按照版面配置想法,帳號搜尋框和日期框都位於表格頂部的左側,按鈕位於右側,可以說兩種日誌記錄只在頂部左側和表格列名稱上有差別。基於 15.2.2 節和 15.3.1 節封裝的公共樣式,可快速完成兩類日誌的頁面配置。

相信讀者在實戰了個人設置模組和使用者管理模組後,已經非常熟悉在 Vue 中使用單檔案元件的過程。首先是在 src 目錄下新建名為 login_log 和 operation_log 的目錄,並在目錄下新建名為 index 的單檔案元件,用於使用者頁面內容的著色;其次是在路由的 menu 子路由中增加兩種日誌的路由,程式如下:

```
//router/index.ts
//menu 子路由內
{
  name: 'login_log',
  path: '/login_log',
  component: () => import('@/views/login_log/index.vue')
},{
  name: 'operation_log',
  path: '/operation_log',
  component: () => import('@/views/operation_log/index.vue')
}
```

然後是在 menu 頁面中增加兩種日誌的功能表選項,程式如下:

```
//menu/index.vue
<el-menu-item index="login_log">
  <el-icon><Clock /></el-icon>
  <span> 登入日誌 </span>
</el-menu-item>
<el-menu-item index="operation_log">
  <el-icon><Operation /></el-icon>
```

15.5 實現日誌記錄

```
    <span> 操作日誌 </span>
</el-menu-item>
```

在選單中,登入日誌選單使用了 <Clock/>(時鐘)圖示,操作日誌使用了 <Operation/>(操作)圖示,實現效果如圖 15-36 所示。

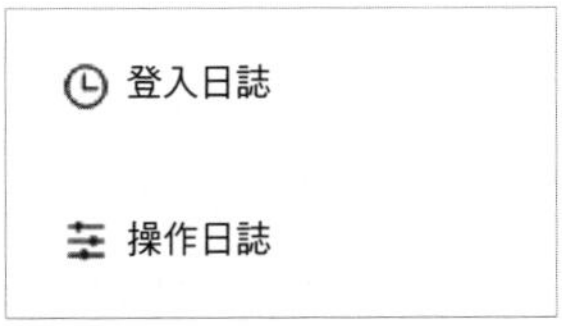

▲ 圖 15-36 登入日誌和操作日誌選單

最後是兩種日誌的頁面基本架構,在匯入麵包屑之後,在其樣式部分直接匯入公共樣式類別並建立對應的標籤即可,程式如下:

```
//login_log/index.vue&&operation_log_index.vue
<template>
<breadCrumb :name='name'></breadCrumb>
<div class="common-wrapper">
  <div class="common-content">
    <div class="table-header">
      <div class="left-header"></div>
      <div class="right-header"></div>
    </div>
    <div class="table-content"></div>
    <div class="table-footer"></div>
  </div>
</div>
</template>
<script setup lang="ts">
import { ref } from 'vue'
const name = ref(' 登入日誌 ')          // 或操作日誌
</script>

<style scoped lang="scss">
@import "@/assets/css/common.scss";
</style>
```

15 登堂入室

這樣建構版面配置無疑是最快速的,也是最有效率的。在實際工作中,在專案設計階段就應和 UI 設計師探討好哪些版面配置是通用的,即能夠成為公共類別的,只有通用的版面配置多了,才能讓使用者加深對系統的印象,就好比看到紅色背景的白髮老頭,就能聯想到肯德基上校。在 16 章的產品模組版面配置中,也會採取這樣的經典版面配置。

此外,在設計介面的過程中,並沒有給兩種版面配置增加傳回記錄總數的介面,而透過使用者模組可知,分頁的總頁數需要透過專案總數除以每頁顯示專案的個數,並向上取整數,故還需新增兩個用於傳回記錄總數的介面,程式如下:

```
//router_hander/login_log.js
// 傳回登入日誌總數
exports.getLoginLogLength = (req,res)=>{
    const sql = 'select * from login_log'
    db.query(sql,(err,result)=>{
        if(err) return res.ce(err)
        res.send({
            length:result.length
        })
    })
}


//router/login_log.js
router.post('/getLoginLogLength', loginLogHandler.getLoginLogLength)

//router_handler/operation_log.js
// 傳回操作日誌清單總數
exports.getOperationLogLength = (req,res)=>{
    const sql = 'select * from operation_log'
    db.query(sql,(err,result)=>{
        if(err) return res.ce(err)
        res.send({
            length:result.length
        })
    })
}
```

15.5 實現日誌記錄

```
//router/operation_log.js
router.post('/getOperationLogLength', operationHandler.getOperationLogLength)
```

最後在 api 目錄下新建名為 login_log.ts 和 operation_log.ts 的 TypeScript 檔案，分別存放登入日誌和操作日誌封裝的 API。

15.5.1 登入日誌

本節將在基礎範本上完成登入日誌版面配置及其功能，最終的實現效果如圖 15-37 所示。

▲ 圖 15-37 登入日誌

1. 登入日誌搜尋功能

在設計登入日誌時並沒有建立關於重置清單的按鈕，這是為何？其實輸入框和下拉清單一樣，它們都具有一鍵清空內容的按鈕及其監聽事件，程式如下：

```
//login_log/index.vue
//left-header 元素內
<el-input
  v-model="userAccount"
  class="w-50 m-2 distance"
  placeholder=" 輸入帳號進行搜尋 "
  clearable
```

```
  :suffix-icon="Search"
  @change="searchByAccount"
  @clear="clearInput"
/>

// 邏輯部分
const userAccount = ref<number | null>()

const searchByAccount = ()=>{}        // 監聽搜尋內容
const clearInput = ()=>{}             // 監聽清空輸入框
```

在實際開發時需要提供額外的按鈕重置清單資料,原因在於使用按鈕能夠讓重置功能表述得更清楚,對初次使用系統的使用者可更快上手,這裡只是作為兩個輸入框的對照。

在 api 目錄下的 login_log 封裝搜尋內容和清除日誌記錄的介面並匯入登入日誌元件中,程式如下:

```
//api/login_log.ts
// 傳回使用者最近 10 筆登入記錄
export const searchLoginLogList = (account:number):any=> {
    return instance({
        url: '/log/searchLoginLogList',
        method: 'POST',
        data: {
            account,
        }
    })
}

// 清空登入記錄
export const clearLoginLogList = ():any=> {
    return instance({
        url: '/log/clearLoginLogList',
        method: 'POST',
    })
}
```

15.5 實現日誌記錄

```
//login_log/index.vue
import {searchLoginLogList, clearLoginLogList} from "@/api/login_log"
```

右側是用於清除表格記錄的按鈕，在其綁定的按一下函數中呼叫清空日誌記錄介面，程式如下：

```
//login_log/index.vue
//right-header 元素內
<el-button type="primary" @click="clearLog">清空記錄</el-button>

// 邏輯部分
const clearLog = async()=> {
  await clearLoginLogList()
}
```

2. 登入日誌表格

根據 7.2 節設計的登入日誌資料表，可知表格呈現的列名為帳號、姓名、電子郵件和登入時間，故表格區域的程式如下：

```
//login_log/index.vue
//table-content 元素內
<el-table :data="tableData"
          style="width: 100%"
          border>
  <el-table-column type="index" width="50"/>
  <el-table-column prop="account" label=" 帳號 "/>
  <el-table-column prop="name" label=" 姓名 "/>
  <el-table-column prop="email" label=" 聯絡方式 "/>
  <el-table-column prop="login_time" label=" 登入時間 ">
    <template #default="{row}">
      <div>{{ row.login_time?.slice (0, 10) }}</div>
    </template>
  </el-table-column>
</el-table>

// 邏輯部分
const tableData = ref([])
```

此時新建了 tableData 響應式陣列,可在搜尋函數中呼叫介面,程式如下:

```
//login_log/index.vue
// 透過帳號傳回最近10筆登入記錄
const searchByAccount = async()=>{
  tableData.value = await
      searchLoginLogList(userAccount.value as number)
}
```

接著在 login_log.ts 檔案下封裝獲取登入記錄的介面並在元件內匯入,該介面接收頁碼作為參數,程式如下:

```
//api/login_log.ts
// 獲取登入記錄
export const getLoginLogList = (pager:number):any=> {
    return instance({
        url: '/log/getLoginLogList',
        method: 'POST',
        data: {
            pager,
        }
    })
}
```

在元件邏輯部分新建名為 getFirstPageList 的函數,並呼叫介面獲取表格資料,同時該函數也被應用於監聽清空輸入框的函數中,程式如下:

```
//login_log/index.vue
// 預設獲取第1頁的資料
const getFirstPageList = async()=> {
  tableData.value = await getLoginLogList(1) as any
}
getFirstPageList()

// 監聽清空輸入框
const clearInput = ()=> {
  getFirstPageList()
}
```

3. 分頁部分

分頁部分可直接複製使用者模組內的範本內容，程式如下：

```
//login_log/index.vue
<div class="table-footer">
  <el-pagination :current-page="paginationData.currentPage"
                 :pager-count="7"
                 :page-count="paginationData.pageCount"
                 @current-change="changePage"
                 layout="prev, pager, next"/>
</div>
```

然後在 login_log.ts 檔案中封裝獲取登入日誌總數的 API，並在組件內匯入，程式如下：

```
//api/login_log.ts
// 傳回登入日誌總數
export const getLoginLogLength = ():any=> {
    return instance({
        url: '/log/getLoginLogLength',
        method: 'POST',
    })
}
```

其次是透過傳回的總數計算總頁數，並在「@current-change」事件中監聽換頁操作，程式如下：

```
//login_log/index.vue
// 傳回日誌長度並得出頁數
const returnListLength = async()=> {
  const res = await getLoginLogLength()as any
  paginationData.pageCount = Math.ceil(res.length / 10)
}
returnListLength()

// 監聽換頁
const changePage = async(value: number) => {
  paginationData.currentPage = value
```

```
    tableData.value = await getLoginLogList(value) as any
}
```

另外需要注意的是,在實際開發中,對於能夠進行溯源的日誌模組,對分頁的頁數通常是沒有限制的或頁碼的範圍可以非常大,要保證能夠查看最近一個季或半年的所有記錄,確保對可能出現的敏感事故進行溯源。

4. 記錄登入操作

實現登入日誌模組後,最後還差的就是記錄登入操作了。在 login_log.ts 檔案中封裝關於登入記錄的 API,並在登入組件中匯入,程式如下:

```
//api/login_log.ts
// 記錄登入
export const loginLog = (account:number,name:string,email:string):any=> {
    return instance({
        url: '/log/loginLog',
        method: 'POST',
        data: {
            account,
            name,
            email
        }
    })
}
```

下一步是在登入成功後的邏輯中呼叫該 API。這裡如果直接使用 res 傳回的數值,則每個參數都需要從 res 的 results 中獲得,這樣會顯得參數部分過長。這時可使用解構語法從 res 的 results 中獲取需要的屬性,相應地,localStorage 的第 2 個參數也減少了從「res.results.*」變為更為直接的屬性名稱,程式如下:

```
// 登入
const Login = async()=> {
  const res = await login(loginData)
  if (res.status == 0){
    // 解構賦值
    const {account,name,email,id} = res.results
```

15.5 實現日誌記錄

```
        await loginLog(account,name,email)
        localStorage.setItem('account', account)
        localStorage.setItem('name', name)
        localStorage.setItem('id', id)
        userStore.userInfo(account)
        router.push('/set')                    // 登入成功後跳躍至個人設置頁面
    }
}
```

15.5.2 操作日誌

由於操作日誌整體與登入日誌幾乎相同，因此本節不進行完整的實現過程敘述。本節主要說明如何實現透過日期傳回對應的操作記錄並介紹使用 Element Plus 的國際化內容修改語言。

1. 日期選擇器

Element Plus 提供了供使用者選擇日期的元件，該元件位於 Form 表單元件一列中，使用 <el-date-picker> 標識，實現的效果如圖 15-38 所示。

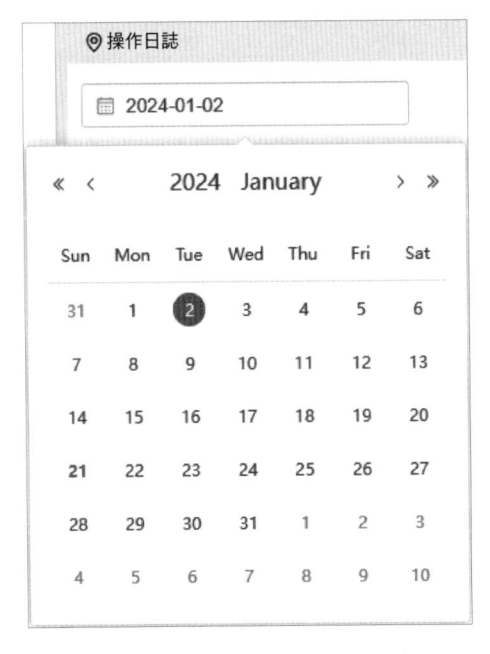

▲ 圖 15-38 日期選擇器

圖 15-38 的月份和星期都是英文的,這是由於 Element Plus 元件預設使用英文。不過好在 Element Plus 提供了國際化的配置,該配置需要在 main.ts 檔案中掛載,程式如下:

```
//main.ts
import zhCn from 'element-plus/dist/locale/zh-cn.mjs'
app.use(ElementPlus, {
  locale: zhCn,
})
```

此時,日期選擇器就變成了中文的月份和星期,如圖 15-39 所示。

▲ 圖 15-39 中文日期選擇器

日期選擇器的基礎原始程式包括雙向綁定的數值、類型、預留位置和尺寸,程式如下:

```
<el-date-picker
  v-model="value1"
  type="date"
  placeholder="Pick a day"
```

15.5 實現日誌記錄

```
  :size="size"
/>
```

　　尺寸可選 default（預設）、large（大）、small（小），其中預設與登入日誌搜尋框相同尺寸。元件提供了監聽事件「@change」和 clearable 屬性，但沒有提供「@clear」事件，該如何實現重置表格呢？透過「@change」事件監聽清除選擇器內容，查看輸出內容，程式如下：

```
//operation_log/index.vue
//left-header 元素內
<el-date-picker
  v-model="date"
  type="date"
  placeholder=" 選擇日期 "
  size="default"
  clearable
  @change="changeDate"
/>
// 邏輯部分
const date = ref()

const changeDate = ()=> {                // 監聽選中值
  console.log（date.value）
}
```

　　透過監聽選擇日期和清空選擇框內容可發現選中日期時傳回的內容包含年、月、日、時區和時間；當清空選擇框時傳回的值為 null，如圖 15-40 所示。

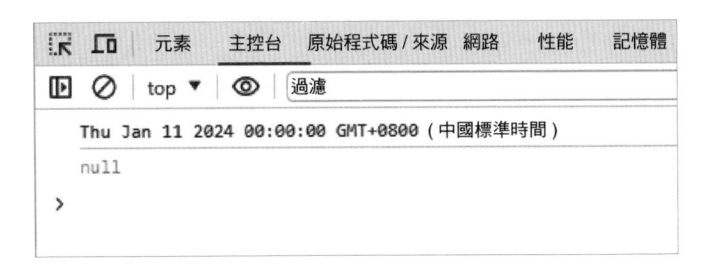

▲ 圖 15-40 監聽日期選擇器

在監聽選中時可發現一個問題，傳回的數值不符合後端介面「YYYY-MM-DD」格式，不過日期選擇器提供了 value-format 屬性，可透過此屬性設定傳回值格式，程式如下：

```
//operation_log/index.vue
//left-header 元素內
<!-- 忽略其他屬性 -->
<el-date-picker
  value-format="YYYY-MM-DD"
/>
```

此時再次監聽隨機選擇的日期，發現格式已經變為「YYYY-MM-DD」，符合後端介面的接收格式，如圖 15-41 所示。

▲ 圖 15-41 YYYY-MM-DD 格式日期

現在封裝根據日期傳回操作記錄和頁碼傳回操作記錄的介面，並將上述兩個介面匯入操作記錄元件中，程式如下：

```
//api/operation.ts
// 傳回使用者最近 10 筆登入記錄
export const searchOperation = (time:any):any=> {
    return instance({
        url: '/operation/searchOperation',
        method: 'POST',
        data: {
            time
        }
    })
```

15.5 實現日誌記錄

```
}
// 傳回操作日誌清單
export const getOperationLogList = (pager:number):any=> {
    return instance({
        url: '/operation/getOperationLogList',
        method: 'POST',
        data: {
            pager
        }
    })
}
```

在 changeDate 函數中監聽選中和清空選擇框,並呼叫對應的介面,程式如下:

```
//operation_log/index.vue
const changeDate = async()=> {
  if(date.value!==null){                    // 選中日期
    tableData.value = await searchOperation(date.value) as any
  }else{                                    // 清空選擇框
    await getFirstPageList()
  }
}
```

在實際開發中,不管是在傳值之前還是在獲得回應值之後,開發者都應使用 console.log() 輸出值,防止可能出現的傳值或賦值錯誤。

2. 記錄刪除使用者操作

首先在 operation_log.ts 檔案中封裝關於操作記錄的介面,程式如下:

```
//api/operation_log.ts
// 操作記錄
export const operationLog = (account:number,name:string,
                             content:string,level:string,
                             status:string):any=> {
    return instance({
```

15-97

```
        url: '/operation/operationLog',
        method: 'POST',
        data: {
            account,
            name,
            content,
            level,
            status,
        }
    })
}
```

對於刪除使用者操作可能有兩種結果，即刪除成功或刪除失敗，此外操作的等級也是最高級的，那麼可透過 deleteUser 傳回的 status 判斷是否刪除成功；對於 content，可使用範本字串插入刪除的物件帳號表示流程，程式如下：

```
//user_info.vue
//ElMessageBox.confirm 的 then() 內
.then (async()=> {
const res = await deleteUser (userId.value as number)
const content = '刪除了使用者 ${userAccount.value}'
if (res.status==0) {
  await operationLog(localStorage.getItem('account') as any,
           localStorage.getItem('name') as any,
           content,'高級','成功')
    emit('success')
    dialogVisible.value = false
}else{
    await operationLog(localStorage.getItem('account') as any,
              localStorage.getItem('name') as any,
              content,'高級','失敗')
    dialogVisible.value = false
  }
})
```

15.6 hooks

透過實踐登入日誌和操作日誌模組後,可以發現兩個單檔案元件內包含了大量相同的邏輯,如相同的 tableData 響應式陣列物件、分頁 paginationData 物件、傳回記錄長度、獲取第 1 頁內容邏輯、監聽換頁和清空內容等,這些相同的邏輯造成了函數程式的重複,基於這種情況,解決的辦法就是將重複的函數封裝,如同封裝類別一樣。傳統的 JavaScript 在面對多個 HTML 檔案共用的邏輯時可以進行封裝,而在 Vue 中將封裝的邏輯稱為 hooks(鉤子),用於在元件的特定情況下觸發,在 11.1.5 節提到的生命週期則是 Vue 內建的 hooks。下面透過 hooks 實現對登入日誌和操作日誌元件的程式最佳化。

封裝公共邏輯在開發時非常常見,在實際開發時,通常會在 src 目錄下新建名為 hooks 的檔案目錄,用於放置不同模組的封裝邏輯,在本專案中也是如此。在 hooks 目錄下新建名為 log.ts 檔案,用於封裝日誌模組的邏輯。

首先匯入需要用到的 API,程式如下:

```
//src/hooks/log.ts
// 登入日誌 API
import {getLoginLogList,
    clearLoginLogList,
    getLoginLogLength } from '@/api/login_log'
// 操作日誌 API
import {getOperationLogList,
    clearOperationList,
    getOperationLogLength} from '@/api/operation_log'
//vue API
import { ref,reactive,watch } from 'vue'
```

從上述程式可發現,在 TypeScript 檔案中匯入了 ref,所以 hooks 也可以視為在 Vue 元件外使用 Vue。這裡需要注意的是 watch(看),它的作用是觀察和回應 Vue 實例上的資料變化,例如當把 paginationData 物件放到 log.ts 檔案後,相當於原來的登入日誌或操作日誌元件內沒有 paginationData 物件,那麼如何監聽使用者執行了換頁操作呢? watch 的作用就表現於此,該 API 接收 3 個參數,

15-99

分別是監聽物件、觀察函數、可選項。在可選項中可使用 immediate 屬性、deep 屬性、shallow 屬性和 flush 屬性，前 3 個屬性的值都為布林值，其作用如下。

（1）immediate：當值為 true 時在函數建立時立即執行。

（2）deep：當值為 true 時將深度觀察物件，即如果物件包含子物件，則子物件變化也會觸發。

（3）shallow：與 deep 屬性相反，只觀察第 1 層物件的變化。

（4）flush：指定何時呼叫觀察函數，當值為 immediate 時立即呼叫；當值為 mutation 時在資料變化後呼叫；當值為 node 時只在第 1 次計算完成後呼叫，預設為 mutation。

對於需要共用給元件使用的函數物件，第 1 步就是向外暴露。定義一個名為 logHooks 的函數，並向外暴露。由於登入日誌和操作日誌所使用的 API 不同，因此該函數還需知道當前是哪個組件呼叫了它，需給 logHooks 函數增加形式參數 logName（日誌名稱），程式如下：

```
//src/hooks/log.ts
// 接收 login/operation 為值，用於判斷呼叫者
export const logHooks = (logName:string)=>{}
```

下面需要將兩個模組共有的響應式物件和函數都「搬到」此函數中，並在函數內透過接收的 logName 進行判斷應呼叫登入日誌 API 還是呼叫操作日誌 API，程式如下：

```
export const logHooks = (logName:string)=>{
    // 分頁資料
    const paginationData = reactive({
        // 總頁數
        pageCount: 1,
        // 當前所處頁數
        currentPage: 1,
    })
    // 傳回日誌長度並得出頁數
    const returnListLength = async()=> {
```

15.6 hooks

```
        let res:any = ref()
        if(logName=='operation'){                    // 判斷呼叫者
            res = await getOperationLogLength()as any
        }else{
            res = await getLoginLogLength()as any
        }
        paginationData.pageCount = Math.ceil(res.length / 10)
    }
    // 陣列物件
    const tableData = ref([])

    // 獲取第1頁資料
    const getFirstPageList = async()=> {
        if(logName=='operation'){
            tableData.value = await getOperationLogList(1) as any
        }else{
            tableData.value = await getLoginLogList(1) as any
        }
    }

    // 監聽換頁
    const changePage = async (value: number) => {
        paginationData.currentPage = value
        if(logName=='operation'){
            tableData.value = await getOperationLogList(value) as any
        }else{
            tableData.value = await getLoginLogList(value) as any
        }
    }

    // 清空內容
    const clearLog =async()=> {
        if(logName=='operation'){
            await clearOperationList()
        }else{
            await clearLoginLogList
        }
    }
}
```

15-101

在上述函數中並沒有包含透過帳號搜尋使用者登入記錄和透過日期搜尋操作記錄的函數，當然並不是不可以增加至 hooks 中，但通常是多個元件共用的邏輯才會被增加至 hooks 中。

此時，可增加 watch 在初次監聽 paginationData 物件時呼叫 returnListLength 函數更新總頁數；還可使用 watch 監聽 currentPage，當頁碼發生變化時呼叫 changePage 函數更改頁面資料，程式如下：

```ts
//hooks/log.ts
export const logHooks = (logName:string)=>{
  // 其他函數
  watch(
    paginationData,
    ()=>{
      returnListLength()
      getFirstPageList()
    },
    {immediate:true,deep:true}
  )
  watch(
    ()=>paginationData.currentPage,
    ()=>{
      changePage(paginationData.currentPage)
    },
    {immediate:true}
  )
}
```

最後是將範本上綁定的函數傳回，程式如下：

```ts
//hooks/log.ts
export const logHooks = (logName:string)=>{
  // 其他函數
  //watch
  return{
    tableData,
    paginationData,
    getFirstPageList,
```

15.6 hooks

```
        changePage,
        clearLog
    }
}
```

回到登入日誌元件和操作日誌元件中，匯入 logHooks 後分別傳入 login 和 operation，以便獲取傳回的函數和物件。以登入日誌元件為例，程式如下：

```
//login_log/index.vue
import {logHooks} from '@/hooks/log'
const {
    tableData,
    paginationData,
    getFirstPageList,
    changePage,
    clearLog} = logHooks('login')
```

那麼這時，整個登入日誌元件的邏輯部分除麵包屑外，就只剩下 userAccount 響應式常數、searchByAccount 函數和 clearInput 函數了，而在操作日誌元件中也只剩下了有關日期選擇器的函數。可以看到使用 hooks 極大地減少了兩個元件內的程式量，也使組件內的程式更加易於理解（因為複雜的都被抽走了），提高了程式的可維護性。

在開發時如果登入日誌或操作日誌的表格陣列、監聽換頁、清空記錄或其他相同作用的物件或函數名稱不同，就需手動修改名稱之後作為公共函數放置在 hooks 中，所以在開發時應當注重函數名稱的命名標準，特別是有可能會被多個元件重複使用的物件或函數。此外，在實際開發時也不要陷入「每個函數都想著能不能封裝」或「儘量讓 Script 部分少一點程式」這種華而不實的思維，因為這樣可能會浪費許多時間去刻意撰寫能夠被封裝的函數，最後反倒將 hooks 變成了「大染缸」，就好比將登入日誌和操作日誌的搜尋功能都增加到 hooks 中，這完全沒有必要。

15 登堂入室

MEMO

16

爐火純青

經過第 14 章和第 15 章的學習和實踐，相信讀者已經對如何實現前後端功能的互動有了清楚的認識。從第 14 章的登入與註冊功能中初步接觸 Axios 並完成註冊介面的呼叫，到第 15 章實現建構系統內部的基本版面配置、封裝公共的表格版面配置、呼叫自訂封裝的彈窗元件、使用 4 種（Props、Pinia、defineEmits、Mitt）不同的元件傳值方式等，好像其實前端只需完成兩件事，一件事是建構頁面配置，另一件事就是呼叫介面著色。頁面配置由 UI 設計師提供成品圖，但著色則需根據使用者的按一下邏輯判斷呼叫不同的介面。

本章將在第 14 章和第 15 章的基礎上實現產品管理模組的具體功能，並講解開發時應該如何給予使用者回饋的細節，提高使用者的使用體驗。

16 爐火純青

16.1 產品的入庫

　　整個產品模組在設計時分為 3 個頁面，分別是產品清單、審核清單和出庫列表。產品清單與審核清單之間的資料透過 audit_status 欄位進行判斷，出庫清單則由產品審核成功後的資料組成。基於此種設計，首先還是如同建立其他模組元件頁面那樣新增目錄，在 views 目錄下新建 product（產品）目錄，並下設名為 index 的產品清單元件、名為 audit（審核）的審核清單組件、名為 outbound（出庫）的出庫清單組件；考慮到產品入庫、編輯產品等彈窗，還需新增 components 目錄，用於存放自訂的組件，其次是在 menu 路由下新增 3 個清單組件的路由，程式如下：

```
//router/index.ts
//menu 的子路由
{
  name: 'product',
  path: '/product',
  component: () => import('@/views/product/index.vue')
},{
  name: 'audit',
  path: '/audit',
  component: () => import('@/views/product/audit.vue')
},{
  name: 'outbound',
  path: '/outbound',
  component: () => import('@/views/product/outbound.vue')
}
```

　　最後在 menu 組件中增加 3 個清單的選單按一下項。此時可使用 < el-sub-menu> 標籤包裹 <el-menu-item-group> 實現內嵌子功能表的功能表選項，程式如下：

```
<el-sub-menu index=" 產品管理 " >
  <template #title>
    <el-icon><Goods /></el-icon>
    <span> 產品管理 </span>
```

16.1 產品的入庫

```
  </template>
  <el-menu-item-group title=" 產品清單 ">
    <el-menu-item index="product"> 產品清單 </el-menu-item>
  </el-menu-item-group>
  <el-menu-item-group title=" 審核列表 ">
    <el-menu-item index="audit"> 審核列表 </el-menu-item>
  </el-menu-item-group>
  <el-menu-item-group title=" 出庫列表 ">
    <el-menu-item index="outbound"> 出庫列表 </el-menu-item>
  </el-menu-item-group>
</el-sub-menu>
```

在產品管理中使用名為 Goods 的圖示，最終效果如圖 16-1 所示。

▲ 圖 16-1 產品管理選單

選單當中的產品清單作為整個產品管理模組的基礎，包含除產品展示、監聽更換頁面外的產品入庫、搜尋產品、編輯產品、申請出庫和刪除產品等產品模組相關功能。在基於使用者列表的版面配置基礎上，可得到產品清單元件頁面配置，本節將基於此頁面配置一個一個實現相關的產品功能，如圖 16-2 所示。

16 爐火純青

▲ 圖 16-2 產品清單

16.1.1 獲取產品清單

不管是使用者清單還是日誌記錄清單，總是與分頁器相伴而行的，產品清單也不例外。首先還是和其他清單一樣，新增產品清單長度的 API。這其實也反映了一個問題，就是在開發時可能會在原來即使設計得（看似）很合理的介面的情況下繼續增加介面，例如分頁器的使用就要得到這個列表的長度，從而計算總頁數，那麼這就需要前端工程師主動向後端工程師提出需求以完善邏輯，程式如下：

```
//router_handler/product.js
// 獲取產品清單長度
exports.getProductLength = (req, res) => {
    const sql = 'select * from product'
    db.query(sql, (err, result) => {
        if (err) return res.ce(err)
        res.send({
            length:result.length
        })
    })
}

//router/product.js
router.post('/getProductLength', productHandler.getProductLength)
```

16.1 產品的入庫

接著在前端 api 目錄下新建 product.ts 檔案，封裝根據頁碼獲取產品清單和產品清單長度的 API，程式如下：

```ts
//api/product.ts
// 獲取產品清單
export const getProductList = (pager:number):any=> {
    return instance({
        url: '/product/getProductList',
        method: 'POST',
        data: {
            pager,
        }
    })
}

// 獲取在資料庫中產品總數量
export const getProductLength = ():any=> {
    return instance({
        url: '/product/getProductLength',
        method: 'POST',
    })
}
```

在產品清單元件中匯入上述兩個 API，在新建 tableData 和 paginationData 響應式物件的基礎上完成計算頁數、著色第 1 頁資料和監聽換頁邏輯，程式如下：

```ts
//product/index.vue
//tableData 和 paginationData 已定義，此處忽略
// 傳回在資料庫中產品長度並得出頁數
const returnListLength = async()=> {
    const res = await getProductLength()as any
  paginationData.pageCount = Math.ceil(res.length / 10)
}
returnListLength()
// 獲取第 1 頁資料
const getFirstPageList = async()=> {
    tableData.value = await getProductList(1) as any
}
getFirstPageList()
```

16-5

16 爐火純青

```
// 監聽換頁
const changePage = async (value: number) => {
  paginationData.currentPage = value
  tableData.value = await getProductList(value) as any
}
```

那麼此時能不能在 hooks 目錄下新建一個用於封裝產品模組 hooks 的檔案呢？通常來講是不允許的，只有當多個頁面都使用了相同的邏輯時才行；在 log.ts 中的 hooks 也和上述 3 個程式邏輯相同，能否在產品清單頁面匯入 log.ts 的 hooks 呢？這也是不恰當的做法，因為它們屬於不同的模組，當然，也可以傳入一個 name，並在 hooks 內透過 if 敘述判斷並呼叫對應的介面，但在實際開發中一個 hooks 檔案內不只有一兩個 hooks 函數，並且有可能不同的 hooks 函數還會有複雜的呼叫關係，所以只有當一個模組下有多段相同邏輯時才考慮使用 hooks。

16.1.2 實現增加產品功能

本節將實現圖 16-2 的表格頂部區域的功能邏輯，包含根據產品 id 搜尋產品和上傳產品的功能。

1. 搜尋產品功能

搜尋功能相信讀者已經非常熟悉了，在使用者模組和日誌模組已經實踐過兩次了，第 1 步是在前端封裝搜尋產品功能的 API，程式如下：

```
//api/product.ts
// 搜尋產品
export const searchProduct = (product_id:number):any=> {
    return instance({
        url: '/product/searchProduct',
        method: 'POST',
        data: {
            product_id,
        }
```

16.1 產品的入庫

```
    })
}
```

其次在輸入框的 change 事件中增加監聽數值變化的函數，並在函數中呼叫上述介面，程式如下：

```
//product/index.vue
// 產品 id
const product_id = ref()

// 通常使用產品 id 進行搜尋
const searchById = async()=> {
  tableData.value = await searchProduct(product_id.value) as any
}
```

2. 上傳產品功能

上傳產品功能需要填寫產品的資訊，故需要在 product 目錄下的 components 目錄內新建名為 add_product 的對話方塊組件，如圖 16-3 所示。

▲ 圖 16-3 產品入庫對話方塊

16 爐火純青

如圖 16-3 所示，在呼叫產品入庫時需傳入產品名稱、類別、單位等多個參數，在這種情況下在元件內直接傳入這麼多個參數是不合理的，函數形式參數會長得像火車一樣。合理的操作是定義一個物件，裡面包含產品名稱、類別、單位等屬性，在呼叫介面時直接傳入整個物件，並在封裝 API 時對傳入的物件進行解構賦值，程式如下：

```
//api/product.ts
// 產品入庫
export const addProduct = (data:any):any=> {
    const {product_name,product_category,
        product_unit,warehouse_number,
        product_single_price,product_create_person} = data
    return instance({
        url: '/product/addProduct',
        method: 'POST',
        data: {
            product_name,
            product_category,
            product_unit,
            warehouse_number,
            product_single_price,
            product_create_person,
        }
    })
}
```

對話方塊的實現邏輯與 15.2.1 節封裝修改密碼對話方塊的邏輯相同，在 Dialog 元件中嵌入表單組件，在表單中增加 rules 屬性並對必填資料進行提示。在表單元件中首先需要注意的是入庫操作人，該物件應該是當前系統的登入使用者，故入庫操作人輸入框是禁止修改的狀態，程式如下：

```
//add_product.vue
<!-- 表單內 -->
<el-form-item label=" 入庫操作人 " prop="product_create_person">
  <el-input v-model="formData.product_create_person" disabled/>
</el-form-item>
```

16.1 產品的入庫

```
// 邏輯部分
interface formData {
  // 其餘產品欄位
  product_create_person: string,
}
const formData : formData = reactive({
  // 其餘產品屬性
  product_create_person: localStorage.getItem('name') as string,
})
```

在邏輯部分的 TypeScript 介面中，將 product_create_person 定義為 string 類型，但由於 TypeScript 無法知道 localStorage 傳回的值是什麼，故需使用類型斷言示意其為 string。

其次要考慮到使用者在某個輸入 (下拉) 框沒有值時就按一下確認的情況，在 6.3.1 節設計的上傳產品介面並無對內容是否為空進行驗證，所以在前端需判斷是否全部輸入框都有值，程式如下：

```
//add_product.vue
const add = async()=> {
  let hasEmptyValue = false
  for (const key in formData){
    if (formData[key] == ''){
      hasEmptyValue = true
      break
    }
  }
  if (hasEmptyValue){
    ElMessage.error(' 請輸入上傳的產品資訊 ')
  }else{
    const res = await addProduct(formData) as any
    if (res.status == 0){
      emit('success')
      dialogFormVisible.value = false
    }
  }
}
```

16-9

在程式中使用 for-in 迴圈 formData 中的每項屬性，查看屬性值是否為空。當出現屬性值為空值時將定義的 hasEmptyValue（有空值）置為 true，並彈出提示「請輸入上傳的產品資訊」，只有當所有值都不為空的情況下才會呼叫 addProduct 介面上傳資訊。此外，由於 formData 使用了介面，因此需要在介面處為 formData 類型增加索引簽名，以便使用屬性名稱存取屬性值，程式如下：

```
//add_product.vue
interface formData {
  [key: string]: any,        // 屬性名稱為 string 類型，值為 any 類型
  // 其他類型定義
}
```

最後在上傳成功後使用 defineEmits 重新著色產品清單頁面的資料，程式如下：

```
//product/index.vue
<!-- 產品入庫按鈕 -->
<div class="right-header">
  <el-button type="primary" @click="add">產品入庫</el-button>
</div>
<!-- 產品入庫元件，監聽子元件訊號呼叫，獲取第 1 頁資料 -->
<AddProduct ref="addProduct" @success="getFirstPageList"></AddProduct>

// 邏輯部分
import AddProduct from './components/add_product.vue'

const addProduct = ref()
// 產品入庫
const add = ()=> {
  addProduct.value.open()
}
```

16.1.3 實現編輯產品功能

編輯產品功能與編輯使用者資訊邏輯相同，當按兩下表格時彈出編輯內容框，內容由 Mitt 模組進行傳值，如圖 16-4 所示。

16.1 產品的入庫

▲ 圖 16-4 編輯資訊框

　　在設計編輯彈出窗時首先需要注意的是不能編輯產品的入庫編號，因為這是唯一的值，其次是在修改產品的庫存數量時，應當相應地記錄「增庫存」和「去庫存」的數值，但表單內呈現的已有產品庫存數量與直接在輸入框修改的數值是雙向綁定的，該如何儲存初次的值呢？其實很簡單，只需額外定義一個常數，用於接收在 Mitt 賦值時的庫存數量，程式如下：

```
//edit_product.vue
bus.on('editRow', (row : any) => {        //editRow 為傳值標記
  // 其他傳值
  formData.warehouse_number = row.warehouse_number
  firstNumber.value = row.warehouse_number
})

const firstNumber = ref<number>()
```

16-11

在表單庫存數量的輸入框中，使用 input 事件監聽數值的變化，透過監聽的數值與初次接收的 firstNumber 進行對比，得出「新增」或「減少」的結果，並定義一個字串常數，用於接收整個修改的過程，程式如下：

```
//edit_product.vue
<!-- 表單中 -->
<el-form-item label="產品庫存數量" prop="warehouse_number">
  <el-input v-model="formData.warehouse_number"
            @input="changeWarehouse"/>
</el-form-item>

// 邏輯部分
// 記錄修改操作
const diffContent = ref<string>()
const changeWarehouse = (value:number) => {
  if(firstNumber.value!==undefined){
    if(value> firstNumber.value){             // 判斷新增或減少庫存
      let diff = value - firstNumber.value
      diffContent.value = '${formData.product_name}的庫存新增了${diff}'
    }else{
      let diff =  firstNumber.value - value
      diffContent.value = '${formData.product_name}的庫存減少了${diff}'
    }
  }
}
```

接著在確認按鈕綁定的函數中呼叫編輯產品，呼叫成功後根據 diffContent 是否存在值呼叫操作記錄的介面，程式如下：

```
//edit_product.vue
// 編輯產品
const edit = async()=> {
    const res = await editProduct(formData)
    if(res.status==0){
      emit('success')
      if(diffContent){
        await operationLog(localStorage.getItem('account') as any,
            localStorage.getItem('name') as any,
            diffContent.value as string,'中級','成功')
```

```
        }
        dialogFormVisible.value = false
    }else{
        dialogFormVisible.value = false
    }
}
```

　　此外還需考慮的是父元件（產品清單）中使用 success 事件綁定的函數，在上傳產品中該事件綁定的函數為重新著色第 1 頁的資料，這是由於傳回的清單資料是按產品的上傳時間降冪排列的，即新增的產品排在第 1 位，但此時假設使用者修改了位於第 2 頁的資料，那麼應當重新著色第 2 頁的資料。實現邏輯可設計為 getFirstPageList 函數接收預設值為 1 的 pager 形式參數，而編輯產品元件綁定的 success 事件則傳入當前的頁碼，即將 paginationData 物件的 currentPage 屬性值傳給 getFirstPageList 函數，程式如下：

```
//product/index.vue
<!-- 編輯產品元件 -->
<EditProduct ref="editProduct"
             @success="getFirstPageList(paginationData.currentPage)">
</EditProduct>

// 邏輯部分
// 預設獲取第 1 頁資料
const getFirstPageList = async (pager: number = 1) => {
    tableData.value = await getProductList (pager) as any
}
```

16.1.4 實現申請出庫功能

　　申請出庫需填寫申請出庫的數量和申請備註，其中出庫申請人應為當前系統的登入使用者，此外產品單價應不能被修改，如圖 16-5 所示。

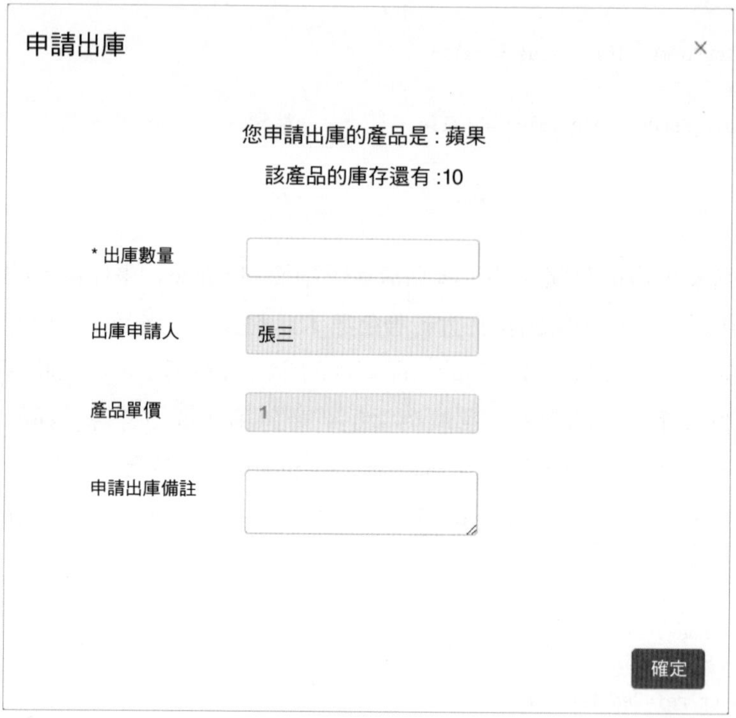

16 爐火純青

▲ 圖 16-5 申請出庫彈出窗

　　在實際開發中，還應有產品入庫價格、產品出庫價格，以及計算利潤等邏輯，這裡僅以產品單價作為產品出入庫的邏輯示範。申請出庫需要注意的是出庫的數量不能大於已有的庫存，當大於已有的庫存時右下角的「確認」按鈕應為不可按一下狀態，可透過 disabled 屬性動態地調整按鈕來滿足這一需求，程式如下：

```
//apply_product.vue
<el-button type="primary"
           @click="apply"
           :disabled='compare()'>確定
</el-button>

// 邏輯部分
const compare = ()=>{
  if(formData.warehouse_number&&formData.product_out_number){
```

```
    if(formData.warehouse_number<formData.product_out_number){
      return true
    }else{
      return false
    }
  }
}
```

接著是「確認」按鈕綁定的申請出庫函數，程式如下：

```
//apply_product.vue
const apply = async()=> {
  const res = await Outbound(formData)
  if (res.status == 0){
    emit('success')
    dialogFormVisible.value = false
  } else {
    dialogFormVisible.value = false
  }
}
```

　　申請出庫後，該產品的狀態即由「在資料庫中」狀態變為「審核」狀態，在產品清單內的「申請出庫」按鈕變為禁止按一下狀態。此外，當庫存數量為 0 時也應為禁止按一下狀態，可透過 disabled 屬性實現，程式如下：

```
//product/index.vue
<el-button type="primary" @click="applyOutbound(row)"
  :disabled='row.audit_status!=="在資料庫中" || row.warehouse_number==0'>
  申請出庫
</el-button>
```

16.1.5　實現刪除產品功能

　　刪除產品與刪除使用者的邏輯相同，使用確認訊息彈出窗進行二次確定，如圖 16-6 所示。

▲ 圖 16-6 刪除產品彈出窗

在確認訊息彈出窗內使用範本字串插入產品名稱，並在按一下確認的 then() 方法中呼叫刪除產品介面和操作記錄介面，程式如下：

```
//product/index.vue
<el-button type="success" @click="removeProduct(row)">
  刪除產品
</el-button>

// 邏輯部分
const removeProduct = (row:any) => {
  ElMessageBox.confirm (
      '您確定要刪除產品 ${row.product_name} 嗎？',
      '刪除產品',
      {
        confirmButtonText: '確定',
        cancelButtonText: '取消',
        type: 'error',
      }
  )
    .then (async()=> {
      const res = await deleteProduct (row.id)
      if (res.status==0) {
        getFirstPageList (paginationData.currentPage)    // 重新著色當前頁面
        let content = '刪除了 id 為 ${row.product_id}    // 操作記錄
        的 ${row.product_name}'
        await operationLog (
            localStorage.getItem('account') as any,
            localStorage.getItem('name') as any,
            content,' 高級 ',' 成功 ')
      }
```

```
    })
}
```

16.2 產品的審核

產品的審核頁面的功能主要包括對產品進行審核、撤回申請和再次申請，如圖 16-7 所示。

▲ 圖 16-7 審核頁面

如圖 16-7 所示，審核頁面去除了搜尋功能，增加了一個文字提示，原因在於審核出庫操作對於管理員來講應是看到一筆審核一筆，不應存在許多頁等待審核的情況。假設存在審核出庫「記錄」頁面，則可增加搜尋框搜尋出庫記錄。文字提示的程式如下：

```
//product/audit.vue
<div class="left-header">
  <span class="tips">tips: 按兩下表格進行審核 </span>
</div>

// 樣式部分
.tips{
  font-size: 14px;
  color: #A9A9A9;
}
```

16 爐火純青

此外,當前表格操作列「撤回申請」和「再次申請」按鈕都為禁止按一下狀態,原因在於當前列記錄的兩行資料皆處於「審核」狀態,只有當狀態處於「不通過」時才可按一下,從而保證邏輯的閉合性,程式如下:

```
//product/audit.vue
<el-button type="primary" @click="withdrawApply(row)"
                        :disabled='row.audit_status=="審核"'
>撤回申請
</el-button>
<el-button type="success" @click="nextApply(row)"
                        :disabled='row.audit_status=="審核"'
>再次申請
</el-button>
```

本節將圍繞審核列表完成審核、撤回申請和再次申請功能。

16.2.1 獲取審核列表

獲取審核清單的邏輯與獲取產品清單相同,考慮到使用者在非第 1 頁按一下再次申請後當前頁面需要重新著色,同樣需要設定 getFirstPageList 函數攜帶預設形式參數,對於分頁的相關邏輯由於在使用者模組和產品清單都已實踐,這裡不再重複敘述。調取介面的程式如下:

```
//product/audit.vue
// 預設形式參數值為1
const getFirstPageList = async (pager: number = 1) => {
  tableData.value = await getApplyList(pager) as any
}
getFirstPageList()
```

16.2.2 實現審核產品

在圖 16-7 中並沒有看到「審核備註」的列名稱,那提交的出庫備註在哪裡呢?答案在按兩下表格彈出的審核產品內容框,如圖 16-8 所示。

▲ 圖 16-8 審核產品內容框

圖 16-7 中的申請備註即為使用者提交的出庫申請備註，該備註在提交之後應為不可修改狀態，此外，從使用者角度看，不僅出庫申請備註不可修改，審核備註也是不可修改狀態，並且沒有右下角的「透過審核」和「拒絕審核」按鈕，如圖 16-9 所示。

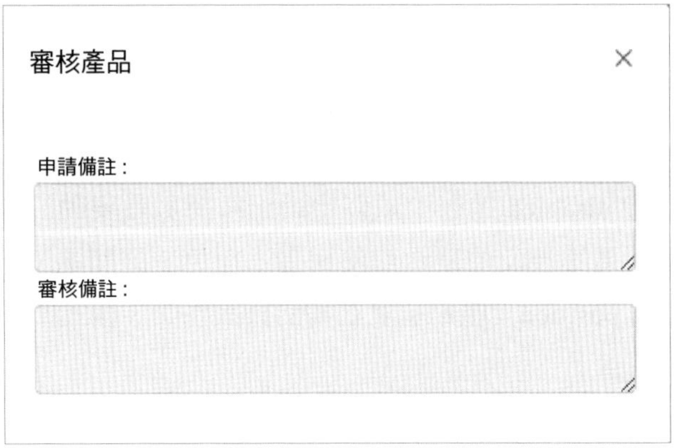

▲ 圖 16-9 使用者角度審核產品內容框

16 爐火純青

在產品模組的 components 目錄下新建一個名為 notes（備註）的單檔案元件，用於如圖 16-9 的審核產品彈出窗。整體結構只包括文字提示和兩個文字輸入框，程式如下：

```vue
//notes.vue
<el-dialog v-model="dialogVisible" title="審核產品" width="400px">
  <div class="apply-notes">
    <span>申請備註：</span>
    <el-input
            v-model="apply_notes"
            :rows="2"
            type="textarea"
            disabled
    />
  </div>
  <div class="audit-notes">
    <span>審核備註：</span>
    <el-input
            v-model="audit_notes"
            :rows="2"
            type="textarea"
            :disabled="admin()"
    />
  </div>
<el-dialog>
```

在審核備註中 disabled 採取了類似申請出庫時數量變動的操作，定義一個函數傳回布林值，這裡涉及的是當前使用者「角色」的問題，那麼可透過在登入時獲取使用者的 position（職務）並在當前頁面呼叫，程式如下：

```
//notes.vue
const admin = ()=> {
  if(localStorage.getItem('position')==' 經理 '){
    return true
  }else{
    return false
  }
}
```

16.2 產品的審核

最後是彈出窗元件底部插槽的按鈕部分，同樣可使用 admin() 函數進行顯隱判定，不過需要注意的是當 v-if 為 true 時隱藏，故需使用「!」進行反轉操作，程式如下：

```
//notes.vue
<template #footer v-if="!admin()">
  <el-button type="success"
             @click="confirm('透過')">透過審核</el-button>
  <el-button type="danger"
             @click="confirm('不通過')">拒絕審核</el-button>
</template>
```

在 6.3.3 節設計審核時，透過和拒絕都使用同一個介面，並且接收「透過」或「不通過」作為參數，故「透過審核」和「拒絕審核」按鈕的按一下函數都綁定同一個函數，傳入「透過」和「不通過」。此外，審核介面涉及將數據傳至出庫清單，所以需要在 notes 頁面獲取當前審核產品的資訊。如果還是用 Mitt 傳值，則從 audit 元件無法獲取這麼多資料，更好的辦法是透過當前行產品的 id 從資料表中獲取資訊，故需設計一個透過 id 獲取產品資訊的介面，程式如下：

```
//router_handler/product.js
// 獲取當前產品資訊
exports.productInfo = (req, res) => {
    const sql = 'select * from product where id = ${req.body.id}'
    db.query(sql, (err, result) => {
        if (err) return res.ce(err)
        res.send(result[0])
    })
}

//router/product.js
router.post('/productInfo', productHandler.productInfo)
```

在前端增加新增介面並在 notes 元件中匯入，程式如下：

```
//api/product.ts
// 獲取當前產品資訊
export const productInfo = (id:number):any=> {
```

16-21

```
    return instance({
        url: '/product/productInfo',
        method: 'POST',
        data: {
            id,
        }
    })
}
```

當管理員按兩下審核清單表格內容時，使用 Mitt 傳值至 notes 元件，程式如下：

```
//product/audit.vue
// 開啟審核框
const applyOperation = (row:any) => {
  bus.emit('applyRow',row.id)
  note.value.open()
}
```

回到 notes，定義一個常數接收從父元件傳過來的 id，並呼叫 productInfo 獲取當前產品的所有資訊。需要注意，此時傳回的資訊包括 audit_status 和 apply_notes，值分別為「審核」和 null，所以需要從 notes 元件中使用管理員輸入的審核備註及按一下狀態去重置這兩個屬性。此外，直接從資料庫獲取的 apply_time 是 ISO 8601 的日期時間格式，其格式為「YYYY-MM-DDTHH:mm:ss.SSSZ」，這是由於 JSON 格式的轉換導致的，如圖 16-10 所示。

```
"product_create_person":"張三",
"product_create_time": "2024-01-11T01:58:34.000Z",
"product_update_time": null,
"product_out_number": 1,
"apply_person":"張三",
"audit_person": null,
"apply_time": "2024-01-10T05:45:39.000Z",
```

▲ 圖 16-10 ISO 8601 日期格式

16.2 產品的審核

即使這是從資料庫獲取的,也不能以這種格式存入 out_product 資料表中,所以需要設計一個函數去實現將 ISO 日期格式轉為「YYYY-MM-DD HH:mm:ss」,程式如下:

```
//notes.vue
// 轉換 ISO 至 MySQL 的 datetime 格式
const convertISOToMySQLFormat = (isoString:any) => {
  let date = new Date(isoString);
  let year = date.getFullYear();
  let month = ("0" + (date.getMonth() + 1)).slice(-2);
  let day = ("0" + date.getDate()).slice(-2);
  let hours = ("0" + date.getHours()).slice(-2);
  let minutes = ("0" + date.getMinutes()).slice(-2);
  let seconds = ("0" + date.getSeconds()).slice(-2);
  return '${year}-${month}-${day} ${hours}:${minutes}:${seconds}';
}
```

最後在按鈕綁定的 confirm 函數中完成重置屬性值、轉換日期格式並呼叫審核介面功能,程式如下:

```
//notes.vue
bus.on('applyRow',(id)=>{
  productId.value = id                                          // 接收 id
})
const productId = ref<number>()

const emit = defineEmits(['success'])

const confirm = async (audit_status:string) => {
  // 獲取使用者資訊
  const res = await productInfo(productId.value as number)
  // 置換原有屬性
  res.audit_notes = audit_notes.value                           // 審核備註
  res.audit_status = audit_status                               // 審核狀態
  res.audit_person = localStorage.getItem('name')               // 審核人
  res.apply_time = convertISOToMySQLFormat(res.apply_time)      // 審核階段
  const res1 = await audit(res)
  if(res1.status==0){
    emit('success')
```

16-23

```
        dialogVisible.value = false
    }
}
```

16.2.3 實現撤回和再次申請出庫

撤回申請出庫和再次申請出庫都是透過產品的 id 去更改對應的 audit_status，並且都使用 MessageBox 訊息彈框元件。撤回出庫申請和再次申請出庫如圖 16-11 和圖 16-12 所示。

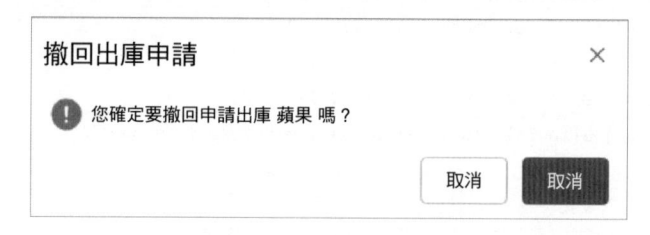

▲ 圖 16-11 撤回出庫申請

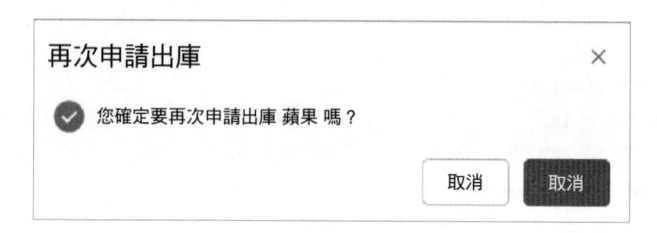

▲ 圖 16-12 再次申請出庫

首先封裝關於撤回出庫申請和再次申請出庫的 API，程式如下：

```
//api/product.ts
// 撤回出庫申請
export const withdraw = (id:number):any=> {
    return instance({
        url: '/product/withdraw',
        method: 'POST',
        data: {
            id,
```

16.2 產品的審核

```
        }
    })
}

// 再次申請出庫
export const againApply = (id:number):any=> {
    return instance ({
        url: '/product/againApply',
        method: 'POST',
        data: {
            id,
        }
    })
}
```

其次在「撤回申請」和「再次申請」按鈕中使用上述兩個 API，程式如下：

```
//audit.vue
// 撤回申請
const withdrawApply = (row:any) => {
  ElMessageBox.confirm (
      ' 您確定要撤回申請出庫 ${row.product_name} 嗎？',
      ' 撤回出庫申請 ',
      {
        confirmButtonText: ' 確定 ',
        cancelButtonText: ' 取消 ',
        type: 'warning',                          // 黃色警告類型
      }
    )
      .then (async()=> {
        const res = await withdraw (row.id)       // 撤回申請
        if (res.status==0) {
          getFirstPageList (paginationData.currentPage)  // 重新著色
        }
      })
}

// 再次申請
const nextApply = (row:any) => {
```

```
ElMessageBox.confirm (
    '您確定要再次申請出庫 ${row.product_name} 嗎？',
    '再次申請',
    {
      confirmButtonText: '確定',
      cancelButtonText: '取消',
      type: 'success',                                    // 綠色成功類型
    }
)
    .then (async()=> {
      const res = await againApply (row.id)              // 再次申請
      if (res.status==0){
        getFirstPageList (paginationData.currentPage)    // 重新著色
      }
    })
}
```

16.3 產品的出庫

產品的出庫邏輯比較簡單，只包括獲取出庫清單、搜尋出庫記錄和清空記錄功能，如圖 16-13 所示。

▲ 圖 16-13 出庫列表

16.3 產品的出庫

透過使用者管理模組和產品管理模組的其他頁面實踐，筆者相信讀者此時已經能夠看到頁面元素就能想到其內在的實現原理並會有一種對實現的需求知根知底的感覺，好像一開始覺得難以實現的功能，現在只需在原有程式的基礎上複製和呼叫封裝的介面就能實現了，這也是程式設計師口頭所講的返璞歸真境界——「CV 工程師」（CV，複製貼上），開發到後期只需複製、修改原有程式就完成專案總監佈置的任務了。下面就實現產品管理模組的最後兩個功能，複習搜尋功能和清空列表功能，怎麼沒有獲取列表功能？答案在 16.2.1 節。

16.3.1 搜尋出庫記錄

搜尋出庫記錄，透過輸入產品的 id 傳回指定任務，封裝的 API 程式如下：

```
//api/product.ts
// 搜尋出庫資料
export const searchOutbound = (product_id:number):any=> {
    return instance({
        url: '/product/searchOutbound',
        method: 'POST',
        data: {
            product_id,
        }
    })
}
```

在出庫列表中匯入該 API 並在搜尋框綁定的函數中呼叫，程式如下：

```
//outbound.vue
// 產品 id
const product_id = ref<number>()
// 通常透過產品 id 進行搜尋
const searchById = async()=> {
  tableData.value = await searchOutbound(product_id.value as number)
}
```

16.3.2 清空出庫列表

清空出庫列表是使用 truncate 命令執行的,故無須傳傳入參數數,封裝的 API 程式如下:

```
//product.ts
// 清空出庫列表
export const cleanOutbound = ():any=> {
    return instance ({
        url: '/product/cleanOutbound',
        method: 'POST',
    })
}
```

在出庫列表中匯入該 API 並在「清空記錄」按鈕綁定的函數中呼叫,採取 MessageBox 訊息彈框的二次確認形式,程式如下:

```
//outbound.vue
// 清空記錄
const clear = ()=> {
  ElMessageBox.confirm (
      ' 您確定要清空出庫記錄嗎？',
      ' 清空出庫記錄 ',
      {
        confirmButtonText: ' 確定 ',
        cancelButtonText: ' 取消 ',
        type: 'error',                    // 紅色警告
      }
   )
      .then (async()=> {
        await cleanOutbound()
      })
}
```

16.4 ECharts

ECharts 是基於 JavaScript 的開放原始碼視覺化圖表函數庫,最早為百度的開放原始碼專案,於 2018 年初捐贈給專門支援開放原始碼軟體的非營利性組織 Apache 基金會。截至 2023 年 12 月,ECharts 已更新至 5.4 版本。

ECharts 提供了折線圖、柱狀圖、圓形圖、散點圖、地理座標圖、K 線圖等多種圖表範本,透過簡單的配置和豐富的 API 可以建立出適合不同行業管理系統的視覺化統計圖表。視覺化在背景系統中是非常常見的功能,透過將資料以圖表的形式呈現,可以更直觀地展示出趨勢。對於企業的管理層來講,圖表資料相對於表格資料能夠更快速地理解和分析資料,幫助管理層做好決策。整體來講,ECharts 是每個前端開發者必須掌握的圖表函數庫。本節將以登入日誌的資料為基礎,使用折線圖展現一周內每天登入的次數,並將圖表放置在「統計」選單頁面中。

首先,在 views 目錄下新建 statistics(統計)目錄,並且建立 index.vue 檔案,在檔案內匯入麵包屑、公共樣式等內容;其次在路由中增加統計模組的路由,程式如下:

```
//router/index.ts
{
  name: 'statistics',
  path: '/statistics',
  component: () => import('@/views/statistics/index.vue')
}
```

最後在 menu 元件頁面中新增選單項,這裡使用名為 PieChart 的圖示,程式如下:

```
//menu/index.vue
<el-menu-item index="statistics">
  <el-icon><PieChart /></el-icon>
  <span> 統計 </span>
</el-menu-item>
```

統計模組在選單中的效果如圖 16-14 所示。

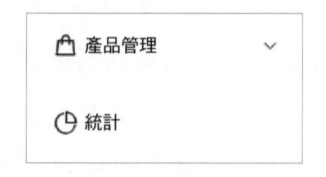

▲ 圖 16-14 統計模組

16.4.1 實現資料邏輯

在 ECharts 官網的頂部按一下「範例」按鈕，將呈現出 ECharts 提供的各種圖表範例，預設呈現的是折線圖範例，而對於實現一周內每天登入次數的資料，則可透過基礎折線圖呈現，如圖 16-15 所示。

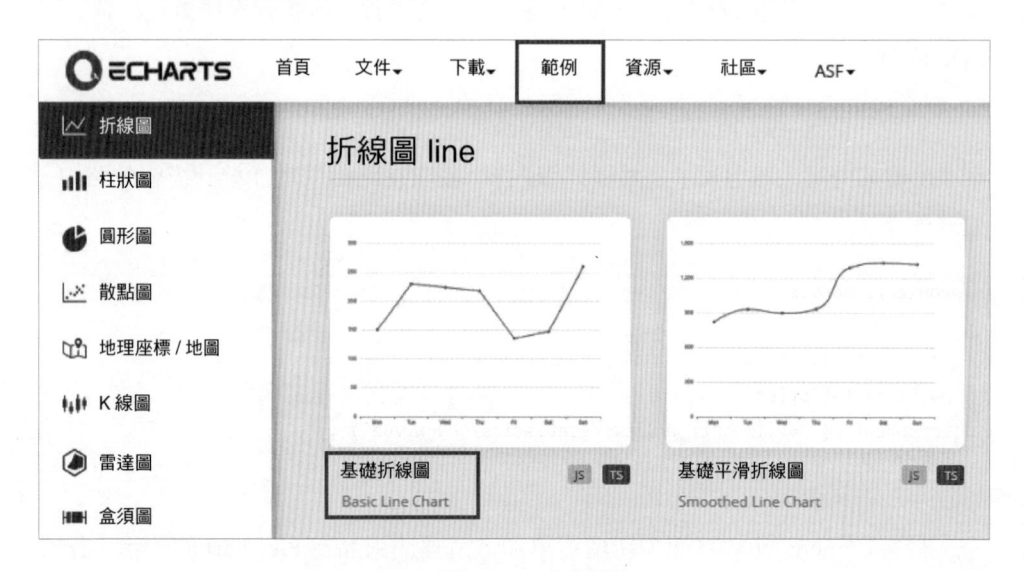

▲ 圖 16-15 折線圖

按一下圖表即可查看實現基礎圖表的配置項程式。按一下基礎折線圖，可看到其原始程式部分的 option（選項）中包括了 xAxis（x 軸）、yAxis（y 軸）和 series（連續）3 個物件，程式如下：

16.4 ECharts

```
option = {
  xAxis: {
    type: 'category',                                          // 類別
    data: ['Mon', 'Tue', 'Wed', 'Thu', 'Fri', 'Sat', 'Sun']    // 資料
  },
  yAxis: {
    type: 'value'                                              // 值
  },
  series: [
    {
      data: [150, 230, 224, 218, 135, 147, 260],               // 資料
      type: 'line'                                             // 線
    }
  ]
};
```

結合其呈現的折線圖，可知 x 軸對應圖上的日期，y 軸對應每天的數量，如圖 16-16 所示。

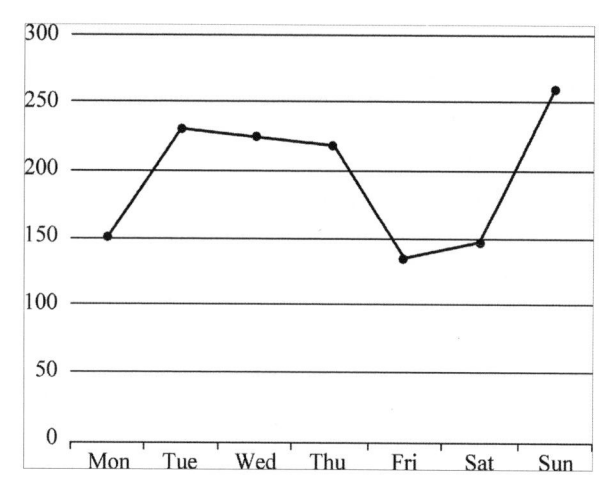

▲ 圖 16-16 基礎折線圖範例

結合程式和範例圖可知實現想法，要實現一周內每天登入次數的折線圖，只需獲取每天登入的次數，並賦值給 series 陣列中的 data 物件。現在首要的問題是，如何獲取最近一周的日期呢？

在登入模組曾使用 JavaScript 的 Date 物件記錄登入時間，那麼是否可透過當前的日期倒推過去一周的時間呢？只需 for 迴圈將獲取的當前時間迴圈 7 次，每次減去一天，並把減去的日期當作當前的日期，存入一個陣列。在 Date 物件實例中可使用 getDate() 方法獲取當前的日期，並使用 setDate() 方法將日期設置為當天日期，但 setDate() 方法傳回的是調整過的日期的毫秒表示，如「1706258266703」，而需求的格式應為「YYYY-MM-DD」，那麼可使用實例的 toISOString() 方法將格式轉變為 ISO 8061 格式，如「2024-01-11T08:31:07.025Z」，再透過 slice() 方法進行切割，程式如下：

```
// 獲取最近 7 天日期
const getDay = ()=>{
  let day =new Date()
  let week = []
  for(let i = 0;i<7;i++){
    // 獲取過去的日期，並設置為當天日期
    day.setDate(day.getDate()- 1)
    // 將 day 從毫秒轉為 ISO 8061 格式，並切割成 YYYY-MM-DD 格式
    week.push(day.toISOString().slice(0, 10))
  }
  return week
}
```

在後端路由處理常式的 login_log.js 檔案中新增 1 個名為 getDayAndNumber 的介面，並輸入 getDay 函數傳回的日期，程式如下：

```
//router_handler/login_log.js
// 傳回每天登入次數
exports.getDayAndNumber = (req,res) =>{
  // 獲取最近 7 天日期
  const getDay = ()=>{
    let day =new Date()
    let week = []
```

16.4 ECharts

```js
    for(let i = 0;i<7;i++){
        // 獲取過去的日期，並設置為當天日期
        day.setDate(day.getDate()- 1)
        // 將 day 從毫秒轉為 ISO 8061 格式，並切割成 YYYY-MM-DD 格式
        week.push(day.toISOString().slice(0, 10))
    }
    return week
}

// 定義執行函數
const getAll = ()=> {
    let week = getDay()
    res.send({
        week:week
    })
}
getAll()                                // 執行函數
}
//router/login_log.js
router.post('/getDayAndNumber', loginLogHAndler.getDayAndNumber)
```

在 Postman 中測試 getDayAndNumber 介面，傳回了過去一周的日期，如圖 16-17 所示。

```
"week": [
    "2024-01-27",
    "2024-01-26",
    "2024-01-25",
    "2024-01-24",
    "2024-01-23",
    "2024-01-22",
    "2024-01-21"
]
```

▲ 圖 16-17 過去一周日期

16 爐火純青

下一步就簡單了，透過 SQL 的 like 關鍵字，搜尋每天的登入次數即可。可定義一個 getNumber 函數，接收 week 陣列中的每項日期作為參數，將日期與 login_log 資料表的 login_time 欄位進行對比，傳回相同日期的長度，即為每天登入的次數，程式如下：

```javascript
exports.getDayAndNumber = (req,res)=>{
  // 獲取最近 7 天日期
  const getDay = ()=>{
      // 邏輯部分
  }

  // 獲取每天登入的人數
  const getNumber = login_time =>{
    return new Promise (resolve=>{
      const sql = 'select * from login_log
        where login_time like '%${login_time}%''
      db.query (sql,login_time, (err,result) =>{
        resolve (result.length)
      })
    })
  }

  async function getAll(){
      let week = getDay()
      let number = []
      for (let i = 0;i<week.length;i++) {
      // 每天的登入次數
        number[i] = await getNumber (week[i])
      }
      res.send ({
        number:number,
        week:week
      })
    }
  getAll()                                // 執行函數
}
```

16-34

此時再次測試 getDayAndNumber 介面,就獲得了 x 軸所需的日期和 y 軸所需的日期對應的登入次數,如圖 16-18 所示。

```
"number": [
    0,
    0,
    1,
    2,
    1,
    2,
    0
],
"week": [
    "2024-01-27",
    "2024-01-26",
    "2024-01-25",
    "2024-01-24",
    "2024-01-23",
    "2024-01-22",
    "2024-01-21"
]
```

▲ 圖 16-18 日期及登入次數

16.4.2 實現圖表

在前端,首先需要安裝 ECharts 相依,命令如下:

```
pnpm install echarts
```

其次在 statistics 組件中匯入 ECharts,程式如下:

```
import * as echarts from 'echarts';
```

ECharts 的圖表在範本內是透過類別名稱初始化的,所以需要在範本內新建一個區塊級元素,程式如下:

```
<!-- 內容 -->
  <div class="common-content">
    <div class="login-week"></div>
</div>
```

16 爐火純青

在邏輯部分，ECharts 圖通常在 onMounted 生命週期內執行初始化、獲取資料和著色。初始化 ECharts 圖使用 init() 方法，該方法接收 HTML 元素作為參數，可透過 querySelector() 的方式獲取範本內的元素並傳參，該方法傳回一個 ECharts 範例；透過實例的 setOption() 方法傳入配置即可實現各種 ECharts 圖。此外，需要注意的是要給 HTML 元素增加寬和高。下面以基礎折線圖為例，在 statistics 組件中實現基礎折線圖，程式如下：

```
import { onMounted, ref } from 'vue'

const loginWeek = ()=> {
  // 增加類型斷言，類型為 HTML 元素
  const loginData = echarts.init(document.querySelector('.login-week') as HTMLElement)
    // 把官網折線圖的原始程式碼放置在 setOption 方法中
  loginData.setOption({
    xAxis: {
      type: 'category',
      data: ['Mon', 'Tue', 'Wed', 'Thu', 'Fri', 'Sat', 'Sun']
    },
    yAxis: {
      type: 'value'
    },
    series: [
      {
        data: [150, 230, 224, 218, 135, 147, 260],
        type: 'line'
      }
    ]
  })
}

// 樣式部分
.login-week{
  width: 500px;
  height: 300px;
}
```

16.4 ECharts

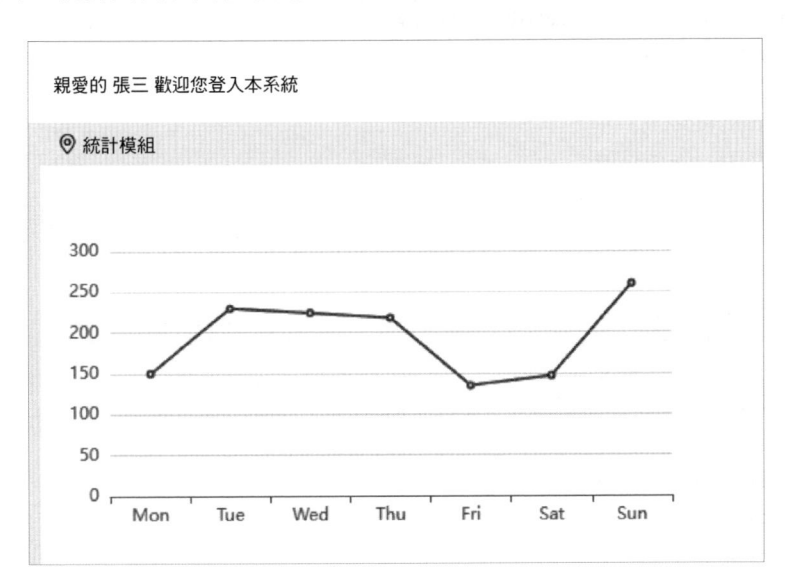

此時,統計頁面就出現了需要的折線圖,如圖 16-19 所示。

▲ 圖 16-19 實現基礎折線圖

那麼現在只需匯入 getDayAndNumber 介面,將後端傳回的日期和人數賦值到配置程式中。封裝介面的程式如下:

```
//api/login_log.ts
// 傳回一周每天登入次數
export const getDayAndNumber = ():any=> {
    return instance({
        url: '/log/getDayAndNumber',
        method: 'POST',
    })
}
```

從後端傳回資料需要一定的時間,此時折線圖呈現什麼內容呢? ECharts 實例提供了 showLoading() 和 hideLoading() 方法,在資料還沒載入之前提供遮罩層,整個折線圖就處於載入的樣式,當資料載入完後就會取消遮罩層,程式如下:

```
const loginWeek = async()=> {
    // 增加類型斷言,類型為 HTML 元素
    const loginData = echarts.init(document.querySelector('.login-week') as HTMLElement)
```

```
loginData.showLoading()
let data = await getDayAndNumber()as any
loginData.hideLoading()
    // 把官網折線圖的原始程式碼放置在 setOption 方法中
loginData.setOption({
  xAxis: {
    type: 'category',
    data: data.week,
  },
  yAxis: {
    type: 'value'
  },
  series: [
    {
      data: data.number,
      type: 'line'
    }
  ]
})
}
```

此時頁面內就載入出了記錄每天登入人數的折線圖，如圖 16-20 所示。

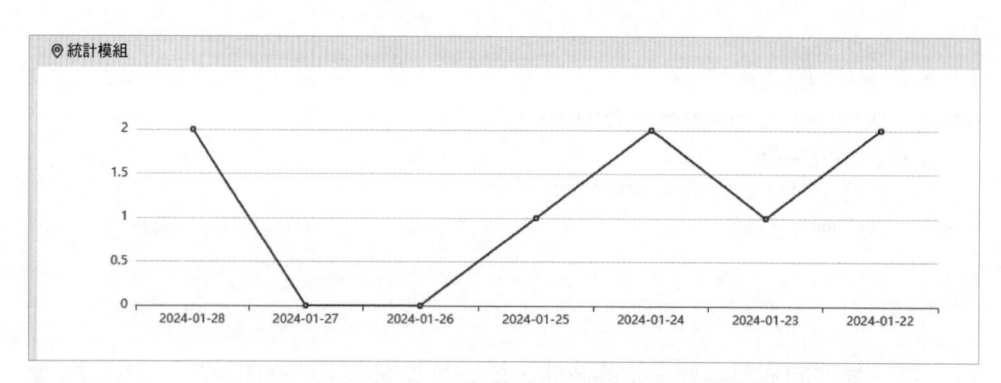

▲ 圖 16-20 實現登入資料折線圖

16.5 許可權管理

許可權管理是管理系統不可或缺的一環,在使用者模組的使用者資訊中可設置人事部和產品部,根據系統已有的模組來看,人事部的管理員(經理)能夠存取使用者管理模組,具有對使用者進行帳號凍結、解禁等普通許可權和刪除使用者等高級許可權,人事部的員工則具有對帳號進行凍結、解禁的普通許可權;產品部的管理員能夠存取產品管理模組,具備管理產品和申請許可權,產品部的員工則能夠對產品進行申請出庫操作。對應部門的人員應只能在系統看到部門所管的模組,而對於超級管理員,則能夠存取所有的模組。

本節將使用動態路由和 v-if 等語法完成不同部門之間和部門內部的許可權管理。

16.5.1 動態生成路由表

在建立模組的單檔案元件時需要在 router 下新增元件的路由資訊,這種手動增加路由且不會隨著使用者的許可權動態變化的路由表稱為靜態路由表,反之則稱為動態路由表。該表的路由資訊由後端傳回,在前端只需保留必需的登入頁面路由、選單頁面路由和防止路由遺失的 404 頁面路由。

那麼首先在 views 目錄下新建一個名為 error 的目錄,並建立其對應的單檔案元件,內容只需寫上伺服器問題之類的提示,程式如下:

```
//error/index.vue
<template>
  <div>404...</div>
</template>
```

其次在路由內增加 404 頁面的路由。注意,該路由不在 menu 的子路由中,並且路徑為「/:catchAll(.*)」,這樣的作用是能匹配到所有未被其他路由匹配的路徑,並將它們重定向到指定的 404 元件頁面中,程式如下:

```
//router/index.ts
{
  name: '404',
  path: '/:catchAll(.*)',
  component: () => import('@/views/error/index.vue')
}
```

為了方便處理,將 menu 路由的子路由都刪除,包括所有權限都會用到的個人設置元件路由。現在只剩下了 login、menu 和 404 路由,程式如下:

```
routes: [
  {
    //login 路由
  },
  {
    path: '/menu',
    name: 'menu',
    component: () => import('@/views/menu/index.vue'),
    // 去掉了 menu 路由的子路由
  },
  {
    //404 路由
  },
]
```

其他的路由從哪裡來?從後端來。這裡通常有兩種實現想法,一種是在 users 資料表中額外增加一個欄位,用於儲存該使用者許可權對應的路由資訊,在登入時透過登入介面將使用者路由傳回使用者端;另一種是在後端定義多個對應不同許可權的陣列,並根據不同的許可權透過額外的介面傳回使用者端,本節將使用第 2 種方法實現動態路由表。

16.5 許可權管理

1. 定義許可權對應的路由表

在後端登入功能的 router_handler 中,定義 3 個陣列,分別對應超級管理員、人事部、產品部的路由陣列。在陣列中應注意的是,路由的 component 應是一個包含路徑的字串,而非載入元件的箭頭函數。對於超級管理員的路由表,應具有所有的元件路由,程式如下:

```
//router_handler/login.js
// 超級管理員的路由表
const superAdminRouter = [
{
  name: 'set',
  path: '/set',
  component: 'set/index'
},
{
  // 此處忽略登入和操作日誌、統計、使用者和產品模組路由
}]
```

人事部和產品部則除 set 元件外,只包含其對應的部門模組,程式如下:

```
// 人事部路由
const userAdminRouter = [
{
  name: 'set',
  path: '/set',
  component: 'set/index'
},
{
  name: 'user',
  path: '/user',
  component: 'user/index'
}]

// 產品部路由
const productAdminRouter = [
{
  name: 'set',
  path: '/set',
```

```
    component: 'set/index'
  },
  {
    // 此處省略 product、audit、outbound 路由
  }]
```

傳回對應的路由資訊可透過使用者 id 搜尋其 department 實現,那超級管理員該怎麼辦呢?一個好的辦法是直接在資料表中修改某個帳號的 department,這通常是由運行維護工程師完成的。在實際開發中,一般會預留幾個帳號作為超級管理員帳號分配給最高許可權者使用,這裡可將註冊的 123666 帳號的部門設置為超級管理員。在搜尋 department 後,使用 if 敘述判斷其職務,並傳回對應的路由,程式如下:

```
//router_handler/login.js
// 傳回使用者的路由列表
exports.returnMenuList = (req,res)=>{
  const sql = 'select department from users where id = ?'
  db.query(sql,req.body.id, (err,result)=>{
    if (err) return res.ce (err)
    let menu = []
    if(result[0].department==' 超級管理員 '){
      menu = superAdminRouter
    }
    if(result[0].department==' 人事部 '){
      menu = userAdminRouter
    }
    if(result[0].department==' 產品部 '){
      menu = productAdminRouter
    }
        res.send (menu)
  })
}

//router/login.js
router.post('/returnMenuList', loginHandler.returnMenuList)
```

16.5 許可權管理

在 Postman 中傳入帳號 123666 測試該介面，可看到傳回了定義的路由表，如圖 16-21 所示。

```
{
    "name": "set",
    "path": "/set"
},
{
    "name": "user",
    "path": "/user"
},
{
    "name": "login_log",
    "path": "/login_log"
},
```

▲ 圖 16-21 傳回路由表資訊

2. 前端形成路由表

前端要做的只有一件事情，就是將後端傳回的路由資訊增加進路由表中，可透過遍歷傳回的路由資訊及使用路由的 addRoute() 方法實現。這裡需要考慮兩個問題，一個是如果傳回的路由資訊包含子路由，則該如何處理；另一個是如何將字串變為匯入元件的方式，如「set/index」。對於第 1 個問題，可設計一個遞迴遍歷函數，當遇到包含子路由的路由時，只需再次呼叫該遍歷路由的函數；對於第 2 個問題，可透過 import.meta.glob() 方法實現，該方法允許定義一種模式去匹配目錄下的所有檔案，並以物件的形式傳回，物件的屬性名稱為檔案路徑，屬性值為該檔案被匯入模組的形式。什麼是模式？其實就是檔案的路徑，以在 main.ts 檔案內定義一個函數為例，程式如下：

```
//main.ts
function loadComponent(){
    let Module = import.meta.glob("@/views/**/*.vue")
    console.log(Module)
}
loadComponent()
```

按照模式，該函數會輸出所有在 src 目錄下的單檔案元件及其匯入模組的形式，如圖 16-22 所示。

```
▼ Object ⓘ                                                                    main.ts:30
  ▶ /src/views/error/index.vue: () => import("/src/views/error/index.vue")
  ▶ /src/views/login/index.vue: () => import("/src/views/login/index.vue?t=1706540589711")
  ▶ /src/views/login_log/index.vue: () => import("/src/views/login_log/index.vue")
  ▶ /src/views/menu/index.vue: () => import("/src/views/menu/index.vue")
  ▶ /src/views/operation_log/index.vue: () => import("/src/views/operation_log/index.vue")
  ▶ /src/views/product/audit.vue: () => import("/src/views/product/audit.vue")
  ▶ /src/views/product/components/add_product.vue: () => {…}
  ▶ /src/views/product/components/apply_product.vue: () => {…}
  ▶ /src/views/product/components/edit_product.vue: () => {…}
  ▶ /src/views/product/components/notes.vue: () => import("/src/views/product/components/notes.vue")
  ▶ /src/views/product/index.vue: () => import("/src/views/product/index.vue")
  ▶ /src/views/product/outbound.vue: () => import("/src/views/product/outbound.vue")
  ▶ /src/views/set/components/change_password.vue: () => {…}
  ▶ /src/views/set/index.vue: () => import("/src/views/set/index.vue")
  ▶ /src/views/statistics/index.vue: () => import("/src/views/statistics/index.vue")
  ▶ /src/views/user/components/user_info.vue: () => import("/src/views/user/components/user_info.vue
  ▶ /src/views/user/index.vue: () => import("/src/views/user/index.vue")
  ▶ [[Prototype]]: Object
```

▲ 圖 16-22 單檔案元件及其模組形式

這樣就可透過物件屬性名稱的方式獲取檔案的模組形式，並將其賦值給路由的 component 物件。需要注意的是，import.meta.glob() 方法在 ES2020 之前無法使用，所以要在 TypeScript 設置的 lib 中增加 es2020，程式如下：

```
//tsconfig.app.json
"lib": ["dom","es2015","es2017","es2020"]
```

此外還有一個問題，路由表在頁面刷新之後會被重新初始化，只保留原來的靜態路由表。這個問題就需要在刷新的過程中重新給路由表賦值，這個過程將在 Vue 實例掛載的過程中實現。

綜上，可將實現步驟分為 3 步：一是在 Pinia 中設計生成動態路由表的邏輯；二是在登入成功後呼叫傳回動態路由資訊的介面，並將路由資訊傳入 Pinia 中定義的函數；三是在 Vue 實例掛載時再次呼叫 Pinia 中的函數，防止路由遺失。

在 stores 目錄下新建 menu.ts 檔案，定義一個名為 useMenu 的 Store 並向外暴露，程式如下：

16.5 許可權管理

```
//stores/menu.ts
import { defineStore } from 'pinia'
import router from '@/router'
import {ref} from "vue";

export const useMenu = defineStore('menuInfo', () => {})
```

定義一個 State，用於儲存初次接收的動態路由資訊，以及定義一個包含生成路由的函數的 Action，程式如下：

```
//stores/menu.ts
// 儲存動態路由表
const menuData = ref<any[]>([])

//Action
const setRouter = (arr:any)=>{
  // 生成路由函數
  function compilerMenu (arr:any){
    // 如果為空，則傳回
    if(!arr) return
  menuData.value = arr
  arr.forEach((item:any)=>{
    let rts = {
      name:item.name,
      path:item.path,
      component:item.component
    }
    // 如果有子路由，則遞迴執行
    if(item.children && item.children.length){
      compilerMenu(item.children)
    }
    // 如果沒有子路由，則呼叫 loadComponent 生成 component
    if(!item.children){
      let path = loadComponent(item.component)
      rts.component = path;
      router.addRoute('menu',rts)
    }
    // 生成檔案的匯入形式
    function loadComponent (url:string){
```

```
      let Module = import.meta.glob("@/views/**/*.vue")
      return Module['/src/views/${url}.vue']
    }
  })
}
// 執行函數
compilerMenu (arr as any)
}
```

最後還差一個在 Vue 實例掛載過程中的 Action，程式如下：

```
//stores/menu.ts
const addRouter = ()=>{
  setRouter (menuData.value)
}
```

現在就只需完成登入組件和 main.ts 檔案中的組件，但別忘了封裝傳回陣列的介面，程式如下：

```
//api/login.ts
export const returnMenuList = (id:number):any => {
    return instance ({
        url: '/api/returnMenuList',
        method: 'POST',
        data: {
            id
        }
    })
}
```

在登入元件中匯入 Store 和傳回路由陣列的介面，並在登入成功後呼叫，程式如下：

```
import { returnMenuList } from '@/api/login'
import {useMenu} from "@/stores/menu";
const menuStore = useMenu()

const Login = async()=> {
  const res = await login (loginData)
```

```
  if (res.status == 0){
    // 省略獲取 id、account、position 等邏輯
    const routerList = await returnMenuList(id)
    // 生成動態路由表
    menuStore.setRouter(routerList)
    router.push('/set')
  }
}
```

此時，在 main.ts 檔案內就不能鏈式掛載 Pinia 和路由了，應該是先掛載 Pinia，然後執行 Store 暴露的 addRouter() 方法，最後掛載路由，程式如下：

```
//main.ts
app.use(pinia)
// 重新生成動態路由表
import {useMenu} from "@/stores/menu";
const menuRouter = useMenu()
menuRouter.addRouter()

app.use(router).mount('#app')
```

這時當登入部門為人事部的使用者帳號並存取不屬於其許可權的模組時，就會顯示 404，如圖 16-23 所示。

▲ 圖 16-23　404 頁面

3. 完善選單

雖然增加了動態路由表，但選單還是沒有變化，按道理來講選單也應該只呈現使用者許可權所對應的選單項，如何實現人事部的管理員只呈現個人設置

和使用者模組呢?非常簡單,只需在登入成功後透過 localStorage 儲存使用者的 department,並在選單中透過 v-if 去實現選項顯隱。以人事部為例,可定義一個邏輯值為 false 的常數,只有當 department 為人事部或超級管理員時其值才為 true,當值為 true 時顯示使用者模組,程式如下:

```
//menu/index.vue
<el-menu-item index="user" v-if="userAdmin||superAdmin">
  <el-icon><User /></el-icon>
  <span>使用者模組</span>
</el-menu-item>

// 邏輯部分
const superAdmin = ref(false)        // 對應超級管理員許可權
const userAdmin = ref(false)         // 對應人事部許可權
const productAdmin = ref(false)      // 對應產品部許可權
const getDepartment = ()=> {
  let department = localStorage.getItem('department')
  if(department == '人事部'){
    userAdmin.value = true
  }
  if(department == '產品部'){
    productAdmin.value = true
  }
  if(department == '超級管理員'){
    superAdmin.value = true
  }
}
getDepartment()
```

此時登入人事部的帳號,就只顯示出了個人設置和使用者模組,如圖 16-24 所示。

▲ 圖 16-24 人事部許可權

16.5.2 部門內許可權

部門內同樣可使用 localStorage 結合 v-if 對不同的職務進行限制。以產品管理為例，在邏輯上經理（管理員）可編輯產品資訊，對產品進行新增或降低庫存操作，而普通員工只能執行申請出庫、撤回申請出庫和再次申請出庫操作。基於此種邏輯，可在按兩下表格彈出訊息方塊時增加判斷，如果 position 為員工，則取消彈窗，程式如下：

```
//product/index.vue
const openEdit = (row:any)=>{
  if(localStorage.getItem('position')=='員工') return
  bus.emit('editRow',row)
  editProduct.value.open()
}
```

對於使用者模群組，則在使用者資訊彈窗的刪除按鈕中增加一個 position 判斷，當 position 不為員工時才顯示刪除按鈕，程式如下：

```
//user_info.vue
<template #footer v-if="admin()">
  <span class="delete" @click="openMessageBox">刪除使用者</span>
</template>
// 邏輯部分
const admin = ()=>{
  if(localStorage.getItem('position')=='員工'){
    return false
  }else{
    return true
  }
}
admin()
```

16.6 路由守衛

路由守衛是用在跳躍前、中、後的鉤子函數，在 Vue Router 中提供了全域、路由獨享和元件內的鉤子函數。

全域路由守衛鉤子函數包括 beforeEach（全域前置守衛）、beforeResolve（全域解析守衛）和 afterEach（全域後置守衛）；元件內的守衛包括在著色組件對應路由時呼叫的 beforeRouteEnter、當前路由改變時呼叫的 beforeRouteUpdate 和路由離開時呼叫的 beforeRouteLeave；路由獨享守衛是在進入路由時觸發的函數，有且只有一個為 beforeEnter。

本節將使用全域前置守衛，應對使用者長時間登入直至權杖（token）過期的場景。權杖過期是一種十分常見的場景，過期後如果使用者想繼續按一下按鈕或功能表選項跳躍至其他元件，則會被強制跳躍至登入頁面要求使用者重新登入。

在 src 目錄下新建名為 guardian（守衛）的 TypeScript 檔案，匯入路由並使用全域前置守衛。全域前置鉤子函數接收一個回呼函數作為參數，在每次路由導覽之前都會執行。回呼函數包括 3 個參數，分別是 to，表示即將進入的路由物件；from，表示當前導覽正要離開的路由物件；next，相當於 Express.js 路由中介軟體的 next，呼叫之後進入下一個鉤子函數。在守衛中只需判斷是否存在 token，如果不存在或要跳躍的路由名稱不是 login，則跳躍至 login 頁面，程式如下：

```
//src/guardian.ts
import router from './router'

// 全域前置守衛
router.beforeEach( (to, from, next) => {
  // 在登入成功後儲存 token，從這裡獲取
  const token = localStorage.getItem('token')
  if (to.name !== 'login' && !token) next({ name: 'login' })
  else next()
})
```

上線篇

17

伺服器與域名

　　回顧在 Node.js 篇的 4.3.2 節，使用了基於 Node.js 的 Express.js 框架快速地在本地架設了一個本地 Web 伺服器，程式如下：

```
//app.js
// 匯入 Express
const express = require('express')
const app = express()

// 啟動和監聽指定的主機和通訊埠
app.listen (3007, ()=> {
  console.log('http://127.0.0.1:3007')
})
```

17 伺服器與域名

其中關鍵的程式是使用 Express 實例的 listen() 方法啟動了伺服器，而所謂伺服器，即是提供服務的電腦，它給誰提供服務呢？使用者端。使用者端透過伺服器提供的 URL 網址對伺服器發起請求，伺服器根據使用者端的請求透過 SQL 語言和 API 與資料庫進行互動，並對資料庫傳回的資料進行處理，最後將結果傳回使用者端，這是一個簡單的服務流程。

問題在於，此時監聽的主機地址是 127.0.0.1，這是當前電腦的 IP 位址，使用該位址能夠存取本地電腦上的資源，但只在本地電腦上有效，如何能夠讓其他的使用者存取自己伺服器上的內容呢？將主機地址改成大家都能存取的位址不就行了嗎？這真是個好辦法，但問題又來了，就如同 127.0.0.1 是本地電腦的位址一樣，那改成大家都能存取的位址，這個位址所指向的「電腦」在哪呢？放在本地資料庫的資料又該放到哪裡呢？相信閱讀完這章內容，讀者就能明白其中的奧秘。

17.1 伺服器

伺服器的整體結構與普通電腦大致相同，都具有 CPU、硬碟、記憶體、作業系統等，但伺服器是專門用來為某項服務提供支援的電腦，在處理資料方面具有比普通電腦更大的優勢。具體優勢在哪裡？假設有一台資料庫伺服器，那麼這台電腦的硬碟內可能除了針對業務上的資料，就沒有其他內容了；在頻寬上能夠滿足同時執行多個資料傳輸的操作；在作業系統上能夠支援各種資料庫管理系統和應用程式介面，並且具備高性能的排程演算法和多執行緒技術；在穩定性和安全性方面有更高的要求，防止資料出現遺失和洩露的風險。

在本書專案中透過 Express.js 架設的本地 Web 伺服器，則是專門用來處理 Web 使用者端（如瀏覽器）的請求並傳回回應的伺服器；此外還有專門用於提供檔案儲存、共用和管理的檔案伺服器、用於郵件服務的 E-mail 伺服器、用於建立和管理虛擬私人網絡的 VPN 伺服器等。

17.1 伺服器

值得一提的是用於解析域名和映射 IP 的 DNS 伺服器，在 DNS 伺服器上儲存著域名和其映射的 IP，相當於手機的通訊錄。舉個簡單的例子，當使用者在瀏覽器網址列輸入百度的官網網址時，瀏覽器首先會向 DNS 伺服器發送域名，查詢是否有 baidu.com 的 IP 位址，如果有，則傳回使用者端，使用者端再透過 IP 位址與存放有百度頁面的伺服器建立連接。在某些時刻遇到微信、QQ 能上網，但瀏覽器卻無法存取任何網址時，即是本機配置的 DNS 伺服器當機了，需要更換其他的 DNS 伺服器，如圖 17-1 所示。

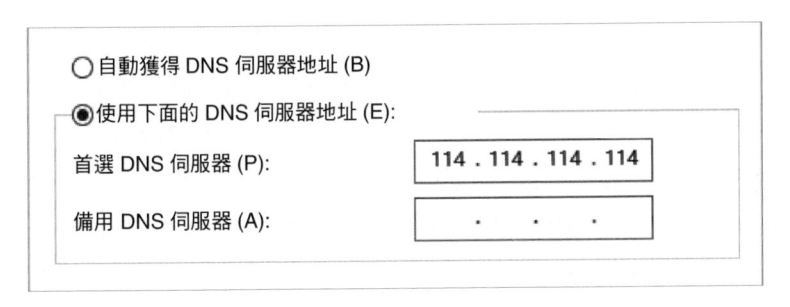

▲ 圖 17-1 選擇 DNS 伺服器

在本地開發時，主機的硬體規格即為當前伺服器的配置，Web 應用軟體和資料庫管理系統都承載在當前的作業系統上。

17.1.1 伺服器參數

選擇合適參數的伺服器對網站的流暢存取和功能實現具有重要的作用，本節將針對伺服器的參數進行簡介。

1. CPU

CPU 是電腦運算和控制的核心，其作用是讀取指令並執行指令，對所有硬體資源進行控制調配。一個 CPU 由單一或多個核心組成，核心之間透過高速匯流排連接。多個核心可同時執行多個任務，並且運算能力很強。

2. 硬碟

硬碟是儲存資料和軟體等的裝置，主要參數為容量，目前普通家用電腦的硬碟通常為 1TB，而伺服器的硬碟容量依據不同的使用場景、業務內容進行決定，通常伺服器對硬碟容量的最低要求為 20GB，用於存放作業系統等內容。硬碟的特點是容量大、斷電後資料不會遺失，與之相反的是記憶體，容量低且斷電後資料會消失。

3. 記憶體

記憶體是用於臨時儲存 CPU 中的運算資料，以及與硬碟等外部記憶體交換資料，是 CPU 與硬碟之間的「橋樑」，當程式要從硬碟讀取資料時，資料會被載入到記憶體中，然後由 CPU 從記憶體中讀取資料，最後將資料發送至對應的程式。與硬碟相比，記憶體的存取速率遠高於硬碟。此外，伺服器的所有程式都執行在記憶體中，記憶體的執行速度決定了伺服器的執行快慢。在伺服器中最低標準配備記憶體為 2GB，通常為 4GB、8GB、16GB 等可選項，在一些特殊的場景可能需要幾百甚至上千 GB 的記憶體，但是記憶體容量並不是越大越好，需要與 CPU 的運算速度相匹配，一般來講取決於與業務需求相匹配的架構和配置。

4. 頻寬

伺服器在一定時間內能夠接收和傳輸資料的速率稱為頻寬，以 Mb/s 或 Gb/s 表示。頻寬是評價伺服器性能的重要指標之一，頻寬越大，表示伺服器傳輸的速率就越快，但頻寬不是供應商提供的速度有多快就多快，頻寬的速率取決於伺服器自身的頻寬上限，通常 1Mb/s、2Mb/s、5Mb/s 的頻寬即可滿足大部分應用場景。

5. 收發送封包能力

資料封包（Data Packet）是電腦網路中傳輸的格式化資料單位，是通訊協定中的基本通訊單元，由傳輸的資料和必要的控制資訊組成。收發送封包能力

17.1 伺服器

指的是實例每秒最多可以處理的網路資料封包數量,換句話說,就是每秒能夠處理網路請求和資料傳輸的能力。

6. 作業系統

作業系統是電腦中負責管理和控制電腦硬體和應用程式執行的軟體,例如 Node.js 的檔案系統即是作業系統提供的功能。作業系統必須能在長時間執行和高負載環境下保持穩定執行,並且具備抵禦各種網路攻擊和病毒威脅的高安全性。

目前常見的作業系統有 Windows、macOS、Linux 及國產鴻蒙作業系統等,但這些主要是桌面作業系統,用於伺服器的作業系統主要為 Linux、Windows Server、UNIX 等。市場上大部分伺服器使用的是 Linux 作業系統,這主要是由於 Linux 是一個開放原始碼的作業系統,提供了極大的自由度供使用者進行修改和擴充,而 Windows 作業系統需要付費才能提供服務。此外,因為開放原始碼的緣故,Linux 相比於 Windows 有更加龐大的開發者社區,能夠給予使用者豐富的資源和幫助,也因此湧現出許多優秀的發行版本,如 Ubuntu、CentOS、Debian 等。

17.1.2 雲端服務器

雲端服務器是近年來興起的一種基於雲端運算服務系統的伺服器,基於雲端運算服務系統的應用在如今生活中可謂是非常常見了,例如現在的手機都提供了雲端相簿、雲端通訊錄等功能,保證使用者資料不易遺失;還有百度雲端硬碟、阿里雲端硬碟等專門用於儲存檔案、音訊、視訊的雲端儲存平臺。以儲存資料的雲端硬碟為例,可以簡單地理解為一個容量巨大的硬碟位於「雲端」上,透過網路可從「雲端」中的硬碟儲存和獲取資料,而這個容量是由使用者付費選擇的,這是雲端應用的一大特點——隨選配置。

對於普通的小企業來講,通常不會在企業本地部署機房架設伺服器,首先是高昂的成本,除去需要的機房用地外,還需機櫃、伺服器、防火牆等硬體及

17 伺服器與域名

其他耗材，不僅配置麻煩，一旦需要改造、搬遷機房則更麻煩，此外架設好機房後還需增加額外的人力成本去定期維護，保證伺服器不會出現當機情況；其次是無法準確地根據未來業務發展選擇合適的硬體規格，例如剛開始買的機櫃就這麼大，但是後面業務擴充了，除了要購買硬體外，還要換機櫃，如果位置不夠，則需擴充機房，表現出業務擴充性弱的缺點，而對於想個人獨立開發並上線專案的學生來講，在學校宿舍或在家架設一個可供網友存取的伺服器，難度就更大了，而具有隨選配置特點的雲端伺服器，則可解決這些難題。

雲端伺服器主要分為兩種，一種是雲端虛擬機器（Cloud Virtual Machine，CVM），另一種是彈性計算服務（Elastic Compute Service，ECS），阿里雲、華為雲提供的雲端伺服器稱為 ECS，而騰訊雲提供的則是 CVM。

在架構方面，CVM 用的是 KVM 虛擬化技術，該技術允許在一台物理伺服器上執行多個虛擬機器，並且每個虛擬機器都有自己的作業系統，透過虛擬化硬體裝置，使每個虛擬機器上都有獨立的 CPU、記憶體、磁碟和網路等資源，事實上每個虛擬機器實際上只是物理伺服器上的處理程序，透過物理伺服器的硬體層對多個虛擬機器之間的資源進行隔離，每個虛擬機器都獨佔物理伺服器資源。ECS 採用的是 Xen 虛擬化技術，透過在作業系統與硬體之間增加一層虛擬化軟體（Hypervisor），將物理伺服器劃分為多個虛擬機器，每個虛擬機器同樣虛擬出獨立的 CPU、記憶體等資源，但多個實例之間是共用伺服器資源的。

簡單來講，KVM 是在硬體層面隔離出了多個虛擬機器，而 Xen 則是透過軟體實現了多個虛擬機器。目前，KVM 已經被 Linux 核心組織寫進了 Linux 核心，相當於 Linux 的一部分，能夠利用 Linux 核心提供的各種功能，並且伴隨著 Linux 核心的進步而不斷發展，Xen 則依然是外部的程式，並且不能完全和 Linux 核心相容，所以現如今越來越多的廠商選擇採取 KVM 作為虛擬化解決方案。

在容量方面，ECS 和 CVM 都支援彈性擴充，前提是硬碟為雲硬碟，假如 CVM 選擇的是本地盤，則無法對容量進行調整。在網路方面，ECS 在網路高峰期能夠根據伸縮策略調整頻寬，用以保證網路的穩定性，而 CVM 則無法自動調整。

17.1 伺服器

對於企業開發的系統來講，只有全面考慮需求、配置、網路環境和價格等因素，才能挑選出適合的雲端伺服器，但對於本書專案來講，CVM 和 ECS 都可行。

17.1.3 購買雲端伺服器

CVM 和 ECS 的購買過程大同小異，可選配置基本相同，但華為雲 ECS 在選擇基礎配置之後還需進行網路配置及高級配置，過程較為詳細，故本節以購買華為雲 ECS 為例，說明在購買伺服器時應如何選擇配置。

1. 區域、資費模式和可用區

在挑選雲端伺服器時，需選擇區域、資費模式和可用區，如圖 17-2 所示。

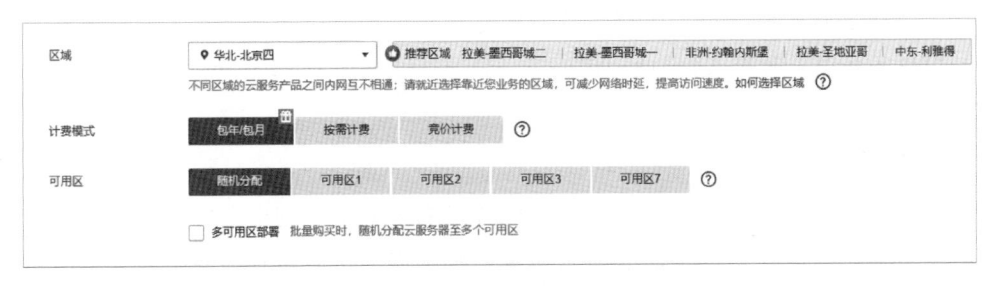

▲ 圖 17-2 區域、資費模式和可用區

區域是指雲端伺服器的物理資料中心所在位置，當使用者距離區域越近時，存取時的延遲將越低；可用區則是在區域之下由電力、網路隔離的物理區域，例如挑選了台北區域，那麼內湖區和文山區在電力、網路方面可能獨立的，這樣就會被劃分成不同的可用區，多個處於一個可用區下的伺服器能夠內網互通，通常會將不同的伺服器分配在不同的可用區以達到異地災備的安全性需求。

資費模式的包年和包月很容易理解，就是在一定時間內買斷該雲端伺服器實例；隨選資費則是按對該實例的實際使用時長進行資費，通常是先使用後付費；競價資費類似於隨選資費，但是按照市場的浮動價格進行資費，通常會有較大優惠。

對於上線自己獨立開發的專案來講，只需選擇靠近自己的區域、選擇包年/包月的資費模式，隨機分配即可。

2. 伺服器參數選擇

這一部分主要選擇 CPU 架構、記憶體的規格，如圖 17-3 所示。

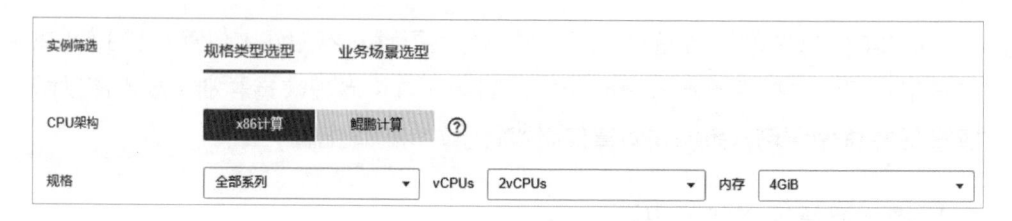

▲ 圖 17-3 選擇 ECS 規格

選擇對應的規格後，服務商會舉出相應規格的可供選擇實例，主要包括當前規格的頻寬、收發送封包能力等。

3. 選擇鏡像

選擇鏡像即選擇作業系統，公共鏡像是由平臺提供的標準作業系統鏡像，使用者也可以使用自己下載的私有鏡像；共用鏡像是使用其他使用者分享的鏡像；市場鏡像對於公共鏡像來講，提前配置好了應用環境和各類軟體，通常是收費的。對於個人專案來講，鏡像使用 CentOS 或 Ubuntu 更容易配置，理由是在網際網路上已有大量相關的使用教學，如圖 17-4 所示。

▲ 圖 17-4 選擇鏡像

在圖 17-4 中選擇了 CentOS 的 7.8 版本，這對於本章 17.3.1 節使用寶塔面板具有更友善的相容性。

4. 系統磁碟和資料碟

這一步選擇適合專案的系統磁碟型號和容量,以及增加資料碟。個人簡單專案選擇通用型 SSD 的預設配置即可,無須額外增加資料碟,如圖 17-5 所示。

▲ 圖 17-5 選擇系統磁碟

5. 網路

ECS 雲端服務器使用虛擬私有雲(Virtual Private Cloud,VPC)建構虛擬的網路環境,透過子網劃分、路由配置等策略將雲端資源部署到隔離的網路環境。簡單來講就是在雲端服務器內可建立多台主機,與家用電腦一樣,每台主機的 IP 位址都是不同的,如果想存取某個資源,則應先知道資源所在主機的 IP 位址,以此來達到對不同資源的隔離。在 ECS 的網路配置中,保持預設配置即可,如圖 17-6 所示。

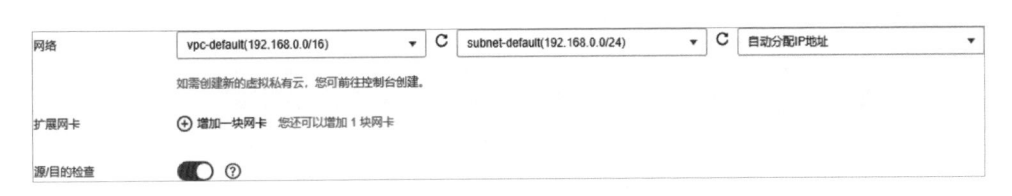

▲ 圖 17-6 配置網路

6. 安全性群組

安全性群組類似於防火牆,對當前主機的 IP 位址增加連接埠規則,例如在 Express.js 框架中架設的主機通訊埠編號為 3007,如果存取 3008,則肯定是無效的。安全性群組規則包括入方向規則和出方向規則。入方向規則是指當前伺服器開放多少個通訊埠給應用,預設會開放 22 通訊埠(用於 Linux SSH 登入)、3389 通訊埠(Windows 遠端登入)、ICMP 協定(Ping)通訊埠、80 通訊埠(用於 HTTP 服務)和 443 通訊埠(用於 HTTPS 服務),如圖 17-7 所示。

17 伺服器與域名

安全組規則							
入方向規則	出方向規則						
安全組名稱	優先級	策略	協議端口	類型	源地址	描述	
Sys-WebServer	1	允許	TCP: 80	IPv4	全部	--	
	1	允許	TCP: 22	IPv4	全部	--	
	1	允許	TCP: 443	IPv4	全部	--	
	1	允許	ICMP: 全部	IPv4	0.0.0.0/0	--	
	1	允許	全部	IPv4	Sys-WebServer	--	

▲ 圖 17-7 入方向規則

在後續 17.3 節安裝寶塔時，還需開放供寶塔存取的通訊埠；此外在部署在雲端服務器上的 Web 伺服器通訊埠 3007 也需增加上，否則無法存取後端服務。

出方向是指伺服器能夠存取哪些協定通訊埠，預設為全部，也就是嚴進寬出，如圖 17-8 所示。

安全組規則							
入方向規則	出方向規則						
安全組名稱	優先級	策略	協議端口	類型	目的地址	描述	
Sys-WebServer	1	允許	全部	IPv4	0.0.0.0/0	--	
	1	允許	全部	IPv6	::/0	--	

▲ 圖 17-8 出方向規則

7. 彈性公網 IP

彈性公網 IP 即本章開頭所講的大家都能造訪的 IP 位址，為雲端服務器提供造訪外網的能力。一台雲端服務器對應一個公網 IP 位址，購買雲端服務器一般一同併購一個彈性公網 IP。對於一般的自建網站來講，公網頻寬 2~5Mb/s 即可滿足日常的使用，如圖 17-9 所示。

17.1 伺服器

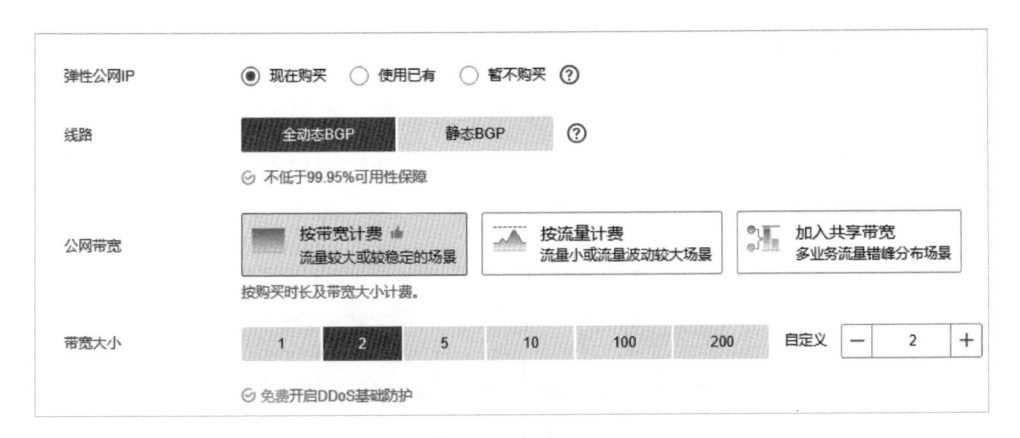

▲ 圖 17-9 購買彈性公網 IP

8. 雲端服務器資訊配置

配置雲端服務器名稱、描述和登入密碼等，如圖 17-10 所示。

▲ 圖 17-10 配置雲端服務器資訊

17-11

9. 雲端備份服務

　　雲端備份服務即對雲端硬碟內的資料額外備份，需購買備份儲存庫。通常只有對資料安全性有要求的企業會選擇購買雲端備份服務，個人獨立開發專案選擇暫不購買即可，如圖 17-11 所示。

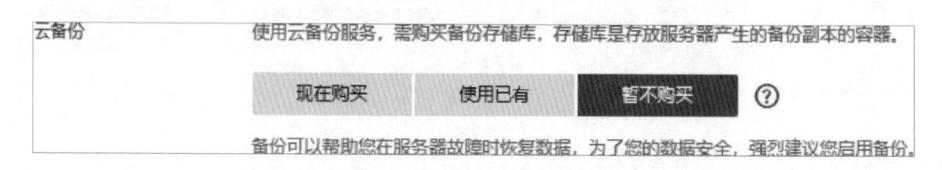

▲ 圖 17-11 雲端備份

　　至此，購買雲端服務器的所選配置就結束了，最後就是再次確認所選配置和購買階段，這裡不再敘述。

17.2 域名

　　域名即如同百度搜尋 www.baidu.com 這樣的名稱，起源是 IP 位址不好記，所以設計出了 DNS 系統將域名與 IP 位址相互映射，IP 位址就相當於手機號碼，域名則是手機號碼的號主，讓使用者更加方便地存取網際網路。

　　域名的格式分為頂層網域名、一級域名和二級域名，還是以 www.baidu.com 為例，「.com」被稱為頂層網域名，常見的頂層網域名除「.com」外有表示教育機構的「.edu」、表示組織機構的「.org」、表示政府機構的「.gov」和表示國家的頂層網域名，如我國的「.tw」；「baidu.com」稱為一級域名，是在頂層網域名下加上註冊人自訂的名稱；類似於百度在一級域名下加上「www」的被稱為二級域名，也可以視為有兩個「.」分隔的是二級域名，如今大部分網站的二級域名是以「www」開頭的，由於早期三個 w 表示 World Wide Web （WWW），但其實是可自訂的。

　　本節將講解如何購買域名及購買域名後的備案、解析等操作。

17.2.1 購買域名

購買域名首先確定想要註冊的名稱和頂層網域名，其次在阿里雲、騰訊雲和華為雲這些提供了域名註冊服務的平臺查詢域名的註冊狀態，如果是未註冊的狀態，則可繼續購買，如果是已註冊的，則可透過域名註冊資訊（WHOIS）聯繫域名擁有者協商購買。

對於知名的大廠，基本上會將所有的頂層網域名都註冊個遍，以阿里巴巴的域名 alibaba 名稱為例，不管是「.com」「.cn」還是「.net」都已被註冊了，如圖 17-12 所示。

▲ 圖 17-12 域名註冊情況

按一下 alibaba.com 的 WHOIS 資訊，可看到註冊商為阿里雲端運算公司，如圖 17-13 所示。

▲ 圖 17-13 alibaba.com 域名註冊資訊

17 伺服器與域名

　　即使是「.fun」這樣平時無人存取的頂層網域名，阿里雲端運算公司也已將其收入囊中，如圖 17-14 所示。

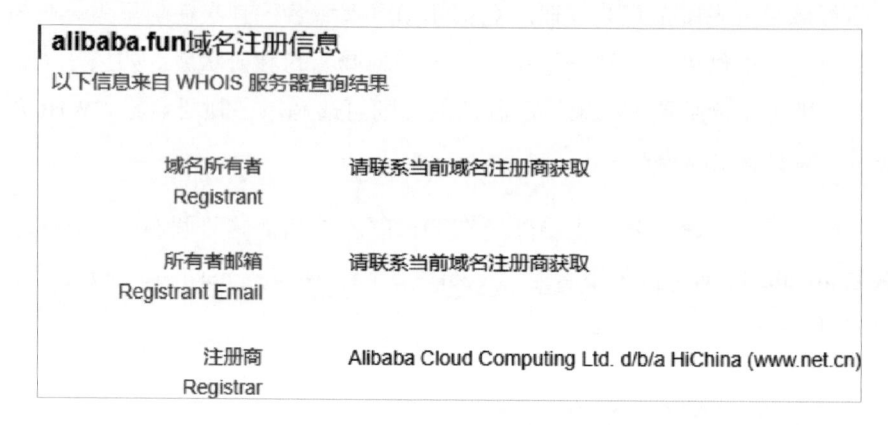

▲ 圖 17-14　alibaba.fun 域名註冊資訊

　　對於未被註冊的域名，即可直接在平臺購買，如圖 17-15 所示。

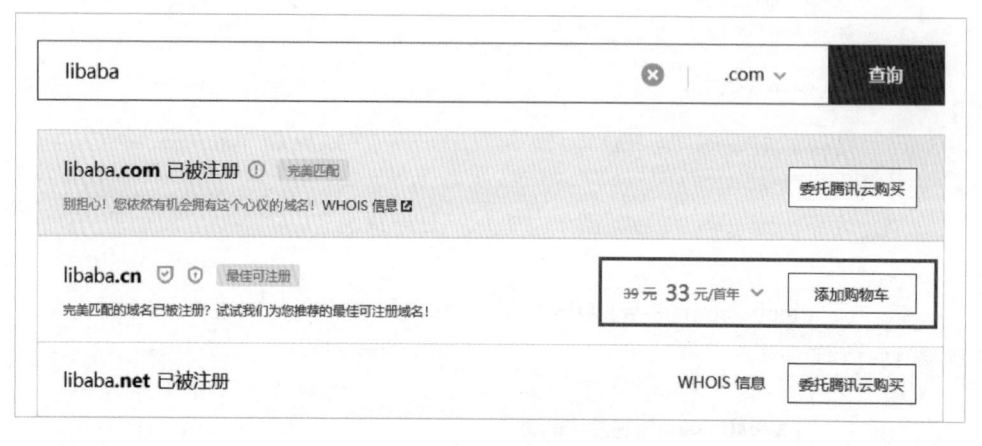

▲ 圖 17-15　購買域名

如果想要自己的域名讓人記得住，則首先名稱應該易於記憶，由一到兩個簡單的單字、數字或拼音組合而成是個不錯的方案，如百度旗下的 hao123.com；其次是域名應當與網站想要展現的內容或品牌相關，例如開店鋪的域名可以是店鋪名稱，這樣能夠提高品牌的知名度，如位元組跳動公司的域名為 bytedance.com，即由 byte（位元）和 dance（舞蹈）組成，而抖音的域名則為 douyin.com，即抖音的拼音名稱；如果想要網站具有一定的標識性，則選擇「.com」，能夠讓域名具有更高的價值，因為其作為最早的頂層網域名之一已經被廣大使用者認可和接受，具有商業屬性強、缺乏性高的特點，而其價格也相比其他的「.xyz」「.net」更貴。

最後需要注意的是，選擇一個好的域名註冊商能夠避免域名被綁架的可能性，域名綁架是指不法分子攻擊 DNS 伺服器，將目標網站的域名解析到非法網站的 IP 位址實施非法活動，這樣可能會給網站使用者帶來不必要的經濟損失。

17.2.2 備案域名

域名購買後首先需實名認證，其次就進入了備案流程，本節僅以個人備案為例。以騰訊雲為例，待備案的域名必須滿足以下要求：

（1）備案的域名要求在域名註冊有效期內。

（2）已透過實名認證的域名，並且認證完成時間滿 3 個自然日。

（3）頂層網域名為國家核准的域名。

（4）境外註冊商所註冊的域名不能直接備案。

域名證書是由域名所屬註冊機構頒發的包含域名、註冊所有者、域名所屬註冊機構、註冊時間和到期時間等資訊的證書，在購買域名後即可下載，如圖 17-16 所示。

17 伺服器與域名

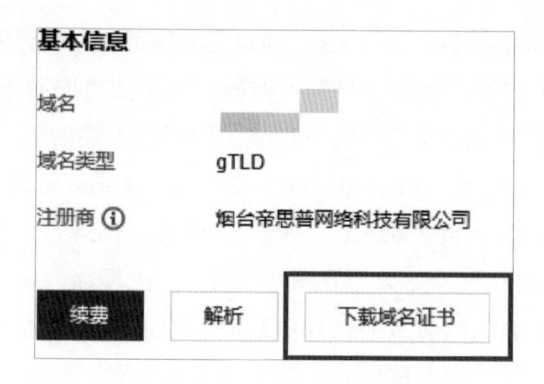

▲ 圖 17-16 下載域名證書

1. 基礎資訊驗證

基礎資訊首先需要填寫備案省份、主辦單位性質、證件類型和身份證資訊，如圖 17-17 所示。

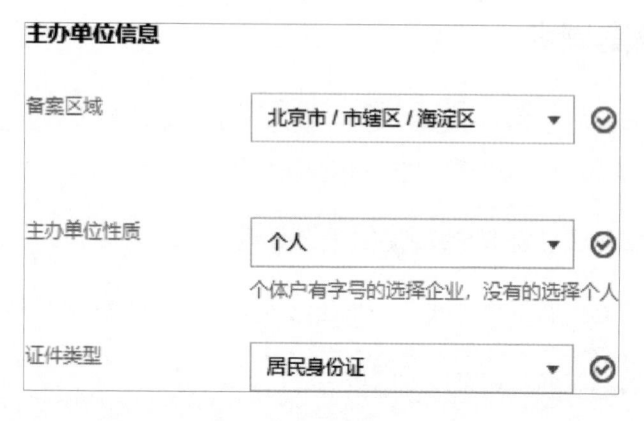

▲ 圖 17-17 主辦單位資訊

其次是選擇應用服務類型（網站）、填寫備案域名、選擇購買的雲端服務器，如圖 17-18 所示。

17.2 域名

▲ 圖 17-18 主辦單位資訊

在這一步中如果雲端服務和域名不是同一個雲端平台，例如域名是在騰訊雲購買的，但雲端服務器是華為雲，則可在華為雲申請雲端服務器的備案號碼，在雲端資源下拉清單中選擇以備案授權碼的方式備案。

2. 提交備案

在核心對備案資訊無誤後，即可提交備案。備案需經過雲端平台初審，並在初審後將備案資訊提交至當地的管理單位進行最終審核。通常雲端平台初審會在 2~3 天完成，管理單位審核週期為 7 天左右，審核成功後會以簡訊和郵件的形式收到備案成功通知。

17.2.3 域名解析

域名解析即將域名與 IP 位址相互映射。可透過快速解析方法對域名進行解析，如圖 17-19 所示。

▲ 圖 17-19 域名解析

也可手動增加解析記錄，如圖 17-20 所示。

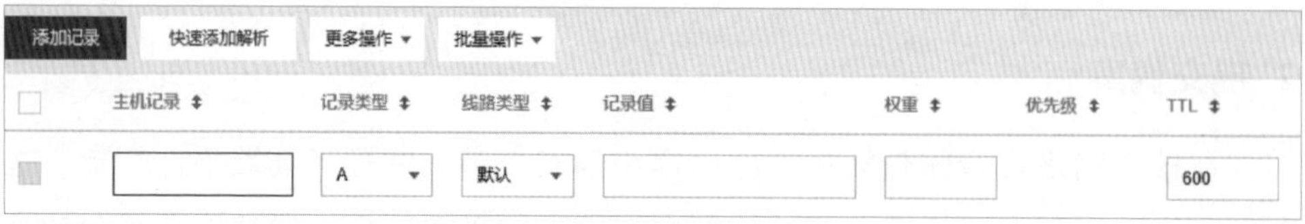

▲ 圖 17-20 手動解析

填寫的主機記錄即域名首碼，如 baidu.com 前面的「www」，也可自訂；記錄類型預設為 A，即直接將域名指向伺服器，此外還有將域名指向另一個域名，再由另一個域名提供 IP 的 CNAME 記錄、將子域名交給其他 DNS 服務商解析的 NS 記錄等多種記錄類型，通常選擇預設即可；線路類型是指營運商，如電信、聯通等，通常選擇預設即可；記錄值即伺服器的 IP 位址；權重是當前線路下增加了多個主機，記錄會按指定的權重傳回記錄；TTL 是指域名在 DNS 伺服器上的快取時間，預設為 600s，一旦超過這段時間，DNS 伺服器就會重新查詢 DNS 記錄，保證其準確性。通常更新了記錄後會在內生效。

17.2.4 SSL 證書

SSL 證書（SSL Certificates）是一種數位憑證，遵守 SSL 協定，由憑證授權（Certificate Authority，CA）頒發。SSL（Secure Socket Layer）協定由網景公司開發，目的在於為網際網路提供一個安全的通訊機制，本質上就是在傳輸時對資料進行加密，並且提供了保證資料完整性和驗證對方身份的機制。基於 SSL 證書，網站將從 HTTP（Hypertext Transfer Protocol，超文字傳輸協定）轉變為 HTTPS（Hypertext Transfer Protocol Secure，超文字傳輸安全協定），實現對傳輸資料的防綁架、防篡改和防監聽，保護網站的同時提高使用者對網站的信任程度。

將 SSL 證書安裝到網站的伺服器上，當瀏覽器在造訪一個使用了 SSL 證書的網站時會自動驗證網站的 SSL 證書是否由受信任的 CA 機構簽發，如果是信任的，則瀏覽器會認為連接是安全的，反之則提醒連接不安全，以從 Google 瀏覽器上存取 baidu.com 為例，如圖 17-21 所示。

▲ 圖 17-21 查看連接是否安全

SSL 證書有多種類型，關鍵在於 CA 機構對證書的驗證強度。例如政企機構或金融機構等網站，由於其高要求的業務環境，CA 機構除了驗證網站的真實性，還會驗證企業資訊的真實性，而個人網站使用的 SSL 證書通常 CA 機構只驗證網站的真實性。安全性越高的 SSL 證書價格也相應更高，但一般雲端平台會提供免費的 SSL 證書供普通開發者使用，以騰訊雲為例，可在 SSL 證書專欄「我的證書」頁面中按一下「申請免費證書」按鈕進行申請，申請之後就可下載證書並放置到伺服器上，如圖 17-22 所示。

▲ 圖 17-22 申請免費證書

17.3 寶塔面板

以 Linux 伺服器來講，傳統的管理網站或說運行維護專案是透過 Shell 命令列介面執行各種 Linux 命令來完成的，不管是安裝軟體還是配置網站內容，對不熟悉 Linux 命令的讀者來講十分煩瑣。古人云術業有專攻，會前後端開發語言，但不熟悉 Linux 命令十分正常，那該如何解決上線專案所遇到的問題呢？這就不得不提到本節的主角——寶塔面板。

寶塔面板是一個視覺化的伺服器運行維護面板，能夠讓不熟悉 Linux（或 Windows）和伺服器運行維護的使用者只需傻瓜式操作便可輕鬆完成網站的上線和管理。本節將主要介紹寶塔面板的安裝及配置專案上線所需的配置，為第 18 章正式上線專案打好基礎。

17.3.1 安裝寶塔面板

安裝寶塔面板有兩種方法，一種是使用寶塔面板提供的指令稿，在登入伺服器後使用指令碼命令進行安裝；另一種是使用寶塔面板提供的線上安裝，兩種方法都在寶塔官網的下載安裝頁面中，如圖 17-23 所示。

▲ 圖 17-23 安裝寶塔

本節僅以線上安裝為例，介紹安裝前後的準備及安裝過程。

1. 注意事項

安裝寶塔的伺服器最好是全新的，即沒有安裝任何環境的伺服器，在相容性方面寶塔提供了優先順序：CentOS 7.x > Debian10 > Ubuntu 20.04 > CentOS 8 stream > Ubuntu 18.04 > 其他系統，這也是為什麼 17.1.3 節選擇作業系統鏡像時選擇 CentOS 7.8 的原因。需要注意的是寶塔線上安裝需開啟對應的通訊埠：SSH 連接通訊埠（22）、面板位址造訪通訊埠（8888）、網站存取通訊埠（80、443），其中 80、22、443 通常會由伺服器預設開啟，那額外需增加的就是 8888 和存取後端的 3007 了。修改安全性群組的位置通常位於購買的伺服器的詳情頁面，還是以華為雲為例，如圖 17-24 所示。

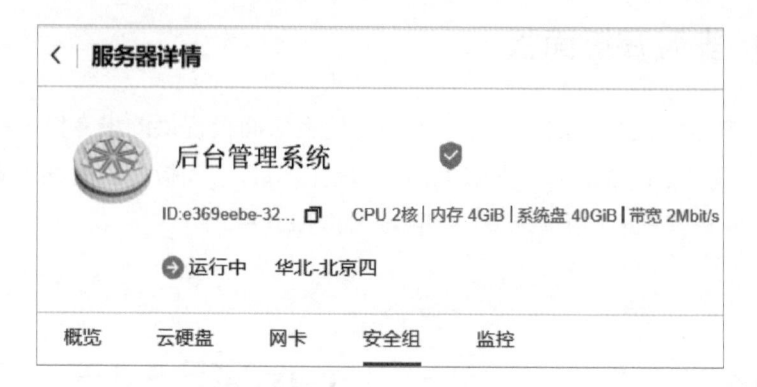

▲ 圖 17-24 伺服器詳情

在安全性群組內增加入方向規則，如圖 17-25 所示。

▲ 圖 17-25 增加入向規則

這裡的優先順序是指多筆規則下的回應優先順序，決定不同規則的執行順序；策略則指是否允許對來源位址的 IP 進行存取，在圖 17-25 中可看到來源位址 IP 位址為 0.0.0.0，即表示允許任何 IP 存取該伺服器。在開啟通訊埠時，通常只需將優先順序設置為 1（最高），輸入協定通訊埠和描述。

2. 線上安裝

線上安裝只需輸入伺服器彈性公網 IP 位址和伺服器密碼，如圖 17-26 所示。

▲ 圖 17-26　線上安裝寶塔

按一下圖 17-26 下方的「立即安裝到伺服器」按鈕後會彈出安裝套件的選項，這裡只需根據推薦選項繼續安裝，如圖 17-27 所示。

整個安裝過程會持續 5~10min，安裝成功後會傳回面板的登入資訊，包括內外網的登入位址、帳號和密碼，如圖 17-28 所示。

3. 進入寶塔面板

輸入圖 17-28 傳回的外網面板位址後，即可進入登入寶塔面板的頁面，如圖 17-29 所示。

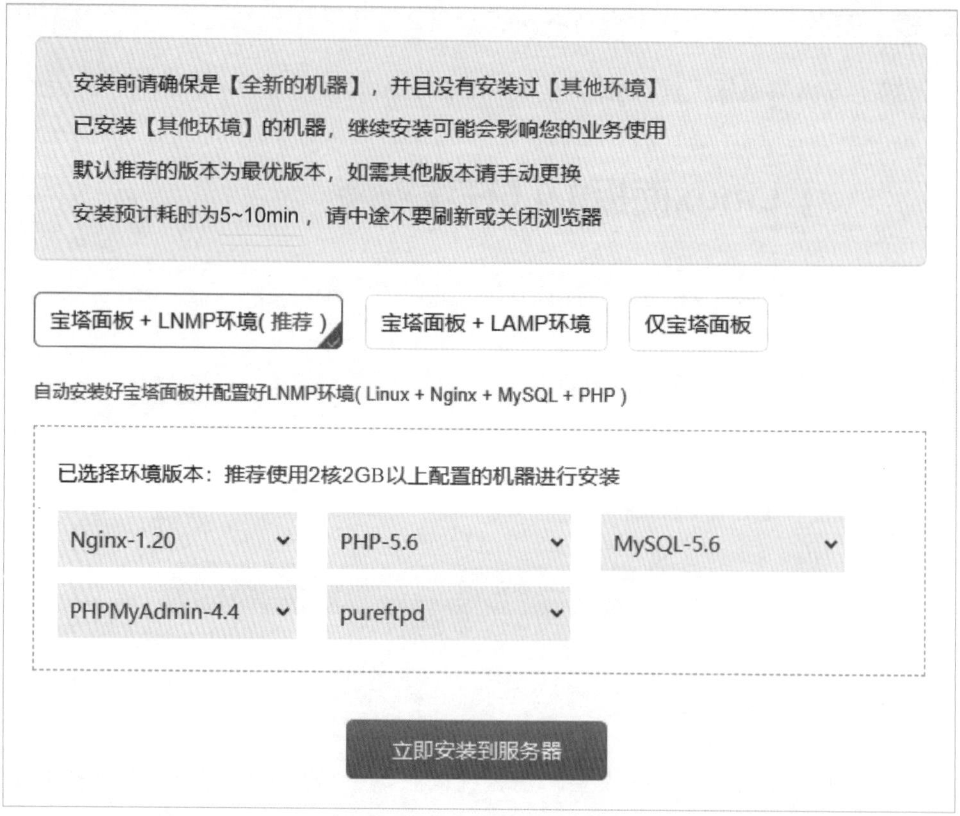

17 伺服器與域名

安裝前請確保是【全新的機器】，并且沒有安裝過【其他環境】

已安裝【其他環境】的機器，繼續安裝可能會影響您的業務使用

默認推薦的版本為最優版本，如需其他版本請手動更換

安裝預計耗時為5~10min，請中途不要刷新或關閉瀏覽器

- 寶塔面板 + LNMP環境（推薦）
- 寶塔面板 + LAMP環境
- 僅寶塔面板

自動安裝好寶塔面板并配置好LNMP環境（Linux + Nginx + MySQL + PHP）

已選擇環境版本：推薦使用2核2GB以上配置的機器進行安裝

- Nginx-1.20
- PHP-5.6
- MySQL-5.6
- PHPMyAdmin-4.4
- pureftpd

立即安裝到服務器

▲ 圖 17-27 安裝套件

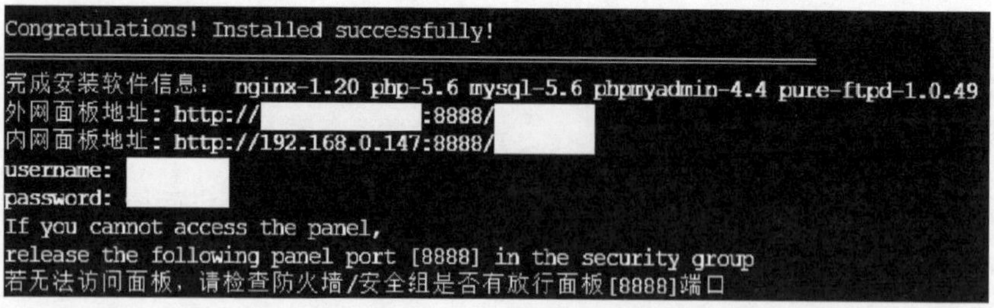

```
Congratulations! Installed successfully!
完成安裝軟件信息: nginx-1.20 php-5.6 mysql-5.6 phpmyadmin-4.4 pure-ftpd-1.0.49
外網面板地址: http://        :8888/
內網面板地址: http://192.168.0.147:8888/
username:
password:
If you cannot access the panel,
release the following panel port [8888] in the security group
若無法訪問面板，請檢查防火墻/安全組是否有放行面板[8888]端口
```

▲ 圖 17-28 安裝寶塔成功

17.3 寶塔面板

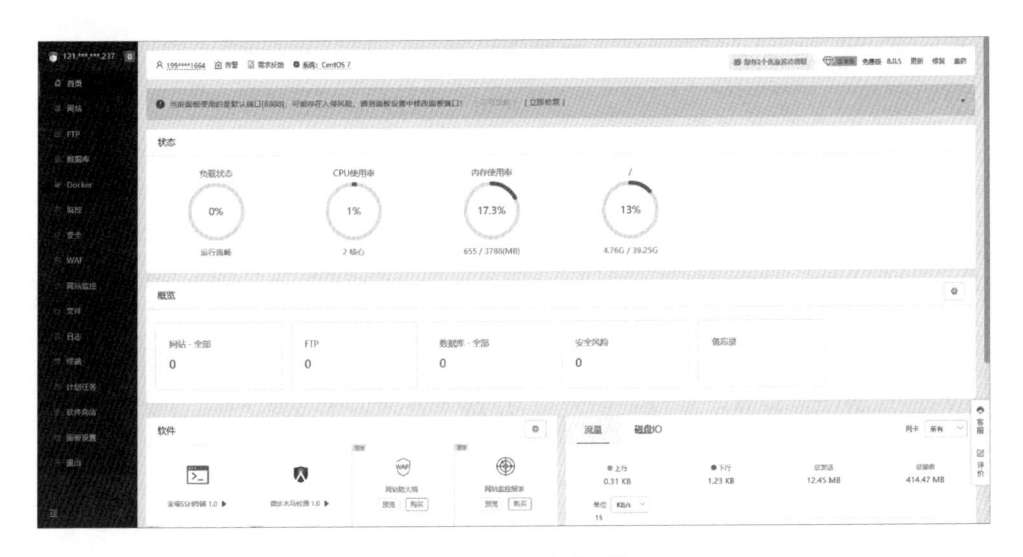

▲ 圖 17-29 寶塔面板

在安裝寶塔面板時使用了 8888 通訊埠編號，但當其他人知道了伺服器 IP 位址後可拼接 8888 通訊埠入侵寶塔，故需設置其他的通訊埠編號供寶塔存取。操作步驟與增加 8888 通訊埠相同，寶塔面板推薦的通訊埠範圍為 8888~65535。在伺服器完成增加通訊埠後，按一下面板左側的功能表列倒數第 2 個「面板設置」按鈕，滑到底部找到面板通訊埠進行設置面板通訊埠，如圖 17-30 所示。

▲ 圖 17-30 設置面板通訊埠

17-25

17.3.2 安裝 Node 版本管理器

由於後端使用的是基於 Node.js 的 Express.js 框架架設的 Web 伺服器，所以需安裝 Node.js 版本管理器配置 Node.js 版本。在寶塔有兩個 Node 版本管理器工具，一個是 PM2 管理器，另一個是 Node.js 版本管理器，其中 PM2 已在 2023 年 12 月 31 日停止維護。

安裝的步驟是按一下面板左側的「網站」功能表選項，並在頁面中選擇「Node 專案」，頁面會提示未安裝 Node 版本管理器，按一下安裝即可，如圖 17-31 所示。

▲ 圖 17-31 安裝 Node 版本管理器

安裝完成後，需對 Node.js 版本進行配置。在左側選單中按一下「軟體商店」選單項，在應用分類中選擇「已安裝」選項，並找到 Node.js 版本管理器，如圖 17-32 所示。

17.3 寶塔面板

▲ 圖 17-32 已安裝軟體

在 Node.js 版本管理器的操作一列中，按一下「設置」按鈕，選擇安裝與本地 Node.js 版本相同的版本，這裡選擇的是 16.8.0 版本，如圖 17-33 所示。

▲ 圖 17-33 安裝 Node.js

17-27

最後，需要在圖 17-33 上方的命令列版本切換成 16.8 版本，如圖 17-34 所示。

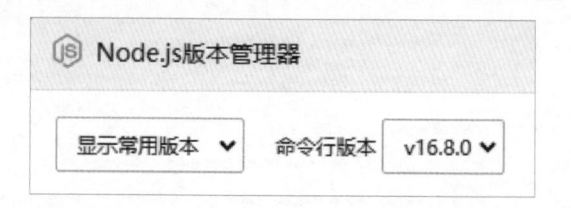

▲ 圖 17-34 設置命令列版本

至此，寶塔面板就配置完成了。現在就只差最後一步，即上線專案。

18

上線專案

　　本章將完成本書專案的上線，包括在寶塔面板中增加 Node 專案、資料庫檔案、前端專案檔案。簡單來講，上線就是將前後端程式和資料庫 SQL 檔案從本機伺服器遷移到購買的雲端服務器上，但在上線之前，還需要做一些準備工作，例如後端的位址需要從本地位址修改為伺服器的彈性公網 IP，前端也需將二次封裝 Axios 時的 baseURL 修改為彈性公網 IP 等。本章將剖析專案正式上線的每個步驟，讀者將了解、學習和學會專案開發的最後一步。

18 上線專案

18.1 增加 Node 專案

在上線時首先需將後端所有的本地位址修改為彈性公網 IP 位址，程式如下：

```
//app.js
// 綁定和偵聽指定的主機和通訊埠
app.listen (3007, ()=> {
  console.log('http:// 彈性公網 IP 位址 :3007')
})

//router_handler/user.js
// 上傳圖示介面
exports.uploadAvatar = (req, res) => {
  // 其他邏輯
  res.send ({
    status: 0,
    url: 'http://121.36.70.237:3007/upload/${newName}'
  })
}
```

其次在 package.json 檔案內的 scripts 配置內增加啟動命令，程式如下：

```
"scripts": {
    "start": "node app.js",              // 啟動命令
    "test": "echo \"Error: no test specified\" && exit 1"
  },
```

18.1.1 上傳後端程式

回到寶塔面板，在左側功能表列中選擇「檔案」，在 wwwroot 目錄下將後端 backend 目錄下的檔案上傳，如圖 18-1 所示。

18.1 增加 Node 專案

▲ 圖 18-1 上傳後端檔案

上傳時選擇「上傳目錄」，此時需將本地後端檔案內的 node_modules 移到別處，原因是上傳目錄的檔案有限制，可壓縮 node_modules 後再以上傳檔案的形式上傳並解壓，上傳完成後如圖 18-2 所示。

▲ 圖 18-2 完成上傳後端程式

18-3

18 上線專案

此時在 backend 目錄下的終端執行會出現顯示出錯，資訊如下：

```
bcrypt_lib.node: invalid ELF header
```

這是由於用於加密的 bcrypt 相依在不同的作業系統上執行時期編譯的結果不同，所以直接從 Windows 上遷移過來會出現問題，解決方案是卸載 bcrypt 相依，然後安裝 bcrypt 的平替 bcryptjs，命令如下：

```
// 寶塔 backend 終端
npm uninstall bcrypt                // 卸載 bcrypt

npm i brcyptjs                      //bcrypt 平替
```

其次在 router_handler 下的 login 和 user 檔案修改匯入項，程式如下：

```
//router_handler/user.js 和 login.js
const bcrypt = require('bcryptjs')   // 將 require 修改為 bcryptjs
```

18.1.2 增加 Node 專案

回到「網站」選單下的 Node 專案頁面中，按一下「增加 Node 專案」按鈕，將 backend 目錄（後端專案放置）增加在此，如圖 18-3 所示。

▲ 圖 18-3 增加 Node 專案

18.1 增加 Node 專案

按一下按鈕後出現一個需要輸入內容的彈框，包括選擇專案目錄，即指向 backend 目錄；輸入自訂的專案名稱；專案的啟動命令；專案的通訊埠編號，本專案為「3007」；執行使用者，預設為 www；套件管理器和 Node 版本；專案綁定的域名，如圖 18-4 所示。

▲ 圖 18-4 輸入 Node 專案資訊

增加完成後，Node 專案頁面中就會出現該專案。

18.1.3 配置 SSL 證書

此時 SSL 證書還未配置，按一下操作列中的「設置」按鈕，增加 SSL 證書，如圖 18-5 所示。

▲ 圖 18-5 配置 SSL 證書

該 SSL 頁面提示證書所需的金鑰和證書格式，讀者可在自己購買域名的雲端平台搜尋 SSL 證書，並下載包含 KEY 格式和 PEM 格式的證書檔案，如圖 18-6 所示。

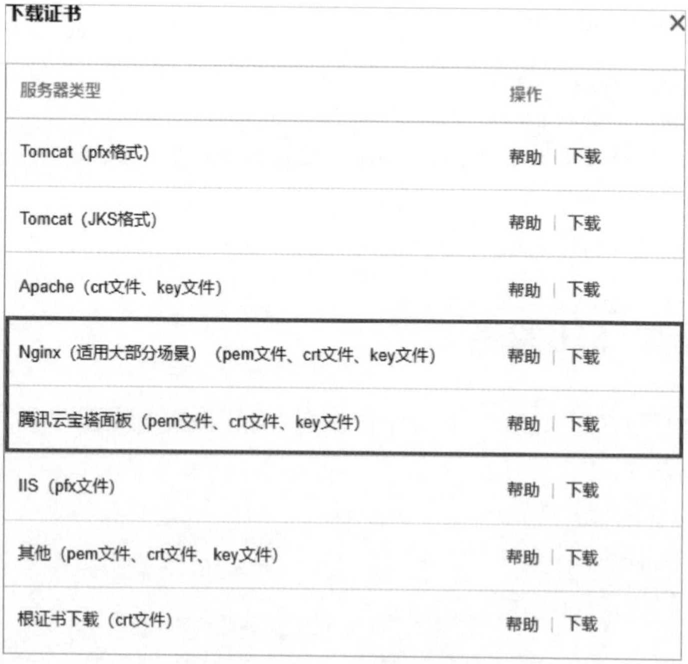

▲ 圖 18-6 下載 SSL 證書

18.1 增加 Node 專案

下載後會得到一個壓縮檔，裡面通常包含 4 個檔案，只需選擇對應格式副檔名的檔案，以文字的方式開啟，如圖 18-7 所示。

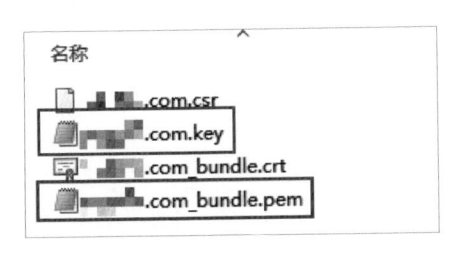

▲ 圖 18-7 開啟 SSL 證書

將文字的內容複製到 SSL 的金鑰和證書中，按一下「儲存並啟用證書」即可，此時會看到當前證書的狀態變為「已部署 SSL」，並且提示了證書認證的域名、證書品牌及到期時間等內容，如圖 18-8 所示。

▲ 圖 18-8 認證成功

如果此時存取，則以 HTTP 協定的方式存取，如果需要 HTTPS，則勾選圖 18-8 中的強制 HTTPS，並在伺服器的安全性群組中增加 443 通訊埠。需要注意的是，寶塔面板也需增加連接埠規則，原因是寶塔並不會直接同步雲端服務器中的通訊埠策略。寶塔配置通訊埠位於左側選單的「安全」選項中，在頁面中按一下「增加連接埠規則」按鈕，開放 443、3007 等通訊埠，如圖 18-9 所示。

18 上線專案

▲ 圖 18-9 增加通訊埠

18.1.4 增加資料庫

配置 Node 專案的最後一步，在面板左側選單「資料庫」選項中增加資料庫。在資料庫頁面按一下「增加資料庫」按鈕，如圖 18-10 所示。

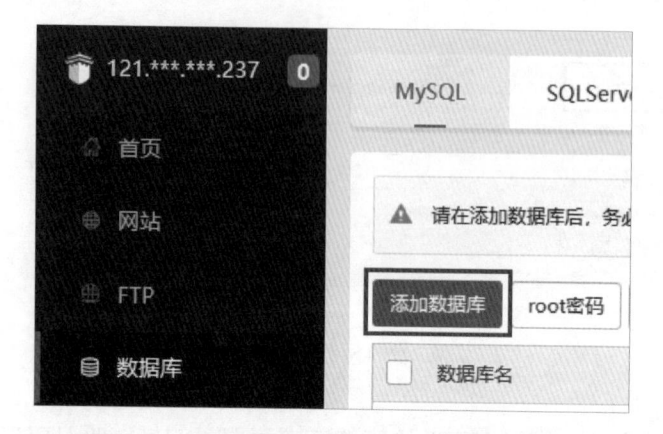

▲ 圖 18-10 增加資料庫

在彈窗中輸入資料庫名稱、使用者名稱和密碼等，這裡的內容需要與後端 db/index.js 檔案內的資訊一致，如圖 18-11 所示。

18.1 增加 Node 專案

▲ 圖 18-11 增加資料庫

此時資料庫還沒有任何內容,需匯入 SQL 檔案建立資料表。開啟 Navicat for MySQL,按右鍵資料表,選擇「轉儲 SQL 檔案」下的「結構與資料」命令,如圖 18-12 所示。

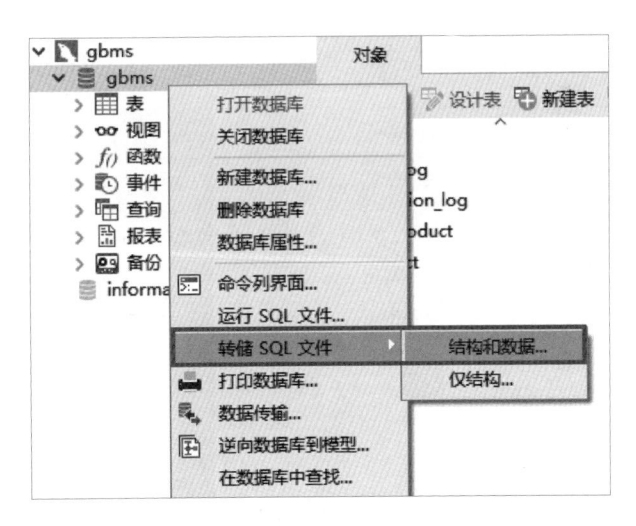

▲ 圖 18-12 匯出 SQL 檔案

然後在面板資料庫的備份一列中選擇「匯入」,在彈窗內上傳 SQL 檔案並匯入,如圖 18-13 所示。

▲ 圖 18-13　匯入 SQL 檔案

這時整個 Node 專案就配置能實現對資料庫的增、刪、查、改操作了。

18.1.5　測試

此時可開啟 Postman，將位址由本地位址變為公網 IP，簡單測試註冊功能是否可用，如圖 18-14 所示。

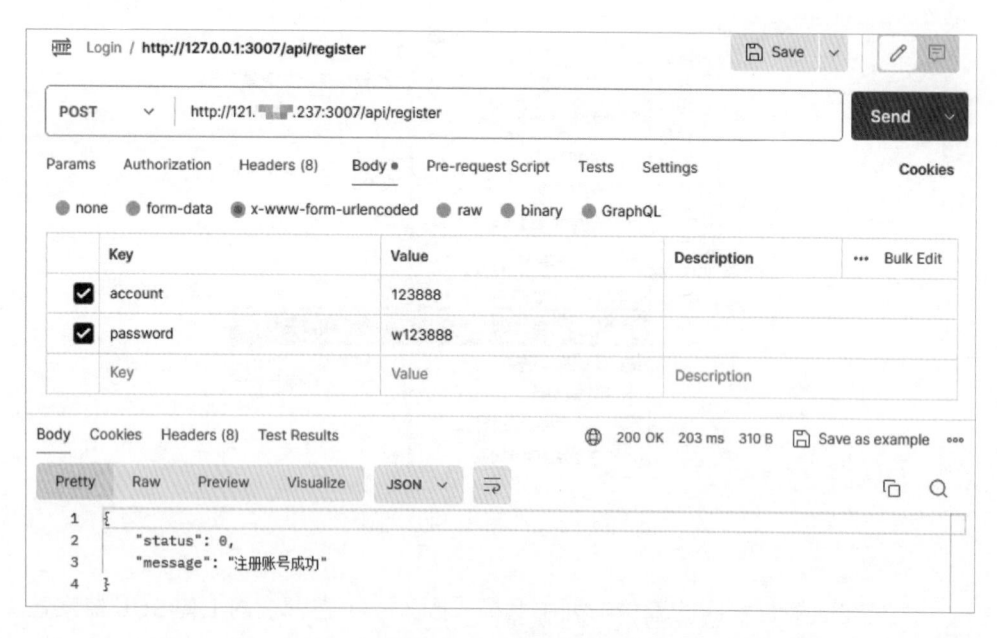

▲ 圖 18-14　測試註冊功能

傳回的資訊提示註冊帳號成功，說明後端的程式已經在雲端服務器上正常執行了。下面要做的就是將前端專案程式增加到伺服器上。

18.2 增加 Vue 專案

增加 Vue 專案同樣需要更改本地位址，在本書專案中位於 Axios 二次封裝檔案和上傳圖示的個人設置組件中，程式如下：

```
//http/index.ts
const instance = axios.create({
    // 後端 URL 網址
    baseURL: *.*.*.*:3007,           // 修改為公網 IP
    timeout: 6000,                    // 設置逾時
    headers: {                        // 請求標頭
        'Content-Type': 'application/x-www-form-urlencoded'
    }
});

//set/index.vue
<el-upload
   class="avatar-uploader"
   action="http://*.*.*.*:3007/user/uploadAvatar"
   :show-file-list="false"
   :on-success="handleAvatarSuccess"
   :before-upload="beforeAvatarUpload"
>
```

問題是，前端開發分為開發環境和生產環境，是不是每次都要手動切換 IP 位址呢？特別是當前端出現特別多類似於上傳圖示這樣的元件時，那無疑是太煩瑣了。好在 Vite 提供了環境變數，能夠根據執行時期的模式自動切換 URL。

18.2.1 Vite 配置

Vite 在一個特殊的 import.meta.env 物件上暴露環境變數，所謂環境變數，即全域都可以存取的變數。基於此特殊的物件，可在「.env」檔案中設置不同環

境下的 URL，該類別檔案是一種特殊的檔案，env 即 environment（環境）的縮寫，通常包括下列幾種 .env 檔案。

（1）.env：任何情況下都可存取檔案內的環境變數。

（2）.env.local：與（1）相同，但會被 Git 忽略。

（3）.env.[mode]：只在特定模式下載入。.env.development 表示只在開發環境下載入環境變數；.env.production 表示只在生產環境下載入環境變數。

（4）.env.[node].local：與（3）相同，但會被 Git 忽略。

在專案的根目錄下新建 .env.development、.env.production 兩個檔案設置請求路徑。需要注意生產環境的路徑需和 SSL 證書的域名一致，即只需域名而無須通訊埠編號，程式如下：

```
//.env.development
VITE_API_BASEURL = 'http://127.0.0.1:3007'

//.env.production
VITE_API_BASEURL = 'https://*.*.*.*'
```

那麼此時就可把 Axios 二次封裝的 baseUrl 改成 VITE_API_BASEURL 了，程式如下：

```
//http/index.ts
baseURL: import.meta.env.VITE_API_BASEURL
```

而對於上傳圖示，可定義一個變數，使用範本字串的方式替換 Action 屬性，程式如下：

```
//set/index.vue
<el-upload
  :action="uploadUrl"
>

// 邏輯部分
const uploadUrl = ref('${import.meta.env.VITE_API_BASEURL}/user/uploadAvatar')
```

18.2.2 生成 dist 資料夾並配置

將前端程式上傳至伺服器不同於後端程式整體都遷移至伺服器，上傳的是透過打包命令輸出的目錄，命令如下：

```
pnpm run build
```

執行命令後 Vite 會將專案的程式打包成純 HTML、CSS、JavaScript 和部分靜態檔案，使其能夠在瀏覽器執行，這些檔案將儲存在根目錄下新生成的 dist 資料夾中，如圖 18-15 所示。

```
v 🗀 dist
  > 🗀 assets
    🖼 favicon.ico
    <> index.html
```

▲ 圖 18-15 dist 目錄

生成後將 dist 目錄上傳至伺服器的 backend 目錄下，並在 app.js 檔案中使用靜態託管的方式將前端專案的首頁（index.html）作為存取伺服器根目錄的傳回檔案，程式如下：

```
//app.js
// 匯入 path 模組
const path = require('path');
// 指定靜態檔案的根目錄
app.use(express.static(path.join(__dirname, 'dist')));
// 請求時伺服器根目錄會傳回 index.html
app.get('/', function (req, res) {
  res.sendFile(path.join(__dirname + '/dist/index.html'));
});
```

此時，重新啟動 Node 專案，就可在瀏覽器中輸入域名存取專案了。按一下 URL 網址框左側的圖示，可看到「連接是安全的」選項，說明 SSL 證書已生效，如圖 18-16 所示。

18 上線專案

▲ 圖 18-16 域名存取專案成功

輸入帳號和密碼進行登入，在主控台可看到請求的是域名位址，並且狀態碼為 200，如圖 18-17 所示。

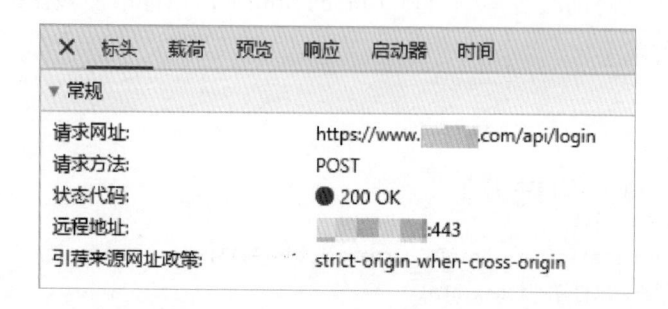

▲ 圖 18-17 請求伺服器成功

至此，整個專案的後端、資料庫、前端就全部上線成功了。

深智數位
股份有限公司

深智數位
股份有限公司